O ESTUDANTE UNIVERSITÁRIO BRASILEIRO
PERMANÊNCIA, HABILIDADES SOCIAIS, COMPETÊNCIA SOCIAL E RELAÇÕES COM O MUNDO DO TRABALHO

Editora Appris Ltda.
1.ª Edição - Copyright© 2024 da Faperj
Direitos de Edição Reservados à Editora Appris Ltda.

Nenhuma parte desta obra poderá ser utilizada indevidamente, sem estar de acordo com a Lei n°
9.610/98. Se incorreções forem encontradas, serão de exclusiva responsabilidade de seus organizado-
res. Foi realizado o Depósito Legal na Fundação Biblioteca Nacional, de acordo com as Leis n°s 10.994,
de 14/12/2004, e 12.192, de 14/01/2010.

Catalogação na Fonte
Elaborado por: Dayanne Leal Souza
Bibliotecária CRB 9/2162

E822e
2024
	O estudante universitário brasileiro: permanência, habilidades sociais, competência social e relações com o mundo do trabalho / Adriana Benevides Soares, Luciana Mourão e Marcia Cristina Monteiro (orgs.). – 1. ed. – Curitiba: Appris, 2024.
	      437 p. : il. color. ; 27 cm. – (Coleção Educação, Tecnologias e Transdisciplinaridades).
	
	      Vários autores.
	      Inclui referências.
	      ISBN 978-65-250-6507-6
	
	   1. Metodologia científica. 2. Avaliação Psicológica. 3. Pesquisa - Planejamento. I. Soares, Adriana Benevides. II. Mourão, Luciana. III. Monteiro, Marcia Cristina. IV. Título. V. Série.
	
	                                                                               CDD – 371.8

Livro de acordo com a normalização técnica da APA

Appris
editora

Editora e Livraria Appris Ltda.
Av. Manoel Ribas, 2265 – Mercês
Curitiba/PR – CEP: 80810-002
Tel. (41) 3156 - 4731
www.editoraappris.com.br

Printed in Brazil
Impresso no Brasil

Adriana Benevides Soares
Luciana Mourão
Marcia Cristina Monteiro
(org.)

O ESTUDANTE UNIVERSITÁRIO BRASILEIRO

PERMANÊNCIA, HABILIDADES SOCIAIS, COMPETÊNCIA SOCIAL E RELAÇÕES COM O MUNDO DO TRABALHO

Appris
editora

Curitiba, PR

2024

FICHA TÉCNICA

EDITORIAL
Augusto Coelho
Sara C. de Andrade Coelho

COMITÊ EDITORIAL
Ana El Achkar (Universo/RJ)
Andréa Barbosa Gouveia (UFPR)
Antonio Evangelista de Souza Netto (PUC-SP)
Belinda Cunha (UFPB)
Délton Winter de Carvalho (FMP)
Edson da Silva (UFVJM)
Eliete Correia dos Santos (UEPB)
Erineu Foerste (Ufes)
Fabiano Santos (UERJ-IESP)
Francinete Fernandes de Sousa (UEPB)
Francisco Carlos Duarte (PUCPR)
Francisco de Assis (Fiam-Faam-SP-Brasil)
Gláucia Figueiredo (UNIPAMPA/ UDELAR)
Jacques de Lima Ferreira (UNOESC)
Jean Carlos Gonçalves (UFPR)
José Wálter Nunes (UnB)
Junia de Vilhena (PUC-RIO)

Lucas Mesquita (UNILA)
Márcia Gonçalves (Unitau)
Maria Aparecida Barbosa (USP)
Maria Margarida de Andrade (Umack)
Marilda A. Behrens (PUCPR)
Marília Andrade Torales Campos (UFPR)
Marli Caetano
Patrícia L. Torres (PUCPR)
Paula Costa Mosca Macedo (UNIFESP)
Ramon Blanco (UNILA)
Roberta Ecleide Kelly (NEPE)
Roque Ismael da Costa Güllich (UFFS)
Sergio Gomes (UFRJ)
Tiago Gagliano Pinto Alberto (PUCPR)
Toni Reis (UP)
Valdomiro de Oliveira (UFPR)

SUPERVISORA EDITORIAL   Renata C. Lopes

PRODUÇÃO EDITORIAL   Bruna Homen

REVISÃO   Ana Lúcia Wehr

DIAGRAMAÇÃO   Andrezza Libel

CAPA   Kananda Ferreira

REVISÃO DE PROVA   Stephanie Ferreira Lima

COMITÊ CIENTÍFICO DA COLEÇÃO EDUCAÇÃO, TECNOLOGIAS E TRANSDISCIPLINARIDADE

DIREÇÃO CIENTÍFICA   Dr.ª Marilda A. Behrens (PUCPR)   Dr.ª Patrícia L. Torres (PUCPR)

CONSULTORES   Dr.ª Ademilde Silveira Sartori (Udesc)

Dr. Ángel H. Facundo
(Univ. Externado de Colômbia)

Dr.ª Ariana Maria de Almeida Matos Cosme
(Universidade do Porto/Portugal)

Dr. Artieres Estevão Romeiro
(Universidade Técnica Particular de Loja-Equador)

Dr. Bento Duarte da Silva
(Universidade do Minho/Portugal)

Dr. Claudio Rama (Univ. de la Empresa-Uruguai)

Dr.ª Cristiane de Oliveira Busato Smith
(Arizona State University /EUA)

Dr.ª Dulce Márcia Cruz (Ufsc)

Dr.ª Edméa Santos (Uerj)

Dr.ª Eliane Schlemmer (Unisinos)

Dr.ª Ercilia Maria Angeli Teixeira de Paula (UEM)

Dr.ª Evelise Maria Labatut Portilho (PUCPR)

Dr.ª Evelyn de Almeida Orlando (PUCPR)

Dr. Francisco Antonio Pereira Fialho (Ufsc)

Dr.ª Fabiane Oliveira (PUCPR)

Dr.ª Iara Cordeiro de Melo Franco (PUC Minas)

Dr. João Augusto Mattar Neto (PUC-SP)

Dr. José Manuel Moran Costas
(Universidade Anhembi Morumbi)

Dr.ª Lúcia Amante (Univ. Aberta-Portugal)

Dr.ª Lucia Maria Martins Giraffa (PUCRS)

Dr. Marco Antonio da Silva (Uerj)

Dr.ª Maria Altina da Silva Ramos
(Universidade do Minho-Portugal)

Dr.ª Maria Joana Mader Joaquim (HC-UFPR)

Dr. Reginaldo Rodrigues da Costa (PUCPR)

Dr. Ricardo Antunes de Sá (UFPR)

Dr.ª Romilda Teodora Ens (PUCPR)

Dr. Rui Trindade (Univ. do Porto-Portugal)

Dr.ª Sonia Ana Charchut Leszczynski (UTFPR)

Dr.ª Vani Moreira Kenski (USP)

AGRADECIMENTOS

Agradecemos aos nossos filhos, que foram e alguns ainda são estudantes universitários, que nos ensinam tanto de suas vivências e seus aprendizados, seus obstáculos e superações e que, por meio de suas trajetórias, podemos constatar o quanto esse ambiente acadêmico universitário os fez florescer como estudantes, profissionais e pessoas.

Ao Edson Lima, bacharel em Economia e Administração de Empresas,

à Laura Lima, bacharel em Direito,

à Alice Lima, estudante de Direito,

ao Tiago Mourão Silva, bacharel em Física,

à Teresa Mourão Silva, bacharel em Geologia,

ao Lucas Mourão Silva, estudante de Economia,

ao Marcio Monteiro, bacharel em História.

Agradecemos também à Fundação de Amparo à Pesquisa do Estado do Rio de Janeiro (FAPERJ) pelo apoio financeiro recebido para edição deste livro.

E a todos os colegas, alunos e pesquisadores que contribuíram para esta obra.

PREFÁCIO

A difícil — e necessária — missão de estudar as trajetórias do estudante universitário brasileiro

Nos últimos 20 anos, tem-se observado no Brasil um aumento maciço em praticamente todas as taxas e nos índices sobre o universo do ensino superior brasileiro. Nunca houve tantas instituições de ensino superior, tantos cursos, tantos docentes, tantos estudantes, tantos diplomados e tantos trabalhadores que detêm um curso superior em seu currículo – ainda que nem sempre atuem em sua área de formação. Apesar de todo esse crescimento, ainda é estarrecedor que menos de 25% dos jovens entre 18 e 24 anos estejam no ensino superior, segundo dados do Censo da Educação Superior do MEC, de 2022.

Há uma quantidade enorme de indicadores disponíveis na literatura, nacional e estrangeira, para se avaliar as condições educacionais de um país, o que proporciona comparações intra e internacionais. Contudo, não é objetivo deste prefácio descortinar tais situações, pois os capítulos deste volume e dos demais lançados anteriormente fazem isso com maestria e com um nível de profundidade impossíveis de serem obtidos nos poucos parágrafos desta página. O objetivo deste prefácio é indicar ao leitor o estudo minucioso e cuidadoso de cada capítulo, pois são escritos por alguns dos mais importantes pesquisadores brasileiros apoiados por seus grupos de pesquisa, além de contar com a participação de autores estrangeiros, haja vista a estreita e intensa relação Brasil-Portugal que existe no estudo da temática, desde, pelo menos, a década de 1990. Para além dos autores, reconhecer as brilhantes organizadoras desta obra, nomeadamente Adriana Benevides Soares, Luciana Mourão e Marcia Monteiro, já é por si só um convite irrecusável para se aprofundar nas leituras.

É interessante notar que, ao se falar sobre o estudante universitário brasileiro, fala-se sobre um fenômeno social, para além de uma persona. Por isso, estudar e definir sua trajetória é tão complexo. Quando nos deparamos com esse público, ainda que não seja representativo da população brasileira, estamos falando necessariamente de diversidade (de gênero, de raça), de inclusão social, de conflitos de classe e, em uma dimensão pessoal, de necessidade, de desejo, de projetos familiares e de vida, de sonhos. Ao entrar em uma sala de aula, um docente universitário encontra tudo isso ali, de uma vez, lado a lado, tudo junto e misturado. Que desafio conduzir essa missão para além do estritamente burocrático-pedagógico! Que desafio mediar conflitos e conquistas por meio da relação genuína e proveitosa academicamente para todos!

Haja pesquisa para embasar nossas ações em sala de aula – que bom que há esta obra para nos ajudar!

Boa leitura!

Rodolfo Augusto Matteo Ambiel
Psicólogo, doutor em Psicologia pela Universidade São Francisco.
Docente do PPG Psicologia da PUC — Campinas, Bolsista de produtividade do CNPq

SUMÁRIO

INTRODUÇÃO 13

PARTE 1
AÇÕES/INTERVENÇÕES DE INCENTIVO E SUPORTE PARA O ACOMPANHAMENTO E A PERMANÊNCIA DO ESTUDANTE NA UNIVERSIDADE

CAPÍTULO 1
FATOR DE PERMANÊNCIA NA UNIVERSIDADE: ACOLHIMENTO INSTITUCIONAL 21

Zena Eisenberg

Helen Vieira de Oliveira

CAPÍTULO 2
PERMANÊNCIA, SUCESSO E CONCLUSÃO DA FORMAÇÃO: AÇÕES PROMOTORAS NO ENSINO SUPERIOR 35

Cláudia Patrocinio Pedroza Canal

Leandro S. Almeida

CAPÍTULO 3
ORIENTAÇÃO PROFISSIONAL E DE CARREIRA NO ENSINO SUPERIOR: APOIO À PERMANÊNCIA DO ESTUDANTE NA UNIVERSIDADE 49

Mariangela da Silva Monteiro

Maria Elisa Almeida

Laísa Azevedo Esteves de Barros

CAPÍTULO 4
TRANSIÇÕES NA VIDA UNIVERSITÁRIA: INTERVENÇÕES PSICOLÓGICAS E DE CARREIRA. .65

Fabiana Pinheiro Ramos

Alexandro Luiz De Andrade

Sávio Broetto da Silva

Jorge Luís de Souza Campista

Juliana Pereira Rodrigues Nunes

CAPÍTULO 5
ESTUDANTE UNIVERSITÁRIO OU PROFISSIONAL EM FORMAÇÃO? A IMPORTÂNCIA DO DESENVOLVIMENTO DE COMPORTAMENTOS PROFISSIONAIS NO CONTEXTO UNIVERSITÁRIO 81

Fernanda Torres Sahão

Nádia Kienen

CAPÍTULO 6

PROMOÇÃO DE HABILIDADES SOCIAIS PARA ESTUDANTES AUTISTAS: INTERVENÇÕES NO ENSINO SUPERIOR 95

Thamires G. Gouveia

Soely A. J. Polydoro

Camila Alves Fior

CAPÍTULO 7

PERCEPÇÕES SOBRE A ADAPTAÇÃO ACADÊMICA DE ALUNOS PERTENCENTES A MINORIA LGBTQIA+ 113

Adriana Benevides Soares

Marcia Cristina Monteiro

Maria Eduarda de Melo Jardim

Rejane Ribeiro

Natália Pereira de Oliveira

CAPÍTULO 8

MINHA NOTA NÃO É SÓ CULPA MINHA?! SOCIALIZAÇÃO UNIVERSITÁRIA, AUTOCONCEITO, VIDA ACADÊMICA, TIMIDEZ E CRENÇAS. 123

Alvim Santana Aguiar

Amalia Raquel Pérez-Nebra

Ana Luisa Rodrigues

Thiago A. Oliveira

PARTE 2

HABILIDADES SOCIAIS E COMPETÊNCIA SOCIAL EM ESTUDANTES UNIVERSITÁRIOS

CAPÍTULO 9

CARACTERIZAÇÃO DO REPERTÓRIO DE HABILIDADES SOCIAIS E DO POTENCIAL EMPREENDEDOR DE ESTUDANTES DE PSICOLOGIA NO CONTEXTO DE PANDEMIA 145

Michelli Godoi Rezende

Lucas Cordeiro Freitas

CAPÍTULO 10

COMPARAÇÕES DAS HABILIDADES SOCIAIS DE UNIVERSITÁRIOS COM E SEM ANSIEDADE SOCIAL. 157

Antonio Paulo Angélico

André Rezende Morais

CAPÍTULO 11

ANSIEDADE SOCIAL E QUALIDADE DAS VIVÊNCIAS ACADÊMICAS NO ENSINO SUPERIOR ... 177

Yuri Pacheco Neiva

Lucas Guimarães Cardoso de Sá

Catarina Malcher Teixeira

CAPÍTULO 12
QUESTIONÁRIO DE AVALIAÇÃO DE HABILIDADES SOCIAIS, COMPORTAMENTOS E CONTEXTOS – QHC- UNIVERSITÁRIOS – APLICAÇÕES PRESENCIAL E ON-LINE.............193

Alessandra Turini Bolsoni-Silva

Sonia Regina Loureiro

CAPÍTULO 13
HABILIDADES SOCIAIS E INDICADORES DE SAÚDE MENTAL EM ESTUDANTES INGRESSANTES NA ÁREA DA SAÚDE EM TEMPOS DE PANDEMIA.............................207

Dagma Venturini Marques Abramides

Débora Cristina Cezarino

Enrique Souza Borges

João Victor Veríssimo

Maicon Suel Ramos da Silva

Carlos Alexandre Antunes Cardoso

CAPÍTULO 14
INTERVENÇÕES EM HABILIDADES SOCIAIS COM ESTUDANTES DE PSICOLOGIA...........225

Patricia Lorena Quiterio

Vanessa Barbosa Romera Leme

CAPÍTULO 15
TREINAMENTO DE HABILIDADES SOCIOEMOCIONAIS PARA UNIVERSITÁRIOS: A ESCRITA COMO FORMA DE EXPRESSÃO DE SENTIMENTOS E SUPERAÇÃO DE DIFICULDADES INTERPESSOAIS..243

Amanda Santos Monteiro Machado

Adriana Benevides Soares

CAPÍTULO 16
HABILIDADES SOCIAIS CONJUGAIS E COPARENTALIDADE EM ESTUDANTES UNIVERSITÁRIOS NA TRANSIÇÃO PARA A PARENTALIDADE....................................261

Lívia Lira de Lima Guerra

Regiane Fernandes da Silva Almeida

Elizabeth Joan Barham

PARTE 3
FORMAÇÃO E DESENVOLVIMENTO PROFISSIONAL DE UNIVERSITÁRIOS E SUA RELAÇÃO COM O MUNDO DO TRABALHO

CAPÍTULO 17
UNIVERSITÁRIOS PLANEJAM A CARREIRA? ENTENDENDO COMO ESSE PROCESSO ACONTECE..281

Luara Carvalho

Luciana Mourão

CAPÍTULO 18
CONTEXTO E ESCOLHAS PARA UNIVERSITÁRIOS: CONTRIBUIÇÕES DAS TEORIAS SOCIOCOGNITIVAS E JUSTIÇA SOCIAL 299

Mariana Ramos de Melo
Alexsandro Luiz De Andrade
Alamir Costa Louro
Priscilla de Oliveira Martins Silva

CAPÍTULO 19
COMPETÊNCIAS SOCIOEMOCIONAIS, ADAPTABILIDADE DE CARREIRA E EMPREGABILIDADE NO ENSINO SUPERIOR: UM MODELO DE TRAJETÓRIAS 321

Marcela de Moura Franco Barbosa
Lucy Leal Melo-Silva
Amanda Espagolla Santos
José Egídio Barbosa Oliveira

CAPÍTULO 20
DESENVOLVIMENTO PROFISSIONAL DE UNIVERSITÁRIOS: UM OLHAR SOBRE O QUE OCORREU NO PERÍODO PANDÊMICO 343

Danielle Mello Ferreira
Luciana Mourão

CAPÍTULO 21
FATORES DA TRAJETÓRIA ACADÊMICA QUE INFLUENCIAM NA TRANSIÇÃO PARA O TRABALHO: O QUE NOS DIZEM OS EGRESSOS? 357

Verônica da Nova Quadros Côrtes
Adriano de Lemos Alves Peixoto
Daiane Rose Cunha Bentivi

CAPÍTULO 22
LACUNAS, DESAFIOS E SOLUÇÕES PARA O DESENVOLVIMENTO DE HABILIDADES SOCIOAFETIVAS EM RESIDÊNCIA DA ÁREA DE SAÚDE 373

Fernanda Drummond Ruas Gaspar
Gardênia da Silva Abbad

CAPÍTULO 23
ESTÁGIO NO ENSINO SUPERIOR E CONSTRUÇÃO DA CARREIRA EM UNIVERSITÁRIOS NA PANDEMIA 397

Raquel Atique Ferraz
Lucy Leal Melo-Silva
Jéssica Pierazzo de Oliveira Rodrigues
Ana Paula Resende Augusto

SOBRE OS AUTORES 417

ÍNDICE REMISSIVO 433

INTRODUÇÃO

Ao desbravarmos as páginas deste livro, o leitor é convidado a uma jornada que aborda experiências, desafios e transformações que caracterizam a trajetória do estudante universitário brasileiro. A obra foi concebida a partir da crescente e diversificada população de universitários no Brasil e apresenta reflexões sobre os caminhos intricados que delineiam o percurso formativo desses jovens em busca de conhecimento e realização profissional. Os estudos dos 67 autores que compõem esta obra abordam o estudante universitário como sujeito em formação e como alicerce fundamental das pesquisas e reflexões aqui compartilhadas. Esta terceira edição do livro *O Estudante Universitário Brasileiro* propõe-se a explorar aspectos individuais e sociais desses sujeitos, abrangendo não apenas as características formativas de suas personalidades e habilidades cognitivas, mas também as complexas interações com família, colegas, professores e demais atores que compõem a rica comunidade universitária.

A transição para o ensino superior, como nos revelam os textos incorporados, é uma etapa marcante, em que o graduando mobiliza diversos recursos para enfrentar desafios variados. Características e vivências pessoais, como solidão, timidez e limitações nas competências sociais, tornam-se tangíveis, exigindo uma série de adaptações do estudante acostumado a um modelo escolar menos autônomo. Assim, este livro se propõe não apenas a explorar, mas a oferecer reflexões sobre como lidar com essas complexidades.

Ademais, *O Estudante Universitário Brasileiro* não se limita apenas à esfera acadêmica. Ao explorar o desenvolvimento profissional e a preparação para o mundo do trabalho, o livro abraça uma perspectiva mais ampla, considerando variáveis pessoais e contextuais que contribuem para o florescimento profissional dos universitários. Esta obra, por sua vez, não apenas documenta pesquisas e conceitos, mas proporciona uma reflexão instigante sobre o papel da instituição, das políticas públicas e das estratégias de ensino nesse cenário.

Nessa lógica, o livro foi dividido em três eixos, cada qual se desdobrando em capítulos que exploram distintas facetas das trajetórias profissionais dos universitários brasileiros. O primeiro eixo, "Ações/intervenções de incentivo e suporte para o acompanhamento e a permanência do estudante na universidade", aborda a caracterização de ações e intervenções que fomentam o acompanhamento e a permanência do estudante na universidade. Nesse eixo, são apresentadas reflexões sobre as vivências do aluno nesse processo de transição e adaptação.

O segundo eixo, "Habilidades sociais e competência social em estudantes universitários", explora as habilidades sociais como componentes cruciais para boas interações no ambiente universitário, além de contemplar a análise das dificuldades interpessoais e sugestões para a superação destas. Por fim, o terceiro eixo, "Formação e desenvolvimento profissional de universitários e sua relação com o mundo do trabalho", traz uma abordagem ampla sobre o desenvolvimento dos universitários e a relação entre a formação acadêmica, as experiências extra-acadêmicas e o planejamento de carreira.

De forma mais detalhada, os capítulos do primeiro eixo abrem a discussão com o capítulo intitulado "Fator de permanência na universidade: Acolhimento institucional", de Zena Eisenberg e Helen Vieira de Oliveira, cujo foco está no papel da psicopedagogia dentro do contexto universitário como um fator de acolhimento institucional e com potencial de promover a permanência na universidade de estudantes com dificuldades com seus estudos. Apresenta as principais preocupações trazidas pelos estudantes quanto à vida acadêmica e a aspectos socioemocionais.

O segundo capítulo, "Permanência, sucesso e conclusão da formação: Ações promotoras no ensino superior", é de autoria de Cláudia Patrocinio Pedroza Canal e Leandro S. Almeida. Os autores destacam a relevância de as instituições universitárias conhecerem e analisarem as características e necessidades dos graduandos para promoção e desenvolvimento de ações pertinentes e que promovam o sucesso destes, minimizando situações críticas que possam levar à evasão, principalmente no primeiro ano de curso. Os autores destacam a relevância de ações de acolhimento, de tutoria, de informações sobre a graduação, sobre a instituição e a futura carreira.

O terceiro capítulo, "Orientação profissional e de carreira no ensino superior: Apoio à permanência do estudante na universidade", de Mariangela da Silva Monteiro, Maria Elisa Almeida e Laísa Azevedo Esteves de Barros, discute as dificuldades dos estudantes diante da escolha profissional e as formas de auxiliá-los nesse processo e contribuir para seu desenvolvimento acadêmico, pessoal e profissional, como também evitar o abandono do curso superior.

Fabiana Pinheiro Ramos, Alexandro Luiz De Andrade, Sávio Broetto da Silva, Jorge Luís de Souza Campista e Juliana Pereira Rodrigues Nunes são os autores do quarto capítulo, intitulado "Transições na vida universitária: Intervenções psicológicas e de carreira". Destaca-se a importância de oferecer intervenções no campo da Psicologia, associadas aos desafios enfrentados neste novo nível de escolaridade, tendo como foco a permanência na universidade e a consolidação de um projeto profissional vinculado aos objetivos de vida.

O quinto capítulo, "Estudante universitário ou profissional em formação? A importância do desenvolvimento de comportamentos profissionais no contexto universitário", de autoria de Fernanda Torres Sahão e Nádia Kienen, discute a importância e viabilidade do desenvolvimento de repertórios essenciais para a atuação profissional ainda na graduação, partindo de situações-problema vivenciadas pelos estudantes nessa etapa de vida.

O capítulo sexto é de autoria de Thamires G. Gouveia, Soely A. J. Polydoro e Camila Alves Fior, intitulado "Promoção de habilidades sociais para estudantes autistas: Intervenções no ensino superior". O capítulo analisa possibilidades de promoção de habilidades sociais de indivíduos com Transtorno do Espectro Autista, matriculados no ensino superior. Por meio de revisão sistemática da literatura, as autoras analisam artigos de intervenção, em termos dos objetivos, habilidades sociais contempladas, delineamento metodológico de pesquisa e do programa, resultados alcançados e limitações apontadas.

O capítulo 7, "Percepções sobre a adaptação acadêmica de alunos pertencentes a minoria LGBTQIA+", de autoria de Adriana Benevides Soares, Marcia Cristina Monteiro, Maria Eduarda de Melo Jardim, Rejane Ribeiro e Natália Pereira de Oliveira, aborda a concepção de universitários pertencentes ao público LGBTQIA+ sobre o processo de adaptação à educação superior. Considera-se que esse público pode ser socialmente vulnerável e enfrenta obstáculos de inserção no futuro mercado de trabalho, sendo relevante entender o caminho percorrido para o ingresso no ensino superior.

Finalmente, o oitavo capítulo tem a autoria de Alvim Santana Aguiar, Amalia Raquel Pérez-Nebra, Ana Luisa Rodrigues e Thiago A. Oliveira e é intitulado "Minha nota não é só culpa minha?! Socialização universitária, autoconceito, vida acadêmica, timidez e crenças". De forma fluída, os autores apresentam estudo que destaca a pertinência de variáveis institucionais sobre variáveis individuais, refletindo em questões como o desempenho acadêmico e apontando aspectos críticos que podem estar associados à permanência do aluno na universidade.

O segundo eixo, por sua vez, inicia com o capítulo 9, intitulado "Caracterização do repertório de habilidades sociais e do potencial empreendedor de estudantes de Psicologia em tempos de pandemia", de Michelli Godoi Rezende e Lucas Freitas e tem por objetivo analisar o repertório de habilidades sociais, bem como o potencial empreendedor de estudantes do curso de Psicologia de início e final de curso. Foi observado repertórios pouco elaborados em diversas habilidades sociais e que os estudantes do curso também apresentaram os menores escores no fator potencial empreendedor, o que indica a necessidade de promoção de treinamento em habilidades sociais, bem como a criação de estratégias que desenvolvam o potencial empreendedor dos universitários.

O capítulo 10, de Antonio Paulo Angélico e André Rezende Morais, intitulado "Comparações das habilidades sociais de universitários com e sem ansiedade social", objetivou comparar o repertório de habilidades sociais de universitários com e sem ansiedade social de estudantes universitários de diferentes áreas acadêmicas advindos de IES pública e privada. Os resultados mostraram que não houve diferença significativa entre as áreas acadêmicas quanto à classificação do repertório de habilidades sociais e que mais de 50% dos estudantes tinham repertórios pouco elaborados de habilidades sociais, sendo o grupo de universitários com ansiedade social com mais *deficits*.

O capítulo seguinte, "Ansiedade social e qualidade das vivências acadêmicas no ensino superior", de Yuri Pacheco Neiva, Lucas Guimarães Cardoso de Sá e Catarina Malcher Teixeira, teve por objetivo mostrar as relações entre ansiedade social e assertividade, assim como verificar o seu impacto na qualidade das vivências acadêmicas. Evidenciou-se a existência de uma relação entre as variáveis e foi possível identificar o papel da assertividade como variável mediadora da relação entre ansiedade social e a qualidade das vivências acadêmicas dos estudantes, ou seja, a assertividade diminui o impacto da ansiedade social no processo de adaptação à universidade.

No capítulo 12, "Questionário de avaliação de habilidades sociais, comportamentos e contextos – QHC – universitários – aplicações presencial e on-line", de Alessandra Turini Bolsoni-Silva e Sonia Regina Loureiro, foi apresentada a proposta de uma versão informatizada do QHC-Universitários-On-line, relatando dados comparativos preliminares das versões presencial e on-line, coletados precedendo a pandemia.

O capítulo 13, de Dagma Venturini Marques Abramides, Débora Cristina Cezarino, Enrique Souza Borges, João Victor Veríssimo, Maicon Suel Ramos da Silva e Carlos Alexandre Antunes Cardoso, "Habilidades sociais e indicadores de saúde mental em estudantes ingressantes da área da saúde em tempos de pandemia", teve por objetivo acompanhar os ingressantes de cursos da área da saúde para identificar e comparar o repertório de habilidades sociais e os níveis de sintomas de ansiedade e depressão durante o período de ensino remoto emergencial. Os achados contribuíram para consolidar a implementação de políticas institucionais por meio da criação de um espaço para o cuidado à saúde mental e a promoção ao bem-estar para toda a comunidade estudantil do campus, com ênfase nos ingressantes.

O capítulo 14, de Patrícia Lorena Quiterio e Vanessa Barbosa Romera Leme, "Intervenções em habilidades sociais com estudantes de Psicologia", apresentou dois estudos realizados com estudantes de Psicologia. O primeiro descreveu oficinas de habilidades sociais com foco na promoção de saúde mental com estudantes de Psicologia, e o segundo, um Programa de Promoção de Habilidades Sociais com foco na inclusão para promover o repertório de habilidades sociais e percepções positivas sobre deficiência e inclusão em universitários do curso de Psicologia. Foram discutidas as estratégias de ensino utilizadas em ambas as intervenções e destacada a importância desses tipos de programas de habilidades sociais, considerando que os futuros psicólogos poderão atender de forma mais efetiva sua clientela, compreender e lidar com as emoções e os comportamentos dos outros e contribuir para o bem-estar psicológico daqueles que procuram ajuda.

No capítulo 15, "Treinamento de habilidades socioemocionais para universitários: a escrita como forma de expressão de sentimentos e superação de dificuldades interpessoais", de Amanda Santos Monteiro Machado e Adriana Benevides Soares, o objetivo foi comparar os efeitos do Treinamento de Habilidades Socioemocionais (THSE) em diferentes grupos, no que se refere à expressividade emocional e à adaptação acadêmica em estudantes universitários de primeiro ano. Os participantes consideraram as sessões positivas e com ganhos para além da universidade, o que resultou em um aumento no autoconhecimento e na autopercepção, principalmente quanto às emoções sentidas individualmente. O estudo demonstrou que um treinamento voltado para habilidades socioemocionais pode auxiliar os universitários numa melhor percepção de si e em melhores habilidades.

O capítulo 16, de Lívia Lira de Lima Guerra, Regiane Fernandes da Silva Almeida e Elizabeth Joan Barham, "Habilidades sociais conjugais e coparentalidade em estudantes universitários na transição para a parentalidade", examina as relações conjugais e coparentais, na fase da gestação, em casais com, pelo menos, um parceiro universitário em comparação com casais não universitários. Com relação à coparentalidade, os parceiros universitários se autoavaliaram mais positivamente do que os membros de casais não universitários. No que concerne às habilidades sociais conjugais, os casais com universitários também se avaliaram mais positivamente do que os casais não universitários. Observou-se uma janela de oportunidades para a melhoria desse repertório, em ambos os grupos, e que as habilidades sociais conjugais e coparentais podem ser um fator de proteção de grande importância para ambos os tipos de casais, ainda mais para os formados por universitários.

Ao adentrarmos as páginas do terceiro eixo, iniciamos com o capítulo 17, "Universitários planejam a carreira? Entendendo como esse processo acontece", que nos apresenta um panorama alarmante: mais da metade dos universitários brasileiros não planeja suas carreiras. Luara Carvalho e Luciana Mourão conduzem uma análise minuciosa, destacando diferentes abordagens para o planejamento de carreiras, ressaltando a necessidade de políticas públicas e institucionais diante desse cenário preocupante.

Dando continuidade, o capítulo 18 "Contexto e escolhas para universitários: contribuições das teorias sociocognitivas e justiça social", apresenta as reflexões de Mariana Ramos de Melo, Alexsandro Luiz de Andrade, Alamir Costa Louro e Priscilla de Oliveira Martins Silva. Este capítulo mergulha nas perspectivas teóricas da Teoria Social Cognitiva de Carreira e da Psicologia do Trabalhar, proporcionando argumentos relevantes sobre as influências contextuais no mundo do trabalho e suas relações com a volição de trabalho.

No capítulo seguinte, "Competências socioemocionais, adaptabilidade de carreira e empregabilidade no ensino superior: um modelo de trajetórias", Marcela de Moura Franco Barbosa, Lucy Leal Melo-Silva, Amanda Espagolla Santos e José Egídio Barbosa Oliveira conduzem uma investigação cuidadosa sobre a relação entre competências socioemocionais, adaptabilidade de carreira e empregabilidade. Os resultados revelam a importância crucial dessas competências na inserção e manutenção dos universitários no mercado de trabalho.

Por sua vez, o capítulo 20, "Desenvolvimento profissional de universitários: um olhar sobre o que ocorreu no período pandêmico", de Danielle Mello Ferreira e Luciana Mourão, nos transporta para o desafiador contexto da pandemia da COVID-19. Explorando o impacto do ensino remoto emergencial, o capítulo oferece uma perspectiva relevante sobre o desenvolvimento profissional durante um período atípico na história da educação superior.

Os autores Verônica da Nova Quadros Côrtes, Adriano de Lemos Alves Peixoto e Daiane Rose Cunha Bentivi, no capítulo 21, "Fatores da trajetória acadêmica que influenciam na transição para o trabalho: o que nos dizem os egressos?", apresentam uma análise qualitativa das experiências de egressos da Universidade Federal da Bahia. Este capítulo destaca facilitadores e dificultadores na transição para o mercado de trabalho, fornecendo valiosas lições para aprimorar a formação acadêmica.

O capítulo 22, "Lacunas, Desafios e soluções para o desenvolvimento de habilidades socioafetivas em residência da área de saúde", de Fernanda Drummond Ruas Gaspar e Gardênia da Silva Abbad, mergulha no desafiador universo do trabalho colaborativo em equipes de saúde. O capítulo propõe soluções educacionais, destacando o papel fundamental da universidade na preparação de profissionais de saúde para a realidade complexa e interdisciplinar do campo.

Finalmente, o derradeiro capítulo 23 deste livro, "Estágio no ensino superior e construção da carreira em universitários na pandemia", escrito por Raquel Atique Ferraz, Lucy Leal Melo-Silva, Jéssica Pierazzo de Oliveira Rodrigues e Ana Paula Resende Augusto, aborda as percepções de estagiários universitários sobre a influência da pandemia em suas rotinas acadêmicas e de estágio, com o objetivo de compreender as estratégias utilizadas na construção de suas carreiras. Com base na teoria da construção da carreira, o estudo revela a importância da continuidade das atividades de estágio e pesquisa em períodos de crise.

Após apresentar o panorama dos capítulos, cabe considerar que este livro é mais do que uma compilação acadêmica: é um convite à reflexão, à ação e à transformação. Cada capítulo é uma peça fundamental no entendimento das trajetórias profissionais dos universitários, oferecendo contribuições valiosas para educadores, gestores e, principalmente, para os próprios estudantes que estão moldando seus destinos profissionais. Que estas páginas inspirem novas pesquisas, políticas inovadoras e, acima de tudo, uma compreensão mais profunda das jornadas únicas que cada universitário trilha em direção ao futuro.

Nesta estrutura tríplice, os eixos se complementam, e os capítulos buscam levar o leitor a uma imersão nas complexidades das trajetórias formativas e profissionais dos universitários brasileiros. Contemplando desde as habilidades sociais – uma das peças-chave nesta obra –, passando pelos desafios da permanência e acompanhamento no mundo universitário e caminhando para a transição para o mundo do trabalho, a obra busca contemplar reflexões direcionadas a estudantes, professores e gestores.

Assim, esperamos que cada capítulo deste livro seja um convite para repensarmos nosso entendimento sobre este importante tema. Desejamos boa leitura e que as reflexões aqui apresentadas ecoem como sementes férteis em prol de uma educação superior mais consciente, inclusiva e preparada para os desafios do século XXI.

PARTE 1

AÇÕES/INTERVENÇÕES DE INCENTIVO E SUPORTE PARA O ACOMPANHAMENTO E A PERMANÊNCIA DO ESTUDANTE NA UNIVERSIDADE

CAPÍTULO 1

FATOR DE PERMANÊNCIA NA UNIVERSIDADE: ACOLHIMENTO INSTITUCIONAL

Zena Eisenberg
Helen Vieira de Oliveira

INTRODUÇÃO

É inegável que "estar bem" no ensino superior é importante para que uma pessoa se dedique às suas tarefas acadêmicas e avance nos seus estudos. Não estamos falando de estar feliz, mas, sim, bem adaptada, satisfeita com a escolha de curso e com as matérias ofertadas; satisfeita com o círculo de amizades criado e com os professores: com a rotina universitária e com condições financeiras suficientes para permanecer nela. A importância do primeiro ano na vida do universitário já está bem estabelecida na literatura. Fatores que influenciam sua permanência ou evasão relacionam-se com a ideia de bem-estar. Incluem aqueles já mencionados, além de outros, sendo um deles o acolhimento institucional, que discutiremos neste capítulo.

Portanto, a permanência de estudantes no ensino superior é o foco do nosso texto. Há décadas, a evasão tem sido uma preocupação das instituições, e pesquisas têm apontado para diversos fatores como responsáveis por esse fenômeno. O contexto pandêmico de 2020 a 2022 agravou essa preocupação, pois houve um aumento na evasão do ensino superior. Entre 2019 e 2020, houve uma queda de 18,8% no número de estudantes concluintes nas universidades públicas brasileiras e uma redução de 5,8% no ingresso em 2020 (Ministério da Educação, 2022); além disso, vieram à baila questões como a motivação para estudar, o sentimento de pertencimento e o isolamento, o que inevitavelmente levou a maiores índices de ansiedade (+25,6%) e de depressão (+27,6%) no mundo todo (Taquet et al., 2021). Esse fenômeno também foi encontrado quando comparados estudantes universitários pré e pós-pandemia no Brasil (Maia & Dias, 2020).

Abordaremos alguns fatores responsáveis pela evasão de universitários; em seguida, apresentaremos a proposta de trabalho de um estudo de caso de um serviço de apoio ao universitário e, por fim, traremos os resultados das avaliações realizadas pelos estudantes atendidos pelo serviço. Os dados apresentados servirão de apoio para nosso argumento de que, atualmente, mais do que nunca, o trabalho de apoio institucional ao universitário é essencial para viabilizar sua permanência no ensino superior.

Pesquisas, como a conduzida por Hughes e Smail (2015), têm identificado um conjunto de fatores trazidos por estudantes, que podem indicar uma maior propensão à evasão, seja do curso, seja da instituição, ou, ainda, do ensino superior como um todo. Os principais fatores identificados pelos autores que podem levar à evasão foram: 1) falta de suporte social – os alunos se sentiam excluídos, isolados e deprimidos, 2) estado psicológico e estilo de vida – pensamentos negativos, lamentando o que poderia ou deveria ter feito em determinadas situações, apelar para bebidas alcoólicas, entre outros; 3) ações da universidade – atividades de recepção podem ser opressivas se ofertadas em excesso; 4) apoio – ter acesso à informação sobre o apoio disponível na universidade nem sempre é fácil; 5) organização – encontrar formas de resolver questões burocráticas ou entender a sistemática da instituição; e 6) questões acadêmicas – baixa autoeficácia, falta de informação sobre o que é esperado do estudante academicamente.

Outras pesquisas, como a de Juan Matus apresentada no "II Congresso Latinoamericano sobre Abandono na Educação Superior" (Clabes, 2012), trazem como fator decisivo para a evasão o financeiro, que tem duas facetas – sustentar-se enquanto cursa o ensino superior, e/ou, por ser primeira geração a ingressar na universidade, por vezes, não contar com o apoio familiar, que preferia que o estudante estivesse trabalhando e produzindo renda para a família.

Há, ainda, pesquisas que têm focado na importância do atendimento aos alunos por setores da universidade dedicados ao bem-estar deles. Romo et al. (2013) apresentaram um trabalho no "III Clabes", acerca da satisfação com serviços de apoio a estudantes. Os pesquisadores constataram que, apesar de haver uma grande oferta de serviços em universidades, apenas 40% dos estudantes mostram-se satisfeitos com o apoio que recebem. Eles concluem que um estudante em vias de evadir não terá motivos para permanecer mediante o serviço ofertado pela universidade.

Ainda nessa linha, Gimeno e Miranda Molina (2016) apresentaram no "VI Clabes" um trabalho sobre os estudantes do Chile e suas motivações e expectativas ao adentrar no ensino superior. Assim como Hughes e Smail (2015), os autores identificaram a baixa autoeficácia como um fator relacionado ao medo de ter baixo desempenho acadêmico. Os autores concluem, enfatizando a importância dos serviços de apoio para garantir a permanência dos estudantes na universidade.

Diante desse cenário, é de suma importância que as universidades desenvolvam ações de assistência e apoio estudantil, que tenham como objetivo contribuir para a permanência dos alunos. A assistência estudantil tem por objetivo criar estratégias no sentido de transpor obstáculos e superar os impeditivos ao bom desempenho acadêmico, vindo a permitir que os estudantes se desenvolvam perfeitamente ao longo do curso de graduação, minimizando o índice de evasão (Vasconcelos, 2010). Sendo o Brasil um país marcado por forte desigualdade social, é de extrema relevância discutir a assistência estudantil, não apenas nas instituições públicas, mas também nas privadas, tendo em vista a existência de programas de financiamento do governo, as ações de bolsas das próprias instituições e a queda no valor das mensalidades ao longo dos anos.

De acordo com Gilioli (2016), as instituições de educação superior também possuem parte da responsabilidade em criar medidas de combate à evasão, desenvolvendo, assim, programas de assistência e de orientação, com acompanhamento efetivo de seus estudantes, detectando dificuldades de diversas ordens. O autor chega a afirmar que a "adoção de políticas de escala nacional de combate à evasão parece ser pouco eficiente sem políticas específicas de cada instituição voltadas à permanência do aluno no curso superior" (Gilioli, 2016, p. 26).

Nesse sentido, a Psicopedagogia, apesar de ser uma área ainda pouco difundida no ensino superior, tem muito a colaborar com ações de apoio estudantil, de caráter preventivo e, quando necessário, com intervenções diretas, levando em consideração algumas estratégias para o desenvolvimento acadêmico. Práticas que venham a auxiliar não apenas as pessoas que apresentam dificuldades e/ou transtornos de aprendizagem, mas que evidenciem o processo de aprendizagem como um todo, entendendo as demandas, exigências e dificuldades na educação superior. Para tanto, deve-se considerar ações que desenvolvam: as estratégias cognitivas, que buscam potencializar a forma como os alunos elaboram e organizam a informação recebida; as estratégias metacognitivas, visando a desenvolver no aluno a capacidade de realizar o planejamento, o controle e a regulação das atividades que ocorrem durante a aprendizagem; as estratégias de regulação de recursos, envolvendo ações de persistência em tarefas; e as estratégias emocionais, com atividades de autoconhecimento e manejo da ansiedade (Andrews & Wilding, 2004; Pintrich & Garcia, 1993).

O estudo aqui apresentado tem como foco a contribuição do atendimento psicopedagógico para o bem-estar de estudantes universitários. A seguir, discutiremos alguns fatores presentes na literatura que explicam a evasão de estudantes do ensino superior e, então, apresentaremos os resultados da pesquisa realizada.

INGRESSO E EVASÃO NO ENSINO SUPERIOR

A partir da década de 1990, e em resposta às diretrizes propostas pela "Conferência Mundial sobre Educação para Todos", a educação entrou como pauta importante na agenda política ao redor do mundo. Pode-se destacar nessa mesma década que o crescimento da educação superior no Brasil, e no mundo, começou a ocorrer em um ritmo mais consistente, devido a políticas públicas educacionais, com o objetivo de ampliar o acesso a essa modalidade de ensino. Com isso, tornaram-se evidentes discussões em torno da necessidade de se ofertar de forma igualitária o acesso à educação superior, não se admitindo qualquer discriminação, seja ela por raça, sexo, religião ou em considerações econômicas, culturais ou sociais, tampouco por incapacidades físicas, ocorrendo assim uma expansão do sistema de ensino superior, ou uma democratização do acesso; como afirma Dubet (2015, p. 255), uma democratização restrita a "abertura de um sistema de ensino e a massificação do acesso a um bem escolar".

Porém, com o passar do tempo, evidenciou-se a necessidade de se ampliar as discussões para além do acesso ao ensino superior, tendo em vista que a expansão de vagas deu-se mais no sentido de democratização de acesso do que uma democratização do sucesso em relação aos que o frequentam (Almeida & Soares, 2003). Alguns modelos têm sido desenvolvidos, buscando identificar os aspectos essenciais para as instituições pensarem no sentido de garantir o bem-estar do aluno e sua permanência na universidade. A seguir, apresentamos alguns desses modelos.

Chickering e Gamson (1999), referência nos estudos de adaptação do estudante ao ensino superior, sugeriram sete princípios de boas práticas para trabalhar com professores da instituição. São eles: encorajar a interação entre estudante e professor; encorajar cooperação entre estudantes; encorajar aprendizagem ativa; dar retorno imediato para o estudante; boa gestão de tempo; comunicar as expectativas aos estudantes; e respeitar a diversidade de talentos e os modos de aprendizagem.

Tinto (1993) argumenta que estudantes que se envolvem em atividades formais e informais da universidade têm menor probabilidade de evadir. Seu modelo de evasão conta com três grupos de variáveis: (1) características anteriores ao ingresso (características familiares, habilidades, experiências prévias); (2) experiências no ensino superior (área de estudo, desempenho, relação professor-aluno); e (3) experiências fora da sala de aula (trabalho, participação em atividades extracurriculares, relação com outros estudantes). Outros autores, como Braxton e Hirschy (2004), redirecionaram o foco para o papel da instituição – seu compromisso com os estudantes e sua integridade, que podem promover ou atrapalhar a integração do aluno no contexto universitário.

Harvey e Drew (2006) também fizeram uma revisão da literatura mais ampla, abarcando estudos de diferentes países do mundo. Ademais, focaram sua análise em pesquisas sobre o primeiro ano de ensino superior. Os autores identificaram alguns fatores que impactam no desempenho e na persistência do aluno em continuar seus estudos. Por exemplo, encontraram estudos da Espanha e dos Estados Unidos que sugerem que a média dos estudantes no ensino médio prevê seus desempenhos no primeiro ano da graduação. Mas essa relação é mais relevante para estudantes com baixo desempenho do que aqueles com bom desempenho; e para estudantes brancos, comparados aos de origem mexicana. Aparentemente, essa relação é mais presente em algumas áreas de estudo do que em outras. Os autores relatam um estudo realizado na Bélgica, em que o desempenho no primeiro ano estava relacionado às notas de exames de ingresso, à autoestima acadêmica, às expectativas e ao uso de técnicas de estudo eficazes. Por fim, estudos apontaram ser presunçoso achar que estudantes ingressantes se tornarão estudantes independentes assim que entram na universidade. Uma habilidade que eles aprendem na sua trajetória no ensino superior é a de gerir melhor seu tempo. No entanto, quando entram, superestimam suas habilidades para lidar com essa etapa de ensino.

Em estudo recente, Sahão e Kienen (2020) identificaram sete categorias de comportamentos necessários para uma boa adaptação à vida universitária, a partir de uma revisão bibliográfica que resultou na seleção de 19 estudos para análise. As sete categorias descritas foram: (1) explorar as oportunidades do ambiente acadêmico; (2) gerir o próprio comportamento de estudo de forma autônoma e eficiente; (3) comprometer-se com o curso e a instituição; (4) ajustar as expectativas à realidade da universidade; (5) gerenciar as emoções; (6) estabelecer relações sociais que sirvam de suporte para a adaptação; e (7) resolver problemas relacionados a novas responsabilidades acadêmicas e pessoais.

Relação ensino-aprendizagem

A expansão do ensino superior que ocorreu nas últimas décadas veio acompanhada de uma exigência por titulação de mestrado e doutorado para atuar nesse segmento. Há uma falácia no meio universitário de se achar que, porque o ensino é para "adultos", basta o professor ter conhecimento específico da sua área para se esperar que seja um bom professor (Masetto, 2003a). Não houve e nem há exigência de formação didática desses mesmos professores. A LDB (Lei nº 9.394/1996) exige um mínimo de 30% de mestres e doutores na IES, mas nada diz sobre sua formação pedagógica. Uma questão amplamente conhecida e pouco abordada nas políticas públicas é a carência de formação didática de professores universitários. Vários autores (Aguiar & Teixeira, 2019; Almeida, 2012; Cunha & Dantas, 2020; Cruz, 2017; Lourenço et al., 2016; Masetto, 2003a; Pachane & Pereira, 2004; Pimenta e Anastasiou, 2010; entre outros) chamam a atenção para esse problema. Em pesquisa recente, Alves e Marques Ribeiro (2022) investigaram três grandes áreas – ciências biológicas, ciências da saúde e ciências humanas – e constataram que a formação docente contemplada pela CAPES, resumida em um ou dois semestres de estágio de docência, tem configurações díspares entre essas áreas e está longe de qualificar futuros professores para atuarem no ensino.

Discutiremos aqui a relação professor-aluno como um aspecto importante da formação docente e que engloba saberes da Psicologia Educacional. Não havendo formação docente obrigatória para professores universitários, não pode haver uma intencionalidade pedagógica nessa relação. Para que o estudante universitário crie um vínculo positivo com a aprendizagem, faz-se necessário um professor preparado para oferecer essa oportunidade. Para isso, deve saber lidar com seus preconceitos, estereótipos, com suas emoções e as dos alunos, que saiba como motivar os alunos, que pense sua metodologia didática a partir dos estudantes que tem em sua turma a cada semestre, e assim por diante. O professor precisa estar preparado para lidar com a diversidade discente, com a deficiência, com as colocações que seus alunos farão e que, nem sempre, serão o que espera – ou deseja.

A falta da formação pedagógica acarreta, muitas vezes, o uso indiscriminado ou tradicional de metodologias didáticas, formas de avaliação engessadas e classificatórias entre outros. Masetto (2003b) propõe uma mudança de paradigma, para se focar mais na aprendizagem do que no ensino. Isto é, a aprendizagem engloba o estudante, parte da sua perspectiva, das suas necessidades, do seu conhecimento, enquanto o ensino reflete mais a preocupação do professor em transmitir conhecimento. Para o autor, o professor serve melhor o estudante sendo um mediador da aprendizagem do que um transmissor dela. Com esse foco no estudante e a permissão para que o sujeito protagonize seu processo, entendemos que a motivação para estudar seja ampliada.

Expectativas dos estudantes ao ingressar no ensino superior

As expectativas que o estudante traz ao ingressar na universidade podem estar relacionadas à evasão (Adams et al., 2016; Bisinoto et al., 2016; Bucuto et al., 2016; Cordeiro et al., 2016; Crisp et al., 2009; Farias et al., 2022; Fernandes & Almeida, 2005; Soares et al., 2021; entre outros). Em pesquisa recente com universitários de diferentes cursos, Soares et al. (2021) encontraram que, quanto mais elevadas são as expectativas dos estudantes, melhores são os índices de adaptação acadêmica. Encontraram também relação entre as expectativas e o desenvolvimento de relações interpessoais na universidade. Os resultados indicam a necessidade de se trabalhar as habilidades sociais de alunos ingressantes e de se criar um ambiente de aprendizagem enriquecedor (Soares et al., 2021).

O fator idade parece ter influência sobre as expectativas dos estudantes ingressantes no ensino superior (Farias et al., 2022), em que estudantes mais novos têm expectativas mais elevadas em relação à vida universitária que estudantes mais velhos. Assim, também, há evidência para maior antecipação de dificuldades por mulheres e estudantes de cursos de ciências sociais e humanas (Araújo et al., 2016).

Outros fatores, como o acolhimento, têm se mostrado essenciais para a permanência do estudante, principalmente durante seu primeiro ano de estudos. Esse acolhimento deve ser institucional, mediado pelos serviços de atendimento aos alunos, compostos por psicólogos, psicopedagogas e estudiosos do assunto nos departamentos de Educação e de Psicologia.

Acolhimento institucional

Pesquisas que focam no papel da instituição, em promover a permanência do aluno, frequentemente trazem o serviço de suporte como elemento importante nesse processo. Braxton e Hirschy (2004) encontraram que nem sempre os estudantes que mais precisam de suporte são os que o procuram. Autoeficácia aparenta ter correlação positiva com desempenho acadêmico (Braxton & Hirschy, 2004).

Em um estudo no Reino Unido, Smith e Todd (2005 citados por Braxton & Hirschy, 2004) coletaram 44 respostas a um questionário aferindo formas de suporte disponíveis para estudantes universitários. Os tipos de suporte relatados incluíram: aconselhamento, redes de estudantes, ajuda nos estudos, ajuda para estudantes com deficiência. A construção de redes de apoio entre os estudantes era baseada no uso de tutores e na promoção de atividades grupais. Em pesquisa mais recente, Adinolfi et al. (2022) encontraram que estudantes têm preferência por consultar amigos e familiares quando pensam em evadir do que apoio institucional. Viram também que a tendência a procurar apoio institucional está relacionada à percepção que os estudantes têm da qualidade do serviço que é ofertado.

Em contraste, um estudo norte-americano relatado por Braxton e Hirschy (2004) indicou que os serviços de suporte devem ser proativos de modo a se impor aos alunos, no lugar de esperar que eles os procurem. Ademais, os serviços não devem responder a demandas, mas antecipá-las, ainda no primeiro ano de estudos. No entanto, os autores trazem que outras pesquisas mostram que essa diretiva não é usada de forma central nas políticas internas das instituições estadunidenses; o suporte para estudantes acaba sendo algo mais periférico e auxiliar.

Psicopedagogia universitária

As políticas de democratização do acesso ao ensino superior no Brasil e em várias partes do mundo impactaram no perfil de estudante que ingressa na universidade (Dubet, 2015). Com isso, as instituições passam então a ter que lidar com questões que vão além de conteúdos e formação profissional, como: baixa qualidade da educação básica (Lobo, 2012); distância entre a residência e a universidade (Sauberlich, 2012); disponibilidade de tempo para estudo e fatores da vida pessoal (Tontini & Walter, 2014); falta de assistência socioeducacional (Dias et al., 2010); questões de ordem acadêmica, expectativa do aluno em relação à sua formação, relação do estudante com a instituição, desmotivação (Silva Filho et al., 2007). Em resposta a isso, as instituições começam a perceber que, para além do acesso, necessitam de ações que possam garantir a permanência e o aproveitamento acadêmico dos discentes.

Diante desse cenário, é de suma importância que as universidades desenvolvam ações de assistência e apoio estudantil, com o intuito de transpor obstáculos e superar os impeditivos ao bom desempenho acadêmico, contribuindo assim para a permanência dos alunos. Nesta direção, no ano de 2004, foi sancionada a Lei nº 10.861/2004, instituindo o Sistema de Avaliação da Educação Superior Brasileiro – SINAES, um sistema de avaliação integrado que apresenta três dimensões: a avaliação institucional, a avaliação dos cursos e o Exame Nacional de Desempenho dos Estudantes (Enade). O SINAES, Lei nº 10.861 de 2004, apresenta na Dimensão 1: Organização didático-pedagógica, no indicador apoio ao discente, fazendo referência a diferentes ações, como: de acolhimento e permanência, acessibilidade metodológica e instrumental, monitoria, nivelamento, intermediação e acompanhamento de estágios não obrigatórios remunerados, apoio psicopedagógico, participação em centros acadêmicos ou intercâmbios nacionais e internacionais e promove outras ações comprovadamente exitosas ou inovadoras (INEP/MEC, 2017), atribuindo um conceito que varia em uma escala de 1 a 5, dependendo da quantidade de ações presentes nas instituições. Com isso, a avaliação determina um peso importante para ações cujo objetivo é estabelecer apoio aos estudantes durante o curso de graduação.

Nesse sentido, a psicopedagogia, apesar de ser uma área ainda pouco difundida no ensino superior, tem muito a colaborar com ações de apoio estudantil, de caráter preventivo e, quando necessário, com intervenções diretas. Com um olhar transdisciplinar, entende que a aprendizagem está articulada a vários fatores, que se dá de forma contextualizada e necessita de vínculo para ocorrer. Com base em tais prerrogativas, a psicopedagogia atua de forma a prevenir ou intervir nos problemas de aprendizagem.

O primeiro desafio da psicopedagogia na educação superior é desvincular-se de um campo de atuação exclusivamente com crianças e adolescentes, com vistas a superar os problemas de aprendizagem na educação básica, para que assim possa estabelecer-se como um saber pronto a receber estudantes de todas as idades e em qualquer nível de escolaridade ou momento de aprendizagem. Para além disso, entender que as demandas trazidas pelos adultos são diferentes das que estão por vezes fundamentadas nas teorias e na formação do saber psicopedagógico, necessitando, por conseguinte, uma atualização da prática profissional. Como afirmam Lea e Street (1998, p. 158): "A aprendizagem no ensino superior implica a adaptação a novas formas de saber: novas formas de compreender, interpretar e organizar o conhecimento".

Ao se estabelecer como apoio ao processo de aprendizagem na universidade, a psicopedagogia deve romper com a concepção de que o estudante chega a esse nível educacional com todas as ferramentas necessárias para enfrentar os desafios presentes na academia. Na realidade, são diversas as demandas estudantis específicas, que o estudante possivelmente não enfrentou na educação básica: integrar-se em um novo grupo, assimilar e assumir uma cultura universitária (Bortolanza, 2002); os conflitos interiores, as diferentes formações de uma sala de aula, a opção pelo curso (Ferrari & Canci, 2005); divisão dos estudos com a obrigatoriedade da manutenção da empregabilidade (Castro, 2011); alfabetização acadêmica, ler e escrever dentro das disciplinas (Lea & Street, 1998). Para além das dificuldades que podem estar presentes desde a educação básica.

Frente às demandas apresentadas pelos estudantes, as atividades psicopedagógicas podem ser conduzidas levando em consideração algumas estratégias para o desenvolvimento acadêmico do estudante: cognitivas, metacognitivas e emocionais.

As estratégias cognitivas se referem aos recursos que os alunos usam para melhorar a aprendizagem, ou seja, comportamentos e pensamentos que interferem no processo de aprendizagem de maneira que a informação possa ser armazenada de forma mais eficiente. As estratégias metacognitivas são aquelas que os estudantes usam para planejar, monitorar e estabelecer metas das atividades que acontecem durante a aprendizagem. Nas tarefas difíceis e desinteressantes, as estratégias de regulação de recursos envolvem ações para manter a persistência na atividade, na percepção de seus sentimentos e crenças de autoeficácia, definindo sua valorização e seu envolvimento nas atividades de aprendizagem. Por fim, as estratégias emocionais, com ênfase na ansiedade acadêmica, com estratégias para lidar com as questões emocionais, que, por vezes, acaba sendo um obstáculo para o desempenho do aluno, devido à ansiedade em um momento de prova, a apresentação de um trabalho ou uma conversa com o professor, bem como a resultante da quantidade de atividades para fazer (Andrews & Wilding, 2004; Boruchovitch, 1999; Pintrich & Garcia, 1993).

As atividades psicopedagógicas, tanto as preventivas quanto as de intervenção direta, são conduzidas levando-se em consideração essas estratégias para o desenvolvimento acadêmico. Com isso, as ações se voltam para: (a) identificação da dificuldade na elaboração e organização das informações; (b) desenvolvimento na leitura e escrita de textos acadêmicos; (c) desenvolvimento do pensamento crítico; (d) planejamento e organização do ambiente e tempo de estudo; (e) identificação de metas, tarefas e objetivos a serem alcançados; (f) regulação do esforço empregado; (g) identificação dos diferentes estilos e técnicas de aprendizagem; (h) identificação da causa e dos movimentos de procrastinação; (i) autoconhecimento e manejo da ansiedade acadêmica.

O apoio oferecido pelas instituições aos estudantes no ensino superior, tanto em suas necessidades individuais quanto nas coletivas, é de suma importância para a sua permanência no curso. Um olhar para a trajetória acadêmica, de forma a atender a questões de dificuldades emocionais, cognitivas, sociais, profissionais ao longo do curso, é um dever no que tange à democratização do ensino superior. Como um serviço de apoio ao estudante, a psicopedagogia proporciona uma aprendizagem mais significativa, colocando o estudante como sujeito ativo no processo de aprendizagem, sendo capaz de remover ou redimensionar os possíveis obstáculos que possam interferir em sua jornada acadêmica.

METODOLOGIA DO PRESENTE ESTUDO

O estudo apresentado neste capítulo focou no papel do atendimento psicopedagógico dentro do contexto universitário como uma forma de acolhimento institucional com potencial para promover a permanência de estudantes que apresentam dificuldades acadêmicas.

Nossa pesquisa é um estudo de caso de cunho qualitativo. Buscamos, por meio de formulários anônimos de avaliação, entender as questões que assolam os estudantes e os aspectos dos atendimentos mais relevantes para eles. Analisamos as avaliações que fizeram do apoio psicopedagógico recebido em uma IES privada e filantrópica da região metropolitana do Rio de Janeiro.

A IES tem, aproximadamente, um terço de seus alunos beneficiários de bolsa 100% (PROUNI ou bolsa filantrópica/social). Possui um serviço de apoio psicopedagógico que atua junto aos universitários (graduandos e/ou pós-graduandos) desde 2014. Ao final de cada semestre, os estudantes preenchem um formulário anônimo em que avaliam os atendimentos recebidos.

Para este trabalho, analisamos as avaliações referentes aos anos de 2017, 2018 e 2019, pré-pandemia de COVID-19. Foram coletadas ao todo 252 avaliações, preenchidas de modo anônimo ao final de cada período letivo ou ao finalizar os atendimentos. Os formulários de avaliação analisados são compostos por perguntas básicas, como o curso do estudante, período de estudo, se possui ou não bolsa de estudos, há quanto tempo recebe apoio psicopedagógico, e se era a primeira ou segunda graduação que cursava. A seguir, as questões eram abertas acerca: do motivo pelo qual procurou atendimento psicopedagógico, se o atendimento correspondeu ou não às suas expectativas, se notou uma melhora acadêmica e em que aspectos, se houve melhora em outros aspectos da sua vida, quais os fatores mais significativos dos atendimentos recebidos, em que os atendimentos poderiam melhorar e, ao final, havia um espaço para comentários adicionais.

Focalizamos nossa análise em três perguntas da avaliação. A primeira pergunta, que foi aberta em 2017, mas, em anos posteriores, passou a ser fechada, pedia que os estudantes indicassem os **motivos** para procurarem atendimento psicopedagógico. A segunda pergunta, aberta, indagava se o estudante tinha visto **melhora acadêmica** resultante do apoio recebido e pedia para explicar. A terceira pergunta, também aberta, pedia para o estudante identificar os **fatores mais significativos** dos atendimentos recebidos. O formulário de avaliação também continha perguntas sobre o curso, período de estudo, se o aluno possuía ou não bolsa de estudos, por quanto tempo recebeu apoio psicopedagógico, e se cursava a primeira ou segunda graduação.

RESULTADOS

Para o período analisado, o serviço atendeu um total de 237 alunos não bolsistas e 78 alunos bolsistas. O Gráfico 1 mostra a série histórica de atendimentos de bolsistas e não bolsistas.

Gráfico 1 – *Atendimentos a alunos bolsistas e não bolsistas*

Número de bolsistas e não-bolsistas atendidos

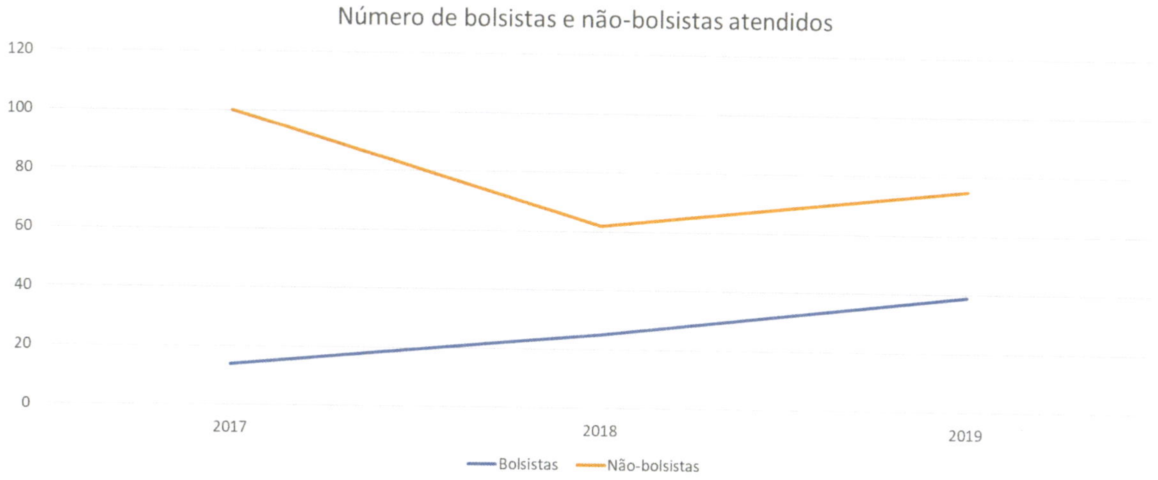

Nota. Elaborado pelos autores.

O gráfico mostra um aumento nos atendimentos a bolsistas no período analisado e uma redução discreta no número de não bolsistas atendidos. Vale destacar que questões financeiras não foram levadas em conta, já que os atendimentos eram para questões acadêmicas.

As avaliações foram analisadas com ajuda do software de análise qualitativa Atlas Ti versão 9.0. Nele, foram criados códigos que identificavam os motivos pelos quais os estudantes buscaram ajuda psicopedagógica, sobre quais aspectos notaram melhora acadêmica e os fatores que julgaram mais significativos no atendimento recebido.

Ao compararmos os **motivos** que os estudantes trouxeram para buscar atendimento, vimos que as questões recorrentes em ambos os grupos foram emocionais, dificuldades de aprendizagem e dificuldade de planejamento e organização. Os resultados obtidos trazem dois motivos principais para a procura pelo apoio psicopedagógico. São eles: *dificuldade de organização nos estudos* e *preocupação com desempenho acadêmico*. As falas a seguir ilustram essas preocupações:

"Dificuldade de aprendizado e organização dos estudos."

"Dificuldade em organização e memorização."

"Preciso melhorar minha organização e esforço para a faculdade."

"Vontade de melhorar meu desempenho, ter mais autoconfiança e organização."

"Desejo ter um melhor desempenho na vida acadêmica".

Com relação à **melhora acadêmica**, os estudantes responderam que os atendimentos ajudaram na *organização dos seus estudos,* no seu *desempenho acadêmico* e na *autoconfiança/autoestima.* Exemplos das falas a seguir:

"Me ajudou a utilizar meu tempo melhor."

"Por ter conseguido controle emocional, as coisas fluíram bem."

"Me sinto mais focada na minha vida acadêmica, mais organizada".

"A partir dos atendimentos consegui, aos poucos, perder minha timidez e me sinto mais segura."

"Porque tenho melhorado no estudo e nas metas."

"Me sinto mais confiante e capaz de enfrentar os desafios do dia a dia acadêmico e profissional."

Analisamos também os **fatores mais significativos** apontados para os atendimentos. O fator mais frequentemente mencionado foi o *acolhimento/atenção da profissional*, conforme ilustrado a seguir.

"A atenção e escuta por parte da psicopedagoga."

"O aconchego e confiança – A produtividade e objetividade nas atividades. A pontualidade. A sinceridade."

"Ponto de apoio de partilha e acolhimento"

"O tratamento humanizado e relevante que se recebe."

"A empatia da equipe de atendimento com os alunos, pois passam tranquilidade nos momentos de dificuldades."

Em suma, vimos que as preocupações mais presentes foram de ordem acadêmica e socioemocional, e os fatores mais significativos incluíram a escuta e o acolhimento das psicopedagogas. A seguir, os resultados são discutidos à luz da literatura da área.

DISCUSSÃO

Como vimos, destacam-se o acolhimento e a organização como aspectos importantes nos atendimentos psicopedagógicos, de acordo com a apreciação dos estudantes participantes. Esses aspectos também parecem ter tido impacto na sua percepção do seu desempenho acadêmico. Os resultados corroboram os achados de Bisinoto et al. (2016), apontando para a importância do bem-estar emocional do estudante e do acolhimento que a instituição oferece àqueles que ingressam no ensino superior.

Vimos, ainda, a importância de se ensinar estratégias de aprendizagem e de organização dos estudos e do tempo, como fatores motivadores e que podem ter impacto direto no desempenho e bem-estar acadêmico do estudante universitário.

O estudo possui algumas limitações. As análises são baseadas em um número pequeno de avaliações advindas de uma única instituição. Como são poucos os estudos que enfocam a percepção dos estudantes sobre a ajuda que recebem, urge que se invista mais nesse campo. Resultados de instituições diversas ajudarão a aprofundar a reflexão sobre os serviços prestados, as estratégias empregadas e como melhor formar os profissionais que atuam diretamente com os estudantes.

QUESTÕES PARA DISCUSSÃO

Mediante a discussão apresentada, sugerimos as seguintes questões para reflexão:

- Inúmeros fatores são apontados na literatura como causa da evasão de estudantes do ensino superior. Como a instituição deve priorizá-los nas suas ações e políticas internas?

- Que formas de acolhimento a instituição pode prover para alunos ingressantes no ensino superior?

- Como o atendimento psicopedagógico pode contribuir com a aprendizagem no ensino superior?

REFERÊNCIAS

Adams, S. K., Williford, D. N., Vaccaro, A., Kisler, T. S., Francis, A., & Newman, B. (2016). The young and the restless: Socializing trumps sleep, fear of missing out, and technological distractions in first-year college students. *International Journal of Adolescence and Youth, 22*(3), 337-348. https://doi.org/.10.1080/02673843.2016.1181557

Adinolfi, M. L., Johnson, D. R., Braxton, J. M. (2022). Departure from College: The Role of the Social Network of Students. *College & University, 97*(4), 14-29. https://www.proquest.com/openview/1d51ba3f9060f82353db09842de34d95/1?pq-origsite=gscholar&cbl=1059

Aguiar, L. C. & Teixeira, T. F. (2019). *O docente da educação superior brasileira: contexto de atuação e formação.* Olhar de Professor, vol. 22. Universidade Estadual de Ponta Grossa.

Almeida, M. I. (2012). *Formação do professor do ensino superior: Desafios e políticas institucionais.* Cortez.

Almeida, L. S., & Soares, A. P. (2003). Os estudantes universitários: Sucesso escolar e desenvolvimento psicossocial. In E. Mercuri & S. A. J. Polydoro (Eds.), *Estudante universitário: Características e experiências de formação* (pp. 15-40). Cabral Universitária.

Alves, G., & Marques Ribeiro, M. F. M. R. (2022). Diferenças na formação de docentes para o ensino superior nas áreas das Ciências Biológicas, da Saúde e Humanas. *Revista Brasileira De Pós-Graduação, 18*(39), 1-22. https://doi.org/10.21713/rbpg.v18i39.1804

Andrews, B., & Wilding, J. M. (2004). The relation of depression and anxiety to life-stress and achievement in students. *British Journal of Psychology, 95*(4), 509-521. https://doi.org/10.1348/0007126042369802

Araújo, A. M., dos Santos, A. A. dos, Noronha, A. P., Zanon, C., Ferreira, J. A., Casanova, J. R., & Almeida, L. S. (2016). Dificuldades antecipadas de adaptação ao ensino superior: um estudo com alunos do primeiro ano. *Revista de Estudios e Investigación en Psicología y Educación, 3*, 102-111. https://hdl.handle.net/1822/44637

Bisinoto, C. Rabelo, M. L., Marinho-Araújo, C. & Fleith, D. de S. (2016). Expectativas acadêmicas dos ingressantes da universidade de Brasília: indicadores para uma política de acolhimento. In L. S. Almeida & R. V de Castro (Orgs.), *Ser Estudante no ensino superior: O caso dos estudantes do 1º ano.* Universidade do Minho.

Bortolanza, M. L. (2002). *Insucesso acadêmico na universidade: Abordagens psicopedagógicas.* Edifapes.

Boruchovitch, E. (1999). Estratégias de aprendizagem e desempenho escolar: considerações para a prática educacional. *Psicologia: Reflexão e Crítica, 12*, 361-376. https://doi.org/10.1590/S0102-79721999000200008

Brasil. (2004). Lei nº 10.861, de 14 de abril de 2004. Institui o Sistema Nacional de Avaliação da educação superior – SINAES. Brasília.

Braxton, J. M., & A. S. Hirshy. (2004). Reconceptualizing antecedents of social interactions in student departure. In M. Yorke, & B. Londen (Ed.). *Retention and student success in higher education* (pp. 89-102). Open University Press.

Bucuto, M. C., Araújo, A. M., & Almeida, L. S. (2016). Expectativas e rendimento académico: Estudo com alunos do 1.º ano do ES em Moçambique. In J. R. Casanova, C. Bisinoto & L. S. Almeida (Eds.), *Livro de atas do IV Seminário Internacional Cognição, Aprendizagem e Desempenho* (pp. 48-55). CIEd-Centro de Investigação em Educação, Universidade do Minho. http://hdl.handle.net/1822/42516

Castro, E. L. (2011). Psicopedagogia na educação superior: Uma perspectiva de atuação no cotidiano acadêmico. *Revista Científica Aprender, 4*(2), e01. http://revista.fundacaoaprender.org.br/?p=70.

Brasil. Instituto Nacional de Estudos e Pesquisas Educacionais Anísio Teixeira (INEP). *Censo da educação superior 2020: notas estatísticas.* https://download.inep.gov.br/publicacoes/institucionais/estatisticas_e_indicadores/notas_estatisticas_censo_da_educacao_superior_2020.pdf

Chickering, A. W., & Gamson, Z. F. (1999). Development and Adaptations of the Seven Principles for Good Practice in Undergraduate Education. *New Directions for Teaching and Learning, 80,* 75-81. https://doi.org/10.1002/tl.8006

Congresso Latinoamericano sobre Abandono na Educação Superior (2012). Gestão Universitária Integral del abandono. https://redguia.net/images/clabes-anteriores/memoria-clabes-II-2012.pdf

Cordeiro, S. A., Lobo, C. C., & Coelho, A. (2016). Contributos para o estudo da relação entre bem-estar psicológico e ajustamento acadêmico. In J. R. Casanova, C. Bisinoto, & L. S. Almeida (Org.), *Livro de Atas do IV Seminário Internacional Cognição, Aprendizagem e Desempenho* (pp. 148-162). https://www.researchgate.net/publication/315611192_CONTRIBUTOS_PARA_O_ESTUDO_DA_RELACAO_ENTRE_BEM-ESTAR_PSICOLOGICO_E_AJUSTAMENTO_ACADEMICO#fullTextFileContent

Crisp, G., Palmer, E., Turnbull, D., Nettelbeck, T., Ward, L., Lecouteur, A., Sarris, A, Stretan, P., & Schneider, L. (2009). First year student expectations: results from a university-wide student survey. *Journal of University Teaching & Learning Practice, 6*(1), 16-32. https://doi.org/10.53761/1.6.1.3

Cruz, G. B. da (2017). Didática e docência no ensino superior. *Revista Brasileira de Estudos Pedagógicos, 98*(250), 672-689. https://doi.org/10.24109/2176-6681.rbep.98i250.2931

Cunha, L. da R. S. da, & Dantas, O. M. A. N. A. (2020). O currículo institucional e a formação pedagógica do docente universitário / Institutional curriculum and educational education of university teachers. *Brazilian Journal of Development, 6*(9), 64109-64119. https://doi.org/10.34117/bjdv6n9-007

Dias, E. C., Theóphilo, C. R., & Lopes, M. A. (2010). Evasão no ensino superior: estudo dos fatores causadores da evasão no curso de Ciências Contábeis da Universidade Estadual de Montes Claros – Unimontes – MG. *Anais do Congresso USP de Iniciação Científica em Contabilidade, 7,* 1-16. https://congressousp.fipecafi.org/anais/artigos102010/419.pdf

Dubet, F. (2015). Qual democratização do ensino superior? *Cadernos CRH: Revista do Centro de Estudos e Pesquisas em Humanidades da UFBA, 28,* 255-266. https://doi.org/10.1590/S0103-49792015000200002

Farias, R. V., Gouveia, V. V., & Almeida, L. S. (2022). Adaptação e sucesso acadêmico em estudantes brasileiros do primeiro ano da educação superior. *Revista de Estudios e Investigación en Psicología y Educación, 9,* 58-75. https://doi.org/10.17979/reipe.2022.9.1.8830

Fernandes, E., & Almeida, L. (2005). Expectativas e vivências acadêmicas: impacto no rendimento dos alunos do primeiro ano. *Psychologica, 40,* 267-278. https://hdl.handle.net/1822/8873

Ferrari, R., & Canci, A. (2005). Investigação psicopedagógica das dificuldades de aprendizagem no ensino superior. *Revista de Ciências Humanas, 6*(7), 13-28. http://revistas.fw.uri.br/index.php/revistadech/article/view/266/489

Gilioli, R. D. S. P. (2016). Evasão em instituições federais de ensino superior no Brasil: expansão da rede, SISU e desafios. Brasília: *Câmara dos Deputados, 49*, 1-55. https://bd.camara.leg.br/bd/bitstream/handle/bdcamara/28239/evasao_instituicoes_gilioli.pdf?sequence=1

Gimeno, M., & Miranda Molina, R. (2016). Motivaciones y Expectativas del Estudiantado que solicita Apoyo Académico en la Universidad de Santiago de Chile. *Actas del VI Congreso CLABES, Quito - Ecuador.* https://revistas.utp.ac.pa/index.php/clabes/article/view/1405

Harvey, L., Drew, S. & Smith, M. (2006) The First-Year Experience: A Review of Literature for the Higher Education Academy. *The Higher Education Academy.* https://www.qualityresearchinternational.com/Harvey%20papers/Harvey%20and%20Drew%202006.pdf

Hughes, G., & Smail, O. (2015). Which aspects of university life are most and least helpful in the transition to HE? A qualitative snapshot of student perceptions. *Journal of Further and Higher Education, 39*(4), 466-480. https://doi.org/10.1080/0309877X.2014.971109

Lea, M. R., & Street, B. V. (1998). Student writing in higher education: An academic literacies approach. *Studies in Higher Education, 23*(2), 157-172. https://doi.org/10.1080/03075079812331380364

Lobo, M. B. C. de M. (2012). Panorama da evasão no ensino superior brasileiro: aspectos gerais das causas e soluções. In C. E. R. Horta (Org.), *Evasão no ensino superior brasileiro. Associação Brasileira de Mantenedoras de ensino superior,* (pp. 9-58). https://abmes.org.br/arquivos/publicacoes/Cadernos25.pdf

Lourenço, C. D. da S., Lima, A. M. C., & Narcizo, E. R. P. (2016). Formação pedagógica no ensino superior: o que diz a legislação e a literatura em educação e administração?. *Avaliação, 21*(3), 691-717. https://doi.org/10.1590/S1414-40772016000300003

Maia, B. R., & Dias, P. C. (2020). Ansiedade, depressão e estresse em estudantes universitários: o impacto da COVID-19. *Estudos de Psicologia (Campinas), 37*, 1-8. https://doi.org/10.1590/1982-0275202037e200067

Masetto, M. T. (2003a). *Competência pedagógica do professor universitário.* Summus.

Masetto, M. T. (2003b). Docência universitária: repensando a aula. In A. Teodoro. *Ensinar e aprender no ensino superior: por uma epistemologia pela curiosidade da formação universitária.* Cortez.

Matus, J. (2017). Integración a la vida universitaria. *Actas del II Congreso CLABES* Porto Alegre - Brasil. https://revistas.utp.ac.pa/index.php/clabes/article/view/904

Ministério da Educação/ Instituto Nacional de Estudos e Pesquisas Educacionais Anísio Teixeira (INEP) (2020). *Censo da Educação Superior.* https://download.inep.gov.br/publicacoes/institucionais/estatisticas_e_indicadores/notas_estatisticas_censo_da_educacao_superior_2020.pdf

Pachane, G. G., & Pereira, E. M. de A. (2004). A importância da formação didático-pedagógica e a construção de um novo perfil para docentes universitários. *Revista Iberoamericana de Educación, 35,* 1-13. https://doi.org/10.35362/rie3512925

Pimenta, S. G, & Anastasiou, L. G. C. (2002). *Docência no ensino superior.* Vol. I. Cortez.

Pintrich, P., & García, T. (1993). Intraindividual differences in students' motivation and selfregulated learning. *German Journal of Educational Psychology, 7*(3), 99-107. https://www.researchgate.net/journal/Zeitschrift-fuer-Paedagogische-Psychologie-1664-2910

Ribeiro Neto, L. G. (2015). *Desafios da docência no desenvolvimento das competências profissionais no Curso de Graduação em Administração* [Dissertação de Mestrado, Universidade do Vale do Sapucaí].

Romo, A., Cruz, S., Guzman, C., & Velazquez, F. (2013). Análisis de la Oferta y Satisfacción de Programas y Apoyos Académicos Orientados a la Permanencia Escolar. *Congresos CLABES*. https://revistas.utp.ac.pa/index.php/clabes/article/view/928

Sahão, F. T. & Kienen, N. (2020). Comportamentos adaptativos de estudantes universitários diante das dificuldades de ajustamento à universidade. *Quaderns de Psicologia, 22*, 1-28. https://doi.org/10.5565/rev/qpsicologia.1612

Sauberlich, K. C. H. C. (2012). Fatores que produzem evasão acadêmica no curso de ciências contábeis da UNEMAT de Tangará da Serra/MT. *Revista UNEMAT de Contabilidade, 1*(2), 158-180. https://doi.org/10.30681/ruc.v1i2.394

Silva Filho, R. L. L., Motejunas, P. R., Hipólito, O., & Lobo, M. B. D. C. M. (2007). A evasão no ensino superior brasileiro. *Cadernos de Pesquisa, 37*, 641-659. https://doi.org/10.1590/S0100-15742007000300007

Soares, A. B., Monteiro, M. C., Medeiros, H. C. P., Maia, F. de A., & Barros, R. de S. N. (2021). Adaptação acadêmica à universidade: relações entre motivação, expectativas e habilidades sociais. *Psicologia Escolar e Educacional, 25*, 1-8. https://doi.org/10.1590/2175-35392021226072

Taquet, M., Holmes, E. A., & Harrison, P. J. (2021). Depression and anxiety disorders during the COVID-19 pandemic: knowns and unknowns. *Lancet* (London, England), *398*(10312), 1665-1666. https://doi.org/10.1016/S0140-6736(21)02221-2

Tinto, V. (1993). *Leaving college: Rethinking the causes and cures of student attrition* (2nd ed.). University of Chicago Press.

Tontini, G., & Walter, S. A. (2014). Pode-se identificar a propensão e reduzir a evasão de alunos: ações estratégicas e resultados táticos para instituições de ensino superior. *Avaliação: Revista da Avaliação da educação superior* (Campinas), *19*, 89-110. https://doi.org/10.1590/S1414-40772014000100005

Vasconcelos, N. B. (2010). Programa Nacional de Assistência Estudantil: uma análise da evolução da Assistência Estudantil ao longo da história da educação superior no Brasil. *Ensino Em-Revista, 17*(2), 599-616. https://doi.org/10.14393/ER-v17n2a2010-12

Agradecemos à FAPERJ pelo financiamento da pesquisa.

CAPÍTULO 2

PERMANÊNCIA, SUCESSO E CONCLUSÃO DA FORMAÇÃO: AÇÕES PROMOTORAS NO ENSINO SUPERIOR

Cláudia Patrocinio Pedroza Canal
Leandro S. Almeida

INTRODUÇÃO

No Brasil, observa-se, nos últimos anos, uma expansão de oferta e ocupação de vagas no ensino superior (ES), resultante de políticas e ações com finalidade de democratizar o acesso e ampliar o número de graduados no país. Apesar de não possuir caráter de realização obrigatória, essa etapa educacional é importante tanto na perspectiva da formação acadêmica e profissional das pessoas que a concluem, considerando o desenvolvimento cognitivo, social, afetivo e possibilidades de desenvolvimento de carreira, como também na perspectiva do desenvolvimento dos países, considerando o percentual da população diplomada e seus impactos culturais, tecnológicos e socioeconômicos na nação (Dias et al., 2011; Heringer, 2018).

Tradicionalmente, ainda a maior parte dos estudantes do ES é composta por jovens adultos, sendo grande percentual dos ingressantes recém-egressos do ensino médio ou profissionalizante. Quanto a essa etapa de ensino, dados mais recentes divulgados pelo Instituto Nacional de Estudos e Pesquisas Educacionais Anísio Teixeira (INEP), relativos ao Censo da Educação Básica no ano de 2022 (Instituto Nacional de Estudos e Pesquisas Educacionais Anísio Teixeira [INEP], 2023), mostram que, no Brasil, havia 7.866.695 estudantes matriculados no ensino médio, entre os quais 6.895.219 (87,7%) estavam em instituições públicas. O mesmo instituto, em publicação relativa ao ensino superior referente ao ano de 2021 (INEP, 2022a), mostrou que havia 8.987.120 estudantes matriculados, entre os quais 6.907.893 estavam em instituições particulares (76,9%). A observação de tais percentuais de distribuição dos estudantes em instituições públicas e privadas demonstra proporção de matrículas no sistema público e particular invertida no ensino superior em comparação ao ensino médio.

Especificamente sobre o ES, os dados do INEP também mostram aumento de oferta e ocupação de vagas nos últimos anos, com crescimento de 32,8% entre 2011 e 2021 (INEP, 2022a), resultado de políticas governamentais, como o Programa de Apoio a Planos de Reestruturação e Expansão das Universidades Federais – Reuni (Decreto nº 6096, 2007), que pretendia aproveitar a estrutura física e os recursos humanos já existentes nas IES federais para ampliar os números de acesso e de permanência no ES. Tal ampliação no número de vagas ofertadas no ES brasileiro, na análise feita por Senkevics (2021), é caracterizada por democratização do acesso, expressa por busca de representatividade de grupos minoritários na ocupação da universidade; instituição de ações afirmativas para garantir o acesso e a permanência de estudantes pertencentes a grupos tradicionalmente não frequentadores do contexto universitário; desequilíbrio público-privado, com maior oferta e ocupação de vagas na rede privada de ES; ampliação do ensino a distância, representando maioria dos ingressantes no ES brasileiro (62,8%), de acordo com último levantamento do INEP referente ao ano de 2021 (INEP, 2022a); e estratificação horizontal, visto que alguns cursos e instituições ainda permanecem de acesso privilegiado a estudantes provenientes de grupos mais abastados socioeconomicamente.

É preciso observar que o aumento da frequência na realização do ES não se traduz necessariamente em aumento do número de concluintes graduados, resultado que é objetivo maior das ações governamentais com foco na expansão do ensino superior. Assim, considerando a série histórica 2011-2021, apesar do aumento de 86% de ingressantes na rede privada e 0,3% na rede pública, o aumento no percentual de concluintes em ambas as redes correspondeu a 38,8% e 0,4%, respectivamente (INEP, 2022a).

Para analisar tal situação, é importante discutir sobre permanência e evasão dos estudantes no ensino superior, tomando em atenção que esse nível educacional é caracterizado por organização e demandas próprias que o distinguem das outras etapas educacionais anteriores. Além dos requisitos de utilização de níveis cognitivos mais complexos para compreender os conteúdos ensinados, da necessidade de adaptação à nova configuração e ao novo espaço de ensino-aprendizagem, da relevância da construção de um planejamento de desenvolvimento de carreira, são exigidos também níveis mais elevados de autonomia e autorregulação dos estudantes em suas experiências na universidade (Casanova et al., 2019; Santos et al., 2019).

EVASÃO E PERMANÊNCIA NO ENSINO SUPERIOR

A fim de refletir sobre evasão e permanência no ES, é necessário atentar-se que os fenômenos são multidimensionais e devem ser analisados a partir de ótica complexa de entendimento. Assim, evasão é compreendida como a desvinculação do estudante da instituição de ES, ocorrida, geralmente, após decisão tomada de maneira gradual, pensadamente e que envolve inter-relação de motivos de diferentes dimensões. Já a permanência se refere à continuidade no curso, com vistas à sua conclusão e diplomação. Entendendo que esse processo não é simples e harmônico, é importante considerar o conceito de persistência, conforme proposta de Tinto (1997), que se refere ao enfrentamento das adversidades, dos desafios e dos obstáculos surgidos durante as vivências no ES.

Compreender como é possível construir estratégias que possibilitem esse enfrentamento, assim como promover intervenções para potencializá-lo, devem ser tarefas centrais para investigadores e profissionais que possuem como objetivo auxiliar no sucesso acadêmico e na permanência dos estudantes no ES. Em relação ao sucesso no ES, ele pode ser aferido por indicadores mais quantitativos, como índices de rendimento e de conclusão do curso, mas também por indicadores mais qualitativos, como satisfação e envolvimento com o curso, com os colegas, com os professores e com a instituição (Araújo & Almeida, 2019). Tal envolvimento pode contribuir na constituição do sentimento de pertencimento, dimensão importante, segundo Tinto (1997), para potencializar a vinculação do estudante com o curso e com a instituição e potencializar suas chances de permanência no ES.

Apesar de, numa visão reducionista, parecerem simples antônimos, evasão e permanência devem ser compreendidos como fenômenos que possuem particularidades, embora possuindo certo grau de interdependência entre si (Casanova et al., 2019). Estudos no campo do ES têm identificado fatores de risco de evasão em grupos de variáveis pessoais, sociais, econômicas, acadêmicas e institucionais. Apesar da classificação dos fatores em grupos distintos, é imprescindível ter em atenção que, nas situações reais de intenções e ações de evasão, as variáveis atuam conjuntamente, ou seja, de forma dinâmica e interativa. Ademais, um mesmo fator, como idade de ingresso no ES, pode estar descrito entre variáveis pessoais do indivíduo, mas também entre as econômicas, por exemplo, na hipótese de o ingresso ocorrer tardiamente porque o estudante, com renda familiar baixa, precisou começar a trabalhar mais cedo.

Tecidas tais ponderações, sem objetivo de esgotar a identificação de variáveis atuantes no processo de evasão, inclusive porque sabemos que diferentes condições sociais e momentos históricos podem influenciar no surgimento ou mudança de motivos para evasão, apresentaremos, a seguir, reflexões sobre um conjunto de fatores tradicionalmente identificados em investigações e práticas como sendo relevantes na determinação desse fenômeno. Quanto às variáveis pessoais, podemos destacar a insatisfação experienciada pelos estudantes com a sua vivência acadêmica (Osti & Almeida, 2022), muitas vezes porque o curso ou a instituição não atendem às expectativas iniciais ou criam dificuldades que o estudante não consegue superar autonomamente. Nessas circunstâncias, a insatisfação vai gerar desinvestimento nas aprendizagens, e com maior facilidade emergem baixos rendimentos acadêmicos e os primeiros pensamentos de abandono. É construto preditor da satisfação a autoeficácia acadêmica, que pode ser compreendida como as crenças que uma pessoa possui sobre si mesma em relação ao seu desempenho acadêmico. Quando as expectativas de autoeficácia são baixas, há pouco esforço e persistência nas atividades realizadas no ambiente acadêmico, o que pode acarretar a obtenção de resultados de baixo desempenho, confirmando a crença disfuncional inicial do estudante e interferindo negativamente em seus processos de aprendizagem na universidade (Santos et al., 2019; Ganda & Boruchovitch, 2019).

Problemas no campo da saúde mental, como ansiedade, estresse e depressão, têm crescido na atualidade e, quando presentes, podem colocar o estudante em situação de dificuldade ou impossibilidade de integração social e acadêmica no ES, impedindo o seu prosseguimento no percurso formativo no ES (Ramos et al., 2018). Importante notar que, apesar de a gênese de tais problemas não poder ser localizada estritamente no cenário do ES, visto haver influência de vários fatores antecedentes, como aliás ficou bem patente durante a crise pandêmica associada à COVID-19, algumas vivências do contexto universitário, como a ampliação de ansiedade diante de testes e provas, podem colaborar negativamente na intensificação dos sintomas (Barros & Peixoto, 2022).

Ser estudante de primeira geração, não possuindo, muitas vezes, apoio ou valorização familiar para realização do ES (Pataro, 2019), pode ser um fator de risco para evasão, assim como idade maior ao iniciar o ES, já que o estudante mais velho precisa, com frequência, coordenar o tempo de estudo com responsabilidades de atividades de trabalho, cuidados da casa e dos filhos (Casanova et al., 2018). Também alguns estudos relacionam evasão com o sexo: mais concretamente, aponta-se que os estudantes do sexo masculino têm maior propensão para o abandono, associando essa tendência à menor motivação e rendimento acadêmico, menor disciplina e autorregulação, ou a uma vontade de entrada mais cedo no mercado de trabalho (Lopes et al., 2023).

Quanto às variáveis sociais, falta de apoio familiar e/ ou de amigos, baixa qualidade nos relacionamentos com colegas e professores construídos na universidade (Canal & Almeida, 2022; Matta et al., 2017), ter que mudar de local de moradia a fim de cursar o ES, afastando-se das redes sociais da infância (Lopes et al. 2023), podem atuar na ausência ou em baixo sentimento de pertencimento ao contexto do ES, componente fundamental para evitar a evasão (Tinto, 1997). Alguma atenção particular tem sido prestada aos estudantes que saem de casa dos pais pela primeira vez para frequentarem o ES, pois tendencialmente experienciam ansiedade, isolamento e solidão. Essas dificuldades socioemocionais apenas são superadas quando os estudantes conseguirem, em seu curso e sua instituição, criar uma rede de novos amigos e de suporte social (Almeida et al., 2016; Cruz et al., 2016).

No grupo relativo aos fatores acadêmicos, encontramos como intervenientes não estar no curso ou na instituição de primeira opção e a identificação com o curso e a instituição nos quais se está não ocorrer durante o primeiro ano, baixo rendimento acadêmico, especialmente no início do curso (Casanova et al., 2018), ingresso na segunda chamada anual do Sistema de Seleção Unificada (SISU), muitas vezes associado a ingressar em curso que não era o de preferência ou a notas mais baixas no Exame Nacional do Ensino Médio (ENEM), o que pode traduzir menor repertório cognitivo em relação às etapas anteriores de educação (Lopes et al., 2023). Ainda, expectativas negativas em relação ao processo de transição da vida universitária para o mundo do trabalho, as quais podem estar relacionadas a impossibilidades percebidas quanto ao desenvolvimento profissional, a não vislumbrar ganhos econômicos ou ascensão social como se esperava, ou a não identificação vocacional com a área de atuação proporcionada pelo curso realizado, podem estar associadas aos motivos de evasão (Ambiel et al., 2016).

A influência de fatores institucionais na evasão no ES dá-se tanto em nível local das instituições de ensino como em nível mais amplo, relativo à atuação governamental, e pode ser observada, por exemplo, na ausência de ações consolidadas de acompanhamento e intervenção, na falta de integração entre os agentes do ES com objetivo comum de enfrentar a evasão, nas políticas financeiras insuficientes para garantir cumprimento dos objetivos do plano de assistência estudantil, ao que cabe salientar, tem tido destinação de valores decrescente desde 2014 até o aprovado em 2022 no orçamento do governo federal para o ano de 2023 (Canal & Almeida, 2022; Silva, 2022).

Em relação a questões de ordem econômica, estudantes em situação de vulnerabilidade socioeconômica têm menos acessos a recursos materiais e culturais, que contribuiriam com sua vida universitária, assim como, muitas vezes, precisam dividir o tempo de estudo com atividades de trabalho ou de estágio para colaborar na composição da renda familiar. A vulnerabilidade socioeconômica, em níveis mais intensos e graves, pode atingir condições essenciais para manutenção da saúde física e do bem-estar, como falta de acesso à alimentação e moradia adequadas para as necessidades do estudante, colocando-o em situação de desigualdade em relação aos demais colegas (Abreu & Ximenes, 2020).

Conhecendo as variáveis discutidas, é indispensável atentar para que a adaptação no período inicial de realização do curso é fundamental para prevenir a evasão e ampliar as potencialidades de permanência. Em estudo de revisão da literatura, Matta et al. (2017) identificaram como fatores relevantes para evitar a evasão, entre outros, a gestão do tempo na realização das atividades acadêmicas, a construção de rede de amizades e cooperação com docentes e colegas na universidade, a participação em atividades extracurriculares, a presença de rede de apoio social e a afetiva de familiares e de amigos. A adaptação e permanência aumentam em estudantes que se identificam com o curso, que percebem qualidade do curso, dos professores e da instituição, que possuem condições socioeconômicas favoráveis para acesso material e cultural a componentes importantes para a vida universitária (Matta et al., 2017; Canal & Almeida, 2022). Uma melhor adaptação na universidade traduz-se em maior envolvimento dos estudantes em atividades obrigatórias e extracurriculares, desenvolvimento ou adaptação de projeto de carreira e bom desempenho acadêmico (Ambiel et al., 2016; Farias et al., 2021). Estar num curso e/ou numa instituição de primeira opção, ou ainda, quando isso não ocorre, identificar-se no ano inicial com o curso e com a área profissional de formação, podem contribuir para que o estudante dedique mais esforços para seus estudos e atividades de graduação, contribuindo para melhores desempenhos acadêmicos e para vivências percebidas como mais positivas na universidade.

Em síntese, uma multiplicidade de fatores interfere na adaptação e no sucesso acadêmico dos estudantes e em sua permanência ou abandono. Essa interferência ocorre de forma interativa e combinada, complexificando os fenômenos em análise. Tal fato ratifica a importância do desenvolvimento de acompanhamentos que tenham em consideração também a especificidade do momento do curso em que os estudantes se encontram, com especial atenção à adaptação no primeiro ano.

AÇÕES AFIRMATIVAS NO ENSINO SUPERIOR E DESAFIOS PARA A PERMANÊNCIA

No Brasil, após publicação de lei que garante reserva de vagas nas instituições federais de ES a estudantes pretos, pardos e indígenas, com deficiência, com renda familiar inferior a 1,5 salário mínimo (Lei nº 12.711, 2012), observou-se uma mudança no perfil dos estudantes que frequentam o ES, com maior ocupação de vagas nas IES por estudantes pertencentes a esses grupos mais desfavorecidos (Fernandes, 2022). Comparação entre dados divulgados pelo INEP num intervalo de 10 anos, considerando o ano de 2011 (Instituto Nacional de Estudos e Pesquisas Educacionais Anísio Teixeira [INEP], 2012), anterior à promulgação da lei, e o levantamento mais recente, relativo ao ano de 2021 (Instituto Nacional de Estudos e Pesquisas Educacionais Anísio Teixeira [INEP], 2022b), mostram aumento no número de matrículas de pessoas pretas, pardas e indígenas nas IES, que passou de 35,22% para 45,29%, e no número de matrículas de estudantes com deficiência, que passou de 0,34% para 0,71%.

Além da política de reserva de vagas, a adoção do modelo do SISU nas instituições públicas de ES também contribuiu para a diversificação do público presente nas universidades brasileiras, sendo utilizada para seleção a nota do ENEM para concorrer às vagas, que são distribuídas conforme a lei de reserva de vagas, dos cursos superiores em diferentes IES brasileiras. Heringer (2020) afirma que foram medidas que contribuíram nesse sentido: a criação do Programa Universidade para Todos (PROUNI), por meio do qual o governo federal destina recursos financeiros para custear bolsas para estudantes nas instituições privadas, e a ampliação de recursos do Fundo de Financiamento Estudandil (FIES), permitindo que mais pessoas fossem contempladas com apoio financeiro para realizar os cursos nas instituições privadas.

As ações afirmativas por meio da reserva de vagas, política necessária com vistas a garantir maior democratização no acesso ao ensino superior (ES), veio também acompanhada de questões sobre a proposição de políticas específicas que pudessem contribuir na promoção da permanência e conclusão do ES pelo público contemplado nessas ações. Estudos sobre evasão e permanência realizados com o público-alvo das ações afirmativas mostram impactos de componentes de dimensões material, simbólica, cultural, acadêmica e pedagógica (Heringer, 2020). Mais especificamente, dificuldades socioeconômicas que restringem possibilidades de alimentação, habitação, transporte, acesso a materiais e equipamentos para estudo atuam como fatores de risco para evasão (Abreu & Ximenes, 2020). Buscando compensar tais dificuldades, foi criado o Programa Nacional de Assistência Estudantil (PNAES) (Decreto nº 7234, 2010), com destinação de recursos financeiros do governo federal para que as universidades desenvolvessem ações nas áreas de habitação, transporte, alimentação, saúde, esporte, creche, apoio pedagógico e acompanhamento de pessoa com deficiência com intuito de promover a permanência dos estudantes.

Adicionalmente aos fatores mencionados anteriormente na análise sobre o fenômeno da evasão dos estudantes do ES, Passos (2015) identifica também como fator de risco para evasão a falta de autores negros nos currículos de diversos cursos de graduação, assim como a ausência de discussão de questões étnico-raciais, o que faz com que, em diversas ocasiões, estudantes negros não se sintam representados e não construam sentimento de pertencimento em relação ao contexto universitário. Indígenas e pessoas com deficiência, muitas vezes, também mencionam esse não reconhecimento de pertencimento ao contexto de ES no qual estão matriculados para realização seus cursos (Abreu & Ximenes, 2020).

Repertório restrito de conhecimentos anteriores à entrada na universidade, considerando as demandas do ES, ou pouco acesso a produções culturais diversas, muitas vezes associados à pobreza ou à condição de pessoa com deficiência, podem atuar negativamente sobre o rendimento ou expectativas de autoeficácia e possuir impacto nas decisões sobre abandono (Abreu & Ximenes, 2020). Na mesma linha, há várias décadas, tem-se reconhecido que os estudantes de primeira geração provenientes de grupos socioeconômicos mais desfavorecidos tendem a apresentar níveis mais baixos de competências matemáticas e de leitura, de pensamento crítico, assim como aspirações mais reduzidas e, inclusive, menor apoio e encorajamento por parte dos pais (Terenzini et al., 1996; Silva, 2019).

ALGUMAS REFLEXÕES SOBRE POSSIBILIDADES DE INTERVENÇÃO

Democratizar o acesso ao ES sem favorecer a permanência e a conclusão da formação reforçará as elevadas taxas de abandono, sabendo-se que estas são particularmente mais elevadas junto dos grupos sociais mais desfavorecidos. Governos e instituições universitárias devem reconhecer, numa lógica de equidade educativa, a insuficiência das medidas centradas na democratização do acesso para buscar garantir a permanência e o sucesso acadêmicos. Por outro lado, o desenvolvimento de políticas e ações para promover a permanência dos estudantes no ES deve levar em consideração a multidimensionalidade, assim como a complexidade dos fatores envolvidos no fenômeno. Dessa maneira, é preciso conhecer a realidade dos estudantes da IES a fim de planejar um conjunto de ações que partam das necessidades identificadas (Araújo & Almeida, 2019; Canal & Almeida, 2022; Canal & Figueiredo, 2021). A partir daí, é também preciso o envolvimento de toda a comunidade acadêmica e dos agentes da administração pública e privada das IES na realização dessas ações. É imprescindível, antes de tudo, superar visões que localizam, em apenas uma variável, um agente (estudante, professor ou funcionário) ou, em uma visão simplista causa-efeito, a explicação sobre o fenômeno da permanência. Casanova et al. (2019) sugerem diversas áreas para desenvolvimento de programas no ES: institucional, estudo e aprendizagem, desenvolvimento vocacional e gestão de carreira, desenvolvimento psicossocial, saúde e bem-estar. A respeito de tais áreas, descreveremos a seguir algumas possibilidades de intervenção, a partir de estudos e programas recentes desenvolvidos no ES.

A proposta de planos de intervenção em nível institucional é importante para indicar diretrizes para investimentos e desenvolvimento de ação nas diferentes esferas da IES, assim como para garantir a continuidade dessas ações como política de instituição e não restritas a um determinando período, como política de gestão, subordinada às grandes variações e rupturas típicas que definem esse segundo grupo. Com essa finalidade, faz-se relevante a redação e aprovação de documentos orientadores nas universidades, por exemplo, na área pedagógica do ensino-aprendizagem-avaliação, construídos a partir da escuta ativa dos estudantes e de toda comunidade acadêmica, do conhecimento das informações institucionais, da proposição de inovações nos processos de acompanhamento acadêmico (Canal & Figueiredo, 2021).

Exemplos de ações desse tipo são os programas voltados para os que têm como público-alvo os ingressantes, como acolhimentos que visam a possibilitar que o estudante conheça a IES, seu curso, a cidade na qual se localiza a IES, além de promover integração com os demais estudantes, professores e funcionários do curso e da IES (Canal & Figueiredo, 2021; Casanova et al., 2018). Essas iniciativas colaboram para a constituição do senso de pertencimento do estudante ao novo contexto de ensino do qual começa a fazer parte, assim como lhe fornece recursos para compreender melhor o funcionamento do curso e da instituição. A revisão do currículo e sua atualização, no sentido tanto de responder às demandas da área de formação profissional como de metodologias e práticas de ensino-aprendizagem, também é ação institucional que pode colaborar para a permanência dos estudantes.

Em esfera mais ampla, as ações institucionais incluem também os apoios que o governo deve fornecer para promover a permanência de estudantes, tanto na proposição de políticas públicas quanto na ampliação de destinação de recursos financeiros para apoiar as iniciativas desenvolvidas pelas IES, para possibilitar a contratação de mais profissionais que possam conduzir as ações nas IES, assim como para alocar no PNAES, de maneira a contemplar maior número de estudantes e distribuir recursos em valor mais adequado à realidade de gastos atualizada. O envolvimento, a satisfação e o rendimento acadêmico podem receber apoios específicos e especializados por parte de serviços nas áreas psicossocial e educativa, importando que as instituições detenham esses serviços, devidamente apetrechados com profissionais habilitados.

O domínio relativo ao estudo e à aprendizagem pode incluir iniciativas como orientação sobre desenvolvimento de competências de autorregulação do processo de aprendizagem. Compreendendo a autorregulação como processo de monitoramento, controle e reflexão a respeito da própria experiência de aprendizagem, Ganda e Boruchovitch (2019) afirmam que ser autorregulado favorece a construção de conhecimentos pela utilização de estratégias de estudo adequadas às maneiras de aprender do estudante e pela presença de motivação, crenças e emoções promotoras do aprender. Em publicação de revisão sistemática da literatura, essas autoras identificaram estudos internacionais e nacionais de intervenção em autorregulação da aprendizagem no ensino superior, mencionando, por exemplo, a utilização de diários de aprendizagem para registro e monitoramento de condutas e emoções, relacionados ao processo de aprendizagem. Entretanto, a despeito das contribuições já demonstradas das intervenções nessa área, Ganda e Boruchovitch (2019) também alertam para o pouco conhecimento teórico dos docentes acerca da autorregulação de aprendizagem dos estudantes e fatores associados a ela, o que faz destacar a relevância da formação e atualização pedagógica dos docentes.

Oficinas de orientação ao estudo também podem favorecer os processos de aprendizagem com orientações a respeito de resistência a estímulos distratores que surjam durante o momento de estudo, estratégias para memória, organização do espaço e do tempo, combate à procrastinação das tarefas relacionadas ao ambiente acadêmico (Ramos et al., 2018). Certamente, diferenças referentes às áreas científicas de formação devem ser compreendidas em relação ao componente de aprendizagem. Assim, pode-se conhecer e acompanhar efeitos de competências cognitivas específicas, repertório educacional anterior requerido, práticas pedagógicas tradicionais dos professores de determinada área de conhecimento, perspectiva de desenvolvimento e inserção profissional, quantidade exigida de horas de disciplinas a serem cursadas. Sobre tais tópicos, algumas investigações vêm sendo desenvolvidas com atenção aos estudantes STEM (na sigla em inglês de *Science, Technology, Engineering and Mathematics*), mostrando que, por exemplo, programas de nivelamento para equiparar as competências cognitivas que deveriam ter sido construídas anteriormente à entrada na universidade ou participação em monitorias de conteúdos das unidades curriculares possuem efeitos positivos sobre desempenho acadêmico (Silva, 2019), variável importante associada à permanência na universidade.

Práticas de prevenção e promoção de saúde e de bem-estar, como oferta de serviços médico, psicológico, odontológico, nutricional, de assistência social, de atividades físicas e de lazer, permitem que os estudantes recebam atenção integral que assegurem condições para realização de sua graduação. Apesar da importância reconhecida desses serviços, sabe-se que ainda é insuficiente o número de profissionais nas IES para atender a toda a demanda existente, ao que atenção especial deve ser dada pelos agentes públicos e privados responsáveis pelas contratações de profissionais. É importante mencionar, sabendo que a universidade não é um contexto à parte do cenário social na qual está inserida, a necessidade de profícua interação desses serviços com os profissionais e as atividades do Sistema Único de Saúde e do Sistema Único de Assistência Social, por exemplo, para realização de encaminhamentos e acompanhamentos integrados em caso de situações que requeiram atendimento especializado, que não seja oferecido pelo serviço na IES.

Programas de educação para carreira, visando à preparação do estudante para a transição e adaptação do contexto universitário para o mundo do trabalho, contribuem para maior conhecimento sobre a área de formação (Ramos et al., 2018). A construção de habilidades para as decisões de carreira possui papel importante sobre a intenção em permanecer dos estudantes e deve ocorrer não somente em momentos ou situações específicas durante ao curso, mas também articulada aos conteúdos trabalhos nas unidades curriculares pelos professores, de maneira que o estudante possa continuamente, e não somente no ano final do curso, ir desenvolvendo essas habilidades (Ambiel et al., 2016). Essa necessidade nos parece tanto mais relevante quando sabemos que o ingresso no ES é sobretudo justificado pelos estudantes e por suas famílias com a perspectiva de acesso a melhor emprego e estatuto socioprofissional, preocupações que tendem a estar mais concentradas, ou apenas concentradas, nas unidades curriculares do final da graduação.

Conhecendo a importância dos relacionamentos sociais para realização do ES, a promoção de programas de desenvolvimento de habilidades sociais para relacionamentos interpessoais em ambiente acadêmico tem se mostrado eficiente para permanência na universidade (Matta et al., 2017; Ramos et al., 2018). A criação de contextos de respeito mútuo, de cooperação e de inclusão das diversidades também pode contribuir para potencialização do sentimento de pertencimento a IES, o que teria efeitos positivos na permanência (Tinto, 1997). Pensar a comunidade acadêmica de forma integrada, superando dualismos professor x estudante, estudante x funcionários ou professores x funcionários, é essencial na construção de espaço educacional em que todos possam sentir-se acolhidos e representados.

A existência de serviços de assuntos estudantis estabelecidos em diversas IES brasileiras tem permitido atenção a componentes pedagógicos, acadêmicos e de saúde e bem-estar dos estudantes. Em nosso país, a proposta inicial desses serviços foi fortemente marcada por concepção assistencialista e gradualmente passou por reflexões e debates no cenário nacional, que favoreceram a construção de diretrizes que promovessem diminuição de desigualdades para garantir a permanência, fundamentadas em concepção de direito dos estudantes. Grande parte dos trabalhadores desses serviços constitui-se por assistentes sociais, psicólogos e pedagogos que, muitas vezes, enfrentam como desafios o fato de não possuírem formação específica a área de trabalho no ES, assim como de não estarem bem definidos os objetivos e planos de atividades para sua atuação. A despeito da reconhecida relevância desses serviços, ainda há, atualmente, questões a serem respondidas por meio de reflexões coletivas, como a formação contínua dos trabalhadores que atuam nesses serviços, a cooperação por troca de experiências de boas práticas entre os serviços e o monitoramento das ações realizadas (Toti & Polydoro, 2020).

Além da formação dos profissionais que atuam nos serviços especializados ofertados pelas universidades, é também necessária a formação contínua dos docentes e demais funcionários que se relacionam com os estudantes. Temas identificados pelas universidades como importantes para promover permanência de seus estudantes devem ser priorizados nos conteúdos ofertados e nos compartilhamentos de boas práticas que integram essas atividades de formação. Para exemplificar, tendo como referência alguns tópicos que discutimos neste capítulo, poderiam ser temas desses encontros de formação: metodologias de ensino-aprendizagem e áreas científicas dos cursos, autor-regulação do processo de aprendizagem do estudante, questões étnico-raciais, vivências na universidade e produção de conhecimento, inclusão e acessibilidade física, pedagógica, atitudinal, social de estudantes com deficiência e com transtornos do desenvolvimento no contexto do ensino superior.

CONSIDERAÇÕES FINAIS

As IES, ao realizarem suas ações de acompanhamento acadêmico com vistas a interferir positivamente na permanência dos estudantes, devem ter em conta suas especificidades, assim como também observar mudanças históricas, sociais, econômicas e culturais dos contextos nas quais se inserem. Ademais, a avaliação periódica das ações desenvolvidas permitirá dimensionar os resultados alcançados, assim como modificar ações de maneira a atender melhor às demandas apresentadas em cada instituição. Para isso, é importante a participação de equipe multidisciplinar, no levantamento e na análise das informações, e de toda a comunidade acadêmica, para produção dos dados e construção conjunta de estratégias inovadoras para responder aos desafios colocados no contexto do ES. Essencial ainda retomar a proposição de Tinto (2017) de que as políticas voltadas à permanência devem ter em centralidade – apesar de não serem restritas a isso – a perspectiva dos próprios estudantes.

A partir das considerações tecidas no capítulo, antes de pretender uma resposta exaustiva e completa, fundamentados pelo caráter imprescindível da análise contextual sócio-econômica-histórica dos processos promotores de permanência e evasão em cada IES, importa uma análise e reflexão aprofundadas sobre a situação de cada IES. Não existem respostas generalizáveis sem alguma adequação em função das contingências e necessidades de cada contexto, incluindo-se aqui as características e necessidades de grupos específicos de estudantes. Essa reflexão aprofundada e contextualizada será um primeiro passo para se identificar medidas, recursos e estratégias de implementação e se pensa em mecanismos de monitorização e de avaliação, confrontando resultados conseguidos e resultados desejados em matéria de redução, via sucesso acadêmico, das taxas de abandono.

QUESTÕES PARA DISCUSSÃO

Tomando como referência as reflexões que apresentamos neste capítulo, propomos algumas questões para discussão com vistas a iniciar o delineamento de uma intervenção com vistas a ampliar a permanência em uma IES:

- Qual o perfil dos estudantes desta instituição e como esse perfil tem evoluído ao longo dos anos? Quais são suas necessidades que, se atendidas, podem favorecer sua permanência e a conclusão do ensino superior?

- Qual contexto social e econômico em que se insere essa instituição? E como essas variáveis contextuais interferem na organização e no funcionamento do ensino da instituição e nas possibilidades de atendimento às necessidades dos estudantes?

- Como professores, servidores e funcionários da instituição podem participar na construção e na execução das propostas para promover a permanência dos estudantes? Que formações estruturar junto desses profissionais, tendo em vista o desenvolvimento das competências para servirem tais propósitos?

- Que política de promoção da permanência e da conclusão dos cursos pelos estudantes existe na instituição e como ela pode ser atualizada, com finalidade de se adequar às necessidades atuais dos estudantes e possibilidades da universidade? Deseja a instituição criar um "observatório" dos percursos dos seus estudantes?

- Como envolver toda a comunidade acadêmica e agentes externos, por exemplo nas áreas da saúde, assistência social e do emprego, com objetivo comum de levar adiante o desenvolvimento das políticas institucionais que possam decorrer das questões anteriores?

REFERÊNCIAS

Abreu, M. K. de A., & Ximenes, V. M. (2020). Permanência de estudantes pobres nas universidades públicas brasileiras: uma revisão sistemática. *Psicologia da Educação, 50,* 18-29. https://doi.org/10.5935/2175-3520.20200003

Almeida, L. S., Araujo, A. M., & Martins, C. (2016). Transição e adaptação dos alunos do 1º ano: Variáveis intervenientes e medidas de atuação. In L. S. Almeida & R. Vieira de Castro (Org.), *Ser estudante no ensino superior: O caso dos estudantes do 1º ano* (pp. 146-164). Universidade do Minho, Centro de Investigação em Educação.

Ambiel, R. A. M., Santos, A. A. A. dos, & Dalbosco, S. N. P. (2016). Motivos para evasão, vivências acadêmicas e adaptabilidade de carreira em universitários. *Psico, 47*(4), 288-297. http://dx.doi.org/10.15448/1980-8623.2016.4.23872

Araújo, A. M., & Almeida, L. S. (2019). Sucesso acadêmico no ensino superior: aprendizagem e desenvolvimento psicossocial. In L. S. Almeida (Ed.), *Estudantes do ensino superior: desafios e oportunidades* (pp. 159-178). ADIPSIEDUC.

Barros, R. N. de & Peixoto, A. De L. A. (2022). Integração ao ensino superior e saúde mental: um estudo em uma universidade pública federal brasileira. *Avaliação* (Campinas), *27*(3), 609-631. https://doi.org/10.1590/S1414-40772022000300012

Canal, C. P. P., & Almeida, L. S. (2022). Vivências e permanência no ensino superior de universitários brasileiros que ingressaram durante a COVID-19. *Psicologia, Educação e Cultura, 26(3),* 121-138. http://hdl.handle.net/10400.26/43534

Canal, C. P. P., & Figueiredo, Z. C. C. (2021). Permanência na educação superior pública: experiência de Política de Acompanhamento do Desempenho Acadêmico de estudantes. *Revista Docência do Ensino Superior, 11,* 1-20. https://doi.org/10.35699/2237-5864.2021.24242

Casanova, J. R., Bernardo, A., & Almeida, L. S. (2019). Abandono no ensino superior: variáveis pessoais e contextuais no processo de decisão. In L. S. Almeira (Ed.). *Estudantes do ensino superior: desafios e oportunidades* (pp. 233-256). ADIPSIEDUC.

Casanova, J, R., Cervero, A., Núñez, J. C., Almeida, L. S., & Bernardo, A. (2018). Factos that determine the persistence and dropout of university students. *Psicothema, 30*(4), 408-414. http://dx.doi.org/10.7334/psicothema2018.155

Cruz, C., Nelas, P., Chaves, C., Almeida, M., & Costa, S. (2016). O suporte social dos estudantes do ensino superior. *International Journal of Developmental and Educational Psychology, 2*(1), 81-87. http://dx.doi.org/10.17060/ijodaep.2016.n1.v2.235

Decreto nº 6096, de 24 de abril de 2007. (2007). Institui o Programa de Apoio a Planos de Reestruturação e Expansão das Universidades Federais – REUNI. Presidência da República. https://www.planalto.gov.br/ccivil_03/_ato2007-2010/2007/decreto/d6096.htm

Decreto nº 7234, de 19 de julho de 2010. (2010). Dispõe sobre o Programa Nacional de Assistência Estudantil – PNAES. Presidência da República. https://www.planalto.gov.br/ccivil_03/_ato2007-2010/2010/decreto/d7234.htm

Dias, D., Marinho-Araújo, C., Almeida, L., & Amaral, A. (2011). The democratisation of access and success in higher education: The case of Portugal and Brazil. *Higher Education Management and Policy, 23*(1), 23-42. https://doi.org/10.1787/hemp-23-5kgglbdlrptg

Farias, R., Gouveia, V., & Almeida, L. S. (2021). Prevendo a permanência de estudantes no ensino superior: confluência de variáveis pessoais e contextuais. *Revista E-Psi, 10*(1), 38-57. https://revistaepsi.com/artigo/2021-ano10-volume1-artigo3/

Fernandes, C. M. (2022). Ações afirmativas como política de combate às desigualdades raciais e de gênero na educação superior brasileira: resultados das últimas décadas. *Revista do PPGCS – UFRB – Novos Olhares Sociais, 5*(1), 8-39. https://www3.ufrb.edu.br/ojs/index.php/novosolharessociais/article/view/631/338

Ganda, D. R., & Boruchovitch, E. (2019). Intervenção em autorregulação da aprendizagem com alunos do ensino superior: análise da produção científica. *Estudos Interdisciplinares em Psicologia, 10*(3), 3-25. http://dx.doi.org/10.5433/2236-6407.2019v10n3p03

Heringer, R. (2018). Democratização da educação superior no Brasil: das metas de inclusão ao sucesso acadêmico. *Revista Brasileira de Orientação Profissional, 19*(1), 7-17. http://dx.doi.org/1026707/1984-7270/2019v19n1p7

Heringer, R. (2020). Políticas de ação afirmativa e os desafios de permanência no ensino superior. In C. E. S. B. Dias, M. C. da S. Toti, H. Sampaio, & S. A. J. Polydoro (Org.), *Os serviços de apoio pedagógico aos discentes no ensino superior brasileiro* (pp. 61-78). Pedro & João Editores.

Instituto Nacional de Estudos e Pesquisas Educacionais Anísio Teixeira. (2012). *Sinopse Estatística da educação superior 2011.* https://www.gov.br/inep/pt-br/acesso-a-informacao/dados-abertos/sinopses-estatisticas/educacao-superior-graduacao

Instituto Nacional de Estudos e Pesquisas Educacionais Anísio Teixeira (Inep). (2022a). *Censo da educação superior 2021: notas estatísticas.* Inep. https://download.inep.gov.br/publicacoes/institucionais/estatisticas_e_indicadores/notas_estatisticas_censo_da_educacao_superior_2021.pdf

Instituto Nacional de Estudos e Pesquisas Educacionais Anísio Teixeira. (2022b). *Sinopse Estatística da educação superior 2021.* https://www.gov.br/inep/pt-br/acesso-a-informacao/dados-abertos/sinopses-estatisticas/educacao-superior-graduacao

Instituto Nacional de Estudos e Pesquisas Educacionais Anísio Teixeira (Inep). (2023). *Censo da Educação Básica 2022: notas estatísticas.* Inep. https://download.inep.gov.br/areas_de_atuacao/notas_estatisticas_censo_da_educacao_basica_2022.pdf

Lei nº 12.711, de 29 de agosto de 2012. (2012). Dispõe sobre o ingresso nas universidades federais e nas instituições federais de ensino técnico de nível médio e dá outras providências. Presidência da República. https://www.planalto.gov.br/ccivil_03/_ato2011-2014/2012/lei/l12711.htm

Lopes, R., Ribeiro, G., Lisboa, L. S., Silva, J. L. P. da, & Taconeli, C. A. (2023). Fatores associados à evasão de calouros no ensino superior: um estudo com dados da Universidade Federal do Recôncavo da Bahia. *Revista Brasileira de Educação, 28,* e280042. https://doi.org/10.1590/S1413-24782023280042

Matta, M, B. da, Lebrão, S. M. G., & Heleno, M. G. V. (2017). Adaptação, rendimento, evasão e vivências acadêmicas no ensino superior: revisão da literatura. *Psicologia Escolar e Educacional, 21(3),* 583-591. https://doi.org/10.1590/2175-353920170213111118

Osti, A., & Almeida, L. S. (2022). A satisfação acadêmica no contexto do ensino superior brasileiro. *RIAEE – Revista Ibero-Americana de Estudos em Educação, 17*(3), 1558-1576. https://doi.org/10.21723/riaee.v17i3.16088

Passos, J. C. dos. (2015). Relações raciais, cultura acadêmica e tensionamentos após ações afirmativas. *Educação em Revista, 31*(2), 155-182. http://dx.doi.org/10.1590/0102-4698134242

Pataro, R. F. (2019). Democratização da universidade pública e estudantes de primeira geração na UNESPAR. *Revista Contemporânea de Educação, 14*(29), 71-95. http://dx.doi.org/10.20500/rce.v14i29.20308

Ramos, F. P., Andrade, A. L. de, Jardim, A. P., Ramalhete, J. N. L., Pirola, G. P., & Egert, C. (2018). Intervenções psicológicas com universitários em serviços de apoio ao estudante. *Revista Brasileira de Orientação Profissional, 19*(2), 221-232. http://dx.doi.org/1026707/1984-7270/2019v19n2p221

Santos, A. A. A. dos, Ferraz, A. S., & Inácio, A. L. (2019). Adaptação ao ensino superior: Estudos no Brasil. In L. S. Almeida (Ed.), *Estudantes do ensino superior: desafios e oportunidades* (pp. 65-98). Adipsieduc.

Santos, A. A. A. dos, Zanon, C., & Ilha, V. D. (2019). Autoeficácia na formação superior: seu papel preditivo na satisfação com a experiência acadêmica. *Estudos de Psicologia* (Campinas), *36,* 1-9. http://dx.doi.org/10.1590/1982-0275201936e160077

Senkevics, A. S. (2021). A expansão recente do ensino superior: cinco tendências de 1991 a 2020. *Cadernos de Estudos e Pesquisas em Políticas Educacionais, 3*(4), 199-246. https://doi.org/10.24109/27635139.ceppe.v3i4.4892

Silva, G. H. G. da S. (2019). Ações afirmativas no ensino superior brasileiro: caminhos para a permanência e o progresso acadêmico de estudantes da área das ciências exatas. *Educação em Revista, 35,* 1-29. http://dx.doi.org/10.1590/0102-4698170841

Silva, J. B. (2022). *Balanço anual do orçamento do conhecimento – PLOA 2023.* Observatório do Conhecimento. https://observatoriodoconhecimento.org.br/wp-content/uploads/2022/11/Or%C3%A7amento--web-2023_V02-1.pdf

Terenzini, P. T., Springer, L., Yaeger, P. M., Pascarella, E. T., & Nora, A. (1996). First-generation college students: Characteristics, experiences, and cognitive development. *Research in Higher Education, 37,* 1-22. https://doi.org/10.1007/BF01680039

Tinto, V. (1997). Classrooms as communities: exploring the educational character of student persistence. *The Journal of Higher Education, 68*(6), 599-623. https://doi.org/10.2307/2959965

Tinto, V. (2017). Through the Eyes of Students. *Journal of College Student Retention: Research, Theory & Practice, 19*(3), 254-269. https://doi.org/10.1177/1521025115621917

Toti, M. C. da S., & Polydoro, S. A. J. (2020). Serviços de apoio a estudantes nos Estados Unidos da América e no Brasil. In C. E. S. B. Dias, M. C. da S. Toti, H. Sampaio, & S. A. J. Polydoro (Org.), *Os serviços de apoio pedagógico aos discentes no ensino superior brasileiro* (pp. 79-101). Pedro & João Editores.

CAPÍTULO 3

ORIENTAÇÃO PROFISSIONAL E DE CARREIRA NO ENSINO SUPERIOR: APOIO À PERMANÊNCIA DO ESTUDANTE NA UNIVERSIDADE

Mariangela da Silva Monteiro
Maria Elisa Almeida
Laísa Azevedo Esteves de Barros

"A alma é uma borboleta...
Há um instante em que uma voz nos diz que chegou o momento
de uma grande metamorfose..."
(Rubem Alves)

INTRODUÇÃO

A escolha profissional, como é compreendida hoje, diz respeito ao momento em que um indivíduo, em geral na fase da adolescência, decide a profissão que cursará na faculdade e, posteriormente, construirá uma carreira de trabalho. A escolha de uma profissão é um momento de descobertas sobre si. Trata-se de uma construção em relação ao futuro, num movimento de definir a identidade por meio de reflexões sobre quem se quer ser e quem não se quer ser, numa busca pelo conhecimento de si, pensando no que gosta, em seus interesses, suas motivações, suas interações sociais.

Nessa fase, podem surgir confrontos com a família. As expectativas e os desejos desta podem tornar o jovem confuso diante de seus desejos e os de outros, com os quais se liga afetivamente. Assim, sente que deve combinar as expectativas familiares às suas escolhas. Outros aspectos importantes são suas possibilidades econômicas, os talentos, os interesses e a perspectiva de carreira em uma resposta preferivelmente definitiva, transformando esse em um momento conflitante para muitos jovens.

Para aqueles que já realizaram uma primeira escolha de curso e ingressaram no ensino superior, a insatisfação com a escolha do curso universitário pode levar os alunos ao desejo de mudanças de curso e, até mesmo, à evasão. Muitas vezes, essa percepção de ter feito uma escolha "inadequada" dá-se por uma fragilidade no conhecimento de si mesmo, dificuldade de compreensão de suas motivações para a escolha e pouca informação sobre cursos e mercado de trabalho.

Em pesquisa com jovens que foram atendidos pelo serviço de reorientação profissional de uma universidade do estado de São Paulo, Lehman (2014) observou que os fatores relacionados ao abandono do curso são: a) a primeira escolha foi fundamentada em influências externas, ou seja, o jovem não se sentiu implicado em sua própria escolha, b) decepção com o curso ou com os professores (a realidade não correspondeu às expectativas), c) aspectos pessoais, principalmente ligados a fatores emocionais, familiares e financeiros. A autora ressalta o impacto positivo que a orientação profissional e de carreira poderia exercer, no sentido de reduzir os índices de abandono de curso.

Magalhães e Redivo (1998), ao investigarem alunos que solicitaram transferência de curso em uma universidade, constataram que os sujeitos se referiam à reescolha como uma tentativa, demonstrando incerteza e pouca reflexão acerca da nova escolha. De acordo com os autores, "a carência de comportamentos exploratórios levou os sujeitos a tomarem decisões impulsivas e baseadas numa estratégia de tentativa e erro" (Magalhães & Redivo, 1998, p. 25).

No caso de jovens de camadas pobres inseridos em contextos de vulnerabilidade socioeconômica, o momento de reescolha profissional é especialmente marcado pela precariedade de condições objetivas e subjetivas que impactam diretamente nas possibilidades educacionais e profissionais e serão determinantes para o planejamento de um ideal de carreira. Ribeiro (2005) aponta que há uma restrição da possibilidade de realizar escolhas profissionais entre indivíduos dessas camadas sociais, que vivem em circunstâncias que limitam o exercício da autonomia, em que o suporte social é restrito e as condições materiais são precárias. Esses jovens veem a escolha por interesse como um desejo inalcançável, e a decisão por um trabalho não se relaciona à opção criteriosa por uma profissão, mas, sim, à necessidade de ter que trabalhar e ao medo do desemprego (Ribeiro, 2005; Pochmann, 2004).

Malki (2015), ao investigar as causas da evasão do ensino superior, ressalta que, além dos fatores sociais, pedagógicos e psicológicos presentes nas decisões dos estudantes de evadir do curso universitário, a insatisfação com a escolha do curso pode ser um fator determinante para a desistência dos jovens. A autora faz referência à pesquisa realizada por Bardagi et al. (2003) em uma universidade do Sul do Brasil, demonstrando que 43,9% dos jovens universitários já haviam pensado em desistir do curso ou fazer uma reescolha profissional. Esses dados se tornam mais alarmantes quando relacionados a números mais recentes de evasão universitária (Sindicato das Entidades Mantenedoras de Estabelecimentos de Ensino Superior no Estado de São Paulo [Semesp], 2021), que indicam uma taxa de desistência do curso de 30,7% entre estudantes de rede particular e 18,4% para a rede pública.

Os referidos dados apontam para a necessidade de oferecer aos alunos que, muitas vezes, se encontram "perdidos" subsídios para a reflexão sobre a escolha profissional. Nesse sentido, este estudo tem por objetivo apresentar um serviço de Orientação Profissional e de Carreira voltado para o atendimento de estudantes de uma universidade privada do Rio de Janeiro, analisando algumas variáveis comuns entre as demandas recebidas, como a insatisfação com a escolha do curso superior, a desmotivação com os estudos, a angústia com a ausência de um plano de carreira e a preocupação com a manutenção da bolsa de estudos, no caso de alunos bolsistas.

Para tratar dessa temática, serão abordados os aspectos que caracterizam uma escolha profissional, considerando a importância do autoconhecimento, do conhecimento das profissões e da compreensão das possibilidades objetivas dos indivíduos para a construção de um projeto profissional. Em seguida, descreveremos o funcionamento do serviço de Orientação Profissional e de Carreira (OPC) e o trabalho realizado para suporte e acolhimento de jovens em busca de uma reescolha profissional. Por fim, serão relatados alguns casos atendidos no serviço, a fim de ilustrar a importância de serviços de apoio aos estudantes, no que diz respeito a questões de escolha profissional, planejamento de carreira e projeto de vida, que inclui a permanência na universidade.

Deseja-se, dessa forma, fomentar a discussão a respeito da importância, das possibilidades e dos limites desse tipo de serviço institucional para o público em questão. Assim, discutir a respeito das dificuldades dos estudantes diante da escolha profissional e das formas de auxiliá-los nesse processo constitui-se de grande relevância, à medida que se pretende contribuir para o desenvolvimento acadêmico, pessoal e profissional dos jovens universitários, como também combater a evasão no ensino superior.

ASPECTOS ENVOLVIDOS NA ESCOLHA PROFISSIONAL

A escolha de uma profissão envolve diferentes fatores individuais e sociais que vão influenciar a relação dos sujeitos com o mundo do trabalho. Além de orientar o tipo de ofício que será desempenhado, a escolha profissional também está relacionada às expectativas de futuro, uma vez que o trabalho e a profissão assumiram um papel central na vida das pessoas. Soares-Lucchiari (1993) aponta que a escolha profissional faz parte da realização de um projeto de vida, e, portanto, para possibilitar que um indivíduo faça uma escolha responsável, é importante que haja uma integração temporal daquilo que o jovem era, àquilo que ele é e àquilo que ele deseja ser.

De acordo com Soares-Lucchiari (1993) a autora, são três os pontos importantes que devem ser trabalhados ao longo de um processo de Orientação Profissional e de Carreira: o conhecimento de si mesmo (autoconhecimento), o conhecimento das profissões e a escolha propriamente dita. Segundo a autora, além de refletir nas especificidades da sua vida, como os aspectos individuais, familiares e sociais, o indivíduo deve assumir sua escolha, ou seja, decidir por si mesmo aquilo que considera melhor para seu futuro – dentro, é claro, das limitações que fazem parte da sua realidade. Assim, o indivíduo estaria construindo sua individualidade a partir do que Bock e Aguiar (1995, p. 22) caracterizam por "ato de coragem", pois envolve admitir seus desejos e aceitar as perdas que vêm pela sua escolha. Entende-se, como afirma Bohoslavsky (1998), que, a partir da escolha, se deixa de lado objetos e formas de ser. Logo, a escolha da carreira supõe, sempre, a elaboração de lutos.

No que diz respeito ao autoconhecimento, é importante que a pessoa pondere sobre suas características individuais, seus projetos e desejos para o futuro, seus gostos, interesses, habilidades e valores, e busque diferenciar as suas expectativas daquilo que sua família espera do seu futuro profissional (Soares-Lucchiari, 1993). Bock e Aguiar (1995) apontam que é preciso não só identificar tais características, mas também que o indivíduo aprofunde sua compreensão sobre elas, de modo a perceber como e quando foram formadas. Nesse sentido, a compreensão da história de vida tem papel fundamental para integrar as diferentes dimensões que podem encaminhar uma escolha profissional, sendo importante reforçar o caráter contínuo do autoconhecimento, já que os gostos e as aptidões podem mudar conforme vivenciamos novas experiências (Bock & Aguiar, 1995; Bock & Liebesny, 2003).

Com relação às profissões, uma escolha profissional bem fundamentada exige o aprofundamento dos conhecimentos das características das profissões (local, atividades e objetos de trabalho), os seus requisitos de formação ou experiência, o mercado de trabalho e as habilidades e competências necessárias para sua realização (Soares-Lucchiari, 1993; Bock & Aguiar, 1995). Para Bock e Aguiar (1995), nesse processo de conhecer as profissões, é importante que as informações colhidas sejam diversas e de qualidade, mostrando a realidade da profissão e das condições necessárias para exercê-la, a fim de orientar a reflexão consciente do indivíduo.

No contexto atual, com a imprevisibilidade e a dinamização do trabalho e o surgimento de novos modelos profissionais ligados à tecnologia, Bardagi et al. (2014) ressaltam a necessidade de conhecer essas dinâmicas contemporâneas para guiar os indivíduos na realização de escolhas maduras centradas nos valores e nas competências pessoais, que possam ser distinguidas de interesses passageiros impulsionados pela idealização dos campos de atuação – especialmente em tempos de redes sociais, que, por vezes, mascaram a realidade social e profissional. Dessa forma, evita-se a realização de escolhas baseadas no imediatismo e na superficialidade das informações e dos conhecimentos sobre o mundo das profissões e sobre si mesmos, promovendo escolhas críticas e autônomas (Bardagi et al., 2014).

Ao refletir sobre a necessidade de conjugar os aspectos individuais com o contexto social na escolha profissional, Ribeiro et al. (2020) sinalizam que pensar a vida – e, especificamente, a vida laboral – a partir de enfoques individualizantes prejudica a identificação das variadas estratégias desenvolvidas pelo sujeito para o enfrentamento dos desafios da vida. Os autores ressaltam que a pandemia de COVID-19, por exemplo, revelou a ineficiência de tentar resolver problemas de nível social com estratégias padronizadas, sem levar em conta o contexto de cada indivíduo, uma vez que ele reflete não só os recursos, mas também as configurações sociais, políticas, culturais e econômicas que rodeiam o sujeito. Dessa forma, é importante incluir questões subjetivas e individuais, mas, também, questões estruturais e circunstanciais para guiar os limites no planejamento de futuro (Ribeiro et al., 2020).

Por fim, Bock e Aguiar (1995) consideram que a melhor escolha profissional é a realizada pelo indivíduo que tem um maior conhecimento de si, é consciente de ser impactado por um contexto histórico e determinado por uma realidade social e está informado sobre as possibilidades profissionais da sua sociedade. Assim, essa escolha seria ". . . uma resposta possível, em um momento do indivíduo, resposta esta que se constitui e se organiza como um dos aspectos da subjetividade numa relação direta com o mundo objetivo" (Bock & Aguiar, 1995, p. 21). Dessa forma, o produto da escolha não está apenas relacionado ao indivíduo e a seus gostos, mas é conjugado no seio de um contexto específico que orientará – ou, infelizmente, inviabilizará – suas possibilidades.

O serviço de Orientação Profissional e de Carreira para universitários: acolhimento na reescolha profissional

Entre os estudantes que já ingressaram na universidade, a primeira escolha por um curso de graduação e o primeiro contato com a profissão pretendida podem gerar questionamentos, dúvidas e insatisfação, levando os alunos a repensarem as motivações iniciais e buscarem um planejamento para sua carreira no futuro. A partir desses questionamentos, IES vêm observando a importância do oferecimento de serviços dentro das próprias universidades para compreender e acolher as demandas relacionadas à reescolha profissional e de carreira de seus alunos.

O serviço de Orientação Profissional e de Carreira (OPC) apresentado neste trabalho surge com vistas a oferecer atendimento focado no acolhimento e na orientação de alunos com dúvidas a respeito do curso e da profissão escolhidos, em que são trabalhados o autoconhecimento, o conhecimento sobre as profissões e a reflexão sobre o projeto de vida. Tal serviço foi criado em 2015 e faz parte de um dos diversos núcleos criados por uma universidade privada do Rio de Janeiro para auxiliar na trajetória acadêmica de estudantes e suprir certas carências educacionais de alunos da graduação e pós-graduação, oportunizando a eles ". . . um melhor aproveitamento da formação universitária . . . [com] a aquisição de estruturas que possibilitem um melhor desempenho acadêmico e, posteriormente, uma melhor atuação profissional" (Eisenberg et al., 2020, pp. 320-321).

Além do foco no atendimento ao estudante, o serviço também tem por objetivo proporcionar a formação de estudantes para a atuação na área da OPC. Sendo assim, a equipe é formada pela coordenadora/supervisora, por uma professora do Departamento de Psicologia, supervisora de estágios básico e profissionalizante e por dois estagiários do curso de Psicologia. No âmbito do estágio, é oferecida supervisão semanal que consiste na discussão dos casos atendidos, leitura de textos e aplicação e discussão de técnicas.

A proposta de atendimento encontra-se embasada na abordagem clínica em OPC, seguindo as perspectivas teóricas de Bohoslavsky (1998), bem como de outros autores do cenário nacional (Soares, 1993, 2002; Levenfus, 1997). Embora ancorado no referencial da abordagem clínica, o trabalho não perde de vista os fatores de ordem social implicados na escolha. O processo de OPC pode variar de um a oito atendimentos – a depender da demanda trazida pelo estudante –, com cerca de uma hora de duração, podendo ser realizado nas modalidades presencial e on-line. Inicialmente, faz-se uma entrevista de triagem, a fim de colher alguns dados pessoais do aluno e entender as demandas primárias que motivaram a busca pelo serviço, momento em que são abordados assuntos relacionados à escolha pelo curso atual, ao histórico escolar, à história de vida do aluno, à sua família e às suas expectativas profissionais.

O primeiro contato é importante para oferecer a escuta e o acolhimento às angústias dos estudantes e investigar se há realmente uma indicação para OPC ou se o indivíduo seria mais bem-atendido em outros serviços, por exemplo. Se for observado que o caso em questão é indicado para a orientação profissional, explica-se o funcionamento dos atendimentos, a duração e os objetivos do processo. Ressalta-se sempre que os atendimentos não visam a oferecer uma resposta definitiva para a dúvida profissional, mas a auxiliar o aluno em sua reflexão sobre escolhas e caminhos possíveis para sua formação.

As demandas apresentadas nesse primeiro atendimento são diversas. Dentre as mais observadas, destaca-se: a) questionamentos com relação ao mercado de trabalho e ao exercício da profissão escolhida; b) pouco conhecimento sobre cursos e profissões possíveis; c) insegurança com a escolha e medo de realizar uma mudança; d) questões emocionais (angústias internas); e) preocupação com a manutenção da bolsa de estudos; f) dificuldade de adaptação ao curso e ao ambiente universitário entre alunos bolsistas; g) dificuldade de identificar e reconhecer seus interesses e habilidades; h) apreensão por não se sentir realizado na profissão escolhida; i) preocupações relacionadas às influências familiares; j) medo de se arrepender pela escolha no futuro; k) desejo de repensar a primeira escolha.

Essas dúvidas e dificuldades remetem à escolha que foi feita anteriormente, muitas vezes por pressão familiar ou social, por falta de conhecimento e de informação sobre a área de atuação profissional, por simplesmente optar por seguir um curso que fosse o mais parecido com a matéria favorita – ou de melhor desempenho – na vida escolar. Para os alunos bolsistas, essa escolha também pode estar relacionada às vagas em cursos considerados menos concorridos e às vagas em cursos específicos abertas para estudantes oriundos de pré-vestibulares comunitários. Nesses casos, a escolha é motivada pelo aumento das chances de admissão na universidade, independentemente de um interesse específico na área ingressada.

Conforme Soares et al. (2018), a escolha equivocada por um curso de graduação é uma das principais causas de evasão do ensino superior e pode estar relacionada a diferentes aspectos, desde a falta de informações e referências sobre a profissão e o curso ingressado, até o desinteresse com o conteúdo oferecido e a escolha prematura desarticulada de valores e interesses (Soares et al., 2018; Moura & Menezes, 2004). Outros motivos, como a disponibilidade de tempo para terminar o curso de graduação, a expectativa pelo rápido retorno financeiro e a facilidade de ingresso em cursos que não são concorridos e/ou que não exijam tanto investimento financeiro, também influenciam na escolha dos alunos, podendo gerar insatisfação e frustração com o ensino superior (Rosseto et al., 2022; Martins & Machado, 2018; Moura & Menezes, 2004).

Soares (2002), ao abordar o processo de reorientação profissional para jovens universitários, demonstra que as dúvidas sobre o curso ingressado no ensino superior podem aparecer em diferentes momentos da trajetória do estudante, citando dois grupos que costumam buscar auxílio em serviços de OPC. O primeiro é composto pelos estudantes que estão vivenciando o que a autora chama de "crise no meio de curso". Esses jovens relatam insatisfação com as disciplinas estudadas e a atuação prática em estágios e decidem por repensar a escolha, a fim de reafirmar o interesse pelo curso ou escolher uma nova profissão (Soares, 2002).

Outro grupo citado por Soares (2002) são os jovens em final de curso que buscam orientação profissional pelo medo de enfrentarem o mercado de trabalho. A autora aponta que, por causa da instabilidade das oportunidades de trabalho e do medo do desemprego, esses jovens questionam a decisão inicial pelo curso universitário e procuram alternativas que lhes permitam redefinir a escolha por meio da realização de um curso de pós-graduação ou especialização.

Ao longo desses anos de experiência no serviço de OPC, todas as motivações citadas por esses autores também se fazem presentes. Observa-se, ainda, um terceiro grupo, formado por alunos calouros que buscam atendimento de orientação profissional nos semestres iniciais – se não no primeiro – para repensar a entrada na universidade. Nesses casos, as demandas também são diversas, variam desde o desejo de repensar as motivações para o ingresso no curso, seja por pouco conhecimento na profissão, seja pela escolha ter sido guiada pelo desejo dos pais, à insatisfação pelo ingresso no curso motivado pela oferta de bolsas de estudos disponíveis.

Em suma, a maior parte dos estudantes atendidos encontra-se em um momento de muita ansiedade e desmotivados. Por vezes, apresentam baixo desempenho acadêmico, devido à falta de interesse no curso e falta de perspectiva para o futuro naquela determinada área. Muitos trancam o curso por não suportar mais frequentar as aulas. O sentimento de "tempo perdido", característica contemporânea da cultura do imediatismo (Boutinet, 2002), é comum tanto entre os mais jovens ou ingressantes como aos que estão em meio ou final de curso, indivíduos atravessados pela preocupação com a construção de projetos de futuro e a necessidade de antecipar os acontecimentos do devir (Giddens, 2002; Almeida, 2013).

Alguns jovens – especialmente os alunos bolsistas de contextos economicamente vulneráveis – relatam também questões relacionadas à limitação de possibilidades na escolha do curso e à dificuldade de alcançar certos sonhos profissionais por motivos socioeconômicos. Além das questões pessoais e educacionais, como a defasagem educacional, a dificuldade de se ambientar em um novo grupo social, a rotina exaustiva de transporte e estudos por morar longe da instituição de ensino, as questões objetivas relacionadas à continuação dos estudos, como o pagamento das mensalidades de instituições particulares e o custeio das despesas relacionadas (transporte, material, alimentação), tornam-se uma preocupação a mais. Muitos desses alunos têm a necessidade de realizar atividades profissionais em contraturno (não necessariamente relacionadas a uma área de interesse) para seu sustento (Ribeiro, 2005), situação que, dentre outros fatores, pode resultar em um alto índice de abandono dos estudos (Lisboa, 2010).

Diante desse cenário, os serviços de OPC são uma alternativa viável para guiar uma possível reescolha de jovens que já estão no ensino superior e não se sentem acolhidos em suas escolhas ou que tiveram poucas oportunidades de escolhas em seus percursos. A reorientação profissional, nesse sentido, teria como objetivo promover a recuperação de projetos profissionais dos indivíduos, auxiliando-os na reflexão sobre os caminhos que os levaram à primeira escolha e suas possibilidades de uma mudança de trajetória acadêmica (Campos & Sehnem, 2016). Nesse caso, além de diminuir as chances de que uma nova escolha profissional irrefletida seja realizada e orientar os jovens na tomada de decisão, Campos e Sehnem (2016) comentam que o oferecimento de serviços de OPC nas próprias universidades pode ter retornos satisfatórios para a própria instituição, ao diminuir a evasão dos estudantes e refrear o número de transferências entre graduações.

Repensar as escolhas na trajetória acadêmica: relatos de casos

Os relatos descritos a seguir têm como base atendimentos de estudantes que procuraram o serviço de OPC entre os anos letivos de 2022 e 2023, com demandas relacionadas à insatisfação com o curso e com a profissão escolhida.

Nas narrativas, destaca-se a dimensão da estratégica clínica proposta por Bohoslavsky (1998), em que:

> [...] a comunicação não só busca um bom conhecimento do sujeito, mas ao mesmo tempo a promoção de benefícios para ele, sob a forma de modificações favoráveis ou de prevenção de dificuldades. O vínculo torna-se imprescindivelmente dinâmico, estabelecendo-se um diálogo com a situação (p. 35).

Como ilustração clínica, elaborou-se dois casos intitulados "O aluno questionador" e "A aluna artista", a fim de apresentar a combinação de alguns temas comuns presentes nos atendimentos dos estudantes da universidade, que buscam a reorientação profissional.

Todos os alunos atendidos pelo serviço assinam o Termo de Consentimento Livre e Esclarecido. Os dados aqui apresentados foram coletados em anotações realizadas após os atendimentos e, posteriormente, discutidos em supervisões semanais. Para preservar o anonimato dos estudantes, as informações pessoais foram modificadas, e um nome alternativo foi criado, para facilitar a descrição dos casos.

O aluno questionador

Júlio, 24 anos, procurou o Serviço de Orientação Profissional e de Carreira porque estava muito angustiado com seu futuro profissional. Ele era aluno do curso de Engenharia Ambiental, tinha uma bolsa PROUNI e, apesar de estar avançando nas disciplinas sem grandes problemas com notas e reprovações, se dizia descontente com o curso por não ter certeza da sua escolha.

Na entrevista de triagem, Júlio conta um pouco sobre sua história e relata que é morador de uma comunidade próxima à universidade, mora com a mãe, que é empregada doméstica, e com a irmã, que trabalha como contadora. Relata que, desde muito novo, sempre se interessou por matemática, adorava documentários e gostava muito de ler e estudar. Júlio comenta que passou por diferentes escolas públicas ao longo da sua vida acadêmica, algumas "boas" e outras "fracas", e que sempre se importou com sua educação, a ponto de pedir para os pais o transferirem para escolas "melhores". Já no ensino médio, conseguiu uma bolsa de estudos em um colégio particular da Zona Sul do Rio de Janeiro, onde cursou o técnico em eletrônica. Fala que, desde essa época, tinha muita preocupação em perder a bolsa e não ser aprovado no vestibular, o que o levava a se dedicar extensivamente aos estudos. Comenta que a escolha pelo curso de Engenharia deu-se pelo interesse em áreas de exatas e fala de sua curiosidade em trabalhar com energias renováveis, motivo pelo qual escolheu a especialização na área Ambiental.

No relato de Júlio, é possível observar o impacto da formação educacional básica na concepção que o jovem tem sobre as melhores oportunidades profissionais. O aluno estudou em escolas públicas ao longo de sua vida e tinha uma preocupação quanto à aprovação no vestibular, especialmente em se tratando de profissões mais reconhecidas, como Engenharia e Medicina. Essa angústia pode ser relacionada à concepção de que a escola e a educação seriam os grandes responsáveis pela ascensão social, e as profissões mais tradicionais e que têm mais prestígio social, como Engenharia, Medicina e Direito, aumentariam as chances de retorno econômico no futuro (Bock, 2014). Tal concepção reducionista, no entanto, pode desconsiderar outros aspectos de realização profissional, como o interesse pela rotina de trabalho, os valores pessoais e o significado do trabalho para o indivíduo, levando à sensação de insatisfação com a escolha profissional.

Júlio relata que recentemente conseguiu um estágio em uma grande empresa multinacional, mas não se sentia realizado profissionalmente. Ao longo da triagem, Júlio fala muito sobre angústias ligadas ao significado de sucesso profissional, pois acredita que o retorno financeiro não é um motivo suficiente para seguir em uma profissão, mas também se preocupa com o futuro e tem medo de não ter os recursos necessários para manter uma estabilidade financeira. Conta que seu principal objetivo de vida é "ajudar pessoas", mas não conseguia enxergar uma forma de fazer isso sendo engenheiro e trabalhando em empresas. Fala que chegou a cursar a graduação de Educação Física, que lhe trazia essa "realização pessoal", pois tinha a experiência de dar aula para crianças e observar seu desenvolvimento, mas, ao mesmo tempo, lhe deixava preocupado sobre as oportunidades profissionais do futuro. Após a apresentação da proposta de OPC, Júlio pede para fazer alguns atendimentos para guiá-lo na sua reflexão sobre a escolha profissional.

Um dos objetivos do processo de OPC é promover a integração entre as diferentes variáveis que envolvem a escolha profissional, como as habilidades, os interesses e os valores. No caso de Júlio, apesar de a Engenharia aparentemente lhe oferecer a segurança pelas possibilidades de retorno financeiro, ainda há uma dificuldade de conjugar a profissão com um propósito pessoal, que seria "ajudar o próximo". Segundo Antonelli e Boehs (2015), essa é uma das características contemporâneas da escolha profissional dos jovens, que buscam um trabalho com significado e propósito para sua realização pessoal. Nesses casos, a OPC oferece um espaço para discussão e reflexão sobre os propósitos de vida, valores e crenças pessoais, auxiliando no reconhecimento dos interesses e das paixões que formam a identidade dos indivíduos (Kashdan & Mcknight, 2009).

Além de acolher as angústias trazidas pelos alunos, a OPC pode proporcionar a reflexão sobre o lugar da escolha profissional na história de vida do indivíduo e o fortalecimento de sua autoestima e das suas potencialidades, auxiliando-o a encontrar alternativas para o desenvolvimento de seus propósitos pessoais no âmbito profissional ou em paralelo a ele. Para Júlio, isso desencadeou a reflexão de que a Engenharia não precisaria ser o único meio a partir do qual ele "ajudaria pessoas", mas um viabilizador para outras formas de atuação, como, por exemplo, dando aulas de reforços em pré-vestibulares comunitários ou trabalhando em outros serviços voluntários dentro da comunidade onde ela mora.

Ao longo das sessões, Júlio falou muito sobre as inseguranças e ansiedades que ele relacionava a "ter que escolher". Diz ter muito medo de fazer uma escolha profissional errada e se arrepender no futuro, e, por isso, exige muito de si mesmo para realizar uma escolha muito bem pensada. Diz já ter mudado de curso uma vez e que, se tivesse que fazer outra mudança, deveria ser com muita certeza, já que o "tempo estava passando". Fala que sua família nunca o cobrou com relação aos estudos e sua mãe sempre o incentivou a escolher a profissão que quisesse. Conta que tanto a família como os amigos o veem como "o inteligente" e que esperam que ele seja bem-sucedido profissionalmente. De acordo com Júlio, essa expectativa externa não o incomoda, mas, ao mesmo tempo, ele demonstra ter interiorizado essa pressão para ser "aquele que venceu na vida", pela urgência em fazer uma escolha definitiva.

Como muitos jovens que são os primeiros das suas famílias a poder se dedicar exclusivamente aos estudos, Júlio também precisa lidar com as expectativas de familiares e amigos, que esperam que ele seja "bem-sucedido" e consiga estabelecer-se logo em uma profissão. Como mencionado, essa pressão pode vir associada à angústia pelo tempo perdido e à preocupação com estar "ficando para trás". Nesses casos, o processo de reescolha também deve partilhar dos mesmos pressupostos e objetivos da OPC, focando no autoconhecimento e na obtenção de informações acerca das profissões, sem desconsiderar os fatores e as ansiedades características desse momento profissional.

Trabalhando o autoconhecimento e o interesse profissional, Júlio pesquisou um pouco sobre o curso de Engenharia da Computação, que se relacionava também com a sua formação técnica. Júlio dizia nunca ter pesquisado sobre isso porque achava que a Engenharia Ambiental lhe ofereceria um caminho mais linear para trabalhar com energias renováveis, mas que a computação também lhe parecia muito interessante e com oportunidades de emprego mais flexíveis, como os trabalhos remotos. Júlio passou, então, a refletir sobre essa alternativa, observando que essa flexibilidade de horário facilitaria sua dedicação aos trabalhos voluntários e a ajudar pessoas, que é um dos seus projetos pessoais. Em paralelo à OPC, Júlio buscou psicoterapia e começou um tratamento para ansiedade, o que ajudou a aplacar um pouco de sua preocupação. Assim, ao final do processo, Júlio se sentia um pouco mais confortável com as novas alternativas profissionais e mais seguro na realização de suas escolhas, entendendo que a dicotomia de sucesso e fracasso era muito reducionista, e não definidora de seu futuro, e era possível traçar caminhos para unir uma profissão com seu desejo por ajudar o próximo.

Conforme o processo foi se desdobrando, Júlio foi notando que não tinha uma dúvida específica quanto à permanência no curso de Engenharia. Logo, o trabalho de OPC foi mais focado no acolhimento de suas angústias e na validação dos seus questionamentos. No começo do processo, o aluno se mostrava muito preocupado com relação ao futuro, limitando-o a apenas dois caminhos possíveis – sucesso ou fracasso – e, por isso, tinha dificuldades de aceitar os ganhos e as perdas que acompanham uma escolha profissional. Foi importante trabalhar a escolha consciente e nomear os desafios enfrentados, que eram inerentes ao contexto social em que ele estava imerso, ajudando-o a pensar nas possibilidades de construir uma carreira profissional dentro do espectro possível. De acordo com o aluno, a possibilidade de ir planejando, juntamente à equipe de OPC, o seu futuro acadêmico ajudou a clarear suas perspectivas profissionais sem a necessidade de interromper os estudos para repensar o projeto de futuro. Assim, o aluno conseguiu manter a bolsa por mais um semestre, enquanto buscava conhecer melhor os cursos e as opções profissionais disponíveis na universidade.

A aluna artista

Amanda, 31 anos, matriculada no 2º período de Serviço Social, buscou o serviço de OPC relatando estar infeliz, pois sente que não está "aproveitando bem a universidade" e não consegue conectar-se ao curso atual. A aluna, que estava na primeira graduação, contou que procurou o atendimento por conta própria, pois precisava de alguma orientação sobre seu futuro profissional, e achou que conversar com um profissional da universidade poderia ajudá-la a pensar sobre suas possibilidades de carreira.

No primeiro momento da conversa, solicitou-se que Amanda contasse um pouco sobre o motivo da escolha do curso. A estudante relata que ingressou na universidade por uma bolsa de estudos obtida por meio de um pré-vestibular comunitário que atende jovens em situação de vulnerabilidade na região. O pré-vestibular possui um vínculo com a universidade e oferecia bolsas 100% gratuitas em alguns cursos específicos, o que, de acordo com Amanda, guiou sua "escolha" por Serviço Social, pois, entre as opções disponíveis, esse foi o curso que lhe pareceu mais interessante. Amanda relata que conseguir um diploma universitário é um dos seus grandes sonhos e que, apesar dos desafios, não gostaria de desistir da graduação, mas que, pela dificuldade em cursar as matérias, pensava em trancar o curso.

Aqui já é possível perceber que a primeira escolha de Amanda foi realizada entre um leque muito reduzido de opções, mas, mesmo assim, a estudante não quis renunciar a uma grande oportunidade de realizar o sonho de cursar o ensino superior. Outro ponto de destaque é a importância dos projetos sociais educacionais como motor de cidadania em contextos mais vulneráveis, abrindo o caminho para o acesso de jovens periféricos a novas oportunidades profissionais (Castro & Bicalho, 2013).

Amanda conta que a insatisfação com o curso vem lhe ocasionando um intenso sofrimento e que um dos principais motivos de não se identificar com a área é que, ao longo das aulas, tem se deparado com temas difíceis, que lhe faziam questionar sua própria história de vida, e, por isso, sentia "não dar conta" dos estudos. Seguindo com a triagem, pede-se para que Amanda conte um pouco sobre si mesma e sua história. Amanda fala que foi criada apenas pela mãe em uma comunidade do Rio de Janeiro e que era a mais nova de quatro irmãos. Quando Amanda ainda era criança, sua mãe optou por matriculá-la em um colégio com regime de internato, ligado a uma instituição religiosa, pois entendia que lá ela teria alimentação e educação adequada e poderia crescer com mais segurança. Amanda dizia não se ressentir da família, e falava sempre sobre sua vontade de continuar investindo em sua formação educacional e ter um diploma universitário.

Observa-se, no relato de Amanda, a importância de abordar a história de vida no processo de OPC para conseguir construir um panorama sobre as condições vivenciadas pelos indivíduos ao longo do seu desenvolvimento. Amanda retrata uma realidade muito difícil, com relações familiares fragilizadas e condições financeiras escassas, que impactam no desenvolvimento socioemocional de um indivíduo. Nesse sentido, a OPC também pode assumir um papel de escuta e acolhimento das dores causadas pelas injustiças sociais ao validar os sofrimentos vivenciados pelos sujeitos, contrapondo-se às lógicas de silenciamento e invisibilidade do sofrimento social presentes nas cenas públicas (Carreteiro, 2003).

Amanda relata que, no período em que estudou nessa instituição, se aproximou muito da arte, pois era sua "válvula de escape" das dificuldades e da solidão do dia a dia. Conta que fazia artesanato e pinturas e que encontrou nas expressões artísticas um caminho para ressignificar sua história. Amanda conta que viveu nessa instituição até os 15 anos e depois passou a trabalhar como coletora de lixo para somar renda no sustento da casa. Diz que esse trabalho ampliou sua visão sobre as potencialidades do que era descartado, pois passou a ver a beleza e as possibilidades de criar algo com o reaproveitamento de materiais. Além desse trabalho, Amanda fala de seu emprego em comércio como vendedora, onde fez muitos amigos que lhe proporcionaram uma nova oportunidade profissional, presenteando-a com um curso de maquiagem em uma instituição técnica. Amanda fala que "agarrou essa oportunidade com todas as forças", e mesmo sem ter condições financeiras de arcar com os custos do curso, fez "o que pôde": ia a pé para a instituição, não se alimentava para economizar e trocava seu trabalho como maquiadora por cosméticos e instrumentos de estética.

No trecho anterior, é possível observar alguns pontos da história de Amanda que mostram como ela foi sendo atravessada por diferentes formas de desigualdades ao longo de sua vida. Destacam-se as dificuldades concretas que uma jovem que precisa trabalhar e estudar enfrenta para finalizar seus estudos, com o suprimento de necessidades básicas, como alimentação e transporte. A oportunidade que Amanda teve de estudar deve-se ao custeio dos estudos por seus amigos, o que reafirma a importância de uma rede de apoio para o desenvolvimento afetivo e social dos indivíduos, mas também demonstra a insuficiência de políticas públicas que ofereçam subsídios a pessoas que, assim como Amanda, precisam conciliar trabalho, estudos e sustento familiar em condições de vulnerabilidade. Amanda fala que, já por causa da bolsa de estudos na universidade, ela tem acesso ao transporte gratuito e à alimentação nos dias de aula, o que considera um facilitador para continuar os estudos. Isso aponta para a importância não só do acolhimento para repensar a escolha profissional dentro das universidades, mas do atendimento em rede na instituição, conectando diferentes serviços para prover condições de permanência em vários âmbitos para os estudantes.

Ao longo da conversa, retomamos algumas vezes a relação entre as dificuldades vivenciadas pela estudante e aquilo que lhe era tão doloroso no curso escolhido. Amanda diz reconhecer a importância de estudar e analisar as desigualdades sociais que atravessaram sua própria história de vida por meio do curso de Serviço Social, mas gostaria de olhar para além das questões sociais e políticas e pensar em caminhos para transformar a realidade das pessoas. Ela fala que atualmente, além de trabalhar como maquiadora, também é professora de artes em uma ONG que atende jovens de comunidades cariocas e que esse serviço realizado na instituição é um dos seus maiores orgulhos.

As dificuldades de adaptação ao curso enfrentadas por Amanda são bem compreendidas quando contextualizadas em sua trajetória. Para a aluna, era doloroso se deparar com a "teorização" de sua história de vida, que é apenas um retrato de tantos indivíduos que enfrentam os reflexos da desigualdade social. O objetivo da OPC, nesse sentido, é promover o acolhimento das dores relacionadas à escolha profissional e trabalhá-las com os alunos, observando o que o indivíduo consegue lidar dentro de suas possibilidades, e auxiliá-los na construção de um caminho alternativo. Assim, o acolhimento e a escuta clínica, intrínsecos ao trabalho psicológico, fazem parte da sensibilidade que o psicoterapeuta deve desenvolver para receber as múltiplas realidades vivenciadas, e são importantes instrumentos de promoção de saúde para os indivíduos (Quadros et al., 2020).

Junto de Amanda, buscou-se relacionar as histórias relatadas com as possibilidades de escolhas feitas pela estudante, reforçando as características pessoais demonstradas que a permitiram atravessar tantas dificuldades presentes na sociedade. Foi pontuado para Amanda que a arte era um tema central em sua vida, representando não só um mecanismo de enfrentamento das adversidades vividas, mas também uma forma de atuação no mundo. Conversou-se sobre as possibilidades profissionais relacionadas a essa área, com a qual Amanda já tem certa proximidade com seu trabalho como maquiadora, e falou-se sobre as opções de cursos dentro da instituição, que abarcasse o estudo das artes. Durante essa sessão de triagem, foi feita uma pesquisa sobre disciplinas oferecidas na universidade que contemplassem as áreas de interesse de Amanda, e, a partir da demonstração do seu interesse, a aluna foi orientada a selecionar, na grade de matrícula, algumas aulas que lhe oferecessem um panorama sobre o curso.

Além do oferecimento de um espaço de escuta e acolhimento para Amanda, o processo de OPC foi importante para auxiliá-la a ressignificar suas possibilidades de formação profissional dentro da própria universidade, integrando-as à sua história de vida, às suas experiências de trabalho recentes e aos seus novos desejos profissionais. Assim como outros alunos que procuram o serviço,

Amanda não conhecia as alternativas oferecidas pela instituição, como frequentar disciplinas de cursos diferentes ou a realização de domínios adicionais em outros departamentos, por exemplo. Dessa forma, a atenção às dúvidas e o oferecimento de orientações institucionais puderam amenizar algumas das angústias de Amanda e orientar novas estratégias de formação acadêmica dentro da própria universidade.

Ao fim da triagem, Amanda se mostrou muito animada com a possibilidade de estudar artes na universidade e reconheceu no curso de Design de Moda uma alternativa para sua formação dentro da área de interesse. Comentou-se sobre a proposta do processo de OPC e sobre os objetivos das atividades que são realizadas ao longo dos atendimentos, e Amanda se mostrou interessada especialmente na parte de autoconhecimento e conhecimento das profissões. Optou-se por dar continuidade aos atendimentos, mas realizando um processo mais curto e focado em autoconhecimento e interesses profissionais, uma vez que Amanda se decidiu pela troca de curso para Design. Mesmo assim, os atendimentos foram importantes para Amanda se apropriar mais ainda de sua escolha e reconhecer seus interesses e características para orientar novos planos de carreira. No final do processo, Amanda foi orientada a procurar um serviço de psicoterapia para olhar mais profundamente para suas questões emocionais, relacionais e afetivas e, assim, trabalhar sua autoestima e seu bem-estar.

Também nesse caso, observa-se a importância do oferecimento de um espaço de escuta e acolhimento para além da demanda inicial de insatisfação com o curso, pois, ao longo dos atendimentos e da aplicação de técnicas de autoconhecimento, se pode conhecer mais profundamente as motivações e angústias latentes ao discurso dos estudantes. Tanto no caso de Júlio quanto no de Amanda, o descontentamento com o curso de graduação era uma das muitas questões que atravessam as vivências dos indivíduos, que, seja pelas necessidades adjacentes de trabalhar, seja por suprir rapidamente as expectativas familiares em alcançar um sucesso profissional, se sentiam desgastados e sem apoio para continuar a graduação.

CONSIDERAÇÕES FINAIS

Ao longo deste capítulo, buscou-se abordar a importância dos serviços de OPC para estudantes universitários, ressaltando o seu papel na construção do projeto profissional desses jovens. A partir da apresentação de um serviço oferecido em uma IES privada do Rio de Janeiro e do relato de dois casos atendidos, foi possível observar que a OPC pode atuar como uma prática social, estimulando novas reflexões para a construção do projeto de vida dos jovens e gerando debates críticos sobre as oportunidades, exigências e desejos profissionais.

Diante da heterogeneidade do público que tem acesso ao ensino superior, decorrente das políticas de inclusão – em especial as adotadas por instituições privadas como aquela na qual se realiza o serviço apresentado neste estudo –, emergem contrastes entre os discentes, indicando características diversas e necessidades diferenciadas. No cotidiano, são trazidos novos sentidos e novas reflexões sobre as necessidades que requisitam práticas de apoio à permanência na universidade. É possível perceber que, muitas vezes, a demanda desse público é latente, e por isso as IES devem investir em espaços que permitam a reflexão sobre a(s) escolha(s) acerca do curso de graduação, da construção de carreira e do projeto de vida. Nesse sentido, a escuta, o acolhimento e a promoção do autoconhecimento e da construção da identidade profissional auxiliam o aluno no seu percurso universitário, possibilitando a reflexão sobre suas incertezas, inquietações e insatisfação com o curso inicialmente escolhido. Esse movimento, aliado a outras estratégias de suporte ao estudante, representa oportunidades de permanência e continuidade na formação acadêmica.

O processo de reescolha deve focar no autoconhecimento e na obtenção de informações acerca das profissões, sem desconsiderar os fatores e as ansiedades características desse momento profissional. Se, por um lado, o olhar mais individualizado à demanda de cada estudante pode configurar uma limitação do serviço, principalmente no que tange ao número de alunos atendidos, por outro lado, possibilita aprofundar a compreensão da história de vida e das motivações para a escolha de cada orientando. Frente a tal limitação, e com vistas ao alcance de um maior número de alunos, aponta-se para a perspectiva de ampliação do escopo de atuação da OPC no contexto universitário, a partir do oferecimento de oficinas em grupo ou atendimentos coletivos. Conforme se observa na literatura desenvolvida nesta área, nos últimos anos, houve um aumento do oferecimento desse tipo de trabalho em âmbito nacional, destacando modalidades mais abrangentes de intervenção, como a oferta de disciplinas de planejamento de carreira na graduação e o desenvolvimento de atividades e oficinas em programas de suporte ao estudante.

QUESTÕES PARA DISCUSSÃO

A partir do que foi exposto ao longo do estudo, ressalta-se a importância de refletir sobre questões trazidas por estudos e trabalhos e destacam-se alguns pontos que podem contribuir para pesquisas, aprofundamentos e debates teóricos e práticos na área de OPC, propondo as seguintes questões para discussão:

- Como proceder para a implementação e o incentivo de programas de OPC nas IES?
- De que maneira os programas de OPC nas universidades podem auxiliar na redução da evasão escolar no ensino superior?
- Como refletir sobre os processos de inclusão, em seus diferentes aspectos, no ensino superior?
- De que forma a educação básica pode contribuir para a escolha profissional e permanência no ensino superior?

REFERÊNCIAS

Almeida, M. E. G. G. (2013). *Lealdades visíveis e invisíveis: um estudo sobre a transmissão geracional da profissão na família* [Tese de Doutorado, Pontifícia Universidade Católica do Rio de Janeiro]. Biblioteca Digital Brasileira de Teses e Dissertações. https://www.dbd.puc-rio.br/pergamum/tesesabertas/0912471_2012_completo.pdf

Antonelli, L., & Boehs, S. T. M. (2015). Significado do trabalho e geração Y: Uma análise do blog '20 e Poucos, 20 e Tantos'. *Orientação de Carreira: Investigação e Práticas*. ABOP, 247-254. https://abraopc.org.br/site2022/wp-content/uploads/2022/07/2015_E-book_ABOP.pdf#page=101

Bardagi, M. P., dos Santos, M. M., & Luna, I. N. (2014). O desafio da orientação profissional com adolescentes no contexto da modernidade líquida. *Revista de Ciências Humanas, 48*(2), 303-303. https://doi.org/10.5007/2178-4582.2014v48n2p303

Bardagi, M. P., Lassance, M. C., & Paradiso, Â. C. (2003). Trajetória acadêmica e satisfação com a escolha profissional de universitários em meio de curso. *Revista Brasileira de Orientação Profissional, 4*(1/2), 153-166. http://pepsic.bvsalud.org/pdf/rbop/v4n1-2/v4n1-2a13.pdf

Bohoslavsky, R. (1998). *Orientação Vocacional: A estratégia Clínica*. Martins Fontes.

Bock, A. M., & Aguiar, W. M. (1995). Por uma prática promotora de saúde em orientação vocacional. In A. M. B. Bock et al. (Org.), *A escolha profissional em questão* (2a ed., pp. 09-24). Casa do Psicólogo.

Bock, A. M. B., & Liebesny, B. (2003). Quem eu quero ser quando crescer: um estudo sobre o projeto de vida de jovens em São Paulo. In S. Ozella (Org.), *Adolescências construídas: a visão da psicologia sócio-histórica* (pp. 203-222). Cortez.

Bock, S. D. (2014). *Orientação profissional: a abordagem sócio-histórica*. Cortez Editora.

Boutinet, J. P. (2002). *Antropologia do projeto*. Artmed.

Campos, C. A., & Sehnem, S. B. (2016). "Não era aquilo que eu queria...": um estudo com universitários que vivenciaram a re-escolha de curso. In M. C. P. Lassance; R. S. Levenfus; L. L. Melo-Silva. (Org.), *Orientação de Carreira: Investigação e Práticas* (pp. 99-107). ABOP. https://abraopc.org.br/site2022/wp-contents/2022/07/2015_E-book_ABOP.pdf#page=101

Carreteiro, T. C. (2003). Sofrimentos sociais em debate. *Psicologia USP, 14*(3), 57-72. https://doi.org/10.1590/S0103-65642003000300006

Castro, A. C. D., & Bicalho, P. P. G. D. (2013). Juventude, território, Psicologia e política: intervenções e práticas possíveis. *Psicologia: Ciência e Profissão, 33*, 112-123. https://www.scielo.br/j/pcp/a/t5LGt5yrjNHD8K7XdhFLXQN/

Eisenberg, Z., Rodrigues, E. S., Bacal, M. E. A., & Oliveira, H. V. (2020). Núcleo de Orientação e Atendimento Psicopedagógico: uma experiência de apoio ao estudante no ensino superior (Pontifícia Universidade Católica do Rio de Janeiro – PUC-Rio). In C. E. S. B. Dias, M. C. S. Toti, H. Sampaio, & S. A. J. Polydoro (Org.), *Os serviços de apoio pedagógico aos discentes no ensino superior brasileiro* (pp. 319-336). Pedro & João Editores.

Giddens, A. (2002). *Modernidade e identidade*. Jorge Zahar.

Kashdan, T. B., & McKnight, P. E. (2009). Origins of purpose in life: Refining our understanding of a life well lived. *Psihologijske Teme, 18*(2), 303-313. https://hrcak.srce.hr/48215

Lehman, Y. P. (2014). Estudo sobre universitários em crise: evasão e re-escolha profissional. *Estudos de Psicologia* (Campinas), *31*, 45-54. https://doi.org/10.1590/0103-166X2014000100005

Levenfus, R. S. (1997). Orientação vocacional ocupacional: À luz da psicanálise. In R. S. Levenfus et al. (Org.), *Psicodinâmica da escolha profissional* (pp. 227-243). Artmed.

Magalhães, M., & Redivo, A. (1998). Re-opção de curso e maturidade vocacional. *Revista da ABOP, 2*(2), 7-28. http://pepsic.bvsalud.org/scielo.php?script=sci_arttext&pid=S1414-88891998000200002&lng=pt&tlng=pt.

Malki, Y. (2015). *A crise com o curso superior na realidade brasileira contemporânea: análise das demandas trazidas ao Núcleo de Orientação Profissional da USP* [Tese de Doutorado, Universidade de São Paulo]. Biblioteca Digital USP de Teses e Dissertações. https://teses.usp.br/teses/disponiveis/47/47134/tde-29092015-172047/pt-br.php

Martins, F. D. S., & Machado, D. C. (2018). Uma análise da escolha do curso superior no Brasil. *Revista Brasileira de Estudos de População, 35*(1), 1-24. https://doi.org/10.20947/S0102-3098a0056

Moura, C. B. D., & Menezes, M. V. (2004). Mudando de opinião: análise de um grupo de pessoas em condição de re-escolha profissional. *Revista Brasileira de Orientação Profissional, 5*(1), 29-45. http://pepsic.bvsalud.org/scielo.php?script=sci_arttext&pid=S1679-33902004000100004&lng=pt&nrm=iso

Pochmann, M. (2004). Juventude em busca de novos caminhos no Brasil. In R. Novaes & P. Vannuchi (Org.), *Juventude e sociedade: trabalho, educação, cultura e participação* (pp. 217-241). Fundação Perseu Abramo.

Quadros, L. C. D. T., Cunha, C. C. D., & Uziel, A. P. (2020). Acolhimento psicológico e afeto em tempos de pandemia: práticas políticas de afirmação da vida. *Psicologia & Sociedade*, 32, 1-15. https://doi.org/10.1590/1807-0310/2020v32240322

Ribeiro, M. A. (2005). O projeto profissional familiar como determinante da evasão universitária-um estudo preliminar. *Revista Brasileira de Orientação Profissional*, 6(2), 55-70. https://www.redalyc.org/pdf/2030/203016893006.pdf

Ribeiro, M. A., Figueiredo, P. M., & Almeida, M. C. C. G. de. (2020). Desafios contemporâneos da orientação profissional e de carreira (OPC): a interseccionalidade como estratégia compreensiva. *Psicologia Argumento*, 39(103), 98-122. https://doi.org/10.7213/psicolargum.39.103.AO05

Rosseto, M. L. R., de Souza, M. L., Soares, N. M., & Soares, L. M. (2022). Escolha profissional e adolescência: velhas questões, novas reflexões. *Research, Society and Development*, 11(3), 1-16. http://dx.doi.org/10.33448/rsd-v11i3.26907

Sindicato das Entidades Mantenedoras de Estabelecimentos de ensino superior no Estado de São Paulo [Semesp] (2021). Mapa do ensino superior no Brasil. 11. https://www.semesp.org.br/wp-content/uploads/2021/06/Mapa-do-Ensino-Superior-Completo.pdf.

Soares, A. B., Leme, V. B. R., Gomes, G., Penha, A. P., Maia, F. A., Lima, C. A., Valadas, S., Almeida, L. S. & Araújo, A. M. (2018). Expectativas acadêmicas de estudantes nos primeiros anos do ensino superior. *Arquivos Brasileiros de Psicologia*, 70(1), 206-223. http://hdl.handle.net/11328/2553

Soares, D. H. P. (2002). *A escolha profissional: Do jovem ao adulto*. Grupo Editorial Summus.

Soares-Lucchiari, D. H. P. (1993). *Pensando e vivendo a orientação profissional*. Grupo Editorial Summus.

CAPÍTULO 4

TRANSIÇÕES NA VIDA UNIVERSITÁRIA: INTERVENÇÕES PSICOLÓGICAS E DE CARREIRA

Fabiana Pinheiro Ramos
Alexandro Luiz De Andrade
Sávio Broetto da Silva
Jorge Luís de Souza Campista
Juliana Pereira Rodrigues Nunes

INTRODUÇÃO

O diploma de um curso superior é valorizado não somente pelo mercado de trabalho, mas também pela sociedade de forma geral. Isso significa que o ingresso na universidade é marcado por inúmeras expectativas, sentimentos de conquista e de orgulho. No entanto, aos poucos, diversos obstáculos vão sendo encontrados pelos universitários desde o seu ingresso no âmbito acadêmico até a conclusão da formação de nível superior (Modena et al., 2021). São exemplos de tais obstáculos: barreiras financeiras, interpessoais e cognitivas sentidas pelo universitário, bem como, dificuldades na gestão do tempo, na adaptação ao ambiente universitário e no transporte/deslocamento para o campus (Dias et al., 2019).

Para lidar com tais adversidades e com a dinâmica da vida universitária, é preciso que o estudante recém-chegado ao ensino superior desenvolva não só uma série de competências relacionadas ao estudo e à aprendizagem (Rosário et al., 2010; Santos et al., 2011), mas também habilidades sociais (Bernardelli et al., 2022; Bortolatto et al., 2021), de orientação de carreira (Alves & Teixeira, 2020; Ramos et al., 2018) e sociopolíticas (Pires et al., 2020). Tal conjunto de habilidades torna possível a adaptação ao novo sistema de estudo e às novas interações sociais, que demandarão dos universitários comportamentos assertivos e proativos.

Nesse cenário, Lantyer et al. (2016) argumentam que a exigência de longas horas de estudos, a independência na resolução de demandas acadêmicas e a aquisição de responsabilidades profissionais são fatores que muitas vezes tornam a experiência do estudante na universidade mais árdua e desgastante que a vivenciada em outros períodos da sua formação escolar e profissional. Podem existir obstáculos adicionais quando o universitário precisa estudar em uma cidade longe do seu núcleo familiar de origem (Ramos et al., 2017). Esse fator, por vezes, somado à dificuldade de encontrar um espaço físico adequado para os estudos, devido aos contextos de moradia, muitas vezes, serem de compartilhamento de quartos em repúblicas ou imóveis alugados, o que nem sempre promove um ambiente adequado para os estudos, podendo prejudicar, assim, o engajamento e envolvimento com a formação profissional.

Outro fator que pode abranger vários comportamentos que dificultam a vida do estudante universitário é a gestão do tempo. As dificuldades que os universitários apresentam quanto à gestão do tempo podem ser divididas, no geral, em quatro tópicos principais, de acordo com Oliveira et al. (2016): a) comportamentos relacionados à procrastinação; b) dificuldades em dizer "não" às demandas de outros; c) problemas para lidar com a carga horária de estudo exigida pelo curso; e d) dificuldades em conciliar estudos, convivência familiar e lazer. No que se refere à procrastinação, Pereira e Ramos (2021) argumentam que o engajamento em comportamentos de procrastinação para tarefas acadêmicas pode aumentar a experiência de estados emocionais aversivos, como ansiedade e estresse.

Outro tema presente na trajetória de formação dos universitários e que comporta desafios é o planejamento de carreira (Borges & De Andrade, 2014). Os receios sobre a transição da universidade para o mundo do trabalho, inserção profissional, recursos de empregabilidade, aliados a decisões sobre áreas de estágios e medo do desemprego, estão entre as demandas do aluno durante a graduação (Rocha et al., 2021). Entre as questões práticas que surgem nas intervenções voltadas ao planejamento da carreira universitária, estão demandas referentes: à escolha profissional, às dificuldades de adaptação e falta de identificação com o curso escolhido, à transição universidade-mercado de trabalho, bem como à estruturação de ações voltadas ao alcance de objetivos específicos (Albanaes et al., 2020; Barbosa et al., 2018; Barros, 2018; Buscacio & Soares, 2017; Monteiro & Soares, 2018; Silva & Nascimento, 2014).

Nesse contexto, algumas das dificuldades quanto à adaptação do estudante na universidade não se aplicam somente aos alunos ingressantes, mas também aos que já estão na universidade há um tempo. Pesquisas relatam um aumento progressivo de conflitos emocionais à medida que os alunos avançam em seus períodos no curso (Teixeira et al., 2002). Com todos esses obstáculos, bem como as mudanças e surpresas que a vida universitária pode proporcionar, vem crescendo na literatura brasileira estudos que investigam a saúde mental dos universitários (Bernardelli et al., 2022; Mascarenhas et al., 2012; Lantyer et al., 2016; Lelis et al., 2020).

Estudos relacionados ao público do ensino superior têm enfatizado temas como ansiedade, estresse e depressão, que, frequentemente, acompanham a vida desse público e acabam impactando a saúde mental deles. Conforme demonstrado por Mascarenhas et al. (2012), em uma amostra que contou com 1400 universitários da região amazônica brasileira, o estresse, a depressão e a ansiedade foram significativamente presentes na vida dos estudantes, podendo tais fatores exercer influência no bem-estar, na saúde e no desempenho acadêmico. Similarmente, Lelis et al. (2020) analisaram sintomas de depressão e ansiedade em uma amostra de 292 universitários e constataram prevalência de ansiedade em 41,1% e de depressão em 52,3% da população investigada. Nessa mesma direção, Santos et al. (2021) demonstraram a prevalência de 42% de sintomas depressivos em uma amostra de 636 estudantes de uma universidade do Centro-Oeste brasileiro.

Assim, com vários estudos demonstrando que a universidade apresenta desafios que podem ser nocivos à saúde mental dos estudantes, caso eles não desenvolvam as habilidades necessárias para enfrentar tais aspectos, intervenções têm sido propostas para essa população (Bortolatto et al., 2021; Lantyer et al., 2016; Oliveira et al., 2019; Ramos et al., 2021). Tais intervenções visam a promover saúde mental, bem-estar e auxílio para melhoria do desempenho acadêmico, bem como favorecer o projeto de carreira do universitário. Lantyer et al. (2016), por exemplo, descrevem uma intervenção para manejo da ansiedade, que foi dividida em oito encontros semanais, nos quais eram abordados temas relacionados à ansiedade. Foram aplicados instrumentos pré e pós-intervenção de modo a avaliar sua eficácia. Os resultados demonstraram que indicadores de ansiedade diminuíram, enquanto indicadores de qualidade de vida aumentaram, permitindo, assim, concluir que a intervenção foi bem-sucedida.

Nessa mesma direção, Ramos et al. (2018) desenvolveram uma proposta de oficina de controle de ansiedade e enfrentamento do estresse com universitários, também em oito sessões, com efeitos positivos na diminuição da gravidade de tais estados psicológicos. Por sua vez, Oliveira et al. (2019) desenvolveram uma intervenção de musicoterapia para universitários com ênfase na saúde mental. A atividade consistia no acolhimento inicial e posterior escuta de diversas músicas e estilos, atentando à mensagem transmitida pelas canções, e, ao final, era realizada a avaliação da experiência. Os participantes relataram relaxamento, leveza e reflexões positivas estimuladas pelas músicas. Já no que se refere à promoção do desempenho acadêmico, Ramos et al. (2018) propuseram oficinas de orientação aos estudos com o objetivo de contribuir para o desenvolvimento e aperfeiçoamento de métodos de estudo, assim como para a construção de um espaço de compartilhamento das vivências acadêmicas no ensino superior.

Bortolatto et al. (2021) revisaram sobre a importância de intervenções que promovam habilidades sociais em universitários. Norteados pela definição de Del Prette & Del Prette (1999, 2017) de que as Habilidades Sociais (HS) são definidas como um conjunto de comportamentos emitidos em meio às relações interpessoais que maximizem os ganhos e reduzam as perdas em meio a uma interação social. Envolve habilidades de comunicação (saber fazer e responder perguntas), empatia (demonstrar apoio ao outro em situações adversas e entender seus valores) e assertividade (saber criticar, elogiar, discordar, dizer não, defender os próprios direitos sem violar os dos outros). Os autores constataram que o treinamento das HS tem sido uma intervenção promissora para a promoção da saúde mental dessa população (Bortolatto et al., 2021).

No contexto do ensino superior, é exigido, portanto, que o aluno desenvolva em pouco tempo recursos cognitivos e emocionais para manejar contingências totalmente novas e diferentes das que estava acostumado até então. Diante disso, o *deficit* desses recursos, ou do seu desenvolvimento, pode acabar por favorecer o aumento dos níveis de ansiedade e, consequentemente, comprometer a qualidade de vida do aluno. Dessa forma, intervenções que se proponham a abordar temas como procrastinação, ansiedade, habilidades sociais e planejamento de carreira mostram-se fundamentais para essa população (Ramos, Kuster, Ramalhete et al., 2018).

Assim, este trabalho tem por objetivo descrever ações de intervenção com a população universitária, as quais objetivam desenvolver repertórios importantes para o sucesso acadêmico. São cinco modalidades diferentes de oficinas desenvolvidas em grupo:

1. Oficina de Orientação aos Estudos;

2. Oficina de Habilidades Sociais;

3. Oficina de Controle de Estresse e de Ansiedade;

4. Oficinas de Empatia;

5. Oficinas sobre Carreira e Justiça Social.

Tais intervenções foram conduzidas por estudantes de graduação em Psicologia, sob supervisão de professores do curso. As oficinas foram realizadas com estudantes de uma universidade pública federal brasileira e estão descritas em detalhes, a seguir.

OFICINA COM ESTUDANTES UNIVERSITÁRIOS

Oficina de Orientação aos Estudos

A procrastinação é um tema que está muito presente nas queixas do público universitário a respeito da sua rotina de estudos. De acordo com Basso et al. (2013), é comum que o comportamento de procrastinação gere nos estudantes sentimento de culpa, vergonha, ansiedade e depressão, sendo necessário, dessa forma, intervenções que possibilitam reduzir a procrastinação e ajudar na adoção de uma rotina de estudos mais proativa.

Para o desenvolvimento dessa rotina de estudos e adaptá-la às próprias necessidades, é necessário que o estudante planeje bem seus horários de modo que seja possível cumpri-los com sucesso. Entretanto, segundo Barbosa (2011), o que se percebe é que boa parte da população organiza seus horários e compromissos de maneira inadequada. Assim, verifica-se que o manejo do tempo se torna uma temática muito importante a ser trabalhada em uma oficina de orientação aos estudos.

Diante disso, a oficina de orientação aos estudos tem como objetivo contribuir com o desenvolvimento e/ou aperfeiçoamento das estratégias de estudo usadas pelos universitários, além de oferecer um espaço para que os estudantes discutam sobre temas que podem atrapalhar sua rotina de estudos, como a procrastinação, a baixa motivação com o curso e as dificuldades advindas do ambiente acadêmico.

A oficina é sistematizada em oito encontros, cada um com duração de 1 hora e 30 minutos, podendo ser realizados de forma on-line, ou presencialmente. Cada sessão tem um tema específico a ser trabalhado, com atividades previamente preparadas. No entanto, a programação é flexível, e, conforme as demandas trazidas pelos participantes, algumas atividades podem ser adicionadas ou retiradas, bem como a ordem dos temas alterada. No Quadro 1 são apresentados os objetivos e as atividades realizadas em cada uma das sessões da oficina.

Quadro 1 – *Objetivos e atividades de cada sessão da Oficina de Orientação aos Estudos*

Sessão	Objetivos	Atividades
1 – Apresentação.	Apresentar os facilitadores do grupo. Explicar aos participantes os objetivos da intervenção. Elaborar o contrato do grupo, envolvendo regras para participação, sigilo, dentre outros elementos.	Dinâmica de apresentação. Atividade: fatores que atrapalham os estudos. Apresentação da ferramenta "ESTUDE".
2 – Tema: Saúde Mental e Autocuidado.	Conscientizar os participantes a respeito da saúde mental e do autocuidado e de sua importância para o desenvolvimento de uma boa rotina de estudos.	Discussão sobre práticas de autocuidado. Apresentação em Powerpoint sobre autocuidado e autocompaixão.
3 – Tema: Gestão do Tempo.	Apresentar aos participantes as diferentes variáveis envolvidas com a gestão do tempo e as ferramentas que podem ajudar o aluno a se organizar no cotidiano.	Dinâmica: partilha de experiências sobre agenda semanal ou diária. Apresentação da "Ferramenta de Planejamento e Gestão de Estudo", uso da ferramenta SMART (Doran, 1981).
4 – Tema: Procrastinação.	Orientar os participantes a respeito do que é a procrastinação e como evitar que esse comportamento atrapalhe a rotina de estudos.	Conversa sobre como a procrastinação afeta a rotina dos participantes e quais atividades eles usam para procrastinar. Atividade "Ladrões do Tempo".
5 – Tema: Regulação Emocional.	Orientar os participantes sobre a importância da regulação emocional na hora de estudar e de como tentar se autorregular emocionalmente.	Apresentação de slides sobre regulação emocional. Roda de conversa sobre autorregulação emocional.
6 – *Mindfulness*.	Apresentar o tema de *Mindfulness* (Germer, 2016) e explicar como ele pode ser benéfico para a manutenção de uma boa rotina de estudos.	Realização de práticas de atenção plena (Neff & Germer, 2019). Realização de prática de relaxamento (Jacobson, 1987). Discussão das práticas.

Sessão	Objetivos	Atividades
7 – Técnicas de Estudo.	Apresentar técnicas que podem facilitar ao aluno aprender aquilo que ele está estudando.	Apresentação em slides de técnicas de estudo e como usá-las.
8 – Encerramento.	Encerramento com atividades que permitam que o estudante fale sobre como foi a experiência na oficina e seus resultados.	Abertura de espaço para *feedback* dos participantes sobre a implementação do conteúdo das oficinas no cotidiano e dinâmica de encerramento.

Nota. Elaboração própria.

Oficina de Habilidades Sociais

Os relacionamentos interpessoais constituem parte significativa das atividades do nosso dia a dia e são importantes para vários indicadores de saúde física e mental (Holt-Lunstad et al., 2010; Leigh-Hunt et al., 2017). Problemas nas relações interpessoais podem ser gerados por divergência de opiniões, valores e metas; dificuldades de se comunicar e se expressar adequadamente na relação; expectativas frustradas ou decepções com o outro; dentre outros. Se tais conflitos não forem resolvidos, a tendência é que cresçam e tornem o relacionamento ainda mais difícil.

Nesse contexto, a Oficina de HS visa ao desenvolvimento de repertórios interpessoais (Del Prette & Del Prette, 2013) presentes em diversas situações e envolvem as seguintes dimensões: iniciar e manter conversações; falar em público; expressões de amor, agrado e afeto; defesas dos próprios direitos; pedir favores; recusar pedidos; fazer obrigações; aceitar elogios; expressão de opiniões pessoais, inclusive discordantes; expressão justificada de incômodo, desagrado ou enfado; desculpar-se ou admitir ignorância; pedido de mudança no comportamento do outro; e enfrentar críticas (Del Prette & Del Prette, 2011).

Uma distinção importante no campo das habilidades sociais envolve a diferenciação entre respostas passivas, agressivas e assertivas, considerando o conteúdo da resposta, aspectos de sua topografia (olhar, tom de voz, gestos, dentre outros), bem como os direitos das pessoas envolvidas na interação (Caballo, 2003). Nesse sentido, compreender os diferentes elementos envolvidos nesses três estilos de resposta é o primeiro aspecto para a adoção de comportamentos mais assertivos, sobretudo em situações de conflito nas relações interpessoais.

Outra discussão importante nessa oficina envolve os Direitos Humanos Básicos, uma lista apresentada por Caballo (1996), em um total de 23 itens, que englobam, por exemplo: "O direito de ser escutado e levado à sério", "O direito de cometer erros – e ser responsável por eles", "O direito de que suas necessidades sejam tão importantes quanto a dos demais", 'O direito a negar pedidos sem ter de se sentir culpado (a) ou egoísta", dentre outros. Tais direitos envolvem, na realidade, crenças a respeito de aspectos envolvidos nas interações nas quais a assertividade está presente.

No contexto acadêmico, destaca-se, ainda, a dificuldade de falar em público, uma queixa frequente no campo das habilidades sociais em universitários (Pureza et al., 2012), tendo em vista as várias situações de apresentação de trabalhos acadêmicos, tais como seminários e apresentações orais em eventos científicos, que fazem parte do cotidiano desses estudantes. Assim, essa costuma ser uma habilidade-chave a ser desenvolvida em intervenções focadas nas HS.

Nesse tipo de intervenção, é comum a utilização do ensaio comportamental, técnica que visa à instalação de novos repertórios, ou ao aprimoramento dos já existentes (Caballo, 1996). Nela, são representadas sequências de interações sociais já vividas ou a serem enfrentadas pela pessoa, e o terapeuta pode fornecer modelos ou dicas para o desempenho, bem como alternar os papéis com o cliente na situação encenada.

Assim, a oficina ocorre em oito encontros, cada qual com duração de 1 hora e 30 minutos. Os objetivos e as atividades para cada uma das sessões da oficina de Habilidades Sociais são apresentados na Quadro 2.

Quadro 2 – *Objetivos e atividades de cada sessão da Oficina de Habilidades Sociais*

Sessão	Objetivos	Atividades
1 – Apresentação.	Apresentar os facilitadores do grupo. Explicar aos participantes os objetivos da intervenção. Elaborar o contrato do grupo, envolvendo regras para participação, sigilo, dentre outros elementos. Levantar as principais dificuldades dos participantes no campo das habilidades sociais (HS)	Dinâmica de apresentação. Atividade: construção coletiva de cartaz com os acordos compartilhados do grupo. Avaliação das dimensões das HS em que os participantes possuem mais dificuldade.
2 – Tema: Comportamentos passivos, agressivos e assertivos.	Diferenciar os três estilos de resposta: passivo, agressivo e assertivo. Compreender elementos do conteúdo e da topografia dos três estilos de resposta.	Apresentação dos aspectos comportamentais envolvidos nos três estilos de resposta. Realização de avaliação de situações fictícias, a fim de caracterizar os três estilos: discriminação dos comportamentos, em que os participantes recebiam uma lista de situações e deveriam avaliar (em subgrupos) se o comportamento exibido na situação havia sido passivo, agressivo ou assertivo. Discussão com exemplos de situações vivenciadas pelos participantes.
3 – Tema: Direitos Humanos Básicos	Conhecer a Lista de Direitos Humanos Básicos. Discutir situações e os direitos envolvidos.	Leitura e discussão da lista de direitos humanos básicos, contemplando as seguintes questões: - Que direitos chamaram mais a atenção e por quê? - Que direitos nunca haviam pensado que tinham nas relações interpessoais? - Que direitos acham que têm mais dificuldade de respeitar em si e nos outros e por quê?
4 – Tema: Desenvolvendo habilidades sociais.	Desenvolver e aprimorar algumas das dimensões apontadas pelos participantes como sendo as de maior dificuldade.	Ensaio comportamental das situações avaliadas na 1ª sessão e apontadas pelos participantes como sendo as de maior dificuldade.
5 – Tema: Desenvolvendo habilidades sociais.	Desenvolver e aprimorar algumas das dimensões apontadas pelos participantes como sendo as de maior dificuldade.	Ensaio comportamental das situações avaliadas na 1ª sessão e apontadas pelos participantes como sendo as de maior dificuldade.
6 – Tema: falar em público.	Desenvolver e aprimorar o repertório de falar em público.	Ensaio comportamental da habilidade de falar em público.
7 – Técnicas de Estudo.	Desenvolver e aprimorar o repertório de falar em público.	Ensaio comportamental da habilidade de falar em público.

Sessão	Objetivos	Atividades
8 – Encerramento.	Apresentar uma síntese dos principais aspectos da oficina.	Síntese dos principais aspectos trabalhados ao longo dos oito encontros.
	Avaliar a aprendizagem obtida durante a oficina.	Dinâmica de avaliação final.

Nota. Elaboração própria.

Assim, nessas oficinas, são trabalhadas diversas dimensões das habilidades sociais (Caballo, 2003), conforme as dificuldades específicas dos universitários participantes do grupo, com destaque para o repertório de falar em público, necessário a todos os envolvidos em um ambiente acadêmico.

Oficina de Controle de Estresse e de Ansiedade

A ansiedade é definida por Castillo et al. (2000) como um sentimento vago e desagradável, no qual se faz presente a tensão e o desconforto gerado pela antecipação de uma ameaça. Além disso, pode-se notar reações desagradáveis que acompanham tal estado, provindas do sistema nervoso autônomo, como taquicardia, sudorese, tremor e sensação de frio na barriga, que caracterizam os sintomas físicos da ansiedade (Leite et al., 2016).

Já o estresse se caracteriza por um estado produzido pela percepção de um estímulo que provoca excitação emocional e perturba o sujeito, desafiando seus limites e recursos, e que gera alterações fisiológicas e psicológicas no sujeito, variando de intensidade conforme a interpretação dos eventos estressores (Margis et al., 2003; Ramos, Gomes, Nascimento et al., 2018). Tais estados se constituem como uma experiência universal dos seres humanos, sendo normal até certo ponto, uma vez que são capazes de nos auxiliar em momentos de perigo. No entanto, tais estados podem tornar-se patológicos (Galvão, 2013) quando há uma relação de desproporcionalidade entre o estímulo e a intensidade, duração e frequência de tais estados emocionais.

Assim, a oficina tem por objetivo acolher as experiências de estresse e de ansiedade dos universitários participantes e, posteriormente, ajudá-los a regular tais emoções. São usadas ferramentas de psicoeducação que ajudem os participantes a entenderem a diferença do estresse e da ansiedade, bem como outras técnicas e dinâmicas com funções terapêuticas que auxiliam o grupo no controle do estresse e da ansiedade. Tais técnicas e dinâmicas são provenientes de teorias atuais de base analítico comportamental, como a Terapia de Aceitação e Compromisso – ACT (Hayes et al., 2021), a Terapia Cognitiva Comportamental – TCC (Beck, 2014) e a Psicoterapia Analítica Funcional – FAP (Kohlenberg & Tsai, 1991). O Quadro 3 apresenta a descrição das atividades, por sessão, da oficina de controle de estresse e ansiedade.

Quadro 3 – *Objetivos e atividades de cada sessão da Oficina de Controle de Estresse e Ansiedade*

Sessão	Objetivos	Atividades
1- Tema: Apresentação e acordos	Apresentar os facilitadores e os participantes do grupo. Estabelecer os acordos do grupo. Acolher as primeiras questões dos participantes acerca do estresse e da ansiedade.	Dinâmica de apresentação. Dinâmica de desenhos no cartaz.

Sessão	Objetivos	Atividades
2 – Tema: Regulação emocional e autocuidado	Apresentar aspectos gerais das emoções. Apresentar e discutir formas de autocuidado. Correlacionar o autocuidado como forma de ajudar na autorregulação emocional.	Psicoeducação sobre as emoções. Roda de conversa sobre as maneiras de autocuidado que os participantes costumam engajar-se. Condução de uma técnica de relaxamento progressivo.
3 – Tema: Procrastinação	Apresentar os aspectos da procrastinação e suas relações com o estresse e a ansiedade. Ajudar os participantes a reconhecerem momentos de procrastinação no seu dia a dia e intervir sobre esses momentos.	Psicoeducação sobre procrastinação. Atividade "ladrões de tempo". Meditação com a metáfora dos passageiros no ônibus da ACT.
4 – Tema: Disciplina e motivação	Introduzir o tema da disciplina e motivação. Discutir a importância da disciplina na vida cotidiana. Auxiliar no planejamento e na gestão do tempo.	Psicoeducação sobre disciplina e motivação. Dinâmica com a agenda semanal de atividades. Dinâmica com a ferramenta SMART (Doran, 1981).
5 – Tema: Habilidades sociais (assertividade)	Apresentar as dimensões das habilidades sociais. Apresentar os estilos passivo, agressivo e assertivo.	Psicoeducação sobre habilidades sociais. Atividade de teste de discriminação dos estilos de respostas.
6 – Tema: Valores, e desfusão cognitiva.	Promover nos participantes uma reflexão acerca de seus valores. Facilitar o estado de desfusão cognitiva. Aproximar as ações dos participantes com seus valores.	Psicoeducação sobre assertividade e *mindfulness*. Exibição e discussão do vídeo "Vida focada em valores versus vida focada em objetivos" (Harris, 2015); Atividade "eu devo versus eu decido".
7 – Tema: Autocompaixão e autocuidado	Apresentar os elementos da autocompaixão (Neff, 2003; 2012). Discutir a tendência autocrítica em que os participantes se engajam. Discutir os exemplos de autocuidado.	Psicoeducação sobre autocompaixão. Exercício "como eu trato um amigo?". Atividade "formas de autocuidado".
8 – Encerramento	Encerrar a oficina. Colher relatos e *feedbacks* dos participantes acerca da oficina e de sua participação. Confraternizar.	Roda de conversa sobre o que os participantes acharam da oficina e o que mudou para eles desde o início da oficina. Lanche compartilhado.

Nota. Elaboração própria.

Oficina de Empatia

A empatia é uma habilidade fundamental para as relações pessoais e profissionais de um indivíduo e está relacionada a desfechos positivos nas interações sociais, tais como redução de conflitos e agressões, e fortalecimento do comportamento pró-social e cooperativo (Garaigordobil & Maganto, 2011; Johnston & Glasford, 2018). Os contextos educacionais, como a universidade, podem contribuir para o desenvolvimento dessa habilidade, por meio da oferta de intervenções especificamente delineadas para esse fim (Feshbach & Feshbach, 2009; Ramos, De Andrade, Jardim, et al., 2018), apesar de não haver consenso na literatura da maneira mais adequada de se promover o treino da empatia (Sulzer et al., 2016).

A empatia pode ser definida comportamentalmente como "a resposta apropriada do ouvinte à situação do falante, tal como comunicada pelo falante" (Ascencio, 2017, p. 5), envolvendo aspectos emocionais, cognitivos e comunicacionais de falante e ouvinte na interação social (Cliffordson, 2002). Assim, a empatia envolve três aspectos relacionados: (1) reconhecimento do sentimento do interlocutor; (2) compreensão da função desse sentimento na interação; e (3) comunicação dessa compreensão de forma eficaz e sem julgamentos (Brugel et al., 2015).

Considerando o enfoque comportamental, a oficina de empatia aqui descrita foi baseada nos pressupostos da Psicoterapia Analítica Funcional – FAP (Kohlenberg & Tsai, 1991), sintetizados no Modelo Consciência, Coragem e Amor – ACL (Kanter et al., 2014), que envolve: 1) estar consciente do aqui e agora da interação ("A" de *Awareness* em inglês); 2) conectar-se aos outros, demonstrando "fraquezas" e vulnerabilidades ("C" de *Courage* em inglês); e expressar validação dos sentimentos ("L" de *Love* em inglês). Esses três elementos da FAP correspondem aos três aspectos da empatia apontados por Brugel et al. (2015).

Assim, as oficinas de empatia visam ao treinamento dessa habilidade em estudantes universitários, sendo realizadas em cinco encontros, uma vez por semana, com os objetivos, programação e atividades descritos de forma sintética, na Quadro 4, a seguir.

Quadro 4 – *Descrição das atividades e objetivos das sessões da oficina de empatia*

Sessão	Objetivos	Atividades
1	Apresentação dos facilitadores do grupo. Explicar aos participantes os objetivos da intervenção. Elaborar o contrato do grupo, envolvendo regras para participação, sigilo, dentre outros elementos.	Dinâmica de apresentação. Breve explicação sobre a empatia e os objetivos da oficina. Cartaz elaborado em pequenos grupos sobre os acordos compartilhados para o funcionamento da oficina.
2	Desenvolvimento da empatia	Dinâmicas: "rótulos" e "um passo à frente". Discussão das atividades.
3	Desenvolvimento da empatia	Dinâmica: "partilha de experiências". Discussão da atividade.
4	Desenvolvimento da empatia	Dinâmica: "relato anônimo". Discussão da atividade.
5	Sessão de encerramento com atividades de despedida.	Dinâmica das cores. Despedida e encerramento.

Nota. Elaboração própria.

Oficina sobre Carreira e Justiça Social

A oficina de carreira e justiça social tem como objetivo desenvolver nos universitários ações reflexivas e comportamentais, que vão desde a exploração de aspectos mais individuais, como interesses de carreira e chamados ocupacionais (Zanotelli & De Andrade, 2023), até aspectos de proatividade (De Andrade et al., 2022) e a consciência crítica dos fatores contextuais e macroeconômicos da construção de projetos profissionais de trabalho (Pires et al., 2020).

As intervenções ocorrem tanto em formato de atendimento individual como em grupo, com fundamentos sistemáticos de técnicas, teorias e ferramentas avaliativas, englobando modalidade de encontro único (educação para carreira), planejamento de carreira (4-6 encontros) e ainda aconselhamento psicológico voltado para carreira (6-10 encontros). O Quadro 5 apresenta o fluxo de atividades e técnicas do modelo aplicado nas ações de planejamento de carreira e aconselhamento psicológico voltado para carreira.

Quadro 5 – *Etapas, técnicas e temas sugeridos em intervenções em carreira e justiça social*

Etapas			
Autoconhecimento	**Exploração**	**Sociopolítico**	**Planejamento de carreira**
- Personalidade e interesses - História de vida e familiar - Mundo do trabalho - Qual o problema de carreira	- Mercado de trabalho - Sistema educacional - Recursos pessoais e familiares	- Forças macrossociais - Marginalização e volição	- Definição de metas - Plano de ação - Avaliação de resultados
Técnicas e temas sugeridos			
- Entrevista clínica - Escalas psicométricas (Escala de interesses vocacionais; Escala de adaptabilidade de carreira) - Inventário de Personalidade - Linha da vida (familiar e profissional) - Avaliação de crenças e emoções - Minha narrativa	- Matriz de forças e fraqueza (SWOT) - Consciência das escolhas - Avaliação de Barreiras (internas e externas)	- Forças macropolíticas e exclusão social - Consciência crítica - Narrativas de empregabilidade e desigualdade	- Currículo futuro - Mapa do emprego - Plano de ação - Carta para um futuro profissional

Nota. Elaboração própria.

As ações são realizadas tomando como base tantos os pressupostos da Teoria da Psicologia do Trabalhar – TPT (Duffy et al., 2016; Pires et al., 2020), como da teoria sociocognitiva de carreira (Lent et al., 1994). A TPT é uma teoria e perspectiva de intervenção recente no campo da Orientação Vocacional e de Carreira e tem como foco de análise a compreensão do sujeito como um ser biopsicossocial, levando, portanto, em consideração o fato de que aspectos contextuais, como raça/cor, gênero, classe social, junto de aspectos individuais, influenciam na maneira como uma determinada pessoa vai se desenvolver na Carreira (Duffy et al., 2016; Pires et al., 2020). Aliado a isso, a perspectiva busca compreender a importância que o trabalho ocupa na vida das pessoas, tanto pela manutenção da sobrevivência, garantindo itens básicos de consumo, como na influência do mesmo em relação ao bem-estar, na criação de vínculos afetivos com pares e na realização de um trabalho com propósito.

Por sua vez, a perspectiva sociocognitiva de carreira possui uma tradição de mais de três décadas (Lent et al., 1994), tendo inspiração no modelo de aprendizagem social de Bandura (1969). No contexto das intervenções em carreira, este modelo fomenta noções sobre o papel da agência individual, processos de aprendizagem e formação de recursos de autoeficácia. Envolve, ainda, elementos e competências fundamentais da transição da universidade para o mundo do trabalho, tais como: autoeficácia para processos seletivos, tomada de decisão de carreira, além do planejamento e do engajamento em projetos ocupacionais.

Em termos dos resultados observados nas oficinas com foco em desenvolvimento de carreira, esses possuem variações desde domínios específicos, como a diminuição de emoções negativa e ansiedade em relação à carreira (Zanotti & De Andrade, 2016), passando pelo desenvolvimento de recursos e competências para enfrentamento de transições de vida-carreira (Rocha et al., 2021), até o favorecimento de habilidades interpessoais específicas ao mundo do trabalho (Soares et al., 2019).

Destaca-se que as intervenções em carreira não devam ser realizadas somente em momentos de conflitos de transição (por exemplo, final do curso), mas ao longo de toda a jornada de formação profissional, envolvendo a disponibilidade tanto de profissionais capacitados, como espaços específicos para o estudante reportar suas dúvidas sobre o futuro, aprimorar suas competências para entrevistas de emprego e planejamento de carreira, bem como se preparar para transição da universidade ao mundo do trabalho.

CONSIDERAÇÕES FINAIS

As propostas de intervenção aqui descritas buscam, em seu conjunto, apresentar ferramentas e estratégias para o trabalho com universitários, enfocando diferentes aspectos da sua vida pessoal e profissional: regulação das emoções, habilidades sociais, hábitos de estudo e orientação de carreira. Assim, verifica-se a articulação entre essas diferentes temáticas, considerando as intersecções entre os diversos aspectos da vida do universitário brasileiro.

Espera-se, assim, contribuir com a prática de profissionais inseridos no contexto do ensino superior, auxiliando-os a visualizar possibilidades de intervenção que contribuam com o bem-estar psicológico no contexto acadêmico, na medida em que preparem os universitários para enfrentar os inúmeros desafios presentes nesse contexto.

QUESTÕES PARA DISCUSSÃO

- Quais são os principais desafios enfrentados por estudantes universitários no contexto de transição para o ensino superior?

- Qual a importância de intervenções focadas no desenvolvimento de carreira para estudantes universitários?

- Por que é relevante desenvolver habilidades pessoais como regulação das emoções e habilidades sociais no contexto do ensino superior?

- Que outras propostas de intervenção, para além das descritas neste capítulo, poderiam ser viabilizadas considerando os desafios enfrentados pelos universitários?

REFERÊNCIAS

Albanaes, P., Nunes, M. F. O., Bardagi, M. P, & Farias, E. (2020). Desenvolvimento de carreira e projetos profissionais de cotistas de uma universidade federal brasileira. *Revista Brasileira de Orientação Profissional*, *21*(1), 41-52. https://dx.doi.org/10.26707/1984-7270/2020v21n105

Alves, C. F, & Teixeira, M. A. P. (2020). Construção e Avaliação de uma Intervenção de Planejamento de Carreira para Estudantes Universitários. *Psico-USF, 25*(4), 697-709. http://dx.doi.org/10.1590/1413/82712020250409

Ascencio, B. (2017). *Training clinical empathy: A behavior analytic approach* [Dissertação de Mestrado, Universidade Estadual da Califórnia].

Bandura, A. (1969). Social-Learning Theory of Identificatory Processes. In D. A. Goslin (Ed.), *Handbook of Socialization Theory and Research* (pp. 213-262). Rand McNally & Company.

Barbosa, C. (2011). *A tríade do tempo.* Sextante.

Barbosa, M. M. F., Oliveira, M. C., Melo-Silva, L. L., & Taveira, M. C. (2018). Delineamento e avaliação de um programa de adaptação acadêmica no ensino superior. *Revista Brasileira de Orientação Profissional, 19*(1), 61-74. https://dx.doi.org/1026707/1984-7270/2019v19n1p61

Barros, A. (2018). Crenças de carreira na transição do ensino superior para o trabalho. *Revista Brasileira de Orientação Profissional, 19*(2), 133-142. https://dx.doi.org/1026707/1984-7270/2019v19n2p133

Beck, J. S. (2014). *Terapia Cognitivo-Comportamental*: Teoria e prática (2a ed.). Artmed.

Basso, C., Graf, L. P., Lima, F. C., Schimidt, B., & Bardagi, M. P. (2013). Organização de tempo e métodos de estudos: oficinas com estudantes universitários. *Revista Brasileira de Orientação Profissional, 14*(2), 277-288. http://pepsic.bvsalud.org/pdf/rbop/v14n2/12.pdf

Bernardelli, L. V., Pereira, C., Brene, P. R. A., & Castorini, L. D. da C. (2022). A ansiedade no meio universitário e sua relação com as habilidades sociais. *Avaliação: Revista Da Avaliação Da educação superior (Campinas), 27*(1), 49-67. https://doi.org/10.1590/S1414-40772022000100004

Borges, L. F. L., & de Andrade, A. L. (2014). Preditores da carreira proteana: Um estudo com universitários. *Revista Brasileira de Orientação Profissional, 15*(2), 153-163. http://pepsic.bvsalud.org/pdf/rbop/v15n2/06.pdf

Bortolatto, M. O., Assumpção, F. P., Limberger, J., Menezes, C. B., Andretta, I., & Lopes, F. M. (2021). Treinamento em habilidades sociais com universitários: revisão sistemática da literatura. *Psico, 52*(1), 1-13. https://doi.org/10.15448/1980-8623.2021.1.35692

Bortolatto, M. O., Kronbauer, J., Rodrigues, G., Limberger, J., Menezes, C. B., Andretta I., & Lopes, F. M. (2021). Avaliação de habilidades sociais em universitários. *Revista de Psicopedagogia, 39*(118), 83-96. https://doi.org/10.51207/2179-4057.20220007

Brugel, S., Postma-Nilsenová, M., & Tates, K. (2015). The link between perception of clinical empathy and nonverbal behavior: The effect of a doctor's gaze and body orientation. *Patient Education and Counseling, 98*, 1260-1265. https://dx.doi.org/10.1016/j.pec.2015.08.007

Buscacio, R. C. Z, & Soares, A. B. (2017). Expectativas sobre o desenvolvimento da carreira em estudantes universitários. *Revista Brasileira de Orientação Profissional, 18*(1), 69-79. https://dx.doi.org/10.26707/1984-7270/2017v18n1p69

Caballo, V. E. (1996). *Manual de técnicas de terapia e modificação do comportamento.* Livraria Santos Editora.

Caballo, V. E. (2003). *Manual de avaliação e treinamento das habilidades sociais.* Livraria Santos Editora.

Castillo, A. R. G., Recondo, R., Asbahr, F. R., & Manfro, G. G. (2000). Transtornos de ansiedade. *Brazilian Journal of Psychiatry, 22*, 20-23. https://doi.org/10.1590/S1516-44462000000600006

Cliffordson, C. (2002). The hierarchical structure of empathy: Dimensional organization and relations to social functioning. *Scandinavian Journal of Psychology, 43*, 49-59. https://doi.org/10.1111/1467-9450.00268

De Andrade, A. L., Teixeira, M. A. P. T., & de Oliveira, M. Z. (2022). The Brazilian Portuguese adaptation of Protean Career Orientation Scale: invariance, correlates, and life/career stages. *International Journal for Educational and Vocational Guidance, 23*, 615-633. https://doi.org/10.1007/s10775-022-09539-x

Del Prette, A, & Del Prette Z. A. P. (2017) *Competência Social e Habilidades Sociais: Manual teórico-prático*. Vozes.

Del Prette, A., & Del Prette, Z. A. P. (2011). *Habilidades sociais: Intervenções efetivas em grupo*. Casa do Psicólogo.

Del Prette, A., & Del Prette, Z. A. P. (2013) Programas eficaces de entrenamiento en habilidades sociales basados en métodos vivenciales. *Apuntes de Psicología, 31*(3), 67-76. https://apuntesdepsicologia.es/index.php/revista/article/view/300

Del Prette, Z. A. P., & Del Prette, A. (1999). *Psicologia das habilidades sociais: Terapia e educação*. Vozes.

Dias, A. C. G., Carlotto, R. C., Oliveira, C. T., & Teixeira, M. A. P. (2019). Dificuldades percebidas na transição para a universidade. *Revista Brasileira de Orientação Profissional, 20*(1), 19-30. https://doi.org/10.26707/1984-7270/2019v20n1p19

Doran, G. T. (1981). There's a S.M.A.R.T. way to write management's goals and objectives. *Management Review, 70*(11), 35-36. https://community.mis.temple.edu/mis0855002fall2015/files/2015/10/S.M.A.R.T-Way-Management-Review.pdf

Duffy, R. D., Blustein, D. L., Diemer, M. A., & Autin, K. L. (2016). The Psychology of Working Theory. *Journal of Counseling Psychology, 63*(2), 127-148. https://doi.org/10.1037/cou0000140

Feshbach, N. D., & Feshbach, S. (2009). Empathy and education. In J. Decety, & W. Ickes (Ed.), *The Social Neuroscience of Empathy* (pp. 85-97). MIT Press.

Galvão, A. E. O. (2013). Ansiedade. *Revista Cadernos de Estudos e Pesquisas do Sertão, 1*(1),1-15. https://revistas.uece.br/index.php/cadernospesquisadosertao/article/view/9670

Garaigordobil, M., & Maganto, C. (2011). Empatía y resolución de conflictos durante la infancia y la adolescencia. *Revista Latinoamericana de Psicología, 43*, 51-62. http://www.scielo.org.co/scielo.php?script=sci_arttext&pid=S0120-05342011000200005

Germer, C. K. (2016). Mindfulness: o que é? Qual sua importância? In C. K. Germer, R. D. Siegel, & P. R. Fulton. *Mindfulness e psicoterapia* (2a ed., pp. 2-36). Artmed.

Harris, R. (2015). *Vida enfocada en valores vs vida enfocada en objetivos*. [Vídeo]. https://www.youtube.com/watch?v=Wnm9lAHWPTA&t=7s

Hayes, S., Strosahl, K., & Wilson, K. (2021). *Terapia de aceitação e compromisso:* O processo e a prática da mudança consciente (2a ed.). Artmed.

Holt-Lunstad, J., Smith, T. B., & Layton, J. B. (2010). Social relationships and mortality risk: A meta-analytic review. *PLoS Med, 7*(7). https://doi.org/10.1371/journal.pmed.1000316

Jacobson, E. (1987). Progressive Relaxation. *The American Journal of Psychology, 100*(3/4), 522-537. https://doi.org/10.2307/1422693

Johnston, B. M., & Glasford, D. E. (2018). Intergroup contact and helping: How quality contact and empathy shape outgroup helping. *Group Processes & Intergroup Relations, 21*, 1185-1201. https://dx.doi.org/10.1177/1368430217711770

Kanter, J. W., Holman, G., & Wilson, K. G. (2014). Where is the love? Contextual behavioral science and behavior analysis. *Journal of Contextual Behavioral Science, 3*(2), 69-73. https://dx.doi.org/10.1016/j.acbs.2014.02.001

Kohlenberg, R. J., & Tsai, M. (1991). *Functional Analytic Psychotherapy: Creating intense and curative therapeutic relationships.* Plenum.

Lantyer, A. S., Varanda, C. C., Souza, F. G., Padovani, R. C., & Viana, M. de B. (2016). Ansiedade e qualidade de vida entre estudantes universitários ingressantes: avaliação e intervenção. *Revista Brasileira de Terapia Comportamental e Cognitiva, 18*(2), 4-19. https://doi.org/10.31505/rbtcc.v18i2.880

Leigh-Hunt, N., Bagguley, D., Bash, K., Turner, V., Turnbull, S., Valtorta, N., & Caan, W. (2017). An overview of systematic reviews on the public health consequences of social isolation and loneliness. *Public Health, 152,* 157-171. http://dx.doi.org/10.1016/j.puhe.2017.07.035

Leite, C. D.; Silva, A. A.; Angelo, L. F.; Rubio, K., & Melo, G. F. (2016) Representações de ansiedade e medo de atletas universitários. *Revista Brasileira de Psicologia do Esporte, 6*(1), 36-46. https://doi.org/10.31501/rbpe.v6i1.6726

Lelis, K. C. G., Brito, R. V. N. E., Pinho, S., & Pinho, L. (2020). Sintomas de depressão, ansiedade e uso de medicamentos em universitários. *Revista Portuguesa de Enfermagem de Saúde Mental,* (23), 9-14. https://doi.org/10.19131/rpesm.0267

Lent, R. W. Brown, S. D., & Hackett, G. (1994). Towards a unifying social cognitive theory of career and academic interests, choice and performance. *Journal of Vocational Behavior, 45*(1), 79-122. https://doi.org/10.1006/jvbe.1994.1027

Margis, R., Picon, P., Cosner, A. F., & Silveira, R. de O. (2003). Relação entre estressores, estresse e ansiedade. *Revista De Psiquiatria Do Rio Grande Do Sul, 25,* 65-74. https://doi.org/10.1590/S0101-81082003000400008

Mascarenhas, S. A. N., Roazzi, A., Leon, G. F., & Ribeiro, J. L. P. (2012). Necessidade da gestão do estresse, ansiedade e depressão em estudantes universitários brasileiros. *Actas do 9º Congresso Nacional de Psicologia da Saúde,* 817-822. https://repositorio-aberto.up.pt/handle/10216/60892

Modena, C. F., Kogien, M., Marcon, S. R., Demenech, L. M., Nascimento, F. C. dos S., & Carrijo, M. V. N.. (2022). Factors associated with the perception of fear of COVID-19 in university students. *Revista Brasileira de Enfermagem, 75,* 1-8. https://doi.org/10.1590/0034-7167-2021-0448

Monteiro, M. C., & Soares, A. B. (2018). Adaptação acadêmica de estudantes cotistas e não cotistas. *Revista Brasileira de Orientação Profissional, 19*(1), 51-60. https://dx.doi.org/1026707/1984-7270/2019v19n1p51

Neff, K. (2003). Self-compassion: An alternative conceptualization of a healthy attitude toward oneself. *Self and Identity, 2,* 85-101. http://10.1080/15298860390129863

Neff, K. (2012). The science of self-compassion. In C., & R. Siegel (Ed.), *Compassion and wisdom in psychotherapy* (pp. 79-92). The Guilford Press.

Neff, K., & Germer, C. (2019). *Manual de mindfulness e autocompaixão: Um guia para construir forças internas e prosperar na arte de ser seu melhor amigo*. Artmed.

Oliveira, C. T. de., Carlotto, R. C., Teixeira, M. A. P., & Dias, A. C. G. (2016). Oficinas de Gestão do Tempo com Estudantes Universitários. *Psicologia: Ciência e Profissão, 36*(1), 224-233. https://doi.org/10.1590/1982-3703001482014

Oliveira, L. S., Oliveira, E. N., Campos, M. P., Sobrinho, N. V., Aragão, H. L., & França, S. S. (2019). A música como estratégia de promoção de saúde mental entre estudantes universitários. *Saúde em Redes, 5*(3), 329341. https://doi.org/10.18310/2446-4813.2019v5n3p329-341

Pereira, L. da C., & Ramos, F. P. (2021). Procrastinação acadêmica em estudantes universitários: uma revisão sistemática da literatura. *Psicologia Escolar e Educacional, 25*, 1-7. https://doi.org/10.1590/2175-35392021223504

Pires, F. M., Ribeiro, M. A., & De Andrade, A. L. (2020). Teoria da Psicologia do Trabalhar: uma perspectiva inclusiva para orientação de carreira. *Revista Brasileira de Orientação Profissional, 21*(2), 203-214. http://dx.doi.org/10.26707/1984-7270/2020v21n207

Pureza, J. R., Rusch, S. G. S., Wagner, M., & Oliveira, M. S. (2012). Treinamento de habilidades sociais em universitários: uma proposta de intervenção. *Revista Brasileira de Terapias Cognitivas, 8*(1), 2-9. http://pepsic.bvsalud.org/pdf/rbtc/v8n1/v8n1a02.pdf

Ramos, F. P., De Andrade, A. L., Jardim, A. P., Ramalhete, J. N. L. Pfister. G. P., & Egert, C. (2018). Intervenções psicológicas com universitários em serviços de apoio ao estudante. *Revista Brasileira de Orientação Profissional, 19*(2), 221-232. https://doi.org/1026707/1984-7270/2019v19n2p221

Ramos, F. P., Drummond, N. C., Rossi, C. C., Pinto, A. L., & de Andrade, A. L. (2021). Oficinas em grupo para promoção de saúde mental em universitários: resultados de intervenções analítico-comportamentais. In S. R. Marcon & T. L. Dias (Org.), *Saúde mental no contexto universitário: contribuições para um diálogo* (pp. 221-242). EDUFMT.

Ramos, F. P., Gomes, A. C. P., Gonçalves, A., Rodrigues, J. P., & Pirola, G. P. (2017). Treino em Habilidades Sociais com Universitários: relato de oficina. *Psicologia em Foco, 7*, 131-145.

Ramos, F. P., Gomes, A. C. P., Nascimento, C. P., & Oliveira, I. C. (2018). Orientação aos estudos como estratégia para facilitar a adaptação à vida acadêmica: relato de oficina com universitários. In J. P. Ronchi & M. Bertollo-Nardi (Org.), *Intervenções em instituições federais de ensino: relato de experiência* (pp. 26-55). EDIFES.

Ramos, F. P., Kuster, N. S., Ramalhete, J. N. L., & Nascimento, C. P. (2018). Oficina de controle de ansiedade e enfrentamento do estresse com universitários. *Psi Unisc, 3*(1), 121-140 https://doi.org/10.17058/psiunisc.v3i1.12621

Rocha, M. P., de Andrade, A. L., & Ziebell, O., M. (2021). Recursos de Carreira em Universitários: Evidências Psicométricas do CRQ-S e Correlatos Psicossociais. *Estudos e Pesquisas em Psicologia, 4281*, 1439-1458. https://doi.org/10.12957/epp.2021.64028

Rosário, P., Nunes, T., Magalhães, C., Rodrigues, A., Pinto, R., & Ferreira, P. (2010). Processos de auto-regulação da aprendizagem em alunos com insucesso no 1.º ano de Universidade. *Psicologia Escolar e Educacional, 14*(2), 349-358. https://doi.org/10.1590/S1413-85572010000200017

Santos, A. A. A., Mognon, J. F., Lima, T. H., & Cunha, N. B. (2011). A relação entre vida acadêmica e a motivação para aprender em universitários. *Psicologia Escolar e Educacional, 15*(2), 283-290. https://doi.org/10.1590/S1413-85572011000200010

Santos, H. G. B., Marcon, S. R., Baptista, M. N., Splinder, J. N., & Abreu, E. K. N. (2021). Sintomas depressivos e fatores associados em universitários. In S. R. Marcon & T. L. Dias (Org.), *Saúde mental no contexto universitário: contribuições para um diálogo* (pp. 87-103). EDUFMT.

Silva, R. S., & Nascimento, I. (2014). Ensino superior e desenvolvimento de competências transversais em futuros economistas e gestores. *Revista Brasileira de Orientação Profissional, 15*(2), 225-236. http://pepsic.bvsalud.org/scielo.php?script= sci_arttext & pid=S1679-33902014000200012 & lng= iso & tlng=pt.

Soares, A. B., Monteiro, M. C., Maia, F. A., & Santos, Z. A. (2019). Comportamentos sociais acadêmicos de universitários de instituições públicas e privadas: o impacto nas vivências no ensino superior. *Pesquisas e Práticas Psicossociais, 14*(1), 1-16. http://pepsic.bvsalud.org/pdf/ppp/v14n1/11.pdf

Sulzer, S. H., Feinstein, N. W., & Wendland, C. L. (2016). Assessing empathy development in medical education: A systematic review. *Medical Education, 50*, 300-310. https://dx.doi.org/10.1111/medu.12806

Teixeira, A. C. P., Fonseca, A. R., & Maximo, I. M. N. S. (2002) Inventário SF36: avaliação da qualidade de vida dos alunos do Curso de Psicologia do Centro UNISAL - U.E. de Lorena (SP). *Revista de Psicologia da Vetor Editora, 3*(1), 16-27. http://pepsic.bvsalud.org/pdf/psic/v3n1/v3n1a03.pdf

Zanotelli, L. G., & de Andrade, A. L. (2023). Unified Multidimensional Calling Scale: Brazilian Version's Psychometric Properties and Invariance. *Psicologia: Teoria e Prática, 25*(2). https://doi.org/10.5935/1980-6906/ePTPPA15006.en

Zanotti, M. S., & de Andrade, A. L. (2016). Avaliando pensamentos negativos sobre a carreira: O desenvolvimento de uma medida (EPNC). *Revista Brasileira de Orientação Profissional, 17*(2), 175-187. http://pepsic.bvsalud.org/pdf/rbop/v17n2/06.pdf

CAPÍTULO 5

ESTUDANTE UNIVERSITÁRIO OU PROFISSIONAL EM FORMAÇÃO? A IMPORTÂNCIA DO DESENVOLVIMENTO DE COMPORTAMENTOS PROFISSIONAIS NO CONTEXTO UNIVERSITÁRIO

Fernanda Torres Sahão
Nádia Kienen

INTRODUÇÃO

O contexto universitário tem sido objeto de estudo de diversas pesquisas, principalmente devido às condições de saúde mental dos estudantes. Pesquisas têm demonstrado alta prevalência de sintomas como ansiedade, depressão e estresse (Klainin-Yobas et al., 2016; Oliveira & Dias, 2014), além de outras consequências para a vida dessa população, como altos índices de evasão, troca e abandono de curso e absenteísmo (Igue et al., 2008). A fim de compreender os motivos disso, vários estudos identificaram as principais dificuldades encontradas pelos estudantes, como complexidade e sobrecarga de atividades acadêmicas, menor monitoramento e interesse pelo indivíduo por parte da instituição (Teixeira et al., 2012), atividades curriculares menos sequenciadas ou apoiadas num livro didático (Soares et al., 2014) e responsabilidade pelo aprendizado deslocada para o jovem (Teixeira et al., 2008).

Espera-se do estudante recém-ingressado na universidade que lide com essas novas demandas e mudanças, que não se restringem a aspectos exclusivamente acadêmicos, como nível de exigência dos trabalhos e provas, mas se estendem a relacionamentos interpessoais, expectativas sociais, necessidade de buscar informações sobre funcionamento da instituição, oferta curricular, características da instituição, entre outros (Fagundes et al., 2014). Outras demandas típicas da vida adulta também são impostas aos jovens, como gerenciamento financeiro, responsabilidades com a casa e projeto da própria vida (Barbosa et al., 2018). O fenômeno da transição e adaptação ao ensino superior apresenta uma problemática a ser investigada e analisada por várias perspectivas, incluindo a caracterização do papel dos agentes envolvidos nesse nível educacional: o professor, o estudante e os responsáveis pelas decisões tomadas em nível institucional.

É importante ressaltar a responsabilidade das universidades sobre essa problemática, visto que é função da instituição garantir não só o ingresso do estudante na instituição, mas também a sua permanência no curso e a conclusão dele (Barbosa et al., 2018). Isso envolve não só intervir com os estudantes quando já apresentam sintomas preocupantes relacionados à saúde mental, mas também manejar as condições que geram tais sintomas, de modo a prevenir sua ocorrência. Tais condições podem estar relacionadas a características da universidade, seja a própria infraestrutura (por exemplo, falta de recursos materiais e ambiente para estudo), currículo (por exemplo, poucas opções de atividades extracurriculares, falta de espaços para a pesquisa autônoma, falta de currículos e práticas de ensino inovadores, falta de matérias curriculares fortemente associadas a uma carreira e profissão desejada, falta de condições para o estudo e desempenho acadêmico), questões burocráticas e serviços disponibilizados pela universidade (Sahão & Kienen, 2021). Questões pedagógicas também aparecem como fatores importantes, sendo, inclusive, facilitadores da adaptação, quando há harmonia entre teoria e prática, explicitação da relevância e atualidade do conteúdo oferecido, clarificação dos objetivos da disciplina e didática do professor (Sahão & Kienen, 2021). Dessa forma, ressalta-se a importância de avaliar a presença ou ausência dessas condições nas universidades e modificá-las, a fim de prevenir problemas relacionados à saúde mental dos estudantes e, inclusive, promover saúde no contexto universitário.

Sahão e Kienen (2021) realizaram uma revisão sistemática sobre os estudos acerca da saúde mental de estudantes universitários e indicam que pesquisas sobre o tema acabam concentrando-se na identificação das dificuldades enfrentadas por essa população e na prevalência dos sintomas relacionados à saúde mental. As autoras indicam que, apesar da importância desse tipo de pesquisa, é necessário compreender o que estudantes podem fazer, ou seja, que comportamentos podem desenvolver, para que sejam capazes de manejar essas dificuldades. Uma discussão apresentada pelas autoras é que a falta de repertório adequado para lidar com situações características desse contexto traz prejuízos tanto ao desempenho acadêmico e à saúde mental durante esse período, quanto para a vida profissional após a formação acadêmica. Isso porque as situações-problema que geram as dificuldades relatadas pelos estudantes também estão presentes, em sua maioria, no mercado de trabalho.

Repertórios como resolução de problemas, autonomia, habilidades sociais e *coping* são amplamente indicados na literatura da área como necessários para todos os estudantes. Sahão e Kienen (2021) indicam que, apesar disso, não está claro quais comportamentos constituem tais repertórios, visto que ainda são descritos de forma genérica. São comportamentos complexos, que precisam ser analisados em seus constituintes e, assim, ser alvo de ensino para essa população. Ao operacionalizar tais repertórios e compreender as diversas ações e interações que precisam ser desenvolvidas por estudantes, é possível pensar em estratégias para ensinar esses comportamentos em um contexto de sala de aula. A própria concepção de ensino que embasa a atuação de docentes, gestores e estudantes na universidade tem papel fundamental nesse processo. Isso porque ela orienta os objetivos do trabalho, bem como os papéis exercidos por esses agentes ao longo de todo o processo educacional.

Nesse sentido, as autoras realizaram um segundo estudo que objetivou caracterizar os comportamentos a serem desenvolvidos por estudantes para se adaptarem à universidade de forma produtiva e saudável, diante das situações-problema e repertórios identificados na literatura (Sahão & Kienen, 2020). Para isso, foi utilizado um procedimento adaptado da Programação de Condições para o Desenvolvimento de Comportamentos (PCDC), que consistiu na identificação e derivação de comportamentos a partir de 19 estudos sobre o tema, descrevendo situações-problema do contexto universitário, ações dos estudantes para manejar tais situações e consequências esperadas a partir dessas ações. Foram propostas sete categorias de comportamentos necessários à adaptação, envolvendo situações acadêmicas e interpessoais, sendo elas: (a) explorar as oportunidades do ambiente acadêmico, (b) gerir o próprio comportamento de estudo, de forma autônoma e eficiente, conforme as exigências do ensino superior, (c) comprometer-se com o curso e a instituição, (d) ajustar as próprias expectativas à realidade da universidade, (e) gerenciar as emoções, (f) estabelecer relações sociais que sirvam de suporte para a adaptação, e (g) resolver problemas relacionados a novas responsabilidades acadêmicas e pessoais. O procedimento permitiu uma maior visibilidade sobre quais comportamentos constituem os repertórios indicados como relevantes para estudantes (por exemplo, autonomia, *coping*), além de explicitar uma série de outros comportamentos a serem desenvolvidos, úteis não só para a trajetória acadêmica, mas também para a vida pessoal e profissional dos universitários, que deveriam ser objetivos de ensino dentro das próprias disciplinas dos cursos de graduação. Mas, para isso, é necessário definir ou até redefinir os próprios processos de ensino-aprendizagem e a função do ensino superior no desenvolvimento de comportamentos profissionais.

DESENVOLVIMENTO DE COMPORTAMENTOS PROFISSIONAIS E OS PROCESSOS DE ENSINAR E APRENDER

Tradicionalmente, os processos de ensino e aprendizagem referem-se a definições e práticas que concebem o ensinar como "dar instrução", "doutrinar", "transmitir conhecimento ou conteúdo", "informar", "preparar", entre outros sinônimos (Kubo & Botomé, 2001). Essas expressões remetem a uma "concepção bancária" do ensino, por reduzirem o processo educacional a um depósito ou à transferência de informações para o aluno, que teria um papel meramente receptor (Freire, 1971). A partir disso, cabe ao professor transmitir informações sobre determinado assunto e, ao estudante, "absorver" essas informações e, de alguma forma, utilizá-las para lidar com as situações que encontra ao longo da sua formação universitária e na sua atuação profissional. Essa concepção de ensino e aprendizagem apresenta limitações, principalmente por não preparar os estudantes para o "mundo real", ou seja, para lidarem com as situações-problema que encontrarão ao exercerem suas profissões (Botomé & Kubo, 2002; Kubo & Botomé, 2001). A atuação de qualquer profissional exige muito mais do que o domínio de informações. No ensino superior, o futuro profissional precisa aprender a lidar com conhecimentos filosóficos e científicos e transformá-los em capacidades de atuar que resolvam ou amenizem situações-problema com as quais a comunidade na qual ele se inserirá terá que lidar (Botomé & Kubo, 2002; De Luca et al., 2013; Gusso et al., 2020). Ele precisará ter uma atuação cientificamente fundamentada, tecnicamente adequada e orientada por princípios éticos. É necessário que seja capaz de transformar essas informações em capacidade de atuar, analisar, refletir, manejar e intervir em diferentes situações (Gusso et al., 2020; Kubo & Botomé, 2001). Essa capacidade não surgirá espontaneamente e não depende apenas do estudante ou profissional – ela precisa ser ensinada e treinada, desde o início da formação profissional, ou seja, na própria graduação.

Mais do que transmitir informações, ensinar pode ser compreendido, então, como o processo de dispor condições que maximizem a probabilidade de que os estudantes transformem conhecimento em capacidade de atuar (Kubo & Botomé, 2001; Skinner, 1968). Aprender, por sua vez, envolve mudanças de comportamento por parte do aprendiz: ele passa a ser capaz de atuar, a partir do conhecimento existente, sobre situações-problema em seu cotidiano pessoal ou profissional como decorrência do processo de ensino (Kubo & Botomé, 2001; Skinner, 1968). Dessa forma, processos de ensino-aprendizagem devem ser analisados como processos comportamentais interdependentes, enfatizando as ações e interações que devem ocorrer para que o "ensinar" e o "aprender" efetivamente ocorram. Kubo e Botomé (2001) realizaram uma análise sobre esses processos, demonstrando a complexidade envolvida nos comportamentos de quem ensina e de quem aprende. Os autores enfatizam que ensinar não se restringe às ações do professor em sala de aula, mas envolve desde a análise das condições dos aprendizes, das situações com as quais lidam e terão que lidar profissionalmente, definição de comportamentos a serem ensinados com base nessas situações e, especialmente, à mudança no repertório comportamental dos aprendizes, que deve decorrer do seu ensino.

Essa análise mostra que o que define se houve ou não o ensino é, justamente, a aprendizagem – a mudança no comportamento do estudante. Essa mudança, por sua vez, deve capacitá-lo a resolver a situação-problema inicial, presente no cotidiano pessoal ou profissional dele.

A distinção entre o que é chamado de "ensino tradicional" e um ensino pautado no desenvolvimento de comportamentos traz implicações diretas para o papel de professores e de alunos no que se refere ao ensinar e aprender. No ensino tradicional, o professor tem a função de explicar, falar sobre, discutir determinado assunto ou temática, que costumam ser predefinidos. Já o papel do aluno é o de ouvir, responder perguntas e aprender a reproduzir aquelas informações, a "compreender" determinado assunto. Em síntese, o que é enfatizado no ensino tradicional é a "transmissão" e "absorção" do conhecimento relacionado às disciplinas formais do curso. Já em um ensino pautado no desenvolvimento de comportamentos, o professor deve ser capaz de: (a) descrever as situações-problema existentes nos ambientes nos quais o aprendiz vai atuar, (b) propor os comportamentos significativos que deverão constituir os objetivos de ensino, (c) explicitar as aprendizagens necessárias para a consecução dos comportamentos-objetivo, e (d) dispor as condições e os meios de ensino para desenvolver a aprendizagem dos comportamentos-objetivo (Kubo & Botomé, 2001). Consequentemente, o papel do aluno passa a ser o de: (a) estabelecer as características do problema a ser resolvido, (b) explicitar alternativas de solução apropriadas ao problema, (c) escolher qual a melhor alternativa de solução em função de suas características, dos recursos disponíveis e dos resultados de interesse, e (d) apresentar ações precisas correspondentes ao melhor procedimento para solucionar o problema (Kubo & Botomé, 2001). Diante da reformulação da concepção de ensino e aprendizagem e dos papéis atribuídos a professores e alunos, faz-se necessário produzir e disseminar conhecimento sobre o que deve ser ensinado (comportamentos), para quem (características dos estudantes) e como ensinar (estratégias de ensino).

Há uma subárea da Análise do Comportamento, a PCDC, tradicionalmente conhecida como Programação de Ensino, que tem como objeto de estudo e de intervenção o próprio processo de programar condições de desenvolvimento de comportamentos (Kienen et al., 2013). Uma das principais contribuições dessa subárea, desde sua gênese com os trabalhos desenvolvidos por Carolina Bori e seus orientandos, é a ênfase na proposição de que o foco do ensino é no desenvolvimento de comportamentos e que tais comportamentos necessitam ser socialmente relevantes, no sentido de possibilitarem aos estudantes que desenvolvam capacidade de atuar para intervir sobre situações-problema com que lidarão fora do contexto escolar (Nale, 1998). Enfatiza-se, então, a necessidade e relevância de ter como ponto de partida do processo de ensino-aprendizagem a caracterização das situações-problema a serem resolvidas pelos aprendizes.

No contexto da graduação, é necessário que o professor tenha clareza das situações-problema com que os estudantes lidarão na atuação profissional deles, ao exercerem sua profissão. Isso implica, inclusive, a produção de conhecimento sobre a realidade, o contexto, os problemas com que cada profissional terá que lidar em seu campo de atuação. Essas situações, quando identificadas e caracterizadas, servirão como base para a definição dos comportamentos a serem desenvolvidos pelos estudantes, ainda no contexto de sala de aula. Isso gera implicações importantes para pensar a formação profissional, pois se compreende que o que é ensinado não é o conhecimento em si, mas, sim, a interação entre o fazer do profissional, o contexto no qual esse fazer deverá ocorrer, assim como os resultados a serem produzidos a partir disso, sendo o conhecimento uma ferramenta integrante desses aspectos (Santos et al., 2009). Diversos estudos em PCDC objetivaram caracterizar comportamentos a serem ensinados, com base no conhecimento existente e nas situações-problema a serem vivenciadas pelos estudantes após formados, como caracterizar necessidades de intervenção na relação entre condições de saúde do trabalhador e as condições em que ele trabalha (Tosi, 2010), aprendizagem de História (Luiz, 2013; Luiz & Botomé, 2017), comportamentos profissionais do psicólogo para intervir por meio de ensino (Kienen, 2008), definir variáveis relacionadas a processos comportamentais (Gonçalves, 2015), formação específica do psicólogo organizacional e do trabalho (Franken, 2009), entre outros (Kienen et al., 2021). Essas pesquisas demonstram o quanto é necessário produzir conhecimento a respeito dos comportamentos profissionais a serem ensinados, com base em diferentes fontes de informação, como diretrizes curriculares, planos de ensino e na caracterização das situações-problema dos contextos de trabalho.

Dessa forma, cabe ao professor investigar quais são as situações com as quais seus aprendizes lidarão, relacionadas à sua disciplina, e, a partir disso, definir "comportamentos profissionais" que aumentariam a probabilidade de que o estudante seja capaz de resolver tais situações, ao se deparar com elas. Por exemplo, em uma disciplina que está presente em grande parte dos cursos de graduação: metodologia científica. No ensino tradicional, costuma-se explicar o que é o método científico, falar sobre os tipos de conhecimento, conceituar variáveis diretas e indiretas e normas para redação de trabalhos científicos. Esses conhecimentos são importantes e devem fazer parte do processo de ensino-aprendizagem. Porém, quais são as situações do campo de atuação profissional que podem estar relacionadas a esse conhecimento? Que comportamentos podem ser desenvolvidos nos estudantes para que sejam capazes de lidar com essas situações, utilizando-se do conhecimento disponível sobre metodologia científica? Uma possibilidade é ensinar aos estudantes a observarem algum fenômeno relacionado à profissão (por exemplo, interação entre membros de uma empresa, comportamento de uma criança) e, a partir disso, observarem e identificarem as variáveis que o constituem, como elas se relacionam, o que acontece caso uma dessas variáveis seja modificada, a formularem perguntas a partir dessa observação, e assim por diante. O foco é no ensino da interação que deve ser estabelecida (por exemplo, "analisar dados sobre fenômenos e processos psicológicos obtidos a partir de um processo de pesquisa científica"), e não apenas na transmissão e reprodução do conhecimento apresentado. A função do professor passa a ser a de programar e manejar condições para que os estudantes desenvolvam um repertório para lidar com as situações-problema características da profissão, ainda no contexto de formação. Para isso, é também necessário identificar quais são os comportamentos relevantes e passíveis de serem ensinados ainda nesse contexto.

COMPORTAMENTOS A SEREM DESENVOLVIDOS POR PROFISSIONAIS EM FORMAÇÃO

Formação e atuação profissional são processos complexos que envolvem diferentes dimensões. A formação técnica, caracterizada pelo ensino do conhecimento existente de uma área de conhecimento e do instrumental desenvolvido para lidar com o objeto de estudo, acaba sendo o principal resultado almejado pelos cursos de graduação e pelos próprios estudantes (Viecili, 2008). Porém, existem outras dimensões a serem consideradas no planejamento da formação profissional, como a formação histórica; antropológica; filosófica; científica; pedagógica e de liderança; social; política; de empreendedor; ética; religiosa; e estética (Pontifica Universidade Católica do Paraná, 2000). Ao conhecer essas dimensões e ter clareza das situações-problema com as quais os estudantes lidarão na sua atuação profissional, é possível propor comportamentos a serem desenvolvidos, por meio das disciplinas, que sejam considerados "comportamentos profissionais".

Desenvolver "comportamentos profissionais" significa planejar condições de ensino que possibilitem a aprendizagem de repertórios adequados para futuros profissionais lidarem com as situações presentes no mundo do trabalho. Alguns repertórios específicos têm sido indicados na literatura como requeridos para a atuação profissional, em diferentes áreas de conhecimento e campos de atuação. Inclusive, a definição de cada um desses conceitos é necessária para enfatizar a importância do desenvolvimento de comportamentos profissionais. Isso porque o interesse da "área de conhecimento" é no estudo e produção de conhecimento sobre algum tema, problema, fenômeno ou objeto, enquanto um "campo de atuação" é definido pelas necessidades sociais e possibilidades de atuação em relação a elas (Rebelatto & Botomé, 1999). Esses conceitos contribuem para pensar a formação de profissionais que sejam capazes não apenas de aplicar um conhecimento já produzido, uma técnica, ou serviço demandado por outras pessoas, mas, sim, para que eles mesmos possam criar formas de atuação, que atendam às necessidades da população, muitas vezes desconhecidas. Assim, a formação técnica não bastaria para capacitar um futuro profissional a identificar perspectivas de trabalho a serem construídas e desenvolvidas, indo além das práticas já conhecidas e estabelecidas em determinada profissão.

Para que sejam capazes de lidar com a realidade e modificá-la, é preciso desenvolver nos futuros profissionais comportamentos relacionados a aprender a pensar, lidar com conceitos e ideias (formação filosófica), aprender a aprender e a produzir conhecimento (formação científica), aprender a se relacionar e a variar o próprio comportamento com base nas exigências da atuação profissional (formação social), aprender a empreender, ou seja, tomar decisões baseadas em evidências, que tenham probabilidades de eficácia e avaliar as demandas (formação de empreendedor) e garantir a dimensão ética na atuação profissional (formação ética), entre outras dimensões sistematizadas por Mattana (2004), com base nas proposições de Botomé (2000). Objetivar o desenvolvimento desses comportamentos nas disciplinas de cursos de graduação pode auxiliar os estudantes a transformarem o conhecimento existente em capacidade de atuação profissional. Contribui também para desenvolver repertórios úteis para a adaptação à universidade e à própria saúde mental.

Estudos indicam que desenvolver repertórios como autonomia, utilização de estratégias de *coping*, resolução de problemas, comportamento de estudo e gestão do tempo (Cabral & Matos, 2010; Carlotto et al., 2015; Kienen et al., 2017) contribuem para a adaptação à universidade e diminuem os prejuízos à saúde mental dos estudantes. Sahão e Kienen (2020) identificaram e derivaram componentes comportamentais envolvidos nesses repertórios, trazendo maior visibilidade para as situações, ações e consequências envolvidas nesses repertórios, que, apesar de amplamente descritos na literatura, não são devidamente operacionalizados, o que dificulta o planejamento de estratégias de ensino que objetivem desenvolvê-los. Ao identificarem os componentes comportamentais envolvidos na autonomia, por exemplo, indicaram a necessidade de operacionalizar esse repertório, uma vez que os comportamentos a serem desenvolvidos para o estudante ser considerado "autônomo" não estão descritos. Os complementos utilizados ao se referir à autonomia (por exemplo, autonomia nos estudos, autonomia na aprendizagem) fornecem dicas das situações-problema com as quais o estudante se depara e em relação às quais necessita "ser autônomo". A partir disso, as autoras identificaram que o estudante precisa ser capaz de aprender a estudar sem monitoramento da instituição e a estabelecer um método de estudo e a gerir o seu tempo (Sahão & Kienen, 2020), comportamentos que, se desenvolvidos, caracterizariam um estudante "autônomo". Tais repertórios também são exigidos na atuação profissional, o que ressalta a relevância de ensiná-los ao longo da formação desses futuros profissionais.

Desenvolver comportamentos de estudo não se limita à leitura de textos e rotina de atividades acadêmicas. Kienen et al. (2017), ao caracterizarem comportamentos constituintes do "estudar textos em contexto acadêmico", identificaram 625 comportamentos, classificados em 12 categorias: cuidar da saúde pessoal; adequar-se às diversas funções que desempenha; manter a motivação; automonitorar-se; submeter-se a avaliações acadêmicas; aprimorar o desempenho de estudo; elaborar esquemas e resumos; ler textos funcionalmente; gerir o tempo de forma eficaz; gerir o ambiente físico de estudo; estabelecer um método de estudo; e planejar o processo de estudo. As autoras indicam que planejar condições para desenvolver esses comportamentos poderia ser uma prática integrada à formação profissional e defendem a inclusão desses comportamentos como objetivos dos currículos dos cursos. A atuação profissional exige uma atualização constante com relação aos conhecimentos produzidos na área, além de ser necessário gerir uma série de atividades de acordo com o tempo que o profissional tem disponível. Tais situações podem ser facilitadas ou mais bem manejadas se, na formação profissional, estudantes desenvolverem um repertório de estudo.

A resolução de problemas também aparece como um repertório necessário, tanto para a adaptação ao ensino superior quanto para a atuação profissional. "Resolver problemas" é um processo comportamental complexo que envolve não só a alteração do ambiente, mas também do próprio indivíduo e da situação, de modo que a ocorrência de uma resposta solução seja favorecida (Skinner, 1972). Na universidade, estudantes frequentemente se deparam com situações novas e complexas que precisam ser resolvidas, assim como na atuação profissional. Dessa forma, as disciplinas dos cursos de graduação podem ser uma condição importante para desenvolver esse repertório, a partir da exposição a problemas típicos da atuação profissional e atividades que possibilitem ao estudante encontrar não só a "resposta final" para o problema, mas manejar aspectos do ambiente que possibilitem encontrar respostas prévias, ou seja, respostas que aumentarão a probabilidade de solução dele.

Uma dessas respostas prévias refere-se às habilidades sociais, outro conjunto de comportamentos profissionais, importante e passível de ser desenvolvido na formação. Esse repertório implica a capacidade de iniciar e manter conversas, expressar sentimentos, defender um argumento, falar em grupo e pedir ajuda (Caballo, 1996; Del Prette & Del Prette, 2009), o que pode aumentar a probabilidade de que um problema seja resolvido, tanto em âmbito pessoal quanto profissional. Isso possibilita que o estudante se comunique com diferentes pessoas, inclusive com figuras de autoridade, funcionários, professores e futuros colegas de profissão, e construa um repertório mais habilidoso socialmente, o que se mostra cada vez mais desejável e necessário no mundo do trabalho.

Considerando a complexidade do ambiente acadêmico e de contextos de trabalho, futuros profissionais devem aprender a lidar com uma série de estressores em seu cotidiano. O *coping* tem sido indicado como um repertório importante a ser desenvolvido para prevenir e diminuir problemas relacionados à saúde mental e se refere aos recursos emocionais que as pessoas utilizam para lidar com as situações estressoras (Lazarus & Folkman, 1984). Métodos positivos, como o *coping* focado no problema e na busca por suporte social, são recomendados para desenvolvimento de uma relação mais saudável com o contexto e a diminuição do estresse, em substituição a estratégias de esquiva dos eventos estressores (Deasy et al., 2014). Ensinar esse repertório pode auxiliar os estudantes a lidarem com as situações estressantes, buscando resolvê-las e tendo como resultado uma maior tolerância ou até minimização do estresse gerado (Carlotto et al., 2015). Com isso, estudantes podem ter mais oportunidades de aprendizado e desenvolvimento de comportamentos profissionais, de forma saudável, e adentrarem ao mundo do trabalho com uma maior tolerância ao estresse e sendo capazes de buscar solução para problemas advindos de situações estressoras.

ESTRATÉGIAS DE DESENVOLVIMENTO DOS COMPORTAMENTOS DENTRO E FORA DA SALA DE AULA

O contexto universitário possui uma riqueza de oportunidades a serem exploradas, como a participação em diferentes projetos de pesquisa e extensão, inclusive com a integração de diferentes áreas do conhecimento, monitoria acadêmica, iniciação científica, grupos de estudo, centros acadêmicos, entre muitas outras. Estudantes que se engajam nessas atividades extracurriculares podem ter ainda mais chances de desenvolver comportamentos profissionais relevantes, além de aumentar a probabilidade de estabelecer redes de apoio e integração acadêmica, fatores que podem facilitar a adaptação à universidade e promover saúde mental (Sahão & Kienen, 2021). O desenvolvimento de atividades nas disciplinas também é oportunidade para desenvolverem repertórios de resolução de problemas, comunicação, trabalho em equipe e comportamentos de estudo. Quanto maior clareza o professor tiver dos comportamentos profissionais possíveis de serem desenvolvidos nas disciplinas, maiores as chances de que essas atividades e seus objetivos sejam relevantes para os estudantes.

A relação entre o conhecimento existente e comportamentos profissionais a serem desenvolvidos ao longo da formação exige que o professor estabeleça tal relação de modo que os estudantes aprendam comportamentos coerentes com o conhecimento e com a realidade profissional (Botomé, 2006). Muitas vezes, para conseguir fazer isso, o professor terá que descobrir e inventar procedimentos que sejam adequados para desenvolver comportamentos profissionais, dentro das condições e exigências que possui. De qualquer forma, antes de definir e testar estratégias para desenvolver esses comportamentos dentro e fora da sala de aula, o professor precisa ser capaz de caracterizar as necessidades sociais com as quais os estudantes lidarão na sua atuação, que tenham relação com a sua disciplina, e ter clareza de quais comportamentos estão sendo ensinados, e não apenas do conhecimento teórico a ser "transmitido".

As diretrizes curriculares nacionais dos cursos de graduação podem conter aspectos importantes a serem considerados para o planejamento de condições de ensino que objetivem desenvolver comportamentos profissionais. As diretrizes curriculares do curso de Psicologia, por exemplo, indicam as habilidades e competências necessárias ao psicólogo: I) Atenção à saúde, II) Tomada de decisões, III) Comunicação, IV) Liderança, V) Administração e gerenciamento, e VI) Educação permanente (Resolução CNE/CES 5/2011). Partindo disso e do exame das demais informações contidas no documento, o professor pode estabelecer como objetivos de ensino não apenas o que o estudante deve ser capaz de fazer em relação ao conhecimento a ser estudado, mas também essas habilidades e competências necessárias à atuação profissional. Para isso, o professor pode perguntar-se: o que o estudante pode fazer, em relação a esse conhecimento, que possibilite o treino dessas habilidades e competências? Para desenvolver comunicação, por exemplo, pode ser solicitado ao estudante que explique para um colega, como se ele fosse de uma outra profissão, sobre a importância de um tratamento determinado, considerando o bem-estar do paciente e o conhecimento de outras áreas. Para treinar a tomada de decisões, pode-se dividir a turma em grupos, apresentar um estudo de caso e pedir para que tomem uma decisão quanto ao tratamento, a partir do conhecimento a ser estudado na disciplina. Essas são apenas algumas possibilidades para ilustrar a relação entre o conhecimento teórico e o desenvolvimento de comportamentos profissionais.

Ao definir quais comportamentos deverão ser desenvolvidos ao longo da disciplina, é possível planejar condições de aprendizagem dentro da própria sala de aula, inclusive a partir de textos e conceitos relevantes a serem ensinados, que tenham como resultado os comportamentos definidos inicialmente. Para isso, o professor deve planejar atividades que exijam dos estudantes uma participação ativa e que possibilitem o treino de habilidades importantes para qualquer profissional, como: observação, trabalho em equipe, elaboração de questões a partir de uma situação apresentada e planejamento de meios de obter as respostas, exemplificação de conceitos a partir de situações típicas da profissão, caracterização de necessidades de intervenção, *feedbacks*, entre outras.

Para planejar condições de ensino, é importante garantir alguns princípios básicos de aprendizagem, como: (a) promover a analogia entre a situação de ensino e situações do contexto de trabalho, (b) graduar as aprendizagens em unidades pequenas e fáceis de realizar, (c) exigir que os estudantes sejam ativos no processo de ensino-aprendizagem, (d) respeitar o ritmo de aprendizagem de cada estudante, (e) consequenciar os comportamentos dos estudantes, com *feedback* informativo, para que eles saibam quais comportamentos precisam ser aperfeiçoados e quais estão bem desenvolvidos (Botomé, 1977; Catania, 1999; Matos, 2001; Skinner, 1968). Isso requer estudantes ativos, participativos, que se comprometam com o próprio processo de aprendizagem e estejam dispostos a mudar a relação, já bem estabelecida, com o ensino tradicional.

Nessa proposta de ensino e aprendizagem, professores e estudantes se tornam protagonistas, dado que ambos precisam ser ativos e engajados nas atividades e "engenhosos" para criar estratégias e estabelecer relações entre um conhecimento muitas vezes já bem estabelecido e contextos de atuação profissional cada vez mais complexos e dinâmicos. A dicotomia entre teoria e prática é uma problemática há tempos debatida, como se fosse algo a ser resolvido apenas pela experiência profissional direta, por meio de tentativa e erro, muitas vezes deixando à teoria um papel coadjuvante na formação profissional. A partir da perspectiva de que a aprendizagem envolve transformar conhecimento em capacidade de atuar, o conhecimento passa a ser um meio para o desenvolvimento de comportamentos profissionais relevantes, viabilizando a integração entre teoria e prática, ainda no contexto formal de ensino, possibilitando aos estudantes uma formação mais próxima da realidade profissional, que possibilita ainda uma adaptação mais saudável e produtiva à universidade.

CONSIDERAÇÕES FINAIS

Neste capítulo, buscamos discutir a importância e viabilidade do desenvolvimento de repertórios relevantes para a atuação profissional ainda na graduação, partindo das situações-problema vivenciadas por estudantes nesse período de suas vidas. Os contextos de trabalho estão cada vez mais complexos, e estudantes precisam ser preparados para essa realidade já no decorrer da sua formação profissional. Desenvolver comportamentos profissionais no contexto universitário pode contribuir para que profissionais em formação sejam capazes de analisar criticamente as situações vivenciadas no contexto de trabalho e elaborar estratégias adequadas para resolvê-las.

QUESTÕES PARA DISCUSSÃO

Diante disso, sugerimos algumas questões para debate e reflexão, para estudantes, professores e gestores de universidades:

- Na sua trajetória estudantil, quais foram as principais experiências que permitiram o desenvolvimento de comportamentos profissionais que considera relevantes?

- Quais outros comportamentos profissionais deveriam ser desenvolvidos ainda na formação?

- Na sua profissão, existem comportamentos profissionais específicos que precisam ser desenvolvidos nas disciplinas do curso?

- Quais os principais desafios para o ensino de comportamentos aos estudantes? O que é necessário fazer para transcender a mera transmissão de conhecimentos?

- Aos alunos, o quanto estão dispostos a se engajarem na própria formação e sair do papel de "receptores de informações" ao qual foram expostos ao longo de toda a vida escolar?

REFERÊNCIAS

Barbosa, M. M. F., Oliveira, M. C., Melo-Silva, L. L., & Taveira, M. C. (2018). Delineamento e avaliação de um programa de adaptação acadêmica no ensino superior. *Revista Brasileira de Orientação Profissional, 19*(1), 61-74. https://doi.org/1026707/1984-7270/2019v19n1p61

Botomé, S. P. (1977). *Atividades de ensino e objetivos comportamentais: no que diferem? Planejamento de condições facilitadoras para a ocorrência de comportamentos em situações de ensino: relações entre atividades de ensino e objetivos comportamentais* [Texto não publicado]. Laboratório de Psicologia Experimental, PUC-SP.

Botomé, S. P. (2006). Comportamentos profissionais do psicólogo em um sistema de contingências para sua aprendizagem. *Revista Brasileira de Análise do Comportamento, 2*(2), 171-191. https://doi.org/10.18542/rebac.v2i2.811

Botomé, S. P., & Kubo, O. M. (2002). Responsabilidade social dos programas de Pós-graduação e formação de novos cientistas e professores de nível superior. *Interação Em Psicologia, 6*(1), 1-29. https://doi.org/10.5380/psi.v6i1.3196

Caballo, V. E. (1996). O treinamento em habilidades sociais. In V. E. Caballo (Org.), *Manual de técnicas de terapia e modificação do comportamento* (pp. 3-42). Livraria Editora.

Cabral, J., & Matos, P. M. (2010). Preditores da adaptação à universidade: O papel da vinculação, desenvolvimento psicossocial e *coping. Psychologica, 1*(52), 55-77. https://doi.org/10.14195/1647-8606_52-1_4

Carlotto, R. C., Teixeira, M. A. P., & Dias, A. C. G. (2015). Adaptação Acadêmica e *Coping* em Estudantes Universitários. *Psico-USF, 20*(3), 421-432. https://doi.org/10.1590/1413- 82712015200305

Catania, A. C. (1999). *Aprendizagem: Comportamento, linguagem e cognição* (4a ed.). Artes Médicas.

De Luca, G. G., Botomé, S. S., & Botomé, S. P. (2013). Comportamento constituinte do objetivo da universidade: Formulações de objetivos de uma instituição de ensino superior em depoimentos de chefes de departamento e coordenadores de cursos de graduação. *Acta Comportamentalia, 21*(4), 459-480. http://pepsic.bvsalud.org/scielo.php?script=sci_abstract&pid=S0188-81452013000400005&lng= pt&nrm=iso

Deasy, C., Coughlan B., Pironom J., Jourdan D., & Mannix-McNamara, P. (2014). Psychological Distress and Coping amongst Higher Education Students: A Mixed Method Enquiry. *PLoS ONE, 9*(12) 1-23. https://doi.org/10.1371/journal.pone.0115193

Del Prette, Z. A. P., & Del Prette, A. (2009). Avaliação de habilidades sociais: Bases conceituais, instrumentos e procedimentos. In A. Del Prette & Z. A. P. Del Prette (Org.), *Psicologia das habilidades sociais: Diversidade teórica e suas implicações* (pp.187-229). Petrópolis: Vozes

Fagundes, C.V., Luce, M. B., & Rodriguez Espinar, S. (2014). O desempenho acadêmico como indicador de qualidade da transição ensino médio-educação superior. *Ensaio: Avaliação e Políticas Públicas em Educação, 22*(84), 635-669. https://doi.org/10.1590/s0104-40362014000300004

Franken, J. V. (2009). *Avaliação da formação especificado psicólogo organizacional e do trabalho a partir daquilo que está proposto nos planos de disciplinas relacionadas ao seu campo de atuação profissional* [Dissertação de Mestrado, Universidade Federal de Santa Catarina]. http://repositorio.ufsc.br/xmlui/handle/123456789/92468

Freire, P. (1971). *Extensão ou comunicação?* Paz e Terra.

Gonçalves, V. M. (2015). *Avaliação da eficiência de um programa de ensino para capacitar estudantes de graduação em Psicologia a "definir variáveis relacionadas a processos comportamentais"* [Dissertação de Mestrado, Universidade Estadual de Londrina]. http://www.bibliotecadigital.uel.br/document/?code=vtls000202697

Gusso, H. L., Archer, A. B., Luiz, F. B., Sahão, F. T., Luca, G. G. D., Henklain, M. H. O., Panosso, M. G., Kienen, N., Beltramello, O., & Gonçalves, V. M. (2020). Ensino superior em tempos de pandemia: diretrizes à gestão universitária. *Educação & Sociedade, 41,* 1-27. https://doi.org/10.1590/ES.238957

Igue, E. A., Bariani, I. C. B., & Milanesi, P. V. B. (2008). Vivência acadêmica e expectativas de universitários ingressantes e concluintes. *Psico-USF, 13*(2), 155-164. https://doi.org/10.1590/S1413-82712008000200003

Kienen, N. (2008). *Classes de comportamentos profissionais do psicólogo para intervir, por meio de ensino, sobre fenômenos e processos psicológicos, derivadas a partir das diretrizes curriculares, da formação desse profissional e de um procedimento de decomposição de comportamentos complexos* [Tese de Doutorado, Universidade Federal de Santa Catarina]. Repositório Institucional da UFSC. https://repositorio.ufsc.br/handle/123456789/92016

Kienen, N., Panosso, M. G., Nery, A. G. S., Waku, I., & Carmo, J. dos S. (2021). Contextualização sobre a Programação de Condições para Desenvolvimento de Comportamentos (PCDC): Uma experiência brasileira. *Perspectivas em Análise do Comportamento, 12*(2), 360-390. https://www.revistaperspectivas.org/perspectivas/article/view/818

Kienen, N., Kubo, O. M., & Botomé, S. P. (2013). Ensino programado e programação de condições para o desenvolvimento de comportamentos: Alguns aspectos no desenvolvimento de um campo de atuação do psicólogo. *Acta Comportamentalia, 21*(4), 481-494. http://www.revistas.unam.mx/index.php/acom/article/view/43611.

Kienen, N., Sahão, F. T., Rocha, L. B., Ortolan, M. L., Soares, N. G., Yoshiy, S. M., & Prieto, T. (2017). Comportamentos pré-requisitos do "Estudar textos em contexto acadêmico." *Ces Psicología, 10*(2), 28-49.

Klainin-Yobas, P., Ramirez, D., Fernandez, Z., Sarmiento, J., Thanoi, W., Ignacio, J., & Lau, Y. (2016). Examining the predicting effect of mindfulness on psychological well-being among undergraduate students: A structural equation modelling approach. *Personality and Individual Differences, 91,* 63-68. https://doi.org/10.1016/j.paid.2015.11.034

Kubo, O. M., & Botomé, S.P. (2001). Ensino-aprendizagem: Uma interação entre dois processos comportamentais. *Interação, 5,* 133-170. https://doi.org/10.5380/psi.v5i1.3321

Lazarus, R. S., & Folkman, S. (1984). *Stress, appraisal, and coping.* Springer.

Luiz, F. B. (2013). *Classes de comportamentos-objetivo de aprendizagem de história derivadas de documentos oficiais* [Dissertação de Mestrado, Universidade Federal de Santa Catarina]. https://repositorio.ufsc.br/handle/123456789/123147

Luiz, F. B., & Botomé, S. P. (2017). Avaliação de objetivos de ensino de História a partir da contribuição da Análise do Comportamento. *Acta Comportamentalia: Revista Latina de Análisis de Comportamiento, 25*(3), 329-346. https://www.redalyc.org/journal/2745/274552568003/html/

Matos, M. A. (2001). Análise de contingências no aprender e no ensinar. In E. M. L. S. de Alencar (Org.), *Novas contribuições da Psicologia aos processos de ensino e aprendizagem* (pp. 141-165). Cortez Editora.

Mattana, P. E. (2004). *Comportamentos profissionais do terapeuta comportamental como objetivos para sua formação* [Dissertação de Mestrado, Universidade Federal de Santa Catarina]. Repositório Institucional da UFSC. https://repositorio.ufsc.br/han-dle/123456789/88195

Nale, N. (1998). Programação de Ensino no Brasil: o Papel de Carolina Bori. *Psicologia USP, 9*(1), 275-301. https://doi.org/10.1590/S0103-65641998000100058

Oliveira, C. T., & Dias, A. C. G. (2014). Dificuldades na trajetória universitária e rede de apoio de calouros e formandos. *Psico [Internet], 45*(2), 187-97. https://doi.org/10.15448/1980-8623.2014.2.13347

Pontifica Universidade Católica do Paraná. (2000). *Diretrizes para o ensino de graduação: o projeto pedagógico da Pontifica Universidade Católica do Paraná.* Champagnat.

Rebelatto, J. R., & Botomé, S. P. (1999). *Fisioterapia no Brasil: fundamentos para uma ação preventiva e perspectivas profissionais.* 2. ed. Manole.

Resolução CNE/CES 5/2011, Diário Oficial da União, Brasília, 16 de março de 2011. *Institui as Diretrizes Curriculares Nacionais para os cursos de graduação em Psicologia, estabelecendo normas para o projeto pedagógico complementar para a Formação de Professores de Psicologia. Ministério da Educação.* http://portal.mec.gov.br/cne/arquivos/pdf/CES1314.pdf

Sahão, F. T., & Kienen, N. (2020). Comportamentos adaptativos de estudantes universitários diante das dificuldades de ajustamento à universidade. *Quaderns de Psicologia, 22*(1), 1-28.

Sahão, F. T., & Kienen, N. (2021). Adaptação e saúde mental do estudante universitário: revisão sistemática da literatura. *Psicologia Escolar e Educacional, 25,* 1-13. https://doi.org/10.1590/2175-35392021224238

Santos, G. C. V. dos Kienen, N., Viecili, J., Botomé, S. P., & Kubo, O. M. (2009). "Habilidades" e "Competências" a desenvolver na capacitação de psicólogos: uma contribuição da análise do comportamento para o exame das diretrizes curriculares. *Interação Em Psicologia, 13*(1), 131-145. https://doi.org/10.5380/psi.v13i1.12279

Skinner, B. F. (1972). *Tecnologia do Ensino.* (R. Azzi trad.). E.P.U. (Publicado originalmente em 1968).

Soares, A. B., Francischetto, V., Dutra, B. M., Miranda, J. M., Nogueira, C. C. C., Leme, V. R., Araújo, A. M., & Almeida, L. S. (2014). O impacto das expectativas na adaptação acadêmica dos estudantes no ensino superior. *Psico-USF, 19*(1), 49-60. https://doi.org/10.1590/S1413-82712014000100006

Teixeira, M. A. P., Castro, A. K. S. S., & Zoltowski, A. P. C. (2012). Integração acadêmica e integração social nas primeiras semanas na universidade: percepções de estudantes universitários. *Gerais: Revista Interinstitucional de Psicologia, 5*(1), 69-85. http://pepsic.bvsalud.org/scielo.php?script=sci_arttext&pid=S1983-82202012000100006&lng=pt&tlng=pt

Teixeira, M. A. P., Dias, A. C. G., Wottrich, S. H., & Oliveira, A. M. (2008). Adaptação à universidade em jovens calouros. *Psicologia Escolar e Educacional, 12*(1), 185-202. https://doi.org/10.1590/S1413-85572008000100013

Tosi, P. S. C. (2010). *Comportamentos profissionais do psicólogo para caracterizar necessidades de intervenção sobre as relações entre condições de saúde do trabalhador e as situações em que trabalha* [Tese de Doutorado, Universidade Federal de Santa Catarina]. http://repositorio.ufsc.br/xmlui/handle/123456789/94578

Viecili, J. (2008). *Classes de comportamentos profissionais que compõem a formação do psicólogo para intervir por meio de pesquisa sobre fenômenos psicológicos, derivadas a partir de Diretrizes Curriculares Nacionais para os cursos de graduação em Psicologia e da formação desse profissional* [Tese de Doutorado, Universidade Federal de Santa Catarina]. http://repositorio.ufsc.br/xmlui/handle/123456789/91417

CAPÍTULO 6

PROMOÇÃO DE HABILIDADES SOCIAIS PARA ESTUDANTES AUTISTAS: INTERVENÇÕES NO ENSINO SUPERIOR

Thamires G. Gouveia
Soely A. J. Polydoro
Camila Alves Fior

INTRODUÇÃO

As habilidades sociais são definidas como classes de comportamentos que contribuem para a competência social, atributo avaliativo das ações das pessoas que favorecem o estabelecimento de relações interpessoais saudáveis e produtivas (Del Prette & Del Prette, 2001). Quando uma pessoa é competente socialmente, a sua capacidade de atuar associa-se a consequências que mantêm ou ampliam a manifestação de comportamentos sociais e que passam a compor o seu repertório de socialização (Bolsoni-Silva & Carrara, 2010). Este repertório envolve a formação, a emissão e a contextualização de comportamentos sociais no ambiente e é uma das dificuldades centrais de pessoas no Transtorno do Espectro Autista (TEA), independentemente do nível de suporte ou da idade (American Psychiatric Association [APA], 2013).

O TEA é compreendido por dois grandes critérios diagnósticos: a presença de prejuízos na comunicação social e a existência de respostas repetitivas e estereotipadas (APA, 2013). Segundo o *Diagnostic and Statistical Manual of Mental Disorders* (DSM-5), nesse transtorno, o comprometimento da comunicação social manifesta-se em três áreas: reciprocidade socioemocional, comunicação não verbal e dificuldade com relações interpessoais (APA, 2013). A dificuldade na reciprocidade está relacionada ao estabelecimento de uma "troca" na comunicação social e emocional empobrecida, sendo, por exemplo, custoso ao indivíduo iniciar e manter interações. A comunicação não verbal se refere à dificuldade ou ausência de respostas, como contato visual, gestos, sorriso social, expressões faciais, dentre outros. O obstáculo nas relações interpessoais é consequência dos dois itens anteriores, no entanto essa dificuldade pode ocorrer devido à rigidez comportamental, a limites na regulação emocional e a prejuízo nas funções executivas. O segundo critério diagnóstico pode ser caracterizado por quatro áreas, como: movimento motor; uso de objetos ou fala de natureza estereotipada ou repetitiva; interesses limitados ou intensos; inflexibilidade em relação às rotinas ou à mudança; interesse atípico em certas entradas sensoriais ou hipo/hiperssensibilidade a *inputs* sensoriais (APA, 2013).

Estima-se que a prevalência do TEA na população mundial esteja em torno de 1% a 2% (Fombonne, 2018; Malcolm-Smith et al., 2013; Schendel et al., 2013). Com isso, entende-se que indivíduos dentro do espectro autista estão nos mais variados locais, inclusive na universidade. Porém, tal fato só foi possível devido a processos históricos de mobilizações sociais e que resultaram em leis que garantem a inclusão social e escolar das pessoas com deficiência e que buscam assegurar os seus direitos e romper com a segregação social destas pessoas.

No Brasil, o processo de inclusão social das pessoas com deficiência ganha destaque a partir das décadas de 1980 e 1990, como a aprovação da Constituição da República Federativa do Brasil de 1988 (2001), posteriormente, com a Lei de Diretrizes e Bases da Educação Nacional (Lei nº 9.394, 1996), o Plano Nacional de Educação para Todos (Lei nº 13.005, 2014) e a Política Nacional de Educação Especial na Perspectiva da Educação Inclusiva (2008), dentre outros. Porém, foi apenas a partir da aprovação da Política Nacional de Proteção dos Direitos da Pessoa com Transtorno do Espectro Autista (Lei nº 12.764, 2012), que as pessoas com TEA passaram a ter garantidos os seus direitos. E que resulta na obrigatoriedade de as instituições de ensino realizarem as adaptações necessárias para facilitar o acesso e a permanência dessas pessoas na educação superior.

Os alunos autistas são menos propensos a se matricular na universidade quando comparados a indivíduos com outras deficiências (Petcu et al., 2021). Uma vez que ingressam nesse nível de ensino, segundo dados norte-americanos, 39% dos estudantes com TEA concluem o curso, sendo tais taxas inferiores às de estudantes com outras deficiências (50%) e menores ainda do que os índices de finalização de curso da população em geral (59%) (Newman & Madaus, 2015). As menores taxas de finalização de curso nos estudantes com TEA podem estar associadas à necessidade de uma ampla gama de acomodações (social, institucional, de comunicação, além das questões acadêmicas) e de apoios para sucesso acadêmico, que muitas vezes não são oferecidos devido à pouca informação que as instituições possuem sobre as necessidades desse grupo (Van Bergeijk et al., 2008). As próprias características do TEA, como dificuldades de comunicação e a presença de comportamentos repetitivos, podem gerar ansiedade e a esquiva no enfrentamento das demandas desse ambiente, ampliando os desafios sociais e acadêmicos presentes na transição ao ensino superior (Bakker et al., 2023; Petcu et al., 2021).

Também merecem destaque as possíveis comorbidades (ansiedade, depressão, *deficits* nas funções executivas etc.) que podem reduzir a probabilidade de sucesso para desempenhar os papéis sociais característicos desse nível de ensino. Atenta-se para o fato de que os insucessos vividos no ensino superior podem associar-se à ampliação nas vivências de solidão, nos níveis de depressão e ansiedade, e que podem resultar na decisão dos estudantes com TEA de desistirem de seus cursos. Isso significa que, na transição para o ensino superior, o estudante com TEA tem que lidar com os desafios que fazem parte do seu quadro, somado às novas demandas que estão presentes nesse nível de ensino (Bakker et al., 2023; Glennon, 2001).

No estudo de White et al. (2011), os autores constataram que 0,7% dos estudantes de uma universidade pública americana preenchiam critérios diagnósticos para TEA, porém nenhum havia sido diagnosticado previamente com TEA. Tal dado evidencia que podemos estar diante de um número muito maior do que apenas os 4.018 estudantes com Transtorno Global do Desenvolvimento (TGD) apontados pelo Censo do ensino superior brasileiro (Instituto Nacional de Estudos e Pesquisas Educacionais Anísio Teixeira [INEP], 2022).

Ainda que os indivíduos com TEA estejam conseguindo acessar a universidade, eles podem enfrentar desafios significativos no ensino superior, com implicações em sua trajetória acadêmica (Bakker et al., 2023). Os principais obstáculos se vinculam aos reveses em lidar com mudanças (Van Hees et al., 2015), incluindo grandes transformações, como a transição do ensino médio ao superior ou mudanças de cidade e/ou residência, ou pequenas alterações no espaço físico durante a aula. Destacam-se, ainda, dificuldades na comunicação (Van Hees et al., 2015), tais como ineficiência na contextualização dos comportamentos sociais, na compreensão prejudicada da comunicação não verbal e da linguagem não literal, como inferências, metáforas, ironia ou humor e ainda a hiper ou hipossensibilidade aos diversos estímulos e texturas ilustrados, por exemplo, pelo aumento da sensibilidade à cintilação de luzes e digitação em teclados.

Os desafios vividos nas interações do estudante com TEA com o contexto do ensino superior têm impactos e implicações significativos no cotidiano do estudante (Bakker et al., 2023). Isso ocorre porque a vivência no ensino superior é um processo complexo e multifacetado, e o estresse que a maioria dos alunos experimenta na trajetória acadêmica nesse nível de ensino pode ser agravado para alunos autistas. E, como anteriormente destacado, pode associar-se a problemas acadêmicos, bem como redução no bem-estar e ampliação no quadro psicopatológico, tais como a elevação nos níveis de ansiedade e depressão, comumente relatados pelos universitários autistas (Cai & Richdale, 2016; Gelbar et al., 2014; Van Hees et al., 2015). Diante das dificuldades em lidar com as demandas do ensino superior, os estudantes do espectro podem utilizar algumas estratégias autoprejudiciais, tais como: evitar participação em atividades, procrastinar a realização das tarefas acadêmicas, além de realizá-las com atrasos, as quais impactam negativamente a vida estudantil (Vicent, 2019). Isso ocorre porque as estratégias autoprejudiciais e os comportamentos de procrastinação associam-se ao baixo rendimento, às reprovações em disciplinas e ao atraso na finalização do curso (Fior et al., 2022).

Deve-se atentar que os desafios presentes no ensino superior podem ser agravados por dificuldades de comunicação social que impactam o desenvolvimento de amizades e relacionamentos afetivos (Cai & Richdale 2016; Van Bergeijk et al., 2008; Van Hees et al., 2015). Os problemas sensoriais afetam a trajetória acadêmica dos estudantes, pois podem resultar na diminuição de frequência às aulas e na redução da concentração durante os estudos, além de limitar a interação social com os pares (Cai & Richdale 2016; Van Bergeijk et al., 2008; Van Hees et al., 2015).

Entretanto, as adversidades decorrentes das dificuldades sociais podem ser as de maior impacto na vida universitária do indivíduo com TEA (Ridgely et al., 2022), pois levam o aluno ao isolamento social, a uma menor independência, a baixos níveis de autoestima (Klin et al., 2005), à baixa qualidade nas relações de amizade e a menos relacionamentos amorosos na vida adulta (Orsmond et al., 2004). Esses impactos podem causar prejuízos não só durante as vivências universitárias, mas nas oportunidades dentro do mercado de trabalho (Munandar et al., 2021; Ridgely et al., 2022). Habilidades interpessoais empobrecidas no contexto universitário podem aumentar as chances de *bullying*, rejeição social e menor qualidade de vida, principalmente quando o estudante com TEA evade do ensino superior. O dado de que 94% de jovens adultos com TEA relataram algum tipo de afastamento de seus pares dentro do contexto universitário (Little, 2001), e ainda que vivenciam uma sensação de não pertencimento, são fatores importantes e que levam à não conclusão do curso (Cage et al., 2020). Soma-se que, para esse público, o diploma tem sido associado a maiores chances de emprego e de salários maiores comparado a indivíduos com TEA que não frequentaram a universidade (Hendrickson et al., 2013; Ross et al., 2013).

Com o entendimento de que os desafios que são apresentados aos estudantes no ensino superior são múltiplos, sendo também diversas as suas causas, é urgente que o suporte institucional seja distinto e variado, e que supere uma lógica remediativa, mas que envolva ações preventivas, voltadas à promoção da autonomia de todas as pessoas que hoje acessam o ensino superior. Parece ser um consenso na literatura que o apoio especializado é fundamental para que os estudantes com TEA consigam enfrentar as novas demandas presentes no ensino superior. Porém, consistente com a escassez de pesquisas sobre estudantes universitários no espectro, o suporte institucional para estudantes universitários autistas permanece muito limitado (Gelbar et al., 2014).

A partir de tais considerações e diante da necessidade e da relevância de ações institucionais que possam apoiar o estudante no decorrer de sua vivência no ensino superior, o objetivo deste capítulo é descrever, por meio de uma revisão de literatura dos últimos cinco anos, as características das intervenções que visam ao desenvolvimento de habilidades sociais com estudantes autistas matriculados no ensino superior.

PERCURSO DE INVESTIGAÇÃO DA LITERATURA

Nos meses de março de 2022 e fevereiro de 2023, foi realizado um levantamento bibliográfico abrangendo o período entre 2018 e 2022 nas seguintes bases de dados: Scopus, ERIC, Redalyc e APA PsycNet. Foram utilizados os descritores recomendados pelas bases de dados, assim como sinônimos e termos em inglês e espanhol. Os descritores de pesquisa incluídos foram: *Social Skills AND autism AND intervention AND university; social Skills AND autism AND intervention AND college; social Skills AND autism AND program AND university; social Skills AND autism AND program AND college; habilidades sociales AND autism AND intervencion AND universidad.*

Após a análise dos títulos e dos resumos das produções obtidas, foram selecionados aqueles que se enquadravam nos critérios de inclusão pré-estabelecidos. Isto é: (1) referir uma intervenção com delineamentos quase-experimental ou experimental; (2) ter como participantes-alvo da intervenção estudantes do ensino superior com TEA; (3) conter objetivo da intervenção voltado para o fortalecimento das habilidades sociais; (4) estar em formato de artigo com acesso ao texto completo; e (5) ter a data de publicação dentro do período pesquisado. O processo completo de levantamento, identificação e seleção dos estudos é detalhado na Figura 1.

Figura 1 – *Fluxograma PRISMA – com o processo de triagem dos artigos selecionados*

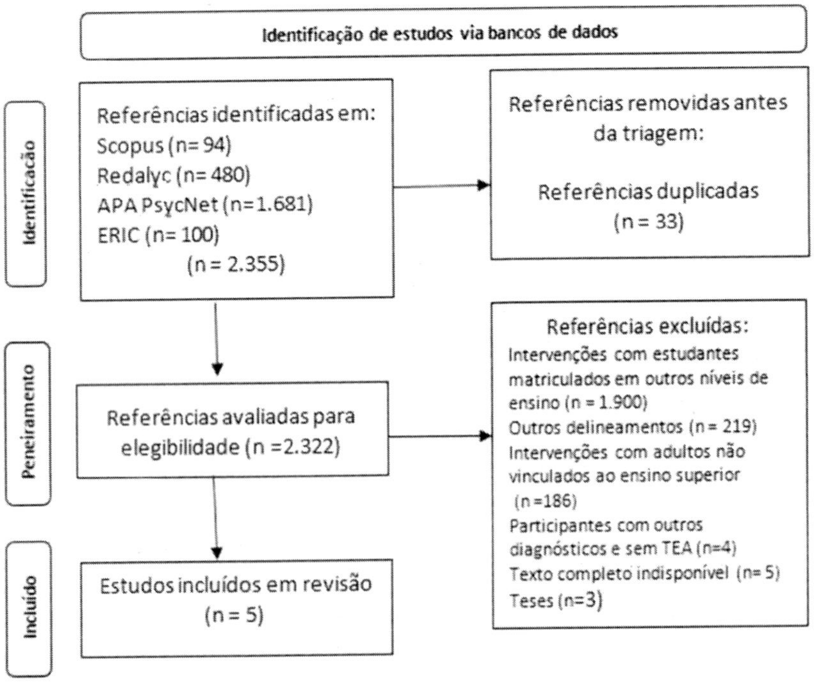

Nota. Elaborado pelos autores.

Por meio dos descritores citados, foram localizados 2.355 artigos. Após aplicação dos critérios estabelecidos para inclusão e retirados os artigos duplicados, resultaram em cinco artigos para análise completa. A autoria, o ano de publicação e os objetivos dos artigos localizados estão descritos na Figura 2.

Figura 2 – *Ano de publicação, autores e objetivos dos artigos que compuseram a revisão de literatura*

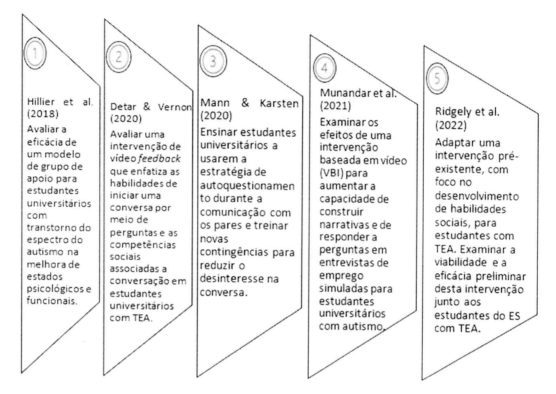

Nota. Elaborado pelos autores.

Dos artigos analisados, a intervenção apresentada por Hillier et al. (2018) esteve vinculada a um programa mais amplo de apoio aos estudantes com TEA, com vistas ao desenvolvimento de habilidades de gerenciamento do tempo e do estresse, da gestão do trabalho em grupo e da comunicação social, não estando restrito à promoção das habilidades sociais. As intervenções apresentadas nos outros quatro artigos tinham como foco específico o desenvolvimento de habilidades sociais, sendo que os artigos de Detar e Vernon (2020) e Mann e Karsten (2020) enfatizaram a promoção de habilidades voltadas à conversação, com destaque para iniciar uma conversa e reduzir o desinteresse do interlocutor no diálogo. O trabalho desenvolvido por Munandar et al. (2021) visou ao desenvolvimento de repertório comportamental para a construção de narrativas e à participação em entrevistas de emprego, importantes para o desenvolvimento de carreira. E a produção de Ridgely et al. (2022) trouxe uma intervenção mais completa, com vistas ao desenvolvimento de um conjunto mais amplo de habilidades sociais.

Apesar de o foco das intervenções propostas nos artigos ser distinto, todos apresentaram possibilidade de intervenção em habilidades sociais para o público TEA no contexto do ensino superior. As diferenças observadas nos objetivos e nas características das intervenções sugerem a importância de os programas serem adaptados para as realidades das instituições e das demandas dos estudantes. No próximo tópico, as propostas metodológicas e os principais resultados das intervenções serão descritos, a fim de subsidiar a proposição de ações para estudantes com TEA no ensino superior.

Os programas de fortalecimento de habilidades sociais em estudantes do ES com TEA

Como destacado, as análises dos artigos foram conduzidas com intuito de identificar informações necessárias para traçar um panorama das características dos programas para desenvolvimento de habilidades sociais em universitários com TEA. Para isso, os aspectos metodológicos (amostra, duração do programa, habilidades trabalhadas, técnicas utilizadas e avaliação das intervenções) e os resultados ocuparam o foco de análise, a fim de descrever o estágio das pesquisas nessa área e alguns componentes que podem auxiliar na construção de ações com vistas ao desenvolvimento de habilidades sociais em estudantes com TEA. Iniciando pela exploração das questões metodológicas, a Figura 3 apresenta a descrição da amostra, a quantidade de encontros, a duração dos programas e as habilidades sociais que foram trabalhadas em cada um dos artigos.

Figura 3 – *Descrição da amostra, quantidade de encontros, duração e habilidades desenvolvidas pelos programas presentes nos artigos selecionados*

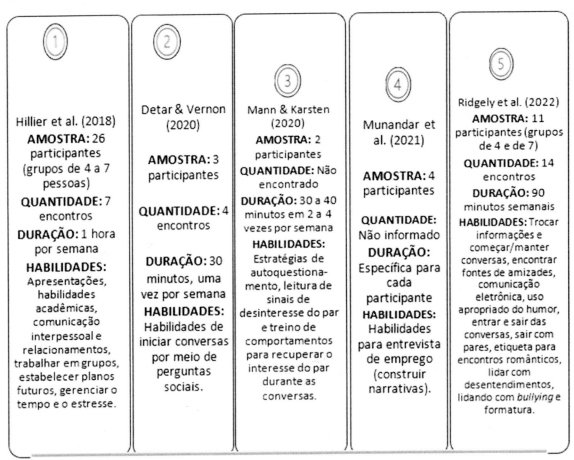

Nota. Elaborado pelos autores.

Os artigos encontrados evidenciam que todas as intervenções foram realizadas em grupos, constituídos de dois a sete estudantes com TEA. O número reduzido de participantes por intervenção é necessário para possibilitar a atenção e o *feedback* individualizado (Rigdely et al., 2022). Outras pesquisas que aplicaram seus programas para desenvolvimento de habilidades sociais em indivíduos com TEA utilizaram grupos com um número mais reduzido de participantes (Matthews et al., 2019). Por sua vez, as intervenções em grupo pactuam com o entendimento de que o desenvolvimento de habilidades sociais pode ser generalizado de forma mais satisfatória e natural quando realizado no formato grupal (Collet-Klingenberg, 2009). Isso porque a experiência em grupo possibilita o treino de habilidades sociais em situações reais, mas em contextos mais controlados e sob a orientação dos facilitadores, que podem atuar como fonte de autoeficácia para os estudantes.

Por sua vez, a depender do número de estudantes com TEA matriculados em uma instituição, o trabalho em grupos com um menor número de estudantes levará ao oferecimento de mais turmas, a fim de atender à demanda. E tal decisão traz a necessidade de um número maior de profissionais junto às equipes de apoio ao estudante. Ainda sobre a composição dos grupos de intervenção, nos artigos analisados nesta revisão de literatura, todos foram constituídos exclusivamente por estudantes dentro do espectro, e dois estudos descreveram que o critério para a participação nas intervenções era a capacidade de se comunicar verbalmente, por meio da formulação de sentenças completas (Detar & Vernon, 2020; Munandar et al., 2021).

Sobre a quantidade de encontros, foi observada uma variação entre os artigos. Para a contabilização do número de sessões, foram desconsideradas as datas reservadas para a avaliação inicial. E considerando os artigos em que essa informação foi disponibilizada, os programas duraram de quatro a 14 semanas. Geralmente, a periodicidade mínima desses encontros foi semanal, porém, na intervenção proposta por Mann e Karsten (2020), as sessões ocorriam entre duas e quatro vezes na semana.

Com relação à duração dos encontros, estes variaram de 30 minutos até uma hora e meia, sendo que dois dos cinco artigos utilizaram uma hora e meia semanal. Isso parece trazer um indicativo de que a duração das sessões não extrapole 90 minutos de duração.

As habilidades sociais a serem desenvolvidas pelos programas apresentaram variação de acordo com o objetivo de cada pesquisa, porém se pode destacar algumas habilidades centrais que, de alguma forma, aparecem nos artigos encontrados:

- trocar informação e iniciar conversa (perguntas sociais e leitura de sinais de interesse e desinteresse do par, relatar uma história/narrativa pessoal);

- encontrar fontes de amizades;

- lidar com desentendimentos (problemas comuns durante um trabalho em grupo);

- entrar e sair de conversas grupais (como agir em grupo e quais os impactos disso para os membros do grupo);

- compreender os comportamentos necessários para namoros e encontros amorosos.

Essas habilidades vão ao encontro de outros programas de habilidades sociais aplicados às pessoas com TEA (Gregori et al., 2022; Moody et al., 2022). As habilidades relacionadas a fazer amizades, que envolve trocar informações, iniciar conversa, entrar e sair de conversas grupais, têm sido associadas na literatura com sucesso acadêmico e satisfação no trabalho, e ainda com níveis mais elevados de saúde, felicidade e de autoestima (Sanchez et al., 2020; Wentzel et al., 2018). Como é apontado na literatura, jovens adultos com TEA têm dificuldades em desenvolver as habilidades necessárias para amizades de alta qualidade, o que pode gerar diversos impactos na vida acadêmica e de trabalho (Martorell et al., 2008; Tipton et al., 2013). Desempenhar o papel de bom amigo para outra pessoa envolve uma gama de comportamentos, como habilidades expressiva e receptiva, que muitas vezes dependem de sinais sutis, além de outros comportamentos, como manejar conflitos, guardar segredos, oferecer ajuda (McVilly et al., 2006 citados por Rose et al., 2021). As falhas na leitura de pistas sociais também podem prejudicar o envolvimento dos indivíduos com TEA em relacionamentos amorosos, ainda que tal tipo de interação seja de interesse desse grupo (Konstantareas & Lunsky, 1997). Além disso, comportamentos de cortejo inapropriados podem ter repercussões negativas na vida do indivíduo (Mogavero & Hsu, 2020). Os indivíduos autistas em relacionamentos amorosos expressam maior senso de pertencimento social e comunitário quando comparado àqueles que não têm (Pearlma-Avnion et al., 2017). Entretanto, indivíduos no espectro enfrentam mais dificuldades com o funcionamento social e sexual quando comparados aos seus pares neurotípicos (Dekker et al., 2017).

Outras habilidades específicas, como lidar com ansiedade/estresse, gerenciamento de tempo, habilidades acadêmicas, uso da comunicação eletrônica (Hillier et al., 2018) e habilidades necessárias para uma entrevista de emprego (Munandar et al., 2021), foram temas trabalhados em duas intervenções. Diante das evidências apontadas na literatura que descrevem as dificuldades em tais repertórios sociais e acadêmicos como frequentes nas pessoas com TEA, novas intervenções deveriam centralizar também no desenvolvimento de outras habilidades importantes para a vivência no ensino superior (Alverson et al., 2019; Van Hees et al., 2015).

Procedimentos utilizados e formação do responsável pela intervenção (procedimentos)

As intervenções descritas nos artigos localizados na revisão de literatura aplicaram diferentes procedimentos comportamentais e cognitivos, a fim de promover o desenvolvimento de habilidades sociais, os quais se encontram na Figura 4.

Gráfico 1 – *Procedimentos e o número de artigos em que cada um foi utilizado nos programas de intervenções selecionados*

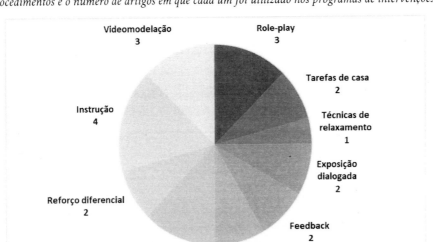

Nota. Elaborado pelos autores.

Os procedimentos mais utilizados foram: (1) instrução, compreendida por uma descrição verbal de sequências de comportamentos (Moreira & Medeiros, 2007); (2) videomodelação, técnica na qual um vídeo que contém todos os passos de uma tarefa é apresentado (Ayres et al., 2017); (3) *role-play*, em que são descritos passos de uma situação-problema, ocorre uma breve discussão acerca da situação, arranjo de uma situação análoga, desempenho do indivíduo em situação estruturada e *feedback* (Del Prette & Del Prette, 2001); e (4) modelagem, que consiste na divisão do comportamento a ser ensinado em vários passos, sendo que cada um é ensinado por meio de contingências, que levarão à aquisição do comportamento completo (Moreira & Medeiros, 2007). Essas informações visam a nortear o profissional para que já se aproprie e elabore uma intervenção pautada em tais procedimentos, pois estes se mostraram válidos nos programas descritos nos artigos analisados. Além disso, é possível inferir que a diversidade de procedimentos também é uma variável que pode favorecer que o programa atinja os resultados almejados.

Todas os procedimentos utilizados nos artigos que compuseram esta revisão de literatura estão presentes na metanálise de Steinbrenner et al. (2020), que teve como objetivo descrever práticas com evidências claras dos seus efeitos positivos em crianças e jovens autistas. Esses procedimentos também são considerados como práticas com evidências de eficácia para a população em geral (Leonardi & Meyer, 2016).

Os procedimentos propostos nos artigos que compuseram esta revisão de literatura estavam fundamentados nos pressupostos teóricos das abordagens Comportamental ou Cognitivo Comportamental, o que remete à importância de uma sólida formação dos responsáveis pela intervenção. Nos artigos localizados, dentre os profissionais que compuseram a equipe que atuou no planejamento e na implementação das intervenções, estavam: professores de Psicologia, estudantes de Psicologia, educadores com habilitações específicas para o trabalho com estudantes com deficiência e profissionais do serviço de apoio ao estudante, incluindo os que atuam nas atividades de aconselhamento e no suporte aos estudantes com deficiência (Hillier et al., 2018; Munandar et al., 2021; Ridgely et al., 2022). A presença de distintos profissionais que trabalharam no planejamento e na implementação das intervenções analisadas nesta revisão de literatura reafirma a importância da diversidade de formação dos técnicos que atuam junto ao serviço de apoio ao estudante, tais como pedagogos, assistentes sociais psicólogos, entre outros, a fim de atender às distintas demandas que são importantes para o suporte a todas as pessoas que hoje acessam o ES.

Avaliação do impacto das intervenções

Considerando que, dentre os critérios de seleção dos artigos, estava o uso de metodologias experimentais ou quase-experimentais, buscou-se descrever os instrumentos que foram utilizados na mensuração do impacto dos programas de desenvolvimento de habilidades sociais em estudantes com TEA, considerando os delineamentos pré e pós-teste.

A gravação de vídeos nos quais se solicitava ao estudante a realização de tarefas específicas e a descrição do seu repertório de comportamentos, por meio de protocolos predefinidos, foi utilizada no estudo de Munandar et al. (2021). Mann e Karsten (2020) utilizaram a identificação das classes de comportamentos que estavam sendo ensinadas: disposição para manter uma conversa, convidar o interlocutor para contribuir com uma conversa e mudar de assunto, pela gravação de vídeos diante das situações experimentais e, posteriormente, em situação da vida real. Por sua vez, o impacto da intervenção proposta por Detar e Vernon (2020) foi avaliado, também, por um questionário de autorrelato, que deveria ser respondido por meio de uma escala *Likert* que variava de 5 a 7 pontos e mensurava a percepção de confiança dos participantes nas suas habilidades de estabelecer um diálogo e na satisfação com as suas interações com os pares. A mensuração das contribuições das intervenções, considerando as medidas realizadas antes das sessões e após a finalização dos programas, também foi realizada por meio de escalas e testes, descritos a seguir.

Figura 4 – *Escalas e testes utilizados na mensuração do impacto das intervenções*

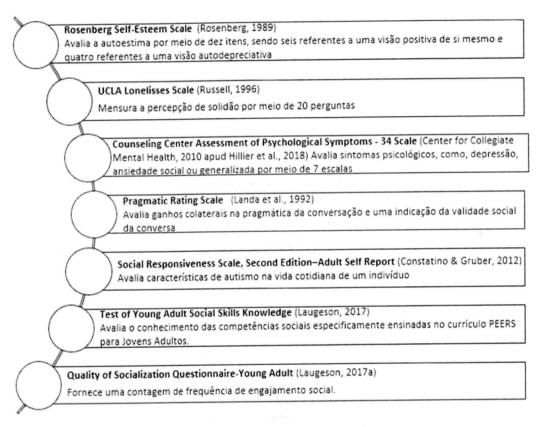

Nota. Elaborado pelos autores.

Dentre os instrumentos utilizados, é possível observar que há instrumentos com foco em mapear o repertório de habilidades sociais, ou seja, foram utilizados com objetivo de observar e mensurar o impacto direto nesse repertório social. Entretanto, também é possível identificar instrumentos que foram utilizados com objetivo de mensurar os impactos em dimensões psicológicas que são influenciadas pelas habilidades sociais, tais como a autoestima, o sentimento de solidão, os sintomas depressivos e a ansiedade.

Dos instrumentos utilizados nas pesquisas, apenas três apresentaram estudos de validação para a população brasileira, que são: Rosenberg Self-Esteem Scale (Rosenberg, 1989 citado por Hillier et al., 2018), UCLA Lonelisses Scale (Russell, 1996) e Social Responsiveness Scale, Second Edition – Adult Self Report (Constatino & Gruber, 2012). Sendo que este último também foi validado com a população TEA, assim como: Test of Young Adult Social Skills Knowledge (Laugeson, 2017), Quality of Socialization Questionnaire-Young Adult (Laugeson, 2017a) e Pragmatic Rating

Scale (Landa et al., 1992). Ressalta-se, no entanto, que as medidas não se limitaram a escalas ou teste de autorrelato, mas também foram utilizadas: observações, práticas simuladas e entrevistas com roteiro elaborado para o estudo.

Ainda sobre os artigos analisados nesta revisão de literatura, para além da mensuração do impacto das intervenções considerando as medidas de pré e pós-teste, houve uma preocupação com a análise do impacto social da intervenção. Nesse caso, foram consideradas as medidas obtidas apenas ao final da intervenção. A mensuração da satisfação, da aceitação, da relevância social e da utilidade da intervenção foi realizada por meio de questionários de autorrelato, com opções de respostas no formato *Likert* ou sim/não, aplicados nos estudos de Hillier et al. (2018), Mann e Karsten (2020) e Munandar et al. (2021). Estes últimos autores também realizaram uma entrevista constituída por sete tópicos que versaram especialmente sobre os benefícios do programa, impressões gerais e sugestões para o aprimoramento dele. Já Hillier et al. (2018) complementaram o estudo por meio de grupos focais, constituídos entre três e cinco participantes, conduzidos por um colaborador que não teve envolvimento direto com a condução das intervenções. Entrevistas individuais foram a opção utilizada no estudo de Detar e Vernon (2020) para a análise do impacto do programa em outras áreas que não diretamente mensuradas pelos instrumentos utilizados no pré e pós- teste.

Em síntese, conhecer as estratégias utilizados na avaliação do impacto das intervenções fornece caminhos para os profissionais dos serviços de apoio ao estudante conhecerem a diversidade de instrumentos e recursos que forneçam medidas objetivas da efetividade da intervenção. Sabe-se que a avaliação de qualquer intervenção é ímpar para fornecer alertar para melhorias, necessidades individuais do estudante com TEA no ensino superior, bem como justificar a importância das intervenções.

Resultados observados

Os programas foram avaliados com medidas pré e pós-teste, sendo que os resultados indicaram mudanças significativas tanto no repertório de habilidades sociais como em variáveis associadas. Com relação às habilidades sociais, o repertório dos participantes entre medidas, de acordo com os objetivos de intervenção de cada programa, aumentou a reciprocidade social (consciência social, cognição social, interação e comunicação social) (Ridgely et al., 2022), a frequência de realizar narrativas pessoais (Munandar et al., 2021), a identificação de mandos ocultos na audiência (Mann et al., 2020), a redução de continuar em um único tópico de interesse durante conversação (Detar & Vernon, 2020), a diminuição na frequência de pausas nas interações (Detar & Vernon, 2020) e na realização de pergunta (Detar & Vernon, 2020). Os programas também tiveram impacto para o aumento de autoestima, para a redução de sentimentos de solidão e ansiedade (Hillier et al., 2018). Esses resultados evidenciam o potencial desse tipo de intervenção e o quanto tais programas podem ter impacto em diversas esferas do indivíduo, como no aspecto social, pessoal e de carreira. Tais impactos poderão trazer benefícios para a adaptação social e acadêmica do estudante e, por consequência, favorecerão a sua permanência ao ensino superior (Casanova et al., 2020; Tinto, 2005).

A fim de fomentar novas pesquisas com intuito de que haja o fortalecimento dessa área de estudo, assim como novas produções que indiquem possíveis caminhos, conhecimentos e reflexões que se proponham a favorecer, principalmente, a permanência dos estudantes com TEA nesse contexto, serão apresentados alguns caminhos analisados a partir dos estudos descritos.

Temos alguns pontos que novas pesquisas podem contribuir com a literatura, como: realização de avaliação de comorbidades ao TEA, planejar amostras maiores, organizar a existência de grupo controle no delineamento, fazer uso de dados psicométricos dos instrumentos aplicados, analisar variabilidade de perfis e de dificuldades dos participantes e propor soluções ao treinar habilidades complexas sob condições controladas. Os itens destacados auxiliarão os futuros pesquisadores da área na elaboração de programas considerando tais limitações e, assim, a obter maior probabilidade de sucesso na sua implementação e contribuição para o campo.

CONSIDERAÇÕES FINAIS

A proposta deste capítulo foi sensibilizar e apoiar o leitor envolvido em, pelo menos, um destes dois caminhos: direcionamento para realizar pesquisas sobre o tema, tendo como base o que a área oferece e do que ainda carece; e/ou para que o profissional, psicólogo, pedagogo ou orientador nos mais diversos serviços de apoio ao estudante universitário tenha em mãos as ferramentas básicas para fomentar e construir dentro de seu contexto uma intervenção baseada em evidência para favorecer a permanência e qualidade de vida dos estudantes autistas nas universidades brasileiras, por meio de uma intervenção para desenvolver e/ou aprimorar seu repertório de habilidades sociais. Repertório esse que, muitas vezes, é motivo de evasão ou abandono pelo estudante, por não conseguir lidar com os desafios sociais da universidade.

Como apontado anteriormente, indivíduos com TEA apresentam uma taxa de conclusão do ensino superior menor, se comparados a indivíduos neurotípicos, devido a diversas variáveis já discutidas. No entanto, é necessário evidenciar que as dificuldades sociais são desafios para todos os universitários (Pacheco & Rangé, 2006) e que existem inúmeros programas de habilidades sociais na literatura para universitários sem especificação de diagnóstico, como apontado na revisão de Gouveia e Polydoro (2020). Por essa razão, faz-se necessário que ações de inclusão social mais abrangentes, dirigidas a diferentes públicos façam parte dos serviços oferecidos pelas instituições. É possível o desenvolvimento de programas para um público específico ou misto, porém essa escolha dependerá dos obstáculos dos alunos identificados pelo serviço de apoio de cada IES. Todavia, do ponto de vista institucional, entende-se que ambos os caminhos devem estar disponíveis aos estudantes. Além disso, este capítulo busca resgatar, ainda, a relevância de a atuação dos serviços de apoio ao estudante superar uma lógica remediativa e trabalhar, também, na prevenção e na promoção do desenvolvimento integral de todas as pessoas matriculadas no ensino superior.

Coerente com tais considerações, parece ser um consenso na literatura a urgência de as IESs voltarem a sua atenção não somente para o desenvolvimento cognitivo/intelectual, mas para um desenvolvimento global do universitário, considerando aspectos acadêmicos, cognitivos, pessoais e sociais (Mayhew et al., 2016). A concretização de uma formação mais abrangente e que vise ao desenvolvimento integral deve, ainda, levar em consideração a diversidade de perfis socioeconômicos, culturais, faixas etárias, história acadêmica anterior, habilidades básicas, histórico de saúde e expectativas iniciais diante da graduação dos novos públicos que hoje acessam o ES (Casanova et al., 2020). E considerando que os fatores que promovem a permanência dos estudantes na universidade não estão atrelados apenas ao aluno, mas intimamente vinculados às respostas institucionais de inclusão, considera bastante oportuna a discussão sobre as ações para o acolhimento e a inclusão da diversidade de seus estudantes hoje presentes no ES, dos quais se destacam os alunos com TEA.

Sobre tais estudantes, devido à dificuldade social acentuada nos quadros de TEA e por outras características que podem fazer parte do espectro, faz-se necessário estruturar e validar programas específicos para esse público. E que tragam metodologias capazes de tornar o abstrato concreto, forneçam estrutura e previsibilidade, abranjam oportunidades de aprendizagem múltiplas e variáveis, estimulem o autoconhecimento e autoestima, além de programar o ensino das habilidades de forma sequenciada e progressiva e abarcar a generalização programada e planejada como parte do programa (Krasny et al., 2003; Radley & Dart, 2022). Para tanto, é ímpar que as IES criem condições para o contínuo desenvolvimento profissional dos seus docentes e priorizem a profissionalização dos técnicos que atuam junto ao serviço de apoio ao estudante, a fim de fomentar intervenções fundamentadas cientificamente e que contribuam para a permanência, o desenvolvimento e o bem-estar dos estudantes com TEA.

QUESTÕES PARA DISCUSSÃO

- Considerando a relevância de as instituições oferecerem suporte aos estudantes em sua trajetória acadêmica, bem como a urgência de que tais serviços atendam à diversidade de estudantes que hoje acessam o ensino superior, quais são os desafios mais urgentes a serem enfrentados em sua instituição no que se refere aos estudantes com TEA?

- Como mobilizar a atuação docente em direção ao melhor atendimento às particularidades dos estudantes com TEA, especialmente quanto à interação professor e estudante?

- Diante do exposto no capítulo, especificamente quanto à revisão integrativa da literatura sobre a intervenção em habilidades sociais para estudantes com TEA, como fortalecer esta área de investigação?

REFERÊNCIAS

Alverson, C. Y. et al. (2019). High school to college: Transition experiences of young adults with autismo. Focus on Autism and Other Developmental Disabilities. *Focus on Autism and Other Developmental Disabilities, 34*(1), 52-64.

American Psychiatric Association (2013). Neurodevelopmental disorders. In *Diagnostic and statistical manual of mental disorders* (5th ed., text rev.). American Psychiatric Association Publishing

Ayres, K. M., Travers, J. C., Shepley, S. B., & Cagliani, R. (2017). Video-based instruction for learners with autism. In J. B. Leaf (Ed.), *Handbook of social skills and autism spectrum disorder: Assessment, curricula, and intervention* (pp. 223-239). Springer.

Bakker, T., Krabbendam, L., Bhulai, S., Bhulai, S., Meeter, M., & Begger, S. (2023). Study progression and degree completion of autistic students in higher education: a longitudinal study. *Higher Education, 85,* 1-26. Doi: https://doi.org/10.1007/s10734-021-00809-1

Bolsoni-Silva, A. T., & Carrara, K. (2010). Habilidades sociais e análise do comportamento: Compatibilidades e dissensões conceitual-metodológicas. *Psicologia em Revista* (On-line), *16*(2), 330-350. http://dx.doi.org/10.5752/P.1678-9563.2010v16n2p330

Cage, E., Andres, M., & Mahoney, P. (2020). Understanding the factors that affect university completion for autistic people. *Research in Autism Spectrum Disorders, 72.* https://doi.org/10.1016/j.rasd.2020.101519.

Cai, R. Y., & Richdale, A. L. (2016). Educational Experiences and Needs of Higher Education Students with Autism Spectrum Disorder. *Journal of autism and developmental disorders, 46*(1), 31-41. https://doi.org/10.1007/s10803-015-2535-1

Casanova, J. R., Araújo, A. M., & Almeida, L. S. (2020). Dificuldades na adaptação académica dos estudantes do 1° ano do ensino superior. *Revista E-Psi, 9*(1), 165-181. https://artigos.revistaepsi.com/2020/Ano9-Volume1-Artigo11.pdf

Collet-Klingenberg, L. (2009). *Steps for implementation*: Social skills groups. Madison, WI: The National Professional Development Center on Autism Spectrum Disorders, Waisman Center, University of Wisconsin.

Constituição da República Federativa do Brasil de 1988 (2001). (21a ed.). Saraiva.

Dekker, L., Vegt, E., Ende, J., Tick, N., & Louwerse, A. (2017). Psychosexual functioning of cognitively-able adolescents with autism spectrum disorder compared to typically developing peers: the development and testing of the teen transition inventory—a self- and parent report questionnaire on psychosexual functioning. *Journal of Autism and Developmental Disorders, 47*(6), 1716-1738.

Del Prette, A., & Del Prette, Z. A. P. (2001). *Psicologia das relações interpessoais e habilidades sociais*: Vivências para o trabalho em grupo. Vozes.

*Detar, W. J., & Vernon, T. W. (2020). Targeting Question-Asking Initiations in College Students With ASD Using a Video-Feedback Intervention. *Focus on Autism and Other Developmental Disabilities, 35*(4), 208-220. https://doi.org/10.1177/10883576209435067

Fior, C. A., Polydoro, S. A. J., & Rosário, P. S. L. (2022). Validity evidence of the Academic Procrastination Scale for undergraduates. *Psico-USF, 27*(2), 307-317. https://doi.org/10.1590/1413-82712022270208

Fombonne, E. (2018). The rising prevalence of autism. *Journal of Child Psychology and Psychiatric, 59*, 717-720. https://doi.org/10.1111/jcpp.12941

Gelbar N.W., Smith I., & Reichow, B. (2014). Systematic review of articles describing experience and supports of individuals with autism enrolled in college and university programs. *Journal of Autism and Developmental Disorders, 44*, 2593-2601. https://doi.org/ 10.1007/s10803-014-2135-5.

Glennon, T. J. (2001). The stress of the university experience for students with Asperger syndrome. *Work, 17*, 183-190. https://pubmed.ncbi.nlm.nih.gov/12441598

Gouveia, T. G., & Polydoro, S. A. J. (2020). Programa de habilidades sociais para universitários: uma revisão de literatura. *Revista Educação, Psicologia e Interfaces, 4*(1), 160-174. https://doi.org/10.37444/issn-2594-5343.v4i1.225

Gregori, E., Mason, R., Wang, D., Griffin, Z., & Iriarte, A. (2022). Effects of telecoaching on conversation skills for high school and college students with autism spectrum disorder. *Journal of Special Education Technology, 37*(2), 241-252. https://doi.org/10.1177/01626434211002151

Hendrickson, J. M., Carson, R., Woods-Groves, S., Mendenhall, J., & Scheidecker, B. (2013). UI REACH: A postsecondary program serving students with autism and intellectual disabilities. *Education and Treatment of Children, 36*(4), 169-194. https://doi.org/10.1353/etc.2013.0039

*Hillier, A., Goldstein, J., Murphy, D., Trietsch, R., Keeves, J., Mendes, E., & Queenan, A. (2018). Supporting university students with autism spectrum disorder. *Autism: the international journal of research and practice, 22*(1), 20-28. https://doi.org/10.1177/1362361317699584

Instituto Nacional de Estudos e Pesquisas Educacionais Anísio Teixeira – INEP (2022). *Apresentação do Censo da educação superior 2021*. https://download.inep.gov.br/educacao_superior/censo_superior/documentos/2021/apresentacao_censo_da_educacao_superior_2021.pdf

Klin, A., Saulnier, C., Tsatsanis, K., & Volkmar, F. R. (2005). Clinical evaluation in autism spectrum disorders: Psychological assessment within a transdisciplinary framework. In F. R. Volkmar, R. Paul, A. Klin, & D. Cohen (Eds.), *Handbook of autism and pervasive developmental disorders* (Vol. 2, pp. 772-798). John Wiley & Sons.

Konstantareas, M. M., & Lunsky, Y. J. (1997). Sociosexual knowledge, experience, attitudes, and interests of individuals with Autistic Disorder and developmental delay. *Journal of Autism and Developmental Disorders, 27*(4), 397-413. https://doi.org/10.1023/a:1025805405188.

Krasny, L., Williams, B. J., Provencal, S., & Ozonoff, S. (2003). Social skills interventions for the autism spectrum: Essential ingredients and a model curriculum. *Child and Adolescent Psychiatric Clinics of North America, 12*(1), 107-122. https://doi.org/10.1016/s1056-4993(02)00051-2

Landa R., Piven J., Wzorek, M. M., Gayle, J. O., Chase, G. A., & Folstein, S. E. (1992). Social language use in parents of autistic individuals. *Psychological Medicine, 22*, 245-254. https://doi.org/10.1017/s0033291700032918

Laugeson, E. A (2017). *PEERS® for Young Adults: Social Skills Training for Adults with Autism Spectrum Disorder and Other Social Challenges*. Taylor and Francis.

Laugeson, E. A. (2017a). *Quality of Socialization Questionnaire – Adolescent* (QSQA- Revised). Supplement materials provided on the PEERS Certified Training Seminar.

Lei nº 9.394 de 20 de dezembro de 1996. Estabelece a Lei de Diretrizes e Bases da Educação Nacional. https://www2.camara.leg.br/legin/fed/lei/1996/lei-9394-20-dezembro-1996-362578-publicacaooriginal-1-pl.html

Lei nº 13.005 de 25 de junho de 2014. Aprova o Plano Nacional de Educação – PNE e dá outras providências. http://www.planalto.gov.br/ccivil_03/_ato2011-2014/2014/lei/l13005.htm

Lei nº 12.764 de 27 de dezembro de 2012. Institui a Política Nacional de Proteção dos Direitos da Pessoa com Transtorno do Espectro Autista; e altera o § 3º do art. 98 da Lei nº 8.112, de 11 de dezembro de 1990. https://www.planalto.gov.br/ccivil_03/_ato2011-2014/2012/lei/l12764.htm

Política Nacional de Proteção dos Direitos da Pessoa com Transtorno do Espectro Autista (2012). https://www.planalto.gov.br/ccivil_03/_ato2011-2014/2012/lei/l12764.htm

Leonardi, J. L., & Meyer, S. B. (2016). Evidências de eficácia e o excesso de confiança translacional da análise do comportamento clínica. *Temas em Psicologia, 24*(4), 1465-1477. http://dx.doi.org/10.9788/TP2016.4-15Pt

Little, L. (2001). Peer victimization of children with Asperger Spectrum Disorders. *Journal of the American Academy of Child and Adolescent Psychiatry, 40*, 995-996. https://doi.org/10.1097/00004583- 200109000-00007

Malcolm-Smith, S.; Hoogenhout, M.; Ing, N.; Thomas, K., & Vries, P. (2013). Autism spectrum disorder: Global challenges and local opportunities. *Journal of Child and Adolescent Mental Health, 25*(1), 1-5. https://doi.org/10.2989/17280583.2013.767804

Mann, C. C., & Karsten, A. M. (2020). Efficacy and social validity of procedures for improving conversational skills of college students with autism. *Journal of Applied Behavior Analysis, 53*(1), 402-421. https://doi.org/ 10.1002/jaba.600.

Martorell, A., Gutierrez-Recacha, P., Pereda, A., & Ayuso-Mateos, J. L. (2008). Identification of personal factors that determine work outcome for adults with intellectual disability. *Journal of Intellectual Disability Research, 52*(12), 1091-1101. https://doi.org/10.1111/j.1365-2788.2008.01098.x

Matthews, N. L., Laflin, J., Orr, B. C., Warriner, K., DeCarlo, M., & Smith, C. J. (2020). Brief Report: Effectiveness of an Accelerated Version of the PEERS® Social Skills Intervention for Adolescents. *Journal of autism and developmental disorders, 50*(6), 2201-2207. https://doi.org/ 10.1007/s10803-019-03939-9

Mayhew, M. J., Rockenbach, A. L., Bowman, N.A., Seifert, T. A., Wolniak, G.C., Pascarella, E. T., & Terenzini, P. T. (2016). *How college affects students:* 21st century evidence that Higher Education works. Jossey-Bass.

Mogavero, M. C., & Hsu, K.-H. (2020). Dating and courtship behaviors among those with autism spectrum disorder. *Sexuality and Disability, 38*(2), 355-364. https://doi.org/ 10.1007/s11195-019-09565-8

Moody, C. T., Factor, R. S., Gulsrud, A. C., Grantz, C. J., Tsai, K., Jolliffe, M., Rosen, N. E., McCracken, J. T., & Laugeson, E. A. (2022). A pilot study of PEERS® for Careers: A comprehensive employment-focused social skills intervention for autistic young adults in the United States. *Research in developmental disabilities, 128,* 104287. https://doi.org/10.1016/j.ridd.2022.104287

Moreira, M. B., & Medeiros, C. A. (2007). *Princípios básicos de análise do comportamento.* Artmed.

*Munandar, V. D., Bross, L. A., Zimmerman, K. N., & Morningstar, M. E. (2021). Video-Based Intervention to Improve Storytelling Ability in Job Interviews for College Students With Autism. *Career Development and Transition for Exceptional Individuals, 44*(4), 203-215. https://doi.org/10.1177/2165143420961853

Newman, L. A., & Madaus, J. W. (2015). An analysis of factors related to receipt of accommodations and services by postsecondary students with disabilities. *Remedial and Special Education, 34*(4), 208-219. https:// doi.org/ 10.1177/0741932515572912.

Orsmond, G. I., Krauss, M. W., & Seltzer, M. M. (2004). Peer relationships and social and recreational activities amongadolescents and adults with autism. *Journal of Autism and Developmental Disorders, 34,* 245-256. https://doi.org/10.1023/B:JADD.0000029547.96610.df.

Pacheco, P., & Rangé, B. (2006). Desenvolvimento de habilidades sociais em graduandos de Psicologia. (199-216). In M. Bandeira, Z. A. P. del Prette, & A. del Prette. *Estudos sobre habilidades sociais e relacionamento interpessoal.* Casa do Psicólogo.

Pearlma-Avnion, S., Cohen, N., & Eldan, A. (2017). Sexual well-being and quality of life among high-functioning adults with autism. *Sexuality and Disability, 35*(3), 279-293. https://doi.org/10.1007/s1119 5-017-9490-z

Petcu, S. D., Zhang, D., & Li, Y. F. (2021). Students with Autism Spectrum Disorders and Their First-Year College Experiences. *International Journal of Environmental Research and Public Health, 18,* 279-293. https:// doi.org/10.3390/ ijerph182211822

Política Nacional de Educação Especial na Perspectiva da Educação Inclusiva (2008). Documento elaborado pelo Grupo de Trabalho nomeado pela Portaria n.º 555/2007, prorrogada pela Portaria n.º 948/2007, entregue ao Ministro da Educação em 07 de janeiro de 2008. http://portal.mec.gov.br/arquivos/pdf/politicaeducespecial.pdf

Radley, K. C., & Dart, E. H. (2022). Manualized social skills curricula. In *Social skills teaching for individuals with autism*. Springer Series on Child and Family Studies. Springer, Cham. https://doi.org/10.1007/978-3-030-91665-7_8

*Ridgely, N. C., Pallathra, A. A., Raffaele, C. T., Rothwell, C., & Rich, B. A. (2022). Adaptation of the PEERS for Young Adults Social Skills Curriculum for College Students With Autism Spectrum Disorder. *Focus on Autism and Other Developmental Disabilities*. https://doi.org/10.1177/10883576221133484

Rose, A. J., Kelley, K. R., & Raxter, A. (2021). Effects of PEERS® Social Skills Training on Young Adults with Intellectual and Developmental Disabilities During College. *Behavior modification, 45*(2), 297-323. https://doi.org/10.1177/0145445520987146

Rosenberg, M. (1989). *Society and the adolescent self-image.* Revised edition. Wesleyan University Press.

Ross, J., Marcell, J., Williams, P., College, T., & Carlson, D. (2013). Postsecondary education employment and independent living outcomes of persons with autism and intelectual disability. *Journal of Postsecondary Education and Disability, 26*(4), 337-351. https://eric.ed.gov/?id=EJ1026890

Russel, D. W. (1996). UCLA *Loneliness Scale (Version 3):* Reliability, validity, and factor structure. Journal of Personality Assessment.

Sanchez, M., Haynes, A., Parada, J. C., & Demir, M. (2020). Friendship maintenance mediates the relationship between compassion for others and happiness. *Current Psychology, 39*, 581-592. https://doi.org/10.1007/s12144-017-9779-1

Schendel, D., Bresnahan, M., Carter, K.W., Francis, R.W., Gissler, M., Grønborg, T.K., Gross, R., Gunnes, N., Hornig. M., Hultman, C.M., Langridge, A., Lauritsen, M.B., Leonard, H., Parner, E.T., Reichenberg, A., Sandin, S., Sourander, A., Stoltenberg, C., Suominen, A., Susser, E. (2013). The International Collaboration for Autism Registry Epidemiology (ICARE): Multinational registry-based investigations of autism factors and trends. *Journal of Autism Development Disorders, 43*. https://doi.org/ 10.1007/s10803-013-1815-x.

Steinbrenner, J. R., Hume, K., Odom, S. L., Morin, K. L., Nowell, S. W, Tomaszewski, B., Szendrey, S., McIntyre, N. S., Yücesoy-Özkan, S., & Savage, M. N. (2020). *Evidence-based practices for children, youth, and young adults with Autism.* Chapel Hill: The University of North Carolina, Frank Porter Graham Child Development Institute, National Clearinghouse on Autism Evidence and Practice Review Team.

Tinto, V. (2005). Moving from theory to action. In A. Seidman (Ed.). *College student retention*: Formula for student success (pp. 317-333). ACE & Praeger.

Tipton, L. A., Christensen, L., & Blacher, J. (2013). Friendship quality in adolescents with and without an intellectual disability. *Journal of Applied Research in Intellectual Disabilities, 26*(6), 522-532. https://doi.org/10.1111/jar.12051

Van Bergeijk, E., Klin, A., & Volkmar, F. (2008). Supporting more able students on the autism spectrum: College and beyond. *Journal of Autism and Developmental Disorders, 38*(7), 1359-1370. https://doi.org/10.1007/s10803-007-0524-8.

Van Hees, V., Moyson, T., & Roeyers, H. (2015). Higher Education Experiences of Students with Autism Spectrum Disorder: Challenges, Benefits and Support Needs. *Journal of Autism and Developmental Disorders, 45*(6), 1673-1688. https://doi.org/10.1007/s10803-014-2324-2

Vicent, J. (2019). It's the fear of the unknown: Transition from higher education for Young autistic adults. *Autism, 23*(7), 1575-1585. https://doi.org/10.1177/1362361318822498

Wentzel, K. R., Jablansky, S., & Scalise, N. R. (2018). Do friendships afford academic benefits? A meta-analytic study. *Educational Psychology Review, 30*, 1241-1267. https://doi.org/10.1007/s10648-018-9447-5

White, W. S., Ollendick, H. T., & Bray, C. B. (2011). College students on the autism spectrum: Prevalence and associated problems. *Sage Journals, 15*, 683-701 https://doi.org/10.1177/1362361310393363

CAPÍTULO 7

PERCEPÇÕES SOBRE A ADAPTAÇÃO ACADÊMICA DE ALUNOS PERTENCENTES A MINORIA LGBTQIA+

Adriana Benevides Soares
Marcia Cristina Monteiro
Maria Eduarda de Melo Jardim
Rejane Ribeiro
Natália Pereira de Oliveira

INTRODUÇÃO

A democratização do ensino superior no Brasil, por meio de políticas que garantiram a reserva de vagas para alunos provenientes de escola pública, pretos e pardos e economicamente vulneráveis, tem proporcionado o acesso de uma maior heterogeneidade de estudantes. No entanto, a expansão do acesso não assegura a permanência desses estudantes com perfis que diferem do padrão historicamente concebido para o universitário. Amaral (2014), Nadir et al. (2013) e Givigi e Oliveira (2013) afirmam que a universidade é uma instituição que produz, reproduz e atualiza as desigualdades sociais e hierarquias de classe, raça, gênero, sexualidade, entre outras, contribuindo para que desigualdades encontrem no seu interior estabilização, como no caso da cis-heterossexualidade, que em muitos espaços é aceita como única expressão legítima sexual e de gênero.

Faria e Almeida (2020) destacam que a adaptação do estudante à universidade envolve fenômenos multideterminados que precisam ser mais bem compreendidos com o objetivo de implementar abordagens pedagógicas que efetivamente auxiliem os alunos mais vulneráveis em termos de desenvolvimento de competências. Segundo os autores, há a necessidade de apoio social, psicológico e educativo, no propósito de conduzir o aluno ao êxito acadêmico, à conclusão da graduação e à redução dos índices de evasão frequentes no primeiro ano universitário. Os autores citados, bem como os estudos produzidos por Soares et al. (2019), destacam que a transição e adaptação na educação superior constituem desafios e são caracterizadas por diferentes fatores que dizem respeito à instituição, aos estudos, aos colegas, às exigências de autonomia pessoal e emocional e ao planejamento profissional, mas que podem ser eventualmente acrescidos de outros determinantes para populações não heteronormativas, entretanto não foram encontrados estudos que tratassem dessa questão.

A ausência de ações efetivas pode potencializar aspectos mais frágeis dos estudantes, principalmente no caso de discentes de primeira geração (sem histórico familiar no ensino superior) e com vulnerabilidades de diferentes ordens. Na questão de gênero e sexualidade, sabe-se que a inclusão do público LGBTQIA+ nos espaços de circulação de capital social, intelectual e econômico geralmente gera ações preconceituosas e discriminatórias (Santos et al., 2019) pelo fato de essas pessoas terem sido excluídas do poder de legitimação e de formas de ser e existir (Quijano, 2005). Assim, a coação socialmente sofrida tende a impedir o acolhimento e o sentimento de pertencimento no âmbito acadêmico (Vieira Júnior & Almeida, 2019).

Estudantes que se identificam como minoria LGBTQIA+, quando ingressam no ensino superior, terão que lidar com as adaptações da nova realidade, mas também com o preconceito e a discriminação de docentes, discentes (Valenzuela-Valenzuela & Cartes-Velásquez, 2019) e demais membros da comunidade acadêmica. Capucce et al. (2021) destacam que permitir o ingresso e não possibilitar a permanência do graduando não heterossexual nas universidades refletem a ausência de programas pedagógicos que rompam com a visão heteronormativa e a concepção do ambiente estudantil como espaço de repetição de desigualdade social e de atitudes discriminatórias (Vieira Júnior & Almeida, 2019).

É importante observar que o ambiente acadêmico apresenta uma taxa mais alta de prevalência de sintomas de depressão e ansiedade, e que essa taxa tem aumentado nos últimos anos, a despeito do aumento da diversidade no contexto universitário (Sahão & Kienen, 2021). De acordo com Sahão e Kienen (2021), muitas das situações na universidade podem ser estressoras, como o nível de exigência, os relacionamentos interpessoais, a falta de rede de apoio, a situação financeira, entre outras. Além disso, populações minoritárias estão expostas a maiores níveis de estresse, oriundos de eventos de preconceito e discriminação e maior suscetibilidade ao isolamento (Cerqueira-Santos et al., 2020). Cerqueira-Santos et al. (2020), em um estudo com objetivo de comparar indicadores de saúde mental de estudantes de cursos de saúde quanto à orientação sexual e de gênero, demonstraram que estudantes universitários não heterossexuais apresentam piores indicadores de saúde mental e forte correlação entre esses indicadores e preconceito contra diversidade sexual e de gênero.

Ademais, muitas das situações estressoras citadas por Sahão e Kienen (2021) podem perdurar até a entrada e durante a permanência no mercado de trabalho. Silva et al. (2021) realizaram uma revisão integrativa investigando barreiras e potencialidades de acesso da população LGBT ao mercado de trabalho e identificaram que fatores como o preconceito e a marginalização dessa população contribuem para dificultar o acesso ao mercado de trabalho, enquanto a promoção de um ambiente equitativo é essencial para a manutenção da inclusão desse grupo. Dessa forma, pode-se reiterar a importância da permanência dessa população na universidade, visto que a formação superior facilita o acesso ao mercado de trabalho.

Contrastando com o que é apontado na literatura, o estudo de Glazzard et al. (2020) objetivou investigar as experiências vividas de estudantes que se identificam como LGBTQIA+ no ensino superior, o papel que a sexualidade e/ou a identidade de gênero desempenham em suas vidas ao longo de seus estudos e as experiências desses alunos de transições para e no decorrer do ensino superior. Trata-se de estudo longitudinal que contou com cinco participantes ao longo de um curso de graduação de três anos em uma universidade no Reino Unido. Os dados foram coletados por meio de entrevistas semiestruturadas, diários de áudio e métodos visuais para explorar as experiências de transições dos participantes. O estudo mostrou que os participantes experimentaram transições múltiplas e multidimensionais durante o tempo na universidade e que essas transições foram amplamente positivas em contraste com as narrativas trágicas que são dominantes na literatura. Ademais, segundo os autores, o estudo foi pioneiro no sentido de explorar as experiências de estudantes, usando um desenho de estudo longitudinal e aplicando a Teoria das Transições Múltiplas e Multidimensionais (MMT) para estudantes do ensino superior que se identifiquem como LGBTQIA+.

A pesquisa de Tinoco-Giraldo et al. (2021) também aponta uma percepção dos estudantes que contradiz, em parte, o que é apontado pela literatura. Os pesquisadores realizaram estudo com os seguintes objetivos: explorar as percepções de estudantes LGBTQIA+ sobre a diversidade sexual e de gênero no contexto universitário, identificando concepções sobre ser estudante pertencente a esse grupo no contexto do ensino superior, pesquisar percepções sobre o estigma, discriminação e inclusão de alunos não heterossexuais e reconhecer os discursos e os cenários sobre diversidade sexual e de gênero, distinguindo as experiências em sala de aula e na universidade, com pares e professores. A amostra foi constituída por 171 alunos da Faculdade de Medicina de uma universidade pública dos Estados Unidos, situada no estado do Texas. Os resultados mostraram que existe um maior conhecimento sobre o assunto da diversidade sexual e de gênero e dos espaços e recursos oferecidos pela universidade no assunto em relação aos anos anteriores. Entretanto, os autores verificaram que o conhecimento ainda é limitado e provavelmente relacionado especificamente à universidade na qual os voluntários estudam.

Por fim, compreende-se que a adaptação acadêmica de minorias de gênero ainda é um tema recente e pouco estudado, apesar de apresentar relevância no que se refere à permanência na universidade. Dessa forma, o presente estudo tem como objetivo investigar as percepções de estudantes autodeclarados LGBTQIA+ acerca de seu processo de adaptação à universidade.

MÉTODO

Delineamento

Estudo transversal, descritivo e de natureza qualitativa.

Participantes

A amostra foi composta por 12 universitários que tiveram como critério de inclusão: participantes que se identificassem como parte do grupo minorizado LGBTQIA+; ter idade entre 18 e 30 anos; cursando sua primeira graduação e estar entre o primeiro e quarto período. Foi considerado critério de exclusão ter realizado cursos pós-ensino médio do tipo tecnólogo ou ainda não ter realizado avaliações da universidade.

Tabela 1 – *Caracterização da amostra*

Participantes	Idade	Período	Gênero	Orientação sexual	Classe social	Cor/Raça
P1	26	2°	Homem cis	Gay	C1	Negro
P2	22	4°	Mulher cis	Bissexual	B2	Branco
P3	23	3°	Mulher cis	Bissexual	C2	Branco
P4	20	4°	Trans não-binário	Pansexual	B2	Pardo
P5	22	2°	Homem cis	Bissexual	C1	Branco
P6	30	1°	Homem cis	Gay	C2	Branco
P7	23	3°	Mulher cis	Bissexual	C1	Branco
P8	21	2°	Trans não-binário	Bissexual	C2	Branco
P9	20	1°	Homem cis	Bissexual	A	Branco
P10	18	1°	Trans não-binário	Bissexual	B2	Branco
P11	19	2°	Trans não-binário	Bissexual, assexual e demissexual	B2	Negro
P12	22	4°	Mulher cis	Lésbica	C1	Branco
	Média	DP				
	22,17	3,1				

Nota. Elaborada pelos autores.

Instrumentos

Questionário sociodemográfico tem como objetivo caracterizar a amostra a partir de informações como idade, sexo, religião, estado civil, raça e quantidade de filhos.

Entrevista semiestruturada construída a partir de referencial teórico sobre adaptação acadêmica (Araújo et al., 2014) e composta de 12 perguntas, divididas nas categorias: Projeto de Carreira, Adaptação Social, Adaptação-Pessoal Emocional, Adaptação ao Estudo, Adaptação Institucional e Perguntas Específicas sobre gênero e sexualidade. Cada categoria foi composta por duas perguntas.

Procedimentos de coleta de dados

Os dados foram coletados em entrevistas presenciais e no formato on-line, a partir da plataforma Zoom. Os participantes foram convidados a participar de uma entrevista semiestruturada, necessariamente individual. A entrevista foi realizada mediante a autorização do participante para a gravação de suas respostas. Anteriormente à entrevista dos participantes, foi realizado um estudo-piloto com três voluntários antes da realização do estudo final, a fim de que se pudesse fazer possíveis ajustes necessários e eliminar problemas de clareza e garantir melhor compreensão por parte dos entrevistados.

Procedimentos de análise de dados

Todas as gravações das entrevistas foram transcritas, com objetivo de serem analisadas com o suporte do software *IRAMUTEQ (Interface de R pour les Analyses Multidimensionnelles de Textes et de Questionnaires)*, desenvolvido por Pierre Ratinaud (2009). O software é gratuito e apresenta uma série de possibilidades para análise de dados qualitativos. Para a presente pesquisa, optou-se pela análise por meio da Classificação Hierárquica Descendente (CHD). Esta análise tem o objetivo de classificar os segmentos de textos por meio de uma análise lexicográfica. Dessa forma, obtém-se o agrupamento dos termos estatisticamente significativos e a análise qualitativa dos dados com base no *corpus* original, ficando a cargo das pesquisadoras a classificação nominal e interpretação dos resultados produzidos.

Procedimentos éticos

Todos os participantes assinaram o Termo de Consentimento Livre e Esclarecido (TCLE), que os informou a respeito da natureza da pesquisa, além de esclarecer sobre a gravação das entrevistas e do envolvimento dos participantes. Foram informados os possíveis riscos e desconfortos, do não pagamento de remuneração, bem como do sigilo dos dados e do não fornecimento de benefícios, de acordo com a resolução 466/2012 e 510/2016 do Conselho Nacional de Saúde sobre pesquisas envolvendo seres humanos. A pesquisa foi encaminhada ao Comitê de Ética da Universidade do Estado do Rio de Janeiro e aprovada.

RESULTADOS

O material analisado foi formado por 12 textos, sendo o conjunto de resposta de cada um dos entrevistados, totalizando 13.524 ocorrências (quantidade total de palavras contidas no *corpus*), com 2.043 formas (que são a quantidade de radicais diferentes encontrados em cada texto) em 216 Segmentos de Texto (ST), dos quais se obteve 78,46% de aproveitamento. A partir da CHD, originaram-se quatro classes a partir de três categorias (Figura 1).

As categorias são agrupamentos mais genéricos sobre as temáticas mais evidentes em cada Classe. A primeira Categoria, "Processo de adaptação à universidade", é a mais abrangente e engloba todas as questões que se relacionam a esse momento de adaptação do estudante dos períodos iniciais. Dando origem à Classe 1 "Demandas da faculdade" e à Categoria "Formação acadêmica", que traz aspectos mais concretos dos cursos e das relações na universidade. Essa, por sua vez, se divide na Classe 4 "Relação com o curso a partir de identificação enquanto LGBTQIA+" e na Categoria "Cotidiano universitário", que traz situações de convivência e interações na universidade, bem como o próprio conteúdo do curso e os impactos na sua formação profissional. Esta Categoria, "Cotidiano universitário", dá origem à Classe 2 "Relações com pares e com a estrutura da universidade" e Classe 3 "Perspectivas vocacionais".

Figura 2 – *Dendograma sobre as percepções de adaptação acadêmica de estudantes LGBTQIA+*

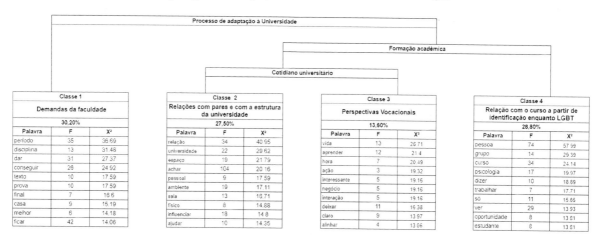

Nota. Elaborada pelos autores.

A Classe 1, intitulada "Demandas da faculdade", representou 30,20% dos ST. Nessa Classe, fica evidente a influência que as atividades acadêmicas e cobranças têm na saúde mental dos estudantes, nas suas estratégias e na própria percepção do desempenho. Para ilustrá-la, a seguir, estão dois trechos desta Classe:

> Eu sinto que tem influenciado de uma forma, nesse período têm influenciado de uma forma positiva. No período passado, que foi o período em que eu tentei suicídio, eu não tava conseguindo administrar muito bem no final do período. Estava tendo dificuldade de correlacionar o momento de vida que eu estava passando com as atividades e entregas de trabalho, que em algumas ocasiões acaba se tornando muito conteudista. Questão de prazo, de quantidade, mas nesse momento atual, que é o segundo período, eu sinto que tá mais tranquilo (R1).

> Às vezes fica complicado, é tanta coisa para fazer. Parece que não vou dar conta. Parece o ensino médio, muita matéria, mas na universidade o aluno tem que se virar. Me lembro de como me sentia e como conseguia resolver antes e tento fazer da mesma forma. Saber me organizar e priorizar o que é mais importante, consigo acreditar que vai ser possível e que vou dar conta e vou ficando numa boa (M2).

A Classe 2, nomeada como "Relações com pares e com a estrutura da universidade", se refere a 27,50% dos ST. É composta por relatos que tornam evidente como os espaços físicos da instituição podem interferir nas relações entre os alunos. Como exemplo ilustrativo, tem-se os seguintes trechos:

Acho que influencia bastante ter o espaço, ter uma sala boa para estudar, sala de aula legal e os ambientes fora também para que a gente tenha duas bibliotecas para estudar e o espaço externo, a gente tem o bosque. Então acho que é sempre a estrutura que ao mesmo tempo nos ajuda a ter uma relação pessoal e nos ajuda nos estudos (M3).

Aqui na Universidade tem um anfiteatro, tem uma quadra, arquibancada nos banquinhos. E isso eu acho que favorece as relações porque o pessoal senta ali, senta no ralo, se junta e conversa, come junto, tudo é junto nesses espaços. Então acho que isso é muito favorável para fortalecer essas relações não apenas no âmbito pessoal, mas também no âmbito estudantil, para estudar junto, profissional para si se troca de conselhos, de ideias, de indicações. Tudo acontece ali de uma forma mais. Esses ambientes tornam mais possíveis, facilita (D1).

A Classe 3, denominada "Perspectivas vocacionais", representou 13, 60% dos ST. Nessa Classe, estão presentes situações que corroboram as concepções criadas anteriormente à entrada na graduação e as expectativas de atuação profissional dos alunos. Os trechos que podem ilustrar essa Classe são:

O curso em que eu estou inserida me traz muita alegria por tratar de assuntos que eu gosto de aprender, na minha vida em geral. Então não se torna uma coisa maçante e ruim de se viver. Apesar de ser cansativo, por conta da alta demanda de trabalhos e etc., eu acho que o meu curso já corresponde às minhas expectativas vocacionais, porque cada vez mais me sinto próxima daquilo que eu esperava da Psicologia (N1).

São coisas que, é um negócio muito gigantesco que eu não tinha essa percepção e eu creio que arquitetura e urbanismo vai me ajudar bastante no que eu quero fazer (N3).

A Classe 4, intitulada "Relação com o curso a partir de identificação enquanto LGBTQIA+", representou 28,80% dos ST. A relação das pessoas que se identificam a partir de seu gênero são evidenciadas nessa Classe. Para exemplificar essa interpretação, seguem os seguintes trechos de falas dos participantes:

Eu sinto que o grupo, o curso de Psicologia tem um potencial grande de abarcar essas experiências de uma forma mais adequada de uma forma mais leve, mas como eu disse teve questões com alguns professores e impossibilitam isso, porém com os estudantes. E aí eu digo com os estudantes da minha turma. Eu nunca presenciei nenhum tipo de violência que tem relação com o gênero e sexualidade com isso. (R1).

Acho que por estar num ambiente onde as pessoas são, onde tem a maior quantidade de pessoas LGBTQIA+. Você acaba se enturmando mais, não é requerimento de estudante de Psicologia ser gay, não é? Mas, as pessoas se sentem à vontade de estar num ambiente com pessoas que passam pelas mesmas coisas que você, que têm as mesmas experiências ou pensam de maneira semelhante, isso ajuda no processo de você se sentir à vontade com um ambiente. (D3).

DISCUSSÃO

Os resultados da análise realizada demonstram que, assim como apontaram Faria e Almeida (2020), sobre o caráter dos fenômenos multideterminados que envolvem a adaptação do estudante à universidade, e Glazzard et al. (2020), as transições são múltiplas e multidimensionais. A percepção dos entrevistados a respeito de suas experiências em suas respectivas adaptações também sofreu influências multifatoriais, e, apesar de suas particularidades de trajetórias anteriores, eles guardam bastante semelhanças entre si. Como visto na Classe 1 "Demandas da faculdade", representativa de boa parte da fala dos alunos, os alunos fazem uma comparação do ensino médio com a entrada na universidade e como a nova rotina pode impactar, tanto positiva quanto negativamente, na saúde mental dos novos ingressantes.

Nesse sentido, ações efetivas por parte da instituição podem amenizar os impactos negativos aos calouros, sobretudo a grupos minorizados, como os de pessoas que se reconhecem como LGB-TQIA+, que geralmente sofrem ações preconceituosas e discriminatórias (Cerqueira-Santos et al., 2020; Santos et al., 2019). Para Sahão e Kienen (2021), a falta de rede de apoio, somada aos níveis de exigências do curso, pode configurar-se como características estressoras, a ponto de adoecer o aluno, que pode vir a tentar suicídio, como o relato do entrevistado R1, ao falar sobre as demandas da graduação em sua rotina.

Na Classe 2 "Relações com pares e com a estrutura da universidade", pode-se perceber que a infraestrutura da universidade impacta diretamente nas relações interpessoais que se estabelecem no espaço acadêmico, segundo a perspectiva dos entrevistados. As percepções dos participantes do presente estudo corroboram os resultados apresentados por Soares et al. (2019), que sugerem que as dependências físicas da instituição, como biblioteca, laboratórios, salas de aula, espaços de convivência, entre outros, contribuem com a qualidade da relação estabelecida entre aluno e instituição, bem como propiciam uma melhor interação social, sendo esse aspecto relevante para a adaptação e consequente permanência do aluno à universidade.

As mesmas autoras afirmam que as expectativas de envolvimento vocacional e social são preditores da qualidade das vivências acadêmicas quanto à carreira (Soares et al., 2019). Segundo a concepção dos entrevistados sobre a questão vocacional, que se encontram na Classe 3 "Perspectivas Vocacionais", são relatos que demonstram a satisfação com o curso e como acreditam que o que aprendem impactará na sua atuação profissional futura. Esse se torna um ponto muito importante quando olhamos para o estudo de Silva et al. (2021), que apontam a importância da permanência da população LGBTQIA+ no ensino superior como uma forma de facilitar o acesso ao mercado de trabalho, uma vez que se constatou que fatores como o preconceito e a marginalização desse grupo dificultam a entrada no mundo profissional.

A respeito da "Relação com o curso a partir de identificação enquanto LGBTQIA+", na Classe 4, os participantes relataram uma boa experiência, corroborando os resultados da pesquisa de Glazzard et al. (2020), em que os estudantes declararam que as transições foram amplamente positivas. De certa forma, como traz Vieira Júnior e Almeida (2019), o acolhimento e o sentimento de pertencimento no âmbito acadêmico fazem toda a diferença, de forma a contribuir para a permanência dos que se reconhecem lésbicas, gays, bissexuais e, principalmente, travestis e transexuais, entre outros.

CONSIDERAÇÕES FINAIS

Ao olharmos a adaptação acadêmica, têm-se a necessidade de entender a multifatorialidade da circunstância. Por esse motivo, olhar qualitativamente para as experiências, múltiplas e singulares de estudantes pertencentes a grupos minorizados é tão necessário para pensar em ações direcionadas a esse público especificamente. Partindo desta perspectiva, esta pesquisa teve como objetivo investigar as percepções de estudantes autodeclarados LGBTQIA+ acerca de seu processo de adaptação à universidade.

Constatou-se que o instrumento utilizado para coleta de dados, bem como a análise realizada, pôde dar uma dimensão adequada do panorama concernente a esses estudantes, que demonstraram sentir o impacto das mudanças da entrada no ensino superior em suas rotinas. Esse processo nem sempre ocorre de forma positiva, e por vezes faltam ferramentas para lidarem de maneira saudável com as questões que emergem desse contexto. Sendo assim, notou-se que as demandas que surgem com a adaptação à universidade são alguns dos principais fatores de dificuldade apontados pelo grupo. Esse dado também nos aponta a importância de projetos de acolhimento do estudante ingressante na universidade e o papel que a instituição exerce nesse momento.

Dessa forma, acredita-se que este estudo tenha contribuído de forma a ratificar a importância de ações positivas de permanência do calouro, bem como o estímulo a repensar as grades acadêmicas para que levem em consideração a transição à que o estudante está sendo submetido. Ademais, foi possível observar que a formação universitária para o aluno LGBTQIA+ é caracterizada pela identificação com o grupo, sendo esse um tema relevante a receber visibilidade no ambiente acadêmico. Dessa forma, espera-se que os resultados sejam capazes de incentivar a discussão de pautas minoritárias na universidade, considerando que a adaptação dessas populações pode ser marcada por experiências de preconceito e discriminação quando não é possível que os sujeitos se sintam pertencentes e identificados com o grupo.

Como limitações do estudo, apontamos que a amostra foi constituída de poucos participantes, que são, em sua maioria, constituídos por estudantes solteiros e sem filhos. Dessa forma, não é possível generalizar os resultados. Como sugestão para futuras pesquisas, a realização de um mapeamento dos programas e projetos institucionais que tenham estudantes LGBTQIA+ como público-alvo e seus respectivos efeitos, além de estudos que realizem acompanhamentos longitudinais, podem permitir a comparação com grupos que não tenham tipo apoio institucional. Essas ações e pesquisas são formas de dar visibilidade a esse movimento social e levar a universidade a um parâmetro de oportunidades mais justas e acolhedoras para todos.

QUESTÕES PARA DISCUSSÃO

Com o objetivo de contribuir com reflexões sobre o tema, são apresentadas algumas questões para debate:

- Os programas de acesso ao ensino superior apresentam especificidades para o ingresso de alunos LGBTQIA+, que propiciem a sua permanência?

- Qual a importância dos serviços de apoio aos graduandos LGBTQIA+?

- Diante das sanções da heteronormatividade hegemônica presentes no cotidiano e entendendo que a universidade se constitui como espaço de possibilidade e mudança, quais modificações de forma imediata poderiam ser realizadas para que estudantes LGBTQIA+ se percebessem representados na comunidade universitária?

- Quais mudanças na infraestrutura física das instituições universitárias podem ser sugeridas para melhor acolher os estudantes LGBTQIA+?

REFERÊNCIAS

Amaral, J. G. (2014). Coletivos universitários de diversidade sexual e a crítica à institucionalização da militância LGBT. *Século XXI – Revista de Ciências Sociais, 4*(2), 133-179.

Araújo, A. M., Almeida, L. S., Ferreira, J. A., Santos, A. D., Noronha, A. P., & Zanon, C. (2014). Questionário de Adaptação ao ensino superior (QAES): Construção e validação de um novo questionário. *Psicologia, Educação e Cultura, 18*(1), 131-145.

Capucce, V. S., Medeiros, J. G. C., Silva, A. C. R., Silva, Silva, I. D. G., Andrade, R. A. O., Santos, M. B., & Branco, A. G. (2021). Desafios da permanência de estudantes LGBT+ na universidade: percepção de discentes de centro universitário amazônico. *Revista Eletrônica Acervo Saúde, 13*(4), 1-8. https://doi.org/10.25248/REAS.e7109.2021

Cerqueira-Santos, E., Azevedo, H. V. P., & de Miranda Ramos, M. (2020). Preconceito e saúde mental: estresse de minoria em jovens universitários. *Revista de Psicologia da IMED, 12*(2), 7-21. https://doi.org/10.18256/2175-5027.2020.v12i2.3523

Faria, A. A. G. de B. T., & Almeida, L. S. (2020). Adaptação acadêmica de estudantes do 1º ano: promovendo o sucesso e a permanência na Universidade. *Revista Internacional de educação superior, 7*, 1-17. https://doi.10.20396/riesup.v7i0.8659797.

Givigi, A. C. N., & Oliveira, C. S. (2013). Aquenda! Universidade: o Recôncavo baiano sai do armário. In P. G. D. Givigi e A. Cristina Nascimento. *O recôncavo baiano sai do armário: universidade, gênero e sexualidade* (pp. 13-29). Editora UFRB.

Glazzard, J., Jindal-Snape, & Stones, S. (2020). Transitions Into, and Through, Higher Education: The Lived Experiences of Students Who Identify as LGBTQ+. *Frontiers in Education, 5*, 1-15. https://doi.org/10.3389/feduc.2020.0008.

Nardi, H. C., Machado, F., Machado, P., & Zenevich, L. (2013). O "armário" da universidade: o silêncio institucional e a violência, entre a espetacularização e a vivência cotidiana dos preconceitos sexuais e de gênero. *Revista Teoria & Sociedade, 21*(2),179-200. https://www.academia.edu/12137774/O_arm%C3%A1rio_da_universidade_o_sil%C3%AAncio_institucional_e_a_viol%C3%AAncia_entre_a_espetaculariza%C3%A7%-C3%A3o_e_a_viv%C3%AAncia_cotidiana_dos_preconceitos_sexuais_e_de_g%C3%AAnero

Quijano, A. (2005). Colonialidade do poder, Eurocentrismo e América Latina. In E. Lander. *A colonialidade do saber: eurocentrismo e ciências sociais. Perspectivas latino-americanas* (pp.117-142). 1ª edição. Consejo Latinoamericano de Ciencias Sociales. http://biblioteca.clacso.edu.ar/clacso/sur-sur/20100624103322/12_Quijano.pdf

Ratinaud, P. (2009). IRAMUTEQ: Interface de R pour les Analyses Multidimensionnelles de Textes et de Questionnaires [Computer software]. http://www.iramuteq.org

Sahão, F. T., & Kienen, N. (2021). Adaptação e saúde mental do estudante universitário: revisão sistemática da literatura. *Psicologia Escolar e Educacional, 25*,1-13. https://doi.org/10.1590/2175-35392021224238

Santos, L.E. S., Fontes, W. S., Oliveira, N. K. S., Lima, L. H. O., Silva, A. R. V., & Machado, A. L. G. (2019). Access to the Unified Health System in the perspective of male homosexuals. *Revista Brasileira de Enfermagem, 73*(2), 1-8. https://doi.org/10.1590/0034-7167-2018-0688.

Silva, A., Fonseca, A. G., Costa, A., Souza, B., Nascimento, J. W., Santos, L., Soares, M. V., & Machado, A. L. (2021). Acesso e permanência da população LGBT no mercado de trabalho: revisão integrativa. *Conjecturas, 21*(4), 663-676. https://doi.org/10.53660/CONJ-246-808

Soares, A. B., Monteiro, M. C., Maia, F. A., & Santos, Z. de A. (2019). Comportamentos sociais acadêmicos de universitários de instituições públicas e privadas: o impacto nas vivências no ensino superior. *Revista Pesquisas e Práticas Psicossociais, 14*(1), 1–16. http://www.seer.ufsj.edu.br/revista_ppp/article/view/1783

Tinoco-Giraldo, H., Sánchez, E. M. T., & García-Peñalvo, F. J. (2021). An Analysis of LGBTQIA+ University Students' Perceptions about Sexual and Gender Diversity *Sustainability*, *13*(21), 2-21. https://doi.org/10.3390/su132111786

Valenzuela-Valenzuela, A. V., & Cartes-Velásquez, R. (2019). Ausencia de perspectiva de género en la educación médica. Implicaciones en pacientes mujeres y LGBT+, estudiantes y professores, *Iatreia*, *33*(1), 59-67. https://doi.org/10.17533/udea.iatreia.32

Vieira Júnior, J. I., & Almeida, J. P. de. (2019). *VIVÊNCIA LGBT NA UFERSA* [Trabalho de Conclusão de Curso, Universidade Federal Rural do Semiárido]. Universidade Federal Rural do Semiárido. https://repositorio.ufersa.edu.br/handle/prefix/4657

CAPÍTULO 8

MINHA NOTA NÃO É SÓ CULPA MINHA?! SOCIALIZAÇÃO UNIVERSITÁRIA, AUTOCONCEITO, VIDA ACADÊMICA, TIMIDEZ E CRENÇAS

Alvim Santana Aguiar
Amalia Raquel Pérez-Nebra
Ana Luisa Rodrigues
Thiago A. Oliveira

INTRODUÇÃO

Uma professora, uma coordenadora, uma diretora, uma reitora podem, neste momento, estar se perguntando: será que aqui eu consigo achar alguma solução para melhorar a situação? Quando nos referimos "à situação", propomos um léxico genérico, porque engloba o que sofremos quando as alunas (e alunos) vão mal. É a gente, aluna e aluno, que fica triste e frustrado, porque vamos mal, nós nos desapontamos, "perdemos o encanto". No geral, o caminho é: a gente se culpar, se achar incompetente, culpar o contexto, culpar o nosso jeito de ser, mas esse caminho, além de resolver pouco (ou nada), é frustrante, e muitas vezes o resultado é apenas o abandono, a desistência (Caregnato et al., 2022).

Sim, nós, autoras e autores, já fomos e somos alunas e alunos, professoras e professores, e já nos perguntamos muito "o que podemos fazer?" e, por isso, decidimos (talvez a melhor palavra seria "atrevemos") propor um diagnóstico de abordagem ampla para o problema do desempenho dos alunos. Pensamos que pode ser, por um lado, fruto de variáveis controláveis pelas universidades, como a socialização universitária e a vida acadêmica, mas também fruto de algumas características individuais dos alunos, como o autoconceito, a timidez e as crenças a respeito de como será a sua vida. De certa forma, também queremos chamar a atenção de como e quanto os aspectos humanos, relacionais, são importantes no processo educativo. Esperamos, genuinamente, que os resultados desta pesquisa possam oferecer algumas pistas (boas) do que pode ser feito (e do que deve ser evitado) para melhorar o desempenho dos alunos e, com isso, o bem-estar geral, ou vice-versa.

Uma das formas de se medir o sucesso acadêmico é por meio do desempenho dos alunos. Com isso, o desempenho dos alunos tem sido largamente estudado tanto no âmbito fundamental quanto no universitário; no geral, ele está ligado a como realizar a testagem e obter um escore fidedigno de medida ou ligado à sua ausência, medindo-se o abandono escolar. Entretanto, menor dedicação tem sido dada a como incentivar e dar suporte para que este aluno melhore ou mantenha seu desempenho, particularmente se entendemos que o bom desempenho está relacionado com a manutenção dos estudos (Braga et al., 1997). Em outras palavras, há poucos estudos que trazem uma perspectiva mais propositiva e preventiva. No caso dos estudantes universitários, é um desafio para as agências públicas, para as universidades e para o próprio estudante incrementá-lo. Assim, o objetivo deste trabalho é trazer respostas às universidades de como incentivar e oferecer suporte e acompanhamento ao estudante universitário, mais especificamente, combinar medidas institucionais e individuais para compreender o que pode impactar no desempenho médio desses alunos.

No Brasil, de acordo com uma pesquisa realizada pelo Censo da Educação Superior de 2021 e divulgada pelo Instituto Nacional de Estudos e Pesquisas Educacionais Anísio Teixeira (INEP), existem 22,6 milhões de estudantes matriculados na graduação. A entrada na graduação exige uma adaptação que é dependente e está intimamente relacionada a como se dá o processo de socialização, bem como influenciado por variáveis individuais. Por exemplo, um indivíduo tímido pode enfrentar maiores desafios para se adaptar ao ambiente universitário, justamente por causa da necessidade de passar por um novo processo de socialização, ou por causa de suas crenças e expectativas sobre o curso universitário.

Advertimos, caros leitor e leitora, que, ao final deste capítulo, não nos culpe pelo que achamos de resultado. Dos que então fizemos, este nos é particularmente prezado. Agora que visitamos diferentes trabalhos, escutamos um eco remoto da mocidade e de fé ingênua de poder fazer uma parte do mundo um pouco melhor e para isso, precisamos[1]:

- reconhecer variáveis meso (institucionais) e micro (individuais) que influenciam no desempenho acadêmico;
- reconhecer a socialização universitária como uma prática;
- identificar as dimensões da adaptação ao ensino superior – barreiras e facilitadores;
- distinguir o traço da timidez;
- apontar a profecia autorrealizadora;
- estimar soluções para o seu caso prático.

EVIDÊNCIAS DOS ANTECEDENTES DE DESEMPENHO ACADÊMICO (I.E. O MODELO QUE VAMOS PROPOR E TESTAR AQUI)

A proposta geral do presente trabalho é de que as variáveis institucionais, portanto, aquelas que as universidades e IES podem ter maior gestão, são responsáveis pelo desempenho acadêmico. No geral, o que queremos compreender é o que institucionalmente pode ser feito, mas entendemos também que variáveis individuais têm o seu papel nessa relação. Essa proposta como tal não é nova, nem original. Lent et al. (1994) propuseram a teoria social cognitiva de carreira que relaciona variáveis individuais e contextuais para predizer desempenho na carreira. O que propomos se inspira nesse modelo social cognitivo e compartilha diversas similaridades, como assumir que o comportamento resulta da interação pessoa-ambiente, destaca os mesmos mecanismos de crenças de autoeficácia e expectativas de resultados, e que a interação entre essas variáveis é moderada. Entretanto, diferencia-se em outros aspectos, como ao incluir variáveis negativas em valência (i.e., incluímos crenças de ineficácia, e não crenças de autoeficácia), focar em determinantes contextuais (termo utilizado por Lent et al. (1994)) como variáveis fundamentais e não acessórias.

---

[1] Caro leitor, não imagine que é presunção nossa, obviamente que não, apenas uma inspiração em Machado de Assis na advertência que fez para a obra intitulada *Helena*, quando ele estava já na sua fase mais realista. Achamos que caberia aqui e poderia chamar sua atenção de uma forma diferente. Nada mais.

Propusemos duas variáveis nesse nível meso, que é o nível de gestão. Uma delas é a socialização universitária, uma prática organizacional que facilmente pode adaptar-se a formas mais estruturadas e à percepção desse aluno sobre a sua adaptação a esse contexto universitário, portanto, uma variável que se aproxima das variáveis de barreiras e dos facilitadores ao desenvolvimento escolar, mas adaptado ao contexto universitário. A outra é a avaliação da vida universitária, que significa envolver-se com a vida acadêmica em suas diferentes dimensões, de modo que se aprende competências necessárias para o trabalho. O outro conjunto de variáveis, que influenciam nessa relação entre variáveis de nível meso e o desempenho acadêmico, são as individuais. Uma dessas variáveis é amplamente conhecida como o autoconceito; sabemos que a avaliação que temos de nós mesmos influencia o desempenho que temos, até porque acreditamos que somos bons (ou ruins) e nos desempenhamos de acordo com isso. Além do autoconceito, outra variável que faz parte desse conjunto, porém menos conhecida, é a profecia autorrealizadora, que se refere às crenças que temos do que os outros têm de nós (que podem ser positivas e negativas, mas nos interessará a valência negativa). Ela é a expectativa que criamos sobre a crença que os outros criam de nós, e nós tratamos de responder positivamente a essa crença (que pode ser boa ou ruim), o que influencia no desempenho. A terceira variável individual que esperamos influenciar nessa relação entre variáveis de nível meso e o desempenho escolar é a timidez. Por fim, para mensurar o desempenho acadêmico, decidimos operacionalizar por meio das notas nas disciplinas. A Figura 1 procura fazer um desenho esquemático do que explicamos anteriormente.

Figura 1 – *Modelo definido para o estudo*

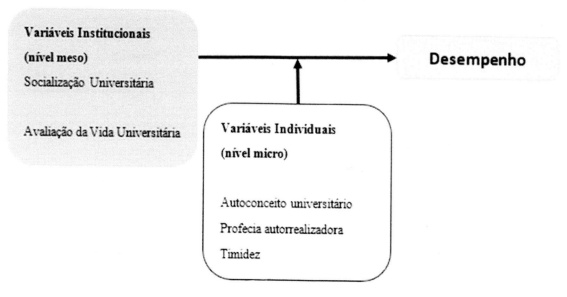

Nota. Elaborada pelos autores.

Variáveis institucionais

Optamos por incluir variáveis institucionais e variáveis individuais no nosso modelo. Assim, vamos começar por aquelas que as IES têm mais gestão: a socialização universitária e a avaliação da vida universitária. A socialização universitária é inspirada na literatura de socialização organizacional, prática formal ou informal a que o trabalhador é submetido ao ingressar em um contexto de trabalho. A avaliação da vida universitária, por outro lado, vem da literatura de carreira, onde o foco é a interação estudante-contexto.

Socialização universitária

A socialização está dentro de um escopo maior de comunicação que estimula as pessoas a aderirem e a contribuírem para o alcance dos objetivos do grupo. É um fenômeno em que as pessoas adquirem conhecimentos, habilidades e atitudes para se tornarem membros de uma dada comunidade (Caregnato et al., 2022), ou seja, tornam-se competentes naquele contexto. No geral, ela é vista como um mecanismo ou uma prática para integrar novos membros a um grupo existente (Kozlowski & Bell, 2003).

Assim, há alguns aspectos relevantes sobre a socialização que podem explicar seu sucesso. Um deles é o grau ou intensidade em que ela ocorre, assim como as diferentes vertentes teóricas. O grau com que a socialização é realizada prediz o sucesso do processo, isto é, o quanto ela é clara e expressa sem ambiguidade, o que se espera em termos de comportamento, o quanto ela é consistente ao longo do tempo e o quão alinhados estão as mensagens enviadas e os comportamentos dos seus membros (por exemplo, o quanto os professores são coerentes entre o que falam que farão e o que fazem de fato) (Van Beurden et al., 2021). Diferentes vertentes explicam a socialização, que são as táticas utilizadas (ações e estratégias, como atividades extracurriculares, por exemplo, Caregnato et al., 2022) para socialização, os processos de desenvolvimento (processos cognitivos de desenvolvimento, das fases sequenciais de apropriação e identificação como membro do grupo, por exemplo, Coulon, 2017), os conteúdos e a informação (também relacionados aos processos cognitivos, mas orientados a como este conteúdo é compreendido pelo indivíduo e o papel da busca ativa por informação) (por exemplo, Borges et al., 2010; Tomazzoni et al., 2016) e aquelas que buscam integrar estas três.

Sabemos que o ambiente social cria uma variação na percepção individual das características organizacionais (teoria do processamento da informação social de Salancik e Pfeffer, 1978); essa variação pode ser um facilitador ou uma barreira para os ingressantes que buscam aprendizado de se ajustar ao novo contexto social (Tomazzoni et al., 2016). Há diversas evidências empíricas sobre o quanto a socialização universitária, ou o incremento do capital social, pode influenciar a permanência e explicar o desempenho do estudante universitário (revisão disponível em Caregnato et al., 2022). Na vertente de táticas, Caregnato et al. (2022) mostram que os programas extracurriculares (de pesquisa, de extensão e de docência) proporcionam a imersão nos códigos institucionais de maneira diferente da sala de aula e com maior integração, o que auxilia no processo de socialização do estudante.

Na vertente de desenvolvimento, Coulon (2017) aponta que o percurso da afiliação de um estudante universitário divide-se em três momentos: o tempo de estranheza, no qual se deparam com um ambiente novo e diferente do anterior, pois o ritmo das aulas mudou, as regras se diferenciam e as exigências se tornam implícitas ou incertas, causando dúvidas sobre o quanto de fato é preciso estudar e quais passos recorrer; o tempo da aprendizagem, em que o estudante já não se reconhece no seu passado escolar, mas ainda não percebe seu futuro acadêmico ou profissional, logo é necessário que se adapte progressivamente; o tempo da afiliação, momento em que o estudante descobre e aprende os códigos necessários para seu ofício de estudante, logo ele sabe transformar as instruções do trabalho intelectual em ações práticas. Sendo assim, quando o estudante se torna afiliado, ele adquire "a fluência que se funda na atualização dos códigos que transformam as instruções do trabalho universitário em evidências intelectuais" (Coulon, 2017, p. 1247). Assim, o autor aponta que o fato de o estudante não decifrar e incorporar os códigos institucionais e acadêmicos – isto é, ele não se afiliar – é uma das maiores razões dos abandonos e fracassos, pois a afiliação constrói o *habitus* do estudante.

No contexto universitário, a socialização foi definida como "o conjunto de experiências ambivalentes no mundo social e de práticas sociais dos indivíduos". Ela, então, é simultaneamente: "a) o espaço de desenvolvimento consciente de competências, relações, identidades e disposições; b) o campo inconsciente de incorporação de representações do mundo e de si mesmo" (Ferreira, 2014, p. 128). A socialização universitária pode incluir outras dimensões que não as expostas anteriormente, como uma forma de alívio afetivo, por meio da satisfação emocional e social (amizades, encontros, festas, passeios, sexo, relações amorosas), assim como um recurso para a realização bem-sucedida de tarefas acadêmicas e a compreensão dos conteúdos estudados (apresentações em sala de aula, participação em eventos e boas notas) (Ferreira, 2014). Logo, a sobrevivência universitária depende não só do engajamento cognitivo do indivíduo, mas também do engajamento social, assim como as estratégias de aprendizagem construídas e usadas ao longo da trajetória acadêmica e o investimento no processo de socialização, como apontado por Ferreira (2014). A socialização, portanto, é importante para a permanência adequada e a sobrevivência dos estudantes nas universidades e para as próprias IES (Fonseca, 2021).

Avaliação da vida acadêmica

A vida acadêmica não se limita apenas às salas de aula e aos livros. Ela abrange atitudes (i.e., relacionada a cognições e afetos) de envolvimento, implicação e disponibilidade com o que a vida acadêmica requer, portanto se implica aprender o *savoir-faire* do trabalho, habilidades e atitudes necessárias para este. Ela está dentro do guarda-chuva de variáveis relacionadas à motivação (Price, 1986). Notamos que a literatura de envolvimento com o trabalho decresceu nos últimos anos e, de certa forma, ela foi substituída pelo comprometimento, pela satisfação no trabalho, ou, mais atualmente, por *voice* (ou seja, envolver-se e ter espaço para falar), embora sejam constructos que, em alguma medida, se sobrepõem, são distinguíveis. Estar satisfeito com a vida acadêmica não é o mesmo de se implicar com a vida acadêmica (Nogueira & Sequeira, 2018; Santos et al., 2020), e difere de estar afetivamente ligado a ela (isto é, comprometido).

Análogo ao envolvimento com o trabalho, observa-se o envolvimento com a vida acadêmica a partir do quanto o estudante se envolve com atividades para além do currículo formal, abrangendo atividades extracurriculares, projetos de pesquisa, interações com colegas e professores, grupos estudantis e participação em eventos acadêmicos. Essas experiências ampliam os horizontes dos estudantes, oferecendo-lhes oportunidades de crescimento pessoal, autodescoberta e construção de redes de relacionamentos profissionais (Feldman & Matjasko, 2005) e facilitam a adaptação ao curso e à instituição (Soares et al., 2016). Portanto, é um movimento do próprio aluno na construção do seu desenvolvimento, uma busca ativa pela adaptação a essa vida acadêmica (Mognon & Santos, 2014).

A distinção entre estar comprometido com a vida acadêmica e estar implicado com ela é relativamente tênue, mas relevante de ser ressaltada aqui. O comprometimento com a vida acadêmica, muitas vezes, refere-se à dimensão afetiva, possuir ligação com o curso, com os colegas, com as atividades a serem realizadas. A implicação com a vida acadêmica envolve o grau de importância, de significância, que a vida acadêmica tem para a autoimagem daquele estudante, portanto, em um contínuo, seria o oposto à alienação à vida acadêmica (Mathieu & Kohler, 1990; Price, 1986). Embora sejam constructos relacionados, são distintivos e não necessariamente aditivos (Mathieu & Kohler, 1990). Essas evidências sugerem que é preciso mensurar tanto o envolvimento quanto o comprometimento e a satisfação com a vida acadêmica (Vendramini et al., 2004).

É importante reconhecer que a vida acadêmica está intrinsecamente ligada a fatores importantes das vidas dos indivíduos. Durante esse período, os estudantes enfrentam desafios relacionados ao equilíbrio entre os estudos, as responsabilidades pessoais e, muitas vezes, o trabalho remunerado (Andrade & Teixeira, 2017). Além disso, as pressões acadêmicas, a competição e a busca por excelência podem afetar sua saúde mental e emocional.

Há diferentes categorias e dimensões da vida universitária nas quais o estudante pode envolver-se. Pode estar relacionado a atividades intrinsecamente ligadas à formação em termos de conteúdo (por exemplo, pesquisa ou extensão), atividades culturais (por exemplo, música, atividade física), e atividades sociais. Portanto, não apenas o desenvolvimento acadêmico está relacionado à vida universitária, mas também o desenvolvimento interpessoal (Bender et al., 2019). Ao reconhecer a importância das habilidades sociais e das relações interpessoais na formação, os estudantes são preparados não apenas para serem profissionais competentes em suas áreas, mas também para serem cidadãos conscientes e atuantes em suas comunidades. Além disso, quando a área de atuação profissional depende da qualidade das relações profissional-cliente, como mencionado por Del Prette et al. (2004), torna-se ainda mais relevante o investimento no desenvolvimento das habilidades sociais dos universitários.

Os anos iniciais do universitário são estruturantes para impulsioná-lo ou desmotivá-lo no processo de ensino-aprendizagem, e muito pode ser feito pelas IES com o objetivo de aumentar essa retenção e melhorar as condições da vida acadêmica e socialização dos alunos. O ambiente acadêmico pode ser lido com um ambiente envolto de situações-problema a serem resolvidas pelos estudantes, e o suporte social é uma variável fundamental nesse processo, podendo aumentar os recursos e as habilidades para lidar com as adversidades.

Variáveis individuais

A teoria da expectância descreve que a crença subjetiva de sucesso aumenta consideravelmente o engajamento em comportamentos de sucesso (Weiner, 2000). Atkinson (1953), na sua teoria da motivação para a realização, postulou, apresentando uma série de equações, que: as pessoas engajam em atividades, as quais avaliam se terão sucesso; engajam em atividades que elas têm incentivo; evitam atividades as quais avaliam que terão insucesso e que têm incentivo de insucesso (portanto, barreiras); e que uma teoria da ação persistirá até ser expressa em comportamento (Maehr & Sjogren, 1971; Revelle & Michaels, 1976). Assim, propõe-se que as variáveis individuais relacionadas às crenças subjetivas de (in)sucesso, concretamente, autoconceito de competência e profecia autorrealizadora, serão moderadoras da relação entre o contexto e a nota dos alunos (apoiado na teoria de motivação de autovalorização de Covington, 1984).

Autoconceito de competência universitária

O autoconceito pode ser definido como sendo o conceito que uma pessoa tem acerca dela mesma (Brookover et al., 1964), é de natureza multidimensional, podendo estar relacionado a aspectos de personalidade ou de competência acadêmica, de aspectos gerais e específicos, relativamente estável, e é um componente do desenvolvimento da personalidade humana (Ghazvini, 2011; Vinni-Laakso et al., 2019). O autoconceito de competência, por outro lado, enfoca-se nas percepções que os indivíduos têm da sua "capacidade para lidar de forma eficaz com o ambiente [...] que têm subjacentes objetivos de realização centrados na aprendizagem" (Faria & Santos, 1998, p.176). Esse constructo está intrinsecamente ligado ao conceito de autoeficácia de Bandura, com diferentes nuances.

Esse construto vai além da simples autoimagem ou autoestima, pois está diretamente relacionado aos objetivos de realização centrados na aprendizagem. O autoconceito universitário envolve a concepção de que se é capaz de adquirir conhecimentos, desenvolver habilidades e superar dificuldades acadêmicas de forma bem-sucedida. Quando os estudantes possuem um autoconceito positivo nessa dimensão, tendem a se sentir mais confiantes, engajados e motivados em seus estudos (Bardagi et al., 2010). Em outras palavras, a autopercepção de competência gera, por um lado, bem-estar, mas, por outro, efetivamente, facilita o desempenho.

É importante destacar que o autoconceito de graduação universitária não é fixo ou imutável. Pode ser desenvolvido, fortalecido ou prejudicado ao longo do tempo (Göks & Lassance, 1997). Portanto, reconhecer qual aspecto dos estudantes é mais promissor para predizer desempenho facilita que os profissionais envolvidos no acompanhamento acadêmico estejam atentos a esses fatores, oferecendo suporte, incentivo e estratégias de desenvolvimento para promover aos estudantes uma visão mais positiva de si mesmos e de suas habilidades universitárias.

Profecia autorrealizadora

Uma teoria relevante para compreender o impacto do autoconceito é a profecia autorrealizadora. Esta seria a terceira hipótese deste capítulo e é descrita como uma falsa definição de determinada situação, que promove um novo comportamento que ocasiona a realização da falsa concepção (Jussim, 2001). A influência dessa variável sobre a timidez pode ser vista como o comportamento da pessoa de não interagir muito socialmente por acreditar que não será bem aceita pelos outros, podendo suscitar o comportamento tímido.

No contexto universitário, a profecia autorrealizadora pode ter um impacto significativo. Se um estudante universitário acredita que é incapaz de ter um bom desempenho acadêmico, essa crença pode afetar sua motivação, autoconfiança e esforço dedicado aos estudos. Como resultado, o aluno pode realmente ter um desempenho abaixo do seu potencial, confirmando assim a crença inicial de que ele não é capaz. A expectativa prévia e a forma como professores e a própria IES podem possuir sobre os alunos também são fatores que podem impactar nesse processo (Terra, & Novaes, 2018).

Timidez

A timidez, definida como a "tendência de evitar interações sociais e de falhar em participar apropriadamente em situações sociais" (Pilkonis, 1977, p. 585), tem uma ligação com sentimentos de inferioridade, incapacidade e culpabilidade; pode ocorrer por influência, por exemplo, do autoconceito, da profecia autorrealizadora e da socialização.

Para um estudante universitário, a timidez pode exercer influência sobre seu desempenho acadêmico, seja ela positiva ou negativa. Ao entrar em contato com o contexto acadêmico, a pessoa que possui um comportamento tímido pode encontrar dificuldades de adaptação, já que ser estudante universitário pressupõe, entre outros fatores, uma aceitação por parte dos outros alunos e falar em público. Além disso, na vida acadêmica, é necessário que o estudante seja mais independente no que diz respeito à participação em atividades extracurriculares (palestras, cursos, congressos etc.), portanto o estudante tímido pode encontrar barreiras para participar ou ao participar desses momentos. A construção da integração à vida acadêmica é relacionada às expectativas que o aluno possui em relação à estrutura, às normas, à qualidade no ensino e sobre si mesmo.

MÉTODO

Delineamento

Para a condução da nossa pesquisa, utilizamos um delineamento correlacional transversal com questionário disponibilizado na Internet, divulgado pelas redes sociais. Diferentes colegas e alunos foram acessados solicitando divulgação do *link*. É preciso ressaltar que a "Survey Fatigue" [exaustão de questionários] foi notável nesta pesquisa.

Tabela 1 – *Questionário de Socialização Universitária com cargas fatoriais*

Item	Carga	Fator
Eu apoio os objetivos que são estabelecidos pela instituição	0,72	1
Os objetivos desta instituição também são os meus objetivos	0,69	1
Eu sou familiarizado com a história da minha instituição	0,63	1
Eu sempre acredito no que esta instituição valoriza	0,70	1
Eu sei quais são os objetivos desta instituição	0,71	1
Eu tenho aprendido a melhor maneira de estudar na minha instituição	0,62	1
Eu ainda não aprendi a essência do meu curso	0,68	2
Eu não domino as palavras específicas usadas em minha instituição	0,76	2
Eu não tenho completo desenvolvimento das habilidades necessárias para o bom desempenho das minhas atividades acadêmicas	0,78	2
Eu não tenho uma boa compreensão das normas, intenções e formas de procedimento desta instituição	0,55	2
Eu não estou sempre seguro do que é necessário para atingir um melhor desempenho no meu estudo	0,62	2
Eu sou usualmente excluído dos grupos sociais do dia a dia da instituição pelas outras pessoas	0,92	3
Eu não considero nenhum colega meu amigo	1,08	3
Eu estou usualmente fora dos grupos de amizade das pessoas desta instituição	1,03	3
Eu conheço as tradições enraizadas usadas em minha instituição	0,59	4
Eu posso contar a história dos colegas com quem estudo	0,51	4
Eu sou muito popular nessa instituição de ensino	0,45	4
Eu tenho domínio sobre as gírias e palavreados especiais desta instituição	0,96	4
Eu compreendo o significado da maioria das siglas, abreviações e apelidos da minha instituição	0,82	4

Notas: cargas fatoriais não padronizadas. Elaborada pelos autores.

Participantes

Participaram do estudo 258 estudantes universitários (36,43% de homens e 63,57% de mulheres), sendo que 48,84% dos participantes estudam em instituição pública, e 51,16%, em instituição privada. Os estudantes foram selecionados por meio da amostragem por conveniência. A pesquisa foi realizada via Internet com estudantes de diversos cursos e instituições, sem restrições de idade ou sexo.

Instrumentos

Variável dependente

Nota média. A nota do/da aluno/a foi mensurada a partir de uma aproximação por meio de autorrelato que o aluno fez do seu último semestre. Como, no Brasil, as IES têm sistemas diferentes de mensuração do índice de rendimento acadêmico, solicitou-se aos alunos que, em uma escala de 0 a 10, relatassem uma média aproximada das suas notas no último semestre.

Variáveis institucionais

Escala de Socialização Universitária (ESU). Utilizando os dados de Camilo et al. (2002), realizamos uma nova análise fatorial exploratória em decorrência dos achados de uma nova estrutura fatorial de Borges et al. (2010), que foi a inspiração inicial da adaptação semântica do instrumento. Emergem nesta nova análise quatro fatores muito similares aos encontrados por Borges et al. (2010) (disponível no Apêndice A). Com base nessa nova estrutura, procedeu-se à análise fatorial confirmatória e de fidedignidade da seguinte estrutura: Linguagem e Tradição (por exemplo, "Dominar a linguagem organizacional, conhecer tradições e histórias dos colegas, saber identificar as pessoas mais influentes"; 5 itens; alfa de Cronbach =0,70; ômega =0,71), Objetivos e valores organizacionais (por exemplo, "Conhecer e identificar-se com objetivos e prioridades da IES, conhecer a história da IES"; 6 itens; alfa =0,79; ômega =0,81), Não integração com a organização (por exemplo, "Ausência de domínio da linguagem, do emprego e do conhecimento sobre os processos organizacionais"; 5 itens; alfa = 0,71; ômega = 0,72), e Falta de Integração com as Pessoas (por exemplo, "Não se sentir aceito pelos outros, incluindo os colegas e as IES"; 3 itens; alfa = 0,83; ômega = 0,83). Esta nova estrutura apresenta ajustes sofríveis, mas coerentes teoricamente embora fiáveis (χ^2/gl = 3,55; CFI = 0,75; TLI = 0,71 RMSEA = 0,11, 90% IC [0,10-0,12]). Os itens foram respondidos com uma ancoragem de concordância de cinco pontos. Disponibilizamos os itens no Apêndice deste trabalho.

Escala de Avaliação da Vida Acadêmica (EAVA). Foi feita a partir de um estudo internacional sobre o universitário e em estudos nacionais, cujo objetivo é estudar as demandas que o estudante universitário enfrenta no decorrer da sua vida acadêmica (Vendramini et al., 2004). A escala tem como objetivo coletar dados relativos à autopercepção dos estudantes a respeito da sua vida acadêmica por meio de itens que envolvem questões contextuais, interacionais e pessoais. O instrumento foi feito com 34 afirmações, possuindo cinco dimensões: ambiente universitário (por exemplo, "Sou empático(a)", 8 itens, alfa = 0,78; ômega =0,79), compromisso com o curso (por exemplo, "Tenho certeza que escolhi o curso certo", 7 itens, alfa de Cronbach =0,88; ômega =0,89), habilidades do estudante (por exemplo, "Tenho facilidade para compreender os textos que preciso ler", 10 itens, alfa = 0,84; ômega = 0,84), envolvimento em atividades não obrigatórias (por exemplo, "Participo de eventos como seminários, palestras e semanas de estudo promovidos pela Universidade", 5 itens, alfa = 0,82; ômega = 0,83) e condições para o estudo e desempenho acadêmico (por exemplo, "O transporte para a Universidade atrapalha os meus estudos" – item invertido, 4 itens, alfa = 0,70; ômega = 0,71). A escala foi de concordância de cinco pontos (Vendramini e cols., 2004). Os alfas das subescalas foram da escala original. Esta nova estrutura apresenta ajustes novamente sofríveis, mas cada escala apresenta (χ^2/gl = 2,65; CFI = 0,75; TLI = 0,72; RMSEA = 0,08; 90% IC [0,08-0,09]).

Variáveis individuais

Autoconceito de competência universitária. Foi mensurado por meio da Escala de Avaliação de Autoconceito de Competência, apresentada por Faria e Santos (1998). Ela possui seis subescalas, mostrando a autopercepção da pessoa em relação a áreas específicas de competência: resolução de problemas (por exemplo, "Consigo aplicar conhecimentos na prática", 7 itens, alpha=0,86, ômega=0,86), sofisticação ou motivação para aprender (por exemplo, "Interesso-me por assuntos que exigem reflexão", 5 itens, alfa = 0,77, ômega = 0,76), prudência na aprendizagem (por exemplo, "Analiso os problemas com profundidade", 4 itens, alfa=0,72; ômega = 0,72), cooperação social (por exemplo, "Tenho consideração pelos outros", 6 itens, alfa = 0,82; ômega = 0,83), assertividade social (por exemplo, "Arrisco-me fazer valer a minha opinião", 5 itens, alfa = 0,74; ômega = 0,74) e pensamento divergente (por exemplo, "Sou bom(boa) em esportes", 4 itens, alfa = 0,54; ômega = 0,57). Cada item é cotado em uma escala de 1 a 5, em que 1 indica "baixo autoconceito de competência" e 5 indica "elevado autoconceito de competência". Esta nova estrutura apresenta ajustes também sofríveis (χ^2/gl = 3,19; CFI = 0,75; TLI = 0,72; RMSEA = 0,09; 90% IC [0,09-0,10]).

Profecia autorrealizadora. Foi usada a Escala de Pensamentos e Crenças Sociais (EPCS), traduzida por Vagos (2010). O instrumento foi criado para a avaliação da cognição da ansiedade social. A escala é constituída por 21 itens que têm como objetivo avaliar a presença de pensamentos negativos, comuns na ansiedade social (Turner et al., 2003, citado por Vagos, 2010). Para esta pesquisa, foram utilizados somente seis itens que estão inseridos na subescala de desconforto na interação social, já que foram os que mais se aproximavam do conceito de profecia autorrealizadora. Cada item é respondido em uma escala gradativa de cinco pontos, de "nada característico" a "sempre característico", referindo-se à identificação do participante com a afirmação. Esta nova estrutura apresenta ajustes adequados (χ^2/gl = 3,45; CFI = 0,96; TLI = 0,93; RMSEA = 0,10; 90% IC [0,06-0,14], alfa = 0,85; ômega =0,86).

Escala de Timidez. Foi adaptada para o português por Vasconcellos, Otta e Behlau (2009). A escala possui 13 itens originais acrescidos de um item sobre comportamentos comunicativos (alfa =0,90; ômega =0,91), sendo pontuados em uma escala de concordância de cinco pontos. O item acrescido na escala deu-se pela sua recorrência no ambiente universitário: "Sinto-me tenso(a) quando tenho que falar em público". Esta nova estrutura apresenta ajustes adequados (χ^2/gl = 2,65; CFI = 0,92; TLI = 0,90 RMSEA = 0,08; 90% IC [0,07-0,10]).

Procedimentos de coleta

As informações foram coletadas a partir de um questionário disponibilizado via internet. Os participantes foram convidados a participar por meio de mensagens de e-mail. Como já descrito, houve dificuldade para encontrar voluntários para responder o questionário por causa da baixa adesão.

Procedimentos de análise

Os dados foram analisados por uma sequência de regressões com o auxílio do programa SPSS, Jamovi e R. Inicialmente, foi preciso parametrizar algumas variáveis. Mesmo solicitando o escalonamento de zero a 10 na nota, muitos não realizaram, uma vez que, em alguns casos, um sistema de notas diferente foi utilizado (com letras de A a F, outros com faixas, como MS para média superior), casos em que adaptamos para um parâmetro de zero a dez, exemplo: um A foi considerado 10 (um caso), MS foi considerado oito (três casos).

Para testar a estrutura fatorial da escala de socialização universitária, procedemos à análise fatorial exploratória e confirmatória. Para o teste das demais escalas, foram feitas análises fatoriais confirmatórias e de fidedignidade dos instrumentos. Para o teste da estrutura geral proposta, procedemos às análises descritivas para exploração do banco de dados, em que apenas um fator mostrou problemas de normalidade de dados, especificamente de assimetria. Esse fator foi na escala de socialização universitária, chamado Falta de Integração com as Pessoas (assimetria sobre o erro foi de 4,57, que, embora acima do esperado, é aceitável); neste caso, há uma assimetria para a direita indicando que a maioria dos participantes não percebe falta de integração com as pessoas, o que, para este grupo, é relativamente esperado. Posteriormente, efetuamos as análises de correlação, regressões e moderações.

RESULTADOS

A seguir, os dados descritivos foram organizados na seguinte sequência: socialização universitária, avaliação da vida acadêmica, autoconceito de competência, profecia autorrealizadora e timidez. Os resultados sugerem que as variáveis de socialização universitária, que são negativas, estão abaixo do ponto médio da escala, o que é desejável. Entretanto, Linguagem e Tradição parecem estar abaixo do esperado, ou seja, a socialização não está sendo suficiente para abarcar o que se refere à Linguagem e Tradição das IES para os estudantes; isso já se mostra interessante e demonstra ser um ponto para as IES considerarem para uma intervenção.

A avaliação da vida acadêmica parece estar apenas próxima do ponto médio da escala, ou seja, a escala no geral abarca valores em torno de 3. Nesse caso, deve-se dar destaque para o baixo envolvimento com atividades externas à universidade e baixa avaliação de ambiente universitário. Além do mais, a avaliação mais positiva foi em compromisso com o curso, com uma média de 3,11, também muito próxima do ponto médio da escala, o que é preocupante, pois aponta que os estudantes não se percebem comprometidos com a sua própria formação e com o que escolheram fazer.

Dentre as variáveis individuais, o autoconceito de competência universitária é, no geral, ligeiramente superior à avaliação da vida acadêmica, sendo a cooperação social a dimensão mais bem avaliada pelos estudantes, e a prudência e a sofisticação na aprendizagem, as dimensões menos endossadas pelos estudantes. A profecia autorrealizadora foi menos endossada, mas os alunos se percebem mais tímidos.

Os alunos apresentam uma média de notas relativamente alta (acima de 7), o que claramente pode indicar um desvio de amostra, ou seja, participaram da pesquisa sobre estudantes universitários aqueles estudantes com um perfil de ligeira maior adesão ou com melhor desempenho.

Tabela 2 – *Descrição da amostra e relações entre as variáveis individuais e institucionais (alfas de Cronbach na diagonal)*

	M	DP	1	2	3	4	5	6	7	8	9	10	11	12	13	14	15	16	17	18
1 Nota	7,71	1,51	—																	
2 Linguagem e tradição	2,78	0,80	0,25	(0,70)																
3 Objetivos	3,30	0,76	0,16	0,46	(0,79)															
4 Não integração com a organização	2,53	0,81	-0,18	-0,37	-0,16	(0,71)														
5 Não integração com as pessoas	2,35	1,23	-0,13	-0,48	-0,14	0,39	(0,83)													
6 Ambiente Universitário	3,21	0,75	0,06	0,34	0,53	-0,32	-0,30	(0,78)												
7 Compromisso com o curso	3,99	0,89	0,13	0,27	0,26	-0,41	-0,28	0,29	(0,88)											
8 Habilidade do estudante	3,26	0,76	0,36	0,46	0,32	-0,44	-0,27	0,41	0,40	(0,84)										
9 Envolvimento em atividades extra universidade	3,15	0,85	0,21	0,47	0,36	-0,31	-0,45	0,38	0,35	0,50	(0,82)									
10 Condição para o estudo	2,79	0,99	0,01	0,01	0,02	-0,24	-0,23	0,23	0,04	0,26	-0,21	(0,70)								
11 Resolução de problemas	3,65	0,75	0,31	0,34	0,26	-0,23	-0,04	0,10	0,27	0,56	0,21	0,10	(0,86)							
12 Sofisticação na aprendizagem	3,58	0,79	0,24	0,34	0,31	-0,21	-0,05	0,09	0,30	0,50	0,24	0,07	0,66	(0,77)						
13 Prudência	3,50	0,77	0,23	0,31	0,27	-0,19	-0,03	0,10	0,30	0,40	0,15	0,09	0,64	0,65	(0,72)					
14 Cooperação social	4,20	0,69	0,08	0,25	0,18	-0,03	-0,18	0,19	0,26	0,18	0,12	-0,06	0,28	0,24	0,29	(0,82)				
15 Assertividade social	3,63	0,75	0,26	0,48	0,22	-0,27	-0,32	0,17	0,37	0,57	0,33	0,10	0,70	0,50	0,51	0,43	(0,74)			
16 Pensamento divergente	3,11	0,84	0,14	0,22	0,15	-0,11	-0,11	0,10	0,09	0,31	0,21	0,12	0,47	0,27	0,43	0,28	0,51	(0,54)		
17 Profecia autorrealizadora	2,70	1,00	-0,21	-0,28	0,05	0,34	0,48	-0,13	-0,24	-0,35	-0,32	-0,20	-0,21	-0,05	0,01	-0,18	-0,46	-0,22	(0,85)	
18 Timidez	3,05	0,90	-0,17	-0,35	-0,03	0,36	0,44	-0,15	-0,32	-0,40	-0,42	-0,20	-0,28	-0,09	-0,02	-0,14	-0,55	-0,26	0,74	(0,90)

Notas. Valores iguais ou acima de |0,12| são significativos. Elaborada pelos autores

Apresentamos agora as análises-padrão de regressão com relação às notas dos alunos (Tabela 3), ou seja, quais variáveis, de maneira direta, têm relação com a nota desse aluno. Organizamos as variáveis da mesma forma que a anterior: primeiro as variáveis da IES e depois as variáveis individuais. A partir dos resultados, de modo geral, notamos que as variáveis da IES, isto é, socialização e vida universitária, ainda que demonstrem contribuir de maneira estatisticamente significativa, apresentam uma contribuição relativamente pequena na nota. As variáveis individuais apresentam uma relação ligeiramente mais forte com a nota do aluno quando comparadas às variáveis da IES, mas que não são de uma magnitude intensa, como se poderia supor.

Tabela 3 – *Análises de regressão entre as variáveis propostas no modelo e as notas dos alunos*

	Variável	**R² ajustado**	**Beta**	**t**	**Sig.**
Socialização	Linguagem e tradição	0,06	0,47	4,06	0,00
	Objetivos	0,03	0,32	2,56	0,01
	Não integração com a organização	0,03	-0,35	-2,92	0,00
	Não integração com as pessoas	0,02	-0,16	-2,08	0,04
Experiência de Vida Acadêmica	Ambiente Universitário	0,01	0,14	1,06	0,29
	Compromisso com o curso	0,03	0,28	2,65	0,01
	Habilidade do estudante	0,13	0,72	6,07	0,00
	Envolvimento em atividades extra universidade	0,04	0,37	3,37	0,00
	Condição para o estudo	0,00	-0,01	-0,13	0,90
Autoconceito de competência	Pensamento divergente	0,02	0,25	2,21	0,03
	Resolução de problemas	0,09	0,61	5,06	0,00
	Sofisticação na aprendizagem	0,06	0,47	3,84	0,00
	Prudência	0,06	0,46	3,77	0,00
	Cooperação social	0,01	0,18	1,31	0,19
	Assertividade social	0,07	0,51	4,13	0,00
Profecia autorrealizadora		0,04	-0,32	-3,33	0,00
Timidez		0,03	-0,28	-2,69	0,01

Nota. Elaborada pelos autores.

Como as variáveis têm uma relação de baixa intensidade com a nota, propomos testar a combinação entre variáveis da IES e individuais para aumentar o possível poder preditivo, ou seja, significa, em termos estatísticos, testar moderações. Assim, percebemos que os efeitos das moderações foram significativos e com padrões esperados, assim como foi proposto neste trabalho. Então, optamos por apresentar aqui os exemplos mais elucidativos. Sendo assim, ao escolhermos Linguagem e Tradição como variável antecedente da IES, logo uma variável preditora de nota, significa que, quanto mais o/a aluno/aluna percebe que domina a linguagem e as tradições da IES, maior nota ele ou ela tem. E, para testar o quanto variáveis individuais podem potencializar (ou frear) essa relação, escolhemos uma variável individual que teve relação positiva com nota (neste caso, resolução de problema) e uma variável que teve efeito negativo (timidez), como mostra a Figura 2.

Figura 2 – *Exemplos de gráficos de moderação da relação entre nota, linguagem e resolução de problemas e timidez*

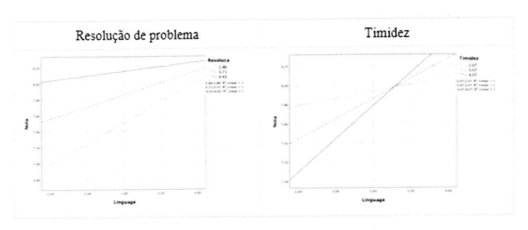

Notas. Linha lisa é 1 DP acima da média; linha pontilhada é 1 DP abaixo da média; e linha serrilhada é a média. Ambas as moderações foram significativas. Elaborada pelos autores

Ao analisar os gráficos gerados, percebe-se que, quão menor o conhecimento da linguagem e da tradição universitária e menor a resolução de problema, menor é a nota dos alunos. Entretanto, essa nota tende a aumentar quanto maior for o conhecimento da linguagem, quase igualando os grupos com alta e baixa resolução de problemas. Logo, notamos que maior conhecimento da IES tende a neutralizar a variável individual no impacto da nota.

De maneira similar, os alunos mais tímidos e com menor conhecimento da linguagem e tradição tendem a ter piores notas quando comparados aos alunos mais desembaraçados, que tendem a ter melhores notas quando têm menor conhecimento da linguagem. Entretanto, quanto mais se conhece a linguagem e a tradição da IES, esse efeito se inverte! Em outros termos, os mais tímidos têm, inclusive, maiores notas, não apenas neutralizando o efeito, mas também potencializando as características individuais. É importante pontuar que aqueles desinibidos não ficam prejudicados, eles apenas estão mais estáveis; desse modo, independentemente do nível de conhecimento de linguagem e tradição, eles terão o mesmo nível de nota. Portanto, a socialização, neste caso, atua como variável protetiva para o grupo de estudantes tímidos.

DISCUSSÃO

O objetivo deste trabalho foi trazer respostas às universidades de como incentivar e oferecer suporte e acompanhamento ao estudante universitário; de maneira mais específica, como combinar medidas institucionais e individuais para compreender o que pode impactar no desempenho médio desses alunos. Para tanto, nós nos inspiramos na teoria social cognitiva de carreira (Lent et al., 1994) e na teoria da motivação para a realização (Atkinson, 1953). A partir dos resultados encontrados, observamos que ambas as variáveis são responsáveis pelo desempenho dos alunos e que, por meio do processo de socialização e promoção/melhoria de vida universitária, a IES pode ter estratégias para impulsionar um melhor desempenho, representado neste modelo pelas notas. Igualmente, no grupo das variáveis individuais, notou-se que a crença de sucesso potencializa ainda mais essa relação, e as variáveis individuais, que podem ser uma barreira (profecia autorrealizadora e timidez), podem ser amortecidas ou até potencializadas, como é o caso da timidez.

Dentre as variáveis que dizem respeito às IES, pode-se notar que nem todas as estratégias de socialização são positivas e nem todas têm um impacto positivo no desempenho dos alunos. Conhecer a linguagem e as tradições da IES parece ser necessário, mas os objetivos da IES parecem ter um efeito menor, bem como a percepção de isolamento das pessoas ou da instituição. Assim, pode-se notar que, dentre os fatores essenciais para um bom desempenho, está o domínio da linguagem organizacional e da tradição, pois o estudante precisa entender as instruções do trabalho universitário para transformá-las em ações práticas, ou seja, ele precisa compreender o que é pedido e exigido dele para agir com vistas a esse objetivo, assim como é preciso que o estudante consiga perceber o comportamento que é esperado dele, de acordo com as tradições daquela instituição para se tornar um membro competente naquele contexto. Essa apropriação representa o momento em que o estudante se afilia ao novo mundo inserido (ou seja, à sociedade acadêmica) e constrói seu *habitus* de estudante, como afirma Coulon (2017). Além disso, a partir desse resultado, pode-se notar a importância das IES de promover a união e o diálogo entre seus estudantes dos mais diversos períodos/semestres, pois os estudantes mais experientes podem compartilhar o conhecimento que têm sobre a linguagem e as tradições da IES, auxiliando os estudantes ingressantes a socializarem com maior celeridade.

Além da socialização universitária, outra variável relativa à IES é a avaliação da vida acadêmica, que se relaciona, principalmente, com a habilidade do estudante, ou seja, o quanto esse estudante avalia, por exemplo, que consegue compreender os textos passados, ou que tem facilidade de redigir textos, se envolve, se implica, está disponível e tem uma atitude favorável à vida acadêmica (Nogueira & Sequeira, 2018; Santos et al., 2020). Outra dimensão dessa variável é o envolvimento em atividades externas à universidade. Neste caso, o maior número de envolvimento em atividades não obrigatórias, como participar de seminários, palestras, atividades culturais e artísticas na universidade, incrementam o desempenho dos estudantes. Desse modo, percebe-se que a universidade deve considerar não apenas o momento da sala de aula como parte do processo de formação dos estudantes, mas também os eventos culturais e científicos que acontecem, pois esses, além de auxiliar no bom desempenho, contribuem para a formação humana dos indivíduos e para construção de uma rede social dos estudantes.

Em contrapartida, dentre as variáveis individuais, todas parecem interferir no desempenho. Os resultados apresentados neste trabalho oferecem suporte à teoria da motivação para a realização (Atkinson, 1953), bem como a teoria social cognitiva de carreira (Lent et al., 1994). Portanto, a crença de que se é capaz facilita que o aluno efetivamente engaje em atividades que podem facilitar o seu desempenho acadêmico, para além do que acontece em sala de aula.

Outrossim, a profecia autorrealizadora (que, neste caso, foi mensurada com valência negativa) e a timidez parecem ter um efeito, quando medidas isoladamente, inverso ao desempenho. De maneira exemplificativa, quanto mais se sofre de profecia autorrealizadora e quanto mais tímido, pior a nota média deste aluno. Entretanto, o que se viu também é que esse efeito pode ser atenuado ou invertido quando a IES intervém com processos de socialização universitária, dando suporte à teoria social cognitiva de carreira (Lent et al., 1994), que propõe o papel moderador das variáveis contextuais. Essa ideia novamente traz à tona a necessidade de a IES proporcionar meios para que os estudantes possam ser inseridos de maneira efetiva e célere neste novo grupo social, pois, como Ferreira (2014) e Fonseca (2021) apontam, a socialização universitária é importante para a permanência e a sobrevivência dos estudantes nas IES.

Este trabalho, embora tenha tentado auxiliar trazendo evidências sobre variáveis institucionais que podem prever desempenho acadêmico, ele possui algumas limitações. Uma dessas limitações foi a parametrização das notas, onde os conceitos (por exemplo, SS, MS, MM ou A, B e C) não seguem a mesma escala de zero a 10. No entanto, isso ocorreu em apenas quatro casos, o que teve um impacto limitado nos resultados deste estudo.

O que levar para casa

As reflexões realizadas neste capítulo evidenciam a importância de considerar múltiplos aspectos no estudo do desempenho acadêmico dos estudantes universitários. Variáveis de socialização e vida universitária apresentam relação positiva com as notas, e as variáveis de crença de sucesso potencializam essa relação. Ressaltamos ainda que, quando há socialização universitária, se protege o alunado tímido e com crenças de falha.

CONSIDERAÇÕES FINAIS

As reflexões realizadas neste capítulo evidenciam a importância de considerar múltiplos aspectos no estudo do desempenho acadêmico dos estudantes universitários. Variáveis de socialização e vida universitária apresentam relação positiva com as notas, assim como as variáveis de crença de sucesso potencializam essa relação. Ressaltamos ainda que, quando há socialização universitária, se protege o alunado tímido e com crenças de falha, podendo mudar o curso de desfechos menos positivos para variáveis pessoais.

"Apesar de este trabalho ter contribuído com evidências sobre variáveis institucionais que podem prever o desempenho acadêmico, ele possui algumas limitações. Uma dessas limitações foi a parametrização das notas, onde os conceitos (por exemplo, SS, MS, MM ou A, B, C) não seguem a mesma escala de zero a 10. No entanto, isso ocorreu em apenas quatro casos, o que teve um impacto limitado nos resultados deste estudo. Outra clara limitação é voltada para o foco em variáveis de autorrelato e ter como fonte de respondentes apenas alunos que tiveram acesso a responder o questionário de forma eletrônica. Embora verdadeiro, sabe-se que a maioria dos alunos de graduação no Brasil tem acesso à internet, e o autorrelato, mesmo que houvesse um viés de positividade, seria relativamente equivalente entre todos.

Por fim, para pesquisas futuras, sugere-se a testagem do modelo proposto, considerando outras variáveis individuais que podem interferir negativamente no processo de aprendizagem dos alunos. Ainda, recomenda-se testar o impacto das variáveis demográficas e socioeconômicas dos estudantes (idade, gênero, renda familiar, escolaridade dos pais, origem do estudante, entre outras) na relação entre variáveis meso e desempenho acadêmico, e quais práticas institucionais podem auxiliar mitigando os efeitos ou, como foi visto aqui, potencializando-os. Por último, é preciso ter clareza de que o objetivo é melhorar a aprendizagem dos alunos e que ser como são não é um problema. As instituições devem ter práticas e mecanismos que ofereçam suporte aos alunos para beneficiarmos a todos em uma relação de ganhos mútuos.

QUESTÕES PARA DISCUSSÃO

- Escolha duas variáveis <u>institucionais</u> em que você investiria esforços para promover o desempenho acadêmico dos alunos e alunas e descreva o motivo dessa escolha. Quais são as barreiras e os facilitadores para promoção dessas variáveis na sua instituição?

- Escolha duas variáveis <u>individuais</u> em que você investiria esforços para promover o desempenho acadêmico dos alunos e alunas e descreva o motivo dessa escolha. Quais são as barreiras e facilitadores para promoção dessas ariáveis na sua instituição?

- Como é o desempenho acadêmico geral de estudantes com altos níveis de timidez e pouca apropriação da linguagem e das tradições da IES? E como é o desempenho acadêmico de estudantes ainda com altos níveis de timidez, mas que apresentam apropriação da linguagem e tradições?

- Quais são as competências que a IES deveria desenvolver e promover para facilitar o desempenho acadêmico dos seus alunos e alunas?

- Caso você fosse desenvolver um projeto complementar a este que foi desenvolvido, quais outras variáveis você incluiria para promoção do desempenho acadêmico dos alunos? Justifique brevemente sua resposta.

REFERÊNCIAS

Abrantes, Pedro. (2011). Para uma teoria da socialização. *Sociologia, Revista da Faculdade de Letras da Universidade do Porto, 21.* 121-139. https://ojs.letras.up.pt/index.php/Sociologia/article/view/2229

Andrade, A. M. J. D., & Teixeira, M. A. P. (2017). Áreas da política de assistência estudantil: relação com desempenho acadêmico, permanência e desenvolvimento psicossocial de universitários. *Avaliação: Revista da Avaliação da educação superior, 22,* 512-528. https://doi.org/10.1590/S1414-40772017000200014

Atkinson, J. W. (1953). The achievement motive and recall of interrupted and completed tasks. *Journal of Experimental Psychology, 46*(6), 381-390. https://doi.org/10.1037/h0057286

Braga, M. M., Miranda-Pinto, C. O. B. de, & Cardeal, Z. de L. (1997). Perfil sócio-econômico dos alunos, repetência e evasão no curso de Química da UFMG. *Química Nova, 20*(4), 438-444. https://doi.org/10.1590/s0100-40421997000400017

Bardagi, M. P., & Boff, R. de M. (2010). Autoconceito, auto-eficácia profissional e comportamento exploratório em universitários concluintes. *Avaliação: Revista da Avaliação da educação superior, 15*(1), 41-56. https://doi.org/10.1590/S1414-40772010000100003

Bender, M., van Osch, Y., Sleegers, W., & Ye, M. (2019). Benefícios de apoio social Ajuste psicológico de estudantes internacionais: evidências de uma meta-análise. *Journal of Cross-Cultural Psychology, 50*(7), 827-847. https://doi.org/10.1177/0022022119861151

Borges, L., Cristo, F., Melo, S., & Oliveira, A. (2010). Reconstrução e validação de um inventário de socialização organizacional. *Revista de Administração Mackenzie,* 11(4). https://doi.org/10.1590/S1678-69712010000400002.

Brookover, W. B., Thomas, S., & Paterson, A. (1964). Self-Concept of Ability and School Achievement. *Sociology of Education,* 37(3), 271. https://doi.org/10.2307/2111958

Camilo, A. A., Pérez-Nebra, A. R., Assunção-Ohashi, C. V., Sá, S. M., & Tamayo, A. (2002). *O que acontece depois do trote? Validação de uma Escala de Socialização Universitária (ESU).* Fórum de Entidades Nacionais da Psicologia Brasileira, I Congresso Brasileiro Psicologia: Ciência & Profissão, São Paulo.

Caregnato, C. E., Miorando, B. S., & Baldasso, J. C. (2022). Socialização acadêmica de estudantes em uma universidade pública de pesquisa: variações da experiência estudantil na relação com o capital cultural. *Educar Em Revista, 38*, 1-24. https://doi.org/10.1590/1984-0411.85949

Coulon, A. (2017). O ofício de estudante: a entrada na vida universitária. *Educação e Pesquisa, 43*(4), 1239-1250. https://doi.org/10.1590/s1517-9702201710167954

Covington, M. V. (1984). The self-worth theory of motivation: Findings to protect their sense of worth or personal. *The Elementary School Journal, 85*(1), 4-20. https://www.jstor.org/stable/1001615

Del Prette, Z.A.P., Del Prette, A., Barreto, M. C. M., Bandeira, M., Rios-Saldaña, M. R., Ulian, A. L. A. O., Gerk-Carneiro, E., Falcone, E. M. O., & Villa, M. B. (2004). Habilidades sociais de estudantes de psicologia: Um estudo multicêntrico. Revista *Psicologia: Reflexão e Crítica, 17*(3), 341-350. https://doi.org/10.1590/S0102-79722004000300007

Faria, L., & Santos, N. L. (1998). Escala de avaliação do autoconceito de competência: Estudos de validação no contexto universitário. *Revista Galego-Portuguesa de Psicoloxía e Educación, 3*(2), 175-184. https://hdl.handle.net/10216/96906

Feldman, A. F., & Matjasko, J. L. (2005). The role of school-based extracurricular activities in adolescent development: A comprehensive review and future directions. *Review of Educational Research, 75*(2), 159-210. https://doi.org/10.3102/00346543075002159

Ferreira, A. L. (2014). Socialização na universidade: quando apenas estudar não é o suficiente. *Revista Educação Em Questão, 48*(34), 116-140. https://doi.org/10.21680/1981-1802.2014v48n34ID5732

Fonseca, F. L. M. (2021). Evasão no ensino superior. Editora Famen. https://doi.org/10.36470/famen.2021.l42ed.

Ghazvini, S. D. (2011). Relationships between academic self-concept and academic performance in high school students. *Procedia – Social and Behavioral Sciences, 15*, 1034-1039. https://doi.org/10.1016/j.sbspro.2011.03.235

Göks, A., & Lassance, M. C. P. (1997). Formação da identidade profissional em estudantes universitários: as trajetórias acadêmicas (pp. 369). Anais 9. IX Salão de Iniciação Científica da UFRGS. http://hdl.handle.net/10183/105615

INEP (2022). Censo da educação superior 2021: notas estatísticas. In *Instituto Nacional de Estudos e Pesquisas Educacionais Anísio Teixeira*. https://download.inep.gov.br/publicacoes/institucionais/estatisticas_e_indica-dores/notas_estatisticas_censo_da_educacao_superior_2021.pdf

Jussim, L. (2001). Self-fulfilling Prophecies. In *International Encyclopedia of the Social & Behavioral Sciences* (pp. 13830-13833). Elsevier. https://doi.org/10.1016/B0-08-043076-7/01731-9

Kozlowski, S. W. J., & Bell, B. S. (2003). Work groups and teams in organizations. In W. C. Borman, D. R. Ilgen, & R. J. Klimoski (Ed.), *Handbook of Psychology: Industrial and Organizational Psychology* (Vol. 12, pp. 333-375). John Wiley & Sons, Inc. https://doi.org/10.1002/0471264385.wei1214

Lent, R. W., Brown, S. D., & Hackett, G. (1994). Toward a Unifying Social Cognitive Theory of Career and Academic Interest, Choice, and Performance. *Journal of Vocational Behavior, 45*(1), 79-122. https://doi.org/10.1006/jvbe.1994.1027

Maehr, M. L., & Sjogren, D. D. (1971). Atkinson's Theory of Achievement Motivation: First Step toward a Theory of Academic Motivation? *Review of Educational Research, 41*(2), 143. https://doi.org/10.2307/1169490

Mathieu, J. E., & Kohler, S. S. (1990). A Cross-Level Examination of Group Absence Influences on Individual Absence. *Journal of Applied Psychology, 75*(2), 217-220. https://doi.org/10.1037/0021-9010.75.2.217

Mognon, J. F., & Santos, A. A. A. (2014). Vida acadêmica e exploração vocacional em universitários formandos: relações e diferenças. *Estudos e Pesquisas Em Psicologia, 14*(1), 89-106. https://doi.org/10.12957/epp.2014.10481

Nogueira, M. J., & Sequeira, C. (2018). A satisfação com a vida académica. Relação com bem-estar e distress psicológico. *Revista Portuguesa de Enfermagem de Saúde Mental, Número Especial, 6*, 71-76. https://doi.org/10.19131/rpesm.0216

Pilkonis, P. A. (1977). Shyness, public and private, and its relationship to other measures of social behavior. *Journal of Personality, 45*(4), 585-595. https://doi.org/10.1111/j.1467-6494.1977.tb00173.x

Price, J. L. (1986). Handbook of Organizational Measurement. *International Journal of Manpower, 18*(4), 305-558. https://doi.org/10.1108/01437729710182260

Revelle, W., & Michaels, E. J. (1976). The theory of achievement motivation revisited: The implications of inertial tendencies. *Psychological Review, 83*(5), 394-404. https://doi.org/10.1037/0033-295X.83.5.394

Salancik, G. R., & Pfeffer, J. (1978). A Social Information Processing Approach to Job Attitudes and Task Design. *Administrative Science Quarterly, 23*(2), 224. https://doi.org/10.2307/2392563

Santos, A. A. A., Mognon, J. F., Lima, T. H. de., & Cunha, N. B. (2011). A relação entre vida acadêmica e a motivação para aprender em universitários. *Psicologia Escolar e Educacional, 15*(2), 283-290. https://doi.org/10.1590/S1413-85572011000200010

Santos, A. A. A., Queluz, F. N. F. R., Gallo, A. C. P., & Veiga, T. H. L. (2020). Academic life assessment scale (ALAS): A new factorial structure. *Psico-USF, 25*(1), 1-13. https://doi.org/10.1590/1413-82712020250101

Soares, A. B., Mourão, L., Santos, A. A. A., & Mello, T. V. dos S. (2016). Habilidades Sociais e Vivência Acadêmica de Estudantes Universitários. *Interação em Psicologia, 19*(2), 211-223. https://doi.org/10.5380/psi.v19i2.31663

Terra, C., & Novaes, A. (2018). Quem deve ocupar os bancos do ensino superior?. *Psicologia da Educação, 46*, 51-59. http://pepsic.bvsalud.org/scielo.php?script=sci_arttext&pid=S1414-69752018000100006&lng=pt&tlng=pt.

Tomazzoni, G. C., Costa, V. M. F., Santos, A. S. dos, & Souza, D. L. de. (2016). Do exercício a efetivação: analisando a socialização organizacional. *Revista Pensamento Contemporâneo em Administração, 10*(2), 80. https://doi.org/10.12712/rpca.v10i2.650

Vagos, P. (2010). *Assertividade social e assertividade na adolescência* [Tese de Doutorado, Universidade de Aveiro]. http://hdl.handle.net/10773/3819.

Van Beurden, J., Van De Voorde, K., & Van Veldhoven, M. J. P. M. (2021). The employee perspective on HR practices: A systematic literature review, integration and outlook. *The International Journal of Human Resource Management, 32*(2), 359-393. https://doi.org/10.1080/09585192.2020.1759671

Vasconcellos, L. R., Otta, E., & Behlau, M. (2009). Estudo comparativo dos comportamentos relacionais entre pessoas tímidas e não-tímidas. Sociedade Brasileira de Fonoaudiologia, *17 Congresso Brasileiro de Fonoaudiologia*, 3-7, Salvador. https://docplayer.com.br/11973502-Estudo-comparativo-dos-comportamentos--relacionais-entre-pessoas-timidas-e-nao-timidas-leda-vasconcellos-1-emma-otta-2-mara-behlau-3.html

Vendramini, C. M. M., Santos, A. A. A. dos, Polydoro, S. A. J., Sbardelini, E. T. B., Serpa, M. N. F., & Natário, E. G. (2004). Construção e validação de uma escala sobre avaliação da vida acadêmica (EAVA). *Estudos de Psicologia (Natal), 9*(2), 259-268. https://doi.org/10.1590/s1413-294x2004000200007

Vinni-Laakso, J., Guo, J., Juuti, K., Loukomies, A., Lavonen, J., & Salmela-Aro, K. (2019). The relations of science task values, self-concept of ability, and stem aspirations among finnish students from first to second grade. *Frontiers in Psychology, 10,* 1-15. https://doi.org/10.3389/fpsyg.2019.01449

Weiner, B. (2000). Intrapersonal and Interpersonal Theories of Motivation from an Attributional Perspective. *Educational Psychology Review, 12*(1), 1-14. https://doi.org/10.1023/A:1009017532121

PARTE 2

HABILIDADES SOCIAIS E COMPETÊNCIA SOCIAL EM ESTUDANTES UNIVERSITÁRIOS

CAPÍTULO 9

CARACTERIZAÇÃO DO REPERTÓRIO DE HABILIDADES SOCIAIS E DO POTENCIAL EMPREENDEDOR DE ESTUDANTES DE PSICOLOGIA NO CONTEXTO DE PANDEMIA

Michelli Godoi Rezende
Lucas Cordeiro Freitas

INTRODUÇÃO

A pandemia da COVID-19, que alarmou o mundo em março de 2020, gerou profundas repercussões nas mais diversas esferas da sociedade, afetando de forma negativa praticamente todos os setores, incluindo o da Educação. Entre os grupos mais impactados, encontram-se os estudantes universitários, cujas vidas acadêmicas foram significativamente afetadas pelas medidas de distanciamento social e de transição para o ensino remoto. Além das mudanças abruptas em suas rotinas diárias, as regras necessárias àquele momento atípico impuseram desafios únicos aos estudantes, afetando seu bem-estar psicológico e social, bem como o desempenho acadêmico e o engajamento no processo de aprendizagem (Serafim, 2022; Heringer, 2022). Os reflexos de tais mudanças no desempenho pessoal e profissional dessa parcela da população ainda hoje podem ser sentidos e evidenciados em sala de aula.

Estudos recentes apontam que fatores como insegurança, medo e incerteza em relação ao futuro ainda permeiam os discursos dos universitários (Lima et al., 2022; Malafaia et al., 2022). Mesmo com o retorno das aulas presenciais e a volta à vida sem as restrições impostas pelo isolamento, os estudantes vivenciam uma série de consequências negativas decorrentes da pandemia, incluindo prejuízos para a saúde mental e impactos nos padrões de interação social com colegas e professores (Fogaça et al., 2022). Além disso, a falta de interações sociais presenciais devido ao distanciamento físico resultou em dificuldades na comunicação e no desenvolvimento de habilidades sociais essenciais (Santos, 2021), bem como no gerenciamento de emoções e resolução de problemas (Sahão & Kienen, 2020), o que torna a formação universitária um desafio ainda mais complexo para as instituições de ensino.

Nesse cenário, os alunos do curso de Psicologia também tiveram sua formação afetada pela pandemia, uma vez que as universidades tiveram que adaptar suas metodologias utilizando a tecnologia como instrumento de mediação de conhecimento, além de adequar suas práticas de estágio, visando a atender uma demanda cada vez mais latente e necessitada de acolhimento psicológico (Silva & Campos, 2021). Ademais, é sabido que a formação generalista em Psicologia proporcionada pelas instituições de ensino busca abranger a diversidade epistemológica, metodológica e técnica que caracteriza um campo de estudo vasto e com diferentes possibilidades e áreas de atuação (Oliveira et al., 2017). No entanto, pesquisas também indicam a necessidade de aproximar os estudantes de Psicologia das demandas de trabalho, mercado e empreendedorismo, ampliando suas perspectivas de atuação para além da clínica (Vasconcelos et al., 2019; Ambiel & Martins, 2016).

O empreendedorismo é um conceito que envolve a capacidade e disposição de identificar oportunidades, criar, inovar e assumir riscos com o objetivo de iniciar, desenvolver e gerir um negócio ou empreendimento de forma autônoma (Dornellas, 2015). Está relacionado à criação de valor, seja na forma de produtos, seja de serviços ou processos, e envolve habilidades como liderança, visão estratégica, criatividade, resiliência e capacidade de tomar decisões (Vale, 2014; Verga & Silva, 2014). Além disso, os empreendedores geralmente buscam o crescimento e o sucesso do negócio, aproveitando as oportunidades, superando desafios e adaptando-se às mudanças do ambiente empresarial, o que corrobora a ideia de que requer necessariamente o adequado manejo de habilidades sociais.

Por sua vez, as habilidades sociais podem ser definidas como um conjunto de comportamentos valorizados pela sociedade em que um indivíduo está inserido, que contribuem para resultados positivos, tanto para ele próprio, quanto para as pessoas com as quais convive. Essas habilidades são essenciais para uma interação social competente em diversas situações interpessoais, o que envolve a capacidade de gerenciar pensamentos, sentimentos e ações de forma apropriada, conforme o contexto, o local e/ou situações específicas. O desempenho socialmente competente implica o correto manejo das habilidades sociais frente às diferentes demandas sociais existentes, refletindo em interações pessoais e profissionais mais assertivas e promissoras (Del Prette & Del Prette, 2017).

Nesta perspectiva, acredita-se que o profissional de Psicologia, cada vez mais demandado em diferentes espaços sociais, deva estar munido de capacidade técnica, comportamental e empreendedora, que o torne capaz de enfrentar os desafios de uma sociedade em constante transformação. Tanto do ponto de vista prático quanto econômico, acredita-se que pessoas com competências no âmbito relacional e empreendedor tenham mais chances e condições de promover ou oportunizar mudanças necessárias na sociedade. A pandemia de COVID-19 não só trouxe a incerteza financeira para milhares de brasileiros, como também despertou a atenção para a importância de se promover o ensino do empreendedorismo nas universidades, oferecendo aos estudantes ferramentas e conhecimentos necessários para se tornarem agentes de mudança e profissionais bem-sucedidos em diferentes áreas de atuação.

Segundo Miranda et al. (2022), o desenvolvimento de competências empreendedoras promove a capacidade de inovação, autonomia e visão de oportunidades, preparando os estudantes para enfrentarem os desafios do mercado de trabalho e estimulando mudanças em toda a sociedade. Além disso, Ribeiro e Plonski (2020) destacam que o ensino de habilidades empreendedoras contribui para o crescimento econômico e social, impulsionando a criação de novos negócios e fomentando a geração de empregos. Esses estudos reforçam a importância de incorporar o ensino de habilidades sociais e empreendedoras no currículo universitário com o objetivo de preparar melhor os estudantes para se destacarem no mercado de trabalho, capacitando-os a contribuir de forma significativa para a sociedade e promovendo seu desenvolvimento pessoal e profissional (Rezende et al., 2022).

Frente ao exposto, a presente pesquisa buscou caracterizar as habilidades sociais e o potencial empreendedor dos estudantes de Psicologia de início e final de curso de uma instituição de ensino privada no Sul de Minas Gerais, no período de retorno às aulas presenciais após as restrições da pandemia. Espera-se que os resultados obtidos neste estudo possam contribuir para o conhecimento do impacto do período da pandemia sobre o repertório social e profissional dos estudantes de Psicologia, bem como para a criação de estratégias futuras para um ensino de qualidade e que reflita as necessidades e demandas do mercado de trabalho atual e futuro.

MÉTODO

Este estudo se caracterizou como uma pesquisa de levantamento, que visa a descrever e medir uma série de características e variáveis acerca de um grupo específico (Freitas & Bandeira, 2022). Para analisar o repertório de habilidades sociais e o potencial empreendedor de estudantes do curso de Psicologia pertencentes ao primeiro e ao último ano de formação, tal método foi considerado o mais indicado, uma vez que nos permite conhecer o público-alvo para possibilidades estratégicas futuras. Este estudo é parte de um projeto de pesquisa mais amplo, aprovado pelo Comitê de Ética em Pesquisa com Seres Humanos da UFSJ (CAAE: 40093720.5.0000.5151; parecer: 4.538.683).

Participantes

Participaram da pesquisa 86 estudantes do curso de Psicologia de uma escola particular de ensino superior do Sul de Minas Gerais, sendo 43 alunos do primeiro ano e 43 alunos do último ano de formação. A caracterização da amostra revelou um grupo em sua maioria feminino, sendo 61 mulheres e 25 homens. A amostra foi composta por um público jovem (em sua maioria entre 18 e 25 anos de idade), solteiro (83%) e cursando a primeira graduação (89,5%). Desses, 58% declararam trabalhar, sendo 18% por conta própria, 17% com carteira assinada e 18% sem carteira assinada, 74% afirmaram viver com renda familiar entre 1 e 3 salários-mínimos, e 59% possuíam algum empreendimento na família.

Instrumentos

Foram utilizados três instrumentos para a coleta de dados da pesquisa, sendo eles o Inventário de Habilidades Sociais (IHS2-Del-Prette), que permite caracterizar o desempenho social em diferentes situações (Del Prette & Del Prette, 2018); a Escala de Potencial Empreendedor (Santos, 2008), formulada por meio de cenários e vinhetas relacionadas ao empreendedorismo; e um questionário Sociodemográfico e Ocupacional, elaborado pelos próprios autores.

O Inventário de Habilidades Sociais (IHS2-Del-Prette) passou por uma atualização e foi alterado em termos de estrutura, ampliação da faixa etária e normas (Del Prette & Del Prette, 2018). Com isso, o instrumento contempla uma estrutura fatorial com boas qualidades psicométricas, garantindo excelente consistência interna (Alfa de Cronbah de 0,94), bom índice de estabilidade temporal ou fidedignidade verificadas por meio do método de correlação teste reteste ($r = 0,90$; $p = 0,001$) e validade convergente, comprovados pelo Inventário de Rathus ($r = 0,79$; $p = 0,01$). O IHS2-Del-Prette consiste em um instrumento comercializado, de autorrelato e fácil aplicação. É composto por 38 itens, distribuídos em cinco fatores: conversação assertiva, abordagem afetivo-sexual, expressão de sentimento positivo, autocontrole/autoenfrentamento e desenvoltura social, que permitem caracterizar o desempenho social em diferentes situações. Cada item apresenta uma ação ou um sentimento diante de uma dada situação interpessoal. O respondente deve indicar a frequência com que age ou sente em relação à situação dada, a partir de cinco alternativas de resposta: A. nunca ou raramente; B. com pouca frequência; C. com regular frequência; D. muito frequentemente; E. sempre ou quase sempre (Del Prette & Del Prette, 2018). A avaliação dos dados obtidos a partir do IHS2-Del-Prette (2018) seguiu as instruções de seu manual de aplicação, apuração e interpretação, conforme a seguinte classificação do repertório: entre 1 e 25 – repertório inferior; entre 26 e 35 – repertório médio inferior; entre 36 e 65 – bom repertório; entre 66 e 75 – repertório elaborado e entre 76 e 100 – repertório altamente elaborado. É importante ressaltar que, nas duas primeiras classificações, a pontuação obtida indica necessidade de treinamento de habilidades sociais.

A Escala de Potencial Empreendedor foi desenvolvida por Santos (2008) e validada por Alves & Bornia (2011) e Souza et al. (2017). O instrumento apresenta validade, confiabilidade, precisão e consistência interna satisfatória (Alfa de Cronbah de 0,84 para o escore global e 0,77 a 0,91 para as subescalas), além de validade fatorial confirmatória, estrutura dimensional e validade de critério, conforme apontam Souza et al. (2017). A escala se constitui de um instrumento autoaplicável, composto por um questionário contendo frases (itens), agrupadas em construtos criados por vinhetas ou cenários, relacionados ao empreendedorismo. Cada item é medido numa escala de 11 pontos (0 a 10), onde 0 significa nenhuma possibilidade de aceitação, enquanto 10 representa concordância total, assim caracterizados: 1. Intenção de Empreender – Prenunciar a intenção de possuir, quer seja adquirindo de outrem ou partindo do zero, um negócio próprio; 2. Oportunidade – Mostrar que dispõe de senso de oportunidade, ou seja, está atento ao que acontece à sua volta e a partir daí, ao identificar as necessidades das pessoas ou do mercado, ser capaz de aproveitar situações incomuns para iniciar novas atividades ou negócios; 3. Persistência – Capacidade de manter-se firme na busca do sucesso, demonstrando persistência para alcançar seus objetivos e metas, superando obstáculos pelo caminho. Capacidade de distinguir teimosia de persistência, admitir erros e saber redefinir metas e estratégias; 4. Eficiência – Capacidade de fazer as coisas de maneira correta e, caso seja necessário, promover rapidamente mudanças para se adaptar as alterações ocorridas no ambiente. Capacidade de encontrar e conseguir operacionalizar formas de fazer as coisas melhor, mais rápidas e mais baratas. Capacidade de desenvolver ou utilizar procedimentos para assegurar que o trabalho seja terminado a tempo. Capacidade de ser proativo; 5. Informações – Disponibilidade para aprender e demonstrar sede de conhecimentos. Interesse em encontrar novas informações em sua área de atuação ou mesmo fora dela. Estar atento a todos os fatores, internos e externos, relacionados à sua organização/empresa. Interesse em saber como fabricar produtos ou fornecer serviços. Disponibilidade para buscar ajuda de especialistas em assuntos técnicos ou comerciais; 6. Planejamento – Disponibilidade para planejar suas atividades definindo objetivos. Capacidade de planejar, detalhando tarefas. Ser capaz de atuar com o planejamento, a execução e o controle. Acreditar na importância do planejamento; 7. Metas – Capacidade de mostrar determinação, senso de direção e de estabelecer objetivos e metas, definindo de forma clara onde pretende chegar. Capacidade de definir rumos e objetivos mensuráveis; 8. Controle – Capacidade de acompanhar a execução dos planos elaborados, manter registros e utilizá-los no processo decisório, checar o alcance dos resultados obtidos, e de realizar mudanças e adaptações sempre que necessário; 9. Persuasão – Habilidade para influenciar pessoas quanto à execução de tarefas ou de ações que viabilizem o alcance de seu objetivo. Capacidade de convencer e motivar pessoas, liderar equipes e estimulá-las, usando as palavras e ações adequadas para influenciar e persuadir; 10. Rede de relações – Habilidade para influenciar pessoas quanto à execução de tarefas ou de ações que viabilizem o alcance de seu objetivo.

Os respondentes devem pensar sobre suas aspirações, seus desejos, seu futuro e sobre como pretendem enfrentar os obstáculos §a sua sobrevivência, antes de iniciar o questionário. Este é composto por diálogos entre dois amigos (simulando dada situação) e frases que oferecem um leque de respostas possíveis, que variam de 0 a 10.

Na avaliação do potencial empreendedor, levou-se em consideração os parâmetros definidos na escala de potencial empreendedor elaborada por Santos (2008), obtidos por meio da comparação com empreendedores já estabelecidos. Os valores obtidos na presente pesquisa foram comparados aos valores de referência de cada fator na escala, sendo esses fatores definidos como intensão de empreender (valor de referência = 8,9), oportunidade (valor de referência = 8,1), persistência (valor de referência = 8,9), eficiência (valor de referência = 9,1), informações (valor de referência = 9,0), planejamento (valor de referência = 8,2), metas (valor de referência = 8,5), controle (valor de referência = 8,3), persuasão (valor de referência = 8,4), rede de relações (valor de referência = 8,6) e potencial empreendedor (valor de referência = 8,6).

Por fim, o questionário Sociodemográfico e Ocupacional foi elaborado com o objetivo de avaliar as características sociodemográficas e ocupacionais dos estudantes universitários. Foram coletadas variáveis como gênero, idade, escolaridade, estado civil, curso e período da graduação no momento da coleta de dados, existência ou não de outro curso de graduação concluído ou algum curso profissionalizante, tipo de trabalho dos pais (por conta própria ou empregados), renda do aluno, profissão, tipo de escola em que concluiu o ensino médio (privada ou pública), existência ou não de algum tipo de deficiência, além de perguntas como: se a matriz curricular do curso apresenta alguma disciplina de empreendedorismo, se a matriz curricular do curso apresenta alguma disciplina para desenvolvimento de *soft skills*, se o aluno acha que a faculdade o prepara para o mercado de trabalho e se o estudante atribui ou não à universidade a responsabilidade por sua formação integral (desenvolvimento de outras habilidades, para além da capacitação técnica).

Procedimentos e análise de dados

A coleta de dados foi realizada no período de agosto de 2021 a maio de 2022, de forma presencial e coletiva, em sala de aula, com duração média de 90 minutos cada sessão. Foram convidados a participar da pesquisa os alunos pertencentes ao primeiro e ao último ano do curso de Psicologia.

Os testes estatísticos foram conduzidos adotando-se o nível de significância de $p < 0,05$. Foram empregadas as seguintes análises: Análises estatísticas descritivas, por meio do cálculo de médias, desvios-padrão e porcentagens para a descrição das características sociodemográficas e ocupacionais da amostra e para analisar os escores dos instrumentos IHS2-Del-Prette, Escala de Potencial Empreendedor e Questionário Sociodemográfico; ANOVA de um fator (com teste post hoc de Bonferroni) e teste t de *Student* foram empregados para verificar a existência de diferenças significativas entre os grupos de estudantes de início e final de curso em relação aos seus escores totais e fatoriais do IHS2-Del-Prette e da Escala de Potencial Empreendedor. O teste do Qui-Quadrado foi utilizado para comparar os grupos de estudantes de início e final de curso quanto às classificações de seu repertório de habilidades sociais e potencial empreendedor, conforme as instruções contidas no manual de aplicação, apuração e interpretação dos instrumentos utilizados. Os dados foram analisados por meio dos softwares aplicativos *Statistical Package for the Social Sciences* (SPSS), versão 26.0 para Windows, Jasp, versão 0.16.3, e o software R, versão 4.2.0.

RESULTADOS

Formação em Psicologia

Os estudantes do curso de Psicologia responderam a algumas perguntas cujo objetivo foi investigar percepções comuns sobre a formação obtida pela instituição de ensino avaliada. O panorama descritivo das perguntas e respostas pode ser visualizado na Tabela 1:

Tabela 1 – *Dados descritivos referentes às perguntas do questionário sociodemográfico*

Pergunta	Iniciantes		Concluintes		Desvio Padrão
	Sim %	Não %	Sim	Não %	
1. O curso em que você está matriculado possui alguma disciplina de empreendedorismo?	88,3	11,6	95,3	4,6	4,9
2. O curso em que você está matriculado promove o desenvolvimento de soft skills (habilidades relacionais, de comunicação, liderança, colaboração, assertividade)?	97,6	2,3	90,6	9,3	4,9

Pergunta	Iniciantes Sim %	Iniciantes Não %	Concluintes Sim	Concluintes Não %	Desvio Padrão
3. Você acha que a Universidade em que você está te prepara para o mercado de trabalho?	97,6	2,3	69,7	43,3	28,9
4. Você acha que o curso em que você está matriculado te prepara para o mercado de trabalho?	97,6	2,3	76,7	23,2	14,7
5. Você acha que a faculdade é responsável por sua formação integral (preparação técnica + desenvolvimento pessoal)?	62,7	37,2	51,16	48,8	8,2

Nota. Elaborada pelos autores.

Os resultados revelaram que, de maneira geral, os alunos do curso de Psicologia percebem que a formação recebida é adequada às necessidades de mercado e acreditam que são preparados profissionalmente, tanto do ponto de vista do desenvolvimento de competências sociais e empreendedoras, quanto para a atuação no mercado de trabalho. Essa percepção se mantém predominantemente positiva ao longo do curso, porém é importante observar que as expectativas em relação à preparação para o mercado de trabalho são melhores em relação aos alunos iniciantes. Isso leva a crer que os estudantes no final do curso sentem-se mais inseguros com a formação obtida, o que pode levar a um sentimento de incapacidade e despreparo diante dos desafios enfrentados.

Potencial empreendedor

Na avaliação do potencial empreendedor, levou-se em consideração os parâmetros definidos na escala de potencial empreendedor elaborada por Santos (2008), obtidos por meio da comparação com empreendedores já estabelecidos. Os valores obtidos na presente pesquisa foram comparados aos valores de referência de cada fator na escala. A Figura 1 mostra os alunos que alcançaram os escores de referência em cada fator, considerando o número total de respondentes.

Figura 1 – *Dados descritivos referentes aos fatores da escala de potencial empreendedor*

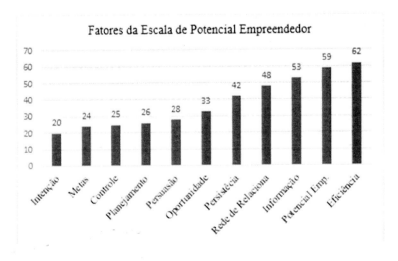

Nota. Elaborada pelos autores.

Os resultados indicaram que cerca de 68,8% dos estudantes do curso de Psicologia apresentaram potencial para empreender, porém menos de 24% apresentaram de fato a intenção para tal. De maneira geral, os estudantes revelaram escores abaixo da média de referência em 7 dos 11 itens avaliados. Os fatores eficiência, informações e rede de relacionamentos foram os que alcançaram a média de referência em, respectivamente, 72%, 61,6% e 55,8% dos alunos respondentes. Os fatores oportunidade, persistência, planejamento, metas, controle e persuasão foram os que menos se aproximaram dos escores de referência. Também foi verificada a equivalência entre as respostas dos estudantes no início e no final do curso (PE iniciantes = 28; PE concluintes = 31), não havendo uma diferença estatisticamente significativa entre os dois momentos, pois, tanto no início quanto no final do curso, os valores permaneceram praticamente inalterados.

Repertório de habilidades sociais

Foram analisados os resultados dos estudantes em relação ao repertório de habilidades sociais de acordo com os critérios estabelecidos no manual do IHS2-Del Prette (2018). Na Tabela 2, é possível analisar os resultados obtidos pelos alunos.

Tabela 2 – *Porcentagens e classificações do repertório de habilidades sociais no escore geral e nos fatores do IHS2*

IHS2	Repertório	Completa n = 86	%	Iniciantes n = 43	%	Concluintes n = 43	%
F1 Conversação Assertiva	Altamente Elaborado	18	21	10	23	8	19
	Elaborado	5	6	2	5	3	7
	Bom	17	20	12	28	6	14
	Médio Inferior	4	5	2	5	2	5
	Inferior	40	48	17	39	23	55
F2 Abordagem Afetivo-sexual	Altamente Elaborado	30	35	14	32	16	38
	Elaborado	17	20	8	19	9	21
	Bom	9	26	9	21	12	29
	Médio Inferior	8	10	8	19	1	2
	Inferior	4	9	4	9	4	10
F3 Expressão de sentimento positivo	Altamente Elaborado	22	26	10	25	12	30
	Elaborado	8	10	4	10	3	7
	Bom	18	21	10	24	7	18
	Médio Inferior	9	11	3	7	6	15
	Inferior	27	32	14	34	12	30
F4 Autocontrole/ Enfrentamento	Altamente Elaborado	26	32	12	29	14	34
	Elaborado	11	13	6	15	6	15
	Bom	24	29	15	37	9	22
	Médio Inferior	3	4	1	2	10	5
	Inferior	18	22	7	17	2	24
F5 Desenvoltura social	Altamente Elaborado	18	22	10	25	8	20
	Elaborado	3	4	1	2	2	5
	Bom	19	23	6	15	14	34
	Médio Inferior	13	16	10	25	3	7
	Inferior	28	35	13	33	14	34
Geral	Altamente Elaborado	22	26	10	23	12	27
	Elaborado	8	10	5	12	3	7
	Bom	23	27	14	33	13	30
	Médio Inferior	6	7	4	9	2	4
	Inferior	25	30	10	23	14	32

Nota. Elaborada pelos autores.

Os resultados apontaram para um repertório geral de habilidades sociais entre bom e altamente elaborado em 63% da amostra pesquisada. O fator 2 (abordagem afetivo-sexual) foi o que apresentou melhor escore entre bom, elaborado e altamente elaborado (mais de 80% dos respondentes pontuaram nessa faixa), seguido do fator 4 (autocontrole/ enfrentamento), em que 74% dos estudantes apresentaram repertório nessa mesma faixa. No fator 3 (expressão de sentimento positivo), foram obtidos escores positivos para 57% dos respondentes. No fator 5 (desenvoltura social), mais da metade dos respondentes (51%) apresentou repertório deficitário. No entanto, no fator 1 (conversação assertiva), observou-se o pior desempenho da amostra, com mais da metade dos alunos (53%) com repertório entre inferior e médio inferior. Como pode ser evidenciado na Tabela 2, o fator geral do IHS indicou que 29 alunos iniciantes apresentaram repertório entre bom e altamente elaborado em comparação com 28 alunos concluintes nessa mesma faixa. Dessa forma, é importante observar que não foram encontradas diferenças estatisticamente significativas no desempenho dos alunos nem no início nem no final do curso, o que indica que, em se tratando de habilidades sociais, os alunos tanto do início quanto do final do curso apresentaram repertórios equivalentes.

DISCUSSÃO

A formação em Psicologia deve oferecer uma base sólida em conhecimentos teóricos e práticos sobre o comportamento humano, que seja capaz de preparar o aluno para os desafios de um mundo em constante transformação. Além da visão humanizada e empática, é importante que os estudantes desenvolvam um repertório amplo no sentido de criar e desenvolver seus próprios projetos, clínicas, consultórios, consultorias, empresas e outros, tornando-se profissionais independentes e inovadores no campo social e/ou da saúde mental. Neste sentido, a combinação das habilidades sociais e do potencial empreendedor pode capacitar os estudantes de Psicologia a se adaptarem melhor às demandas da área, oferecendo serviços de qualidade e contribuindo de forma significativa para a sociedade.

Considerando os impactos da pandemia na formação universitária, os resultados do presente estudo indicaram que os *deficits* ou as potencialidades em habilidades sociais relatados pelos estudantes de Psicologia no início do curso permaneceram também na fase final de formação. Acredita-se que as regras restritivas de convivência durante a pandemia possam ter contribuído para a redução das habilidades sociais, uma vez que a comunicação face a face é essencial para o desenvolvimento desses comportamentos. Os baixos escores em comunicação assertiva e desenvoltura social foram especialmente relevantes, considerando que psicólogos geralmente são os profissionais que lidarão diretamente com grupos e indivíduos em diferentes espaços sociais.

O *deficit* no repertório de habilidades sociais também foi observado em pesquisas recentes e corroboram os resultados encontrados. Um estudo realizado por Santos (2021) investigou as classes de HS, com predomínio do repertório inferior na assertividade (38,6%), civilidade (41,3%), comunicação (42,3%), expressão de sentimento positivo (39,3%) e empatia (44,5%). Malafaia et al. (2022) ressaltaram os impactos psicológicos em estudantes universitários, dentre eles, conflitos de ordem emocional, afetiva e comportamental, bem como dificuldade de adaptação. Uma pesquisa recente indicou, ainda, que as consequências do isolamento social podem afetar indivíduos introvertidos e sem rede de apoio (Rocha, 2022). Tais resultados reforçam a ideia de que a falta de contato regular com pares, professores e mentores pode ter dificultado o desenvolvimento de habilidades sociais e a construção de redes de apoio. Essa carência de relações humanas presenciais pode ter prejudicado o processo de adaptação dos universitários, bem como o crescimento pessoal e a confiança na busca de oportunidades empreendedoras.

Em relação ao potencial empreendedor, é interessante observar que, especificamente no caso do curso de Psicologia, os alunos, em sua maioria, não consideraram o empreendedorismo como uma oportunidade a ser explorada. Por mais que alguns tenham o potencial para empreender, não vislumbram essa possibilidade. Analisando as expectativas dos estudantes sobre a profissão, percebe-se que a grande maioria dos alunos atrela sua prática profissional às questões de escolha pela área, que geralmente são ligadas à vontade de ajudar o outro e à busca pelo autoconhecimento (Zillioto et al., 2014), o que pode em parte explicar os resultados encontrados na presente pesquisa. A profissão, neste sentido, ganharia outra conotação, não abarcando a esfera da área de negócios.

Os baixos escores encontrados nos fatores oportunidade, persistência, planejamento, metas, controle e persuasão da escala de potencial empreendedor, bem como o *deficit* no repertório de habilidades sociais geral e em alguns fatores específicos, denotam que os cursos precisam repensar sua estrutura curricular ou proposta pedagógica de forma a promover o desenvolvimento de competências importantes para a realidade de trabalho do mundo atual. Torna-se, portanto, essencial que as instituições educacionais, junto dos governos e de outros atores envolvidos, ofereçam apoio e recursos para auxiliar os estudantes a desenvolverem e refinarem suas habilidades sociais e empreendedoras. Iniciativas que promovam a interação entre estudantes, como grupos de apoio, projetos colaborativos e atividades extracurriculares como treinamento de habilidades sociais e fomento ao empreendedorismo, podem ser fundamentais para estimular o desenvolvimento dessas habilidades no contexto de pós-pandemia.

CONSIDERAÇÕES FINAIS

O empreendedorismo proporciona a capacidade de identificar oportunidades, inovar, assumir riscos calculados e transformar ideias em ações concretas. Já as habilidades sociais são cruciais para estabelecer relacionamentos interpessoais saudáveis, colaborações eficazes e liderança. Essas habilidades capacitam os indivíduos a se comunicarem de maneira assertiva, resolverem conflitos e se adaptarem a diferentes ambientes sociais. Ambos os fatores são importantes para a formação universitária e devem ser desenvolvidos ao longo de todo o percurso acadêmico, visando a um melhor preparo dos estudantes para o mercado de trabalho.

Este estudo avaliou alunos do curso de Psicologia no retorno parcial das aulas após um período de praticamente um ano e meio de isolamento social. Os resultados ressaltaram *deficits* importantes em habilidades sociais e no potencial empreendedor dos alunos, porém não foi possível verificar se tais fragilidades se deram em decorrência dos efeitos da pandemia ou por deficiências na proposta pedagógica ou curricular do curso avaliado. Sendo assim, uma limitação a ser ressaltada é que este estudo possui carácter descritivo e, neste sentido, não se pretendeu verificar relações entre os construtos empreendedorismo e habilidades sociais. Também se salienta que as características da amostra pesquisada podem não refletir a realidade de outros alunos, cursos ou instituições de ensino, sendo necessários novos estudos sobre essa temática. De todo modo, os achados aqui apresentados podem ser considerados como um alerta para a relevância de se abordar essas fragilidades da formação e oportunizar o suporte adequado para os estudantes, de modo a prepará-los para um futuro profissional ainda permeado por incertezas.

QUESTÕES PARA DISCUSSÃO

Os resultados encontrados levantam algumas questões que podem ser aprofundadas por novas pesquisas, a saber:

- Como o empreendedorismo e as habilidades sociais se relacionam e por que ambos são importantes na formação universitária?

- Como os baixos escores em comunicação assertiva e desenvoltura social podem afetar a futura prática dos psicólogos que lidam com grupos e indivíduos em diferentes espaços sociais?

- Por que os estudantes de Psicologia não consideram o empreendedorismo como uma oportunidade a ser explorada, mesmo que apresentem o potencial empreendedor? Ademais, de que forma as expectativas dos estudantes sobre a profissão podem influenciar sua disposição para empreender no campo da Psicologia?

Além disso, do ponto de vista das instituições de ensino, algumas discussões também podem ser relevantes:

- Como a estrutura curricular e a proposta pedagógica dos cursos de Psicologia podem ser adaptadas para promover o desenvolvimento de habilidades sociais e empreendedoras?

- Quais iniciativas podem ser implementadas por instituições educacionais, governos e outros atores para auxiliar os estudantes a desenvolverem suas habilidades sociais e empreendedoras?

Esperamos que tais questionamentos, bem como os desafios e as limitações deste estudo, possam servir de ponto de partida para futuras pesquisas na área.

REFERÊNCIAS

Alves, L. R. R., & Bornia, A. C. (2011). Desenvolvimento de uma escala para medir o potencial empreendedor utilizando a Teoria da Resposta ao Item (TRI). *Gestão & Produção, 18*(4), 775-790. http://dx.doi.org/10.1590/S0104-530X2011000400007.

Ambiel, R. A. M., & Martins, G. H. (2016). Interesses profissionais expressos e inventariados de estudantes de psicologia: implicações para a formação. *Psicologia, Ensino & Formação, 7*(1), 5-17. http://dx.doi.org/10.21826/2179-5800201671517

Del Prette, Z. A. P., & Del Prette, A. (2017). *Competência social e habilidades sociais:* Manual teórico prático. Editora Vozes.

Del Prette, A., & Del Prette, Z. A. P. (2018). *Inventário de habilidades sociais 2 (IHS2-Del Prette): manual de aplicação, apuração e interpretação.* Pearson Clinical Brasil.

Dornelas, J. C. A. (2015). *Empreendedorismo: transformando ideias em negócios.* 5 ed. LTC.

Fogaça, F. F. S., Neto, M. M. S., Oliveira, A. L., & Bolsoni-Silva, A. T. (2022). Avaliando ansiedade e habilidades sociais de universitários durante a pandemia da COVID-19. *Research, Society and Development, 11*(14), 1-13. http://dx.doi.org/10.33448/rsd-v11i14.36137

Freitas, L. C., & Bandeira, M. (2022). *Cadernos didáticos de métodos de pesquisa quantitativa em psicologia.* 1 ed. Appris.

Heringer, R. (2022). Desafios inéditos de acesso e permanência no ensino superior durante a pandemia de COVID-19. In A. M. Carneiro, C. Y., Andrade, & H. Sampaio (Org), *Caderno de Pesquisa NEPP: Impactos da pandemia de COVID-19 no ensino superior: tendências e desafios* (pp. 43-51). UNICAMP. https://www.nepp.unicamp.br/biblioteca/periodicos/issue/view/182/CadPesqNEPP92

Lima, H. P., Arruda, G. O., Santos, E. G. P., Lopes, S. G. R., Maisatto, R. O., & Souza, V. S. (2022). A vivência do medo por estudantes universitários durante a pandemia de COVID-19. *Ciência, Cuidado e Saúde, 21*(e58691), 1-9. http://dx.doi.org/10.4025/cienccuidsaude.v21i0.58691

Malafaia, J. R. Costa, A. F., & Martins, M. G. T. (2022). COVID-19: impactos psicológicos em estudantes universitários. *Revista Ibero-Americana de Humanidades, Ciências e Educação,* São Paulo, *8*(11), 243-262. http://dx.doi.org/10.51891/rease.v8i11.7687

Miranda, M. C. L., Guedes, R. C. M., & Albino, P. M. B. (2021). O ensino remoto a partir da aplicação do ciclo de aprendizagem vivencial: o desenvolvimento local a partir de competências empreendedoras. In T. E. Lacerda, & R. Greco Júnior (Org.), *Educação remota em tempo de pandemia:* Ensinar, aprender e ressignificar a educação (pp.144-154). Bagai. https://educapes.capes.gov.br/bitstream/capes/601699/2/Editora%20 BAGAI%20-%20Educa%C3%A7%C3%A3o%20Remota%20em%20Tempos%20de%20Pandemia.pdf

Miranda, V. C., Silva, M. S., & Mahl, A. A. (2022). Ensino em empreendedorismo: um levantamento dos métodos e práticas didático-pedagógicas. *Revista Scientia, 7*(1), 153-174. https://itacarezinho.uneb.br/index.php/scientia/article/view/12301

Oliveira, I. T., Soligo, A., Oliveira, S. F., & Angelucci, B. (2017). Formação em Psicologia no Brasil: Aspectos Históricos e Desafios Contemporâneos. *Psicologia Ensino & Formação, 8*(1), 3-15. https://dx.doi.org/10.21826/2179-5800201781315

Ramos, K. (2022). Mental Health Impacts of the COVID-19 Pandemic. *Generations: Journal of the American Society on Aging, 46*(1), 1-8. https://www.jstor.org/stable/48679953

Rezende, M. G., Gonçalves, S. L., & Freitas, L. C. (2022). Relações entre empreendedorismo e habilidades sociais: uma revisão de escopo. *EPT em Revista, 6*(2), 26-39. http://dx.doi.org/10.36524/profept.v6i2.1387

Ribeiro, A. T. V. B., & Plonski, G. A. (2020). Educação empreendedora: o que dizem os artigos mais relevantes? Proposição de uma revisão de literatura e panorama de pesquisa. *Revista de Empreendedorismo e Gestão de Pequenas Empresas, 9*(1), 10-41. http://dx.doi.org/10.14211/regepe.v9i1.1633

Santos, P. C. F. (2008). *Uma escala para identificar o potencial empreendedor* [Tese de Doutorado, Universidade Federal de Santa Catarina]. chrome-extension://efaidnbmnnnibpcajpcglclefindmkaj/https://repositorio.ufsc.br/bitstream/handle/123456789/91191/247610.pdf

Santos, R. N. (2021). *Habilidades sociais e ansiedade em universitários na pandemia de COVID-19* [Dissertação de Mestrado, Universidade Federal do Amazonas]. https://tede.ufam.edu.br/handle/tede/8222

Sahão, F. T., & Kienen, N. (2020). Comportamentos adaptativos de estudantes universitários diante das dificuldades de ajustamento à universidade. *Quaderns de Psicologia, 22*(1), 00-07. https://doi.org/10.5565/rev/qpsicologia.1612

Serafim, M. (2022). O processo de ensino-aprendizagem em tempos de COVID-19. In A. M. Carneiro, C. Y., Andrade, & H. Sampaio (Org.), *Caderno de Pesquisa NEPP: Impactos da pandemia de COVID-19 no ensino superior:* Tendências e desafios (pp. 35-42). UNICAMP. ttps://www.nepp.unicamp.br/biblioteca/periodicos/issue/view/182/CadPesqNEPP92

Silva, C. M., & Campos, L. A. M. (2021). *Formação em psicologia em tempos de pandemia.* Editora Diálogos.

Souza, G. H. S. de, Santos, P. C. F., Lima, N. C., Cruz, N. J. T., Lezana, A. G. R., & Coelho, J. A. P. M. (2017). Escala de Potencial Empreendedor: evidências de validade fatorial confirmatória, estrutura dimensional e eficácia preditiva. *Gestão & Produção, 24*(2), 324-337. https://doi.org/10.1590/0104-530x3038-16

Vale, G. M. V. (2014). Empreendedor: origens, concepções teóricas, dispersão e integração. *RAC, 18*(6), 874-891. https://doi.org/10.1590/1982-7849rac20141244

Vasconcelos, E. F., Marcondes, R. C., Casali, M. E. A., Amaral, L. D., & Correia, G. M. (2019). Possibilidades e limites no desenvolvimento empreendedor de estudantes de graduação em psicologia: uma avaliação de potencial. *Revista Foco, 12*(3), 42-64. https://doi.org/10.28950/1981-223x_revistafocoadm%2F2019.v12i3.698

Verga, E., & Silva, L. F. S. (2014). Empreendedorismo: evolução histórica, definições e abordagens. Revista de Empreendedorismo e Gestão de Pequenas Empresas, 3(3), 3-30. https://doi.org/1014211/regepe3300

Ziliotto, D. M., Benvenutti, J., Matiello, M., & Peil, S. (2014). Concepções e expectativas de estudantes de psicologia sobre sua futura profissão. *Gerais: Revista Interinstitucional de Psicologia, 7*(1), 82-92. http://pepsic.bvsalud.org/scielo.php?pid=S1983-82202014000100008&script=sci_abstract

CAPÍTULO 10

COMPARAÇÕES DAS HABILIDADES SOCIAIS DE UNIVERSITÁRIOS COM E SEM ANSIEDADE SOCIAL

Antonio Paulo Angélico
André Rezende Morais

INTRODUÇÃO

O período de transição dos jovens estudantes para a vida universitária é considerado um processo complexo, marcado por significativas mudanças ambientais, de rotina e nos sistemas de suporte social, resultantes do distanciamento do ambiente familiar e da rede social anterior ao ingresso no ensino superior (Osse & Costa, 2011). Esse novo contexto exige dos universitários um amplo repertório de habilidades sociais, tais como: fazer perguntas, solicitar explicações, iniciar e manter conversação, elogiar, tomar decisões, solucionar problemas, desenvolver autonomia, compartilhar sentimentos, discutir questões acadêmicas e não acadêmicas, agradecer, fazer pedidos, organizar-se com os colegas, cooperar, estabelecer vínculos de amizade e namoro, falar em público, argumentar, ouvir, concordar ou discordar e negociar (Soares & Del Prette, 2015; Wagner et al., 2014). Segundo Angélico (2009), possuir um bom repertório de habilidades interpessoais e de falar em público pode ser considerado imprescindível para um melhor desempenho acadêmico e social dos estudantes, favorecendo, assim, o ajustamento deles às demandas dessa nova realidade. Em acréscimo, estudos no campo do Treinamento de Habilidades Sociais (THS) têm evidenciado que pessoas socialmente competentes tendem a apresentar relações pessoais e profissionais mais produtivas, satisfatórias e duradouras, além de melhor saúde física e mental (Del Prette & Del Prette, 2001).

A presença de *deficits* em habilidades sociais pode comprometer o processo de adaptação (Angélico et al., 2013; Bolsoni-Silva et al., 2010; Soares & Del Prette, 2015) e o desempenho acadêmico dos estudantes (Gomes & Soares, 2013). Tanto na população geral quanto em universitários, um repertório de habilidades interpessoais deficitário pode favorecer o desenvolvimento de estresse (Segrin et al., 2007), de transtornos psiquiátricos, como depressão (Fernandes et al., 2012;), transtorno de ansiedade social (TAS) (Angélico, 2009), esquizofrenia, transtorno por uso de substâncias psicoativas, psicopatias e outras condições clínicas, como solidão, ansiedade social, isolamento social e problemas conjugais (Caballo, 2010). Na pesquisa de Osse e Costa (2011), os primeiros sintomas de ansiedade e depressão, além da dificuldade em pedir ou aceitar ajuda, estavam presentes na maioria dos estudantes residentes da moradia estudantil da Universidade de Brasília (N = 87). Ao encontro desses dados, mediante uma revisão sistemática da literatura em bases de dados nacionais e internacionais, Sahão e Kienen (2021) verificaram que os primeiros sintomas apresentados por estudantes universitários foram ansiedade, estresse e depressão. Segundo esses autores, estabelecer relacionamentos interpessoais satisfatórios e uma rede de apoio para compartilharem suas frustrações, dificuldades e experiências na universidade são fatores que parecem facilitar a adaptação do estudante ao ensino superior.

Ferreira et al. (2014) postularam a existência de uma relação entre ansiedade, desempenho acadêmico e habilidades sociais em estudantes universitários. Os referidos autores consideram que um nível alto de ansiedade pode resultar em comportamentos de esquiva e/ou fuga de situações sociais, que comprometem o desenvolvimento de um repertório de habilidades sociais adequado. As dificuldades interpessoais, decorrentes de um repertório de habilidades sociais pobre, podem provocar o aumento da ansiedade, gerando, desta forma, um círculo vicioso entre dificuldades interpessoais e ansiedade, que prejudica progressivamente o desempenho acadêmico dos estudantes.

Em um estudo realizado com 69 estudantes de Psicologia de uma universidade particular do Sul do Brasil, com a aplicação do *Cuestionário de Ansiedad Social para Adultos* (CASO-A30), 23% da amostra apresentava níveis de ansiedade social indicativos de TAS (Pereira et al., 2014). Gouvêa e Natalino (2018) definiram ansiedade social como um estado de ansiedade experimentado ante qualquer situação social, em que o indivíduo é alvo de avaliação, crítica, julgamento ou observação alheia, como apresentar um trabalho perante um público, marcar um encontro romântico com uma pessoa pela primeira vez ou participar de uma entrevista de emprego.

Nesse contexto, foi realizada uma busca sistemática nos indexadores de periódicos científicos *SciELO*, LILACS, MEDLINE, *PsycINFO* e PUBMED, no período de 2010 a 2021, utilizando os seguintes descritores: "habilidades sociais", "ansiedade social", "estudantes universitários", "*social skills*", "*social anxiety*", "*university students*" e "*undergraduates*". Foram adotados os seguintes critérios de inclusão: pesquisas conduzidas com estudantes universitários, de ambos os sexos, provenientes de instituição pública ou privada, que examinaram a relação direta entre ansiedade social e habilidades sociais. Excluíram-se pesquisas de validação de instrumentos de medida, de avaliação de intervenções e conduzidas com outras populações-alvo.

Para análise, foram identificados apenas três estudos internacionais que investigaram a relação entre ansiedade social e desempenho das habilidades sociais em universitários (Caballo et al., 2014; Caballo et al., 2018; Porter & Chambless, 2014). Em geral, os estudos atestaram a relação inversa entre níveis de ansiedade social e habilidades sociais, ou seja, níveis elevados de ansiedade social foram associados a habilidades sociais mais deficitárias (Caballo et al., 2014; Caballo et al., 2018; Porter & Chambless, 2014). Não foram encontradas pesquisas nacionais examinando essa relação.

Entretanto, essas pesquisas apresentaram algumas limitações metodológicas. Porter e Chambless (2014) não especificaram a área acadêmica ou o curso dos participantes da pesquisa ($N = 163$), além de terem investigado a relação entre ansiedade social e habilidades sociais em um contexto específico (relacionamentos amorosos). No estudo de Caballo et al. (2014), 95,16% da amostra ($N = 537$) era composta por estudantes universitários, sendo sua maioria pertencente ao curso de Psicologia (67,41%), seguido por outros cursos não especificados (27,75%) e o restante por participantes não universitários (1,84%). Em Caballo et al. (2018), 38,62% da amostra total ($N = 826$) eram estudantes de Psicologia, 35,47% eram universitários de outro curso não especificado, e 25,91% eram participantes não universitários.

Em contrapartida, estudos recentes avaliaram indiretamente a relação entre ansiedade geral e habilidades sociais de estudantes universitários do curso de Psicologia ($N = 72$) em situações experimentais de falar em público (Angélico & Bauth, 2020; Angélico et al., 2018). Em uma pesquisa com 476 universitários do primeiro ano dos cursos da área de saúde (Biomedicina, Enfermagem, Fisioterapia, Medicina e Odontologia), Leão et al. (2018) encontraram que a maior prevalência de ansiedade entre os estudantes esteve fortemente associada a ter relacionamento insatisfatório com familiares ($RP = 2,11$; $p < 0,001$), amigos ($RP = 1,79$; $p = 0,005$), e colegas de sala ($RP = 1,70$; $p < 0,001$).

Por conseguinte, os problemas de pesquisa identificados nessa revisão de literatura foram: (a) a carência de estudos investigando a relação direta entre ansiedade social e habilidades sociais em universitários; e (b) pesquisas realizadas com amostras compostas por estudantes de cursos ou áreas acadêmicas não especificadas e por participantes não universitários, não possibilitando, assim, a generalização dos resultados obtidos.

Diante disso, os objetivos do presente estudo foram: (a) examinar a associação entre as classificações do repertório de habilidades sociais e as áreas acadêmicas/do conhecimento (humanas exatas e biológicas); (b) verificar a associação entre as classificações do repertório de habilidades sociais e os grupos de universitários com ansiedade social (GAS) e sem ansiedade social (GSAS), provindos de diferentes áreas e tipos de instituição de ensino superior (IES) (pública e privada); (c) comparar esses grupos em relação às habilidades sociais, tanto em termos dos escores totais e dos fatores, quanto das pontuações dos itens do IHS-Del-Prette; e (d) investigar os fatores sociodemográficos, ocupacionais e clínicos (relativas à ansiedade social e ao uso de medicação psicotrópica) preditores das habilidades sociais em estudantes universitários.

MÉTODO

Participantes

A amostra foi composta por 818 universitários, sendo 42,3% homens e 57,7% mulheres, com idade variando de 17 a 57 anos (M = 23,04; DP = 5,50), provenientes de duas IES, uma pública (n = 478) e outra privada (n = 340), situadas em duas cidades do interior do estado de Minas Gerais. Foram incluídos estudantes regularmente matriculados até o quinto período (semestre) dos cursos de graduação, distribuídos nas áreas de ciências humanas (n = 318), exatas (n = 302) e biológicas (n = 198).

Instrumentos

Neste estudo, foram utilizados o Inventário de Habilidades Sociais (IHS-Del-Prette), a Escala de Ansiedade Social de Liebowitz (LSAS-SR) e um Questionário Sociodemográfico e Ocupacional, sendo os dois primeiros com qualidades psicométricas adequadas aferidas. Esses instrumentos se encontram descritos a seguir.

Inventário de Habilidades Sociais (IHS-Del-Prette)

Trata-se de um instrumento de autorrelato, composto por 38 itens, que visa a avaliar as dimensões situacionais e comportamentais das habilidades sociais. O respondente deve indicar a frequência com que age ou se sente diante das situações apresentadas em cada item, por meio de uma escala Likert, que varia de *nunca ou raramente* a *sempre ou quase sempre*. Este instrumento pode ser avaliado pela obtenção tanto do escore total quanto pelos escores em cada um de seus fatores componentes: enfrentamento e autoafirmação com risco (Fator 1), autoafirmação na expressão de sentimento positivo (Fator 2), conversação e desenvoltura social (Fator 3), autoexposição a desconhecidos e situações novas (Fator 4), e autocontrole da agressividade (Fator 5) (Del Prette & Del Prette, 2001).

No que se refere às propriedades psicométricas, o IHS-Del-Prette apresentou qualidades adequadas (Del Prette & Del Prette, 2001). A consistência interna foi satisfatória, com alfa de *Cronbach* de 0,75 para a escala global e valores entre 0,74 e 0,96 para as subescalas. A análise fatorial, realizada pelo Método Alfa, com rotação *Varimax*, identificou uma estrutura com cinco fatores principais, citados anteriormente, que explicaram 92,75% da variância dos dados. A fidedignidade do IHS, em termos de estabilidade temporal, foi avaliada por meio de uma análise correlacional de duas aplicações, teste e reteste, sendo obtida uma correlação positiva e significativa entre elas ($r = 0,90$; $p = 0,001$).

Escala de Ansiedade Social de Liebowitz (LSAS-SR)

É um instrumento autoaplicável, que tem como objetivo avaliar o medo e a evitação de situações sociais vivenciadas durante a última semana pelo respondente, sendo composto por 24 itens, pontuados em uma escala Likert, variando de 0 (*nenhum/nunca*) a 3 (*profundo/geralmente*). Com a aplicação do instrumento, podem ser obtidos escores tanto para a escala total quanto para as suas subescalas Medo e Evitação (Santos et al., 2013).

Com relação à fidedignidade, os resultados mostraram uma excelente consistência interna, com os valores do alfa de *Cronbach* variando de 0,90 a 0,96, seja para a escala total, seja para as suas subescalas Medo e Evitação, independentemente do grupo clínico considerado. Com o objetivo de avaliar a estabilidade temporal da LSAS-SR, foi calculado o Coeficiente de Correlação Intraclasse (CCI) para a escala total, obtendo-se valor de 0,81 (IC: 0,77-0,85), classificado como excelente. Esse mesmo padrão foi encontrado para a pontuação da subescala Medo (0,81; IC: 0,76-0,85). Em relação aos escores da subescala Evitação, houve ligeira diminuição no valor do CCI (0,77; IC: 0,72-0,82). Foi calculada também a correlação de Pearson entre os escores totais e das subescalas nos dois momentos de avaliação. Os valores encontrados foram classificados como excelentes para o escore total ($r = 0,82$) e para as subescalas de medo ($r = 0,82$) e evitação ($r = 0,78$), todos com p 0,05 (Santos et al., 2013).

Para avaliar a validade discriminativa da LSAS-SR, foram utilizadas duas técnicas distintas: *Receiver Operating Curve* (ROC) e comparação de variáveis. Em geral, as notas de corte que melhor apresentaram equilíbrio entre os parâmetros analisados (sensibilidade, especificidade, valor preditivo positivo, valor preditivo negativo e taxa de classificação incorreta) para discriminar os grupos foram: 32 para casos clínicos ou subclínicos dos não casos de TAS; e 44 para casos clínicos dos subclínicos de TAS. A escala se mostrou adequada ainda em discriminar sujeitos em função do gênero (masculino e feminino) ($p \leq 0,05$) e grupo amostral (caso, subclínico e não caso de TAS) ($p \leq 0,001$). De acordo com os resultados, o gênero feminino e o grupo caso possuíam maiores médias, tanto no escore total quanto nas subescalas em relação aos seus respectivos grupos de comparação (Santos et al., 2015).

Questionário Sociodemográfico e Ocupacional

Elaborado pelos pesquisadores para avaliar as características sociodemográficas e ocupacionais dos estudantes universitários que compuseram a amostra deste estudo. As variáveis investigadas foram: sexo, idade, escolaridade, estado civil, com quem morava, IES, curso e período da graduação em que se encontrava matriculado, se possuía outro curso de graduação ou técnico profissionalizante concluído, se trabalhava ou possuía renda própria, profissão e se ela possuía contato direto com outras pessoas ou atendimento ao público, o tipo de escola em que concluiu o ensino médio (particular ou pública) e se possuía algum tipo de deficiência.

Procedimentos de coleta de dados

Os instrumentos de medida foram aplicados de forma coletiva, durante o horário de aula, após a autorização do coordenador do curso e do professor responsável pela disciplina ministrada durante a coleta de dados. Nessa ocasião, o pesquisador explicava aos alunos os objetivos e os procedimentos do estudo e os convidava a participar. Àqueles que concordavam em participar voluntariamente da pesquisa, foi solicitado que lessem e assinassem o Termo de Consentimento Livre e Esclarecido. Os alunos que não quiseram participar, por qualquer motivo, foram dispensados da atividade.

Este estudo foi aprovado pela Comissão de Ética em Pesquisa com Seres Humanos (CAAE n.º 64713817.0.1001.5545) e pelo Comitê de Ética em Pesquisa (CAAE n.º 64713817.0.3001.5116) das universidades pública e privada, respectivamente. A coleta de dados ocorreu de acordo com as normas éticas, conforme a Resolução n. 466/2012 do Conselho Nacional de Saúde.

Análise de dados

Os dados coletados foram analisados por meio do programa *Statistical Program for Social Sciences* (SPSS), versão 20.0 para Windows. Os testes estatísticos foram conduzidos adotando-se o nível de significância de $p < 0,05$.

Foram feitas análises estatísticas descritivas, por meio do cálculo de médias, desvios-padrão e porcentagens para a descrição das características sociodemográficas e ocupacionais da amostra e para analisar os escores dos instrumentos IHS-Del-Prette e LSAS-SR. O teste *t* de *Student*, para amostras independentes, foi utilizado para comparação de grupos quando as variáveis investigadas eram contínuas (idade dos participantes, pontuação nos itens, escores totais e dos fatores do IHS). Em geral, para refinar a análise, calculou-se o tamanho do efeito (d), adotando-se as recomendações de Cohen (1988) para especificar a medida deste tamanho em: pequeno ($0,20 \leq d < 0,50$), médio ($0,50 \leq d < 0,80$) ou grande ($d \geq 0,80$). Aplicou-se o teste do Qui-Quadrado para comparar os grupos em relação às variáveis categóricas (classificação dos seus repertórios de habilidades sociais e fatores sociodemográficos e ocupacionais, com exceção de idade).

Para verificar as variáveis que seriam inseridas na análise de Regressão Linear Múltipla, realizaram-se análises estatísticas univariadas com as variáveis sociodemográficas, ocupacionais e clínica (relativa à ansiedade social) em relação ao escore total de habilidades sociais dos universitários. Foram conduzidos teste *t* de *Student*, para amostras independentes, ANOVA de um fator, com *post hoc* de *Bonferroni*, e o teste de correlação linear de *Pearson*.

Empregou-se a análise de Regressão Linear Múltipla para investigar o poder preditivo das características sociodemográficas e ocupacionais e dos níveis de ansiedade social em relação ao escore total de habilidades sociais dos estudantes universitários. Sendo assim, a variável dependente foi o repertório de habilidades sociais e as variáveis independentes, os fatores sociodemográficos e ocupacionais e os níveis de ansiedade social, identificados como significativos nas análises univariadas ($p < 0,05$) e os que apresentaram $p \leq 0,25$, segundo recomendações de Hosmer e Lemeshow (2000), pois eles podem se tornar significativos na análise de regressão. Os modelos de regressão foram construídos por meio do método *stepwise*, com possibilidade de entrada igual a 0,10, e de saída, 0,15 (Draper & Smith, 1998). O diagnóstico do modelo foi feito por meio da análise de resíduos (Montgomery et al., 2006).

RESULTADOS

Caracterização da amostra quanto ao repertório de habilidades sociais

A classificação do repertório global de habilidades sociais dos universitários foi feita a partir dos dados normativos do estudo original do IHS-Del-Prette, calculado em termos de percentis (Del Prette & Del Prette, 2001). Os dados referentes a esta classificação para as áreas de conhecimento (humanas, exatas e biológicas) estão exibidos na Tabela 1.

Tabela 1 – *Classificação do Repertório de Habilidades Sociais entre os Participantes da Amostra (N = 818), distribuídos por Área do Conhecimento*

Classificação do Repertório de HS	Humanas n (%)	Exatas n (%)	Biológicas n (%)	Teste Estatístico
Repertório bastante elaborado ($P \geq 75$)	77 (24,2%)	88 (29,1%)	55 (27,8%)	
Bom repertório (acima da mediana; $P > 50$ e < 75)	63 (19,8%)	48 (15,9%)	33 (16,7%)	$x^2 = 9,62$
Repertório mediano ($P = 50$)	9 (2,8%)	9 (3,0%)	4 (2,0%)	$p = 0,293$
Bom repertório (abaixo da mediana; $P = 25$ e < 50)	57 (17,9%)	45 (14,9%)	46 (23,2%)	
Repertório deficitário (indicação para THS; $P < 25$)	112 (35,2%)	112 (37,1%)	60 (30,3%)	
Total de participantes	318	302	198	

Nota. HS = habilidades sociais; n = número de participantes; % = porcentagem, x^2 = Qui-Quadrado; p = probabilidade associada.

Verificou-se que não houve diferença significativa entre as áreas quanto à classificação do repertório de habilidades sociais ($x^2 = 9,62$; $p = 0,293$). Porém, é possível observar que mais de 50% dos participantes de cada área estavam distribuídos nas classificações *"bom repertório (abaixo da mediana)"* e *"repertório deficitário de habilidades sociais, com indicação para THS"*, sendo humanas 53,1% (17,9% e 35,2%, respectivamente); exatas 52% (14,9% e 37,1%, respectivamente) e biológicas 53,5% (23,2% e 30,3%, respectivamente). Com relação à classificação *"bom repertório (acima da mediana)"*, 19,8% dos participantes da área de humanas ($n = 63$) estavam nesta categoria, 15,9% em exatas ($n = 48$) e 16,7% em biológicas ($n = 33$). No que diz respeito ao *"repertório bastante elaborado"*, o grupo da área de exatas foi o que apresentou o maior número de indivíduos ($n = 88$; 29,1%), seguido de biológicas ($n = 55$; 27,8%) e humanas ($n = 77$; 24,2%).

Vale a pena ressaltar que, dos 51 alunos da amostra total ($N = 818$) que tinham outro curso de graduação, oito foram classificados com *"bom repertório (abaixo da mediana)"* (15,7%) e 15 com *"repertório deficitário"* (29,4%), totalizando 45,1% com repertório pobre de habilidades sociais. Dos 239 universitários da amostra total que cursaram algum curso técnico profissionalizante, 41 foram classificados com *"bom repertório (abaixo da mediana)"* (15,7%) e 83 com *"repertório deficitário"* (29,4%), totalizando 51,9% com repertório pobre de habilidades sociais, sendo que, dessa subamostra, apenas 14 (5,9%) possuíam também outro curso de graduação. Realizando análises estatísticas posteriores, constatou-se não haver associação estatisticamente significativa entre ter cursado outro curso de graduação ou técnico profissionalizante (sim ou não) e as categorias de classificação do repertório de habilidades sociais ($x^2 = 2,15$; $p = 0,727$; $x^2 = 0,84$; $p = 0,933$, respectivamente), ou seja, a classificação do repertório de habilidades sociais dos estudantes independe da formação anterior em outros cursos. Na análise sobre ter cursado outra graduação, conforme indicado por Marôco (2014), foram usados os resultados do teste exato, que são consonantes com a Simulação de Monte Carlo, uma vez que as condições de aproximação da distribuição do teste à distribuição do Qui-Quadrado não se verificaram.

Em relação ao escore total do IHS-Del-Prette, os grupos de universitários que possuíam outro curso de graduação ou técnico profissionalizante não diferiram significativamente daqueles que não tinham essa formação anterior (t = - 1,27; p = 0,203; t = - 1,17; p = 0,241, respectivamente). Desta forma, esses resultados corroboram o achado anteriormente exposto, de que a classificação do repertório de habilidades sociais dos estudantes independe da sua formação anterior em outros cursos.

Por meio da ANOVA, com teste *post hoc* de *Bonferroni*, foi possível comprar as habilidades sociais, em termos dos escores totais e dos fatores do IHS-Del-Prette, entre os estudantes de diferentes áreas acadêmicas. Não foram encontradas diferenças estatisticamente significativas entre as áreas acadêmicas em relação ao escore total do IHS e aos Fatores 2, 3 e 4 ($p \geq 0,05$). Observou-se apenas uma tendência da área de exatas apresentar maiores médias no escore total e da área de biológicas, uma tendência de maiores médias nos Fatores 2, 3 e 4. Nos Fatores 1 e 5, verificou-se diferenças estatisticamente significativas entre grupos (F =3,26; p = 0,039; F = 3,39; p = 0,034, respectivamente). No Fator 1, tal diferença foi constatada entre as áreas de exatas e biológicas (p = 0,04), indicando que os estudantes da área de exatas mostraram-se mais habilidosos socialmente neste fator (M = 9,17; DP = 3,38), quando comparados com o grupo da área de biológicas (M = 8,42; DP = 3,32). Apesar de os grupos apresentarem diferença significativa no Fator 5, ela não se manteve no teste *post hoc* de *Bonferroni*.

Caracterização da amostra quanto aos níveis de ansiedade social

A diferenciação entre universitários com ansiedade social baixa e alta foi baseada na nota corte de 32 pontos da LSAS-SR, empregada para discriminar os grupos não caso e subclínico de TAS (Santos et al., 2015), os quais o presente estudo definiu como grupo sem ansiedade social (GSAS) e grupo com ansiedade social (GAS), respectivamente. Segundo Santos et al. (2013), o grupo subclínico é composto pelos indivíduos que apresentam resultados positivos para a maioria dos critérios diagnósticos do TAS, exceto para presença de sofrimento e prejuízo social. Verificou-se, assim, que 76,7% dos participantes da amostra apresentaram níveis de ansiedade social alta (n = 627), sendo categorizados no GAS, e 23,3% exibiram níveis de ansiedade social baixa (n = 191), compondo o GSAS. Considerando a nota corte de 44 pontos da LSAS-SR (Santos, 2015), constatou-se que 77,2% dos participantes do GAS (n = 484) foram rastreados como possíveis casos clínicos e 22,8% (n = 143) como subclínicos de TAS.

Para avaliar a equivalência dos grupos GSAS e GAS em relação às variáveis sociodemográficas e ocupacionais, visando à realização das análises subsequentes, empregou-se o teste t de *Student* para variáveis contínuas e o teste do Qui-Quadrado para variáveis categóricas. A Tabela 2 exibe os dados referentes a esta análise.

Tabela 2 – *Análise de Equivalência dos Grupos Sem Ansiedade Social (n = 191) e Com Ansiedade Social (n = 627) quanto às Variáveis Sociodemográficas e Ocupacionais*

(continua)

Variáveis	Categorias	Grupos		Testes Estatísticos
		GSAS	GAS	
Idade	-	$M = 24,02$	$M = 22,68$	$t = 2,99$
		$DP = 6,44$	$DP = 5,13$	$p = 0,003*$
Sexo	Masculino n (%)	107 (56%)	239 (38,1%)	$\chi^2 = 19,23$
	Feminino n (%)	84 (44%)	388 (61,9%)	$p < 0,001*$
Estado Civil	Sem companheiro n (%)	169 (88,5%)	584 (93,1%)	$\chi^2 = 4,35$
	Com companheiro n (%)	22 (11,5%)	43 (6,9%)	$p = 0,037*$
Status de moradia	Sozinho n (%)	13 (6,8%)	41 (6,5%)	$\chi^2 = 0,02$
	Com alguém n (%)	178 (93,2%)	586 (93,5%)	$p = 0,896$
Instituição de ensino superior	Particular n (%)	95 (49,7%)	245 (39,1%)	$\chi^2 = 6,85$
	Pública n (%)	96 (50,3%)	382 (60,9%)	$p = 0,009*$
Áreas do conhecimento	Ciências Humanas n (%)	64 (33,5%)	254 (40,5%)	$\chi^2 = 3,10$
	Ciências Exatas n (%)	78 (40,8%)	224 (35,7%)	$p = 0,212$
	Ciências Biológicas n (%)	49 (25,7%)	149 (23,8%)	
Outro curso de graduação	Sim n (%)	16 (8,4%)	35 (5,6%)	$\chi^2 = 1,96$
	Não n (%)	175 (91,6%)	592 (94,4%)	$p = 0,162$
Curso profissionalizante	Sim n (%)	62 (32,5%)	177 (28,2%)	$\chi^2 = 1,27$
	Não n (%)	129 (67,5%)	450 (71,8%)	$p = 0,260$
Ensino médio	Escola Pública n (%)	121 (63,4%)	405 (64,6%)	$\chi^2 = 0,10$
	Escola Privada n (%)	70 (36,6%)	222 (35,4%)	$p = 0,754$
Trabalha ou possui renda própria	Sim n (%)	94 (49,2%)	259 (41,3%)	$\chi^2 = 3,73$
	Não n (%)	97 (50,8%)	368 (58,7%)	$p = 0,053$
Contato direto com o público ou outras pessoas no trabalho	Sim n (%)	81 (42,4%)	203 (32,4%)	$\chi^2 = 6,50$
	Não n (%)	110 (57,6%)	424 (67,6%)	$p = 0,011*$
Possui algum tipo de deficiência	Sim n (%)	5 (2,6%)	14 (2,2%)	$\chi^2 = 0,96$
	Não n (%)	186 (97,4%)	613 (97,8%)	$F = 0,784**$
Medicamento psicotrópico	Sim n (%)	7 (3,7%)	35 (5,6%)	$\chi^2 = 1,10$
	Não n (%)	184 (96,3%)	592 (94,4%)	$p = 0,293$

Nota. n = número de participantes; % = porcentagem; GSAS = Grupo Sem Ansiedade Social; GAS = Grupo com Ansiedade Social; χ^2 = Qui-Quadrado; p = probabilidade associada; * = diferença significativa.
**Como 25% das células apresentaram frequências esperadas menores do que 5, o teste estatístico apropriado foi o da probabilidade exata de Fisher. Ele forneceu $p = 0,784$ para uma hipótese bilateral, evidenciando, assim, não existir um relacionamento entre os grupos e possuir algum tipo de deficiência, neste estudo.

De acordo com a Tabela 2, as diferenças estatisticamente significativas entre os grupos ocorreram nas variáveis "idade", "sexo", "estado civil", "instituição de ensino superior" e "contato direto com o público ou outras pessoas no trabalho". Verificou-se que o GSAS possuía média de idade superior e continha mais estudantes do sexo masculino em comparação ao GAS. Por sua vez, o GAS apresentou uma ocorrência maior de estudantes que viviam sem companheiro, estavam matriculados em instituição pública e não tinham contato direto com o público ou outras pessoas no trabalho. Deste modo, os grupos não diferiram quanto à maioria das variáveis investigadas, indicando que eram equivalentes, ou seja, comparáveis entre si.

Comparação dos grupos com e sem ansiedade social em relação ao repertório de habilidades sociais

Para verificar a associação entre os grupos com e sem ansiedade social e as categorias de classificação de seus repertórios de habilidades sociais, aplicou-se o teste do Qui-Quadrado. Na Tabela 3, encontram-se resultados obtidos por meio deste teste.

Tabela 3 – *Associação entre os Grupos Sem Ansiedade Social (n = 191) e com Ansiedade Social (n = 627) com as Categorias de Classificação de seu Repertório de Habilidades Sociais*

Classificação do Repertório de HS	GSAS	GAS	Teste estatístico
Repertório bastante elaborado n (%)	122 (63,9%)	98 (15,6%)	
Bom repertório de HS (acima da mediana) n (%)	30 (15,7%)	114 (18,2%)	
Repertório mediano n (%)	5 (2,6%)	17 (2,7%)	x^2= 186,14
Bom repertório de HS (abaixo da mediana) n (%)	16 (8,4%)	132 (21,1%)	$p < 0,001$*
Repertório deficitário (indicação para THS) n (%)	18 (9,4%)	266 (42,4%)	

Nota. HS = Habilidades sociais; GSAS = Grupo Sem Ansiedade Social; GSA = Grupo Com Ansiedade Social; THS = Treinamento de Habilidades Sociais; % = porcentagem; x^2= Qui-Quadrado; p = probabilidade associada; * = diferença significativa.

Observou-se que existe uma associação estatisticamente significativa entre os grupos e as categorias de classificação do repertório de habilidades sociais (x^2= 186,14; $p < 0,001$), evidenciando o relacionamento entre ansiedade social e a classificação deste repertório. Desta forma, o GSAS apresentou o maior número de participantes distribuídos nas categorias *"repertório bastante elaborado"* (n = 122; 63,9%) e *"bom repertório de habilidades sociais (acima da mediana)"* (n = 30; 15,7%), o que, ao todo, corresponde a 79,6% dos universitários com um repertório mais rico de habilidades sociais. Apenas 17,8% dos participantes foram classificados como tendo um *"bom repertório (abaixo da mediana)"* (n = 16; 8,4%) e um *"repertório deficitário, com indicação para THS"* (n = 18; 9,4%), e 2,6% um *"repertório mediano de habilidades sociais"* (n = 5).

Por outro lado, o GAS foi composto por 63,5% de estudantes distribuídos nas categorias *"bom repertório de habilidades sociais (abaixo da mediana)"* (n = 132; 21,1%) e *"repertório deficitário, com indicação para THS"* (n = 266; 42,4%), ou seja, a maioria apresentando um repertório pobre. Em contrapartida, 15,6% dos participantes apresentaram um *"repertório bastante elaborado"* (n = 98), 18,2% um *"bom repertório (acima da mediana)"* (n = 114) e 2,7% um *"repertório mediano de habilidades socais"* (n = 17).

As Tabelas 4 e 5 mostram as análises feitas para comparar o GSAS e o GAS em relação às habilidades sociais, considerando os escores totais e dos fatores (Tabela 4), bem como as pontuações dos itens (Tabela 5) do IHS-Del-Prette. Ambas as Tabelas expõem as médias, os desvios-padrão e os valores das estatísticas para cada uma das dimensões avaliadas na comparação dos grupos.

Tabela 4 – *Comparação dos Grupos Sem Ansiedade Social (n = 191) e Com Ansiedade Social (n = 627) em relação ao Escore Total e dos Fatores do IHS-Del-Prette*

Variáveis	Grupos	Média (*DP*)	*t*	*p*	*d*
Escore total	Sem Ansiedade Social	108,22 (15,32)	15,64	< 0,001*	0,91
	Com Ansiedade Social	86,57 (17,15)			
Fator 1 – Enfrentamento e autoafirmação com risco	Sem Ansiedade Social	11,55 (2,87)	14,52	< 0,001*	0,68
	Com Ansiedade Social	7,97 (3,02)			
Fator 2 – Autoafirmação na expressão de afeto positivo	Sem Ansiedade Social	9,42 (1,76)	7,87	< 0,001*	0,34
	Com Ansiedade Social	8,17 (1,96)			
Fator 3 – Conversação e desenvoltura social	Sem Ansiedade Social	8,23 (1,67)	11,60	< 0,001*	0,46
	Com Ansiedade Social	6,58 (1,89)			
Fator 4 – Autoexposição a desconhecidos e situações novas	Sem Ansiedade Social	4,05 (1,08)	11,98	< 0,001*	0,47
	Com Ansiedade Social	2,93 (1,29)			
Fator 5 – Autocontrole da agressividade	Sem Ansiedade Social	1,19 (0,63)	- 0,16	= 0,873	- 0,01
	Com Ansiedade Social	1,20 (0,73)			

Nota. DP = desvio padrão; *t* = *t* de *Student*; *p* = probabilidade associada; *d* = tamanho do efeito; * = diferença significativa.

Os dados da Tabela 4 apontaram para uma diferença estatisticamente significativa entre os grupos no escore total e nos Fatores 1, 2, 3 e 4 do IHS-Del-Prette, indicando que o GSAS apresentou um repertório mais elaborado de habilidades sociais gerais, bem como de suas classes componentes "enfrentamento e autoafirmação com risco" (Fator 1), "autoafirmação na expressão de afeto positivo" (Fator 2), "conversação e desenvoltura social" (Fator 3) e "autoexposição a desconhecidos e situações novas" (Fator 4), quando comparado ao GAS. Considerando as recomendações de Cohen (1988), o escore total do IHS demonstrou um efeito considerado grande, enquanto o Fator 1 apresentou um efeito médio, e os Fatores 2, 3 e 4, um efeito pequeno. Por conseguinte, o escore total evidenciou um maior poder discriminativo, e o Fator 1, um poder discriminativo relativamente alto para diferenciar os grupos.

Tabela 5 – *Comparação dos Grupos Sem Ansiedade Social (n = 191) e Com Ansiedade Social (n = 627) em relação aos Itens do IHS-Del-Prette*

(continua)

Itens do IHS	Grupos	Média (*DP*)	*t*	*p*	*d*
1. Manter conversa com desconhecidos	Sem Ansiedade Social	2,48 (1,04)	10,82	< 0,001*	0,45
	Com Ansiedade Social	1,52 (1,09)			
2. Pedir mudança de conduta	Sem Ansiedade Social	2,78 (1,03)	2,62	= 0,009*	0,10
	Com Ansiedade Social	2,56 (1,08)			
3. Agradecer elogios	Sem Ansiedade Social	3,64 (0,81)	4,07	< 0,001*	0,16
	Com Ansiedade Social	3,36 (0,97)			
4. Interromper a fala do outro	Sem Ansiedade Social	1,86 (1,28)	4,49	< 0,001*	0,19
	Com Ansiedade Social	1,40 (1,13)			
5. Cobrar dívida de amigo	Sem Ansiedade Social	2,27 (1,35)	5,17	< 0,001*	0,21
	Com Ansiedade Social	1,70 (1,330)			

Itens do IHS	Grupos	Média (*DP*)	*t*	*p*	*d*
6. Elogiar outrem	Sem Ansiedade Social	2,96 (1,02)	5,96	< 0,001*	0,24
	Com Ansiedade Social	2,45 (1,12)			
7. Apresentar-se a outra pessoa	Sem Ansiedade Social	0,09 (1,28)	9,96	< 0,001*	0,43
	Com Ansiedade Social	1,06 (1,14)			
8. Participar de conversação	Sem Ansiedade Social	3,46 (0,88)	7,40	< 0,001*	0,29
	Com Ansiedade Social	2,87 (1,18)			
9. Falar a público desconhecido	Sem Ansiedade Social	2,72 (1,20)	7,52	< 0,001*	0,30
	Com Ansiedade Social	1,94 (1,42)			
10. Expressar sentimento positivo	Sem Ansiedade Social	2,71 (1,29)	4,02	< 0,001*	0,17
	Com Ansiedade Social	2,26 (1,37)			
11. Discordar de autoridade	Sem Ansiedade Social	2,16 (1,21)	9,58	< 0,001*	0,39
	Com Ansiedade Social	1,25 (1,13)			
12. Abordar para relação sexual	Sem Ansiedade Social	2,23 (1,32)	10,17	< 0,001*	0,44
	Com Ansiedade Social	1,14 (1,18)			
13. Reagir a elogio	Sem Ansiedade Social	3,14 (1,00)	7,30	< 0,001*	0,29
	Com Ansiedade Social	2,50 (1,24)			
14. Falar público conhecido	Sem Ansiedade Social	2,61 (1,35)	6,42	< 0,001*	0,26
	Com Ansiedade Social	1,90 (1,33)			
15. Lidar com críticas injustas	Sem Ansiedade Social	3,01 (1,14)	4,04	< 0,001*	0,16
	Com Ansiedade Social	2,62 (1,23)			
16. Discordar do grupo	Sem Ansiedade Social	2,92 (1,16)	6,10	< 0,001*	0,25
	Com Ansiedade Social	2,32 (1,23)			
17. Encerrar a conversação	Sem Ansiedade Social	3,09 (1,10)	3,56	< 0,001*	0,15
	Com Ansiedade Social	2,76 (1,14)			
18. Lidar com críticas dos pais	Sem Ansiedade Social	3,13 (0,98)	1,72	= 0,085	0,07
	Com Ansiedade Social	2,98 (1,09)			
19. Abordar autoridade	Sem Ansiedade Social	2,83 (1,06)	8,78	< 0,001*	0,35
	Com Ansiedade Social	2,02 (1,25)			
20. Declarar sentimento amoroso	Sem Ansiedade Social	2,51 (1,19)	6,50	< 0,001*	0,27
	Com Ansiedade Social	1,86 (1,22)			
21. Devolver mercadoria defeituosa	Sem Ansiedade Social	3,24 (1,03)	7,03	< 0,001*	0,28
	Com Ansiedade Social	2,61 (1,23)			
22. Recusar pedidos abusivos	Sem Ansiedade Social	2,46 (1,36)	3,46	= 0,001*	0,14
	Com Ansiedade Social	1,07 (1,33)			
23. Fazer pergunta a desconhecido	Sem Ansiedade Social	2,97 (0,99)	9,76	< 0,001*	0,37
	Com Ansiedade Social	2,10 (1,34)			
24. Encerrar conversar ao telefone	Sem Ansiedade Social	3,05 (1,09)	6,32	< 0,001*	0,25
	Com Ansiedade Social	2,46 (1,28)			

Itens do IHS	Grupos	Média (*DP*)	*t*	*p*	*d*
25. Lidar com críticas justas	Sem Ansiedade Social	3,02 (1,03)	4,54	< 0,001*	0,19
	Com Ansiedade Social	2,63 (1,06)			
26. Pedir favores a desconhecidos	Sem Ansiedade Social	2,89 (1,23)	7,08	< 0,001*	0,28
	Com Ansiedade Social	2,15 (1,39)			
27. Expressar desagrado a amigos	Sem Ansiedade Social	2,39 (1,19)	5,67	< 0,001*	0,23
	Com Ansiedade Social	1,83 (1,21)			
28. Elogiar familiares	Sem Ansiedade Social	3,63 (0,74)	5,46	< 0,001*	0,25
	Com Ansiedade Social	3,20 (1,01)			
29. Fazer pergunta a conhecidos	Sem Ansiedade Social	3,02 (1,10)	9,58	< 0,001*	0,38
	Com Ansiedade Social	2,11 (1,32)			
30. Defender outrem em grupo	Sem Ansiedade Social	2,83 (1,02)	4,63	< 0,001*	0,19
	Com Ansiedade Social	2,43 (1,07)			
31. Cumprimentar desconhecidos	Sem Ansiedade Social	2,93 (1,16)	6,53	< 0,001*	0,26
	Com Ansiedade Social	2,29 (1,27)			
32. Pedir ajuda a amigos	Sem Ansiedade Social	3,05 (1,26)	5,51	< 0,001*	0,22
	Com Ansiedade Social	2,48 (1,31)			
33. Negociar uso de preservativo	Sem Ansiedade Social	3,16 (1,34)	- 1,25	= 0,213	0,05
	Com Ansiedade Social	3,29 (1,12)			
34. Recusar pedido abusivo	Sem Ansiedade Social	2,72 (1,16)	3,69	< 0,001*	0,15
	Com Ansiedade Social	2,36 (1,27)			
35. Expressar sentimento positivo	Sem Ansiedade Social	3,07 (1,13)	3,66	< 0,001*	0,15
	Com Ansiedade Social	2,73 (1,21)			
36. Manter conversação	Sem Ansiedade Social	2,92 (1,10)	8,61	< 0,001*	0,34
	Com Ansiedade Social	2,12 (1,22)			
37. Pedir favores a colegas	Sem Ansiedade Social	3,35 (0,89)	7,02	< 0,001*	0,30
	Com Ansiedade Social	2,78 (1,01)			
38. Lidar com chacotas	Sem Ansiedade Social	2,90 (1,09)	4,53	< 0,001*	0,19
	Com Ansiedade Social	2,45 (1,23)			

Nota. IHS = Inventário de Habilidades Sociais; *DP* = desvio padrão; *t* = *t* de *Student*; *p* = probabilidade associada; *d* = tamanho do efeito; * = diferença significativa.

De acordo com a Tabela 5, verifica-se que os grupos diferiram significativamente em 36 itens do IHS-Del-Prette (exceto para os itens 18 e 33), com médias superiores para o GSAS, com exceção do item 7, evidenciando, assim, um *deficit* para o GAS na maioria das habilidades sociais avaliadas. Com relação ao tamanho do efeito, os itens 1, 5, 6, 7, 8, 9, 11, 12, 13, 14, 16, 19, 20, 21, 23, 24, 26, 27, 28, 29, 31, 32, 36 e 37 exibiram um efeito pequeno. No entanto, os itens 1 (manter conversa com desconhecidos), 7 (apresentar-se a outra pessoa), 11 (discordar de autoridade), 12 (abordar para relação sexual), 19 (abordar autoridade) e 29 (fazer pergunta a conhecidos) foram aqueles que melhor discriminaram os grupos, embora classificados com efeito pequeno. Deste modo, apenas o escore total e o Fator 1 do IHS demostraram melhor poder discriminativo para distinguir os grupos.

Variáveis preditoras das habilidades sociais

As variáveis sociodemográficas, ocupacionais e clínicas empregadas na análise de Regressão Linear Múltipla foram: *sexo, trabalhar ou possuir renda própria, contato direto com o público ou com outras pessoas no trabalho, níveis de ansiedade, idade* ($p < 0,05$), *estado civil, outro curso de graduação, curso profissionalizante e medicamento psicotrópico* ($p \leq 0,25$). Os dados da análise de regressão são apresentados na Tabela 6.

Tabela 6 – *Análise de Regressão Linear Múltipla das Variáveis Sociodemográficas, Ocupacionais e Clínicas Associadas às Habilidades Sociais dos Universitários* ($N = 818$)

Variáveis	Beta	Erro Padrão	Beta padronizado	t	p	Estatísticas
Constante	106,58	1,31	-	81,19	< 0,001	$R^2 = 0,24$
Níveis de ansiedade social	- 21,26	1,38	- 0,47	- 15,28	< 0,001	$F = 128,60$
Contato direto com o público ou outras pessoas no trabalho	3,86	1,23	0,10	3,14	= 0,002	$p < 0,001$ $DW = 1,85$

Nota. $t = t$ de Student; p = probabilidade associada; R^2 = coeficiente de determinação F = F de Fischer; DW = índice de Durbin-Watson.

Constatou-se que a variável *níveis de ansiedade social* foi considerada a mais importante preditora do repertório de habilidades sociais em universitários, seguida de *contato direto com o público ou com outras pessoas no trabalho*. O modelo de regressão ($F = 128,60$; $p < 0,001$), com as variáveis descritas em ordem decrescente de importância, é dado por: IHS-Total = 106,58 + 21,26 x *Níveis de ansiedade social* + 3,86 x *Contato direto com o público ou com outras pessoas no trabalho*. Tal modelo indicou que os universitários que possuíam um menor nível de ansiedade social e contato com o público ou com outras pessoas no trabalho apresentaram um repertório de habilidades sociais mais elaborado. Os resíduos do modelo de Regressão Linear Múltipla possuem distribuição normal (Assimetria = -0,34 e curtose = 0,32).

DISCUSSÃO

Sobre a classificação do repertório de habilidades sociais dos universitários em função das áreas do conhecimento, notou-se que, em todas as áreas, a soma do número de estudantes classificados com "bom repertório de habilidades sociais (abaixo da mediana)" e "repertório deficitário" foi acima de 50%, a saber: 53,1% na área de humanas, 52% em exatas e 53,5% em biológicas. Apesar de não ter havido diferença significativa nas categorias de classificação entre os participantes de diferentes áreas, é importante destacar a necessidade de maior atenção aos estudantes que apresentaram um repertório pobre de habilidades sociais. Acredita-se que um motivo que explica a forte presença de universitários com repertório de habilidades sociais abaixo da média é o fato de a amostra deste estudo ter sido composta por estudantes matriculados até o quinto período ou anterior ao primeiro contato com os estágios curriculares obrigatórios. Portanto, pode-se supor, como ressaltado por Bauth et al. (2019), que os estudantes universitários de diferentes áreas acadêmicas apresentem repertórios de habilidades sociais semelhantes até que haja o contato deles com estágios curriculares ou programas de intervenção específicos, como o THS, que promovam a aquisição e/ou o aprimoramento dessas habilidades. Mesmo que parcialmente, essa suposição está de acordo com o resultado da análise de Regressão Linear Múltipla, indicando que universitários que possuíam contato direto com o público ou com outras pessoas no trabalho apresentaram um repertório de habilidades sociais mais elaborado.

Enfatiza-se, desse modo, a importância dos estágios curriculares porque eles possuem as funções de aplicar e ampliar o repertório de competências e conhecimentos do universitário, por meio de uma série de experiências práticas, e identificar as áreas (pessoais e profissionais) mais elaboradas e aquelas que necessitam de algum aperfeiçoamento, dentre outras (Monteiro, 2010). Neste sentido, acredita-se que o universitário pode desenvolver seu repertório de habilidades sociais nesses estágios com a observação de seus professores e outros profissionais mais experientes, além de instruções e *feedbacks* fornecidos por eles de desempenhos adequados às demandas e exigências de determinada área de atuação profissional. Por outro lado, as dificuldades interpessoais do universitário também podem interferir no seu desenvolvimento em estágios profissionais, impedindo-o de mostrar seus conhecimentos técnicos por não saberem se relacionar adequadamente com as demais pessoas nesses ambientes (Del Prette & Del Prette, 2004). Portanto, para resultados mais consistentes, sugerem-se pesquisas que visem a verificar mudanças do repertório de habilidades sociais dos universitários após a realização dos estágios.

O dado de não ter havido associação estatisticamente significativa entre ter cursado outra graduação e a classificação do repertório de habilidades sociais pode ser explicado, em parte, pelo tamanho desta subamostra ser relativamente pequeno, ou seja, apenas 51 alunos tinham outro curso de graduação contra 767 que não possuíam. Verificou-se apenas uma tendência da média do escore total do IHS-Del-Prette da subamostra que possuía outra graduação ser superior em relação à média da subamostra sem outra graduação ($M = 94,92$, $DP = 17,61$; $M = 91,41$, $DP = 19,16$, respectivamente). O mesmo pode ser estendido para a subamostra de estudantes que tinham curso técnico profissionalizante ($n = 239$) em relação àquela que não possuía ($n = 579$), sendo observada a mesma tendência de a média daquele grupo ser maior em comparação à média deste grupo ($M = 92,84$, $DP = 18,91$; $M = 91,13$, $DP = 19,14$, respectivamente). Possivelmente, subamostras maiores de universitários que possuíssem outros cursos de graduação ou técnicos profissionalizantes e, consequentemente, com estágios curriculares concluídos, pudessem potencializar o efeito da variável "contato direto com o público ou outras pessoas" sobre o repertório de habilidades sociais dos universitários e, assim, tornar as diferenças significativas entre os grupos com e sem formação acadêmica ou técnica profissionalizante anterior.

Com relação à caracterização dos universitários quanto aos níveis de ansiedade social, avaliados pela LSAS-SR, este estudo apontou uma prevalência alta de universitários socialmente ansiosos, que correspondeu a 76,7% da amostra, sendo 77,2% deles rastreados como possíveis casos clínicos de TAS. Angélico et al. (2013) apontaram o TAS como sendo um grave problema de saúde mental, devido à sua alta prevalência e ao comprometimento do desempenho e das interações sociais. Tal resultado difere dos dados encontrados na pesquisa de Pereira et al. (2014), com 23% de universitários atestando níveis elevados de ansiedade social, indicativos de TAS, realizada com uma amostra menor de participantes ($N = 69$). A prevalência alta de estudantes socialmente ansiosos, identificada no presente estudo, reforça a importância de se investir, no contexto universitário, em práticas preventivas que promovam o desenvolvimento de habilidades sociais e incluam estratégias de enfrentamento e manejo da ansiedade, como componentes de programas de THS, em função de uma avaliação inicial dos recursos e *deficits* comportamentais dos participantes. Deste modo, destaca-se a importância de as IES comprometerem-se efetivamente com o desenvolvimento interpessoal dos alunos, visando à promoção da saúde mental e melhor qualificação acadêmica.

Considerando a alta prevalência de transtornos mentais entre universitários e a vulnerabilidade deles para o adoecimento mental, Penha, Oliveira e Mendes (2020) apontaram também a necessidade de projetos e ações, no âmbito das universidades, tanto em nível de promoção quanto de intervenção, que visem ao bem-estar e à promoção de saúde mental dessa população, reforçando, assim, o propósito da inclusão social e democratização da educação. Conforme Borba et al. (2019), a universidade é compreendida como um espaço onde os universitários aprendem, trabalham, socializam, aproveitam seu tempo de lazer e utilizam seus serviços, devendo, portanto, ser um fator contributivo de ampliação do repertório das habilidades. Esses autores destacam, assim, a importância de as habilidades sociais serem desenvolvidas no ambiente universitário, e que, ao compreender o desenvolvimento saudável dos alunos, se deveria pensar em programas que proporcionassem um espaço de aprimoramento das habilidades sociais dentro do meio acadêmico. Apontaram, ainda, que a instituição, como formadora de profissionais que agregarão a economia brasileira, precisa assumir um papel de agente promotor de condições de saúde física e mental aos seus estudantes.

Nesse contexto, segundo Lima e Soares (2015), os fatores estressores presentes nos primeiros períodos da universidade, provenientes da dificuldade de adaptação ao curso e à universidade, poderiam ser minimizados pelo THS, uma vez que este treinamento pode tornar o jovem universitário mais apto a enfrentar, de maneira mais saudável, o período inicial da universidade. Diante disso, ressalta-se a importância de as IES comprometerem-se com o seu papel de promover, não só o desenvolvimento intelectual e acadêmico, mas também interpessoal dos alunos, o que pode ser alcançado por meio da oferta de programas de práticas preventivas em saúde mental, como o THS.

No que se refere à comparação dos grupos em relação às habilidades sociais, verificou-se que o GAS apresentou um repertório de habilidades sociais menos elaborado, considerando os escores total e dos Fatores 1, 2, 3 e 4 do IHS-Del-Prette, quando comparado com o GSAS ($p < 0,001$). Os dois grupos também diferiram significativamente quanto às pontuações nos itens do IHS, exceto para "lidar com críticas dos pais" e "negociar uso de preservativo", com o GSAS apresentando as maiores médias para a maioria dos itens, evidenciando, assim, um *deficit* para a maioria das habilidades sociais avaliadas no GAS. Tais resultados se assemelham aos encontrados na pesquisa de Caballo et al. (2018), que verificou, também por meio da análise de comparação de grupos, que indivíduos com níveis altos de ansiedade social apresentaram um repertório de habilidades sociais inferior em relação àqueles com níveis baixos de ansiedade social. Em acréscimo, Porter e Chambless (2014) apontaram, mediante análise de correlações, que níveis altos de ansiedade social estavam associados a dificuldades interpessoais em relacionamentos amorosos.

No tocante às variáveis preditoras das habilidades sociais em universitários, constatou-se que ter um nível baixo de ansiedade social e contato direto com o público ou outras pessoas no trabalho favorece um melhor desempenho dessas habilidades. Esse dado corrobora a formulação de Del Prette e Del Prette (2011), de que o excesso de ansiedade interpessoal atua como um dos fatores responsáveis pela dificuldade em emitir comportamentos socialmente competentes. As manifestações mais intensas de ansiedade, que levam à desorganização comportamental e autônoma, podem comprometer o desempenho socialmente competente ou até inibi-lo.

Nesse sentido, Clark e Wells (1995 citados por Hopko et al., 2001) argumentaram que, como os indivíduos com ansiedade social são excessivamente hipervigilantes de situações sociais e preocupados com respostas somáticas e pensamentos negativos de avaliação social, o desempenho social deles é afetado negativamente. O desempenho social inferior desses indivíduos, em decorrência da ansiedade, é possivelmente reconhecido e interpretado como função de habilidades deficientes por outras pessoas, que, por sua vez, se comportam de forma menos amigável com eles, confirmando parcialmente os medos e provocando uma ansiedade mais intensa. Hopko et al. (2001) concluíram que o responder ansioso e temeroso pode funcionar, independentemente, para inibir o desempenho socialmente habilidoso ou se combinar com repertórios comportamentais deficientes para diminuir a competência social do indivíduo, além do fato de que *deficits* de desempenho também podem resultar em consequências aversivas e ansiedade subsequente.

Apenas na pesquisa de Caballo et al. (2014), a LSAS-SR foi um dos instrumentos utilizados para a avaliação da ansiedade social dos participantes e de uso comum com o presente (2014) estudo. Por meio da análise de correlações, os resultados da pesquisa de Caballo et al. evidenciaram que, quanto maior o nível de ansiedade social experimentado pelos indivíduos, menos elaborado foi o seu repertório de habilidades sociais, e vice-versa. Para os referidos autores, a explicação para essa relação seja que um alto nível de ansiedade social dificulte o desempenho das habilidades sociais, fazendo com que o indivíduo se comporte de forma menos habilidosa em situações sociais. Por outro lado, é possível também que um *deficit* de habilidades sociais possa levar ao aumento da ansiedade no indivíduo frente a situações sociais. Em ambos os casos, um ciclo vicioso seria estabelecido, de modo que uma maior ansiedade social poderia inibir a expressão adequada das habilidades sociais, o que, por sua vez, aumentaria a ansiedade, e isso inibiria ainda mais o desempenho das habilidades sociais. Comparativamente, os achados de Caballo et al. (2014) são coerentes com as considerações feitas por Hopko et al. (2001).

Embora não tenha sido objeto de investigação desta pesquisa, é importante destacar também os estudos que indicaram a relação entre um repertório de habilidades sociais deficitário e prejuízos no processo de adaptação dos estudantes (Angélico et al., 2013; Bolsoni-Silva et al., 2010; Soares & Del Prette, 2015), no desempenho acadêmico (Gomes & Soares, 2013), bem como o desenvolvimento de estresse (Segrin et al., 2007), de transtornos psiquiátricos e de outras condições clínicas (Angélico, 2009; Caballo, 2010; Fernandes et al., 2012). De acordo com as orientações de Del Prette e Del Prette (2001), quando o repertório de habilidades interpessoais é classificado como deficitário, indica-se que os indivíduos se submetam a um THS.

Segundo Del Prette e Del Prette (2017), um bom repertório de habilidades sociais funciona como um fator protetor do desenvolvimento saudável e da saúde mental dos indivíduos. Os programas de THS objetivam promover a melhora do funcionamento do indivíduo em situações de interação e desempenho social, visando ao aumento da probabilidade das reações positivas dos outros e ao desenvolvimento da competência social e da autoeficácia do indivíduo diante das demandas da vida (Wagner et al., 2015), além de diminuir sintomas depressivos e de ansiedade (Wagner et al., 2019). Neste sentido, a autoeficácia pode aliviar ou, até mesmo, suprimir reações de ansiedade e depressão que, a priori, estariam inibindo o desempenho das habilidades sociais.

CONSIDERAÇÕES FINAIS

Quanto às contribuições deste estudo, vale destacar que ele possibilitou um avanço no conhecimento da área, considerando que foram encontradas apenas pesquisas internacionais que caracterizaram e relacionaram o repertório de habilidades sociais e os níveis de ansiedade social de universitários, porém sem a devida especificação de todos os cursos ou áreas acadêmicas na composição das amostras (Caballo et al., 2014; Caballo et al., 2018; Porter & Chambless, 2014). Uma limitação do estudo está relacionada à impossibilidade de se generalizar os resultados encontrados para outras populações, que não as das instituições avaliadas. Ademais, fatores como a falta de instrumentos padrão-ouro para avaliar as habilidades sociais e os níveis de ansiedade social em estudantes universitários, a carência de estudos, principalmente nacionais, e características sociodemográficas e ocupacionais distintas ou ausentes entre as amostras dificultaram a realização de comparações mais consistentes e precisas entre as pesquisas. Verificou-se, ainda, que os procedimentos de coleta e análise dos dados também se diferenciavam entre os estudos.

A análise dos resultados desta pesquisa apontou a necessidade de novos estudos com amostras maiores, que incluam também estudantes de todas as áreas de conhecimento e provenientes de diferentes regiões do país, garantindo, assim, maior validade externa aos resultados obtidos. Pesquisas longitudinais também são úteis para verificar se ocorrem mudanças no repertório de habilidades sociais e níveis de ansiedade social dos universitários, ao longo da graduação, além de estudos que examinem a relação entre essas variáveis e o desempenho acadêmico. Em acréscimo, medidas de observação direta das habilidades sociais podem ser incluídas, além do autorrelato, como perspectiva para novas pesquisas.

QUESTÕES PARA DISCUSSÃO

- A partir da leitura deste capítulo, quais habilidades sociais são importantes para o processo de adaptação à universidade e o desempenho acadêmico dos estudantes universitários?

- Em sua universidade ou naquela em que você estudou, existe a oferta de algum programa de desenvolvimento interpessoal, incluindo o THS, para os alunos?

- Em sua opinião, quais são os elementos facilitadores e dificultadores para a implementação de tais programas na universidade?

- Os estágios curriculares constituem experiências acadêmicas que promovem a aquisição ou o aprimoramento das habilidades sociais dos universitários? Comente.

- No contexto acadêmico, como as ações e práticas visando ao desenvolvimento interpessoal e à saúde mental dos universitários podem promover a inclusão social e a democratização da educação a essa população?

REFERÊNCIAS

Angélico, A. P. (2009). *Transtorno de ansiedade social e habilidades sociais: Estudo psicométrico e empírico* [Tese de Doutorado, Universidade de São Paulo]. https://doi.org/10.11606/T.17.2009.tde-02112009-151551

Angélico, A. P., & Bauth, M. F. (2020). Avaliação da ansiedade de estudantes de psicologia em situações experimentais de falar em público. *Psicologia: Ciência e Profissão, 40*, e214267, 1-14. https://doi.org/10.1590/1982-3703003214267

Angélico, A. P., Bauth, M. F., & Andrade, A. K. (2018). Estudo experimental do falar em público com e sem plateia em universitários. *Psico-USF, 23*(*2*), 347-359. https://doi.org/10.1590/1413-82712018230213

Angélico, A. P., Crippa, J. A. S., & Loureiro, S. R. (2013). Social anxiety disorder and social skills: A critical review of the literature. *International Journal of Behavioral Consultation and Therapy, 7*(4), 16-23. https://doi.org/10.1037/h0100961

Bauth, M. F., Angélico, A. P., & Oliveira, D. C. R. (2019). Association between social skills, sociodemographic factors and self-statements during public speaking by university students. *Trends in Psychology, 27*(3), 677-692. https://dx.doi.org/10.9788/TP2019.3-06

Bolsoni-Silva, A. T., Loureiro, S. R., Rosa, C. F., & Oliveira, M. C. F. A. (2010). Caracterização dos estudantes universitários. *Contextos Clínicos, 3*(1), 62-75. http://dx.doi.org/10.4013/ctc.2010.31.07

Borba, C. S., Hayasida, N. M. A., & Lopes, F. M. (2019). Ansiedade social e habilidades sociais em universitários. *Psicologia em Pesquisa, 13*(3), 119-136. http://dx.doi.org/10.34019/1982-1247.2019.v13.27052

Caballo, V. E. (2010). *Manual de avaliação e treinamento das habilidades sociais*. Santos.

Caballo, V., Salazar, I., Irurtia, M. J., Olivares, P., & Olivares, J. (2014). Relación de las habilidades sociales con la ansiedad social y los estilos/trastornos de la personalidad. *Psicología Conductual, 22*(3), 401-422. https://www.behavioralpsycho.com/wp-content/uploads/2019/08/02.Caballo_22-3En_oa

Caballo, V., Salazar, I., & Equipo de Investigación CISO-A España (2018). La autoestima y su relación con la ansiedad social y las habilidades sociales. *Psicología Conductual, 26*(1), 23-53. https://behavioralpsycho.com/wp-content/uploads/2018/09/02.Caballo_26-1a

Cohen, J. (1988). *Statistical power for behavior science* (2nd ed.). Academic Press.

Del Prette, A., & Del Prette, Z. A. P. (2017). *Competência social e habilidades sociais:* Manual teórico-prático. Vozes.

Del Prette, Z. A. P., & Del Prette, A. (2001). *Inventário de Habilidades Sociais (IHS-Del-Prette): Manual de aplicação, apuração e interpretação*. Casa do Psicólogo.

Del Prette, Z. A. P., & Del Prette, A. (2004). Desenvolvimento interpessoal: Uma questão pendente no ensino universitário. In E. Mercuri & S. Polydoro (Org.), *Estudante universitário: Características e experiências de formação* (pp. 105-128). Cabral Editora e Livraria Universitária.

Del Prette, Z. A. P., & Del Prette, A. (2011). *Psicologia das habilidades sociais na infância:* Teoria e prática (6a ed.). Vozes.

Draper, N. R., & Smith, H. (1998). *Applied regression analysis*. John Wiley & Sons.

Fernandes, C. S., Falcone, E. M. O., & Sardinha, A. (2012). Deficiências em habilidades sociais na depressão: Estudo comparativo. *Psicologia: Teoria e Prática, 14*(1), 183-196.

Ferreira, V. S., Oliveira, M. A., & Vandenberghe, L. (2014). Efeitos a curto e longo prazo de um grupo de desenvolvimento de habilidades sociais para universitários. *Psicologia: Teoria e Pesquisa, 30*(1), 73-81. https://doi.org/10.1590/S0102-37722014000100009

Gomes, G., & Soares, A. B. (2013). Inteligência, habilidades sociais e expectativas acadêmicas no desempenho de estudantes universitários. *Psicologia: Reflexão e Crítica, 26*(4), 780-789. https://doi.org/10.1590/S0102-79722013000400019

Gouvêa, P. J. S. C., & Natalino, P. C. (2018). Ansiedade social como fenômeno clínico: Um enfoque analítico--comportamental. In A. K. C. R. de-Farias, F. N. Fonseca, & L. B. Nery (Org.), *Teoria e formulação de casos em análise comportamental clínica* (pp. 400-438). Artmed.

Hopko, D. R., McNeil, D. W., Zvolensky, M. J., & Eifert, G. H. (2001). The relation between anxiety and skill in performance-based anxiety disorders: A behavioral formulation of social phobia. *Behavior Therapy, 32*(1), 185-20. https://doi.org/10.1016/S0005-7894(01)80052-6

Hosmer, D. W., & Lemeshow, S. (2000). *Applied logistic regression.* John Wiley and Sons.

Leão, A. M., Gomes, I. P., Ferreira, M. J. M., & Cavalcanti, L. P. G. (2018). Prevalência e fatores associados à depressão e ansiedade entre estudantes universitários da área da saúde de um grande centro urbano do Nordeste do Brasil. *Revista Brasileira de Educação Médica, 42*(4), 55-65. https://doi.org/10.1590/1981-52712015v42n4RB20180092

Lima, C. A. L., & Soares, A. B. (2015). Treinamento em habilidades sociais para universitários no contexto acadêmico: Ganhos e potencialidades em situações consideradas difíceis. In Z. A. P. Del Prette, A. B. Soares, C. S. Pereira-Guizzo, M. F. Wagner, & V. B. R. Leme (Org.), *Habilidades sociais: Diálogos e intercâmbios sobre pesquisa e prática* (pp. 22-43). Sinopsys.

Marôco, J. (2014). *Análise estatística com o SPSS Statistics* (6a ed.). ReportNumber.

Monteiro, R. M. (2010). *Vivências e percepções de estágio em Psicologia: Estudo comparativo entre estagiários da Universidade de Minho e da Universidade de Coimbra* [Dissertação de Mestrado, Universidade de Coimbra]. http://hdl.handle.net/10316/15267

Montgomery, D. C., Peck, E. A., & Vining, G. G. (2006). *Introduction to linear regression analysis* (4th ed.). Wiley-Interscience.

Osse, C. M. C., & Costa, I. I. (2011). Saúde mental e qualidade de vida na moradia estudantil da universidade de Brasilia. *Estudos de Psicologia* (Campinas), *28*(1), 115-122. https://doi.org/10.1590/S0103-166X2011000100012

Penha, J. R. L., Oliveira, C. C., & Mendes, A. V. S. (2020). Saúde mental do estudante universitário: Revisão integrativa. *Journal Health NPEPS, 5*(1), 369-395. http://dx.doi.org/10.30681/252610103549

Pereira, A. S., Wagner, M. F., & Oliveira, M. S. (2014). *Deficits* em habilidades sociais e ansiedade social: Avaliação de estudantes de psicologia. *Psicologia da Educação, 38*, 113-122.

Porter, E., & Chambless, D. L. (2014). Shying away from a good thing: Social anxiety in romantic relationships. *Journal of Clinical Psychology, 70*(6), 546-561. https://doi.org/10.1002/jclp.22048

Sahão, F. T., & Kienen, N. (2021). Adaptação e saúde mental do estudante universitário: Revisão sistemática da literatura. *Psicologia Escolar e Educacional, 25*, e224238. https://doi.org/10.1590/2175-35392021224238

Santos L. F., Loureiro, S. R., Crippa, J. A. S., & Osório, F. L. (2013). Psychometric validation study of the Liebowitz Social Anxiety Scale – Self-Reported Version for Brazilian Portuguese. *PLoS ONE, 8*(7), e70235. https://doi.org/10.1371/journal.pone.0070235

Santos, L. F., Loureiro, S. R., Crippa, J. A. S., & Osório, F. L. (2015). Can the Liebowitz social anxiety scale self-report version be used to differentiate clinical and non-clinical sad groups among Brazilians? *PLoS ONE, 10*(3), 1-11. https://doi.org/10.1371/journal.pone.0121437

Segrin, C., Hanzal, A., Donnerstein, C., Taylor, M., & Domschke, T. J. (2007). *Social* skills, psychological well-being, and the mediating role of perceived stress. *Anxiety, Stress & Coping, 20*(3), 321-329. https://doi.org/10.1080/10615800701282252

Soares, A. B., & Del Prette, Z. A. P. (2015). Habilidades sociais e adaptação à universidade: Convergências e divergências dos construtos. *Análise Psicológica, 2*(XXXIII): 139-151. https://doi.org/10.14417/ap.911

Wagner, M. F., Pereira, A. S., & Oliveira, M. S. (2014). Intervención sobre las dimensiones de la ansiedad social por medio de un programa de entrenamiento en habilidades sociales. *Behavioral Psychology, 22*(3), 423-440. https://www.behavioralpsycho.com/wp-content/uploads/2019/08/03.Wagner_22-3oa

Wagner, M. F., Dalbosco, S. N. P., Wahl, S. D. Z., & Cecconello, W. W. (2015). Repertório deficitário de habilidades sociais no transtorno de ansiedade social: Avaliação pré-intervenção. In Z. A. P. Del Prette, A. B. Soares, C. S. Pereira-Guizzo, M. F. Wagner, & V. B. R. Leme (Org.), *Habilidades Sociais: Diálogos e intercâmbios sobre pesquisa e prática* (pp. 22-43). Sinopsys.

Wagner, M. F., Dalbosco, S. N. P., Wahl, S. D. Z., & Cecconello, W. W. (2019). Treinamento em habilidades sociais: Resultados de uma intervenção grupal no ensino superior. *Aletheia, 52*(2), 215-225. http://pepsic.bvsalud.org/scielo.php?script=sci_arttext&pid=S1413-03942019000200018&lng=pt&tlng

CAPÍTULO 11

ANSIEDADE SOCIAL E QUALIDADE DAS VIVÊNCIAS ACADÊMICAS NO ENSINO SUPERIOR

Yuri Pacheco Neiva
Lucas Guimarães Cardoso de Sá
Catarina Malcher Teixeira

INTRODUÇÃO

As mudanças no mundo do trabalho tornaram a busca por um curso de ensino superior cada vez mais necessária. Em uma sociedade contemporânea que se atualiza de forma rápida para solucionar qualquer demanda, tornou-se imprescindível a entrada no ensino superior para os indivíduos e para as famílias. Essa mudança institucional, caracterizada pela transição do ensino médio para o ensino superior, exige adaptações, podendo ter impactos diferenciados para cada novo universitário. Por isso, cada vez mais se luta para garantir não só o acesso às universidades, mas sua permanência e o nível de comprometimento com as atividades. Nessa direção, a expansão de vagas nas universidades nas últimas décadas foi essencial para formação de novos profissionais capacitados para o mercado de trabalho. A universidade pode oferecer oportunidades de crescimento pessoal, melhorando oportunidades de emprego e aumentando as habilidades de trabalho em um mercado cada vez mais competitivo. No entanto, são necessárias ações que busquem incentivar a permanência dos alunos nas IES, não só em termos estruturais (como bolsas de assistência estudantil, residência universitária, alimentação, auxílio para aquisição de material didático), mas também de assistência psicológica (Baggi & Lopes, 2011).

A vida universitária marca um período de novas demandas na vida dos indivíduos, o que pode fazer com que os estudantes se sintam sobrecarregados e ansiosos (Bernardelli et al., 2022). O ensino superior exige que os estudantes estejam preparados para novas formas de relacionamentos interpessoais, que podem interferir diretamente em seu maior ou menor desempenho acadêmico. Algumas investigações apontaram, por exemplo, que, mesmo emitindo respostas de falar em público, os universitários o fazem apresentando sinais de ansiedade, prejudicando a desenvoltura social (D'el Rey & Pacini, 2005; Bolsoni-Silva et al., 2010).

Nesse contexto, as habilidades sociais (HS) poderiam atuar como agente facilitador na adaptação universitária, auxiliando na construção de relacionamentos saudáveis (Goulart Junior et al., 2021). O ambiente universitário se configura como um local que exige diferentes tipos de habilidades para lidar com os diversos interlocutores que interagem nesse meio, com diferentes papéis e demandas variadas em suas interações com colegas, professores e outros funcionários (Soares et al., 2019; Ribeiro & Bolsoni-Silva, 2011). Expressar opiniões e sentimentos, oferecer e pedir ajuda, iniciar e manter conversação, fazer pedidos, iniciar e terminar relacionamentos amorosos, solicitar mudanças de comportamento, fazer e receber críticas e falar em público seriam exemplos de habilidades exigidas nesse contexto (Ribeiro & Bolsoni-Silva, 2011). Assim, é possível supor que um maior repertório de habilidades sociais facilitaria a adaptação e as interações no novo cenário (Soares & Del Prette, 2015). Por outro lado, diferentes tipos de *deficits* nesse repertório poderiam trazer prejuízos para a competência social dos estudantes.

As habilidades sociais são um construto definido como um conjunto de comportamentos sociais valorizados por uma cultura. Apresentam alta probabilidade de resultados favoráveis para o indivíduo, seu grupo ou sua comunidade, e são agrupados em determinadas classes ou subclasses de acordo com sua topografia ou funcionalidade (Del Prette & Del Prette, 2017a). Um dos tipos de habilidades sociais são as assertivas de enfrentamento, mais comumente conhecidas como assertividade, que se configuram como comportamentos sociais que requerem expressão adequada de sentimentos, desejos e opiniões, com controle de ansiedade, agressividade e passividade em situações sociais em que há risco de uma reação indesejada por parte do interlocutor. A preocupação de assegurar ou defender direitos interpessoais destaca-se como aspecto importante nessa classe de comportamentos (Del Prette & Del Prette, 2017a). Existem dois padrões comportamentais não socialmente competentes que se contrapõem à assertividade, que são a passividade e a agressividade. Os comportamentos passivos fazem com que o indivíduo renuncie a direitos em detrimento da necessidade de outros, enquanto os comportamentos agressivos priorizam a necessidade individual, desrespeitando os direitos do outro ou grupo social (Del Prette & Del Prette, 2017a).

Para Del Prette e Del Prette (2017b), tais padrões de comportamentos ocorrem em um contínuo. Um indivíduo pode apresentar respostas agressivas, passivas ou assertivas em suas interações sociais. Por exemplo, quando um estudante recebe o pedido de um colega para que coloque seu nome em um trabalho em que o amigo não teve participação. Nesse cenário, o comportamento nessa interação pode ser caracterizado como passivo (colocar o nome do amigo, mesmo considerando o pedido injusto), agressivo (responder com agressividade, ofendendo o colega que, por quaisquer motivos, não conseguiu fazer o trabalho) ou assertivo (dizer que não considera razoável a solicitação do colega, controlando sentimentos negativos que possam ser ocasionados pela situação). Assim, é possível compreender as habilidades sociais, em destaque a assertividade, como comportamentos que podem auxiliar que o desempenho social seja socialmente competente.

Del Prette e Del Prette (2017b) afirmam que a classe de habilidades sociais assertivas pode ser dividida em diferentes subclasses: a) manifestar opinião, concordar, discordar; b) fazer, aceitar e recusar pedidos; c) desculpar-se, admitir falhas; d) interagir com autoridade; e) estabelecer relacionamento afetivo e/ou sexual; f) encerrar relacionamento; g) expressar raiva/desagrado e pedir mudança de comportamento; h) lidar com críticas. Segundo Teixeira (2015), no Brasil, são crescentes os estudos sobre habilidades sociais, no entanto, trabalhos específicos sobre habilidades assertivas ainda são pouco expressivos.

Nesse cenário, as habilidades sociais assertivas de enfrentamento[2] são uma das mais importantes classes de habilidades sociais (Teixeira et al., 2016). O repertório de assertividade é exigido para situações sociais que sinalizam risco de consequências negativas dos interlocutores. Dentro da universidade, são necessárias, por exemplo, quando há solicitação de revisão da nota de uma avaliação escrita, quando é necessário recusar um pedido abusivo de um colega, expor ideias entre os pares e na presença de professores e coordenadores, também sendo necessário desempenhá-las ao estabelecer relacionamentos afetivos.

Neste capítulo, serão apresentados e discutidos os resultados de um estudo que avaliou o repertório de assertividade associado a um construto correlato, a ansiedade social, uma vez que estudos mostram uma forte relação entre eles (Angelico et al., 2012; Borro, 2016). A ansiedade diante

---

[2] O leitor encontrará as terminologias Assertividade ou Habilidades Sociais Assertivas ao longo do capítulo, as quais devem ser tomadas como sinônimo de Habilidades Sociais Assertivas de Enfrentamento, reconhecido como o termo mais adequado conceitualmente.

de situações sociais é considerada uma condição normal do desempenho social em situações novas e/ou desafiantes, mas pode tornar-se "patológica" quando impede o desempenho comportamental de uma pessoa e gera grande nível de sofrimento psicológico. O Transtorno de Ansiedade Social (TAS) é considerado um medo ou uma ansiedade acentuados diante de situações sociais em que o indivíduo pode ser avaliado por outros (American Psychiatric Association, 2023). Há uma hipótese de que alterações cerebrais possam contribuir para o transtorno (Mizzi et al., 2022), mas aspectos comportamentais são mais evidentes (Khan et al., 2021). Sabe-se que as situações mais temidas pelos fóbicos sociais são: falar, alimentar-se em público, comparecer às reuniões e entrevistas. Outros comportamentos que tendem ser evitados por pessoas com níveis elevados de ansiedade social são: falar ao telefone em público, relacionar-se com pessoas com as quais possui interesse afetivo-sexual, trabalhar na frente de outras pessoas, usar banheiros públicos, encontrar estranhos, expressar desacordo, dizer não a vendedores insistentes, entre outras situações de interação sociais comuns. De maneira geral, situações em que precisam expor-se formal ou informalmente.

É difícil que uma pessoa discrimine o acometimento do TAS, uma vez que indivíduos que se comportam dessa forma são frequentemente confundidos como sujeitos tímidos ou retraídos, como um "traço da personalidade", tornando o sofrimento psicológico desses indivíduos invisibilizado, o que, para Leahy (2012), faz com que procurem mais tardiamente atendimento especializado. Aliado a esse cenário, os círculos sociais mais restritos acabam por produzir uma menor pressão de outras pessoas para que se busque ajuda, ainda que essas acabem cada vez mais isoladas. Destaca-se que o sofrimento não está restrito exclusivamente aos momentos de convivência social. Mesmo quando o indivíduo está sozinho, é comum a ocorrência de pensamentos relacionados a essas situações e esses sentimentos de baixa autoestima. Além disso, indivíduos que possuem níveis elevados de ansiedade social são menos propensos desenvolver um relacionamento amoroso, tendem a ganhar menos e obtêm menos sucesso em suas carreiras; o índice de uso de álcool e outras substâncias é maior; e possuem maior propensão a desenvolver depressão e cometer tentativas de suicídio (Leahy, 2012), além de apresentarem maior probabilidade de comorbidades, como uso problemático de Internet (She et al., 2023; O'Day & Heimberg, 2021), transtornos de humor, transtorno por uso de substâncias, transtorno bipolar, transtorno obsessivo compulsivo, transtorno de personalidade evitativa, além de outros tipos de transtornos de ansiedade e psiquiátricos (Koyuncu et al., 2019).

Estima-se que uma a cada três pessoas entre 16 e 29 anos possa ter critérios para TAS, o que o torna uma preocupação para os jovens em diferentes partes do mundo, incluindo o Brasil (Jefferies & Ungar, 2020). A literatura científica tem desenvolvido pesquisas investigando ansiedade social em universitários (Angelico et al., 2012; Lima et al., 2019). Nesse grupo, as exigências do mundo acadêmico podem propiciar a instalação e manutenção de quadros de ansiedade social, o que pode ser agravado se o estudante apresentar *deficits* de habilidades sociais para enfrentar as diversas situações sociais vivenciadas nesse cenário, comprometendo o rendimento acadêmico. Os anos universitários marcam o início da vida adulta, o surgimento de novas demandas, novas interações sociais. É exigido do estudante maior autonomia frente ao curso escolhido para lidar com demandas acadêmicas e sociais desse novo ambiente. E, ao contrário do que possa parecer, reduzir as demandas sociais não diminui os níveis de ansiedade social (Arad et al., 2021), sendo a exposição (Khan et al., 2021) e o treinamento de habilidades sociais (Olivares-Olivares et al., 2019) as estratégias mais recomendadas. Por isso, para que a adaptação na universidade seja mais efetiva, é importante que os estudantes possuam um repertório de habilidades sociais adequado para lidar com as novas situações, enfrentando-as.

Angelico et al. (2012) identificaram que, quanto maior o repertório de habilidades sociais, menor a probabilidade de que o indivíduo apresentasse critérios diagnóstico para o TAS. Borro (2016) mostrou que estudantes que não apresentavam indicadores de depressão, fobia social e ansiedade possuíam repertório mais elaborado de habilidades sociais. Por outro lado, o grupo de estudantes que apresentou indicadores de fobia social possuía um repertório menos elaborado em habilidades de falar em público (apresentação de seminários e falar para públicos desconhecidos), enfrentamento e autoafirmação com risco, expressão de afeto positivo e autoexposição a desconhecidos. Angélico et al. (2018) observaram que, quanto mais elaborado o repertório de habilidades sociais de um universitário, mais positivamente ele avaliou o seu próprio desempenho em situações de falar em público. Na mesma direção, Angélico e Bauth (2020) também relataram que, quanto mais elaborado o repertório de habilidades sociais gerais e de falar em público de um universitário e mais positivas as autoavaliações frente a essa tarefa, menor o grau de ansiedade experimentado nessa situação.

Dessa forma, repertórios deficitários em habilidades sociais podem intensificar os problemas nessa nova fase de adaptação, aumentar os níveis de ansiedade social diante das novas exigências da academia e culminar na evasão do ensino superior. Em contrapartida, uma boa adaptação pode auxiliar o indivíduo a obter melhor qualidade de vida acadêmica. Percebe-se que a avaliação e intervenção focalizadas em variáveis como habilidades sociais e correlatos têm demonstrado efeitos importantes para os estudantes, tanto na esfera pessoal como acadêmica (Angelico et al., 2012; Bolsoni-Silva et al., 2010; Soares & Del Prette, 2015).

Em um estudo que abordou a assertividade e sua correlação com outras variáveis, Bandeira et al. (2005) apresentou uma teoria histórica denominada de inibição recíproca, que explicaria os *deficits* no desempenho social a partir do desenvolvimento de sintomas ansiogênicos e seu efeito inibidor. Na atualidade, sabe-se que há uma relação entre ansiedade e assertividade. Contudo, essa relação não é de inibição recíproca, uma vez que o controle da ansiedade não instala um repertório de respostas assertivas. Por outro lado, foi a partir desse modelo que as autoras encontraram correlações negativas e significativas entre assertividade e ansiedade; ou seja, quanto maior o repertório de comportamento assertivo, menor o nível de ansiedade.

Del Prette e Del Prette (2008) apontaram que a ansiedade pode ser inibitória para iniciativas de interação, levando a comportamentos de fuga e esquiva, enquanto respostas assertivas podem reduzir ansiedade. Os autores ressaltaram ainda que a ansiedade é variável para cada um, podendo produzir comportamentos considerados excedentes. Bolsoni-Silva e Loureiro (2014) encontraram que universitários com maiores níveis de ansiedade social tinham um repertório menos elaborado de habilidades sociais, em especial, nas habilidades de "falar em público", "expressar sentimentos positivos", "sentimentos negativos", "lidar com críticas" e "lidar com relacionamentos familiares e amorosos". Cabe ressaltar ainda que as autoras observaram correlações negativas entre comportamentos de "enfrentamento e autoafirmação com risco" e "sentimentos negativos", o que indica não apenas que comportamentos assertivos podem ser preditores de ansiedade social em universitários, como interferem na forma como eles se sentem. Pereira et al. (2014) identificaram a prevalência de 23% de estudantes universitários com indícios de ansiedade social, com destaque para a correlação deste construto com "expressão assertiva de incômodo, desagrado e tédio" e "interação com o sexo oposto".

Apesar dos dados mostrando a relação entre assertividade e ansiedade, Pereira e Lourenço (2012) destacaram que as publicações acerca da ansiedade social em universitários não ocorrem de maneira linear. Estudo de revisão conduzido por Borba et al. (2019) corrobora essa informação. Os autores identificaram apenas três artigos que abordavam ansiedade social em universitários, sendo que dois faziam uma relação entre habilidades sociais e ansiedade social. Isso ressalta a importância de dar continuidade a esses estudos em universitários, para compreender o quanto estudantes podem ser impactados por níveis elevados de ansiedade social. Assim, é possível concluir que, embora não exista um grande número nacional de estudos sobre a ansiedade social e habilidades sociais assertivas, alguns autores já indicam níveis elevados de ansiedade social na expressão de comportamentos dessa classe (Bolsoni-Silva & Loureiro, 2014; Pereira et al., 2014). Dessa forma, investigar as relações entre comportamento assertivo e ansiedade social pode auxiliar estudos de intervenção nas diversas interações estabelecidas no ambiente universitário.

Pensando nesses motivos que foram apresentados, foi realizado um estudo que buscou verificar a relação entre a assertividade e a ansiedade social, investigando, ainda, como essas variáveis impactam na qualidade das vivências acadêmicas de universitários.

MÉTODO

Participantes

Fizeram parte desta pesquisa 270 universitários, de IES públicas e privadas de diferentes regiões do Brasil, entre 18 e 60 anos, com média de 24 anos de idade, sendo 44,44% da amostra de estudantes do curso de Psicologia. A Tabela 1 apresenta outras informações sobre os participantes.

Tabela 1 – *Dados sociodemográficos dos universitários*

Variável		Frequência	
		Relativa	Absoluta
Sexo	Masculino	49	18,1
	Feminino	221	81,8
Região	Norte	51	18,8
	Nordeste	196	72,5
	Centro Oeste	5	1,8
	Sudeste	18	6,6
	Sul	-	-
Área de formação	Ciências Humanas	138	51,1
	Ciências Sociais	48	17,7
	Ciências da Saúde	49	18,8
	Ciências Exatas	25	9,2
	Ciências Biológicas	8	2,9
Ano do curso	1º ano	33	12,2
	2º ano	57	21,1
	3º ano	54	20
	4º ano	50	18,5
	5º ano	69	25,5

Nota. Elaborada pelos autores.

Instrumentos

Protocolo de Caracterização Individual – PCI: o instrumento contém informações acerca de idade, gênero, curso, período da graduação em que o estudante se encontra.

Inventário de Habilidades Assertivas – IHA: o instrumento foi construído para avaliar a assertividade (Teixeira, 2015). Possui 16 itens, respondidos em escala Likert com 5 pontos para cada um dos indicadores: "frequência", "desconforto", "efetividade", "adequação social" e adequação pessoal. O participante deve responder de acordo com as seguintes escalas para cada indicador: a) **"frequência"** e **"efetividade"**, em cada 10 situações sociais, o indivíduo deve indicar o número de vezes em que reage da forma como descrita, com cinco escalas de respostas (0-2= nunca ou raramente, 3-4= pouca frequência, 5-6= com regular frequência, 7-8= muito frequentemente, 9-10= sempre ou quase sempre vezes); b) **"desconforto"** varia de 0 a 4 (0= Nenhum, 1= Pouco, 2= Médio, 3= Muito ou 4= Muitíssimo); c)**"adequação social"** varia de -2 a 2 (-2= Reprova muito, -1= Reprova, 0= Nem aprova, nem reprova, 1= Aprova, 2= Aprova muito); d)**"adequação pessoal"** varia de -2 a 2 (-2= Muito inadequada, -1= Inadequada, 0= Nem adequada, nem inadequada, 1= Adequada e 2= Muito adequada). Para avaliação do autorrelato de assertividade da amostra, considerando os objetivos, foram considerados os indicadores de frequência e desconforto. O teste possui alpha de Cronbach de 0.82 para o indicador de frequência e 0.85 para o indicador desconforto. A interpretação dos resultados é realizada a partir de quartis, que são: primeiro quartil situado entre 0 e 16 (repertório deficitário); o segundo quartil situado entre 17 e 32 (repertório mediano), o terceiro quartil encontra-se entre 33 e 48 (bom repertório), o quarto quartil entre 49 e 64 (repertório elaborado).

Teste de Ansiedade Social para Universitários – TASU: instrumento construído para avaliar a ansiedade social. A versão original foi desenvolvida na Argentina por Morán (2016) e adaptada para o Brasil e com evidências de validade de estrutura interna por Ferreira et al. (2021). O teste itens do teste foram traduzidos e avaliados por juízes a partir do V de Aiken, com o critério de 0.80 de concordância. A análise fatorial da estrutura da versão brasileira manteve o número de fatores do instrumento original com bons índices de ajuste (CFI=.98, TLI=.98, RMSEA=.68, SRMR=.61) e bons indicadores de precisão com ω superior a 0.80 em cada fator. O instrumento tem 26 itens, respondidos em escala do tipo *Likert,* que variam de 1 a 10, e quatro fatores que se adequam ao contexto brasileiro: fator 1 **"ansiedade em situações sociais com pessoas conhecidas"** (ω=.87); fator 2 **"ansiedade em situações de desempenho acadêmico ou laboral"** (ω=.91); fator **3 "ansiedade ao ser observado por outros em situações gerais"** (ω=.80); fator 4 **"ansiedade em situações de abordagem afetivo-sexual"** (ω=.84). Para interpretação dos resultados, as normas delimitam que percentis 1 e 15 sejam classificados como níveis muito baixos de ansiedade social, entre 15 e 50, como médio-baixos, entre 50 e 85, como médio-altos, e acima de 85, como muito altos.

Questionário de Vivências Acadêmicas – versão reduzida – QVA-r: o instrumento busca avaliar a adaptação dos universitários às várias dimensões e exigências da vida acadêmica. Foi construído incialmente por Almeida, Soares e Ferreira (1999, 2002) em universitários portugueses e, posteriormente, adaptado para o Brasil por Granado et al. (2005), com bons indicadores de precisão avaliados por meio do alpha de Cronbach. É constituído por 54 itens, respondidos em uma escala de 1(nada a ver comigo) a 5 (tudo a ver comigo), que avaliam as seguintes dimensões: **"pessoal"** (α = .84), envolvendo questões relativas ao bem-estar físico e psicológico dos estudantes; **"interpessoal"** (α=.82), que diz respeito ao relacionamento desenvolvido com os pares e à busca por ajuda; **"carreira"**(α=.86) avalia a satisfação com o curso e percepção de realização profissional com a carreira; "**estudo**" (α=.78) relacionado à gestão do tempo e às habilidades relacionadas ao estudo e recursos de aprendizagem; e, por fim, a dimensão "**institucional**" (α=.77), voltada para o interesse pela instituição e a qualidade dos serviços e da infraestrutura oferecidos pela IES. Dessa forma, o instrumento foi utilizado para avaliar se as Habilidades Sociais Assertivas podem servir como mediadoras da Ansiedade Social, atenuando o impacto ansiedade. O instrumento não apresenta normas de interpretação para a população brasileira, assim, a escala de pontuação foi considerada norteadora dos valores encontrados para a amostra: quanto mais próximo de 5, melhor adaptação à dimensão analisada; quanto mais próximo de 1, menor a adaptação.

Procedimentos

A coleta foi realizada por meio de formulário Google. Ao abrir o *link* (https://forms.gle/TNCyP-VhdB8Pe9FhH6), o participante era redirecionado para o Termo de Consentimento Livre e Esclarecido – TCLE e, ao final da página, havia a opção de marcar a caixa de seleção "sim". Cada participante respondeu a um protocolo de caracterização individual, com informações sobre idade, gênero, curso e período da graduação em que o estudante se encontrava; ao Inventário de Habilidades Assertivas (Teixeira, 2015), que avalia o repertório geral de frequência e desconforto para emissão de comportamentos de assertividade; ao Teste de Ansiedade Social para Universitários (Morán et al., 2018; Neiva et al., 2021), que mede ansiedade em situações sociais com pessoas conhecidas, ansiedade em situações de desempenho acadêmico ou laboral, ansiedade ao ser observado por outros em situações gerais e ansiedade em situações de abordagem afetivo-sexual; e, por fim, ao Questionário de Vivências Acadêmicas (Almeida et al., 1999), que avalia vivências acadêmicas pessoais (relativas ao bem-estar físico e psicológico dos estudantes), interpessoais (relativas ao relacionamento desenvolvido com os pares e à busca por ajuda), de carreira (satisfação com o curso e percepção de realização profissional com a carreira), de estudo (relacionado à gestão do tempo e às habilidades relacionadas ao estudo e aos recursos de aprendizagem) e institucional (interesse pela instituição e qualidade dos serviços e da infraestrutura oferecidos pela IES).

Análise de dados

Inicialmente, foi realizada a caracterização da amostra a partir dos dados fornecidos por meio do protocolo de caracterização individual. Posteriormente, foi verificada a prevalência dos indicadores de ansiedade social, do repertório de habilidades sociais assertivas e da qualidade das vivências acadêmicas dos participantes. Para compreender a relação entre os construtos, foram realizadas análises de correlação, relacionando os indicadores de frequência e desconforto de assertividade com os de ansiedade social. Ainda, assertividade e ansiedade social foram relacionadas com as vivências acadêmicas nas dimensões pessoal, interpessoal, carreira, estudo e institucional. Por fim, foi verificado o papel das habilidades sociais assertivas como mediadoras da relação entre ansiedade social e vivências acadêmicas.

RESULTADOS

Os primeiros resultados mostraram que, de forma geral, os universitários da amostra do estudo apresentaram valores acima da média para ansiedade em situações sociais com pessoas conhecidas, ansiedade em situações de desempenho acadêmico ou laboral e ansiedade ao ser observado em situações gerais. Por outro lado, apresentaram valores abaixo da média para ansiedade em situações de abordagem afetivo-sexual.

Para a assertividade, os resultados indicaram que, apesar de não apresentar um repertório deficitário e indicação para treino de habilidades sociais, os estudantes sentem desconforto ao desempenhar comportamentos assertivos. O dado confirma os achados de Ribeiro e Bolsoni-Silva (2011), nos quais identificaram graduandos com um bom repertório de habilidades assertivas antes de entrarem na universidade, no entanto, quando tinham respostas punidas ao desempenhá-las ao logo do curso, diminuíam a frequência e passavam a ter respostas de desconforto e ansiedade.

Quanto aos dados referentes à qualidade das vivências acadêmicas, foi possível perceber homogeneidade entre quase todas as dimensões avaliadas (interpessoal, carreira, estudo, institucional), com valores médios que apontavam um nível de adaptação que pode ser considerado razoável para os graduandos, com exceção da dimensão pessoal, em que os estudantes apresentaram uma média inferior, indicando menor adaptação. Os dados encontrados para a qualidade das vivências acadêmicas estão em conformidade com o estudo de Oliveira (2015), cujos valores encontrados foram satisfatórios para adaptação acadêmica, porém inferiores nas dimensões de estudo e pessoal.

A seguir, são apresentados as médias e o desvio-padrão da amostra para as variáveis de ansiedade social em cada um dos quatro fatores (M=169,15; DP=60,75), habilidades sociais assertivas em seus dois indicadores – frequência (M=24,95; DP=8,79) e desconforto (M=35,11; DP=11,49) – e as cinco dimensões das vivências acadêmicas (M=173,88; DP= 26,61). Informações detalhadas sobre esse resultado podem ser visualizadas na Tabela 2.

Tabela 2 – *Caracterização da amostra para Habilidades Sociais Assertivas, Ansiedade Social e Vivências Acadêmicas*

Variável	Média (Desvio Padrão)	Mínimo	Máximo
TASU			
Situações Sociais	58,64 (27,20)	0	121
Desempenho acadêmico ou laboral	61,50 (23,08)	0	90
Observação por outros	25,53 (10,26)	0	40
Abordagem afetivo-sexual	23,48 (8,16)	5	40
Total	169,15 (60,75)	18	291
IHA			
Frequência	24,95 (8,79)	5	54
Desconforto	35,11 (11,49)	3	63
QVA-r			
Pessoal	36,41 (10,94)	14	67
Interpessoal	40,20 (7,46)	20	59
Carreira	43,97 (8,16)	19	59
Estudo	28,02 (6,63)	11	45
Institucional	25,26 (4,78)	9	35
Total	173,88 (26,61)	111	244

Nota. Elaborada pelos autores.

A seguir, são apresentadas as correlações entre as habilidades sociais assertivas, ansiedade social e vivências acadêmicas realizadas a partir da correlação de *Pearson*. As correlações foram significativas e negativas entre o indicador de frequência de habilidades sociais assertivas e os fatores de ansiedade social. As vivências acadêmicas também apresentaram correlações positivas, moderadas e significativas com o indicador de frequência da assertividade. Os dados detalhados estão na Tabela 3.

Tabela 3 – *Correlações entre Habilidades Sociais Assertivas, Ansiedade Social e Vivências Acadêmicas*

	TASU					IHA	
Variável externa	Situações Sociais	Desempenho acadêmico ou laboral	Observação por outros	Abordagem afetivo-sexual	Total	Frequência	Desconforto
	r[95%CI]						
	(p)						
IHA							
Frequência	-0,39[-0,29, -0,49]	-0,41 [-0,50, -0,30]	-0,31 [-0,42, -0,20]	-0,35 [-0,45, -0,24]	-0,43 [-0,52, -0,33]	-	-
	(<0,001) ***	(<0,001) ***	(<0,001) ***	(<0,001) ***	(<0,001) ***		
Desconforto	0,17 [0,06, 0,29]	0,11 [0,007, 0,22]	0,09 [-0,02, 0,20]	0,22 [0,10, 0,33]	0,16 [0,05, 0,28]	-	-
	(0,003) **	(0,065)	(0,139)	(<0,001) ***	(0,006) **		
QVA-r							
Pessoal	-0,46 [-0,36,-0,55]	-0,47 [-0,56, -0,37]	-0,39 [-0,49, -0,29]	-0,45 [-0,54, -35]	-0,51 [-0,59, -0,42]	0,34 [0,23, 0,44]	-0,22 [-0,33, -0,10]
	(<0,001) ***	(<001) ***	(<0,001) ***	(<0,001) ***	(<0,001) ***	(<0,001) ***	(<0,001) ***
Interpessoal	-0,19 [-0,07, -0,30]	-0,10 [-0,22, 0,01]	-0,04 [-0,15, 0,07]	-0,20 [-0,31, -0,08]	-0,16 [-0,27, -0,04]	0,31 [0,20, 0,42]	-0,05 [-0,16, 0,06]
	(<0,002)	(0,07)	(0,05)	(<0,001)	(0,008) **	(<0,001) ***	(0,407)
Carreira	-0,108 [-0,22, 0,01]	-0,09 [-0,21, 0,02]	-0,01 [-0,13, 0,10]	-0,05 [-0,17, 0,06]	-0,09 [-0,21, -0,02]	0,21 [0,09, 0,32]	0,01 [-0,10, 0,13]
	-0,076	(0,104)	(0,769)	(0,367)	(0,114)	(<0,001) ***	(0,775)
Estudo	-0,20 [-0,31, -0,08]	-0,28 [-0,38, -0,16]	-0,18 [-0,29, -0,06]	-0,13 [-0,25, -0,01]	-0,24 [-35, -0,13]	0,24 [0,13, 0,35]	-0,01 [-0,13, 0,10]
	(<0,001) ***	(<0,001) ***	(0,002) **	(0,024) *	(<0,001) ***	(<0,001) ***	(0,798)
Institucional	-0,11 [-0,23, 1,295e -4]	-0,04 [-0,16, 0,07]	-0,01 [-0,13, 0,10]	-0,11 [-0,23, 0,002]	-0,09 [-0,20, 0,03]	0,08 [-0,03, 0,20]	0,004 [-0,11, 0,12]
	(0,05)	(0,439)	(790)	(0,055)	(0,141)	(0,148)	(0,954)
Total	-0,35 [-0,45, -0,24]	-0,33 [-0,43, -0,22]	-0,22 [-0,33, 0,11]	-0,31 [-0,46, --0,20]	-36 [-0,46, -0,25]	0,37 [0,26, 0,47]	-0,10 [-0,22, 0,01]
	(<0,001) ***	(<0,001) ***	(<0,001)	(<0,001) ***	(<0,001)	(<0,001) ***	(0,088)

Nota. *=p <0,05, ** =p< 0,01, ***= <0,001. Elaborada pelos autores.

Para avaliar o impacto da ansiedade social nas vivências acadêmicas, foi realizada uma análise de mediação entre os construtos teóricos, tendo as habilidades sociais assertivas como mediação do impacto da ansiedade social nas vivências acadêmicas. O resultado é apresentado na Figura 1.

Figura 1 – *Análise de mediação*

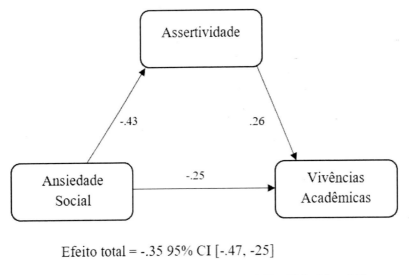

Efeito total = -.35 95% CI [-.47, -25]

Efeito indireto AS em VA = -.11 95% CI [-.18, -.05]

Efeito direto de AS em VA= -.25 95% CI [-.38, -11]

Nota. Elaborada pelos autores.

DISCUSSÃO

Os resultados sobre a assertividade estão em conformidade com a definição deste construto, descrevendo situações de enfrentamento que envolvem risco de reação indesejável do interlocutor, que requerem que o indivíduo expresse ideias, sentimentos ou desejos de maneira adequada, com controle de ansiedade e da agressividade (Del Prette & Del Prette, 2017b). Tais situações podem causar ansiedade, que é experenciada de maneira diferente por cada pessoa em reações físicas, cognitivas e comportamentais de intensidades distintas (Clark & Beck, 2012). É possível afirmar, portanto, que o comportamento assertivo está associado com princípios fundamentais. propostos por Clark e Beck (2012), de sentimentos negativos associados à situação social, conforme avaliado pelo indicador de desconforto, que pode prejudicar o desempenho social ou inibi-lo. Observa-se, ainda, que os universitários podem vivenciar sintomas de ansiedade social em diferentes situações que ocorrem na universidade, em especial, naquelas especificamente voltadas para relações que ocorrem em sala.

Sobre as associações entre as variáveis, a frequência de assertividade mostrou-se moderadamente correlacionada, de forma negativa, à ansiedade social, o que significa que, quanto maiores os valores de assertividade, menores os de ansiedade social, e vice-versa. A frequência de assertividade apresentou relação moderada e positiva com a qualidade das vivências acadêmicas, ou seja, quanto maiores os valores de assertividade, maiores os valores de qualidade das vivências acadêmicas. O desconforto em assertividade mostrou-se pouco relevante nas associações com ansiedade social e vivência acadêmica

As análises de correlação realizadas entre os construtos apoiam as evidências encontradas na literatura acerca das relações existentes entre ansiedade social e habilidades sociais (Angelico et al., 2012; Borba et al., 2019; Wagner et al., 2019), em especial, na relação entre as habilidades assertivas e ansiedade social (Bandeira et al., 2005; Bolsoni-Silva & Loureiro, 2014; Pereira et al., 2014). Borro (2016) identificou que graduandos com ansiedade social possuem repertório deficitário em comportamentos que envolviam falar em público, enfrentamento e autoafirmação com risco, expressão de afeto positivo e exposição a desconhecidos. Da mesma maneira, Bolsoni-Silva e Loureiro (2014) identificaram que as habilidades sociais, em especial, a habilidade de falar em público, eram preditoras de ansiedade social. Pereira et al. (2014) encontraram que estudantes apresentavam comportamentos deficitários em comportamentos assertivos em duas medidas de avaliação, em uma amostra com prevalência de 23% de estudantes com indícios de ansiedade social. Morais (2019) também encontrou correlações entre as habilidades sociais e a ansiedade social, a partir da avaliação com IHS-Del-Prette e da Escala de Ansiedade Social de Liebbowitz (LSAS-SR). O enfrentamento e a autoafirmação com risco do IHS, composto por itens que avaliam habilidades assertivas, apresentou correlações significativas moderadas e fortes com as subescalas que avaliam medo/ansiedade e evitação da LSAS, em especial, ao desempenhar comportamentos de falar em público e ser foco de atenção e interação com desconhecidos.

As vivências acadêmicas pessoais e de estudo apresentaram correlações fracas a moderadas com ansiedade social. A relação entre a dimensão pessoal, que avalia o bem-estar físico e psicológico dos estudantes de graduação e a ansiedade social, é esperada na medida em que características de bem-estar subjetivo, como estabilidade afetiva, emocional, autonomia, sono e alimentação, entre outros, podem ser afetadas por um nível de ansiedade mais elevado. A dimensão estudo, que avalia métodos de estudo, gestão do tempo, recursos oferecidos pela universidade, apresentou correlações negativas, significativas e fracas com ansiedade em situações sociais com pessoas conhecidas e ansiedade em situações de desempenho acadêmico ou laboral. Isso sugere que um nível mais elevado de ansiedade social pode apontar para uma dificuldade de adaptação aos estudos, o que se aproxima do resultado do estudo de Soares et al. (2019), em que foram encontradas correlações entre comportamentos sociais acadêmicos que envolviam habilidades assertivas e as vivências acadêmicas, embora a correlação encontrada para o fator autoexposição e assertividade e a dimensão pessoal tenha sido negativa, mas com correlações positivas entre este fator e a dimensão estudo.

As habilidades assertivas podem auxiliar na construção de relacionamentos interpessoais mais satisfatórios, aumentando a satisfação pessoal, pois o estudante seria capaz de expressar adequadamente desagrado, lutar pelos seus direitos dentro da universidade e desempenhar comportamentos que podem ser importantes para obter melhor desempenho acadêmico, como melhorar a interação com o professor em sala de aula, sem receio de expor dúvidas e comentários acerca dos assuntos tratados em sala de aula, que, por sua vez, podem auxiliar em seus métodos de estudos.

Sobre a análise da medicação, é possível sugerir que a ansiedade social afeta negativamente as vivências acadêmicas, mas as habilidades sociais assertivas atuam como fator de proteção, ou seja, os estudantes que apresentam um repertório mais elaborado para habilidades sociais assertivas sofrem menos com a influência da ansiedade social em sua vivência acadêmica. Tais evidências indicam que existe uma interferência da ansiedade social na adaptação acadêmica, e um bom repertório de habilidades assertivas pode diminuir o impacto que essa variável possui diante das vivências acadêmicas. Assim, o treino de habilidades sociais assertivas pode ser uma atividade importante de ser oferecida para estudantes do ensino superior, o que pode facilitar a adaptação na universidade, conforme indicam os estudos de Wagner et al. (2019), Bolsoni Silva et al. (2010) e Lopes et al. (2017).

CONSIDERAÇÕES FINAIS

Dessa forma, é possível supor que existe uma relação entre a ansiedade social e a adaptação à universidade, em que um elevado nível de ansiedade social influencia no processo de adaptação nas dimensões pessoais e de estudo, demonstrando uma dificuldade em conciliar a vida pessoal e acadêmica, bem como administrar os recursos que são necessários para obter um bom desempenho e uma boa integração na universidade. Diversos aspectos podem dificultar a adaptação à universidade: vulnerabilidades sociais, problemas de saúde mental e aspectos econômicos também podem causar impactos indesejados.

A amostra do estudo descrito neste capítulo é composta majoritariamente por estudantes das regiões Norte e Nordeste, que contêm o maior número de estudantes com renda familiar até um salário mínimo e meio. É possível destacar que aspectos de ordem social e econômica podem dificultar questões de saúde mental e constituir-se como fator limitador de conciliação entre aspectos pessoais e de estudo.

A vivência na universidade é diretamente influenciada pelo comportamento social acadêmico. No entanto, estudantes que apresentam repertório mais elaborado de habilidades assertivas podem sofrer menor impacto dos sintomas ansiosos que podem aparecer em situações sociais no ambiente acadêmico. A diminuição do impacto da ansiedade pode ocorrer devido ao fato de que as habilidades interferem no padrão distorcido de pensamento ou, mesmo que ainda apresente pensamentos distorcidos, comum em tais cenários, as habilidades assertivas podem ser consideradas comportamentos de segurança adaptativos, capazes de diminuir níveis de ansiedade em situações sociais.

QUESTÕES PARA DISCUSSÃO

- Qual é o papel das habilidades sociais para o sucesso acadêmico e socioemocional dos estudantes universitários?

- De que maneira as habilidades sociais podem impactar na qualidade da vida dos estudantes?

- Para saúde mental e bem-estar dos estudantes no ambiente acadêmico, quais são os efeitos de um Treinamento de Habilidades Sociais (THS), baseados em evidências?

REFERÊNCIAS

Almeida, L. S., Ferreira, J. A., & Soares, A. P (1999). Questionário de Vivências Acadêmicas: Construção e validação de uma versão reduzida (QVA-r). *Revista Portuguesa de Pedagogia, 33*(3), 181-207. http://hdl.handle.net/1822/12080.

American Psychiatric Association. (2023). *Manual diagnóstico e estatístico de transtornos mentais* (5ª ed. Texto revisado). Artmed Editora.

Angélico, A. P., & Bauth, M. F. (2020). Avaliação da Ansiedade de Estudantes de Psicologia em Situações Experimentais de Falar em Público. *Psicologia: Ciência e Profissão, 40*, e214267. https://doi.org/10.1590/1982-3703003214267

Angélico, A. P., Bauth, M. F., & Andrade, A. K. (2018). Estudo Experimental do Falar em Público Com e Sem Plateia em Universitários. *Psico-USF, 23*(2), 347-359. https://doi.org/10.1590/1413-82712018230213

Angelico, A. P., Crippa, J. A. S., & Loureiro, S. R (2012). Utilização do Inventário de Habilidades sociais no diagnóstico do Transtorno de Ansiedade Social. *Psicologia Reflexão e Crítica, 25*(3), 467-476, 2012. https://doi.org/10.1590/S0102-79722012000300006access.

Arad, G., Shamai-Leshem, D., & Bar-Haim, Y. (2021). Social Distancing During A COVID-19 Lockdown Contributes to The Maintenance of Social Anxiety: A Natural Experiment. *Cognitive Therapy Research, 45,* 708-714. https://doi.org/10.1007/s10608-021-10231-7

Baggi, C. A., & Lopes, D. A (2011). Evasão e avaliação institucional no ensino superior: Uma discussão bibliográfica. *Avaliação, 16* (2), 355-374. https://doi.org/10.1590/S1414-40772011000200007.

Bandeira, M., Quaglia, M. A. C., Bachetti, L. D. S., Ferreira, T. L., & Souza, G. G. D. (2005). Comportamento assertivo e sua relação com ansiedade, locus de controle e auto-estima em estudantes universitários. *Estudos de Psicologia, 22,* 111-12. http://dx.doi.org/10.1590/S0103-166X2005000200001.

Bernardelli, L. V., Pereira, C., Brene, P. R. A., & Castorini, L. D. da C. (2022). A ansiedade no meio universitário e sua relação com as habilidades sociais. *Avaliação: Revista Da Avaliação Da educação superior* (Campinas), *27*(1), 49-67. https://doi.org/10.1590/S1414-40772022000100004

Bolsoni-Silva, A. T., Loureiro, S. R., Rosa, C. F., & Oliveira, M. C. F. A. D. (2010). Caracterização das habilidades sociais de universitários. *Contextos Clínicos, 3(1)* 62-75. http://hdl.handle.net/11449/134450.

Bolsoni-Silva, A. T., & Loureiro, S. R. (2014). The role of social skills in social anxiety of university students. *Paidéia, 24,* 223-232. https://doi.org/10.1590/1982-43272458201410.

Borba, C., Hayasida, N. M., & Lopes, F. M. (2019). Ansiedade social e habilidades sociais em universitários. *Revista Psicologia em Pesquisa, 13*(3), 119-137. https://doi.org/10.34019/1982-1247.2019.v13.27052.

Borro, N. P. V. (2016). *Habilidades sociais e saúde mental: caracterização de universitários da FOB-USP* [Dissertação de Mestrado, Universidade de São Paulo]. https://doi.org/10.11606/D.25.2016.tde-05092016-150334.

Clark, D., & Beck, A (2012). *Terapia cognitiva para os transtornos de ansiedade.* Artmed.

Del Prette, A., & Del Prette, Z (2008). *Psicologia das relações interpessoais:* Vivências para o trabalho em grupo. Vozes.

Del Prette, A., & Del Prette, Z (2017a). *Habilidades sociais e competência social:* Para uma vida melhor. EdUFSCAR.

Del Prette, A., & Del Prette, Z (2017b). *Competência social e habilidades sociais:* Manual teórico prático. Vozes.

D'el Rey, G J. F., & Pacini, C. A. (2005). Medo de falar em público em uma amostra da população: Prevalência, impacto no funcionamento pessoal e tratamento. *Psicologia: Teoria e Pesquisa, 21*(2), 237-242. https://dx.doi.org/10.1590/S0102-37722005000200014.

Goulart Júnior, E., Cardoso, H. F., Alves, T. A., & Silveira, A. M. (2021). Habilidades Sociais Profissionais e Indicadores de Ansiedade e Depressão em Gestores. *Psicologia: Ciência e Profissão, 41,* e221850. https://doi.org/10.1590/1982-3703003221850

Jefferies, P., & Ungar, M. (2020) Social anxiety in young people: A prevalence study in seven countries. *PLoS ONE, 15*(9), e0239133. https://doi.org/10.1371/journal.pone.0239133

Khan, A. N., Bilek, E., Tomlinson, R. C., & Becker-Haimes, E. M. (2021). Treating Social Anxiety in an Era of Social Distancing: Adapting Exposure Therapy for Youth During COVID-19. *Cognitive and Behavioral Practice, 28*(4), 669-678. https://doi.org/10.1016/j.cbpra.2020.12.002

Koyuncu A, İnce, E, Ertekin, E, & Tükel, R. (2019). Comorbidity in social anxiety disorder: Diagnostic and therapeutic challenges. *Drugs in Context, 2*(8), 212573. https://doi.org/10.7573/dic.212573.

Leahy, R. L (2012). *Livre de ansiedade*. Artmed Editora.

Lima, N. M., Carvalho, D. L. S, Ramalho, R. A. V. L., & Lins, M. A. F. (2019) Características do Transtorno de Ansiedade em Meio Acadêmico e Escolar: uma revisão integrativa da literatura. *Revista de Psicologia, 13*(47), 1236-1251. https://doi.org/10.14295/idonline.v13i47.2131.

Lopes, D. C., Dascanio, D., Ferreira, B. C., Del Prette, Z. A. P., & Del Prette, A. (2017). Treinamento de habilidades sociais: Avaliação de um programa de desenvolvimento interpessoal profissional para universitários de ciências exatas. *Interação em Psicologia, 21*(1), 55-65. https://revistas.ufpr.br/psicologia/article/view/36210/32912

Mizzi, S., Pedersen, M., Lorenzetti, V., Heinrich, M., & Labuschagne, I. (2022). Resting-state neuroimaging in social anxiety disorder: A systematic review. *Molecular Psychiatry, 27*, 164-179. https://doi.org/10.1038/s41380-021-01154-6

Morais, A. R. (2019). *Habilidades sociais e ansiedade social em estudantes universitários: associações e comparações* [Dissertação de Mestrado, Universidade Federal de São João Del Rei]. https://ufsj.edu.br/portal2repositorio/File/ppgpsi/Andre%20Rezende%20Morais_Dissertacao%20Final.pdf.

Moran, V. E., Olaz, F. O., Pérez, E. R., & Del Prette, Z. A. P. (2018). Desarrollo y validación del Test de Ansiedad Social para estudiantes universitarios (TAS-U). *Liberabit, 24*(2), 195-212. https://dx.doi.org/10.24265/liberabit.2018.v24n2.03

Neiva, Y. P., Ferreira, H. R. B., Moran, V. E., & de Sa, L. G. C. (2021). Adaptação Brasileira do Teste de Ansiedade Social para Universitários (TASU). *Revista Iberoamericana de Psicología, 14*(1), 47-58. https://doi.org/10.33881/2027-1786.rip.14105.

O'Day, E. B., & Heimberg, R. G. (2021). Social media use, social anxiety, and loneliness: A systematic review. *Computers in Human Behavior Reports, 3*, 100070. https://doi.org/10.1016/j.chbr.2021.100070

Olivares-Olivares, P. J., Ortiz-González, P. F., & Olivares, J. (2019). Role of social skills training in adolescents with social anxiety disorder. *International Journal of Clinical and Health Psychology, 19*(1), 41-48. https://doi.org/10.1016/j.ijchp.2018.11.002

Oliveira, R. E. C. de (2015). *Vivências acadêmicas: interferências na adaptação, permanência e desempenho de graduandos de cursos de engenharia de uma instituição pública federal* [Dissertação de Mestrado, Universidade Estadual Paulista Julio de Mesquita Filho]. http://hdl.handle.net/11449/123175.

Pereira, A. S., Wagner, M. F., & Oliveira, M. S (2014). *Deficits* em habilidades sociais e ansiedade social: avaliação de estudantes de psicologia. *Psicologia da Educação, 38*, 113-122. http://pepsic.bvsalud.org/pdf/psie/n39/n39a10.pdf.

Pereira, S. M., & Lourenço, L. (2012). O estudo bibliométrico do transtorno de ansiedade social em universitários. *Arquivos Brasileiros de Psicologia, 64*(1), 47-62. http://www.redalyc.org/articulo.oa?id=229023819005.

Ribeiro, D. C., & Bolsoni-Silva, A. T (2011). Potencialidades e dificuldades interpessoais de universitários: estudo de caracterização. *Acta Comportamentalia, 19*(2), 205-224. http://hdl.handle.net/11449/134647.

She, R., Phoenix, K. M., Jibin, L., Xi L., Hong, J., Yonghua, C., Le, M., & Joseph T. L. (2023). The double-edged sword effect of social networking use intensity on problematic social networking use among college students: The role of social skills and social anxiety. *Computers in Human Behavior, 140*, 107555.https://doi.org/10.1016/j.chb.2022.107555.

Soares, A. B., Porto, A. M., Lima, C. A., Gomes, C., Rodrigues, D. A., Zanoteli, R., Santos, Z. A., Fernandes, A., & Medeiros, H. (2019). Vivências, habilidades sociais e comportamentos sociais de universitários. *Psicologia: Teoria e Pesquisa, (34)*, e34311. http://dx.doi.org/10.1590/0102.3772e34311.

Soares, A. B., & Del Prette, Z. A. P (2015). Habilidades sociais e adaptação à universidade: Convergências e divergências dos construtos. *Análise Psicológica, 33*(2), 139-15. http://dx.doi.org/10.14417/ap.911.

Teixeira, C. M, (2015). *Assertividade: escala multimodal e caracterização do repertório de mulheres inseridas no mercado de trabalho* [Tese de doutorado, Universidade Federal de São Carlos]. https://repositorio.ufscar.br/handle/ufscar/7238?show=full

Teixeira, C. M., Del Prette, A., & Del Prette, Z. A. P (2016). Assertividade: uma análise da produção acadêmica nacional. *Revista Brasileira de Terapia Comportamental e Cognitiva, 18*(2), 56-72. https://doi.org/10.31505/rbtcc.v18i2.883.

Wagner, M. F., Dalbosco, S. N. P., Wahl, S. D. Z., & Cecconello, W. W. (2019). Treinamento em habilidades sociais: resultados de uma intervenção grupal no ensino superior. *Aletheia, 52*(2), 215. http://pepsic.bvsalud.org/scielo.php?script=sci_arttext&pid=S1413-03942019000200018#:~:text=Os%20resultados%20apontaram%20que%20houve,al%C3%A9m%20de%20aumento%20da%20assertividade.

CAPÍTULO 12

QUESTIONÁRIO DE AVALIAÇÃO DE HABILIDADES SOCIAIS, COMPORTAMENTOS E CONTEXTOS – QHC- UNIVERSITÁRIOS – APLICAÇÕES PRESENCIAL E ON-LINE

Alessandra Turini Bolsoni-Silva
Sonia Regina Loureiro

INTRODUÇÃO

O ingresso na universidade, em curso escolhido, é acompanhado por sentimentos de satisfação e alegria. Entretanto, o ambiente universitário proporciona diversas demandas interpessoais e acadêmicas que podem implicar dificuldades de adaptação, aumentando o risco para abandono do curso, problemas de saúde mental e dificuldades interpessoais. Tais demandas foram potencializadas pela pandemia da COVID-19, assim como foi evidenciada a necessidade de instrumentos aferidos informatizados que possam ser aplicados on-line para avaliar variáveis diversas, entre elas as habilidades sociais. Precedendo a pandemia e considerando os indicadores sinalizados em inúmeros estudos e a falta de um instrumento aferido que avaliasse, com universitários, diferentes habilidades sociais e comportamentos na interação com múltiplos interlocutores, foi desenvolvido, em 2015, o instrumento QHC-Universitários. A versão lápis-papel do instrumento, aplicada na modalidade presencial, foi aferida com base em dados coletados com uma amostra robusta de universitários, sendo objeto de amplos estudos psicométricos de validade e confiabilidade. O QHC-Universitários foi apreciado e aprovado quanto às suas qualidades psicométricas, como teste psicológico de uso exclusivo para psicólogos, pelo Conselho Federal de Psicologia, e essa versão do instrumento foi publicada pela Editora Hogrefe. Desde a sua divulgação, o QHC-Universitários tem sido objeto de vários estudos que abordaram as associações das habilidades sociais com problemas de saúde mental, desempenho acadêmico e abandono escolar, entre outras variáveis. Os objetivos deste capítulo inserem-se neste contexto ao se propor a apresentar a proposta de uma versão informatizada do instrumento, denominada QHC-Universitários-On-line, relatando dados comparativos preliminares das versões presencial e on-line, coletados precedendo a pandemia. Como parte dos desdobramentos, apresenta-se um estudo em desenvolvimento com a colaboração de vários pesquisadores do GT ANPEPP *Habilidades Sociais e Relacionamentos Interpessoais,* no qual a modalidade on-line, aplicada em larga escala, será aferida quanto às suas propriedades psicométricas. As mudanças contextuais de quase uma década que separa as duas propostas presencial e on-line e as particularidades das modalidades de aplicação colocam novos desafios que justificam ampliar as considerações sobre os indicadores psicométricos. Dadas as novas demandas mobilizadas pela pandemia, considera-se que tais dados podem instrumentar o planejamento de modalidades de prevenção e intervenção no contexto universitário, incluindo políticas públicas, com foco nas interações sociais.

AS DEMANDAS DA VIDA ACADÊMICA, CONDIÇÕES DE RISCO E PROTEÇÃO PARA A ADAPTAÇÃO DE UNIVERSITÁRIOS

Os universitários constituem uma ampla e diversificada população, de acordo com o último Censo da Educação Superior, realizado pelo Instituto Nacional de Estudos e Pesquisas Educacionais Anísio Teixeira (INEP) do Ministério da Educação, sendo, que em 2021, o Brasil tinha 8.987.120 estudantes matriculados em IES (INEP, 2021). Na vida dos jovens, o vestibular se caracteriza como um desafio que demanda esforços que, ao serem bem-sucedidos, são motivo de satisfação para os jovens e familiares, especialmente quando a vaga conquistada é no curso escolhido. Contudo, o ingresso na universidade é acompanhado por novas demandas interpessoais e acadêmicas, que se configuram como novos desafios, que podem trazer dificuldades de adaptação, aumentando o risco para abandono do curso e insatisfação pessoal. Com base em uma revisão integrativa de 37 artigos publicados entre 2006 e 2016, sobre sofrimento psíquico de estudantes universitários, Graner e Ramos-Cerqueira (2019) identificaram fatores de risco e de proteção que influenciam a adaptação dos universitários, agrupando os indicadores em várias categorias que envolvem aspectos diversos, tais como variáveis sociodemográficas, contextuais, demandas da vida acadêmica e condições psicológicas.

Destacaram como riscos a) demográficos – ser do sexo feminino, ter maior idade e baixa renda; b) condições de saúde – ser tabagista, não fazer atividade física, ter problemas de saúde, sentir-se estressado, ter alimentação ruim; c) aspectos interpessoais – tais como dificuldades no relacionamento com amigos e com outras pessoas, sentir-se rejeitado, não receber apoio e ter dificuldade de adaptação à vida acadêmica; d) condições relativas à vida acadêmica como como fonte de tensão/estresse – a saber, o excesso de horas de trabalho, a dificuldade em conciliar lazer e estudo, demandas de série do curso e o pensar em abandonar o curso; e) fatores psicológicos – como a alta frequência de estratégias de *coping* fuga/esquiva, focada na emoção ou passiva, indicadores elevados de perfeccionismo e baixa autoestima; e f) condições relativas ao contexto social relacionadas à violência – tais como clima geral hostil, percepções de discriminação por raça, idade e classe social, e ainda ter sofrido violência e preocupação com a segurança pessoal. Relataram como fatores de proteção: a) demográficos – ter religião; b) aspectos interpessoais – tais como boas habilidades de comunicação e de engajamento social, contar com apoio social e dos pais, ter amigos; c) condições relativas à vida acadêmica – tais como participação e engajamento e percepção de competência frente às demandas; e d) fatores psicológicos – como ter estratégias positivas de resolução de problemas, tais como *coping* focado no problema, autoconfiança, senso de autoeficácia positiva, empoderamento e autoestima elevada, ter afeto positivo, recursos de extroversão e contar com hobbies.

Verifica-se uma diversidade de variáveis que concorrem para a adaptação e o aproveitamento por parte dos universitários das oportunidades trazidas pelo ingresso na vida acadêmica, colocando em destaque condições pessoais, familiares e contextuais. Constata-se que, no contexto acadêmico, diferentes atores e condições podem favorecer os riscos ou minimizá-los pelo desenvolvimento ou fortalecimento de recursos. Neste capítulo, o destaque está colocado nas condições interpessoais, nas quais se inserem as habilidades sociais, o que é tratado no tópico seguinte.

A relevância das habilidades sociais como recurso adaptativo de universitários

No contexto universitário, múltiplas demandas interpessoais desafiam os recursos adaptativos dos jovens, envolvendo, além das demandas acadêmicas, as interações sociais. Nesse sentido, as demandas vão além das Habilidades Sociais (HS), mas é amplamente reconhecido o papel decisivo delas por constituírem a base das interações sociais. Em termos conceituais, as HS constituem classes específicas de comportamentos presentes no repertório de um indivíduo, que lhe permitem lidar, de forma competente, com as demandas das situações interpessoais, favorecendo as relações interpessoais e um relacionamento saudável e produtivo com outras pessoas (Del Prette & Del Prette, 2009).

Soto et al. (2022) propõem uma estrutura conceitual integrativa para definir as habilidades sociais, emocionais e comportamentais. Ressaltam a diversidade de definições conceituais e propõem que tais habilidades sejam consideradas como a capacidade das pessoas de manter relações sociais, de regular as emoções e de gerenciar comportamentos direcionados a objetivos e à aprendizagem. Nesse sentido, constituem capacidades funcionais adquiridas que podem ser potencialmente melhoradas pelo treinamento. Envolvem habilidades diversas, expressas por comportamentos de interação social com outras pessoas, de completar tarefas, definidas e guiadas por metas, de regulação das emoções e de aprendizagem com as novas experiências. No contexto das interações sociais, é reconhecido que os comportamentos socialmente habilidosos favorecem as interações, reduzindo os efeitos negativos dos eventos e desafios enfrentados, por meio do suporte de redes efetivas que emergem dos relacionamentos (Pereira et al., 2016). Uma recente revisão bibliográfica conduzida por Bortolatto et al. (2022), sobre a avaliação de HS em universitários, apontou para uma associação positiva entre um repertório satisfatório de interações sociais e a adaptação acadêmica. Os autores destacaram a relevância do investimento no desenvolvimento interpessoal como recurso para a promoção de saúde mental e para a qualificação profissional dos universitários. Alguns estudos conduzidos com universitários ocuparam-se de abordar determinadas habilidades sociais específicas e as suas associações com o fortalecimento de recursos adaptativos no contexto da universidade, tais como a comunicação (Leme et al., 2016), o lidar com críticas (Leme et al., 2016) e o falar em público (Angélico et al., 2006).

Dentre as demandas que o estudante, em geral, enfrenta no ingresso na universidade, destaca-se: o lidar com a distância de familiares, amigos e namorado(a) quando muda de cidade; a interação com autoridades no contexto acadêmico, como professores, chefes de departamento, coordenadores de curso e outras instâncias; as demandas acadêmicas frequentes de falar em público, exigida em diversos cursos, envolvendo apresentar seminários, fazer trabalho em grupo; assim como falar com pessoas desconhecidas e fazer novas amizades e morar com outras pessoas. Além dessas exigências, pode-se citar outras tarefas que vão exigir habilidades de organizar o tempo, disciplina, rotina, como cuidar de si mesmo e de seus pertences, estudar sozinho, trabalhar fora, que ocorre para parte dos estudantes, administrar a renda, distribuir tempo entre lazer e trabalho/estudo, dividir trabalhos grandes em partes menores, fazer agenda de estudos para evitar acumular tarefas e, assim, aprender a evitar procrastinar, incluindo tarefas escolares que exigem mais esforço e podem ser frustrantes (Ribeiro & Bolsoni-Silva, 2011).

Na vida universitária, emergem também algumas demandas acadêmicas peculiares, como o lidar com diferentes métodos de ensino/aprendizagem e formas de avaliação, além das necessidades de autonomia para planejar e organizar as atividades no tempo disponível. Nesse sentido, a variável ano do curso foi abordada por Ferreira e Fernandes (2015), relatando que o segundo ano é o que tem maior taxa de abandono escolar, atribuído a problemas de ordem econômica, dificuldades com os métodos de ensino/aprendizagem e de avaliação de conteúdo, assim como a dificuldades quanto às interações com familiares e colegas. Deste modo, verifica-se que os desafios dos estudantes incluem comportamentos diversos, sendo que grande parte deles abrange o desenvolvimento de habilidades sociais, ainda que não exclusivamente.

A adaptação acadêmica envolve um conjunto complexo de condições externas e internas. O impacto dos recursos internos dos estudantes para adaptação acadêmica foi abordado em estudo conduzido por Monteiro e Soares (2023) com universitários de IES públicas e privadas, avaliando as variáveis habilidades sociais, a resolução de problemas sociais, a automonitoria, a autoeficácia e o *coping*. Destacaram que, dentre as variáveis que favorecem a adaptação acadêmica, se incluem a autoeficácia e as habilidades sociais, as quais apresentaram diferenças para os grupos de estudantes de escola pública e privada.

As dificuldades adaptativas de universitários têm sido também relacionadas a condições de saúde mental e a peculiaridades dos cursos e áreas em que estão inseridos. Bolsoni-Silva e Loureiro (2015a) referiram maiores taxas de indicadores de ansiedade para área de exatas, seguida de humanas, e de depressão para a área de humanas, seguida de exatas. Soares et al. (2017), com uma amostra de 71 estudantes de Medicina, verificaram alta ocorrência de Burnout e de pensamentos suicidas. Tang et al. (2018), com base em um amplo estudo empírico, envolvendo seis universidades da China, relataram que a variável risco de suicídio foi associada a problemas de saúde mental de forma diferenciada para homens e mulheres. Para os homens, foi relacionada à ansiedade e depressão e, para as mulheres, associou-se ao comportamento obsessivo-compulsivo. Além das dificuldades relativas à saúde mental, os *deficits* nas habilidades sociais podem afetar também a permanência dos estudantes no meio acadêmico, contribuindo para os índices de evasão escolar e para o desenvolvimento ou agravamento de transtornos mentais, tais como transtornos de humor, ansiedade, uso abusivo de drogas e tentativas de suicídio (Soares et al., 2017).

Com base nos achados da literatura, pode-se concluir que as habilidades sociais promovem um funcionamento eficaz em situações interpessoais, favorecendo a saúde mental, bem como têm importância fundamental nos contextos de trabalho e educação, por serem preditoras de desempenho positivo no trabalho e de sucesso acadêmico (Breilet al., 2021). Assim, constata-se que as habilidades sociais são reconhecidas como recursos que favorecem as respostas adaptativas às múltiplas demandas que desafiam os jovens no contexto universitário. Essas demandas no contexto da pandemia COVID-19 ganharam novos desafios, o que está abordado no tópico seguinte.

A pandemia COVID-19 e as demandas adicionais experimentadas pelos universitários

A Organização Mundial da Saúde (OMS), em janeiro de 2022, declarou que o surto de COVID-19 constituía-se como uma Emergência de Saúde Pública de Importância Internacional (WHO, 2020, janeiro), e, em março de 2020, a doença foi declarada pela OMS como uma pandemia (WHO, 2020, março). Após mais de três anos, com o declínio nas hospitalizações e internações em unidades de terapia intensiva relacionadas à doença, bem como os altos níveis de imunidade da população ao SARS-CoV-2, a OMS decretou o fim da Emergência de Saúde Pública de Importância Internacional referente à COVID-19, destacando, contudo, que isso não significa que esta tenha deixado de ser uma ameaça à saúde (Organização Mundial da Saúde – OMS, 2023, maio). Além da emergência de saúde, o impacto da pandemia de COVID-19 configurou-se como a maior crise econômica global em mais de um século, com um aumento drástico na desigualdade entre os países e dentro de cada um deles (World Development Report – WDR, 2022). Dentre as preocupações cotidianas, durante a pandemia, o medo de ser infectado constitui-se em um importante e agravante da crise sanitária gerada pelo coronavírus (Ornell et al., 2020), piorando os indicadores de saúde mental, especialmente ansiedade e depressão (Gundim et al., 2021; Oliveira et al., 2022).

Tais apontamentos contextualizam de forma breve o cenário vivenciado pela população mundial e colocam em foco os grupos mais vulneráveis, como os estudantes universitários. Estes, segundo Gomes et al. (2020), já integravam, precedendo à pandemia, um grupo vulnerável a problemas de saúde mental, em função da transição para a vida adulta e das frequentes dificuldades econômicas e materiais. Segundo Oliveira et al. (2022), a pandemia apenas acentuou essa vulnerabilidade, já amplamente relatada e corroborada durante, por uma revisão da literatura nacional sobre estudos publicados em 2020, relativos à saúde mental de universitários no contexto pandêmico.

Condições relativas à preocupação com o atraso das atividades acadêmicas, as limitações nos acessos aos recursos virtuais para aprendizagem, além de temor pela própria vida e dos entes queridos, segundo Gundim et al. (2021), foram associados ao aumento dos níveis de estresse e ansiedade, por estudantes brasileiros durante a pandemia. Na mesma direção, Fogaça et al. (2022), com uma amostra de 88 estudantes que participaram de ensino remoto na pandemia de COVID-19, verificaram que, quanto maiores os escores de habilidades sociais, melhor foi o desempenho acadêmico; e ainda identificaram escores moderados de ansiedade geral em diferentes momentos do curso (1º, 3º e 7º períodos), bem como de ansiedade de desempenho, especialmente o indicador de preocupação para o 7º período.

Os estudantes, de um modo geral, em função das restrições de contato como medida sanitária de proteção, experimentaram mudanças sensíveis na sua rotina escolar e no seu processo de ensino-aprendizagem. No caso dos estudantes universitários, foi destacado como central a preocupação com ser infectado e o impacto para o futuro, além de ter que se adaptar ao isolamento social, ao ensino a distância e às incertezas quanto à retomada do ensino presencial, que tem metodologia diferente na comparação com a modalidade a distância (Oliveira et al., 2022).

Com base em estudo com delineamento misto, Zanini et al. (2023) avaliaram as mudanças e as estabilidades em indicadores de saúde (depressão, ansiedade, estresse, consumo de álcool e quantidade de horas de sono) e de crença de autoeficácia acadêmica de universitários brasileiros, antes da pandemia, em 2019, e durante. Relataram a manutenção de indicadores de saúde mental e a redução do consumo de álcool e autoeficácia, destacando que as medidas de estresse e ansiedade mostraram-se mais sensíveis ao contexto da pandemia, independentemente de indicadores anteriores. Os dados qualitativos, evidenciaram a influência de variáveis com impacto imediato, como as preocupações com as próprias condições de saúde e de familiares e as incertezas diante do tempo de duração da pandemia, e, a médio prazo, as preocupações com a retomada das atividades de ensino e com o futuro profissional. Os autores destacaram a relevância de se pensar como é possível produzir cuidado de saúde mental de um modo coletivo, visando à promoção dos recursos adaptativos.

Diante do cenário da COVID-19, os estudantes se mostraram vulneráveis ao aparecimento de transtornos mentais e a prejuízos cognitivos, afetando, consequentemente, o desenvolvimento da aprendizagem. O que evidencia, segundo Santos et al. (2023), a necessidade, por parte das IES, de desenvolverem intervenções educacionais e psicológicas que favoreçam o bem-estar psicossocial dos universitários. Para a implementação de intervenções com efetividade aferida, faz-se necessário ter medidas de acompanhamento bem estabelecidas que permitam práticas sustentadas por evidências.

A proposição e a aplicabilidade do QHS – universitários – aplicação presencial

Considerando tais indicadores, sinalizados na literatura, e a falta de um instrumento que mensurasse diferentes comportamentos de habilidades sociais na interação com múltiplos interlocutores, foi desenvolvido, em 2015, o QHC-Universitários (Bolsoni-Silva & Loureiro, 2015a) na versão lápis-papel. Essa versão foi aferida com base em dados coletados com uma amostra robusta de universitários, sendo objeto de amplos estudos psicométricos de validade e confiabilidade. Apresenta-se, na sequência, uma breve descrição do instrumento.

O instrumento proposto conta com duas partes, as quais avaliam: a) Parte 1- a frequência das habilidades sociais de comunicação, expressividade de sentimentos, opiniões, críticas com diferentes interlocutores e, especificamente, a habilidade de falar em público, e b) Parte 2 – as características desses comportamentos, quanto ao seu conteúdo: assuntos/situações, ações do respondente e ações dos interlocutores, tais como mãe, pai, irmãos, amigos, colegas de república, namorado/a. A Parte 1 inclui, ainda, a possibilidade de o respondente oferecer informações adicionais sobre algo que não foi abordado no questionário.

Na Parte 1, quanto à frequência, a escolha é de apenas uma das alternativas: <u>frequentemente,</u> se o comportamento acontecer muitas vezes durante a semana; <u>algumas vezes</u> se o comportamento acontecer poucas vezes durante a semana (apenas uma ou duas vezes); ou <u>quase nunca ou nunca,</u> se o comportamento aparecer a cada 15 dias, um mês ou menos. As respostas aos itens de conteúdo da Parte 2 são categorizadas quanto a situações/assuntos, comportamento habilidoso, comportamento não habilidoso, consequência positiva, consequência negativa, sentimentos positivos e sentimentos negativos.

As respostas às duas partes são agregadas quanto às Habilidades Sociais avaliadas, a saber, Comunicação (mãe, pai, irmão, amigos, namorado), Sentimentos positivos (mãe, pai, irmão, amigos), Sentimentos negativos (mãe, irmão, amigos, colegas, namorado), Opiniões (mãe, pai, irmão, amigos, namorado), Fazer críticas, (colegas, namorado), Receber críticas (mãe, irmão, amigos, colegas, namorado) e Falar em público (conhecido e desconhecido e apresentar seminários). O instrumento prevê um escore geral de Potencialidades (soma de situações/assuntos, comportamentos habilidosos, consequências positivas e sentimentos positivos) e de Dificuldades (comportamentos não habilidosos, consequências negativas e sentimentos negativos). Com essas características, o instrumento foi proposto para a aplicação na modalidade presencial, no formato lápis-papel, como uma versão de autoavaliação, podendo ser administrada em situação individual ou coletiva. De forma a verificar suas propriedades psicométricas, foi conduzido um amplo estudo com 1282 universitários, tendo sido constatadas qualidades satisfatórias quanto à validade de construto, concorrente e discriminante, bons indicadores de fidedignidade por meio do teste-reteste e consistência interna. O instrumento foi apreciado e aprovado pelo Conselho Federal de Psicologia como teste psicológico, de uso exclusivo para psicólogos, sendo publicado pela Editora Hogrefe. Com relação à aplicabilidade, foram desenvolvidos diversos estudos com o QHC-Universitários. Junior e Gimenez-Paschoal (2018), com base em uma revisão da literatura que incluiu 13 publicações com o QHC-Universitários, destacaram o potencial do instrumento para a avaliação de habilidades e dificuldades de estudantes universitários.

Visando a verificar as associações entre recursos adaptativos relativos às habilidades sociais e os indicadores de saúde mental, estudos demonstraram a relação entre *deficits* de habilidades sociais e ansiedade e depressão (Bolsoni-Silva & Guerra, 2014; Bolsoni-Silva & Loureiro, 2015b; Bolsoni-Silva & Loureiro, 2016), e com o uso abusivo de álcool e de outras drogas (Bolsoni-Silva et al., 2016).

Outros estudos conduzidos com o QHC também abordaram condições de saúde mental e indicadores adaptativos com universitários de cursos e áreas específicas. Com estudantes da área da saúde, de Odontologia e Fonoaudiologia, Borro (2016) verificou que os universitários sem problemas de saúde mental apresentavam um repertório mais elaborado de habilidades sociais, enquanto os que tinham indicadores de problemas de saúde mental relataram mais dificuldades e sentimentos negativos. Com estudantes da área de exatas, Moreira et al. (2018) relataram mais indicadores de *deficits* interpessoais em comunicação, afeto, enfrentamento e falar em público, quando da presença de indicadores de saúde mental.

A adaptação em momentos iniciais e finais da graduação também foi abordada como variável que influencia os padrões adaptativos. Anjos et al. (2018) descreveram o perfil de estudantes de Psicologia a partir do QHC-Universitários e, na mesma direção de Ferreira e Fernandes (2015), verificaram que os universitários do primeiro ciclo apresentavam mais indicadores clínicos de ansiedade e depressão em comparação aos dos últimos ciclos, mas, em ambos os ciclos, apresentavam dificuldades quanto às habilidades de apresentar seminários e falar em público. De modo semelhante, Salina-Brandão et al. (2017), em estudo que abordou as associações das habilidades sociais com o desempenho escolar, constataram que o repertório limitado de habilidades sociais e a presença de indicadores de problemas de saúde mental foram associados a maior risco de desadaptação e de abandono da universidade.

Em estudos de intervenção, o QHC-Universitários tem se mostrado também um instrumento sensível para caracterizar as mudanças comportamentais quando da aplicação de programas de intervenção com foco nas habilidades sociais com universitários. Recentemente, foi publicado um programa de intervenção direcionado à universitários para promover habilidades sociais, o Promove-Universitários (Bolsoni-Silva et al., 2020), o qual prevê uma avaliação ampliada de indicadores, incluindo a aplicação do QHC-Universitários, com resultados promissores.

Os estudos relatados evidenciaram as possibilidades de aplicabilidade do QHC-Universitários, na modalidade presencial, especialmente como um recurso de avaliação das possibilidades adaptativas. Contudo, a literatura é escassa quanto a instrumentos aferidos para mensurar habilidades sociais de maneira on-line, o que foi evidenciado pela pandemia de COVID-19.

A ampliação do uso do QHC-universitários – versão informatizada para a aplicação on-line

O uso de testes psicológicos em ambiente virtual e suas diferenças em relação à versão de lápis e papel têm sido abordadas na literatura, precedendo a pandemia (APA, 2020). Têm se considerado, com relação à modalidade de apresentação dos instrumentos, que as escalas e os inventários administrados on-line tendem a ter alta correlação com suas versões em lápis e papel, sendo, contudo, recomendável a verificação das suas propriedades psicométricas, que podem ter especificidades (Marasca et al., 2020; Pritchardet al., 2017). O contexto da pandemia e as restrições impostas pelo distanciamento social aceleraram e colocaram em destaque a necessidade das avaliações on-line, sendo relevante, em concordância com Marasca et al. (2020), estar atento aos cuidados técnico e científico quanto à validade e fidedignidade de instrumentos e técnicas psicológicas por meio de estudos específicos que abordem a aplicação no modo on-line e verifiquem tais qualidades psicométricas.

A possibilidade da ampliação do uso de uma versão adaptada e on-line do QHC-Universitários foi verificada de forma preliminar em 2019, precedendo a pandemia, com objetivos exclusivos de pesquisa. As pesquisas foram conduzidas como estudos acadêmicos, a partir do interesse manifesto pelos pesquisadores, que solicitaram e tiveram a autorização da editora Hogrefe para o uso e a versão do QHC no modo on-line. Foram realizados quatro estudos independentes que aplicaram o QHC-Universitários no modo on-line, sendo avaliados 415 universitários provenientes de duas universidades federais, uma do Piauí (UFPI) e outra do Paraná (UFPR), os quais responderam ao instrumento em uma plataforma do Google Forms. Com relação ao perfil, a amostra foi constituída por 36% de estudantes do sexo masculino e 64% feminino, que cursavam predominantemente os anos iniciais da graduação, sendo 53% da área humanas, 39% biológicas/saúde e 38% da área de exatas. Na UFPI, foram conduzidos dois estudos de Iniciação Científica (Oliveira & Oliveira, 2020; Silva & Oliveira, 2020), e, como decorrência, os trabalhos foram publicados na forma de Anais (Resumos Expandidos). Na UFPR, foram conduzidas e defendidas duas dissertações de mestrado (Lima, 2020; Krainski, 2022). De forma breve, são apresentadas as características desses estudos.

O estudo de Oliveira e Oliveira (2020) caracterizou as habilidades sociais, avaliadas pelo QHC aplicado no modo on-line de 147 universitários que cursavam até o segundo ano dos cursos de Enfermagem e Pedagogia, tendo identificado como dados principais as dificuldades interpessoais de enfrentamento e quanto aos indicadores do total de dificuldades de habilidades sociais.

No estudo de Silva e Oliveira (2020), os participantes foram 129 universitários dos 1º e 2º anos dos cursos de graduação em Ciências Biológicas e Administração, os quais responderam ao QHC aplicado no modo on-line. Ao comparar os estudantes dos dois cursos, identificaram que esses não diferiram quanto ao apresentarem escores altos em dificuldades, com *deficits* comportamentais quanto às habilidades sociais de enfrentamento. Contudo, os estudantes de ciências biológicas apresentaram mais dificuldades quanto ao falar em público.

A dissertação de Lima (2020) avaliou 100 universitários quanto à regulação emocional e às funções executivas. Foram realizados três estudos, sendo que, em um deles, foi avaliada a relação entre Quociente de Inteligência e repertório de habilidades sociais. Os resultados desse estudo demonstraram correlação positiva entre escore total de habilidades sociais (potencialidades), comunicação positiva e expressão de afeto positivo avaliados no QHC aplicado no modo on-line, com os escores de inteligência.

Krainski (2022), em sua dissertação, conduziu um estudo quase-experimental com 82 universitários com (n = 48) e sem (n = 35) altas habilidades/superdotação. Os construtos avaliados foram inteligência, função executiva, qualidade de vida, bem-estar subjetivo e habilidades sociais (QHC aplicado no modo on-line). As comparações entre os grupos não identificaram diferenças quanto à qualidade de vida e ao bem-estar subjetivo. No entanto, os estudantes com altas habilidades/superdotação apresentaram estatisticamente mais escores de inteligência, memória operacional, funções executivas e escore total de habilidades sociais (potencialidades).

Os dados relativos ao QHC aplicado no modo on-line foram compartilhados pelos pesquisadores desses estudos, e uma análise preliminar dos dados psicométricos mostrou bons indicadores de fidedignidade, com *Alfa de Cronbach* de 0,606 para a Parte 1 e de 0,721 para a Parte 2. Esses valores são satisfatórios e bem próximos aos identificados com a versão lápis-papel. Com relação à validade de construto, identificou-se, por meio da análise fatorial exploratória, estrutura semelhante à identificada para o instrumento aplicado de forma presencial. Para a Parte 1, identificou-se três fatores denominados: Fator 1- Comunicação e Afeto, correspondendo as categorias de Comunicação, Expressão de Sentimentos Positivos e Expressão de Opiniões; Fator 2- Enfrentamento, correspondendo às categorias Expressão de Sentimentos Negativos, Faz Críticas e Recebe Críticas; e o Fator 3 Falar em Público, incluindo Falar em Público e Apresentar Seminários. Para a Parte 2, identificou-se dois fatores, a saber: Fator 1- Potencialidades, que agregou as categorias Situações/assuntos, Comportamento habilidoso, Consequência positiva e Sentimentos positivos; e o Fator 2 - Dificuldades, agregou Comportamento não habilidoso, Consequência negativa e Sentimentos negativos.

Os dados preliminares comparativos das versões aplicadas nas modalidades presencial e aplicado no modo on-line pareceram promissores quanto às possibilidades de sistematizar e ampliar a modalidade de aplicação do instrumento, dadas as suas potencialidades que foram ainda mais evidenciadas pelo contexto da pandemia. Nesse cenário, em concordância com a Editora Hogrefe, vários pesquisadores do GT ANPEPP *Habilidades Sociais e Relacionamentos Interpessoais* estão envolvidos em um projeto coletivo de aplicação e verificação das propriedades psicométricas do QHC--Universitários-On-line, tendo se agregado a esse grupo outros pesquisadores que se dispuseram a colaborar com o projeto, em função de atividades acadêmicas e de pesquisa. Destaca-se que o projeto está aprovado por Comitê de Ética em Psicologia, atendendo a todas as recomendações, incluindo o aceite mediante consentimento informado por meio do Termo de Consentimento Livre e Esclarecido que precede o acesso aos instrumentos.

As coletas de dados estão em curso nas regiões Norte, Nordeste, Centro-Oeste, Sudeste e Sul do país. Pretende-se coletar uma amostra robusta que inclua homens, mulheres, de diferentes cursos e áreas do conhecimento, bem como de todos os períodos escolares. A Editora Hogrefe disponibilizou em sua plataforma uma versão informatizada do QHC-Universitários, gerenciando as aplicações por meio de *link* de acesso aos participantes. Até o momento, foram coletados 766 protocolos.

O objetivo principal do estudo é aferir a validade de constructo, consistência interna e validade discriminante para indicadores de depressão, ansiedade geral e fobia social da versão do QHC-Universitários-On-line. As mudanças contextuais de quase uma década que separam as duas propostas, presencial e on-line, e as particularidades das modalidades de aplicação colocam novos desafios que justificam ampliar as considerações sobre os indicadores psicométricos. Dadas as novas demandas mobilizadas pela pandemia, considera-se que tais dados podem instrumentar o planejamento de modalidades de prevenção e intervenção no contexto universitário com foco nas interações sociais.

CONSIDERAÇÕES FINAIS

Estudos com estudantes universitários são necessários considerando problemas enfrentados no que refere à permanência/abandono, **à** saúde mental, ao suicídio, ao desempenho acadêmico e **à** inserção no mercado de trabalho. São múltiplas as variáveis envolvidas para que o estudante tenha bom desempenho social e acadêmico, dentre as quais se encontram as interações sociais e as habilidades sociais, que podem ser foco de avaliação e de intervenção de maneira universal/preventiva ou indicada para aqueles, que, **já no ingresso na universidade, estão expostos a fatores de risco, que envolvem condições diversas relativas a marcadores sociais e de saúde mental, entre outras variáveis críticas.**

Considera-se que o uso de instrumentos aferidos para rastrear potencialidades e dificuldades seja um caminho profícuo para oferecer ao estudante, de maneira preventiva, oportunidades de promoção do seu desenvolvimento, o que vai além das dimensões pessoais, tendo um sentido coletivo que envolve as proposições de gestores de políticas públicas. Adicionalmente, a avaliação de tais repertórios em serviços de atendimento ao estudante, em clínicas-escola e serviços de suporte educacional, também tem se mostrado **útil para selecionar e oferecer serviços apropriados** a essa população, de acordo com suas demandas e os indicadores de saúde mental.

Nesse sentido, ter um instrumento que avalia potencialidades e dificuldades de habilidades sociais de maneira funcional e contextualizada com diferentes interlocutores, tendo indicadores de saúde mental associados, pode ser de grande valia, ainda mais se puder ser aplicado de maneira on-line, o que pode aumentar a adesão e agilidade da coleta e codificação dos dados. Tem-se a expectativa de que o QHC-Universitários-On-line possa ser um dos instrumentos disponíveis que colabore na missão da universidade de promover o desenvolvimento e prevenir problemas de saúde mental e interpessoais.

QUESTÕES PARA DISCUSSÃO

- A vida acadêmica para os universitários é uma transição para a aprendizagem de papéis sociais como pessoa e profissional. Nesse contexto, qual a contribuição da bagagem de recursos e dificuldades trazidas pelos jovens?

- Qual a influência das habilidades sociais para a saúde mental dos universitários?

- A pandemia se configurou como um desafio para as pessoas, de um modo geral. Para os universitários, quais os principais desafios e quais as decorrências desses desafios?

- Considerando que as habilidades sociais são relevantes para os estudantes universitários, como podemos identificar e avaliar tais recursos?

- As avaliações por meio de instrumentos aferidos quanto às qualidades psicométricas favorecem mais precisão. Nesse sentido, quais vantagens e desvantagens do uso de instrumento on-line na avaliação das habilidades sociais de universitários?

REFERÊNCIAS

American Psychological Association. (2020, May 1). How to do psychological testing via telehealth. *American Psychological Association.* https://www.apaservices.org/practice/reimbursement/health-codes/testing/psychological-telehealth

Angélico, A. P., Crippa, J. A. S., & Loureiro, S. R. (2006). Fobia social e habilidades sociais: uma revisão da literatura. *Interação (Curitiba), 10*(1), 113-125. http://dx.doi.org/10.5380/psi.v10i1.5738

Anjos, A. O., Silva, T. F. C, Portes, D. S., Coelho, D. N., Aguiar, N., Soares, S., Bravo, R. B., Novaes, M. F. F., & Moreira, R. M. (2018). O perfil do uso da tecnologia e das habilidades sociais em universitários. *Revista Iniciação Científica*, 58 -70.

Bolsoni-Silva, A. T., & Loureiro, S. R. (2014). The role of social skills in social anxiety of university students. *Paidéia, 24*(58), 223-232. http://dx.doi.org/10.1590/1982-43272458201410

Bolsoni-Silva, A. T., & Loureiro, S. R. (2015a). QHC – *Questionário de habilidades sociais, comportamentos e contextos para universitários*. Manual de aplicação. Cetepp-Hogrefe.

Bolsoni-Silva, A. T., & Loureiro, S. R. (2015b). Anxiety and Depression in Brazilian Undergraduate Students: The Role of Sociodemographic Variables, Undergraduate Course Characteristics and Social Skills. *British Journal of Applied Science & Technology, 5*(3), 297-307. http://dx.doi.org/10.9734/BJAST/2015/13004

Bolsoni-Silva, A. T., & Loureiro, S. R. (2016). O Impacto das Habilidades Sociais para a Depressão em Estudantes Universitários. *Psicologia: Teoria e Pesquisa, 32*(4), e324212. https://doi.org/10.1590/0102.3772e324212

Bolsoni-Silva, A. T., Fogaca, F. F. S., Martins, C. G. B., &Tanaka, T. F. (2020). *Promove-Universitários. Treinamento de habilidades sociais.* Um guia teórico e prático. Hografe.

Bolsoni-Silva, A. T., Loureiro, S. R., Rocha, J. F., Orti, N. P., Cassetari, B., Guerra, B. T., Matubaro, K. C. A., & Souza, L. L. (2016). Habilidades sociais e variáveis contextuais em universitários usuários de álcool: um estudo descritivo e comparativo. In A. B. Soares, L. Mourão, & M. M. P. L. Mota (Org.), *Estudante Universitário Brasileiro: Características cognitivas, habilidades relacionais e transição para o mercado de trabalho* (pp. 199-215). Appris.

Borro, N. P. V. (2016). *Habilidades sociais e saúde mental: caracterização de universitários da FOB-USP* [Dissertação de Mestrado, Universidade de São Paulo]. https://teses.usp.br/teses/disponiveis/25/25143/tde-05092016-150334/pt-br.php

Bortolatto, M. O., Kronbauer, J., Rodrigues, G., Limberger, J., Menezes, C. B., Andretta, I, Lopes, F. M. (2022). Avaliação de habilidades sociais em universitários. *Revista de Psicopedagogia, 39*(118), 83-96.

Breil, S. M., Forthmann, B., & Back, M. D. (2021). Measuring Distinct Social Skills via Multiple Speed Assessments A Behavior-Focused Personnel Selection Approach. *European Journal of Psychological Assessment, 38*(3), 224-236. https://doi.org/10.1027/1015-5759/a000657.

Del Prette, Z. A. P., & Del Prette, A. (2009). Avaliação de habilidades sociais: bases conceituais, instrumentos e procedimentos. In Z. A. P. Del Prette & A. Del Prette (Ed.), *Psicologia das habilidades sociais*: Diversidade teórica e suas implicações (pp. 189-229). Vozes.

Ferreira, F., & Fernandes, P. (2015). Fatores que influenciam o abandono no ensino superior e iniciativas para a sua prevenção: O olhar de estudantes. *Educação, Sociedade e Culturas, 45*, 117-197. chrome-extension://efaidnbmnnnibpcajpcglclefindmkaj/https://www.fpce.up.pt/ciie/sites/default/files/ESC45Ferreira.pdf

Fogaça, F. F. S., Neto, M. M. S., Oliveira, A. L., & Bolsoni-Silva, A. T. (2022). Avaliando ansiedade e habilidades sociais de universitários durante a pandemia da COVID-19. *Research, Society and Development, 11*(14), e292111436137. https://doi.org/ 10.33448/rsd-v11i14.36137

Gomes, C. F. M., Pereira Júnior, R. J., Cardoso, J. V., & Silva, D. A. (2020). Transtornos mentais comuns em estudantes universitários: abordagem epidemiológica sobre vulnerabilidades. *SMAD, Revista Eletrônica Saúde Mental Álcool Drogas, 16*(1), 1-8. http://dx.doi.org/10.11606/issn.1806- 6976.smad.2020.157317

Graner, K. M., & Ramos-Cerqueira, A. T. A. (2019). Revisão integrativa: Sofrimento psíquico em estudantes universitários e fatores associados. *Ciência & Saúde Coletiva, 24*(4), 1327-1346. https://doi.org/10.1590/1413-81232018244.09692017

Gundim, V. A., Encarnação, J. P., Santos, F. C., Santos, J. E., Vasconcellos, E. A., & Souza, R. C. (2021). Saúde mental de estudantes universitários durante a pandemia de COVID-19. *Revista Baiana de Enfermagem, 35*, e37293. http://dx.doi.org/10.18471/rbe.v35.37293.

Instituto Nacional de Estudos e Pesquisas Educacionais Anísio Teixeira (INEP) (2021). Censo da educação superior 2021. https://download.inep.gov.br/educacao_superior/censo_superior/documentos/2021/apre sentacao_censo_da_educacao_superior_2021.pdf

Junior, S. C. S., & Gimeniz-Paschoal, S. R. (2019). Uso do Questionário de Avaliação de Habilidades Sociais, Comportamentos e Contextos para universitários (QHC-Universitários). *Anais do VII Congresso Brasileiro de Educação*. https://cbe-unesp.com.br/anais/index.php?s=palavras&w=SAUDE

Krainski, K. J. (2022). *Associação entre cognição e qualidade de vida em universitários com e sem altas habilidades/ superdotação* [Dissertação de Mestrado, Universidade Federal do Paraná]. https://sucupira.capes.gov.br/sucupira/public/consultas/coleta/trabalhoConclusao/viewTrabalhoConclusao.jsf?popup=true&id_trabalho=11602583

Leme, V. B. R., Del Prette, Z. A., & Del Prette, A. (2016). Habilidades sociais de estudantes de psicologia: Estado da arte no Brasil. In A. B. Soares, L. Mourão & M. M. P. E. Mota (Org.), *O Estudante Universitário Brasileiro: Características cognitivas, habilidades relacionais e transição para o mercado de trabalho* (pp.127-142). Appris.

Lima, M. A. (2020). *Relação entre regulação emocional e funções executivas em estudantes universitários* [Dissertação de Mestrado, Universidade Federal do Paraná]. https://sucupira.capes.gov.br/sucupira/public/consultas/coleta/trabalhoConclusao/viewTrabalhoConclusao.jsf?popup=true&id_trabalho=9242238

Marasca, A. R., Yates, D. B., Schneider, A. M. de A., Feijó, L. P., & Bandeira, D. R. (2020). Avaliação psicológica on-line: considerações a partir da pandemia do novo coronavírus (COVID-19) para a prática e o ensino no contexto a distância. *Estudos de Psicologia (Campinas), 37*, e200085. https://doi.org/10.1590/1982-0275202037e200085

Monteiro, M. C., & Soares, A. B. (2023). Adaptação Acadêmica em Universitários. *Psicologia: Ciência e Profissão, 43*, e244065. https://doi.org/10.1590/1982-3703003244065

Moreira, I. D., Huebra, L. S., Silva, J. S., & Damasceno, M. R. (2018). Habilidades sociais e saúde mental de universitários da FACIG, nos cursos da área de exatas. *IV Seminário Científico da FACIG*. https://pensaracademico.unifacig.edu.br/index.php/semiariocientifico/article/view/870

Oliveira, E. N., Lima, L. M. C., Silva, L. C. M., & Nascimento, R. S., Ziesemer, R. P. M., & Costa, J. B. C. (2022). Saúde mental de estudantes do ensino superior durante a pandemia da COVID-19: scoping review. *Revista Saúde em Redes, 8*(3), 405-421. https://doi.org/10.18310/2446-4813.2022v8n3p405-421.

Oliveira, T. A., & Oliveira, M. A. M. (2020). *Habilidades sociais em discentes dos cursos de pedagogia e enfermagem de uma instituição de ensino superior pública. Anais do Seminários Integrados da UFPI – SIUFPI*. https://pensaracademico.unifacig.edu.br/index.php/semiariocientifico/article/view/870

Organização Mundial da Saúde (2023). *OMS declara fim da Emergência de Saúde Pública de Importância Internacional referente à COVID-19*. https://www.paho.org/pt/noticias/5-5-2023-oms-declara-fim-da-emergencia-saude-publica-importancia-internacional-referente

Ornell, F., Schuch, J. B., Henrique, F., & Kessler, P. (2020). Pandemia de medo e COVID-19: impacto na saúde mental e possíveis estratégias. *Revista Debates em Psiquiatria, 10*(2), 12-16. https://doi.org/10.25118/2236-918X-10-2-2

Pereira, A. S., Dutra-Thomé L., & Koller, S. H. (2016). Habilidades sociais e fatores de risco e proteção na adultez emergente. *Psico (Porto Alegre), 47*(4), 268-78. http://pepsic.bvsalud.org/scielo.php?script=sci_arttext&pid=S0103-53712016000400003

Pritchard, A. E., Stephan, C. M., Zabel, T. A., & Jacobson, L. A. (2017). Is this the wave of the future? Examining the psychometric properties of child behavior ratings administered *online*. *Computers in Human Behavior, 70*(4), 518-522. http://dx.doi.org/10.1016/j.chb.2017.01.030

Ribeiro, D. C., & Bolsoni-Silva, A. T. (2011). Potencialidades e dificuldades interpessoais de universitários: estudo de caracterização. *Acta Comportamentalia, 19*(2), 205-224.

Salina-Brandão, A., Bolsoni-Silva, A. T., & Loureiro, S. R. (2017). The Predictors of Graduation: Social Skills, Mental Health, Academic Characteristics. *Paidéia, 27*(66), 117-125. https://doi.org/10.1590/1982-43272766201714.

Santos, A. C. da S. P., Lustosa, E. A. C. L., Silva, M. M. D., & Farias, R. R. S. de (2023). A importância do apoio psicológico para estudantes do ensino superior durante e após a pandemia de COVID-19: levantamento bibliográfico. *Pesquisa, Sociedade e Desenvolvimento, 12*(1), e4112139432, https://rsdjournal.org/index.php/rsd/article/view/39432.

Silva, G. S., & Oliveira, M. A. M. (2020). Habilidades sociais em discentes dos cursos de ciências biológicas e administração de uma instituição de ensino superior pública. *Anais do Seminários Integrados da UFPI – SIUFPI.*

Soares, A. B., Buscacio, R. C. Z., Fernandes, A. M., Medeiros, H. C. P., & Monteiro, M. C. (2017). O Impacto dos comportamentos sociais acadêmicos nas habilidades sociais de estudantes. *Gerais Revista Interinstitucional de Psicologia, 10*(1), 69-80. https://doi.org/10.1590/0102.3772e34311

Soto, C. J., Napolitano, C. M., Sewell, M. N., Yoon, H. J., & Roberts, B. W. (2022). An Integrative Framework for Conceptualizing and Assessing Social, Emotional, and Behavioral Skills: The BESSI. *Journal of Personality and Social Psychology, 123(1),* 192-222. https://doi.org/10.1037/pspp0000401

Tang, F., Byrne, M., & Qin, P. (2018). Psychological distress and risk for suicidal behavior among university students in contemporary China. *Journal of Affective Disorders, 228,* 101-108. https://doi.org/10.1016/j.jad.2017.12.005

World Development Report (2022). *Finance for an equitable recovery.* https://www.worldbank.org/en/publication/wdr2022

World Health Organization, WHO (2005). Statement on the 14ª meeting of the International Health Regulations (2005). Emergency Committee regarding the outbreak of novel coronavirus (2019-nCoV). https://www.paho.org. .int/director-general/speeches/detail/who-director-general-s-opening-remarks-at-the-media-briefing-on-covid-19-in 27- January-2023

World Health Organization, WHO. (2005). Statement on the second meeting of the International Health Regulations (2005) Emergency Committee regarding the outbreak of novel coronavirus (2019-nCoV). https://www.who.int/news/item/30-january-2020-statement-on-the-second-meeting-of-the-international-health-regulations-(2005)-emergency-committee-regarding-the-outbreak-of-novel-coronavirus-(2019-ncov)

World Health Organization, WHO. WHO (2020). Director-General's opening remarks at the media briefing on COVID-19 – 11 March 2020. <https://www.who.int/director-general/speeches/detail/who-director-general-s-opening-remarks-at-the-media-briefing-on-covid-19---11-march-2020

World Health Organization. WHO Coronavirus (COVID-19) (2023). Dashboard. Geneva (CH): WHO; https://www.paho.org/pt/noticias/5-5-2023-oms-declara-fim-da-emergencia-saude-publica-importancia-internacional-referente

Zanini, M. R. G. C., Rossato, L., & Scorsolini-Comin, F. (2023). Saúde mental, autoeficácia e adaptação universitária à pandemia de COVID-19. *Revista de Psicología, 41*(1), 185-218. http://dx.doi.org/10.18800/psico.202301.008

CAPÍTULO 13

HABILIDADES SOCIAIS E INDICADORES DE SAÚDE MENTAL EM ESTUDANTES INGRESSANTES NA ÁREA DA SAÚDE EM TEMPOS DE PANDEMIA

Dagma Venturini Marques Abramides
Débora Cristina Cezarino
Enrique Souza Borges
João Victor Veríssimo
Maicon Suel Ramos da Silva
Carlos Alexandre Antunes Cardoso

INTRODUÇÃO

O ingresso no ensino superior é um processo multidimensional que envolve fatores intra e interpessoais ao meio universitário e pode levar a mudanças nos níveis familiar, profissional e social do indivíduo (Pinho et al., 2015). Para o recém-ingressante, a entrada em uma universidade abre a perspectiva para uma formação profissional por meio do desenvolvimento de novos conhecimentos e habilidades, além de boa inserção no mercado de trabalho. Além disso, pode caracterizar um momento de satisfação pessoal mediante um projeto de formação profissional.

Por outro lado, o contexto acadêmico impõe novas contingências, com potenciais eventos estressores, tais como morar longe dos cuidadores e familiares, gerenciar finanças, criar relacionamentos e quebrar acentuadamente o estilo de vida anterior (Chao, 2012). Ou seja, trata-se de um momento com desafios acadêmicos e psicossociais que requerem recursos individuais de enfrentamento e adaptação mais elaborados para lidar com as demandas supracitadas. Soma-se a isso o aumento da responsabilidade quanto às atividades acadêmicas, exigindo cada vez mais um papel ativo na aprendizagem requerida ao meio universitário no decorrer do curso. Sendo assim, o ingresso e a permanência na universidade são considerados um ponto crítico de grandes mudanças na vida do estudante. As exigências requeridas ao meio acadêmico e as mudanças psicossociais apresentam repercussões que não se limitam à área da educação, com consequências potenciais sobre a saúde física e mental dos indivíduos (Byrd & McKinney, 2012). Dessa forma, o ambiente universitário apresenta a possibilidade de exposição a estresse negativo, que pode predispor estudantes ao aparecimento de sintomas como insônia, irritabilidade, dificuldade de concentração, fadiga e queixas somáticas (Gomes et al., 2020; Guimarães et al., 2022), o que afeta a motivação nos estudos e nas atitudes requeridas para o aprendizado (Melo et al., 2017). Quando comparados a outros grupos populacionais, estudantes universitários têm constituído amostras com maiores indicadores de estresse (Gundin et al., 2022; Kam et al., 2020; Maia & Dias, 2020; Santos et al., 2022).

Há evidências de que estudantes da área da saúde, principalmente durante os primeiros anos do curso, experimentam alto nível de estresse e podem apresentar sintomas de ansiedade e depressão, muitas vezes relacionados ao ambiente educacional, à organização dos estudos e as atividades práticas que propiciam o contato com pessoas em adoecimento (Iorga et al., 2018). Além disso, após a conclusão da graduação, estudantes podem entrar no mercado de trabalho já adoecidos, o que traz implicações para as relações interpessoais, a saúde do trabalhador e a segurança do paciente (Bresolin et al., 2022; Meneses & Santos, 2023).

Dadas as repercussões nos aspectos psicossociais e nos resultados acadêmicos, faz-se necessário compreender fatores de proteção que favoreçam a redução dos níveis de estresse e sintomas associados, auxiliando esses alunos a lidarem com as dificuldades enfrentadas no ingresso e decorrer do curso. Dentre esses fatores, um construto apontado na literatura são as habilidades sociais.

HABILIDADES SOCIAIS NO CONTEXTO UNIVERSITÁRIO

As habilidades sociais (HS) compreendem comportamentos que ocorrem no contexto social e podem ter por finalidade expressar emoções, sentimentos, opiniões, enfrentar críticas e defender direitos relativos a si mesmo e aos outros (Del Prette & Del Prette, 2011). São comportamentos aprendidos e desenvolvidos a partir de normas culturais, no processo de socialização, e envolvem elementos verbais e não verbais (por exemplo, reconhecimento de faces). Qualquer comportamento que ocorra em uma situação social é considerado um desempenho social, que pode ser socialmente competente ou não. A competência envolve avaliar o desempenho das HS em tarefas sociais e requer do indivíduo a capacidade de organizar pensamentos, sentimentos e ações em função de seus objetivos e demandas para produzir o resultado almejado com desfecho social favorável (Del Prette & Del Prette, 2017).

Pessoas hábeis socialmente têm relações sociais mais produtivas, satisfatórias e duradouras. Os *deficits* e comprometimentos em HS associam-se a dificuldades e conflitos nas relações interpessoais e dificuldades psicológicas, como timidez, baixo desempenho escolar e conflitos conjugais (Del Prette & Del Prette, 2017). O campo das HS tem sido aplicado a diversos contextos nos estudos nacionais e internacionais, dentre eles o universitário, dado que um repertório favorável de HS é tido como fator protetivo na adaptação às demandas do contexto social e acadêmico. Assim, as HS são vistas como facilitadoras na adaptação ao ensino superior, sendo que especialmente as habilidades de enfrentamento, autoafirmação e autocontrole da agressividade podem influenciar positivamente no desempenho acadêmico. Ainda, estudos evidenciam que os estudantes que possuem maior repertório de HS possuem maior autoestima, menos sentimentos negativos, como solidão, tristeza e ansiedade, melhor rendimento escolar e menos problemas de comportamento relacionados à adaptação à universidade (Lopes et al., 2017).

Por outro lado, a literatura aponta que existe uma relação inversa entre repertório de HS e problemas psicológicos para o estudante universitário. Os *deficits* nas HS de estudantes universitários estão correlacionados a maiores chances de apresentação de indicadores para transtornos mentais e baixo desempenho acadêmico (Salina-Brandão et al., 2017), o que pode afetar a permanência dos estudantes no meio acadêmico, contribuindo para os índices de evasão escolar e para o desenvolvimento ou agravamento de transtornos de humor, ansiedade, uso de drogas e tentativas de suicídio (Soares et al., 2013). Inversamente, desempenhos sociais competentes podem ter impacto tanto sobre o sucesso acadêmico quanto para a melhora dos índices de saúde mental e realização profissional (Bolsoni-Silva et al., 2018).

As intervenções voltadas para as habilidades sociais no contexto universitário podem apresentar contribuições acadêmicas importantes, dados os resultados apontados na redução do estresse, na melhora nos indicadores de saúde mental e nos sentimentos de felicidade e satisfação (Shayan

& Ahmadigatab, 2012; Ferreira et al., 2014; Mendo-Lázaro et al., 2016). As intervenções para as HS também podem ser estruturadas na forma de programa curricular durante a graduação na área da saúde, que, na percepção do estudante, se mostra promissora para uma relação profissional-cliente satisfatória, ao ampliar as habilidades e competências para além do saber técnico, tendo o autoconhecimento papel central neste processo (Melis et al., 2023).

A comunidade universitária em tempos de pandemia

Em 2020, foi decretada a pandemia da COVID -19 (WHO), que gerou impactos e prejuízos em todo mundo e em vários setores da sociedade, tais como saúde, educação e economia. No Brasil, o Ministério da Educação, junto aos Conselhos de Educação Nacional e Estaduais, propuseram que o atendimento educacional fosse feito de forma remota, seguindo a tendência mundial. Essa paralisação, forçada à maioria do segmento educacional, teve de adotar a modalidade de ensino remoto on-line digital, que difere do ensino a distância (EAD) pelo caráter emergencial que propõe usos e apropriações de tecnologias em circunstâncias específicas, em que, em outro momento, existia regularmente a educação presencial (Hodges & Martin, 2020).

A pandemia acrescentou novos desafios no cotidiano dos cidadãos e, especificamente, no âmbito das IES. A comunidade estudantil se deparou com a demanda de ensino remoto emergencial, a fim de prosseguir com seus estudos. Neste contexto, surgiram vários estudos, internacionais e nacionais, sobre questões de saúde mental de universitários durante o enfrentamento da pandemia.

De acordo com uma pesquisa feita na China, com graduandos de Medicina, manter um ambiente interativo tornou a educação on-line desafiadora ao requerer o acesso contínuo a conteúdos e à atenção sustentada e a concentração dos estudantes, bem como a dificuldades dos professores em observar a linguagem corporal (Xiao et al., 2020). Em estudo conduzido no American College Health Association, os estudantes universitários relataram sentir-se mais ansiosos, deprimidos e estressados em comparação com antes da pandemia (Bisconer & McGill, 2022). Outra pesquisa, realizada pela Universidade de Cambridge, mostrou que os universitários estavam experimentando níveis mais altos de ansiedade, solidão e preocupação financeira em comparação com a população geral (Tang et al., 2022). Além disso, uma enquete on-line, realizada pela Universidade de Hong Kong com 255 estudantes, mostrou que os universitários, passando pelo ensino remoto, tinham maior risco de desenvolver problemas de saúde mental, incluindo ansiedade, depressão e sintomas de estresse (Chen & Lucock, 2022).

Estudos nacionais destacaram impactos significativos na interação social com colegas e professores, suspensão temporária da formação acadêmica/profissional (Coelho et al., 2020), reorganização dos processos de ensino-aprendizagem (Gusso et al., 2020; Nunes, 2021) e de comportamentos de estudo, gerenciamento de emoções e resolução de problemas por parte dos estudantes (Sahão & Kienen, 2020). Relacionado à saúde mental, Nunes (2021) aplicou um questionário on-line em 106 estudantes universitários brasileiros cujos resultados indicaram uma elevada ocorrência de piora (39%) e grande piora (20%) na avaliação de saúde mental, nas categorias de ansiedade, desânimo e estresse, durante o enfrentamento da pandemia, principalmente no gênero feminino. Dados obtidos por Godoy et al. (2021), com 28 estudantes universitários brasileiros do curso de Psicologia (71,4% gênero feminino e 28,6% do gênero masculino), indicaram a classificação severa na avaliação de ansiedade na maior parte amostra (42,9%) ao final do ano de 2020, bem como a associação entre baixo rendimento acadêmico e piores resultados na avaliação de indicadores gerais de ansiedade.

Ainda nessa direção, resultados de Fogaça et al. (2022), obtidos junto a 88 universitários respondentes de um questionário on-line no ano de 2020, indicaram correlações positivas entre categorias de habilidades sociais e categorias de atividades acadêmicas; categorias de habilidades sociais e categorias de ansiedade de desempenho acadêmico, corroborando a literatura sobre prejuízos para a saúde mental em universitários como decorrência do enfrentamento da pandemia da COVID-19.

Considerando a relevância de investigação sobre a saúde emocional no processo de adaptação aos desafios do ensino remoto, bem como a potencial interface entre saúde mental e habilidades sociais, o presente estudo teve como proposta investigar tais indicadores em ingressantes de cursos da saúde, durante a pandemia de COVID-19, em uma IES pública no interior do estado de São Paulo.

MÉTODO

Aspectos éticos

Os dados apresentados são um recorte de um projeto mais abrangente de uma equipe que acompanha os estudantes ingressantes, ao longo do 1º ano de curso, no processo de adaptação ao contexto universitário com aprovação do Comitê de Ética em Pesquisa (CAAE n.º 99718118.5.0000.5417) da IES na qual foi realizado. Os participantes foram informados sobre os objetivos da pesquisa e assinaram o Termo de Consentimento Livre e Esclarecido.

Participantes

Participaram do estudo 63 estudantes ingressantes de três cursos da área da saúde, todos em período integral, de uma universidade pública do interior do Estado de São Paulo, sendo que 47 dos participantes declararam ser do gênero feminino, e 16, do gênero masculino, a maioria na faixa etária de 20 a 22 anos (54%), de etnia branca (65%), preta e parda (23%), residindo com os pais (35%), bem como em república ou residência estudantil (34%). Os cursos são presenciais, mas o 1º ano dos cursos, majoritariamente, contém um rol de disciplinas de caráter teórico, impondo rigorosamente o ensino remoto durante a pandemia.

Instrumentos

Indicadores de depressão

Foi utilizada uma adaptação em formato de questionário on-line do Patient Health Questionnaire-9 (PHQ-9). No Brasil, Osório et al. (2009) constataram a evidência de validação. O instrumento é composto por nove questões fechadas para rastrear indicadores de episódio depressivo maior na população geral, sendo amplamente utilizado na área da saúde. Avalia as condições do participante nas últimas duas semanas. Os nove sintomas consistem em humor deprimido, anedonia (perda de interesse ou prazer em fazer as coisas), problemas com o sono, cansaço ou falta de energia, mudança no apetite ou peso, sentimento de culpa ou inutilidade, problemas de concentração, sentir-se lento ou inquieto e pensamentos suicidas. Os escore foi calculado usando o teste de forma contínua, somando-se os valores correspondentes a cada resposta do participante na escala de 0 a 3 pontos ("nenhuma vez", "vários dias", "mais da metade dos dias" e "quase todos os dias"), sendo interpretado como positivo na presença de cinco ou mais sintomas, desde que pelo menos um seja humor deprimido ou anedonia, e que cada sintoma corresponda à resposta 2 ou 3. Quanto às propriedades psicométricas, o mesmo estudo de validação indicou boa capacidade discriminativa, com base na análise *receiver operator characteristic curve* (ROC) de 0,998 (p < 0,001), enquanto correlações de rho coeficiente de confiabilidade composta de 0,387 (p < 0,000), confiabilidade *kappa* de 0,41 (p < 0,001) foram apontados em outro estudo, indicando excelente capacidade de rastreio de sintomas depressivos (Matias et al., 2016).

Indicadores de ansiedade geral

Foi utilizada uma adaptação em formato de questionário on-line com questões fechadas do Generalized Anxiety Disorder (GAD-7), um instrumento para rastrear indicadores de episódios de ansiedade. Avalia as condições do participante nas últimas duas semanas. O instrumento é composto por sete questões, com uma escala de 0 a 3 pontos ("nenhuma vez", "vários dias", "mais da metade dos dias" e "quase todos os dias"). Os resultados são classificados em termos de severidade alta (15-21), moderada (10-14), branda (5-9) e mínima (0-4). Quanto às propriedades psicométricas, tanto o coeficiente de *Cronbach* alfa (α = 0,916) e rho coeficiente de confiabilidade composta (ρ = 0,909) foram adequados (Moreno et al., 2016).

Indicadores de estresse

Foi utilizada a versão on-line da Escala de Estresse Percebido (Perceived Stress Scale – PSS 14), adaptada e validada para a população brasileira por Dias et al. (2015), com adequada consistência interna (α = 0,83), validade divergente com valores médios, principalmente com instrumento de avaliação de *Burnout* (r 0,25 a 0,12, sendo p< 0,01), e validade convergente abaixo do recomendado (VEM = 0,34; CC = 0,84). É um instrumento originalmente unidimensional, composto por 14 itens, sete com sentido positivo (itens 4, 5, 6, 7, 9, 10 e 13) e sete negativos (itens 1, 2, 3, 8, 11, 12 e 14). Para classificação do indivíduo segundo o nível de estresse percebido, deve-se obter o escore dos itens de sentido positivo, invertendo as respostas, e, em seguida, somar os itens de sentido negativo de acordo com a resposta selecionada. Os escores podem variar de 0 a 4. Valores acima do percentil 75 (42 pontos) devem ser considerados indicativos de alto nível de estresse.

Indicadores de habilidades sociais

Foi utilizada a versão on-line da Escala Multidimensional de Expressão Social (EMES), traduzida para o português brasileiro por Pereira et al. (2016) e avaliada em suas propriedades psicométricas adequadas em população de universitários, predominantemente do sexo feminino, sendo consistência interna (α = 0,94), *Comparative Fit Index* (CFI = 0,91); *Tucker-Lewis Index* (TLI = 0,90,) e *Root Mean Square Error of Approximation* (RMSEA = 0,05). A escolha da escala foi adotada uma vez que a coleta para os estudos foi on-line, sendo adequada para o momento pandêmico. É constituída por duas escalas: motora e cognitiva. Neste estudo, foi utilizada apenas a EMES-C para avaliar a expressividade social cognitiva pela ocorrência de pensamentos negativos relacionados à interação social e que podem estar atrapalhando a execução de comportamentos socialmente habilidosos. Composta por 44 itens, os quais trazem situações sociais e comportamentos, para os quais o respondente deve assinalar, em uma escala de 0 ("Nunca ou muito raramente") a 4 ("Sempre" ou com muita frequência"), o quão frequentemente age de forma como está descrito em cada item. Os itens possuem valências positivas e estão agrupados em oito fatores: F1: Medo de expressar opiniões contrárias e defesa de direitos; F2: Medos de falar em público; F3: Ansiedade relativa a dar e receber elogios e expressar sentimentos positivos; F4: Ansiedade relacionada a pessoas com autoridade; F5: Ansiedade relacionada a pessoas atraentes; F6: Ansiedade em interações com parceiros amorosos; F7: Preocupação com imagem passada aos outros e F8: Preocupações referentes a pedidos. Em contato com os autores da versão brasileira, a equipe do presente estudo foi informada de que ainda não foi estabelecida uma nota de corte para os escores, mas as estruturas das escalas encontram-se adequadas para uso em pesquisas on-line.

Procedimentos de coleta e análise de dados

Trata-se de um Estudo de Levantamento, que proporciona a investigação de processos em um grupo de pessoas, com o predomínio de uma análise quantitativa (Cozby, 2003). Após as autorizações institucionais e aprovação do Comitê de Ética em Pesquisa em Seres Humanos, os questionários on-line foram enviados para os endereços de e-mail da população de estudantes ingressantes dos cursos (N=150) via Google Forms, ao final do 1º semestre dos cursos (C1=coleta 1), isto é, em meados de julho e início de agosto de 2020, quatro meses após a implantação do ensino remoto emergencial e ao final do 2º semestre (C2=coleta 2), ao final de dezembro e janeiro de 2020. O prazo geral para o responder o questionário foi de até 30 dias, considerando a diferença de finalização para cada um dos três cursos do campus. Por razões operacionais no processamento de dados, não foram computadas duas questões referentes ao F8 da EMES-C, sendo esse fator excluído da análise estatística.

Considerando o objetivo deste recorte do estudo mais amplo, os resultados foram organizados nos dois momentos (C1 e C2) em coleta 1 (C1) para acompanhamento dos indicadores de saúde mental (PHQ-9, GAD-7 e PSS-14) e expressividade social-cognitiva (EMES-C), por meio das médias simples e do desvio padrão dos resultados totais e de cada fator. Os resultados dos testes de normalidade (*Kolmogorov-Smirnov*) indicaram uma distribuição normal das variáveis do estudo, optando-se, assim, por testes paramétricos. Foi analisada a comparação pelas diferenças entre as médias dos estudantes na coleta 1 e na coleta 2 (*t-Student*) com coeficiente de significância (valor $p < ,05$) e de correlação (*Pearson*) com coeficiente entre -1 e +1, sendo uma relação fraca (de ,30 a ,50), moderada (de ,50 a ,70), alta (de ,70 a ,90) e muito alta (de 0,90 a -1 e +1), segundo os critérios de Hinkle et al. (2003).

RESULTADOS E DISCUSSÃO

A Tabela 1 apresenta os resultados de comparação entre os dois diferentes momentos da coleta (C1 e C2) durante o período de ensino remoto emergencial.

Tabela 1 – *Comparação entre Desempenhos Médios (Desvios Padrões) em Função das Medidas*

Medidas e Fatores	M	DP	p
C1_PHQ-9	9,38	(6,23)	0,381
C2_PHQ-9	8,90	(5,52)	
C1_GAD-7	7,19	(4,58)	*0,014
C2_GAD-7	8,46	(5,81)	
C1_PSS-14	31,75	(4,73)	0,302
C2_PSS-14	32,35	(4,15)	

Medidas e Fatores	M	DP	p
C1_EMES-C_F1	18,27	(6,81)	0,251
C2_EMES-C_F1	17,84	(6,59)	
C1_EMES-C_F2	14,75	(6,15)	0,914
C2_ EMES-C_F2	14,78	(5,21)	
C1_ EMES-C_F3	8,48	(2,04)	0,684
C2_ EMES-C_F3	8,67	(1,86)	
C1_ EMES-C_F4	4,97	(2,25)	1,000
C2_ EMES-C_F4	4,93	(2,27)	
C1_ EMES-C_F5	5,61	(1,34)	0,861
C2_ EMES-C_F5	5,58	(1,32)	
C1_ EMES-C_F6	7,38	(1,75)	*0,000
C2_ EMES-C_F6	4,69	(1,34)	
C1_ EMES-C_F7	7,13	(2,12)	0,056
C2_ EMES-C_F7	6,79	(1,99)	
C1_ EMES-C_TOTAL	66,59	(29,20)	*0,026
C2_ EMES-C_TOTAL	63,28	(25,33)	

Notas: M=Médias; DP (Desvios Padrões); C1=coleta 1; C2=coleta 2; PHQ-9 = *Patient Health Questionnaire-9; GAD-7= Generalized Anxiety Disorder-7*; PSS-14= Perceived Stress Scale-14; EMES-C_F=Escala Multidimensional de Expressão Social – parte cognitiva e fatores; * = p< ,05. Elaborada pelos autores.

A Tabela 1 mostra que, nos dois momentos, os indicadores de depressão, ansiedade e estresse mantiveram-se em níveis brandos, tal como ocorreu com os estudantes universitários chineses, que apresentaram níveis de ansiedade considerados baixos (Ma Z et al., 2020). Ressalta-se, porém, que houve piora, estatisticamente significativa, ao comparar C1 e C2, nos níveis de ansiedade geral dos ingressantes (GAD-7), e, embora não tenham atingido níveis preocupantes, tais indicadores merecem atenção, pois, durante a graduação, os estudantes devem incrementar autocuidados com a saúde em geral frente aos desafios que se somam (Lantyer et al., 2016) e pela vulnerabilidade a desenvolver estresse psicológico com o passar do tempo, por terem menos acesso aos efeitos protetivos do suporte social (Bortolatto et al., 2021). Adicionalmente, com o isolamento social imposto pela pandemia, os participantes deste estudo tiveram frustradas muitas de suas expectativas de convivência nos espaços físicos e de acesso aos facilitadores da vida acadêmica (restaurante universitário, biblioteca, atividades esportivas etc.), o que pode ter repercutido no nível de ansiedade.

Antes mesmo da pandemia, os anos iniciais dos cursos têm sido considerados como mais vulneráveis a problemas de saúde mental, pois exigem a adaptação a muitas variáveis dentro do contexto acadêmico (Bolsoni et al., 2010; Borro, 2016; Soares et al., 2013), o que tem sido evidenciado nos relatórios de pesquisa elaborados pela equipe do presente estudo, cujos dados obtidos em 2019, nos três cursos, indicaram uma média de 38% dos ingressantes com sinais e sintomas de depressão de grau moderado a grave e 44 % de ansiedade moderada a grave; nível insatisfatório de qualidade de vida e baixo repertório de habilidades sociais, ou seja, insuficiente como fator de proteção frente às vicissitudes e aos fatores estressores (internos e externos) do contexto universitário.

Assim, embora tais achados estejam de acordo com outros estudos (Godoy et al., 2021; Nunes, 2021; Xiao et al., 2020), deve-se ponderar que a gravidade dos sintomas foi mais branda, indicando que outros fatores de proteção estiveram ativos nesse período, como a oportunidade de poder ficar em casa para não ser contaminado, tanto em ambiente doméstico familiar quanto em residência estudantil do *campus* ou em república. De fato, a literatura especializada aponta uma variação de 8,2% a 36% na prevalência desses sintomas entre universitários da área da saúde, sendo que um dos fatores de proteção é o apoio da família ao estudante (Alves et al., 2021; Sacramento et al., 2021).

Nesta linha de raciocínio sobre os fatores de proteção, a Tabela 1 também aponta a ocorrência não elevada de pensamentos negativos que poderiam dificultar a execução de comportamentos socialmente habilidosos, já em C1 e sobretudo em C2, no qual há melhora significativa nos escores totais e do nível de ansiedade em interações com parceiros amorosos (EMES-C_F6). Conforme Cardoso e Del Prette (2017), as interações satisfatórias entre parceiros íntimos são vistas como f onte de equilíbrio e estabilidade emocional, sendo a interação benéfica para ambos os parceiros quando há uma diversidade de comportamentos sociais que colaborarão para o bem-estar deles.

Importante apontar que a IES, na qual foi realizado o estudo, oportunizou o atendimento psicológico on-line para toda comunidade estudantil durante o período pandêmico, embora a adesão a essa modalidade tenha sido baixa, o mesmo ocorrendo com as oficinas on-line destinadas à promoção de bem-estar. Na verdade, tais modalidades concorreram com a necessidade de adaptação premente ao ensino remoto emergencial mediado por tecnologia durante a pandemia de COVID-19, não somente para os estudantes, como para o corpo docente. E muitos comentários dos estudantes em outros itens do projeto mais amplo apontaram para uma maior proximidade com os professores para apoio a questões socioemocionais e resolução de problemas relacionados ao "novo" processo de ensino-aprendizagem. Assim, tal relação mais afetiva e resolutiva entre professor-estudante pode ser considerada como um fator de proteção no enfrentamento do contexto acadêmico durante a pandemia.

A Tabela 2 mostra as correlações estatisticamente significativas (p<,05) entre os indicadores de saúde mental (PHQ-9, GAD-7 e PSS-14) com a EMES-C nos dois momentos da coleta (C1 e C2).

Tabela 2 – *Comparação entre Desempenhos Médios (Desvios Padrões) em Função do Sexo*

Medidas e Fatores	Feminino		Masculino		p
	M	DP	M	DP	
C2_PHQ-9	9,70	(4,96)	6,56	(6,52)	*0,048
C2_GAD-7	9,48	(5,77)	5,43	(4,91)	*0,014
C1_PSS-14	32,64	(4,71)	29,12	(3,84)	*0,009
C1_EMES_C_F4	5,25	(2,32)	3,75	(1,61)	*0,019
C2_EMES_C_F4	5,25	(2,33)	3,75	(1,81)	*0,022

Notas: M=Médias; DP (Desvios Padrões); C1=coleta 1; C2=coleta 2; PHQ-9 = *Patient Health Questionnaire-9; GAD-7= Generalized Anxiety Disorder-7*; PSS-14= Perceived Stress Scale-14; EMES-C_F=Escala Multidimensional de Expressão Social – parte cognitiva e fatores; F4: Ansiedade relacionada a pessoas com autoridade; * = p< ,05. Elaborada pelos autores.

A Tabela 2 mostra as mulheres apresentaram maiores níveis de indicadores de saúde mental (ansiedade e depressão) e de ansiedade relacionada a pessoas com autoridade (EMES_F4) que os homens, no segundo momento da coleta (C2), bem como de estresse percebido EMES_F4 no momento C2. Tais achados estão em conformidade com estudos de Wang et al. (2020) e Nunes (2021), que identificaram uma piora significativa na saúde emocional, principalmente no gênero feminino durante o ensino remoto na pandemia, que fez da sala de aula e/ou o trabalho (*home-office*) uma extensão da sua casa, com afazeres somados. Sabe-se que, no Brasil, cabe historicamente às mulheres a maior responsabilidade pelos cuidados com a casa e com os filhos (Melo & Thomé, 2018), justificando a sobrecarga das atribuições femininas.

A amostra de conveniência do presente estudo contou com participantes do sexo feminino (74,60 %), o que pode ser justificado por cursos da área da saúde que formaram a casuística, como tradicionalmente compostos por maioria de mulheres, tais como a Fonoaudiologia e, mais recentemente, a Odontologia e Medicina, devido ao histórico crescente da profissionalização feminina desde o final do século XIX (Matos et al., 2013). Adicionalmente, as mulheres possuem maiores indicadores de sintomas psicológicos, o que a literatura justifica como uma experiência pessoal para perceber e lidar com problemas de saúde mental, estigma (individual e público) e normas sociais (Rafal et al., 2018; Ratnayake & Hyde, 2019).

Finalmente, a Tabela 3 mostra apenas as correlações significativas (p< ,05) entre indicadores de saúde mental (depressão, ansiedade e estresse) e de expressividade social cognitiva para interações socialmente habilidosas. Os índices obtidos são interpretados como de correlação "baixa/fraca" (de 0,30 a 0,50) e "moderada" (0 ,50 a 0,70).

Tabela 3 –*Correlações Significativas entre Medidas de Saúde Mental e Expressividade Social Cognitiva*

	C1_F1	C2_F1	C1_F2	C2_F2	C1_F3	C1_F4	C2_F4	C1_F5	C2_F5	C1_F6	C2_F6	C1_F7	C2_F7	C1 Total	C2 Total
C1_ PHQ-9	0,485 (p=0,00)		0,423 (p=0,00)		0,390 (p=0,00)	0,317 (p=0,01)		0,254 (p=0,04)		0,344 (p=0,01)		0,298 (p=0,02)		0,523 (p=0,00)	
C2_ PHQ-9		0,446 (p=0,00)		0,338 (p=0,01)			0,333 (p=0,01)		0,388 (p=0,00)		0,325 (p=0,01)		0,328 (p=0,01)		0,458 (p=0,00)
C1_ GAD-7	0,503 (p=0,00)		0,424 (p=0,00)		0,266 (p=0,03)					0,313 (p=0,01)		0,331 (p=0,01)		0,512, (p=0,00)	
C2_7 GAD-7		0,417 (p=0,00)		0,303 (p=0,02)			0,333 (p=0,01)		0,416 (p=0,00)		0,389 (p=0,00)				0,460 (p=0,00)

Notas. C1= Coleta 1; C2= Coleta 2; PHQ-9 = *Patient Health Questionnaire-9; GAD-7= Generalized Anxiety Disorder-7*; F1: Medo de expressar opiniões contrárias e defesa de direitos; F2: Medos de falar em público; F3: Ansiedade relativa a dar e receber elogios e expressar sentimentos positivos; F4: Ansiedade relacionada a pessoas com autoridade; F5: Ansiedade relacionada a pessoas atraentes; F6: Ansiedade em interações com parceiros amorosos; F7: Preocupação com imagem passada aos outros. Índice de Correlação: baixa/fraca = de 0,30 a 0,50; moderada =de 0,50 a 0,70. Elaborada pelos autores.

Os dados das correlações da Tabela 3 mostram somente associações positivas. Dados do PSS-14 não estão identificados, uma vez que não houve nenhuma correlação estabelecida. Ao analisar a força da correlação, verifica-se uma magnitude moderada na coleta C1, entre EMES-Total e depressão (PHQ-9) e entre ansiedade (GAD-7) e EMES-C Total e EMES-C_F1 (Medo de expressar opiniões contrárias e defesa de direitos), o que denota que o aumento na ocorrência de pensamentos negativos está associado com o incremento dos estados de depressão e ansiedade, prejudicando a execução de comportamentos socialmente habilidosos, especificamente na população estudada, da habilidade de assertividade referente à defesa de seus direitos. De fato, pensamentos negativos frente às relações sociais são comuns em pessoas socialmente ansiosas, o que interfere em sua competência social e pode resultar em isolamento social (Caballo, 2003; Wagner et al., 2014), sendo que existem evidências de que um repertório limitado de HS em universitários está associado a dificuldades do espectro da ansiedade (Bolsoni-Silva & Fogaça, 2018; Garcia et al., 2018).

Mesmo as correlações positivas de baixa magnitude merecem atenção, sendo observadas entre os indicadores de depressão e ansiedade em C1 e C2 para todos os fatores (F1: Medo de expressar opiniões contrárias e defesa de direitos; F2: Medos de falar em público; F4: Ansiedade relacionada a pessoas com autoridade; F5: Ansiedade relacionada a pessoas atraentes; F6: Ansiedade em interações com parceiros amorosos; F7: Preocupação com imagem passada aos outros), exceto F3 (Ansiedade relativa a dar e receber elogios e expressar sentimentos positivos) em C2 da EMES-C, trazendo mais evidências sobre repertórios críticos de expressividade social cognitiva para a prevenção de depressão e ansiedade no contexto universitário, conforme já apontado na literatura. Exceções foram encontradas no estudo de Souza (2023), realizado com universitários, em ensino remoto emergencial na pandemia, das áreas de humanas e da saúde, de vários períodos dos cursos, que apontou que, mesmo com indicadores de alteração de saúde emocional altos, os participantes descreveram ter boas habilidades sociais com destaque para as habilidades de pedir desculpas e expressar sentimentos positivos, não corroborando os achados da literatura, mesmo anteriores à pandemia, que têm evidenciado que as pessoas com poucas habilidades sociais são aquelas com maiores indicadores clínicos de saúde mental e baixo desempenho acadêmico, tanto na população universitária (Salina-Brandão et al., 2017; Soares et al., 2013; Borro, 2016) quanto de outros níveis educacionais (Beheshtian et al., 2016).

Os achados do estudo contribuíram para a identificação de dimensões específicas no cuidado à saúde mental do ingressante na universidade, bem como oferecem subsídios para a atualização constante de implementação de políticas de permanência estudantil no contexto universitário. Por outro lado, limitações no delineamento do estudo podem ser superadas com melhor controle de variáveis, como adotar a avaliação multimodal de vários atores no contexto universitário.

CONSIDERAÇÕES FINAIS

Em cinco de maio de 2023, após três anos do decreto da pandemia de COVID-19, a OMS anunciou o fim da emergência de Saúde Pública deflagrada em 2020. Qual foi o aprendizado decorrente dessa experiência? Notadamente, serviu de alerta sobre a importância de começar hoje a construir um sistema educacional mais bem preparado para os futuros desafios, sejam eles acompanhados ou não por novas crises pandêmicas. Como prioridade, buscar estabelecer políticas institucionais de permanência factíveis e que possam ser amplamente implementadas e consolidadas no contexto universitário. Políticas que sirvam de suporte, sobretudo para o estudante ingressante, evitando a evasão, garantindo sua permanência, autonomia e construção de relações interpessoais mais saudáveis no período de graduação, com um início promissor e menos desgastante, mitigando prejuízo à saúde mental do alunado e favorecendo a finalização do curso, pois há evidências robustas de que o aspecto emocional dos universitários tende a ser prejudicado conforme o avanço do curso.

Nesta direção, decorrente das pesquisas sequenciais da equipe, a IES, na qual foi realizado o presente estudo, iniciou um processo para a criação de um espaço físico, um centro que abrigue e viabilize a ampliação de ações permanentes à comunidade estudantil para além de serviços de assistência psicológica, sobretudo aquelas destinadas à promoção do bem-estar e autocuidado estudantil, na medida em que contribuem para a interrupção de ciclos de reprodução de padrões adoecedores e/ou violentos na universidade.

Finalizando, entende-se que saúde mental e promoção de bem-estar de estudantes universitários devam ser uma pauta permanente das IES, com ênfase em modalidades que incrementem o repertório de habilidades sociais, protetivas para o desenvolvimento humano saudável, fomentado por pensamentos construtivos para regulação de interações socialmente habilidosas.

QUESTÕES PARA DISCUSSÃO

- Qual o papel da universidade e de seus atores (professores, estudantes e outros) no cuidado à saúde mental estudantil?

- No cotidiano acadêmico, identifique algumas práticas que poderiam ser mais facilmente implementadas para o cuidado em saúde mental e a promoção de habilidades sociais e de bem-estar nas universidades.

REFERÊNCIAS

Alves, J. V. de S., Paula, W. de, Netto, P. R. R., Godman, B., Nascimento, R. C. R. M. do, & Coura-Vital, W. (2021). Prevalence and factors associated with anxiety among university students of health sciences in Brazil: findings and implications. *Jornal Brasileiro De Psiquiatria, 70*(2), 99-107. https://doi.org/10.1590/0047-2085000000322

Bisconer, S. W., & McGill, M. B. (2022). Undergraduate students and the COVID-19 pandemic: A look-back at first-year constructs of psychological adjustment, implications for clinicians and college administrators. *Professional Psychology: Research and Practice, 54*(1), 83-92. https://doi.org/10.1037/pro0000490

Beheshtian, E., Toozandehjani, H., & Ghajari, E. (2016). A eficiência do treinamento de habilidades sociais e o modelo cognitivo-comportamental de Fordy de alegria no aumento da felicidade dos alunos. *Mediterranean Journal of Social Sciences, 7*(3), S3. https://www.richtmann.org/journal/index.php/mjss/article/view/9219

Bresolin, J. Z., Dalmolin, G. de L., Vasconcellos, S. J. L., Andolhe, R., Morais, B. X., & Lanes, T. C. (2022). Estresse e depressão em universitários da área da saúde. *Revista da Rede de Enfermagem do Nordeste, 23*, e71879. https://doi.org/10.15253/2175-6783.20222371879

Bolsoni-Silva, A. T., Loureiro, S. R., Rosa, C. F., & Oliveira, M. C. F. A. de. (2010). Caracterização das habilidades sociais de universitários. *Contextos Clínicos, 3*(1), 62-75.http://pepsic.bvsalud.org/scielo.php?script=sci_arttext&pid=S198334822010000100007&lng=pt&tlng=pt

Bolsoni-Silva, A. T., Barbosa, R. M., Brandão, A. S., & Loureiro, S. R. (2018). Prediction on course completion by students of a university in Brazil. *Psico-USF (impresso), 23*, 425-436. https://www.scielo.br/j/pusf/a/9MkPLfFq9GHyf5bJJpXMZ4F/?lang=en

Bolsoni-Silva, A. T., & Fogaça, F. F. S. (2018). Social anxiety disorder in the university student context: evaluation and promotion of interactions. In F. L. Osório & M. F. Donadon (Org.), *Social Anxiety Disorder: Recognition, Diagnosis and Management* (pp. 95-118). Nova Biomedical.

Borro, N. P. V. (2016). *Habilidades sociais* e saúde mental: caracterização de universitários da FOB-USP [Dissertação de Mestrado, Faculdade de Odontologia de Bauru, Universidade de São Paulo]. https://teses.usp.br/teses/disponiveis/25/25143/tde-05092016-150334/pt-br.php

Bortolatto, M. de O., de Assumpção, F. P., Limberger, J., Menezes, C. B., Andretta, I., & Lopes, F. M. (2021). Treinamento em habilidades sociais com universitários: Revisão sistemática da literatura. *Psico, 52*(1), e35692. https://doi.org/10.15448/1980-8623.2021.1.35692

Byrd, D. A. R., & McKinney, K. J (2012). Individual, interpersonal, and institutional level factors associated with the mental health of college students. *Journal of American College Health, 60*(3),185-92. http://doi.org/10.1080/07448481.2011.584334

Caballo, V. E. (2003). *Manual de avaliação de habilidades sociais*. Editora Santos.

Cardoso, B. L. A., & Del Prette, Z. A. P. (2017). Habilidades sociais conjugais: uma revisão da literatura nacional. *Revista Brasileira de Terapia Comportamental e Cognitiva,19*(2), 124-137. https://doi.org/10.31505/rbtcc.v19i2.1036

Chao, R. C. L (2012). Managing perceived stress among college students: the roles of social support and dysfunctional coping. *Journal of College Counseling, 15*(1),5-21. https://psycnet.apa.org/doi/10.1002/j.2161-1882.2012.00002.x

Chen, T., Lucock, M. (2022). The mental health of university students during the COVID-19 pandemic: An online survey in the UK. *PLoS ONE, 17*(1), e0262562. https://doi.org/10.1371/journal.pone.0262562

Coelho, A. P. S., Oliveira, D. S., Fernandes, E. T. B. S., Santos, A. L. de S., Rios, M. O., Fernandes, E. S. F., Novaes, C. P., Pereira, T. B., & Fernandes, T. S. S. (2020). Saúde mental e qualidade do sono entre universitários em tempos de pandemia de COVID-19: experiência de um programa de assistência estudantil. *Pesquisa, Sociedade e Desenvolvimento, 9*(9), e943998074. https://doi.org/10.33448/rsd-v9i9.8074

Cozby, P. C. (2003). *Métodos de pesquisa em ciências do comportamento*. Editora Atlas.

Del Prette, Z. A. P., & Del Prette, A. (2011). *Psicologia das habilidades sociais na infância*: Teoria e prática. 5. ed. Vozes.

Del Prette, Z. A. P., & Del Prette, A. (2017). *Competência social e habilidades sociais*: Manual teórico-prático. Vozes.

Dias, J. C. R. D., Wanderson, R. S., Maroco, J., & Campos, B. D. A. J. (2015). Escala de estresse percebido aplicada a estudantes universitários: Estudo de validação. *Psychology, Community & Health, 4*(1), 1-13. https://doi.org/10.5964/pch.v4i1.90

Ferreira, V. S., Oliveira, M. A., & Vandenberghe, L. (2014). Efeitos a curto e longo prazo de um grupo de desenvolvimento de habilidades sociais para universitários. *Psicologia: Teoria e Pesquisa, 30*(1),73-81. https://www.scielo.br/j/ptp/a/tH7GYBh3DLWH5jjrpKc4Bmj/abstract/?lang=pt

Fogaça, F. M., Miguel, A. & Bolsoni-Silva, A. T. (2022). Anxiety and social skills indicators of college students during COVID-19 pandemic. *Research Society and Development, 11*, e292111436137. https://rsdjournal.org/index.php/rsd/article/download/36137/30353/400821

Garcia, V. A., Bolsoni-Silva, A. T., & Nobile, G. F. G. (2018). Interação terapeuta-cliente e tema da sessão no transtorno de ansiedade social. *Revista Interamericana de Psicología, 52*(1). https://doi.org/10.30849/rip/ijp.v52i1.280

Godoy, L. D., Falcoski, R., Incrocci, R. M., Versuti, F. M., & Padovan-Neto, F. E. (2021). The psychological impact of the COVID-19 pandemic in remote learning in higher education. *Education Sciences, 11*(9), 473. http://dx.doi.org/10.3390/educsci11090473

Gomes, C. F. M., Pereira J, R. J., Cardoso, J. V., & Silva, D. A. da (2020). Transtornos mentais comuns em estudantes universitários: abordagem epidemiológica sobre vulnerabilidades. *SMAD Revista Eletrônica Saúde Mental Álcool e Drogas, 16*(1), 1-8. https://dx.doi.org/10.11606/issn.1806-6976.smad.2020.157317

Guimarães, M. F., Vizzotto, M. M., Avoglia, H. R. M. C., & Paiva, E. A. F. (2022). Depressão, ansiedade, estresse e qualidade de vida de estudantes de universidades pública e privada. *Revista Psicologia, Diversidade e Saúde, 11*, e4038. http://dx.doi.org/10.17267/2317-3394rpds.2022.e4038

Gundim, V. A., Encarnação, J. P. D., Fontes, S. K. R., Silva, A. A. F., Santos, V. T. C. D., & Souza, R. C. D. (2022). Transtornos mentais comuns e rotina acadêmica na graduação em Enfermagem: impactos da pandemia de COVID-19. *Revista Portuguesa de Enfermagem de Saúde Mental, 21*(37), 1-17. https//doi.org/10.19131/rpesm.322

Gusso, H. L., Archer, A. B., Luiz, F. B., Sahão, F. T., Luca, G. G., Henklain, M. H. O., Panosso, M. G., Kienen, N., Beltramello, O., & Gonçalves, V. M. (2020). Ensino superior em tempos de pandemia: diretrizes à gestão universitária. *Educação & Sociedade, Campinas, 41*, e238957. https://doi.org/10.1590/ES.238957

Hodges, L. D., & Martin, A. D. (2020). Enriching work-integrated learning students' opportunities online during a global pandemic (COVID-19). *International Journal of Work-Integrated Learning*, Special Issue, *21*(4), 415-423. https://api.semanticscholar.org/CorpusID:229264704

Hinkle, D. E., Wiersma, W., & Jurs, S. G. (2003). *Applied Statistics for the Behavioral Sciences*. Houghton Mifflin Company.

Iorga, M., Dondas, C., & Zugun-Eloae, C. (2018). Depressed as freshmen, stressed as seniors: The relationship between depression, perceived stress and academic results among medical students. *Behavior Science (Basel), 8*(8), 1-12. https://doi.org/10.3390%2Fbs8080070

Kam, S. X. L., Toledo, A. L. S. D., Pacheco, C. C., Souza, G. F. B. D., Santana, V. L. M., Bonfá-Araújo, B., & Custódio, C. R. D. S. N. (2020). Estresse em estudantes ao longo da graduação médica. *Revista Brasileira de Educação Médica, 43*(1), 246-253. https://doi.org/10.1590/1981-5271

Lantyer, A. da S., Varanda, C. C., Souza, F. G. de, Padovani, R. da C., & Viana, M. de B. (2016). Ansiedade e qualidade de vida entre estudantes universitário ingressantes: avaliação e intervenção. *Revista Brasileira De Terapia Comportamental e Cognitiva, 18*(2), 4-19. https://doi.org/10.31505/rbtcc.v18i2.880

Lopes, D. C., Dascanio, D., Ferreira, B. C., Del Prette, Z. A. P., & Del Prette, A. (2017). Treinamento de habilidades sociais: avaliação de um programa de desenvolvimento interpessoal profissional para universitários de Ciências Exatas. *Interação em Psicologia, 21*(1), 55-65. https://revistas.ufpr.br/psicologia/article/view/36210/32912

Ma, Z., Zhao, J., Li, Y., Chen, D., Wang, T., Zhang, Z., Chen, Z., Yu, Q., Jiang, J., Fan, F., & Liu, X. (2020). Mental health problems and correlates among 746 217 college students during the coronavirus disease 2019 outbreak in China. *Epidemiology and Psychiatric Scienses, 13*(29), e181. https://doi.org/10.1017/s2045796020000931

Maia, B. R., & Dias, P. C. (2020). Ansiedade, depressão e estresse em estudantes universitários: o impacto da COVID-19. *Estudos de Psicologia (Campinas), 37*(1), 1-8. https://doi.org/10.1590/1982-0275202037e200067

Matias, A. G. C., Fonsêca, M. A., Gomes, M. L. F., & Matos, M. A. A. (2016). Indicadores de depressão em idosos e os diferentes métodos de rastreamento. *Eistein, 14*(1), 6-11. http://dx.doi.org/10.1590/S1679-45082016AO3447

Matos, I. B., Toassi, R. F.C., & Oliveira, M. C. (2013). Profissões e ocupações de saúde e o processo de feminização: tendências e implicações. Atena Digital. *Revista de Pensamento e Investigação Social, 13*(2), 239-244. https://www.redalyc.org/articulo.oa?id=53728035015

Melis, M. T. V., Apolônio, A. L. M., Santos, L.C., Ferrari, D.V., & Abramides, D. V. M. (2022). Treinamento de habilidades sociais em fonoaudiologia: percepção dos estudantes. *Revista CEFAC, 24*(3), e8822. https://doi.org/10.1590/1982-0216/20222438822s

Melo, R. C. D. P., Queirós, P. J., Tanaka, L. H., Costa, P. J., Bogalho, C. I. D., & Oliveira, P. I. D. F. (2017). Dificuldades dos estudantes do curso de licenciatura de enfermagem no ensino clínico: percepção das principais causas. *Revista de Enfermagem, 4*(15), 55-63. https://doi.org/10.12707/RIV17059

Melo, H. P., & Thomé, D. (2018). *Mulheres e poder*. Editora FGV.

Mendo-Lázaro, S., Leon-Del-Barco, B., Felipe-Castaño, E., Polo-Del-Río, M. I., & Iglesias-Gallego, D. (2018). Cooperative Team Learning and the development of social skills in higher education: The Variables Involved. *Frontiers in Psychology, 9*(article 1536). https://doi.org/10.3389/fpsyg.2018.01536

Meneses, A. M. D., & Santos, L. C. de M. (2023). Estresse em universitários. *Pesquisa, Sociedade e Desenvolvimento, 12*(4), e1912440891. https://doi.org/10.33448/rsd-v12i4.40891

Moreno, A. L.De Sousa, D. A., Souza, A. M. F. L. P., Manfro, G. G., Salum, G. A., Koller, S. H., Osório, F. L., & Crippa, J. A. S. (2016). Factor structure, reliability, and item parameters of the Brazilian-Portuguese version of the GAD-7 questionnaire. *Temas em Psicologia, 24*(1), 367-376. https://dx.doi.org/10.9788/TP2016.1-25

Nunes, R. C. (2021). Um olhar sobre a evasão de estudantes universitários durante os estudos remotos provocados pela pandemia do COVID-19. *Research, Society and Development, 10*(3), e1410313022-e1410313022. https://doi.org/10.33448/rsd-v10i3.13022

Osório, F. L., Mendes, A. V., Crippa, J. A. S., & Loureiro, S. R. (2009). Study of the discriminative validity of the PHQ-9 and PHQ-2 in a sample of Brazilian women in the context of primary health care. *Perspectives in Psychiatric Care, 45*, 216-227. https://doi.org/10.1111/j.1744-6163.2009.00224.x

Pereira, A. S., Dutra-Thomé, L., & Koller, S. H. (2016). Habilidades sociais e fatores de risco e proteção na adultez emergente. *Psico, 47*(4), 268-278. https://doi.org/10.15448/1980-8623.2016.4.23398

Pinho, A. P. M., Dourador, L. C., Aurélio, R. M., & Bastos, A. V. B (2015). A transição do ensino médio para a universidade: um estudo qualitativo sobre os fatores que influenciam este processo e suas possíveis consequências comportamentais. *Revista de Psicologia, 6*(1), 33-47. http://www.periodicos.ufc.br/psicologiaufc/article/view/1691

Rafal, G., Gatto, A., & Debate, R (2018). Mental health literacy, stigma, and help-seeking behaviors among male college students. *Journal of American College Health, 66*(4), 284- 291. https://doi.org/10.1080/0744848 1.2018.1434780

Ratnayake, P., & Hyde, C. (2019). Alfabetização em saúde mental, comportamento de busca de ajuda e bem-estar em jovens: implicações para a prática. *O Psicólogo Educacional e do Desenvolvimento, 36*(1), 16-21. https://doi.org/10.1017/edp.2019.1

Sacramento, B. O., Anjos, T. L. dos, Barbosa, A. G. L., Tavares, C. F., & Dias, J. P. (2021). Symptoms of anxiety and depression among medical students: study of prevalence and associated factors. *Revista Brasileira de Educação Médica, 45*(1), e021. https://doi.org/10.1590/1981-5271v45.1-20200394

Sahão, F. T., & Kienen, N. (2021). Adaptação e saúde mental do estudante universitário: revisão sistemática da literatura. *Psicologia Escolar e Educacional, 25*, e224238. https://doi.org/10.1590/2175-35392021224238

Salina-Brandão, A., Bolsoni-Silva, A. T., & Loureiro, S. R. (2017). The predictors of graduation: Social skills, mental health, academic characteristics. *Paidéia* (Ribeirão Preto), *27*(66), 117-125. https://doi.org/10.1590/1982-43272766201714

Santos, M. M. L., Cunha, C.P. L., & Telles, M. M. (2022). Adaptação ao ensino superior: perspectiva de alunos do Instituto Tecnológico de Aeronáutica. *Revista Portuguesa de Educação, 35*(1), 242-263. https://revistas.rcaap.pt/rpe/article/view/21561

Shayan, N., & Ahmadigatab, T. (2012). The effectiveness of social skills training on students' levels of happiness. *Procedia – Social and Behavioral Sciences, 46*, 2693-2696.

https://doi.org/10.1016/j.sbspro.2012.05.548

Soares, A. B., Francischetto, V., Peçanha, A. P. C. L. P., Miranda, J. M., & Dutra, B. M. S. (2013). Inteligência e competência social na adaptação à universidade, *Estudos de Psicologia* (Campinas), *30*(3), 317-328.https://doi.org/10.1590/2175-35392021226072

Souza, R. G. (2023). *Estratégias de autorregulação e habilidades sociais durante a pandemia de Covid-19* [Dissertação de Mestrado, Faculdade de Odontologia de Bauru, Universidade de São Paulo]. https://www.teses.usp.br/teses/disponiveis/25/25143/tde-22062023-152405/pt-br.php

Spitzer, R. L., Kroenke, K., & Williams, J. B. W. (1999). Validation and utility of a self-report version of PRIME-MD: The PHQ primary care study. JAMA, *282*, 1737-1744. https://doi.org/10.1590/2175-35392021226072

Tang, N., McEnery, K., Chandler, L., Toro, C., Walasek, L., Friend, H., & Meyer, C. (2022). Pandemic and student mental health: Mental health symptoms among university students and young adults after the first cycle of lockdown in the UK. *BJPsych Open* 8, e138, 1-15. https://doi.org/10.1192/bjo.2022.523

Wagner, M. F., Pereira, A. S., & Oliveira, M. S. (2014). Intervención sobre las dimensiones de la ansiedad social por medio de um programa de entrenamiento en habilidades sociales. *Psicología Conductual, 22*, 423-448. http://www.funveca.org/revista/pedidos/product.php?id_product=647

Wang, C., Pan, R., Wan, X., Tan, Y., Xu, L., & Ho, C. S. (2020). Immediate psychological responses and associated factors during the initial stage of the 2019 coronavirus disease (COVID-19) epidemic among the general population in China. *International Journal Environmental Research and Public Health,17*(5), 1729. https://doi.org/10.3390/ijerph17051729

World Health Organization. (2020). *Mental health and psychosocial considerations during the COVID-19 outbreak.* https://www.who.int/docs/default-source/coronaviruse/mental-health-considerations.pdf

Xiao, H., Shu, W., Li, M., Li, Z., Tao, F., Wu, X., & Yu, Y. (2020). Social distancing among Medical students during the 2019 Coronavirus Disease Pandemic in China: Disease awareness, anxiety disorder, depression, and behavioral activities. *International Journal of Environmental Research and Public Health, 17*(14), 5047. http://dx.doi.org/10.3390/ijerph17145047

CAPÍTULO 14

INTERVENÇÕES EM HABILIDADES SOCIAIS COM ESTUDANTES DE PSICOLOGIA

Patricia Lorena Quiterio
Vanessa Barbosa Romera Leme

INTRODUÇÃO

O desenvolvimento e a aprendizagem de habilidades e competências sociais durante a formação de estudantes de Psicologia têm recebido atenção nos últimos anos porque os dados de pesquisa evidenciam a importância do repertório socialmente habilidoso para a prática profissional da Psicologia e para a qualidade das relações pessoais e profissionais (Lessa et al., 2022). De fato, o psicólogo lida diariamente com pessoas e suas demandas interpessoais, e, portanto, a sua competência técnica depende da presença de um bom repertório de habilidades sociais (Leme et al., 2016). Del Prette e Del Prette (2017) definem as habilidades sociais como um conceito descritivo de comportamentos aprendidos e valorizados em determinada cultura dentro de um contexto social e histórico.

Nesse sentido, intervenções implementadas no contexto brasileiro para a promoção do desenvolvimento interpessoal com estudantes de Psicologia e de outras profissões têm indicado redução de sintomas de ansiedade, depressão e estresse e a aprendizagem de diversas classes habilidades sociais, tais como enfrentamento e autoafirmação com risco, autoexposição a desconhecidos ou situações novas; autoafirmação na expressão de afeto positivo (Lessa et al., 2022; Lima et al., 2019; Lopes et al., 2017; Wagner et al., 2019). De modo semelhante, atuações realizadas com estudantes universitários por meio de oficinas de habilidades sociais (Leme et al., 2019; Leme et al., 2022) mostraram alguns ganhos em autoconhecimento e satisfação com as atividades, busca por estratégias coletivas para enfrentar de maneira assertiva situações opressoras no contexto universitário, ampliação de conhecimentos sobre habilidades sociais e de vida e desenvolvimento do pensamento crítico e reflexivo.

Segundo Del Prette e Del Prette (2017), seja na formação inicial, seja na continuada, o psicólogo deve aprender algumas competências que abarcam o conhecimento sobre as habilidades sociais, a saber: (a) planejar, estruturar, apresentar e conduzir atividade interativa; (b) avaliar atividade e desempenhos específicos; (c) cultivar afetividade e participação de outros agentes (por exemplo, pais e professores) nas atividades com os/as filhos/as e alunos/as; (d) organizar e conduzir sessões de psicoeducação ou reuniões; (e) sugerir projetos; (f) orientar colegas e funcionários e (g) encaminhar solução de problemas. Assim, nota-se que a competência social faz parte dos requisitos-meio da atuação do psicólogo, ou seja, está implícita à qualidade e efetividade da relação com o cliente, em diferentes contextos da sua prática (Del Prette & Del Prette, 2003). Somado a isso, a atuação do psicólogo visa, direta ou indiretamente, a aumentar o bem-estar dos seus clientes, o que, geralmente, é alcançado por meio da melhora da qualidade das suas relações interpessoais (Lessa et al., 2022).

Intervenções com foco em habilidades sociais necessárias ao trabalho com a educação inclusiva também têm sido promovidas, considerando a importância da atuação desse profissional para a inclusão de pessoas com deficiência, seja no contexto escolar, seja no clínico ou no de saúde (Rosa & Menezes, 2019). Fonseca et al. (2018), em uma pesquisa qualitativa exploratória descritiva com 10 psicólogos escolares, discutem as demandas inclusivas direcionadas ao psicólogo escolar, como a atuação junto aos profissionais de educação e as atividades desenvolvidas com os demais agentes educativos, incluindo a família. Psicólogos e demais profissionais podem contribuir para o desenvolvimento da competência social dos professores e dos alunos. Ademais, o estudante de Psicologia, desde a graduação, precisa aprender a aproveitar e a planejar situações que promovam a comunicação e a interação social no contexto escolar e social, contribuindo para uma sociedade inclusiva (Quiterio et al., 2023).

O contexto universitário é atualmente caracterizado por múltiplas culturas étnico-raciais com estudantes de diversas classes sociais e diferentes orientações sexuais, que requer dos estudantes de Psicologia tanto a aquisição habilidades sociais para a formação profissional, quanto de competências interpessoais para o bom convívio entre seus pares. Portanto, é fundamental que estudantes de Psicologia recebam intervenções em habilidades sociais para que, durante a formação acadêmica, possam aprimorar as suas relações interpessoais a curto, médio e longo prazos, preparando-se para atuar de forma efetiva na sua futura profissão. Desse modo, o presente capítulo tem por objetivo apresentar duas atividades extensionistas realizadas com estudantes de Psicologia, desenvolvidas em uma universidade pública do Estado do Rio de Janeiro.

OFICINAS DE HABILIDADES SOCIAIS PARA PROMOÇÃO DE SAÚDE MENTAL COM ESTUDANTES DE PSICOLOGIA

Esta ação extensionista teve por objetivo desenvolver quatro oficinas de habilidades sociais com foco na promoção de saúde mental com estudantes de Psicologia. As oficinas fazem parte das atividades de um projeto de extensão que atua desde 2015, numa universidade pública, localizada no Estado do Rio de Janeiro. Seu objetivo é promover relações interpessoais positivas, contribuindo para a promoção de saúde mental e prevenção de indicadores de risco ligados à maior incidência de suicídio no curso de vida. São realizadas diversas modalidades de ações (por exemplo, oficinas, cursos, palestras e intervenções) com universitários, docentes e funcionários técnicos-administrativos da universidade e alunos, professores, orientadores educacionais e gestores de escolas públicas da educação básica.

Todas as ações do projeto visam à promoção de habilidades sociais (por exemplo, empatia, assertividade, resolução de problemas e solidariedade) e de vida (por exemplo, lidar com o estresse e pensamento crítico) dos participantes. O referencial teórico que embasa as oficinas é a Teoria Bioecológica do Desenvolvimento Humano, assim como são utilizadas técnicas da Teoria Cognitivo-Comportamental. O projeto envolve estudantes da graduação e pós-graduação, estando também vinculado a outros projetos na universidade, caracterizando-se por ser uma ação multidisciplinar como foco na prevenção ao suicídio.

Inscreveram-se 70 universitários, sendo que 30 estudantes de Psicologia participaram das oficinas, com idade média de 28 anos, sendo 21 do sexo feminino (70%). Desse total, 10 (33,3%) participaram de todas as oficinas, 12 (40%) de três oficinas e 8 (26,6%) de duas ou uma oficina. A maioria dos participantes era do 1° ao 4° período (n=18; 60%), seguido dos períodos medianos e finais, 5° ao 11° período (n=12; 40%). Dentre os inscritos, a maior parte não fazia acompanhamento psicológico (n=17, 56,6%) e psiquiátrico (n=23,76,6%). A maioria não tinha conhecimento prévio sobre habilidades sociais (n=22; 73,3%).

As oficinas são oferecidas desde 2017 de modo presencial, mas, devido à pandemia da COVID-19, passaram a ser realizadas nos anos de 2021 e 2022, no formato on-line. A seguir, serão descritas as atividades realizadas no primeiro semestre de 2022. As oficinas foram oferecidas aos estudantes de Psicologia de todos os períodos e divulgadas por meio de redes sociais do projeto de extensão e por cartazes espalhados na universidade.

Foi disponibilizado um *link* com acesso a uma ficha de inscrição on-line, desenvolvida para o presente estudo, com as seguintes informações sobre os estudantes: e-mail; idade; período; faz acompanhamento psicológico; faz acompanhamento psiquiátrico; tem conhecimento prévio sobre habilidades sociais; se já participou de alguma oficina de habilidades sociais; o que espera aprender ou desenvolver com as oficinas; sugestão de três situações, por ordem de importância, que poderiam ser trabalhadas durante as oficinas. As três últimas questões são utilizadas para avaliar as demandas do público e auxiliaram no desenvolvendo nas atividades de cada encontro. Ao final das oficinas, cada participante recebeu por e-mail um certificado, com carga horária de duas horas, e os que participaram das quatro oficinas receberam um certificado extra de oito horas. As oficinas tiveram duração de duas horas e ocorrem por meio da plataforma Google Meet. Antes de iniciar a atividade, era solicitado que os participantes ficassem com as câmeras abertas e os microfones ligados apenas nos momentos de fala.

Ressalta-se que as oficinas ocorreram durante o retorno das aulas presenciais na universidade, porém, no início de 2022, muitas atividades ainda permaneciam ou de maneira híbrida ou apenas on-line. Estudos indicaram que o isolamento social compulsório devido à pandemia da COVID-19 fez com que os universitários tivessem de lidar com diversos desafios, tais como o processo ensino-aprendizagem prejudicado devido à suspensão ou restrição das atividades presenciais, os longos períodos em casa, a ausência de atividades estudantis, o atraso na conclusão do curso, a preocupação com o impacto da recessão no mercado de trabalho e o receio da contaminação própria ou de familiares e amigos pelo vírus, o que contribuiu para sentimentos de incerteza, ansiedade e estresse nos estudantes universitários (Coa et al., 2020; Maia & Dias, 2020). Desse modo, considerando os impactos negativos da pandemia da COVID-19 sobre a saúde mental dos estudantes universitários, os temas abordados nas oficinas foram: (1) Empatia – o antes da pandemia; (2) Assertividade – manifestando opiniões, concordando e discordando durante a pandemia; (3) Assertividade – expressando raiva e pedindo mudança de comportamento durante a pandemia; e (4) Construindo projeto de vida – rumo ao pós-pandemia. Uma cartilha com os conteúdos trabalhados nos encontros foi enviada por e-mail aos participantes e disponibilizada na rede social do projeto. O objetivo do material foi gerar a reflexão dos participantes sobre seus contextos, estimulando-os a pensarem sobre seus sentimentos, comportamentos e ações. Na última página de cada cartilha, foram disponibilizados os números de telefones de clínicas psicológicas, emergenciais e não emergenciais. Os procedimentos de ensino envolveram exposição dialogada, discussão dos comentários dos estudantes no *chat*, apresentação de vídeos com recortes de séries e músicas. Cada oficina foi conduzida por dois facilitadores (discentes da pós-graduação) e, em média, duas cofacilitadoras (estudantes da graduação).

A literatura tem indicado que a promoção de habilidades sociais e de vida é uma via para a promoção de saúde mental e prevenção do suicídio (Feitosa, 2014; Murta et al., 2010). Assim, de modo a contribuir com algumas evidências para futuras intervenções nessa área, ao final das oficinas, foi disponibilizado aos participantes, pelo *chat* do encontro, um *link* para acessar a **ficha de avaliação do impacto imediato da sessão**. Esse instrumento foi desenvolvido por Murta (2008) para investigar a satisfação do participante com a sessão e as descobertas assimiladas. Dispõe de uma lista de sentimentos, pensamentos e comportamentos positivos (por exemplo, "Me senti relaxado") e negativos ("Fiquei tenso") que podem surgir enquanto a atividade está em andamento. A avaliação é constituída por 23 itens distribuídos em uma escala tipo Likert de 1 ("Não aconteceu comigo") a 3

("Aconteceu bastante comigo"). No presente estudo, a pontuação do instrumento foi modificada para uma escala que variou de 0 a 2. Em seguida, os resultados foram tabulados no programa Microsoft Excel, no qual se calculou a frequência dos sentimentos, comportamentos e pensamentos positivos e negativos dos participantes ao final de cada oficina. Além disso, ao final do instrumento, foi acrescentada uma pergunta para o estudante atribuir uma nota de 0 a 10 a cada oficina e justificá-la, com uma resposta aberta. A seguir, são descritos os principais resultados de cada oficina.

RESULTADOS

Evidências com as oficinas

A primeira oficina – Empatia: O antes da pandemia – teve como proposta acolher os estudantes e capacitá-los por meio das habilidades sociais de empatia e expressão de sentimentos para favorecer a ressignificação de aspectos positivos e negativos das relações interpessoais antes do isolamento social, causado pela pandemia da COVID-19. Para isso, procurou-se desenvolver as habilidades de demonstrar respeito às diferenças, expressar compreensão pelo sentimento ou experiência do outro, apoiar quando algum colega está passando por algum problema, praticar escuta ativa e respeitosa, ouvir e fazer perguntas pessoais que proporcionem a fala e a escuta.

Participaram 26 estudantes de Psicologia, sendo 20 do sexo feminino (76,9%). A ficha de avaliação de impacto imediato da sessão foi respondida por 24 (92,3%) participantes, sendo que os itens positivos mais frequentes foram "Tive confiança no grupo" e "Me senti com vontade de cuidar de meu bem-estar", com, respectivamente, 20 e 18 respostas com frequência 3 – aconteceu bastante comigo. Em relação aos aspectos negativos, o item mais sinalizado foi "Fiquei tenso", com cinco respostas com frequência 3. A média da nota atribuída pelos participantes para a oficina foi de 9,87. Exemplos de falas para a justificativa da avaliação foram: "Descobri um lado de mim que não sabia"; "Acredito que o encontro foi muito importante para entender que as vezes cuido muito mais dos outros do que de mim e pude perceber que cuidar de mim, também é importante", "A oficina foi ótima! Aprendi bastante como ser empático com o outro e o quão pode afetar o outro se fomos empático"; "A oficina me fez refletir muito para me tornar melhor"; "Foi muito interessante e estimulou a participação o tempo todo de forma acolhedora e não obrigatória".

A segunda oficina – Assertividade: Manifestando opiniões, concordando e discordando durante a pandemia – teve por objetivo possibilitar reflexões críticas sobre reconhecer e diferenciar os desempenhos sociais assertivos, passivos e agressivos, identificar as consequências para si e para os outros, lidar com pedidos abusivos e propor estratégias individuais e coletivas frente às situações em que ocorriam violação de direitos humanos. Nessa oficina, compareceram 28 graduandos de Psicologia, sendo 22 do sexo feminino (78,5%).

Dentre os participantes, 19 (67,8%) responderam a ficha de avaliação do impacto imediato da sessão, com o item positivo mais relatado pelos estudantes sendo "Me senti confiando mais em mim mesmo", com 16 respostas com frequência 3. Já o item negativo mais informado foi "Me senti desanimado para cuidar de mim mesmo", com três respostas com frequência 3. A média da nota atribuída pelos participantes para esta oficina foi 9,94, com as seguintes falas de exemplo: "As facilitadoras do grupo utilizaram de assertividade, o próprio tema do encontro para passar informações e discutir acerca do tema. Encontro muito produtivo"; "Amei a oficina de hoje, foi muito interessante! Aprendi muito como lidar com certas situações do meu cotidiano"; "Compreender melhor quem somos e as pessoas que estão à nossa volta, nossa comunicação melhora e traz mais prazer em conviver".

A terceira oficina – Assertividade: Expressando raiva e pedindo mudança de comportamento durante a pandemia – procurou construir com os estudantes o conceito de raiva como emoção básica e os diferentes modos de expressá-la, considerando os desempenhos assertivos, agressivos e passivos, de modo a refletir sobre o impacto dessas abordagens nas relações interpessoais, e, por fim, trabalhou formas assertivas de pedir mudança de comportamento. Participaram dessa oficina 17 estudantes, sendo 14 do sexo feminino (82,3%), e foram obtidas 13 (76,4%) respostas na ficha de avaliação do impacto imediato da sessão.

O item mais relatado pelos participantes foi "Me senti com mais coragem para enfrentar certos problemas", com 11 respostas com frequência 3, e o item negativo mais frequente foi "Me senti distraído e voando em alguns momentos", com três respostas com frequência 3. A média da nota atribuída pelos participantes para essa oficina foi 9,76. Exemplos de falas para a justificativa da nota foram: "Raiva é um assunto que muito falamos, mas pouco sabemos como lidar, por isso achei o assunto muito interessante"; "Foi uma experiência boa! Aprendi bastante a lidar com minhas emoções e lidar com o outro"; "Oficina muito necessária. A emoção da raiva é muito subestimada e temida, mas aprendi a ouvi-la de forma consciente! Gratidão pelo encontro"; "Além de tratar de um tema muito pertinente, a abordagem também foi muito boa. Não me sinto mais culpada em sentir raiva em certos momentos. Entendi que é uma emoção normal e aprendi sobre as formas de lidar com ela de modo saudável".

Por fim, a última oficina – Construindo projeto de vida: Rumo ao pós-pandemia – visou a capacitar os estudantes por meio das habilidades sociais de fazer e manter amizade para ressignificar o futuro com a retomada as atividades presenciais no pós-pandemia, de modo a construir novos projetos de vida profissionais, pessoais, afetivos etc. Também foram desenvolvidas as habilidades de iniciar conversação, apresentar informações livres, ouvir/fazer confidências, demonstrar gentileza, manter contato, sem ser invasivo, expressar sentimentos, elogiar, dar *feedback*, responder a contato, enviar mensagem (e-mail, bilhete), convidar/aceitar convite para passeio, fazer contatos em datas festivas (aniversário, Natal etc.), manifestar solidariedade diante de problemas, construir e manter rede de apoio social para lidar com situações no pós-pandemia, auxiliando nas possíveis adversidades.

Compareceram à última oficina 19 estudantes de Psicologia, sendo 17 do sexo feminino (89,4%), dentre os quais 10 (52,6%) responderam a ficha de avaliação do impacto imediato da sessão. Os itens positivos mais frequentes foram "Me senti com vontade de cuidar do bem-estar" e "Desejei realizar projetos de vida", com respectivamente, nove e oito respostas com frequência 3, e o item negativo mais indicado foi "Tive sentimentos de culpa", com três respostas com frequência 3. A média da nota atribuída pelos participantes para essa oficina foi 9,9 e os exemplos de falas foram: "Falar sobre a vida, o que sentimos e como vemos as coisas sempre é uma experiência valorosa"; "Muita gratidão por todos esses encontros e por todas as profissionais incríveis que estiveram guiando ele. Espaço muito confortável e aberto pra falas sem julgamento, assunto muito pertinentes e necessários, me fez entender mais sobre mim e sobre o próximo, além de me fazer refletir sobre o que quero para o meu futuro! Amei muito fazer parte disso, de alguma forma. Estou muito animada para encontros futuros"; "Amei o projeto, me fez refletir bastante e melhorar minhas relações sociais".

Programa de promoção de habilidades sociais com foco na inclusão com estudantes de Psicologia

Esta ação extensionista desenvolveu uma intervenção em habilidades sociais com foco em uma atuação inclusiva em uma universidade pública. O objetivo foi promover o repertório de habilidades sociais e percepções positivas sobre deficiência e inclusão em universitários do curso de Psicologia.

Participaram 21 estudantes de Psicologia, sendo 17 (81%) do sexo feminino, com idade entre 20 e 27 anos (M = 22,76; dp = 1,92) do quarto ao nono período. A classificação socioeconômica dos participantes, segundo o Critério Brasil (Associação Brasileira de Empresas de Pesquisa, 2018), foi de estrato médio, com prevalência na faixa C1 (28,57%), seguida da B1 (23,81%), B2 (23,81%), C2 (14,29%) e A (9,52%). O programa de intervenção foi oferecido aos estudantes de Psicologia de todos os períodos e foi divulgado por meio de cartazes espalhados no Instituto de Psicologia.

A intervenção foi realizada em 2019, com 22 sessões semanais de duas horas, com medidas de pré-teste, processual, pós-teste e seguimento de um ano, abordando temas, tais como conceitos básicos na área de habilidades sociais, habilidades sociais e deficiência e avaliação multimodal de estudantes com deficiências (inventários, questionários, entrevistas e observação em ambiente natural). Campos de conhecimento e investigação referentes a Educação Especial, Inclusão, Habilidades Sociais, Habilidades Sociais Educativas embasaram o referencial teórico do programa (Casagrande & Mainardes, 2021).

Os instrumentos de coleta de dados utilizados na intervenção foram: (a) Questionário diagnóstico (Quiterio & Nunes, 2017) (pré- e pós-intervenção), com objetivo de apurar o conhecimento sobre deficiência, habilidades sociais e inclusão; (b) Inventário de Habilidades Sociais (IHS-Del Prette, 2011) (pré, pós-intervenção e seguimento), que se constitui de um instrumento de autorrelato para avaliação das habilidades sociais, no qual cada um dos 38 itens descreve uma situação de relação interpessoal e uma demanda de habilidade para reagir àquela situação; (c) Avaliação do impacto imediato da sessão (Murta, 2008) (processual), instrumento que investiga a satisfação do participante com a sessão; e (d) Formulário de avaliação dos resultados (Murta, 2008) (pós-intervenção), instrumento que propicia que o estudante faça uma autoavaliação e uma avaliação do grupo comparando o momento inicial com o final da intervenção por meio de quatro itens descritivos ("Como estava quando iniciei o grupo?", "Como eu estou hoje?", "Como estava nosso grupo no começo?", "Como está nosso grupo hoje?"). O formato teórico abrangeu discussão de bibliografia acerca das habilidades sociais e, mais especificamente, de estudos relacionados a pessoas com deficiência. E no formato prático, ocorreram vivências, dinâmicas e elaboração de atividades com recursos da comunicação alternativa – área multidisciplinar que, por meio do uso de recursos manuais, gráficos e tecnológicos, favorece a expressão e comunicação de alunos sem fala articulada com seus parceiros falantes (Bersch, 2007), como demonstra a Quadro 1.

Quadro 1 – *Descrição do Programa de promoção de habilidades sociais com foco na inclusão com estudantes de Psicologia*

Temas e objetivos por encontros	Conteúdos e estratégias	Recursos materiais
Encontro 1 Programa do curso 1) Integrar-se com os demais participantes do grupo. 2) Estabelecer as regras do grupo.	1º momento – Apresentação dos objetivos e do programa do curso. 2º momento – Entrega do *kit* contendo: programa do curso, tarefas de casa, lista de referências e livro Psicologia das Habilidades Sociais – terapia e educação (Del Prette & Del Prette, 2005a). 3º momento – Elaboração das regras do grupo usando imagens do *site* Arasaac (recurso de alta tecnologia acessível). 4º momento – apresentação do grupo – dinâmica do barbante (Weber, 2007). *Tarefa de casa 1*: leitura do capítulo 1 do livro: Del Prette & Del Prette, (2005a).	*Data show*, computador, barbante, papel pardo, tesoura, cola, pilot preto, kits: pastas transparentes com o cronograma das aulas, as tarefas de casa e bibliografia.

Temas e objetivos por encontros	Conteúdos e estratégias	Recursos materiais
Encontro 2 Conceitos básicos na área de HS 1) Identificar estratégias de controle de proximidade/distanciamento nas interações sociais. 2) Reconhecer aspectos não verbais do desempenho. 3) Apreender conceitos teóricos sobre o tema da aula. 4) Fortalecer o sentimento de grupo (coesão). 5) Compreender a necessidade da vida social.	1º momento – Revisão da tarefa de casa. 2º momento – Vivência dos "Círculos Mágicos" que, inclui a História dos Porcos Espinhos (espaço pessoal) (Del Prette & Del Prette, 2007, pp. 122-124). 3º momento – Conceitos teóricos do tema: habilidades sociais, desempenho social, competência social, constructo descritivo (pessoal, situacional e cultural), componentes (não verbais, para linguísticos e verbais), *deficits*. 4º momento – Preenchimento de um quadro síntese sobre os tipos de *deficits* (adaptação: Del Prette & Del Prette, 2005b, pp. 57, 87, 88). 5º momento – Vivência "Quebra gelo" (Del Prette & Del Prette, 2007, p. 140). *Tarefa de casa 2*: leitura do capítulo 2 do livro: Del Prette & Del Prette (2005a).	Barbante, massinha dos porcos espinhos, computador, *data show*, cópias da folha com quadro síntese para completar, giz, barbante, lápis, papel, som e play list.
Encontro 3 Classes de HS – parte 1 1) Trabalhar aspectos relacionados à ansiedade no convívio social. 2) Apreender conceitos teóricos sobre o tema da aula. 3) Desenvolver a percepção do outro. 4) Perder o receio (dessensibilizar-se) da proximidade de outras pessoas.	1º momento – Revisão da tarefa de casa. 2º momento – Vivência de "Habilidades Sociais" (adaptada de Del Prette & Del Prette, 2007). 3º momento – Conceitos teóricos do tema: classes de habilidades sociais. 4º momento – Dinâmica em grupo. 5º momento – Vivência do "Pêndulo" (Del Prette & Del Prette, 2007, p. 139). *Tarefa de casa 3*: leitura do capítulo 3 do livro: Del Prette & Del Prette (2005a).	Bola, computador, cópia dos textos para os grupos, *data show*, folhas de papel pardo, som, caneta hidrocor e play list com músicas calmas.
Encontro 4 Classes de HS – parte 2 1) Vivenciar a importância de as regras terem clareza, coerência e consistência. 2) Apreender conceitos teóricos sobre o tema da aula. 3) Perceber que precisamos demonstrar interesse pelo outro. 4) Falar em público.	1º momento – Revisão das tarefas de casa. 2º momento – Vivência: "Uma viagem à lua" (Weber, 2007). 3º momento – Apresentação dos grupos sobre as classes de HS e ao final, montagem de um painel coletivo. 4º momento – Conceitos teóricos do tema: classes de habilidades sociais. 5º momento – Instigar a perguntar – "Vivência do saco". *Tarefa de casa 4*: leitura do capítulo 4 do livro: Del Prette & Del Prette (2005a).	Durex, bombons, cópias da folha com a tarefa, saco preto e vedado com os objetos: óculos, lápis, livro, caneta colorida, bombom, garfo, relógio, ticket de passagem, bola, chupeta...

Temas e objetivos por encontros	Conteúdos e estratégias	Recursos materiais
Encontro 5 Avaliação em HS 1) Motivar-se para a busca de soluções de problemas pessoais. 2) Desenvolver a colaboração e solicitar ajuda. 3) Apreender conceitos teóricos sobre o tema da aula. 4) Identificar critérios que permitem classificar o desenvolvimento social como assertivo, ativo ou passivo. 5) Perceber desempenhos socialmente adequados e inadequados. 6) Refletir sobre as características do próprio desempenho social.	1º momento – Revisão da tarefa de casa. 2º momento – Vivência: "Corredor brasileiro" (adaptação Del Prette & Del Prette, 2007, pp. 176-177). 3º momento – Conceitos teóricos do tema: avaliação das HS. 4º momento – Atividade baseada na vivência: "Nem passivo, nem agressivo: assertivo" (adaptação: Del Prette & Del Prette, 2007, pp. 156-159). 5º momento – Vivência "Dar e receber" (Del Prette & Del Prette, 2007, pp. 147-149). *Tarefa de casa 5*: leitura do capítulo 5 do livro: Del Prette & Del Prette (2005a).	*Data show*, papel pedra, caneta hidrocor, pilot, quadro branco, computador, 10 cartões vermelhos, amarelos e verdes.
Encontro 6 Relação entre HS e Habilidades Sociais Educativas 1) Colocar-se no lugar do outro. 2) Ouvir e compreender sensivelmente. 3) Apreender conceitos teóricos sobre o tema da aula. 4) Desenvolver a atitude de saber aguardar, esperar o turno.	1º momento – Revisão da tarefa de casa. 2º momento – Dinâmica: Cada participante recebeu uma frase com exemplos inadequados de fazer críticas. Em seguida, marcou como se sentiu ao receber aquela frase. Após, recebeu uma frase com exemplos adequados de fazer elogios. Novamente, marcou como se sentiu ao receber aquela frase. 3º momento – Conceitos teóricos do tema: Habilidades Sociais Educativas. 4º momento – Vivências: "Entrada no paraíso" (adaptação de Del Prette & Del Prette, 2005b, p. 209-211) e "Entrada no céu" (adaptação de Del Prette & Del Prette, 2007, pp. 194-195). 5º momento – Mensagem de reflexão sobre a relação professor-aluno. *Tarefa de casa 6*: leitura do capítulo 6 do livro: Del Prette & Del Prette (2005a).	Computador, *data show*, frases e fichas para marcar os sentimentos para o segundo momento.
Encontro 7 Programas de Treinamento em HS 1) Compreender a influência da situação sobre as reações da pessoa e do grupo. 2) Desenvolver a tolerância, persistência, autocontrole e cooperação 3) Resolver de modo cooperativo os conflitos grupais. 4) Apreender conceitos teóricos sobre o tema da aula. 5) Avaliar, aceitar ou recusar justificativas e pedidos.	1º momento – Revisão da tarefa de casa. 2º momento – Vivência "O mito de Sísifo" (Del Prette & Del Prette 2007, pp. 166-169). 3º momento – Conceitos teóricos do tema: treinamento em HS. 4º momento – Dinâmica do boliche. 5º momento – Atividade – síntese do texto "A aprendizagem de habilidades sociais na escola" (Del Prette & Del Prette, 2005b, pp. 62-67). *Tarefa de casa 7*: assistir ao DVD "Se eu fosse você" e escolher um personagem para avaliar.	*Data show*, computador, latas de refrigerantes vazias, barbante, giz e jogo de boliche.

Temas e objetivos por encontros	Conteúdos e estratégias	Recursos materiais
Encontro 8 HS e deficiências sensoriais 1) Desenvolver a linguagem não verbal. 2) Ouvir e compreender sensivelmente. 3) Apreender conceitos teóricos sobre o tema da aula. 4) Colocar-se no lugar do outro. 5) Desenvolver componentes ou pré--requisitos para a empatia.	1º momento – Revisão da tarefa de casa. 2º momento – Dinâmica "Olhos vendados". 3º momento – Conceitos teóricos do tema: HS e Deficiências Sensoriais – Auditivas. 4º momento – Vivência "Vivendo o papel do outro" (Del Prette & Del Prette, 2007, pp. 169-171). 5º momento – Conceitos teóricos do tema: HS e Deficiências Sensoriais – Visual. 6º momento – Assistir ao vídeo: "Glee _ Imagine: coral de surdos". *Tarefa de casa 8*: preencher o SACHS (Sistema de Avaliação Comportamental da Habilidade Social) sobre o personagem escolhido do filme.	Computador, *data show*, cópias do SACHS, faixas de TNT preto, cadeiras, mesas, revistas e outros objetos para compor ambientes, como: consultório, ônibus, sala de aula e fichas com as instruções.
Encontro 9 HS e deficiência intelectual 1) Identificar emoções e sinais não verbais na comunicação entre as pessoas. 2) Desenvolver componentes da empatia (reconhecimento das emoções do outro). 3) Apreender conceitos teóricos sobre o tema da aula. 4) Identificar situações e ações associadas aos sentimentos.	1º momento – Revisão da tarefa de casa. 2º momento – Vivência "Reconhecendo e comunicando emoções" (Del Prette & Del Prette, 2007, pp. 145-147). 3º momento – Conceitos teóricos do tema: HS e Deficiência Intelectual. 4º momento – Dinâmica "Caixa dos Sentimentos" (adaptação de Del Prette & Del Prette, 2005b, pp. 123-127). 5º momento – Escrever em cada papel uma situação na qual já vivenciou os sentimentos que foram trabalhados na história acima. *Tarefa de casa 9*: leitura do capítulo 7 do livro: Del Prette & Del Prette (2005a).	Computador, *data show*, lenços pequenos, caixas, papéis de presente, caneta hidrocor, cola, tesoura e bloco de papel (lembrete).
Encontro 10 HS e TEA 1) Identificar emoções e sinais não verbais na comunicação entre as pessoas. 2) Usar expressões de convivência social, como: por favor, obrigado, desculpe; 3) Apreender conceitos teóricos sobre o tema da aula. 4) Colocar-se na perspectiva do outro.	1º momento – Revisão da tarefa de casa. 2º momento – Vivência "Emprestando meu jogo". 3º momento – Conceitos teóricos de HS e Transtorno do Espectro do Autismo. 4º momento – Dinâmica "Pintando em conjunto". 5º momento – Mostrar a tarefa baseada nos estudos da Teoria da Mente. 6º momento – Vivência "Brincando com metáforas". *Tarefa de casa 10*: leitura do capítulo 8 do livro: Del Prette & Del Prette (2005a).	Computador, *data show*, quebra--cabeças, lápis de cor de cores diferentes, um desenho modelo, cópias dos desenhos para o grupo, caixa da tarefa sobre Teoria da Mente e cartões com sete expressões.

Temas e objetivos por encontros	Conteúdos e estratégias	Recursos materiais
Encontro 11 HS e Deficiência física 1) Desenvolver o pensamento divergente (flexibilidade). 2) Identificar emoções e sinais não verbais na comunicação entre as pessoas. 3) Apreender conceitos teóricos sobre o tema da aula. 4) Desenvolver habilidades de analisar problemas e tomar decisões.	1º momento – Revisão da tarefa de casa. 2º momento – Vídeo: Tony Melendez (história de uma pessoa com deficiência física). 3º momento – Dinâmica "Uso alternativo de objetos". 4º momento – Conceitos teóricos do tema: HS e Deficiência Física. 5º momento – Apresentar o Inventário de Habilidades Sociais para Alunos Sem Fala Articulada (IHS-ASFA) (Quiterio et al., 2020). 6º momento – Vivência: "Resolvendo Problemas Interpessoais" (Del Prette & Del Prette, 2005b, pp. 211-215). *Tarefa de casa 11:* leitura do capítulo nove do livro: Del Prette & Del Prette (2005a). *Psicologia das habilidades sociais:* Terapia e educação. Vozes.	Computador, *data show*, diferentes objetos (escova, lixeira), cartões com as situações problemas e caixa do IHS-ASFA.
Encontro 12 HS e Comunicação Alternativa 1) Compreender a importância do contato visual na interação. 2) Iniciar e manter conversação. 3) Discriminar componentes não verbais na comunicação. 4) Apreender conceitos teóricos sobre o tema da aula. 5) Relacionar as emoções com acontecimentos do dia a dia.	1º momento – Revisão da tarefa de casa. 2º momento – Vivência "Olho nos olhos" (Del Prette & Del Prette, 2007, pp. 154-156). 3º momento – Tema: "Como realizar atividades com os alunos". 4º momento – Dinâmica: "Quantas emoções!" (adaptação de Grup de Recerca en Orientació Psicopedagógica Barcelona, 2009). 5º momento – Atividade em grupo: analisar três livros e selecionar as atividades de acordo com as classes de Habilidades Sociais, bem como elaborar e apresentar algumas atividades. Estas devem ser construídas com recursos da Comunicação Alternativa. *Tarefa de casa 12:* elogiar três pessoas diferentes.	*Data show*, três crachás com a letra A e três com a B, Ficha de registro de observação, texto, cópia ampliada das situações, tabela com base de papelão, cartão para autorretrato, velcro, cola de isopor e tesouras.

Temas e objetivos por encontros	Conteúdos e estratégias	Recursos materiais
Encontros 13, 14, 15 e 16 Instrumentos – avaliação multimodal 1) Perceber possibilidades de enfrentar as dificuldades. 2) Identificar e aprimorar as suas habilidades e de outras pessoas. 3) Desenvolver componentes da empatia (reconhecimento das emoções do outro). 4) Apreender conceitos teóricos sobre o tema da aula.	1º momento – Revisão da tarefa de casa. 2º momento – Dinâmica "O feitiço vira contra o feiticeiro". 3º momento – Apresentação dos instrumentos que compõem a avaliação multimodal dos alunos sem fala articulada – questionário com os responsáveis / entrevista com a professora / IHS-ASFA com os alunos. *Tarefa de casa 13:* observar e registrar de acordo com o modelo A – B – C (antecedente – *behavior* – consequente), as reações não verbais das pessoas do convívio pessoal. *Tarefa de casa 14:* expressar carinho a três pessoas de diferentes contextos (familiar, acadêmico, trabalho). *Tarefa de casa 15:* observar uma pessoa e descrever seus comportamentos habilidosos. *Tarefa de casa 16:* em grupo, preencher a tabela com adaptação de atividades de acordo com as subclasses de HS.	Computador, cartões, kits com questionários, entrevistas, IHS-ASFA.
Encontros 17, 18 e 19 Elaboração de recursos para a intervenção com recursos da CA 1) Elaborar atividades que abordem as HS com recursos alternativos. 2) Desenvolver a criatividade. 3) Falar em público. 4) Identificar emoções e sinais não verbais na comunicação entre as pessoas.	1º momento – Revisão das tarefas de casa. 2º momento – Dinâmica "Caixa de perguntas". 3º momento – Apresentação das atividades adaptadas com recursos da Comunicação Alternativa. *Tarefa de casa 17:* apresentar-se a uma pessoa desconhecida. *Tarefa de casa 18:* iniciar conversação com uma pessoa desconhecida. *Tarefa de casa 19:* escutar e compreender com sensibilidade um parente, amigo, colega de faculdade ou de trabalho quando vier lhe contar uma situação-problema.	Cola quente / cola de isopor, imagens / revistas, EVA, papelão, velcro, contact, computador, barbante, cartolina, caixa de perguntas, ímã e canetas hidrocor.
Encontro 20 Avaliação final do curso 1) Fortalecer as relações de amizade.	1º momento – Revisão das tarefas de casa. 2º momento – Orientações sobre a parceria com o Setor de Neuropediatria. 3º momento – Dinâmica – "Carinhos Quentes". 4º momento – Instrumentos de pós-intervenção. 5º momento – Lanche de confraternização.	Cópias do questionário, do IHS-Del-Prette e Avaliação Final.

Notas. HS = Habilidades Sociais. A organização dos encontros baseia-se em Quiterio e Nunes (2017). Elaborada pelas autoras.

A análise de dados foi realizada da seguinte forma:

a. Questionário diagnóstico (Quiterio & Nunes, 2017) – software *Iramuteq* (*Interface de R pour les Analyses Multidimensionnelles de Textes et de Questionnaires*), que permite analisar estatisticamente *corpus* de textos e características das palavras utilizadas (Salviati, 2017).

b. Inventário de Habilidades Sociais (IHS-Del Prette, 2011) – análises foram conduzidas com o software R (R Core Team, 2020) utilizando modelos lineares de efeitos mistos ajustados com o pacote *"lme4"* (Bates et al., 2015) e *afex* (Singmann et al., 2020). A significância estatística foi obtida por meio do método *Satterthwaite* para estimar os graus de liberdade e gerar os p-valores para os modelos mistos. Foram estimados os efeitos fixos do grupo, da etapa de intervenção e da interação entre eles. Os participantes foram incluídos como efeito aleatório.

c. Avaliação do impacto imediato da sessão (Murta, 2008) – seguindo a mesma forma de análise dos dados das oficinas, a pontuação foi modificada para uma escala que variou de 0 a 2. Os resultados foram tabulados no programa *Microsoft Excel*, calculando-se a frequência dos sentimentos, comportamentos e pensamentos positivos e negativos.

d. Formulário de avaliação dos resultados (Murta, 2008) – as respostas e os conteúdos de cada pergunta foram agrupados em categorias (Bardin, 2010), e a análise foi realizada por dois bolsistas de pesquisa. Estabeleceu-se o índice de consenso ≥ 80% para cada resposta avaliada.

RESULTADOS

Evidências com o programa de intervenção

a. Questionário diagnóstico (Quiterio & Nunes, 2017) (pré e pós-intervenção). Na pergunta 1: "Escreva o que você sabe sobre 'deficiência'", observou-se que o *corpus*, na pré-intervenção, destaca as palavras "deficiência", "físico" e "dificuldade"; e na pós-intervenção, as palavras "deficiência", "indivíduo", "físico", "intelectual", "função" e "atividade", demonstrando que, após a intervenção, se ampliou o entendimento para o funcionamento individual, as características de cada deficiência e a possibilidade de elaborar e aplicar diferentes atividades de acordo com os níveis de cada deficiência. A pergunta 2 indaga "O que você entende ou já ouviu falar sobre habilidades sociais? Escreva aqui". A pré-intervenção ressaltou as palavras "habilidade", "social", "habilidades_sociais", "relação" e "indivíduo"; e na pós-intervenção, as palavras "habilidade", "social", "habilidades_sociais", "comportamento" e "empatia". Nota-se a ampliação do conceito teórico-prático de habilidades sociais que, após a intervenção, teve maior citação no *corpus* por meio da junção da palavra (habilidades_sociais), demonstrando apropriação do conceito. E na pergunta 3: "O que você entende ou já ouviu falar sobre 'inclusão?'" – o momento pré-intervenção, destaca as palavras "inclusão", "incluir", "ambiente", e "pessoas_com_deficiência"; e na pós-intervenção, as palavras "inclusão", "incluir", "atividade", "direito" e "escola", indicando que, após a intervenção, os estudantes de Psicologia ampliaram a reflexão sobre o processo de inclusão.

b. Inventário de Habilidades Sociais (IHS-Del Prette, 2011) (pré, pós-intervenção e seguimento). O teste da razão de verossimilhança indicou que, para o Fator 1 – Enfrentamento e Autoafirmação com Risco, o modelo com a inclusão do efeito de interação entre grupo e tempo forneceu um melhor ajuste aos dados do que o modelo ausente deste efeito ((2) = 11,51; p = 0,003). Participantes apresentaram escores mais altos no seguimento comparados com os escores pré-intervenção (B = 2,48, EP = 0,72, $t(67,93)$ = 3,45, p < 0,001).

c. Avaliação do impacto imediato da sessão (Murta, 2008). A avaliação de processo apresentou um escore de 389 (71,25%) para os aspectos positivos: "Desejei realizar projetos de vida" (n=16), "Percebi que tenho forças para viver" (n=15) e "Me senti com vontade de cuidar mais de meu bem-estar" (n=13). Em relação aos aspectos negativos, foram computados 107 pontos (25,48%), sendo que o item mais relatado foi "Percebi que cuido mais dos outros do que de mim mesmo" (n=7).

d. Formulário de avaliação dos resultados (Murta, 2008):

Item 1 – Como estava quando iniciei o grupo? – originou quatro categorias, a saber: (a) Estado emocional indicativo de empolgação, animação e expectativa positiva quanto a atividade extensionista (16,1%): "Empolgada com o projeto" (P19); (b) Evocações que indicam pouco conhecimento sobre os construtos envolvidos na intervenção e a curiosidade em adquirir conhecimento (51,6%): ". . . além de desconhecer muitos assuntos abordados (P4); (c) Evocações relacionadas ao comprometimento com as atividades futuras (12,9%): "empenhada em realizar as leituras programadas" (P2) e; (d) Evocações que indiquem deslocamento ou curiosidade em relação a interação social do grupo (19,4%): "Fiquei com medo de ser julgada ou me sentir deslocada." (P11).

Item 2 – Como eu estou hoje? – originou três categorias: (a) Estado emocional indicativo de empolgação, animação e expectativa atendidas quanto ao projeto (34,8%): "Continuo empolgada e com vontade de concluir e ver os resultados. O processo prático instiga a minha curiosidade quanto aos resultados." (P19); (b) Evocações que indicam aquisição de habilidades e conhecimentos sobre os temas (43,5%): "Sinto me apto a tanto identificar quanto intervir em problemas no meu cotidiano com relação trato com os outros." (P10); (c) Evocações relacionadas à integração com o grupo comparado ao início do projeto (21,7%): "Cheguei ao encontro chateada por problemas pessoais, mas com a interação com o grupo me senti melhor e mais calma." (P5).

Item 3 – Como estava nosso grupo no começo? – originou duas categorias, a saber: (a) Percepção negativa acerca do grupo e/ou dificuldade de interação (64%): "O grupo era mais dividido em pequenos subgrupos, com participantes que já se conheciam, e a interação com os demais era muito menor" (P13) e (b) Percepção positiva acerca do grupo e/ou possibilidades de interação (36%): "Todos eram muito tímidos, se dividiam em grupos, mas queriam quebrar essa lógica e conhecer todos." (P17).

Item 4 – Como está nosso grupo hoje? – originou somente uma categoria – Percepção positiva acerca do grupo e/ou possibilidades de interação (100%): "Atualmente os participantes se conhecem melhor e buscam interagir mais. O grupo demonstra ser acolhedor e com capacidade de se auto-organizar." (P11).

DISCUSSÃO

O presente capítulo teve por objetivo apresentar duas atividades extensionistas realizadas com estudantes de Psicologia, desenvolvidas em uma universidade pública do Estado do Rio de Janeiro. A primeira atividade apresentada se referiu às oficinas de habilidades realizadas com estudantes de

Psicologia, na modalidade on-line. Dentre os resultados, verificaram-se alguns ganhos, principalmente, em relação à percepção da importância de cuidar do bem-estar, além do aumento de sentimentos de confiança em si mesmo para resolver problemas e construir novos projetos de vida. Tais resultados vão ao encontro dos achados prévios evidenciados por Leme et al. (2019) e Leme et al. (2022), em que se observou melhora no autoconhecimento e ampliação de conhecimentos sobre habilidades sociais e de vida, além do desenvolvimento do pensamento crítico e reflexivo.

Portanto, destaca-se que os achados obtidos com as oficinas no contexto de retorno das aulas presenciais evidenciaram a importância desse tipo de atuação com estudantes de Psicologia. De fato, a pandemia da COVID-19 contribuiu para o surgimento de diversas doenças tanto físicas, como mentais, por exemplo, depressão e ansiedade (Cao et al., 2020; Maia & Dias, 2020). Assim, considerando que o estudante de Psicologia está se preparando para ser aquele profissional que atuará no campo do cuidar e tratar, torna-se urgente que esse futuro profissional trabalhe suas próprias dificuldades interpessoais e angústias. Nesse sentido, os relatos obtidos na avaliação das oficinas corroboram essa asserção, pois indicaram que os conteúdos abordados possibilitaram um espaço de fala, escuta e acolhida, gerando sentimento de satisfação.

A segunda atividade descrita refere-se à intervenção em habilidades sociais com foco em uma atuação inclusiva. Dentre os resultados, observou-se a expansão de conceitos teórico-práticos de habilidades sociais, fundamentais para a formação técnica de estudantes universitários, conforme destacado por Leme et al. (2016). Ao final da atividade extensionista, comprovou-se que os estudantes de Psicologia perceberam-se como importantes peças na luta pelos direitos das pessoas com deficiência, atuando como indivíduos que devem propiciar espaços de interações sociais que promovam a inclusão social. Em relação, especificamente, às habilidades sociais, os resultados do IHS-Del Prette (2011) indicam uma influência satisfatória da intervenção no fator Enfrentamento e Autoafirmação, que tem como foco a assertividade. O aperfeiçoamento do repertório de habilidades sociais do profissional de psicologia envolve habilidades que contribuem para a saúde mental e qualidade das relações interpessoais e profissionais (Del Prette & Del Prette, 2003). Esse papel envolve um modelo de mediação e interação competente, tanto em relação ao objeto de conhecimento como às práticas interpessoais.

Os relatos dos participantes ao final do curso indicaram algumas mudanças no repertório pessoal de suas habilidades sociais: "aprendi coisas que poderei levar para a vida, tanto profissional quanto pessoal" (P18); e de forma específica: "Aprendi sobre comunicação alternativa e percebi o quanto este tema é importante. Percebi também que é imprescindível desenvolver programas de habilidades sociais com crianças, podendo beneficiar os que têm alguma deficiência e os que não têm" (P12). As atividades práticas desenvolvidas e a construção coletiva de recursos alternativos possibilitaram uma maior integração do grupo. Neste sentido, os estudantes de Psicologia discutiram e buscaram conhecimento sobre os temas abordados no programa de intervenção, bem como elaboraram estratégias de acordo com o contexto. Considera-se que o desenvolvimento de intervenções seja uma ferramenta importante em todos os níveis de atuação em educação, clínica e saúde, sendo benéfico para minimizar fatores de risco e impulsionar fatores de proteção ao desenvolvimento humano e reduzir o impacto de *deficits* em habilidades sociais (Del Prette & Del Prette, 2017). Intervenções voltadas para as interações sociais podem promover a competência social em estudantes com deficiência de diferentes níveis de ensino, justificando a necessidade de serem inseridas no projeto político-pedagógico das instituições de ensino (Rosa & Menezes, 2019). Assim, a inserção de atividades extensionistas, com foco na inclusão, mostra-se fundamental para uma formação universitária adequada a sociedade.

CONSIDERAÇÕES FINAIS

As estratégias de ensino utilizadas em ambas as intervenções e alguns dos seus principais resultados evidenciaram a importância desses tipos de programas de habilidades sociais, considerando que os futuros psicólogos poderão atender de forma mais efetiva sua clientela, compreender e lidar com as emoções e comportamentos dos outros e contribuir para o bem-estar psicológico daqueles que procuram ajuda. Além disso, as intervenções em habilidades sociais podem promover recursos pessoais para os estudantes de Psicologia, como o desenvolvimento da empatia, da autoestima, da assertividade e da autoconfiança, melhorando, assim, a sua qualidade de vida e saúde mental.

Em relação aos limites das oficinas de habilidades sociais, deve-se pontuar que essas ações não seguiram o rigor metodológico geralmente adotado nos programas de habilidades sociais, como a presença de avaliações de processo e pré-teste e pós-teste e grupo controle. Além disso, um segundo limite se refere ao fato de as oficinas terem ocorrido na modalidade on-line, o que trouxe implicações para estratégias de ensino executadas, que não puderam, por exemplo, utilizar *role playing* e dinâmicas de grupos. Porém, a adoção da modalidade remota favoreceu a segurança em relação à possibilidade de contaminação pelo vírus da COVID-19, que, no início de 2022, ainda ocorria com números consideráveis. Portanto, as oficinas de habilidades sociais com estudantes de Psicologia podem ser compreendidas como uma opção complementar e adaptada à realidade daquele contexto de retomada das atividades universitárias presenciais. Nesse sentido, futuros estudos poderão dar sequência às oficinas com estudantes de Psicologia, adotando o modo presencial e procurando difundir as ações com outras estratégias metodológicas mais robustas.

O programa de intervenção mostrou-se como um estudo diferenciado de formação inicial de estudantes de Psicologia na área de habilidades sociais, com foco na inclusão. No entanto, esta intervenção apresenta limitações. A primeira se refere à não aplicação do questionário diagnóstico, como medida qualitativa, no seguimento. Uma segunda limitação se refere ao tamanho da amostra. No entanto, os indicadores desta intervenção permitiram traçar algumas contribuições para estudos posteriores como programas de intervenção específicos relacionados às habilidades sociais profissionais do estudante de Psicologia.

QUESTÕES PARA DISCUSSÃO

- Como estudante de Psicologia, como desenvolver as habilidades educativas e profissionais?
- Como utilizar situações da clínica e/ou da escola para promover a inclusão de pessoas com deficiência?
- Como o psicólogo pode orientar familiares e profissionais em relação à interação social com pessoas com deficiência por meio de recursos alternativos?

REFERÊNCIAS

Associação Brasileira de Empresas de Pesquisa. (2018). *Critério de Classificação Econômica Brasil.* http://www.abep.org/criterio-brasil

Bardin, L. (2010). *Análise de conteúdo.* Edições 70.

Bates, D., Machler, M., Bolker, B., & Walker, S. (2015). Fitting linear mixed-effects models using lme4. *Journal of Statistical* Software, *67*(1), 1-48. https://doi.org/10.18637/jss.v067.i01

Bersch, R. (2007). Tecnologia Assistiva. In C.R. Schirmer, N. Browning, R. Bersch, & R. Machado (Orgs.), *Atendimento Educacional Especializado: Deficiência física* (pp. 31-37). MEC/SEESP.

Cao W., Fang Z., Hou G., Han M., Xu X., Dong J., & Zheng J. (2020). The psychological impact of the COVID-19 epidemic on college students in China. *Psychiatry Research*, 12934. https://doi.org/10.1016/j. psychres.2020.112934

Casagrande, R. C., & Mainardes, J. (2021). O campo acadêmico da Educação Especial e a utilização do termo "campo". *Revista Brasileira de Educação Especial, 27*(2), 689-706. https://doi.org/10.1590/1980-54702021v27e0016

Del Prette, A., & Del Prette, Z. A. P. (2003). No contexto da travessia para o ambiente de trabalho: treinamento de habilidades sociais com universitários. *Estudos de Psicologia, 8*(3), 413-420. https://doi.org/10.1590/S1413-294X2003000300008

Del Prette, A., & Del Prette, Z. A. P. (2007) *Psicologia das relações interpessoais*: Vivências para o trabalho em grupo. Vozes.

Del Prette, A., & Del Prette, Z. A. P. (2017). *Competência social e habilidades sociais*: Manual teórico-prático. Vozes.

Del Prette, Z. A. P., & Del Prette, A. (2005a). *Psicologia das habilidades sociais*: Terapia e educação. Vozes.

Del Prette, Z. A. P., & Del Prette, A. (2005b). *Psicologia das habilidades sociais na infância:* Teoria e Prática. Vozes.

Del Prette, Z. A. P., & Del Prette, A. (2011). *Inventário de Habilidades Sociais (IHS-Del-Prette).* Casa do Psicólogo.

Feitosa, F. B. (2014). A depressão pela perspectiva biopsicossocial e a função protetora das habilidades sociais. *Psicologia: Ciência e Profissão, 34*(2), 488-499. https://doi:10.1590/1982-3703000992013

Fonseca, T. S., Freitas, C. S. C., & Negreiros, F. (2018). Psicologia escolar e educação inclusiva: a atuação junto aos professores. *Revista Brasileira Educação Especial, 24*(3), 427-440. https://doi.org/10.1590/S1413-65382418000300008

Grup de Recerca en Orentació Psicopedagògica Barcelona. (2009). *Atividades para o desenvolvimento da inteligência emocional nas crianças.* Ciranda Cultural.

Leme, V. B. R., Chagas, A. P. S., Penna-de-Carvalho, A., Padilha, A. P., Alves, A. J. C. P., Rocha, C. S., França, F. A., Jesus, F. S. Q., Calabar, F. P., Mattos, L. P., Leopoldino, L.C., Fernandes, L. M., & Silveira, P. S. (2019). Habilidades sociais e prevenção do suicídio: relato de experiência em contextos educativos. *Estudos e Pesquisas em Psicologia, 19*(1), 284-297. https://doi.org/10.12957/epp.2019.43020

Leme, V. B. R., Del Prette, Z. A. P., & Del Prette, A. (2016). Habilidades sociais de estudantes de psicologia: Estado da arte no Brasil. In A. B. Soares, L. Mourão, & M. M. P. E. Mota (Org.), *O estudante universitário brasileiro:* Características cognitivas, habilidades relacionais e transição para o mercado de trabalho (pp. 127- 142). Appris.

Leme, V. B. R., Serqueira, A. P., Penna-de-Carvalho, A., Padilha, A. P., Alves, A. J. C. P., Rocha, C. S., França, F. A., Calabar, F. P., Jesus, F. S. Q., Leopoldino, L. C., Fernandes, L. M., & Silveira, P. S. (2022). Oficinas de habilidades sociais com estudantes universitários para a promoção de saúde mental e prevenção ao suicídio.

In A. T. Pereira, L. C. Leopoldino, & M. L. Peluso (Org.), *Informar para prevenir*: Encontro de Combate e Prevenção ao Suicídio (23-30). CRV.

Lessa, T. C. R., Prette, A. D., & Del Prette, Z. A. P. (2022). Treinamento de habilidades sociais em alunos de graduação: uma revisão sistemática. *Psicologia Escolar e Educacional, 26*, e236195. https://doi.org/10.1590/2175-35392022236195

Lima, C. de A., Soares, A. B., & Souza, M. S. de. (2019). Treinamento de habilidades sociais para universitários em situações consideradas difíceis no contexto acadêmico. *Psicologia Clínica, 31*(1), 95-121. https://dx.doi.org/10.33208/PC1980-5438v0031n01A05

Lopes, D. C., Dascanio, D., Ferreira, B. C., Del Prette, Z. A. P., & Del Prette, A. (2017). Treinamento de Habilidades Sociais: avaliação de um Programa de Desenvolvimento Interpessoal Profissional para Universitários de Ciências Exatas. *Interação em Psicologia, 21*(1), 55-65. https://revistas.ufpr.br/psicologia/article/view/36210/32912

Maia, B. R., & Dias, P. C. (2020). Ansiedade, depressão e estresse em estudantes universitários: o impacto da COVID-19. *Estudos de Psicologia* (Campinas), *37*, e200067. https://doi.org/10.1590/1982-0275202037e200067

Murta, S. G. (2008). *Grupos psicoeducativos:* Aplicações em múltiplos contextos. Porã Cultural.

Murta, S. G., Del Prette, A., & Del Prette, Z. A. P. (2010). Prevenção ao sexismo e ao heterossexismo entre adolescentes: contribuições do treinamento em habilidades de vida e habilidades sociais. *Revista de Psicologia da Criança e do Adolescente, 1*(2), 73-87. http://revistas.lis.ulusiada.pt/index.php/rpca/article/view/21/pdf

Quiterio, P. L., Carvalho, R. L. R., & Carmo, M. M. I. B. (2023). Programa de promoção das habilidades sociais para universitários de psicologia com foco na educação inclusiva. *Revista de Ensino, Educação e Ciências Humanas, 24*(1), 115-124. https://doi.org/10.17921/2447-8733.2023v24n1p115-124

Quiterio, P. L., & Nunes, L. R. O. P. (2017). *Formação de professores em habilidades sociais educativas e inclusivas:* Guia prático. Memnon.

Quiterio, P. L., Nunes, L. R. O. P., & Gerk, E. (2020). Estudo preliminar: Construção do inventário de habilidades sociais para alunos sem fala articulada, *Revista Educação Especial, 33*, 01-26. https://doi.org/10.5902/1984686X42602

R Core Team (2021). *R:* A Language and environment for statistical computing. (Version 4.1) [Computer software]. https://cran.r-project.org. (R packages retrieved from MRAN snapshot 2022-01-01).

Rosa, L. R., & Menezes, A. B. (2019). Educational inclusion and social interaction: a literature review. *Trends in Psychology, 27*(2), 385-400. https://doi.org/10.9788/TP2019.2-07

Salviati, M. E. (2017). *Manual do Aplicativo Iramuteq:* Compilação, organização e notas. http://www.iramuteq.org/documentation/fichiers/manual-do-aplicativo-iramuteq-par-maria-elisabeth-salviati

Singmann, H., Bolker, B., Westfall, J., Aust, F., & Bem-Shachar, M.S. (2020). Afex: analysis of factorial experiments (R package version 0.27-2) [Programa de computador]. *The Comprehensive R Archive Network.* https://CRAN.R-project.org/package=afex

Wagner, M. F., Dalbosco, S. N. P., Wahl, S. D. Z., & Cecconello, W. W. (2019). Treinamento em habilidades sociais: resultados de uma intervenção grupal no ensino superior. *Aletheia, 52*(2), 215-224. http://pepsic. bvsalud.org/scielo.php?script=sci_arttext&pid=S1413-03942019000200018&lng=pt&tlng=pt.

Weber, L. (2007). *Eduque com Carinho*: Para pais e filhos. Juruá Editora.

CAPÍTULO 15

TREINAMENTO DE HABILIDADES SOCIOEMOCIONAIS PARA UNIVERSITÁRIOS: A ESCRITA COMO FORMA DE EXPRESSÃO DE SENTIMENTOS E SUPERAÇÃO DE DIFICULDADES INTERPESSOAIS

Amanda Santos Monteiro Machado
Adriana Benevides Soares

INTRODUÇÃO

O ensino superior (ES) no Brasil nas últimas três décadas passou por fortes mudanças no âmbito sociopolítico, não só em relação às suas formas de ingresso, como no perfil estudantil e nas características da estrutura física. Os índices de evasão escolar, público ou privado, a distância ou presencial, só cresceram com o passar dos anos, indicando que ainda há um caminho longo para se percorrer em direção a um ES justo e acessível.

Uma das metas do Plano Nacional de Educação (PNE) é elevar a taxa bruta de matriculados na educação superior e assegurar a qualidade no que diz respeito à oferta e expansão nas universidades públicas. Esse objetivo é alcançado quando se nota que, nos últimos 10 anos (2011-2021), houve um crescimento de 32,8% no número de matrículas nesse segmento, apontando para uma taxa média de crescimento anual de 2,9% de acordo com dados do Censo de Educação Superior do Instituto Nacional de Estudos e Pesquisas Educacionais Anísio Teixeira [INEP] (INEP, 2021).

A aceleração na expansão da educação superior brasileira é tida, haja vista essa porcentagem, como um processo de sucesso. Entretanto, quando analisados os indicadores de fluxo dos alunos em cursos de graduação, o resultado indica que o PNE necessita de aprimoramento. As taxas de permanência, conclusão e desistência dos alunos no ensino superior são calculadas por curso e consideram a trajetória de ingressantes. Em 2012, a Taxa de Desistência Acumulada era de 13%; em 2021, esse número subiu para 59%, diferença alarmante encontrada na taxa de Permanência, que apresenta um salto de 86% para 1% (Ministério da Educação/Instituto Nacional de Estudos e Pesquisas Educacionais Anísio Teixeira – INEP, 2021). Esses dados corroboram para o que afirma Branco (2020): entrar no ES não é garantia nem de ampliação de capital cultural e social, nem de retenção e sucesso acadêmicos. O autor também aponta para a falta de programas institucionais que visam ao combate a essa problemática, trazendo à tona um dos possíveis fatores que dificulta o desenvolvimento e aprimoramento desses programas: a não disponibilização de informações pelo CENSO, assim como o número do alunado que deixa de frequentar disciplinas, reprovando sistematicamente.

De fato, o CENSO disponibiliza inúmeras porcentagens e gráficos sobre matrículas, turnos, áreas de conhecimento, regiões geográficas etc., porém nenhuma explicação sobre possíveis razões de um abandono acadêmico. Tendo em vista que a literatura aponta a adaptação acadêmica como um dos preditores significativos da evasão no ensino superior (Dalbosco, 2018; Granado et al., 2005; Polydoro et al., 2001; Soares et al., 2015; Soares et al., 2021), estudos têm trazido dados importante sobre o tema (Barroso et al., 2022; Dalbosco, 2018; David & Chaym, 2019; Freitas & Silveira, 2022; Saccaro et al., 2019; Silva et al., 2022; Tete et al., 2022).

A desistência se torna mais provável àqueles que não obtiverem uma suficiente integração acadêmica e social e àqueles oriundos de classes menos favorecidas, com limitados recursos financeiros (Farias et al., 2022). Apesar de se tornar um estudante universitário significar o resultado do sucesso da dedicação nos estudos básicos do indivíduo, podendo também ser considerado o início da realização profissional e da ascensão social (Suehiro & Andrade, 2018), fatores da esfera sociocultural, econômica e pessoal podem culminar no abandono dessa nova etapa de vida (Branco, 2020), como mudança da cidade natal, equilíbrio emocional e financeiro no que tange à rotina trabalho-estudo e afastamento da vida familiar. A fase de vida marcada pelo ingresso ao ES pode representar um ciclo de enfrentamentos da nova realidade e seus desafios, o que impacta o desenvolvimento não só técnico-científico, como também psicossocial (Casanova et al., 2021). Segundo Almeida et al. (2000), a adaptação acadêmica constitui um processo multifacetado que abrange três esferas: pessoal, social e institucional. Dialogando com essa teoria, Soares et al. (2019) afirmam que o cumprimento de cronogramas, a realização de tarefas com autonomia e responsabilidade, além da criação de vínculo com a comunidade acadêmica compõem a integração à universidade.

Diversas dificuldades podem ser vivenciadas pelo recém-universitário, porém se acredita que, quando a formação profissional está voltada para o cuidar do outro, as dificuldades podem ser ainda mais desafiadoras (Araújo et al., 2020). Com isso, diversas pesquisas dão ênfase aos alunos da área da saúde (Guzzo et al., 2019; Halamová et al., 2019, Araújo et al., 2020), tendo em vista que trabalhar em prol da saúde mental e/ou física é trabalhar em ambientes voltados ao acolhimento, compartilhamento de sentimentos, exercício da escuta e do sujeito e, principalmente, por presenciarem situações inesperadas causadas por emoções vividas, como choros, explosões de raiva. Com isso, estudantes da área da saúde vivenciam maiores níveis de estresse durante o aprendizado na universidade. Esse fato pode desencadear sentimentos negativos como frustração e baixa autoestima nos frequentadores de cursos desse campo, apresentando, eventualmente, sofrimento psicológico e desenvolvimento de afeto negativo, tendo forte impacto na qualidade de vida e na continuidade nos estudos (Araújo et al., 2020).

Em estudantes no geral, pesquisas recentes apontam que alguns problemas de adaptação investigados são aqueles relacionados à criação e ao estabelecimento de novas relações (entre pares e com professores), à autonomia na gestão de tempo e ao ajuste às novas formas de avaliação (Araújo et al., 2020; Casanova et al., 2021). Almeida e Casanova (2019) voltam o olhar para a perspectiva desenvolvimentista e psicossocial do jovem universitário e afirmam que, além do desenvolvimento da competência e da autonomia, a gestão das emoções compõe o foco do desenvolvimento psicossocial especialmente nos dois anos iniciais frequentando o ES.

A multiplicidade das vivências acadêmicas demanda dos estudantes novas formas de lidar com as emoções, diante de confrontos com a diversidade de situações, ambientes e pessoas que o recém-universitário passa a experienciar. Diante disso, antigos padrões de resposta comportamental e afetivo já não são mais funcionais, ou seja, começam a desencadear desconfortos e irritabilidade (Almeida & Casanova, 2019). A gestão emocional está relacionada ao autoconhecimento e à autorregulação do que se sente, a saber identificar as emoções, a diferenciá-las e externá-las adequadamente. Mudanças comportamentais relacionadas às emoções e à sua expressão, como alterações na linguagem corporal e facial, acompanhadas por vivências de diversas emoções, são caracterizadas pelo conceito de expressividade emocional (Gross & John, 1995).

Franco (2014) investigou a expressividade e a regulação emocional em estudantes universitários e constatou que, além da diferença entre gêneros em sua amostra (mulheres se identificaram como mais expressivas emocionalmente), aqueles que estavam nos períodos mais avançados utilizavam menos estratégias de reavaliação expressiva do que aqueles alunos nos primeiros semestres. Isso quer dizer que, conforme se avança nos estudos, a percepção e distinção entre processos de expressão e regulação emocional são mais desenvolvidas.

Existem diversas maneiras de expressar emoções, para além da linguagem corporal apontada por Gross e John (1995), como a linguagem falada ou escrita. Kacewicz et al. (2007) fazem um apanhado sobre pesquisas acerca da escrita como uma forma de expressividade emocional e concluíram que, desde os estudos originais de uma escrita terapêutica durante a década de 1980, o interesse pela técnica cresceu consideravelmente (Berry & Pennebaker, 1993; King & Miner, 2000, Pennebaker & Chung, 2007; Slatcher & Pennebaker, 2007; Danoff-Burg et al., 2010; Hijazi et al., 2011; Halamová et al., 2019; Stapleton et al., 2021), visto que esse mecanismo, além de ser um aliado tanto na prática clínica como em intervenções em grupo, se configura de baixo custo e uma alternativa aos métodos tradicionais (Kacewicz et al., 2007). Escrever sobre experiências traumáticas demonstrou ser uma técnica poderosa para o indivíduo acessar e processar vivências profundamente pessoais, fato demonstrado também nos estudos recentes de Stapleton et al. (2021) e Guzzo et al. (2019).

Guzzo et al. (2019) destacam a escrita sensível em diários de campo na formação de profissionais de saúde e concluíram que, a partir da produção da escrita, os estudantes podem reviver a experiência e reaprender conforme a rememoração. Ao escrever, o sujeito pode revisitar vivências, aprendizados, sentimentos e emoções, que, por vezes, não são tão perceptíveis no momento vivido. Os autores enfatizam que escrever diários trata-se de repetição, repetir o que já foi vivido, porém com maior sensibilidade; por isso, nomearam de escrita sensível. Por meio desse tipo de escrita, os universitários podem partilhar medos, conquistas, angústias e superações, próprios do processo acadêmico.

Seja com uma escrita expressiva sobre eventos estressores vivenciados, seja como uma forma de expor sentimentos, pensamentos e lembranças livre, ou ainda seguindo regras e a estrutura-padrão de uma redação, o exercício de escrever para se expressar mostrou-se eficaz em reduzir sofrimentos psicológico (Danoff-Burg et al., 2010; Hijazi et al., 2011; Halamová et al., 2019; Stapleton et al., 2021). Os resultados de pesquisas sobre esse tema sugerem que os indivíduos que expressam suas emoções estão mais propensos a apresentar melhores níveis de bem-estar, além de beneficiar as pessoas socioemocionalmente (Filgueiras & Marcelino, 2008; Danoff-Burg et al., 2010; Hijazi et al., 2011; Ferreira et al., 2014; Halamová et al., 2019; Stapleton et al., 2021).

O termo socioemocional está associado ao conceito de habilidades sociais, que vem sendo classificado ao longo dos anos como a) uma área de um saber teórico-prático e como b) um conceito restrito ao campo homônimo (A. Del Prette & Del Prette, 2017). É preciso diferenciá-los aqui para que sejam mais bem compreendidos os objetivos do estudo. Como área de conhecimento, (a) as HS abrangem estudos teóricos, avaliação de programas, construção de instrumentos, procedimentos e técnicas, além de recursos para uso em um Treinamento de Habilidades Sociais. Conceitua-se habilidades sociais (b) como um conjunto de comportamentos sociais caracterizados pela valorização cultural e por probabilidade de resultados favoráveis a um competente desempenho social (Del Prette & Del Prette, 2017).

Habilidades sociais abrangem comportamentos sociais com traços especificamente valorizados por contribuir socialmente para o desenvolvimento favorável para o indivíduo, grupo ou comunidade. A contribuição favorável de um comportamento reflete-se no desempenho em tarefas interpessoais; e quando isso ocorre, pode-se afirmar que se trata de uma habilidade social (Del Prette & Del Prette, 2017). Em outras palavras, um comportamento só pode ser intitulado como uma habilidade social se houver contribuição para a competência social. Essa avaliação de contribuição do comportamento dá-se na interação com o outro (Del Prette & Del Prette, 2010).

As habilidades socioemocionais se referem àquelas desenvolvidas de acordo com as relações interpessoais e afetivas (Marin et al., 2017). Tais habilidades dependem do modo como o indivíduo se percebe, sente o contexto em que está inserido e expressa comportamentos adequados e desejados. O desejo de excluir, mudar ou manter determinados comportamentos é analisado pelas consequências destes, ou seja, opta-se pela manutenção ou não daquele modo de agir de acordo com seus resultados alcançados: se foram positivos e agradáveis, é aumentada a probabilidade de repetirem o comportamento, se não, há necessidade de mudança (Del Prette & Del Prette, 2017).

Um bom repertório de habilidades sociais influencia a competência social do indivíduo que se refere a um crivo analítico de uma gama de comportamentos, ou seja, para um comportamento interpessoal ser julgado como bem-sucedido ou não, é necessária a avaliação à luz da competência social (Bauth et al., 2019). A análise deve levar em consideração três esferas: alcance do objetivo desejado; aprovação social da comunidade de interação; e a manutenção (ou até melhoria) da qualidade da relação (Del Prette & Del Prette, 2010). Portanto, o desempenho positivo do indivíduo em tarefas interpessoais depende do repertório de HS. Um desempenho socialmente competente exige equilíbrio e diálogo entre várias habilidades, componentes cognitivos e aptidões afetivas (Del Prette & Del Prette, 2017). Assim, para ser socialmente competente, o indivíduo deve saber lidar e expressar sentimentos, combinando gestos, postura e voz (Bolsoni-Silva, 2002).

As habilidades sociais são apreendidas ao longo da vida, entretanto podem ocorrer dificuldades no processo de aquisição e aperfeiçoamento de uma habilidade social; para tais problemas, uma intervenção educativa ou terapêutica é sugestionada (Del Prette & Del Prette, 2017). O Treinamento de Habilidades Sociais (THS) reúne atividades educativas, previamente planejadas, a fim de desenvolver e/ou aperfeiçoar determinadas habilidades e comportamentos. A estrutura de um programa de THS deve ser conduzida por um facilitador ou terapeuta, e sua duração depende dos objetivos a serem alcançados. Ampliar o acervo de HS, apreender novas habilidades, extinguir os comportamentos negativos, desenvolver valores de respeito mútuo nas interações e aprimorar autoconhecimento compõem os objetivos básicos de um THS (Del Prette & Del Prette, 2017). Um THS busca superar *deficits* ou de desempenho social e/ou de relações sociais, podendo ser conduzido de maneira individual ou em grupo (Bolsoni-Silva, 2002). Esse tipo de programa abrange diversas faixas etárias e pode ser categorizado como preventivo, terapêutico e profissional (Del Prette & Del Prette, 2017).

Santos et al. (2020) realizaram um levantamento na literatura sobre produções, efeitos e desafios de um THS para universitários, concluindo que, em todas as pesquisas analisadas, essa estratégia se mostrou eficaz para a promoção de habilidades e melhoria nas relações interpessoais, no desempenho acadêmico e na qualidade de vida. Carvalho et al. (2021), em uma revisão da literatura, buscaram pesquisas que comprovassem a eficácia de treinamentos de habilidades sociais para alunos da graduação. Pita (2020) fez o levantamento considerando estudos empíricos, experimentais, pré-experimentais ou quase experimentais e voltados para universitários. Ambas as revisões concluíram que as intervenções em habilidades sociais contribuíram efetivamente, mostrando mudanças significativas no repertório de HS no pós-intervenção. Também apontaram para uma validade social, tendo em vista que as habilidades desenvolvidas no programa podem gerar benefício em outros ambientes, para além da universidade.

Segundo Bolsoni-Silva et al. (2009), uma intervenção pode não apresentar resultados somente positivos, mas, primordialmente, deve apresentar o que pode ser aprimorado e atualizado conforme necessidades do público. A presença de resultados negativos não significa necessariamente que não houve eficácia na intervenção. De Smet et al. (2019) pesquisaram o sentido de resultados bons e ruins em análises quantitativas de dados. A pesquisa resultou em uma análise conceitual de "*good outcome*" (resultado bom, tradução livre), a partir de entrevistas com os participantes. Os autores concluíram que, apesar de apresentaram escores baixos, os resultados bons podem ser interpretados como uma sensação de fortalecimento e equilíbrio, sugerindo que as indicações estatísticas devem ser contextualizadas nas narrativas pessoais de cada participante/paciente.

Para que uma intervenção leve em consideração a individualização de seus participantes, deve-se, primeiro, analisar suas queixas e seu contexto social. O público-alvo do treinamento, no caso, o estudante universitário, deve ser tido como agente ativo no aperfeiçoamento de suas próprias relações interpessoais, fazendo uso da expressividade emocional e da assertividade (Bolsoni-Silva et al., 2010). Assim, o estudante deve falar sobre suas queixas individuais, as quais devem ser compreendidas no contexto social imediato. Uma intervenção voltada para a promoção de habilidades socioemocionais no contexto acadêmico pode melhorar a adaptação dos alunos universitários (Lima et al., 2019). Acredita-se que, por meio da expressividade emocional, o indivíduo consiga alcançar melhor qualidade de vida, elaborando seus pensamentos e adquirindo comportamentos socialmente competentes.

Desse modo, o objetivo do estudo é avaliar os efeitos do Treinamento de Habilidades Socioemocionais (THSE), utilizando a escrita expressiva como mecanismo de expressão de sentimento e emoção, supondo que se teria efeitos na promoção de habilidades sociais e melhor adaptação acadêmica em estudantes universitários. A questão é: O THSE pode ampliar o repertório de habilidades socioemocionais, a expressividade emocional e a adaptação acadêmica em estudantes universitários? As hipóteses são: o THSE pode ampliar o repertório de habilidades socioemocionais, a expressividade emocional e a adaptação acadêmica; nos indivíduos no grupo quase experimental, haverá ampliação do repertório de habilidades socioemocionais, dos escores de expressividade emocional e de adaptação acadêmica em comparação aos indivíduos no grupo de comparação.

MÉTODO

Trata-se de um estudo longitudinal, quali-quantitativo, quase experimental, com pré e pós-testes e comparação de grupos. Na Figura 1, encontra-se o desenho do estudo.

Figura 1 – *Desenho do THSE*

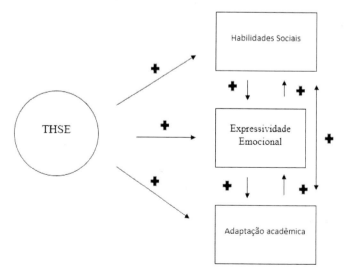

Nota. Elaborada pelas autoras.

Participantes

Participaram deste estudo 15 estudantes universitários (M=53% e F=47%), sete pertencendo ao grupo quase experimental (M=28% e F=71%) e oito ao grupo de comparação (M=75% e F=25%), todos cursando entre 1º e 4º período da área da Saúde (Enfermagem, Psicologia e/ou Fisioterapia). Os cursos foram escolhidos especificamente por se apresentarem entre as 10 maiores graduações que receberam maior número de matrículas nos últimos três anos (INEP, 2020). As áreas de atuação exigem intenso relacionamento interpessoal, por ter que cuidar do outro e lidar com equipes multidisciplinares, demandando, assim, maiores habilidades sociais em sua atuação profissional (Camilo & Garrido, 2019; Lopes et al., 2017a; Machado et al., 2020; Montezeli & Haddad, 2016; Nazar et al., 2020; Nogueira et al., 2020).

A divulgação foi feita por meio de redes sociais e apresentou o Treinamento por meio de panfletos em universidades da cidade de Niterói/RJ. Os critérios de inclusão foram: estar regularmente matriculado em curso universitário da área da saúde, ser seu primeiro curso de graduação e estar cursando os anos iniciais da graduação (1º até 4º períodos). Critérios de exclusão: não participar de 90% do Treinamento e, obrigatoriamente, da primeira e da última sessão de aplicação de questionários, estar com a matrícula trancada ou cursando pós-graduação e/ou cursos técnicos. O grupo quase experimental recebeu um Treinamento de Habilidades Socioemocionais (THSE), trabalhando a expressividade emocional, enquanto o grupo de comparação participou de um ciclo de palestras.

O primeiro grupo, do THSE, foi realizado entre os meses de novembro de 2022 e janeiro de 2023, contou com 12 inscritos dos quais sete concluíram a participação em 90% dos encontros. O segundo grupo, de comparação, foi realizado entre dezembro de 2022 e fevereiro de 2023, em dia da semana e horários diferentes. Dos 26 inscritos, 11 tiveram efetiva participação, concluindo com 90% do total dos encontros.

Instrumentos

Questionário de caracterização sociodemográfica com informações voltadas para uma identificação (sexo, idade, nível educacional dos pais, moradia etc.) e sobre a experiência acadêmica (modo de ingresso, se foi primeira tentativa/primeiro curso, cotista ou não, opção de curso e informação sobre carreira antes de ingressar). Também foi questionado sobre práticas de escrita (o quanto escreve e para quê). A classificação quanto a dados econômicos foi realizada sob o Critério de Classificação Econômica Brasil, da Associação Brasileira de Empresas de Pesquisas (Associação Brasileira de Empresas de Pesquisas – ABEP, 2019).

A Escala de Expressividade Emocional (EEE) de Kring et al. (1994) é composta por 17 itens que avaliam o grau de exteriorização das emoções das pessoas. O método independe da valência emocional (seja positiva, seja negativa) e do canal de expressão (por meio da fala, da escrita ou de gestos). É um instrumento unidimensional. As respostas devem ser dadas em uma escala tipo Likert de 6 pontos, variando entre 1 ("nunca verdadeiro") e 6 ("sempre verdadeiro"). A consistência interna de $\alpha = 0,91$.

O Questionário de Vivências Acadêmicas – Reduzido (QVA-r) de Almeida et al. (2002), adaptado para realidade brasileira por Granado et al. (2005), é um instrumento de autorrelato composto por 55 itens. Em uma escala Likert de 5 pontos, variando entre 1 ("nada a ver comigo") e 5 ("tudo a ver comigo"), as dimensões relativas às áreas de adaptação acadêmica são distribuídas em cinco subescalas, que são: Pessoal (14 itens, $\alpha = 0,87$), Interpessoal (12 itens, $\alpha = 0,86$), Carreira (12 itens, $\alpha = 0,91$), Estudo (nove itens, $\alpha = 0,82$) e Institucional (oito itens, $\alpha = 0,71$) e para escala geral $\alpha = 0,88$.

O Questionário de Habilidades Sociais (CHASO) de Caballo et al. (2017) busca avaliar comportamentos socialmente habilidosos por meio da expressão de sentimentos e opiniões. Na escala estilo Likert, os 40 itens serão computados por 5 pontos, com variações desde 1 ("muito pouco característico em mim") a 5 ("muito característico em mim"). São 10 habilidades avaliadas por quatro itens cada, distribuídos neste instrumento por Interagir com desconhecidos (10 itens, $\alpha = 0,79$); Expressar sentimentos positivos (seis itens, $\alpha = 0,81$); Enfrentar críticas (11 itens, $\alpha = 0,78$); Interagir com pessoas que me atraem (sete itens, $\alpha = 0,90$); Manter a tranquilidade diante das críticas (cinco itens, $\alpha = 0,68$); Falar em público / Interagir com os superiores (nove itens, $\alpha = 0,80$); Lidar com situações de exposição ao ridículo (quatro itens, $\alpha = 0,64$); Defender os próprios direitos (cinco itens, $\alpha = 0,72$); Pedir desculpas (sete itens, $\alpha = 0,81$); Negar pedidos (quatro itens, $\alpha = 0,71$) e para a escala geral $\alpha = 0,88$.

Procedimentos éticos

O projeto foi submetido e aprovado pelo Comitê de Ética em Pesquisa da universidade (parecer 5.463.083 em 10/06/2022). Por meio de um formulário on-line, no ato de inscrição, os participantes foram informados e consentiram sobre sua contribuição para a pesquisa por meio do Termo de Consentimento Livre e Esclarecido (TCLE), respeitando os aspectos éticos previstos na resolução 466, de 12 de dezembro de 2012, e na resolução n.º 510, de 7 de abril de 2016, do Conselho Nacional de Saúde (CNS).

Procedimentos de coleta de dados

O convite para participar do estudo foi divulgado em redes sociais, páginas e grupos voltados para universitários brasileiros e por meio de panfletos distribuídos em duas universidades privadas da cidade de Niterói/RJ. Os instrumentos CHASO, EEE e QVA-r foram aplicados no primeiro encontro como pré-teste e no último encontro como forma de medir a eficácia da intervenção, que aconteceu mais efetivamente a partir do segundo ao nono encontro.

O Treinamento ocorreu em 10 encontros virtuais com duração de até 90 minutos, visando ao desenvolvimento da expressividade emocional com objetivos, conteúdo, metodologia e recurso de materiais voltados a situações tidas como mais críticas a partir dos resultados do pré-teste. Sob a orientação da pesquisadora, em oito encontros, foi solicitada a produção de textos com o objetivo de trabalhar a expressividade emocional por meio da escrita expressiva dos participantes do grupo experimental. O grupo de comparação inscreveu-se para participar de um ciclo de palestras com temas voltados à educação, além de responder os mesmos instrumentos do grupo quase experimental.

Procedimentos de análise de dados

Para as análises individuais comparativas entre escores pré e pós-intervenção, foi realizado o Método JT. A metodologia proposta por Jacobson e Truax (1991) analisa para amostras pequenas 1) se houve mudanças confiáveis, ou seja, os resultados obtidos na amostra foram verdadeiros ou ocasionados por erro de medida; e 2) se são clinicamente relevantes, isto é, quais foram os ganhos, em que condição final a amostra chegou em comparação aos escores de outros grupos ou as avaliações iniciais e finais. Se a mudança for verdadeira e não decorrente de erro, o Índice de Mudança Confiável (IMC) será pequeno (p<0,05), rejeitando, assim, a hipótese de erro.

RESULTADOS

A Tabela 1 aponta os índices de mudança individual na variável habilidades sociais no GQE. Dos sete participantes do GQE, um apresentou mudança positiva confiável (S6). Dos oito participantes do GC, nenhum apresentou mudança estatisticamente significativa em escores em habilidades sociais. O valor Alpha de Cronbach utilizado para o cálculo do Índice de Mudança Confiável (IMC) do método JT foi de 0,89.

Tabela 1 – *Índice de Mudança Confiável e sua interpretação para cada sujeito para Habilidades Sociais*

Sujeito GQE	IMC	Interpretação
1	-1,65	ADM
2	-0,75	ADM
3	1,65	ADM
4	-1,05	ADM
5	0,45	ADM
6	3,53	MPC
7	-0,6	ADM
1	-1,29	ADM
2	-1,4	ADM
3	1,5	ADM
4	0,75	ADM
5	-0,21	ADM
6	-0,11	ADM
7	-0,54	ADM
8	-0,43	ADM

Notas. As siglas MPC, MNC e ADM significam, respectivamente, "Mudança Positiva Confiável", "Mudança Negativa Confiável" e "Ausência de Mudança". Elaborada pelas autoras.

Quanto aos escores em vivências acadêmicas, que estão apresentados na Tabela 2, dois participantes do GQE apresentaram mudanças positivas confiáveis (S1 e S4), enquanto outros dois pontuaram mudanças negativas confiáveis (S2 e S3). No GC, não houve mudança nessa variável em nenhum dos sujeitos.

Tabela 2 – *Índice de Mudança Confiável e sua interpretação para cada sujeito para Vivências Acadêmicas*

Sujeito GQE	IMC	Interpretação
1	2,74	MPC
2	-3,29	MNC
3	-3,73	MNC
4	4,38	MPC
5	0,22	ADM

Sujeito GQE	IMC	Interpretação
6	1,53	ADM
7	-1,64	ADM
1	0,87	ADM
2	0,26	ADM
3	-0,66	ADM
4	-1,07	ADM
5	-1,13	ADM
6	-0,05	ADM
7	-0,36	ADM
8	-0,72	ADM

Notas. As siglas MPC, MNC e ADM significam, respectivamente, "Mudança Positiva Confiável", "Mudança Negativa Confiável" e "Ausência de Mudança". Elaborada pelas autoras.

Na Tabela 3, pode ver que, em relação à expressividade emocional, houve resultados significativamente negativos nos pós-testes para dois participantes (S2 e S3) e significativamente positivo para um participante (S1). Dos oito sujeitos do GC, sete demonstraram ausência de mudança, e apenas um apontou mudança positiva confiável.

Tabela 3 – *Índice de Mudança Confiável e sua interpretação para cada sujeito para Expressividade*

Sujeito GQE	IMC	Interpretação
1	2,87	MPC
2	-2,43	MNC
3	-5,30	MNC
4	1,32	ADM
5	-0,22	ADM
6	0,44	ADM
7	0,22	ADM
1	4,65	MPC
2	-0,13	ADM
3	0,93	ADM
4	0,27	ADM
5	0,13	ADM
6	0,13	ADM
7	0,8	ADM
8	0,27	ADM

Notas. As siglas MPC, MNC e ADM significam, respectivamente, "Mudança Positiva Confiável", "Mudança Negativa Confiável" e "Ausência de Mudança". Elaborada pelas autoras.

DISCUSSÃO

Foi possível observar que alguns participantes do THSE apresentaram diferenças nos pós-teste positivas relativas a habilidades sociais e vivências acadêmicas. Em relação à variável expressividade emocional, esperava-se que o GQE obtivesse escores maiores no pós-teste comparado ao pré-teste, hipótese corroborada parcialmente neste estudo, uma vez que os resultados apontaram mudanças apenas em um indivíduo e ausência nos outros.

Tavakoli et al. (2009) estudaram a escrita expressiva de forma privada e acreditam que assim os participantes compartilharam mais experiências emocionalmente difíceis sobre família e relacionamentos, estresse acadêmico, finanças e dificuldades em saúde mental. Entretanto, escrever sobre um determinando evento estressante aumentou emoções negativas nos participantes, resultado corroborado também por Stapleton et al. (2021), como sentimento de medo, chateação e saudade, assim como os resultados obtidos neste estudo, em que houve uma diminuição em expressividade emocional nos pós-testes para dois participantes (S2 e S3).

De acordo com Pennebaker e Chung (2007), narrar um evento emotivo pode ajudar no autoconhecimento e na identidade pessoal, já que escrever leva o indivíduo a reavaliar suas ações e circunstâncias de vida, entretanto alertam que, para isso, é preciso certo conhecimento de emoções próprias, que demanda tempo e dedicação. Ademais, cabe salientar que todos os participantes eram alunos da área da Saúde, e este resultado vai ao encontro do que Araújo et al. (2020) evidenciaram sobre maior estresse e afeto negativo apresentado por esse público, impactando o bem-estar. O nível de estresse consideravelmente alto por alunos da área da Saúde pode ter aumentado durante o treinamento devido à quantidade de tarefas durante as sessões. Acredita-se, ainda, que o pouco tempo para escrita, de 15 a 20 minutos, no máximo, pode ter interferido negativamente os resultados em expressividade emocional do THSE.

Importante salientar que ambas as pontuações negativas no pós-teste foram de participantes mulheres, o que corrobora o relato de Hijazi et al. (2011), de que homens demonstraram melhores escores em afeto positivo após treinamento com escrita expressiva do que as mulheres. Os autores indicam que, por sua natureza solitária, os participantes do sexo masculino se envolvem mais em uma expressão emocional individual para se adaptar a um ambiente novo, ou seja, escrever para si e responder questionário sozinho pode ter sido mais favorável para os participantes homens do que para as mulheres.

Em relação à variável adaptação acadêmica, dois participantes obtiveram resultados com MPC (S1 e S4) e dois com MNC (S2 e S3), enquanto os outros três participantes não apresentaram mudança. A hipótese de que os escores nesta variável fossem influenciados positivamente pelo THSE foi parcialmente corroborada. Em relação aos escores negativos, os achados em Granado et al. (2005) apontaram que as mulheres apresentam mais riscos de insatisfação futura com o curso à medida que avançam nos estudos. Os dois sujeitos que obtiveram escores negativos são mulheres, o que se pode considerar possível cansaço e frustração maiores com o processo acadêmico como influenciadores desse resultado.

Em relação à variável habilidades sociais, seis registraram ausência de mudança, e apenas um apresentou MPC (S6). Ferreira et al. (2014) afirmam que, quando a amostra não tem critério clínico em sua seleção, há possibilidade de os participantes não variarem no pós-teste, ou seja, permanecerem com pontuações próximas devido a já possuírem habilidades sociais desenvolvidas antes de receberem a intervenção. Evidência registrada neste estudo em dois momentos: 1. na análise individual que registrou ausência de mudança em habilidades sociais; e 2. nas correlações comparativas em T1 e T2 que demonstraram que algumas correlações se repetiram, porém outras novas foram exclusivas desse segundo momento.

Em relação aos resultados negativos, presentes em todas as três variáveis, interpretados como MNC, podem estar relacionados à possibilidade de o THSE não ser efetivo em determinadas características individuais. Conforme os achados em Lopes et al. (2017b), resultados negativos podem ser consequência da falta de um levantamento de necessidades particulares de cada um sujeito.

Ao trabalhar a assertividade em expressar suas próprias emoções, os indivíduos reviveram situações que podem ter impactado no humor, reduzindo os escores em expressividade. Soares et al. (2018) sustentam que comportamentos assertivos podem conduzir a cansaço, à ansiedade e a outras variações de humor, vindo confirmar resultados computados no pós-teste, após terem frequentado 10 sessões de treino assertivo em expressividade.

Os participantes do Grupo de Comparação apresentaram ausência de mudança nas três variáveis, hipótese que tinha sido prevista no estudo. Faz-se necessário salientar que, em expressividade, houve um registro alto no escore para o S1, o que se interpretou como Mudança Positiva Confiável (MPC), ou seja, o escore melhorou no pós-teste. Vaerenbergh e Thomas (2012), ao levantarem os tipos de estilos de respostas em pesquisas que contam com a opinião dos participantes, intitularam de *noncontingent response style (NCRS)*, ou padrão de respostas não contingente (tradução livre), a tendência para respostas a itens descuidadamente, aleatoriamente ou sem propósito, o que justifica o padrão inesperado de respostas, já que neste grupo os indivíduos não participaram com dinâmicas e outras atividades, apenas como telespectadores de palestras.

A existência de um grupo de comparação para auxiliar na avaliação da efetividade foi abordada nesta pesquisa, pois, de acordo com Del Prette e Del Prette (2013), o impacto de um THS pode ser mais bem analisado em pesquisas experimentais com a presença de outro grupo. Como a expressividade emocional foi trabalhada em todas as sessões no grupo quase experimental, as habilidades de assertividade e comunicação sobressaíram no treinamento, o que vai ao encontro dos estudos de Lima et al. (2019), Lopes et al. (2017b), Bolsoni-Silva et al. (2009), Bolsoni-Silva et al. (2010). Os autores acreditam que o contexto universitário exige maior habilidade em expressar críticas, opiniões, questionar e defender próprios direitos sem que isso prejudique as relações interpessoais. Segundo Lima et al. (2019), a qualidade do ingresso e da adaptação no ensino superior depende não só do desenvolvimento individual do alunado, mas também de estratégias que apoiam, acolhem e facilitam esse processo. Tais mecanismos precisam ser oferecidos e orquestrados pelas instituições de ensino, uma vez que é no ambiente universitário que tais relações interpessoais se diversificam intensamente, sendo necessário o desenvolvimento e a ampliação dos repertórios de habilidades sociais e socioemocionais.

CONSIDERAÇÕES FINAIS

Avaliar o efeito de um Treinamento de Habilidades Socioemocionais (THSE) na promoção de habilidades socioemocionais, da expressividade emocional e de uma melhor adaptação acadêmica em estudantes universitários foi traçado como objetivo geral desta pesquisa. Apesar de estar vinculado ao ambiente acadêmico, todos os participantes do treinamento consideraram as sessões como positivas e com ganhos para além da universidade, o que resultou em um aumento no autoconhecimento e na autopercepção, principalmente quanto às emoções sentidas individualmente. O estudo, portanto, demonstrou que um treinamento voltado para habilidades socioemocionais pode auxiliar os universitários numa melhor percepção de si e em melhores habilidades.

O não levantamento de dificuldades específicas enfrentadas pelos participantes, o tamanho da amostra, o período em que foi realizado o treinamento e o modo on-line podem ser considerados como limitações para esta pesquisa. A necessidade de uma avaliação clínica na subdivisão dos grupos é um ponto relevante para a escolha de participantes em um THS, a fim de melhor levantar as demandas do grupo em que vai aplicar intervenções. Escolher de forma mais seletiva de acordo com as dificuldades apresentadas individualmente, rastrear para intervir de forma menos genérica, ponto que, pelo número pequeno de voluntários no levantamento desta pesquisa, não foi exequível.

Um adequado *follow up* com intervalos de um mês, seis e 12 meses é sugerido como uma forma mais eficiente de medir o desenvolvimento ao longo do tempo, considerando o avanço nos estudos durante os primeiros anos da graduação. Sugere-se, ainda, que as universidades promovam intervenções que visam a facilitar o processo adaptativo de novos alunos e que ofereçam serviço de apoio emocional para o corpo discente e suas variadas demandas, a fim de diminuir a evasão.

QUESTÕES PARA DISCUSSÃO

- Um programa de THSE pode influenciar diversas áreas da vida, auxiliando a adaptação acadêmica do jovem universitário?

- É possível pensar em outros programas de intervenção nas universidades, que possibilitem oferecer aos novos alunos maior aderência ao curso?

- Quais são as principais demandas dos participantes para programas de intervenção?

- Trabalhar somente com a escrita pode ser uma ferramenta de suporte em algumas intervenções em grupo e/ou individual?

REFERÊNCIAS

Almeida, L. S., Soares, A. P. C., Vasconcelos, R. M., Capela, J. V., Vasconcelos, J. B., Corais, J. M., & Fernandes, A. (2000). Envolvimento extracurricular e ajustamento académico: Um estudo sobre as vivências dos estudantes universitários com e sem funções associativas. In A. P. Soares, A., Osori, A. J. V. Capela, L. S. Almeida, R. M. Vasconcelos, & S. M. Caires (Ed.), *Transição para o ensino superior* (pp 167-187). Universidade do Minho. https://hdl.handle.net/1822/12088

Almeida, L. S. (2007). Transição, adaptação académica e êxito escolar no ensino superior. *Revista Galego-Portuguesa de Psicoloxía e Educación, 15*, 203-215. https://ruc.udc.es/dspace/handle/2183/7078

Almeida, L. S. & Casanova, J. R. (2019). Desenvolvimento psicossocial e sucesso académico no ensino superior. *Psicologia da Educação: Temas de Aprofundamento Científico para a Educação, 21*, 101-128. http://repositorium. sdum.uminho.pt/handle/1822/63168

Almeida, L. S., & Soares, A. P. (2004). Os estudantes universitários: Sucesso escolar e desenvolvimento psicossocial. In E. Mercuri & S. A. J. Polydoro (Ed.), *Estudante universitário: características e experiências de formação* (pp. 15-40). Cabral Editora e Livraria Universitária. http://repositorium.sdum.uminho.pt/handle/1822/12086

Almeida, L. S., Soares, A. P. & Ferreira, J. A. (2002). Questionário de Vivências Acadêmicas (QVA-r): Avaliação do ajustamento dos estudantes universitários. *Avaliação Psicológica, 2*, 81-93. http://pepsic.bvsalud.org/scielo.php?script=sci_abstract&pid=S1677-04712002000200002

Associação Brasileira de Empresas de Pesquisas. (2021, 1 de junho). Critério Padrão de Classificação Econômica Brasil. https://www.abep.org/criterio-brasil

Araujo, A. M., & Almeida. L. S. (2015). Adaptação ao ensino superior: o papel moderador das expectativas acadêmicas. *Educare, Revista Científica de Educação, 1*(1), 13-32. http://dx.doi.org/10.19141/2447-5432/lumen.v1.n1.p.13-32

Araujo, A. C., Santana, C. L. A., Kozasa, E. H., Lacerda, S. S., & Tanaka, L. H. (2020). Efeitos de um curso de meditação de atenção plena em estudantes da saúde no Brasil. Acta Paulista de Enfermagem, 33, 1-9. http://dx.doi.org/10.37689/actaape/2020AO0170

Barbosa, F. T., Lira, A. B., Neto, O. B. O., Santos, L. L., Santos I. O., Barbosa, L. T., Ribeiro, M. V. M. R., & Sousa-Rodrigues, C. F. (2019). Tutorial para execução de revisões sistemáticas e metanálises com estudos de intervenção em anestesia. Revista Brasileira de Anestesiologia, *69*(3), 299-306. https://doi.org/10.1016/j.bjan.2018.11.007

Barroso, P. C. F., Oliveira, I. M., Noronha-Sousa, D., Noronha, A., Mateus, C. Vázques-Justo, E., & Costa-Lobo, C. (2022). Fatores de evasão no ensino superior: uma revisão da literatura. *Psicologia Escolar e Educacional, 26,* 1-10. http://dx.doi.org/10.1590/2175-35392022228736

Berry, D. S., & Pennebaker, J. W. (1993). Nonverbal and verbal emotional expression and health. Psychotherapy and Psychosomatics, *59*(1), 11-19. https://doi.org/10.1159/000288640

Bolsoni-Silva, A. T. (2002). Habilidades sociais: breve análise da teoria e da prática à luz da análise do comportamento. *Interação em Psicologia, 6*(2), 233-242. http://dx.doi.org/10.5380/psi.v6i2.3311

Bolsoni-Silva, A. T. & Carrara, K. (2010). Habilidades sociais e análise do comportamento: compatibilidades e dissensões conceitual-metodológicas. *Psicologia em Revista, 16*(2), 330-350. http://pepsic.bvsalud.org/scielo.php?script=sci_arttext&pid=S1677-11682010000200007&lng=pt&tlng=pt

Bolsoni-Silva, A. T., Leme, V. B. R., Lima, A. M. A., Costa-Júnior, F. M. & Correia, M. R. G. (2009). Avaliação de um Treinamento de Habilidades Sociais (THS) com Universitários recém-formados. Interação em Psicologia, 13(2), 241-251. http://dx.doi.org/10.5380/psi.v13i2.13597

Bolsoni-Silva, A. T., Loureiro, S. R., Rosa, C. F., & Oliveira, M. C. F. A. de (2010). Caracterização das habilidades sociais de universitários. *Contextos Clínicos, 3*(1), 62-75. http://dx.doi.org/10.4013/ctc.2010.31.07

Bolsoni-Silva, A. T. & Loureiro, S. R. (2016). Validação do Questionário de Avaliação de Habilidades Sociais, Comportamentos, Contextos para Universitários. *Psicologia: Teoria e Pesquisa, 32(2),* 1-10. http://dx.doi.org/10.1590/0102-3772e322211

Branco, U. V. C. (2020). Ensino superior público e privado na Paraíba nos últimos 15 anos: reflexões sobre o acesso, a permanência e a conclusão. *Avaliação, 25*(1), 52-72. https://doi.org/10.1590/S1414-40772020000100004

Caballo, V. E. (2016). *Manual de avaliação e treinamento das habilidades sociais*. Editora Santos.

Caballo, V. E., Salazar, I. C. & CISO-A Research Team Spain. (2017). Development and validation os a new social skills assessment instrument: The social skills questionaire. *Behavioral Psychology/Psicología Conductual,*

25(1), 5-24. https://www.behavioralpsycho.com/product/development-and-validation-of-a-new-social-skill-s-assessment-instrument-the-social-skills-questionnaire-chaso/?lang=en

Camilo, C. & Garrido, M. V. (2019). A revisão sistemática de literatura em psicologia: Desafios e orientações. *Análise Psicológica, 4*, 535-552. https://doi.org/10.14417/ap.1546

Carvalho, L. M. S., Pinto, M. C. N., Resende, D. A. C., Chaves, G. M. M., Marques, E. M. I. & Souza, R. S. (2021). Treinamento de Habilidades Sociais: evidências da eficácia para estudantes de ensino superior segundo a literatura. *Mal-estar e Sociedade, 11*(1), 47-67. https://revista.uemg.br/index.php/gtic-malestar/article/view/5766

Casanova, J. R., Araújo, A. M., & Almeida, L. S. (2020). Dificuldades na adaptação académica dos estudantes do 1º ano do ensino superior. *Revista Eletrónica de Psicologia, Educação e Saúde, 9*(1), 165-181. http://hdl.handle.net/11328/3576

Casanova, J., Bernardo, A., & Almeida, L. (2021). Dificuldades na adaptação académica e intenção de abandono de estudantes do primeiro ano do ensino superior. *Revista de Estudos e Investigación en Psicología y Educación, 8*(2), 211-228. https://doi.org/10.17979/reipe.2021.8.2.8705

Dalbosco, S. N. P. (2018). *Adaptação acadêmica no ensino superior: estudo com ingressantes.* [Tese de Doutorado, Universidade São Francisco]. https://www.usf.edu.br/galeria/getImage/427/10206329435389866.pdf

Danoff-Burg, S., Mosher, C. E., Seawell, A. H., & Agee, J. D. (2010). Does narrative writing instruction enhance the benefits of expressive writing? *Anxiety Stress Coping, 23*(3), 341-352. https://doi.org/10.1080/10615800903191137

David, L. M. L., & Chaym, C. D. (2019). Evasão Universitária: um modelo para diagnóstico e gerenciamento de Instituições de ensino superior. *Revista de Administração IMED, 9*(1), 167-186. https://doi.org/10.18256/2237-7956.2019.v9i1.3198

De Smet, M. M., Meganck, R., De Geest, R., Norman, U. A., Truijens, F., & Desmet, M. (2019). What "Good Outcome" Means to Patients: Understanding Recovery and Improvement in Psychotherapy for Major Depression From a Mixed-Methods Perspective. *Journal of Counseling Psychology, 1*, 1-15. http://dx.doi.org/10.1037/cou0000362

Del Prette, A., & Del Prette, Z. A. P. (2001). *Psicologia das relações interpessoais:* Vivências para o trabalho em grupo. Vozes.

Del Prette, A., & Del Prette, Z. A. P. (2017). *Competência Social e Habilidades Sociais.* Manual teórico-prático. Vozes.

Del Prette, Z. A. P., & Del Prette, A. (2010). Habilidades sociais e análise do comportamento: Proximidade histórica e atualidades. *Revista Perspectivas, 1*(2), 104-115. http://pepsic.bvsalud.org/scielo.php?script=sci_arttext&pid=S2177-35482010000200004&lng=pt&tlng=pt

Del Prette, Z. A. P., & Del Prette, A. (2013). A avaliação de habilidades sociais: bases conceituais, instrumentos e procedimentos. In Z. Del Prette, & A. Del Prette, *Psicologia das Habilidades Sociais:* diversidade teórica e suas aplicações (pp. 187-229). Vozes.

Dotta, C. C. S., Queluz, F. N., & Souza, V. N. (2018). Avaliação de uma intervenção no treino assertivo e resolução de problemas em universitários. *Mudanças – Psicologia da Saúde, 26*(2), 51-60. https://doi.org/10.15603/2176-1019/mud.v26n2p51-60

Farias, R. V., Gouveia,V. V., & Almeida, L. S. (2022). Adaptação e sucesso acadêmico em estudantes brasileiros do primeiro ano da educação superior. *Revista de Estudos e Investigación en Psicología y Educación, 9*(1), 58-75. https://doi.org/10.17979/reipe.2022.9.1.8830

Filgueiras, M. & Marcelino, D. (2008). Escrita terapêutica em contexto de saúde: uma breve revisão. *Análise Psicológica, 2*, 327-334. https://doi.org/10.14417/ap.497

Franco, M.G. (2014). Expressividade e regulação emocional em estudantes do ensino superior. *Revista INFAD De Psicología. International Journal of Developmental and Educational Psychology, 5*(1), 477-86.https://doi.org/10.17060/ijodaep.2014.n1.v5.709

Freitas, A. D., & Silveira, I. F. (2022). A Evasão no ensino superior: Tendências de Pesquisas da CAPES e IBICT no Período entre 2015 e 2020. *Revista Pluri, 1*(6), 191-203.

Granado, J. I. F., Santos, A. A. A., Almeida, L. S., Soares, A. P., & Guisande, M. A. (2005). Integração académica de estudantes universitários: Contributos para a adaptação e validação do QVA-r no Brasil. *Psicologia e Educação, 12*(2), 31-43. http://repositorium.sdum.uminho.pt/handle/1822/12089

Gross, J. J., & John, O. P. (1995). Facets of emotional expressivity: Three self-report factors and their correlates. *Personality and Individual Differences, 19*, 555-568. https://doi.org/10.1016/0191-8869(95)00055-B

Guzzo M., Federici, C. A. G., Ricci, É. C., Aleixo, J., Dias, B. V. & Skruzdeliauskas, M. (2019). Diário dos diários: o cotidiano da escrita sensível na formação compartilhada em saúde. *Interface, 23*, 1-14. https://doi.org/10.1590/Interface.170705-

Halamová, J., Króniová, J., Kanovský, M., Túniyová, M. K., & Kupeli, N. (2019). Psychological and physiological effects of emotion focused training for self-compassion and self-protection. *Research in Psychotherapy: Psychopathology, Process and Outcome, 22*(2), 265-280. https://doi.org/10.4081/ripppo.2019.358

Hijazi, A. M., Tavakoli, S., Slavin-Spenny, O. M. & Lumley, M. A. (2011). Targeting Interventions: Moderators of the Effects of Expressive Writing and Assertiveness Training on the Adjustment of International University Students. *International Journal for the Advancement of Counselling, 33*(2), 101-112. https://doi.org/10.1007/s10447-011-9117-5.

Kacewicz, E., Slatcher, R. B., & Pennebaker, J. W. (2007). Expressive writing: An alternative to traditional methods. In L. L'Abate (Ed.), *Low-cost approaches to promote physical and mental health:* Theory, research, and practice (pp. 271-284). Springer Science Business Media. https://doi.org/10.1007/0-387-36899-X_13

King, L. A., & Miner, K. N. (2000). Writing about the perceived benefits of traumatic events: Implications for physical health. Personality and Social Psychology Bulletin, 26(2), 220-230. https://doi.org/10.1177/0146167200264008

Kring, A. M., Smith, D. A. & Neale, J. M. (1994). Individual Differences in Dispositional Expressiveness: Development and Validation of the Emotional Expressivity Scale. *Journal of Personality and Social Psychology, 66*(5), 934-949. https://esilab.berkeley.edu/wp-content/uploads/2017/12/Kring-Smith-Neale-1994.pdf

Lima, C. D. A., Soares, A. B., & Souza, M. S. D. (2019). Treinamento de habilidades sociais para universitários em situações consideradas difíceis no contexto acadêmico. *Psicologia Clínica, 31*(1), 95-121. *http://dx.doi.org/10.33208/PC1980-5438v0031n01A05*

Lopes, R. S., Versuti, F. M., Elias, L. C. dos S., & Zanini, M. R. G. C. (2017a). Habilidades sociais, estratégias de aprendizagem e desempenho acadêmico de alunos participantes e não participantes do PIBID. *Scientia Plena, 13*(5) 1-7. https://doi.org/10.14808/sci.plena.2017.059902

Lopes, D. C., Dascanio, D. Ferreira, B. C., Del Prette, Z. A., & Del Prette, A. (2017b). Treinamento de Habilidades Sociais: Avaliação de um Programa de Desenvolvimento Interpessoal Profissional para Universitários de Ciências Exatas. *Interação em Psicologia, 21*, 55-65. https://revistas.ufpr.br/psicologia/article/view/36210/32912

Machado, F. C., Santos, L. B. M., & Moreira, J. M. (2020). Habilidades sociais de estudantes de Enfermagem e Psicologia. *Ciências Psicológicas, 14*(1), 1-12. https://doi.org/10.22235/cp.v14i1.2131

Marin, A. H., Silva, C. T., Andrade, E. I. D., Bernardes, J., & Fava, D. C. (2017). Competência socioemocional: conceitos e instrumentos associados. *Revista Brasileira de Terapias Cognitivas, 13*(2), 92-103. http://dx.doi.org/10.5935/1808-5687.20170014.

Ministério da Educação. (2020). Censo da educação superior. Instituto Brasileiro de Estudos e Pesquisas Educacional Anísio Teixeira (INEP). https://www.gov.br/inep/pt-br/areas-de-atuacao/pesquisas-estatisticas-e-indicadores/censo-da-educacao-superior

Montezeli, J. H., & Haddad, M. C. F. L. (2016). Habilidades sociais e à prática profissional em enfermagem. *Ciência Cuidado e Saúde, 15*(1), 1-2. https://doi.org/10.4025/ciencuidsaude.v15i1.32767

Nazar, T. C. G., Tartari, M. Q., Vanazi, A. C. G., & Belusso, A. (2020). Habilidades sociais e desempenho acadêmico: um estudo comparativo entre os cursos da área de saúde e humanas e cursos de ciências exatas e sociais aplicadas. *Aletheia, 53*(2), 07-21. https://dx.doi.org/10.29327/226091.53.2-1

Nogueira, C. C. C., Soares, A. B., Monteiro, M. & Medeiros, H. C. P. (2020). Habilidades Sociais e Expectativas Acadêmicas em Estudantes de Enfermagem. *Estudos e Pesquisas em Psicologia, 20*(1), 99-118. https://doi.org/10.12957/epp.2020.50792

Pennebaker, J. W., & Chung, C. K. (2007). Expressive writing, emotional upheavals, and health. In H. Friedman & R. Silver (Eds.). *Oxford handbook of health psychology,* (pp.263-284). Oxford University Press.

Polydoro, A. J. S., Primi, R., Serpa, M. N. F., Zaroni, M. M. H., & Pombal, K. C. P. (2001). Desenvolvimento de uma Escala de Integração ao ensino superior. *Psico-USF, 6*(1), 11-17. https://doi.org/10.1590/S1413-82712001000100003

Saccaro, A., França, M. T. A., & Jacinto, P. A. (2019). Fatores Associados à Evasão no ensino superior Brasileiro: um estudo de análise de sobrevivência para os cursos das áreas de Ciência, Matemática e Computação e de Engenharia, Produção e Construção em instituições públicas e privadas. *Estudos Econômicos, 49*(2), 337-373. http://dx.doi.org/10.1590/0101-41614925amp

Santos, Z. A. & Soares, A. B. (2020). O impacto das habilidades sociais e das estratégias de enfrentamento na resolução de problemas em universitários de psicologia. *Ciencias Psicológicas, 14*(2), 1-14. https://doi.org/10.22235/cp.v14i2.2228

Santos, M. V., Silva, T. F., Spadari, G. F., & Nakano, T. C. (2018). Competências socioemocionais: análise da produção científica nacional e internacional. *Gerais: Revista Interinstitucional de Psicologia, 11*(1), 4 -10. https://dx.doi.org/10.36298/gerais2019110102

Santos, R. N. D., Fonseca, L. O. D., Souza, V. G. D., Santos, L. F. N. D., Hayasida, B. D. A., & Hayasida, N. M. D. A. (2020). Treinamento em habilidades sociais com universitários: produções e desafios. *Contextos Clínicos, 13*(3), 1013-1036. https://dx.doi.org/10.4013/ctc.2020.133.14

Silva, D. B., Ferre, A. A. O., Guimaraes, P. S., Lima, R., & Espindola, I. B. (2022). Evasão no ensino superior público do Brasil: estudo de caso da Universidade de São Paulo. *Avaliação, 27*(2), 248-259. http://dx.doi.org/10.1590/S1414-40772022000200003

Slatcher, R. B., & Pennebaker, J. W. (2007). Emotional expression and health. *Cambridge Handbook of Psychology, Health & Medicine, 2*, 84-87. https://doi.org/10.1017/9781316783269

Stapleton, C. M., Zhang, H., & Berman, J. S. (2021). The Event-SpecificBenefitsof Writing About a Difficult Life Experience. *Europe's Journal of Psychology, 17*(1), 53-69. https://doi.org/10.5964/ejop.2089

Soares, A. B., Mourão, L., Santos, A. A. A., & Mello, T. V. S. (2015). Habilidades Sociais e Vivência Acadêmica de Estudantes Universitários. *Interação em Psicologia, 19*(2), 211-223. http://dx.doi.org/10.5380/psi.v19i2.31663

Soares, A. B., Porto, A. M., Lima, C. A., Gomes, C., Rodrigues, D. A., Zanoteli, R., Santos, Z. A., Fernandes, A., & Medeiros, H. (2018). Vivências, Habilidades Sociais e Comportamentos Sociais de Universitários. *Psicologia: Teoria e Pesquisa, 34*, 1-11. https://dx.doi.org/10.1590/0102.3772e34311

Soares, A. B., Souza, M. S., Medeiros, H. C. P., Monteiro, M. C., Maia, F. A., & Barros, R. S. N. (2019). Situações Interpessoais Difíceis: Relações entre Habilidades Sociais e Coping na Adaptação Acadêmica. *Psicologia: Ciência e Profissão, 39*, 1-13. https://doi.org/10.1590/1982-3703003183912

Soares, A. B., Rodrigues, I. S. Santos, G. G. B., & Lima, C. A. (2021). A Satisfação de Estudantes Universitários com o Curso de ensino superior. *Psicologia: Ciência e Profissão, 41*, 1-12. https://doi.org/10.1590/1982-3703003220715

Suehiro, A. C. B. & Andrade, K. S. (2018). Satisfação com a experiência acadêmica: um estudo com universitários do primeiro ano. *Revista Psicologia em Pesquisa, 12*(2), 77-86. http://dx.doi.org/10.24879/2018001200200147

Tavakoli, S., Lumley, M., Alaa M., Hijazi, A. M., Olga M. Slavin-Spenny, O. M., & Parris, G. P. (2009). Effects of Assertiveness Training and Expressive Writing on Acculturative Stress in International Students: A Randomized Trial. *Journal of Counseling Psychology, 56*(4), 590-596. https://doi.org/10.1037/a0016634.

Tete, M. F., Sousa, M. M., Santana, T. S., & Fellipe, S. (2022). Aplicação de métodos preditivos em evasão no ensino superior: Uma revisão sistemática da literatura. *Arquivos Analíticos de Políticas Educativas, 30*(149), 1-24. https://doi.org/10.14507/epaa.30.6845

Vaerenbergh, I. V., & Thomas, T. D. (2012). Response Styles in Survey Research: A Literature Review of Antecedents, Consequences, and Remedies. *International Journal of Public Opinion Research, 25*(2), 195-207. https://doi.org/10.1093/ijpor/eds021

CAPÍTULO 16

HABILIDADES SOCIAIS CONJUGAIS E COPARENTALIDADE EM ESTUDANTES UNIVERSITÁRIOS NA TRANSIÇÃO PARA A PARENTALIDADE

Lívia Lira de Lima Guerra
Regiane Fernandes da Silva Almeida
Elizabeth Joan Barham

INTRODUÇÃO

O ingresso do indivíduo no ambiente universitário representa uma fase de transição de vida em que os estudantes necessitam lidar com demandas ampliadas ou novas na vida pessoal (por exemplo, maior responsabilidade para rotinas domésticas), interpessoal (por exemplo, formar relacionamentos com pessoas desconhecidas no convívio no campus e na sua moradia) e acadêmica (por exemplo, responsabilidade para rotinas de estudo mais complexas) (Lacerda et al., 2021; Lira et al., 2021). Além de necessitarem de condições financeiras, os estudantes precisam de recursos cognitivos e emocionais para o manejo das demandas interpessoais e acadêmicas que enfrentarão nesse novo ambiente (Padovani et al., 2014). Ao longo do tempo, usam esses recursos e desenvolvem suas habilidades para construir uma rede de apoio no contexto universitário, o que é importante, uma vez que os laços sociais tendem a contribuir para a manutenção da saúde física e mental do indivíduo em períodos de mudanças e de dificuldades (Pizzinato et al., 2018).

Segundo o Ministério da Educação, no ano de 2022, havia cerca de 9 milhões de estudantes matriculados nas mais de 2.574 IES do Brasil. Em 2019, dados coletados no Brasil por pesquisadores do Instituto Brasileiro de Geografia e Estatística (IBGE, 2019) revelaram que, entre os homens com 25 anos ou mais de idade, 15,1% têm ensino superior completo, em comparação com 19,4% das mulheres da mesma faixa etária. No atual contexto social brasileiro, é importante notar que existem diversos perfis sociodemográficos no corpo estudantil: mães, pais, trabalhadores(as), donas de casa, desempregados(as), entre outros. Analisando tais marcadores sociais, é fundamental que haja uma reflexão sobre os fatores que afetam a permanência, o desenvolvimento e o bem-estar desses estudantes na universidade. Neste capítulo, o foco é em alunos universitários na transição para a parentalidade.

Para auxiliar na compreensão de questões referentes às vivências e à saúde mental dos universitários nas instituições, mais em geral, pesquisadores estão investigando as condições dos estudantes para construir relacionamentos interpessoais nos quais dão e recebem o apoio social que necessitam, contribuindo para a construção de uma rede de apoio afetivo e socioemocional adequada (Lacerda & Valentini, 2018). A rede de apoio pode ser definida como um conjunto de relações, composta por instituições e pessoas que são percebidas como significativas e proporcionam reforço ao apoiar as estratégias de enfrentamento do sujeito diante das situações cotidianas de sua vida (Pizzinato et al., 2018).

A rede de apoio consiste em dois sistemas complementares: o *sistema formal* e o *sistema informal* (Pizzinato et al., 2018; Rosa et al., 2020). O sistema informal é composto por pessoas que atuam voluntariamente no apoio social, como: amigos, vizinhos e pessoas que oferecem apoio via instituições da sociedade civil (ONGs, instituições religiosas, associações, entre outros). Já o sistema formal é composto por serviços públicos ou instituições que contratam pessoas para prestar serviços de atendimento, cuidado e suporte para os indivíduos, como programas da Estratégia de Saúde da Família (ESF), Centro de Atenção Psicossocial (CAPS), ambulatórios, entre outros. A construção de laços sociais perduráveis, conforme apontado por Rosa et al. (2020) e por Pizzinato et al. (2018), é de suma importância para a manutenção da saúde do indivíduo em momentos de grandes mudanças e dificuldades. Desta maneira, analisar a construção da rede de apoio para estudantes universitários é refletir sobre as experiências de reorganização estrutural experienciadas por estes, em suas relações próximas e nos seus vínculos afetivos (Lacerda & Valentini, 2018).

As interações que levam à formação de vínculos positivos com outras pessoas contribuem para a formação de uma rede de apoio saudável para o estudante. Caso isso não ocorra, enfrentar as questões da vida acadêmica pode ser vivenciado de maneira mais negativa e com mais dificuldades. Nesse sentido, a insuficiência de habilidades sociais, somada com as exigências acadêmicas e as responsabilidades novas na vida pessoal, podem se constituir como condições estressoras. Isso tudo porque as demandas desse período exigem mais do que os alunos estavam anteriormente habituados, tendo o potencial de promover a ampliação de seu repertório, como também para gerar percepções negativas, aflições, enfrentamentos e sofrimento psicológico (Dias et al., 2019; Lira et al., 2021).

Para formar vínculos com outras pessoas, os indivíduos precisam responder a demandas sociais que exigem a capacidade de perceber e interpretar sinais sociais, sejam eles explícitos ou sutis, bem como o discernimento de emitir ou não os comportamentos que os interlocutores esperam (Santos & Wachelke, 2019). O indivíduo aprende a decifrar o que está acontecendo no seu entorno e seleciona respostas envolvendo falas e outros comportamentos que são reforçados ou punidos. Essas experiências contribuem para a construção de seu repertório de habilidades sociais em um contexto social específico. As habilidades sociais são definidas por Del Prette e Del Prette (2017) como um conjunto de comportamentos sociais aceitos no contexto cultural no qual determinadas pessoas interagem, as quais viabilizam um desempenho social percebido como competente. Tais habilidades geram resultados positivos para o indivíduo em sua relação com o outro, colaborando para a realização de atividades com outras pessoas, sem gerar prejuízos para uma das partes ou para terceiros (Del Prette & Del Prette, 2017).

O *desempenho* social se refere à expressão de todos os comportamentos que ocorrem em situações sociais, sendo esses favoráveis ou não para o relacionamento. Já a *competência* social remete aos efeitos positivos que o desempenho social produz, em um sentido avaliativo, considerando os resultados que este gera para cada pessoa envolvida na interação e o quanto atende às demandas do contexto (Santos & Wachelke, 2019). O período de estudos na universidade pode gerar um sofrimento ao estudante, a depender de como ele interage e lida com questões da vida pessoal, especialmente os eventos estressores (Dias et al., 2019). Entende-se por evento estressor todo e qualquer acontecimento, pontual ou repetido, que desafie os limites e recursos psicológicos da pessoa (Dias et al., 2019). Esses acontecimentos se manifestam de forma estressora quando os alunos não conseguem lidar com as demandas que esse período exige, apresentando crenças negativas sobre si, o que tende a gerar dificuldades de socialização no contexto acadêmico.

Os estressores mais frequentes revelam discrepâncias entre as expectativas que os estudantes têm e a realidade com a qual se deparam no ensino superior (Lira et al., 2021). Desta maneira, a decepção com os conteúdos das disciplinas, as dificuldades em relacionar a teoria com a prática profissional e, até mesmo, a dificuldade em manter uma vida financeira satisfatória nesse período constituem-se em importantes fontes de estresse. Lira et al. (2021) relacionam a vivência de estressores com o insucesso acadêmico, abandono dos estudos, e, em alguns casos, com dificuldades acentuadas de saúde mental. Um fator que pode ampliar os efeitos do estresse entre os estudantes universitários é a insuficiência de recursos socioemocionais para lidar com as situações da sua vida.

Existem, ainda, experiências pessoais que podem impactar significativamente na permanência e no bem-estar dos alunos no contexto acadêmico universitário e na conclusão de seu programa de estudos (Pizzinato et al., 2018). Uma dessas experiências é a transição para a maternidade e a paternidade, que, além de impactar economicamente na vida dos alunos, pode competir para recursos como a atenção, tempo e energia deles, representando um desafio para a manutenção do desempenho em atividades acadêmicas e profissionalizantes (Brito et al., 2021). Com base nos resultados do Censo da Educação Superior (Ministério de Educação, 2021), notamos que as mulheres representam 58,1% dos estudantes matriculados, e, em 2016, 8,8% das que estavam cursando o ensino superior tinham filhos. Durante a transição para a parentalidade por parte dos alunos universitários, espera-se que as habilidades sociais dos alunos para interagir com seus parceiros desempenhem um papel crucial na maneira como os casais lidam com as dificuldades e demandas da vida acadêmica, ao mesmo tempo que se preparam para o nascimento do bebê e depois cuidam de seu filho.

Duas dimensões da relação entre os parceiros: conjugal e coparental

Mesmo reconhecendo que existem fatores de risco, alguns dos alunos na transição para a parentalidade fazem parte de um relacionamento com seu parceiro que percebem como central nas suas vidas. A relação conjugal é comumente compreendida como um processo organizacional complexo, contínuo e dinâmico, no qual dois indivíduos se unem para construir uma identidade como casal (Porreca, 2019). Relacionamentos conjugais estáveis e de boa qualidade podem contribuir para o bem-estar socioemocional de ambos os parceiros (Cardoso & Del Prette, 2017).

Com base em uma revisão da literatura, Villa et al. (2007) descreveram cinco classes de habilidades sociais conjugais, sendo elas: validar a fala do outro; acalmar-se e observar a existência de alterações fisiológicas no outro; ouvir o companheiro de forma não punitiva; atentar para as formas de persuasão do parceiro, a fim de evitar de fortalecer seu uso desses comportamentos para obter vantagens pessoais aos custos do parceiro; e apresentar comportamentos alternativos diante de problemas, evitando o ciclo queixa-crítica. Parker (2002) também elencou algumas classes de habilidades para um relacionamento saudável, sendo elas: consultar o parceiro durante o processo de tomada de decisões; estabelecer e manter um padrão de comunicação aberto, construtivo e frequente; desenvolver e aprimorar a capacidade de lidar com conflitos; priorizar valores como equidade, confiança, respeito e compreensão; desenvolver intimidade. Gomes e Sá (2021) apontaram que a somatória das classes e habilidades supracitadas, junto a habilidades de assertividade (explicar seu ponto de vista e suas necessidades), de empatia (acolher e apoiar as necessidades do outro) e de civilidade (não usar nenhuma forma de violência para controlar o(a) parceiro(a), incluindo violência verbal e psicológica), contribuem fortemente para o estabelecimento e a manutenção de satisfação conjugal.

A existência de uma relação positiva e estável entre os parceiros, mesmo sendo uma relação mais recente e sem registro formal, é muito importante para lidar com a transição para a parentalidade. A segurança emocional que existe em relacionamentos conjugais de boa qualidade permite que os pais possam desenvolver as habilidades para lidarem juntos com as demandas adicionais de cuidar e de criar seu filho, denominado como a relação coparental (Feinberg, 2003; Guerra, 2022). Feinberg (2003) observou uma interconexão significativa entre a qualidade da relação conjugal e da relação coparental.

A relação coparental se refere à forma como os pais (ou outras figuras parentais) se relacionam para decidir como manejar seus papéis parentais (Feinberg, 2003). Existe uma diferença entre os teóricos sobre o evento que marca o início da relação coparental. Guerra (2022) e Vilela (2019) consideram que a relação coparental inicia com a confirmação da gestação e se desenvolve no decorrer da transição para a parentalidade. Já Mourão (2021) afirma que a coparentalidade inicia somente a partir da chegada (via um processo de adoção, por exemplo) ou do nascimento da criança. Todos concordam, no entanto, que a relação coparental envolve as expectativas dos pais a respeito de como vão cuidar e apoiar a criança e o parceiro(a).

Na década de 1970, o teórico Bohannan introduziu o termo "coparentalidade" (tradução do termo em inglês, *coparenting*), no intuito de discutir sobre a permanência da relação entre os pais, mesmo após o rompimento da relação conjugal em decorrência do divórcio (Santos, 2018). Posteriormente, tal temática foi estudada por teóricos como Feinberg (2003), bem como por Van Egeren e Hawkins (2004), a fim de considerar a relação coparental de forma mais pluralista, abarcando as mais variadas configurações familiares, sejam elas tradicionais ou contemporâneas (Santos, 2018).

Para além de questões envolvendo a divisão de tarefas e responsabilidades, a relação coparental também abrange a necessidade de lidar com concordâncias e desacordos com relação aos valores e crenças dos pais a respeito da criação dos filhos. Quando há desacordos, o repertório de habilidades socioemocionais dos pais afeta a tendência de ouvir e de entrar em consenso com o parceiro, ou de se opor. Além disso, cada um dos pais possui expectativas e preferências em relação à gestão emocional do relacionamento coparental no contexto familiar mais amplo, afetando a probabilidade de expor o filho aos conflitos coparentais, ou não, ou de envolver o filho nessas discussões, por meio de processos de triangulação (esforços de um ou de ambos os pais de convencer o filho a concordar com ele e de desaprovar o outro pai) (Feinberg, 2003). A qualidade da relação coparental é uma dimensão importante da vida familiar com impacto não só sobre o bem-estar dos pais, mas também sobre o desenvolvimento socioemocional dos filhos e nas relações entre todos os membros da família (Guerra et al., 2022). Assim sendo, Feinberg (2003) ressalta que o que distingue a relação coparental de outros aspectos da relação entre os dois pais (por exemplo, a relação conjugal) é precisamente o foco em todas as questões envolvendo a criança e a forte influência da relação coparental no bem-estar de todos.

A conjugalidade e a coparentalidade são sistemas independentes, mas as interações e dinâmicas presentes em um afetam o outro (Feinberg, 2003). Nesse sentido, uma relação conjugal saudável e satisfatória tem potencial para subsidiar uma base sólida para a coparentalidade efetiva, enquanto conflitos e insatisfações conjugais têm potencial para criar obstáculos para a cooperação parental. Na literatura sobre a constituição da relação conjugal saudável, Porreca (2019) esclarece que não existe a fusão de individualidades, mas o estabelecimento de uma relação que envolve uma integração das necessidades e dos interesses individuais de cada cônjuge – "um entrelaçamento dos 'eus' [individualidades] na conjugalidade" (p.1). O processo de construção da relação conjugal envolve negociações, que levam à ressignificação e conciliação de desejos e expectativas individuais. Ou seja, uma relação conjugal saudável requer a contínua construção da relação a dois, considerando a individualidade de cada membro do casal, que só é possível porque cada membro do casal traz em si a capacidade de colaborar com uma outra pessoa (Porreca, 2019). Cabe ressaltar que as habilidades sociais conjugais são importantes recursos para a promoção de relacionamentos conjugais satisfatórios, bem como para o enfrentamento de estresse, conflitos e possíveis problemas de violência nos relacionamentos íntimos (Cardoso & Del Prette, 2017).

As habilidades sociais conjugais são entendidas como comportamentos que auxiliam a diminuir os conflitos e a maximizar a satisfação na relação com o companheiro(a), contribuindo para que o indivíduo opte pela resposta ou pelo comportamento mais adequado frente às demandas interpessoais no contexto conjugal (Cardoso & Del Prette, 2017). Ainda que os relacionamentos passem por períodos de conflito, os quais têm o potencial de comprometer o vínculo entre os parceiros, o uso das habilidades sociais para lidar com rupturas e para a manutenção do relacionamento tem se mostrado como um importante fator no compromisso para zelar pela qualidade da relação e no enfrentamento dos problemas. Para Del Prette e Del Prette (2017) e Cardoso e Del Prette (2017), existe uma relação positiva entre habilidades sociais conjugais e a satisfação conjugal. Além disso, esses autores salientam que muitos dos problemas conjugais (exceto os problemas de origem sexual) têm suas origens calcadas nos *deficits* interpessoais e as dificuldades generalizadas de expressão de respostas emocionais positivas, que incluem: alegria, gratidão, esperança, senso de segurança emocional, confiança, amor etc. Nesse sentido, os autores sugerem que o aperfeiçoamento das habilidades sociais conjugais tem potencial de modular o comportamento do indivíduo, a fim de dar respostas mais adequadas, considerando o contexto social no qual está inserido, além de fornecer subsídios ao indivíduo para que exprima as suas emoções, utilizando estratégias de regulação emocional adequadas.

Durante o período quando um casal passa pela transição para a parentalidade, ocorre uma alteração qualitativa no relacionamento entre os parceiros, demarcado pelo início da construção da relação coparental. Tal período representa uma fase desenvolvimental nova para os pais, a fim de atingir uma melhor adaptação às novas circunstâncias, face ao conjunto de transformações ao nível biológico, psicológico e sociocultural que experimentam (Barros, 2022). Ou seja, essa fase é constituída pela experiência de novos papéis, circunstâncias e responsabilidades, fazendo com que a díade desenvolva novas redes relacionais, novos comportamentos e novas percepções sobre si (Porreca, 2019). Para Pinto et al. (2019), é durante a transição para a parentalidade que cada membro da díade começa a elaborar representações mentais sobre a coparentalidade e inicia a construção de acordos com seu parceiro. Cabe ressaltar que a transição para a parentalidade, quando ocorre de forma não intencional, acarreta o aceleramento do desenvolvimento do relacionamento, com o acréscimo abrupto de papéis coparentais e parentais.

Durante a transição para a parentalidade, o casal deixa de ser visto essencialmente como um par romântico, passando a ter uma nova identidade relacionada com o papel de pai e mãe (Barros, 2022). No entanto, a inclusão desses novos papéis tende a acarretar um maior nível de estresse e alguns desafios na gestão da componente conjugal do relacionamento. A díade parental precisa organizar-se para assumir as novas tarefas, decidindo como lidar com a formação da relação coparental e a divisão dos cuidados relacionados com a criança. Em função dessas demandas, a transição para a parentalidade e a coparentalidade tende a envolver um aumento de conflitos, diminuição da satisfação conjugal e sexual e menor disponibilidade para realizar atividades em casal, resultando em maior afastamento emocional entre os dois pais (Barros, 2022; Figueiredo & Lamela, 2014). Frente a isso, é possível perceber a importância das habilidades socioemocionais de cada parceiro para lidar com o relacionamento, assim como da presença de uma rede de apoio responsivo a esse período de grandes mudanças na vida pessoal das mães e dos pais (Pizzinato et al., 2018).

Pensando na transição para a parentalidade entre pessoas durante o período de formação universitária e entre pessoas que já completaram sua formação universitária, é importante ressaltar que a dificuldade em ser pai e mãe envolve algumas semelhanças e diferenças para as pessoas em cada contexto de vida. Por exemplo, a necessidade de conciliar múltiplos papéis (o papel de aluno, ou de profissional, com as mudanças na vida pessoal) seria uma demanda em comum para as mães e os pais em ambas as condições.

No entanto, podem existir diferenças entre universitários e egressos universitários na estabilidade da relação diádica refletida, por exemplo, no tempo de relação conjugal. Um tempo de relacionamento menor pode afetar a experiência do acréscimo das relações coparentais e parentais. O nascimento do filho amplia as demandas sobre os parceiros para se organizarem em relação ao provimento de recursos financeiros, de tempo para lidar com as necessidades da criança, bem como para manutenção da relação com o parceiro, que requer atenção, cuidado, envolvimento afetivo e tempo (Brito et al., 2021). A situação financeira dos pais pode ser uma segunda diferença entre as mães e os pais que ainda estão em processo de formação versus aqueles que já estejam formados, considerando que a remuneração tende a ser maior entre pessoas com maior escolaridade e com maior disponibilidade de tempo para se dedicar a uma atividade remunerada (Brito et al., 2021).

Diante do exposto, é importante obter informações para compreender os impactos da transição para a parentalidade sobre percepções de alunos universitários em comparação com egressos universitários a respeito de suas habilidades sociais para manter um bom relacionamento com o parceiro e sobre suas expectativas a respeito do comportamento do parceiro na relação coparental. Evidências sobre as vivências dos alunos podem oferecer subsídios para que os estudantes e as pessoas de sua rede de apoio organizem-se melhor para lidar com essa transição. A seguir, apresentamos os resultados de um estudo em que foi investigada a adequação do repertório de habilidades sociais conjugais e a qualidade da relação coparental entre os membros de casais na transição para a parentalidade, comparando aqueles que eram alunos universitários e aqueles que eram egressos universitários, a fim de investigar possíveis efeitos do contexto de vida dos universitários sobre os relacionamentos coparentais e conjugais.

MÉTODO

Participantes

Participaram deste estudo 55 homens e 55 mulheres, sendo 15 universitários (seis mulheres e 9 homens) e 75 egressos universitários (49 mulheres e 46 homens) que faziam parte de uma união estável e que esperavam seu (sua) primeiro(a) filho(a). Todos moravam no Brasil e tinham idade acima de 18 anos. Havia participantes de cada uma das cinco grandes regiões do Brasil.

Procedimentos

A pesquisa realizada seguiu os critérios estabelecidos pelo Conselho Nacional de Saúde (Resoluções 466/2012 e 510/2016) no que se refere às diretrizes e normas regulamentadoras de pesquisas envolvendo seres humanos. Inicialmente, o projeto foi encaminhado ao Comitê de Ética em Pesquisas em Seres Humanos da Universidade Federal de São Carlos, obtendo aprovação (Protocolo

2.737.644/2018). No entanto, devido ao período de pandemia pela COVID-19, o projeto passou por alterações no formato de aplicação. Dessa maneira, uma solicitação de mudança foi encaminhada ao CEP, que foi aceita em 13 de julho de 2020 (Protocolo 4.150.952/2020). Os Termos de Consentimento Livre e Esclarecido foram assinados pelos participantes, de maneira on-line.

Devido à pandemia da COVID–19, o recrutamento se deu majoritariamente por meio de redes sociais, tais como: grupos no Facebook de universidades federais e estaduais de todo o país, postagens no aplicativo Instagram, em conjunto com o método "bola de neve" (um participante indica alguém conhecido).

Delineamento do estudo

O delineamento do estudo foi transversal, focado em um momento específico de tempo. Além disso, é de comparação de grupos, ou seja, dois grupos em condições de vida diferentes, no aspecto educacional.

Instrumentos

Inventário de Habilidades Sociais Conjugais

O Inventário de Habilidades Sociais Conjugais em sua nova estrutura fatorial (Del Prette et al., 2019) possui 32 itens, que se agrupam em quatro fatores e quatro itens que não compõem nenhum fator. O objetivo desse instrumento, que é uma medida de autorrelato, é avaliar a percepção dos cônjuges sobre as suas habilidades para lidar com as demandas da relação conjugal. Os fatores, exemplos de itens e valores de alfa de Cronbach observados foram: (a) Autocontrole emocional; *"Durante uma discussão, ao perceber que estou descontrolado(a) emocionalmente (nervoso(a)), consigo me acalmar antes de continuar a discussão"*, alfa de Cronbach = 0,75; (b) Reciprocidade assertiva; *"Se meu cônjuge está sofrendo por algum problema, tenho dificuldade em fazer algo para demonstrar-lhe meu apoio"* (item com pontuação invertido), alfa de Cronbach = 0,71; (c) Autoafirmação assertiva; *"Se não concordo com meu cônjuge, digo isto a ele"*, alfa de Cronbach = 0,70; (d) Afetividade/Empatia; *"Quando meu cônjuge consegue alguma coisa importante, pela qual se empenhou muito, eu o elogio pelo seu sucesso"* alfa de Cronbach = 0,81.

Escala da Relação Coparental – versão expectativas

A *Coparenting Relationship Scale* (Feinberg et al., 2012) foi desenvolvido para ser utilizado com pais e mães que já tenham filhos nascidos; foi traduzido e adaptado para uso no Brasil por Carvalho et al. (2018), recebendo o nome Escala da Relação Coparental. O objetivo é avaliar a percepção de cada pai sobre os comportamentos do seu parceiro coparental, considerando tanto os comportamentos positivos (coordenação, suporte e endosso) quanto os negativos (sabotagem, competição). No presente estudo, os itens foram modificados para investigar, durante o período pré-natal, as expectativas sobre o comportamento coparental, após o nascimento do filho. Por exemplo, os itens originais, na versão da mãe: *"Eu acredito que meu parceiro é um bom pai"* e *"Meu companheiro e eu temos ideias diferentes sobre como criar nosso (a) filho (a)"* foram transformados para *"Eu acredito que meu parceiro será um bom pai"* e *"Meu companheiro e eu teremos ideias diferentes sobre como criar nosso (a) filho (a)"*. A escala possui 35 itens, respondidos usando uma escala de pontuação do tipo Likert de sete pontos (0, *"Não verdadeiro sobre nós"* a 6, *"Muito verdadeiro sobre nós"*). Os sete fatores do instrumento e exemplos de itens são citados a seguir: (a) concordância coparental *"Meu companheiro e eu teremos as mesmas metas para nosso(a) filho(a)"*, (b) proximidade coparental *"O meu relacionamento com meu companheiro será mais forte do que antes de termos um(a) filho(a)"*, (c) suporte coparental *"Eu acredito que meu companheiro perguntará a minha opinião sobre assuntos relacionados a seu papel de pai"*, (d) apoio à parentalidade do parceiro *"Meu companheiro terá muita paciência quando for interagir com nosso(a) filho(a)"*, (e) divisão do trabalho *"Meu companheiro não vai se preocupar em dividir de forma justa o cuidado do(a) nosso(a) filho(a) (item com pontuação invertida)"*, (f) sabotagem coparental *"Eu penso que meu companheiro fará piadas ou comentários sarcásticos (maldosos, "de gozação") sobre a minha maneira de ser mãe"* e (g) exposição da criança ao conflito *"Um ou ambos dirão coisas cruéis ou que magoam o outro na frente do(a) seu/sua filho(a)?"*. Quando a versão original do instrumento foi usada com pais e mães brasileiros, a consistência interna (alfa de Cronbach) de seis das sete subescalas do instrumento original variou de 0,61 a 0,90, como também aconteceu no estudo de Feinberg et al. (2012).

Procedimentos de análise de dados

Os dados (coletados por meio do *Google Forms*) foram inseridos e organizados em planilhas do *Statistical Package for the Social Sciences* (SPSS), versão 23, procedendo-se às análises descritivas e inferenciais. Foi usado o Teste de Shapiro-Wilk para verificar se a distribuição dos dados era normal. Os resultados mostraram que nenhuma variável se distribuiu normalmente ($p < 0,05$), portanto foi utilizado o teste não paramétrico U de Mann–Whitney para comparar os resultados obtidos nos dois grupos (universitários e egressos universitários).

RESULTADOS

Em relação ao estado civil dos participantes, no grupo de pais e mães universitários ($n = 15$), foi observado: casados (8), em união estável (3) ou morando juntos (4). Já a frequência de cada estado civil entre as mães e os pais egressos universitários ($n = 75$) era: casados (52), em união estável (9) ou morando juntos (14). O teste de qui-quadrado mostrou que os grupos são diferentes em termos de estado civil. Comparando-se a porcentagem de universitários e egressos universitários em cada categoria de estado civil, observou-se que a porcentagem de alunos casados foi menor que a porcentagem de egressos universitários casados. Portanto, houve uma associação significativa entre ser aluno, ou não, e estado civil ($X^2(4) = 10,472$; $p = 0,033$).

Tabela 1 – *Análises Descritivas do Perfil Sociodemográfico dos Universitários e dos Egressos Universitários que Estavam na Transição para a Parentalidade*

Variável	Universitários ($n = 15$)			Egressos universitários ($n = 75$)		
	Mín.	**Máx.**	**Mediana**	**Mín.**	**Máx.**	**Mediana**
Idade (*anos*)	21	48	28	25	43	32
Tempo de relacionamento (*anos*)	1	12	4	1	20	7
Tempo de gestação (*semanas*)	6	33	22	6	38	23
Nível de escolaridade	G-I	G-I	G-I	G-C	PD-C	M-I
Renda mensal	1 SM	5 SM	2 SM	2 SM	5 SM	4 SM

Notas. Mín. = mínimo, Máx. = máximo, G-I = Graduação incompleto, G-C = Graduação completo, M-I= Mestrado incompleto, PD-C = Pós-doutorado completo, SM = salário mínimo. Elaborada pelas autoras.

Como pode ser visto na Tabela 1, a idade mínima no grupo de universitários foi menor que no grupo de egressos universitários, mas a idade máxima nesse grupo foi maior do que no grupo de egressos universitários. Os grupos foram muito similares em termos de tempo de gestação. Uma comparação estatística do perfil sociodemográfico de cada grupo é apresentada na Tabela 2.

Tabela 2 – *Comparação do Perfil Sociodemográfico dos Universitários e Egressos Universitários, Todos Esperando seu Primeiro Filho*

| Variável | Posto médio | | U | p |
	Universitários (n = 15)	Egressos Universitários (n = 75)		
Idade	36,07	47,39	421,00	0,124
Tempo de relacionamento	28,39	48,83	313,00	0,007*
Tempo de gestação	55,43	55,51	711,5	0,993
Nível de escolaridade	28,00	59,84	300,00	< 0,001*
Renda mensal	37,40	58,36	441,00	0,015*

Notas. U = U do Teste de Mann- Whitney; * = diferença estatisticamente significativa (p < 0,05). Elaborada pelas autoras.

A partir da Tabela 2, é possível observar que o tempo de relacionamento foi estatisticamente diferente entre os dois grupos, e que os egressos universitários possuíam maior tempo de relacionamento. Com relação à renda, eram os egressos universitários que possuíam maior renda mensal, e o nível de escolaridade era maior no grupo dos egressos universitários.

A seguir, serão apresentados os resultados obtidos com base na comparação das medidas de percepção da adequação das habilidades sociais conjugais, na Tabela 3. Depois, a comparação das expectativas dos participantes quanto à qualidade do envolvimento do parceiro na relação coparental, após o nascimento do filho, é apresentada na Tabela 4.

Tabela 3 – *Comparação dos Escores dos Universitários e Egressos Universitários nas Dimensões do Inventário de Habilidades Sociais Conjugais*

| Dimensão | Posto médio | | U | p |
	Universitários (n = 15)	Egressos Universitários (n = 75)		
Empatia	61,23	42,35	326,5	0,010*
Autocontrole Emocional	60,57	42,49	336,5	0,014*
Reciprocidade Assertiva	45,0	45,60	555,0	0,935
Autoafirmação assertiva	44,17	45,77	542,5	0,827
Habilidades Sociais Conjugais – Escore total	54,63	43,67	425,5	0,138

Notas. U = U de Mann Whitney; p = significância estatística; * = diferença estatisticamente significativa (p < 0,05). Elaborada pelas autoras.

Com base na Tabela 3, pode ser percebido que houve diferenças estatisticamente significativas entre os dois grupos em duas dimensões das habilidades sociais conjugais. Comparando-se os postos médios, o grupo dos universitários avaliaram suas habilidades sociais conjugais como sendo maiores em relação às habilidades envolvendo empatia e autocontrole emocional, em comparação com o grupo de egressos universitários.

Tabela 4 – *Comparação dos Escores dos Universitários e Egressos Universitários nas Dimensões da Escala da Relação Coparental*

Dimensão	Posto médio		U	p
	Universitários (n = 15)	Egressos universitários (n = 75)		
Concordância Coparental	57,10	55,25	688,5	0,834
Suporte Coparental	62,53	42,09	307,0	0,005*
Apoio Coparental	63,43	41,91	293,5	0,003*
Proximidade Coparental	47,80	45,04	642,5	0,536
Divisão do Trabalho	56,47	43,31	398,0	0,720
Sabotagem Coparental	41,13	46,37	497,0	0,468
Exposição do filho ao Conflito	34,20	47,76	393,0	0,063

Notas. U = U de Mann Whitney; p = significância estatística (probabilidade); * = diferença estatisticamente significativa ($p < 0,05$). Elaborada pelas autoras

Como pode ser visto na Tabela 4, foram encontradas diferenças estatisticamente significativas entre os universitários e egressos universitários em duas dimensões da Escala da Relação Coparental (versão expectativas, aplicado no período pré-natal). Os universitários avaliaram que o suporte que esperavam receber de seu parceiro e o apoio que esperavam oferecer ao parceiro coparental seriam maiores quando o bebê nascesse, em comparação com as expectativas dos egressos universitários.

DISCUSSÃO

O ambiente acadêmico tem potencial para ser percebido como estressante quando não há condições e normas que viabilizem o desenvolvimento de vínculos sociais de uma forma saudável e que incentivem a comunicação do estudante para com os professores, pais, familiares e seus pares (Brito et al., 2021; Padovani et al., 2014). Para uma melhor compreensão da experiência de alunos universitários esperando seu primeiro filho, a seguir, são discutidas as diferenças no perfil sociodemográfico e nas percepções de suas habilidades sociais conjugais e de suas expectativas quanto à qualidade da relação coparental, comparando os pais e mães que ainda eram universitários com aqueles que eram egressos universitários.

Variáveis sociodemográficas

No presente estudo, o tempo de relacionamento com o parceiro foi menor entre os universitários do que entre os egressos universitários. Esse resultado talvez reflita a tendência de a maior parte dos alunos de esperar para depois de completar seus estudos universitários para se comprometer com um relacionamento de união estável e, mais ainda, para ter filhos, em acordo com a porcentagem baixa de alunas universitárias que são mães (8,8%), observada com base no Censo da Educação Superior (2021). No que diz respeito à renda, os egressos universitários possuíam maior renda do que os alunos universitários. Essa diferença é esperada, visto que os egressos universitários já têm o ensino superior concluído e, assim, a possibilidade de assumir um trabalho profissional em tempo integral.

Habilidades sociais conjugais

No presente estudo, os estudantes universitários autoavaliaram suas habilidades sociais conjugais como envolvendo maior desempenho em empatia e autocontrole emocional em comparação com os egressos universitários. A empatia envolve habilidades sociais como: manter contato visual, colocar-se no lugar do outro, ouvir, expressar compreensão, incentivar a confidência, ajudar, compartilhar a alegria e realização do outro. A classe de habilidades que envolve autocontrole emocional, por sua vez, inclui comportamentos interpessoais como: acalmar-se diante de indicadores emocionais de um problema, reconhecer, nomear e definir um problema (Del Prette & Del Prette, 2017).

A descoberta de uma gestação tende a produzir expectativas de que os parceiros permanecerão juntos (Piccinini et al., 2008). Assim, para os alunos universitários esperando seu primeiro filho, considerando que apresentaram menor tempo de relacionamentos com seu parceiro do que os egressos universitários, a confirmação da gravidez pode mudar repentinamente o status do seu relacionamento amoroso de "não estável" para "estável". Para a maior parte das pessoas, a consolidação de seu relacionamento de casal contribui para maior bem-estar socioemocional (Cardoso & Del Prette, 2017). Para os alunos universitários, a rápida evolução desse relacionamento pode ser experimentada de forma especialmente positiva, por não ser esperado naquela fase de suas vidas, contribuindo para percepções elevadas de suas habilidades sociais conjugais. Essas informações inesperadas são muito significativas, porque, apesar de os alunos universitários terem menor renda do que os egressos universitários, percepções positivas do relacionamento com o parceiro contribuirão para a construção e manutenção da relação coparental, podendo agir como um importante fator de proteção para lidar com as demandas que aguardam os futuros pais. Karnal et al. (2017) destacaram que a qualidade dos relacionamentos familiares age como fator de proteção, em função do apoio que cada membro oferece ao outro.

Pesquisas sobre os efeitos do nascimento do primeiro filho sobre a qualidade das interações entre os parceiros conjugais mostram, no entanto, que apenas um terço dos casais adapta-se ao novo contexto sem um aumento significativo e prejudicial nas tensões no seu relacionamento (Feinberg et al., 2016). Esses pesquisadores alertam que ocorre um aumento de cerca de oito vezes na frequência dos conflitos entre os parceiros, e o nível elevado de estresse tende a aumentar a hostilidade das interações quando há uma divergência de opiniões. Assim, tanto para os pais e mães que são alunos universitários quanto para aqueles que são egressos da universidade, pode ser importante preparar o casal durante o período pré-natal para aumentar seu repertório de habilidades sociais para lidar com as dificuldades envolvidas na reestruturação de suas vidas em torno de suas demandas de trabalho remunerado e as demandas que se tornam muito maiores no contexto familiar, de forma a manter a satisfação conjugal e evitar rupturas nesse relacionamento.

Para Gomes e Sá (2021), a materialização de um relacionamento novo é uma etapa complexa e de suma importância para o desenvolvimento humano. Assim sendo, a união conjugal envolve mais que um simples vínculo, e a chegada do filho torna o contexto familiar mais complexo, com a emergência das relações coparentais e parentais. Interações sociais específicas em cada um desses relacionamentos tendem a afetar os demais, e, além disso, os comportamentos interpessoais de cada parceiro são afetados por fatores biopsicossociais das famílias de origem de cada um, junto de suas perspectivas de mundo (Carter & McGoldrick, 2011; Gomes & Sá, 2021; Rosado & Wagner, 2015). Para compreender melhor a qualidade das relações entre os parceiros, o construto de satisfação conjugal mostra-se um importante componente para análise dessas relações.

A satisfação conjugal pode ser definida como uma avaliação subjetiva do comportamento dos cônjuges e da percepção de sucesso do relacionamento, proveniente do resultado da comparação entre a relação idealizada e a relação real mantida entre os envolvidos (Dela Coleta, 1989; Gomes & Sá, 2021). Por conseguinte, quando se trata da manutenção de um relacionamento, a satisfação conjugal está subordinada a fatores como companheirismo, amizade, diálogo, comunicação, fidelidade, lealdade, sinceridade, honestidade, sexo, confiança, amor, compreensão, respeito, renúncia, perdão, dentre outros. No que se refere aos níveis de satisfação conjugal de um indivíduo, Young (2003) aponta que pode ser influenciado por esquemas e estruturas cognitivas, as quais agem como filtros que afetam o que é percebido e como é interpretado no dia a dia de cada membro do casal. Ademais, quanto maior a satisfação conjugal, maior é a satisfação em diversas áreas do relacionamento conjugal, como a satisfação sexual, bem como com um conjunto de fatores que contribuem para percepções de intimidade, tais como validação pessoal, comunicação, abertura ao exterior e convencionalidade (Gomes & Sá, 2021).

Diante da importância da qualidade da relação conjugal e das dificuldades para manter a qualidade desta relação após o nascimento do primeiro filho, especialmente para casais com menor tempo de relacionamento, vale destacar que existem importantes contribuições de pesquisadores no que se refere à avaliação dos efeitos do treino de habilidades sociais conjugais sobre a satisfação conjugal. Nascimento (2016) observou que o treino de habilidades sociais para pessoas em casamentos conflituosos viabilizou o aumento da satisfação conjugal, notando o uso de comportamentos interpessoais mais funcionais. Já Durães (2016) verificou os efeitos do treino de habilidades sociais, especialmente o treino das que envolvem comunicação, e observou que houve um aumento na satisfação conjugal, com potencial para ajudar casais que apresentavam distorções cognitivas (pensamentos disfuncionais, como exagerar problemas, subestimar habilidades próprias ou as do outro). Por fim, Cardoso (2017) indicou que um repertório de habilidades sociais bem-desenvolvido tem o potencial de ser protetivo em contextos de relacionamentos violentos.

Relação coparental

Conforme descrito em estudos anteriores sobre os desafios da vida de alunos realizando estudos de ensino superior (por exemplo, Lira et al., 2021), os pais universitários esperando seu primeiro filho deparam-se com a necessidade de conciliar suas próprias ambições e seus objetivos acadêmicos com as responsabilidades parentais, considerando as possibilidades de colaboração com seu parceiro coparental. Fazer um curso de estudos na universidade já envolve um período de adaptações, e o acréscimo da responsabilidade parental aumenta ainda mais as demandas e as mudanças de identidade. Isso pode gerar conflitos internos e dúvidas sobre sua capacidade de serem pais e, ao mesmo tempo, de se dedicarem aos estudos. Além disso, os pais universitários podem enfrentar dificuldades financeiras, pois precisam arcar com os custos da sua educação e com os gastos novos relacionados à criança, assim como com a falta de tempo e a sobrecarga de tarefas, que podem dificultar o cumprimento de prazos acadêmicos e comprometer o desempenho nos estudos (Lira et al., 2021).

Apesar de apontamentos sobre o estresse alto entre universitários, os escores em duas dimensões das expectativas a respeito da relação coparental (suporte recebido e apoio oferecido ao parceiro coparental) nessa amostra foram maiores no grupo dos universitários do que no grupo de egressos universitários, contrariando o esperado. As percepções igualmente ou ainda mais positivas da relação coparental entre os universitários, em comparação com os egressos universitários, podem reflitir, novamente, sua satisfação com o aumento na estabilidade de sua relação com o parceiro e com a expectativa que a nascimento do filho possa contribuir para a proximidade emocional entre os membros do casal (Feinberg et al., 2016). Esses resultados, considerados em conjunto com as percepções positivas de suas habilidades sociais conjugais, podem significar que os alunos na transição para a parentalidade podem contar com um importante fator de proteção em função desse relacionamento tão central na sua rede de apoio social, que contribuirá para fortalecer sua capacidade de lidar com as demandas da vida acadêmica e os futuros desafios que enfrentarão para cuidar do filho. Os fatores protetores aumentam a resiliência e são considerados importantes, pois influenciam comportamentos diante de fatores de risco, reduzindo os efeitos negativos dos desafios enfrentados (Ferro & Meneses-Gaya, 2015).

CONSIDERAÇÕES FINAIS

O objetivo central do presente capítulo foi considerar a situação de alunos universitários esperando seu primeiro filho. Além de estarem passando pelo processo geral de adaptação de alunos universitários, também precisam desenvolver repertórios interpessoais que fazem parte de uma relação conjugal mais estável e da relação coparental. Foram apresentados os resultados de um estudo no qual comparamos as percepções do repertório de habilidades sociais conjugais e da qualidade da relação coparental de universitários e egressos universitários, diante da importância de entender a percepção do relacionamento com o parceiro em cada contexto. Quando o foco é na qualidade do relacionamento entre os parceiros, diferentemente do que esperávamos, descobrimos que os alunos universitários possuem percepções tão positivas ou ainda mais positivas das suas relações conjugais e coparentais, em comparação com egressos universitários.

No entanto, é preciso destacar algumas limitações do estudo, como o pequeno tamanho da amostra de universitários, mesmo que a possibilidade de fazer inferências indevidas foi amenizada pelo uso do teste estatístico não paramétrico U de Mann Whitney, indicado para a análise de resultados com distribuição não paramétrica. Outra limitação para interpretar os resultados coletados foi a falta de algumas outras informações complementares. Não foram coletados dados de desempenho acadêmico dos alunos (por exemplo, verificar se concluíram seu curso), o que pode afetar a manutenção de um bom relacionamento entre os pais universitários. Além disso, partimos do pressuposto de que a rede de apoio pode ser considerada como um fator de proteção na trajetória dos pais universitários, mas, neste estudo, foi avaliada somente a relação com o parceiro íntimo.

Importante indicar, também, que o capítulo traz algumas contribuições novas. Foram encontrados pouquíssimos artigos na literatura sobre a questão da parentalidade em universitários. Além disso, mesmo os trabalhos que se aproximavam da temática traziam apenas mães em suas amostras. Desta forma, este capítulo contribui para ampliar a literatura sobre a transição para a parentalidade entre alunos universitários, e o presente estudo trouxe resultados também de alunos do sexo masculino, na transição para a parentalidade. Outro destaque do estudo é o foco em habilidades interpessoais tão relevantes para o ajustamento familiar e que podem ser fortalecidas via a construção de programas de treinamento oferecidos durante o período pré-natal (Guerra, 2022).

Podemos destacar, ainda, as implicações para a prática profissional. Os clínicos que trabalham com essa população podem valer-se dos resultados deste estudo, pouco esperados, para trabalhar as variáveis socioemocionais como fatores de proteção. Como indicações para pesquisas futuras, apontamos a necessidade de um acompanhamento longitudinal de alunos universitários e egressos universitários que passam pela transição da parentalidade, para verificar a evolução dos relacionamentos conjugais, coparentais e parentais por parte de pessoas que assumam a parentalidade em diferentes contextos de vida.

QUESTÕES PARA DISCUSSÃO

- Quais são as políticas na sua universidade, para apoio a alunos de graduação e alunos de pós-graduação que estão na transição para a parentalidade?

- Essas políticas contemplam não somente as mães, mas também os pais?

- Quais são as necessidades dos alunos contemplados por essas políticas? O que mais poderia ser feito para contribuir para que esses alunos tenham condições práticas e socioemocionais para permanecer na universidade e finalizar seus estudos?

- Com quais outras pessoas do contexto universitário os alunos podem necessitar conversar a respeito de suas necessidades?

- O que poderia ser importante trabalhar em um programa de treinamento de habilidades sociais para fortalecer a rede de apoio social para os alunos, via essas outras pessoas?

REFERÊNCIAS

Barros, S. M. G. (2022). *Satisfação conjugal e a coparentalidade ao longo do ciclo de vida da família* [Dissertação de Mestrado, Escola de Ciências Sociais da Universidade de Evora]. Repositório Digital de Publicações Científicas da Universidade de Évora. https://dspace.uevora.pt/rdpc/bitstream/10174/33811/1/Mestra-do-Psicologia_Clinica-Sara_Melissa_Barros.pdf

Brito, Q. H. F., Avena, K. de M., Portilho, E. M. L., Pereira, M. A., & Quintanilha, L. F. (2021). Maternidade, paternidade e vida acadêmica: impactos e percepções de mães e pais estudantes de medicina. *Revista Brasileira de Educação Médica, 45*(4), e233. https://doi.org/10.1590/1981-5271v45.4-20210309

Cardoso, B. L. A., & Del Prette, Z. A. P. (2017). Habilidades sociais conjugais: uma revisão da literatura brasileira. *Revista Brasileira de Terapia Comportamental e Cognitiva, 19*(2), 124-137. https://doi.org/10.31505/rbtcc.v19i2.1036

Cardoso, B. L. A. (2017). *Habilidades sociais e satisfação conjugal de mulheres em situação de violência perpetrada por parceiro íntimo* [Dissertação de Mestrado, Universidade Federal do Maranhão]. https://tedebc.ufma.br/jspui/handle/tede/1746

Carter, B., & McGoldrick, M. (2011). *The expanded family life cycle: Individual, family, and social perspectives.* Allyn & Bacon Classics.

Carvalho, T. R., Barham, E. J., Souza, C. D., Boing, E., Crepaldi, M. A., & Vieira, M. L. (2018). Cross-cultural adaptation of an instrument to assess coparenting: Coparenting Relationship Scale. *Psico-USF, 23*(2), 215-227. https://doi.org/10.1590/1413-82712018230203

Dela Coleta, M. F. (1989). A medida da satisfação conjugal: Adaptação de uma escala. *Psico, 18*(2), 90-112. https://doi.org/10.9788/TP2017.4-22Pt

Del Prette, Z. A. P., & Del Prette, A. (2017). *Competência social e habilidades sociais: Manual teórico-prático*. Vozes.

Del Prette, Z. A. P., Peixoto, E. M., & Villa, V. B. (2019). *Inventário de habilidades sociais conjugais: nova estrutura fatorial e análises psicométricas*. [Manuscrito não publicado]. Departamento de Psicologia, Universidade Federal de São Carlos.

Dias, A. C. G., Carlotto, R. C., de Oliveira, C. T., & Teixeira, M. A. P. (2019). Dificuldades percebidas na transição para a universidade. *Revista Brasileira de Orientação Profissional, 20*(1), 19-30. https://doi.org/10.26707/1984-7270/2019v20n1p19.

Durães, R. S. S. (2016). *Identificação de distorções cognitivas em casais e intervenção cognitivo – comportamental* [Dissertação de Mestrado, Universidade Metodista de São Paulo]. https://tede.metodista.br/handle/tede/1600

Feinberg, M. E. (2003). The internal structure and ecological context of coparenting: A framework for research and intervention. *Parenting: Science and Practice, 3*(2). https://doi.org/95-131.10.1207/S15327922PAR0302_01

Feinberg, M. E., Brown, L. D., & Kan, M. L. (2012). A multi-domain self- report measure of coparenting. *Parenting, Science and Practice, 12*(1), 1-21. https://doi.org/10.1080/15295192.2012.638870

Feinberg, M. E., Jones, D. E., Hostetler, M. L., Roettger, M. E., Paul, I. M., & Ehrenthal, D. B. (2016). Couple-focused prevention at the transition to parenthood, a randomized trial: Effects on coparenting, parenting, family violence, and parent and child adjustment. *Society for Prevention Research, 17*, 751-764. https://doi.org/10.1007/s11121-016-0674-z

Figueiredo, B., & Lamela, D. (2014). Parentalidade e coparentalidade: Conceitos básicos e programas de intervenção. Em V. S. Lima (Ed.), *Clínica universitária de psicologia: Contributos para a prática psicológica* (pp. 151-172). Universidade Católica Editora.

Ferro, L. R. M., & Meneses-Gaya, C. (2015). Resiliência como fator protetor no consumo de drogas entre universitários. *Saúde e Pesquisa, 8,* 139-149. https://periodicos.unicesumar.edu.br/index.php/saudpesq/article/view/3774/2519

Guerra, L. L. L. (2022). *Programa de intervenção em coparentalidade para casais em transição para a parentalidade* [Tese de Doutorado, Programa de Pós-Graduação em Psicologia da Universidade Federal de São Carlos]. https://repositorio.ufscar.br/handle/ufscar/16588

Guerra, L. L. L., Carvalho, T. R., Setti, A. G. B., Sarmento, R. S., & Barham, E. J. (2022). Adaptação cultural do Family Foundations: Programa de intervenção em coparentalidade para casais em transição para a parentalidade. *Revista da SPAGESP, 23*(2), 22-36. https://dx.doi.org/https://doi.org/10.32467/issn.2175-3628v23n2a3

Gomes, L. E. S., & Sá, L. G. C. (2021). Quais são as relações entre esquemas iniciais desadaptativos, habilidades sociais e satisfação conjugal? *Pensando Famílias, 25*(2), 65-80. http://pepsic.bvsalud.org/scielo.php?script=sci_arttext&pid=S1679-494X2021000200006&lng=pt&tlng=pt.

Instituto Brasileira de Geografia e Estatística (2019). *Mulheres brasileiras na educação e no trabalho.* https://educa.ibge.gov.br/criancas/brasil/atualidades/20459-mulheres-brasileiras-na-educacao-e-no-trabalho.html

Instituto Nacional de Estudos e Pesquisas Educacionais Anísio Teixeira (INEP) (2022). *Ensino a distância cresce 474% em uma década.* https://www.gov.br/inep/pt-br/assuntos/noticias/censo-da-educacao-superior/ensino-a-distancia-cresce-474-em-uma-decada

Lacerda, I. P., & Valentini, F. (2018). Impacto da moradia estudantil no desempenho acadêmico e na permanência na universidade. *Psicologia Escolar e Educacional, 22*(2), 413-423. https://doi.org/10.1590/2175-35392018022524

Lacerda, I., Yunes, M., & Valentini, F. (2021). Permanência no ensino superior e a rede de apoio de estudantes residentes em moradia estudantil. *Revista Internacional de educação superior, 8,* 1-18, e022004. https://periodicos.sbu.unicamp.br/ojs/index.php/riesup/article/view/8663399/26755

Lopes, B. S. N. (2012). *Um olhar sobre as relações amorosas: satisfação conjugal, intimidade e satisfação sexual* [Dissertação de Mestrado, Instituto Superior de Psicologia Aplicada]. Repositório ISPA – Instituto Universitário. https://repositorio.ispa.pt/bitstream/10400.12/3780/1/14971.pdf

Lira, M. V. A., Santos, A. S. C. A., Vidal, P. C., Costa, C. F. T., Pereira, M. D., & Dantas, E. H. M. (2021). Sofrimento mental e desempenho acadêmico em estudantes de psicologia em Sergipe. *Research, Society and Development, 10*(10), e483101019172. https://rsdjournal.org/index.php/rsd/article/view/19172

Ministério da Educação (2021). *Censo da educação superior.* https://download.inep.gov.br/educacao_superior/censo_superior/documentos/2021/apresentacao_censo_da_educacao_superior_2021.pdf

Mourão, D.S.C.R.(2021). *O papel da coparentalidade na parentalidade consciente* [Dissertação de Mestrado, Faculdade de Psicologia e de Ciências da Educação da Universidade de Coimbra]. https://estudogeral.uc.pt/handle/10316/96537

Nascimento, F. S. P. (2016). *Terapia cognitiva–comportamental para casais em conflito: Estudo de caso* [Dissertação de Mestrado, Faculdade de Medicina de São José do Rio Preto]. http://bdtd.famerp.br/handle/tede/490

Karnal, C. L., Monteiro, J. K., Santos, A. S., & Santos, G. O. (2017). Fatores de proteção em estudantes bolsistas do programa Universidade para Todos. *Psicologia Escolar e Educacional, 21*(3), 437-446. https://doi.org/10.1590/2175-35392017021311169

Padovani, R. C., Neufeld, C. B., Maltoni, J., Barbosa, L. N. F., Souza, W. F., Cavalcanti, H. A. F., & Lameu, J. N. (2014). Vulnerabilidade e bem-estar psicológicos do estudante universitário. *Revista Brasileira de Terapias Cognitivas, 10*(1), 2-10. https://dx.doi.org/10.5935/1808-5687.20140002

Parker, R. (2002). *Why marriages last: A discussion of the literature.* Australian Institute of Family Studies, National Library of Australia. https://aifs.gov.au/sites/default/files/publication-documents/RP28_0.pdf.

Piccinini, C. A., Gomes, A. G., Nardi, T., & Lopes, R.S. (2008). Gestação e a constituição da maternidade. *Psicologia em Estudo, 3*(1), 63-72. https://www.scielo.br/j/pe/a/dmBvk536qGWLgSf4HPTPg6f/?format=pdf

Pinto, T. M., Figueiredo, B., & Feinberg, M. E. (2019). The Coparenting Relationship Scale – Father's Prenatal Version. *Journal of Adult Development 26,* 201-208. https://doi.org/10.1007/s10804- 018-9308-y

Pizzinato, A., Pagnussat, E., Cargnelutti, E. S., Lobo, N. S, & Motta, R. F. (2018). Análise da rede de apoio e do apoio social na percepção de usuários e profissionais da proteção social básica. *Estudos de Psicologia, 23,* (2), 145-156. https://dx.doi.org/10.22491/1678-4669.20180015

Porreca, W. (2019). Relação conjugal: desafios e possibilidades do "nós". *Psicologia: Teoria e Pesquisa, 35*(spe), e35nspe7. https://doi.org/10.1590/0102.3772e35nspe7

Rosa, L. C., Pedrotti, B. G., Mallmann, M. Y., & Frizzo, G. B. (2020). O papel da coparentalidade e da rede de apoio materna no uso de mídias digitais por bebês. *Contextos Clínicos, 13*(3), 786-806. http://pepsic.bvsalud.org/scielo.php?script=sci_arttext&pid=S1983-34822020000300005&lng=pt&tlng=pt.

Rosado, J. S., & Wagner, A. (2015). Qualidade, ajustamento e satisfação conjugal: revisão sistemática da literatura. *Pensando Famílias, 19*(2), 21-33. http://pepsic.bvsalud.org/scielo.php?script=sci_arttext&pid=S1679-494X2015000200003

Santos, C. A. R. D. (2018). *O impacto do envolvimento paterno e dos estilos parentais nas relações de coparentalidade? um olhar sobre a parentalidade* [Dissertação de Mestrado, ISCTE-Instituto Universitário de Lisboa]. Repositório da ISCTE-Instituto Universitário de Lisboa. https://repositorio.iscte-iul.pt/bitstream/10071/19944/4/master_carolina_rodrigues_santos.pdf

Santos, E. B., & Wachelke, J. (2019). Relações entre habilidades sociais de pais e comportamento dos filhos: uma revisão da literatura. *Pesquisas e Práticas Psicossociais, 14*(1), 1-15, e2964. http://seer.ufsj.edu.br/revista_ppp/article/view/2964/2089

Van Egeren, L. A., & Hawkins, D. P. (2004). Coming to terms with coparenting: Implications of definition and measurement. *Journal of Adult Development, 11*(3), 165-178. https://doi.org/10.1023/B:JADE.0000035625.74672.0b

Vilela, A. L. (2019). *Coparentalidade e depressão em casais durante a gravidez* [Dissertação de Mestrado, Universidade do Minho]. Repositório da Universidade do Minho. https://repositorium.sdum.uminho.pt/bitstream/1822/61238/1/Tese%2bfinal%2bAurora%2b25%2bjunho.pdf.

Villa, M. B., Del Prette, Z. A. P., & Del Prette, A. (2007). Habilidades sociais conjugais e filiação religiosa: um estudo descritivo. *Psicologia em Estudo, 12*(1), 23-32. http://doi.org/10.1590/S1413- 73722007000100004

Young, J. E. (2003). *Terapia cognitiva para transtornos da personalidade:* Uma abordagem focada nos esquemas. Artmed.

PARTE 3

FORMAÇÃO E DESENVOLVIMENTO PROFISSIONAL DE UNIVERSITÁRIOS E SUA RELAÇÃO COM O MUNDO DO TRABALHO

CAPÍTULO 17

UNIVERSITÁRIOS PLANEJAM A CARREIRA? ENTENDENDO COMO ESSE PROCESSO ACONTECE

Luara Carvalho
Luciana Mourão

INTRODUÇÃO

O planejamento de carreira ressalta-se como um recurso importante, uma vez que o número de universitários triplicou nas últimas décadas (Ministério da Educação/Instituto Nacional de Estudos e Pesquisas Educacionais Anísio Teixeira – INEP, 2021). Colocar em prática um plano bem-elaborado e fundamentado em informações consistentes pode ser um grande aliado para o enfrentamento do desafio que é a transição da universidade para o mercado de trabalho.

O futuro do trabalho tem sido tema central nas discussões promovidas pela Organização Internacional do Trabalho. No Brasil, 80% dos profissionais com formação de nível superior têm se submetido cada vez mais aos cargos que não exigem a qualificação obtida, dada a dificuldade de inserção na sua área de formação (Departamento Intersindical de Estatística e Estudos Socioeconômicos – Dieese, 2022).

Planejar a carreira ainda no período formativo é uma forma de antecipar uma série de questões e barreiras que serão enfrentadas após a conclusão do curso, em um contexto de mercado caracterizado pela incerteza, escassez de oportunidades e instabilidades dos vínculos laborais. Uma pesquisa realizada pelo Núcleo Brasileiro de Estágios (NUBE, 2021) atesta tais dificuldades dos recém-graduados de diferentes estados do Brasil, mostrando que, em até um trimestre depois da formatura, apenas 15% dos diplomados tinham conseguido inserir-se no mercado de trabalho da área.

A despeito do cenário pandêmico que se instalou no mundo, a pesquisa confirma um movimento que já vinha acontecendo e se intensificou, pois foi constatada redução de 45% no percentual de pessoas empregadas em seus ramos após a formatura. Dos mais de 8 mil recém-formados entrevistados, grande parte (52%) afirmou não estar trabalhando, 28% estão desempregados há mais de um ano, e dos já inseridos no mercado, apenas 20% estão executando atividades pertinentes às suas profissões. Entre os exemplos apontados no estudo, estão administradores atuando como operadores de caixa ou cozinheiros e pedagogos exercendo funções de faxina ou acompanhante de idoso (NUBE, 2021).

Na esteira desse processo, fica claro que os universitários enfrentam um grande desafio de inserção ou de recolocação no mundo laboral. A rápida mobilidade do mercado aumenta os sentimentos de insegurança, dúvidas, ansiedade e medo de não conseguir o tão sonhado sucesso na carreira. Assim, pensar o processo de transição de papéis entre estudante e profissional da área não engloba apenas aspectos individuais, mas também aspectos sociais. O público universitário tem sido alvo de estudos na área de desenvolvimento profissional e de carreira (Almeida & Teixeira, 2018; Bates et al., 2019; Carvalho & Mourão, 2021; Carvalho et al., 2023; Knabem et al., 2018).

Em uma perspectiva evolutiva, as pesquisas sobre o desenvolvimento de carreira têm avançado ao longo dos anos, antes centrada na escolha da profissão frente a um cenário estável e contínuo dentro de uma organização. O progresso das investigações seguiu para o avanço do conceito desenvolvimentista de carreira, alcançando perspectivas construtivistas e construcionistas, que privilegiam as escolhas e os projetos do indivíduo, em um lugar de protagonista de sua carreira (Ambiel, 2014; Duarte, 2019; Super, 1990).

Salienta-se que o conceito de desenvolvimento profissional aproxima-se muito do desenvolvimento de carreira, e ambos abarcam aspectos objetivos e subjetivos (Mourão & Monteiro, 2018; Paquay et al., 2012). Essa associação entre tais conceitos ganha suporte na Teoria de Construção da Carreira, utilizada como base teórica do presente capítulo (Savickas, 2013). Nessa teoria, Mark Savickas suplanta a ideia de uma sequência de empregos ou promoções ao longo da vida, entendendo a carreira como um processo construtivo, pessoal e social dos significados atribuídos às escolhas profissionais (Savickas, 2005, 2013). Nesse sentido, a definição preserva os elementos subjetivos e objetivos do desenvolvimento de carreira, incluindo experiências e expectativas relacionadas ao trabalho, bem como compreendendo atributos centrais da visão tradicional do construto e permitindo a inclusão de modelos mais flexíveis e menos estáveis, como a carreira proteana ou multiforme (Hall et al., 2018).

Cabe ressaltar que o desenvolvimento profissional pode e deve ser pensado ainda durante o processo de formação, tal como pressupõe o Modelo Teórico de Desenvolvimento Profissional de Universitários (MDPU) de Mourão et al. (2020). Esse modelo tem sido utilizado como base para outros estudos de carreira com o público universitário (Carvalho & Mourão, 2021; Carvalho et al., 2023) e admite uma intencionalidade no processo de desenvolvimento profissional, configurando um movimento contínuo de crescimento e de replanejamento da carreira, que envolve estabelecimento de objetivos, análise de competências, ações de aprendizagem e identificação de avanços na carreira.

É válido destacar que tal modelo apresenta relação com outras teorias desenvolvimentistas, como *Life Design* e suas bases conceituais (Savickas et al., 2009) – Teoria de Construção da Carreira e Teoria da Construção de Si, com o modelo de Super (1990) – no que tange à aprendizagem contínua –, e com a Teoria Social Cognitiva de Carreira (Lent & Brown, 2013) – no que tange à intencionalidade e à perspectiva cíclica das etapas de evolução na trajetória profissional. Diante dessa perspectiva de avanço dos estudos, da era da estabilidade passamos para a era da incerteza, em que a construção da carreira começa a ser entendida como uma responsabilidade do indivíduo, tendo ele um papel ativo na construção do seu plano de carreira.

PLANEJAMENTO DE CARREIRA

De modo geral, planejamento de carreira consiste no desenho que se elabora acerca do futuro profissional, envolvendo estabelecimento de objetivos e estratégias para alcançá-los continuamente ao longo da vida (Greenhaus et al., 1995; Ourique & Teixeira, 2012; Zikic & Klehe, 2006). Fica implícito, nessa concepção, que a carreira pode ser gerenciada, ao menos em parte, e que o indivíduo tem a possibilidade de fazer muitas coisas que podem influenciar a sua trajetória laboral (McIlveen, 2009).

Alguns autores buscam uma forma de conceituar o planejamento de carreira combinando aspectos que são usualmente associados ao termo na literatura, uma vez que não há uma definição estabelecida sobre o construto nem uma definição operacional consensual. Ourique e Teixeira (2012) abordam o construto a partir da conjugação de dois componentes considerados fundamentais: a decisão de carreira (incluindo clareza de objetivos, definição de metas e de estratégias para alcançar os objetivos) e a presença de comportamentos exploratórios vocacionais (autorreflexão sobre habilidades e interesses, monitoração do rumo que a carreira vem seguindo, busca ativa de informações vocacionalmente relevantes, construção de redes de contatos).

Por um lado, o componente da decisão é considerado importante na definição de planejamento, porque metas são necessárias para um direcionamento futuro (Greenhaus et al., 1995). Por outro lado, o planejamento de carreira não se resume aos aspectos cognitivos da construção de metas de carreira. Planejar implica um comportamento ativo com o propósito de promover o seu desenvolvimento na direção desejada e exige um engajamento do indivíduo (McIlveen, 2009). Para que os objetivos de carreira possam ser atingidos ou ajustados, é necessário o envolvimento contínuo nesse processo, que pode ser caracterizado, em sentido amplo, como um comportamento exploratório da carreira (Ourique & Teixeira, 2012).

Teixeira et al. (2019), ao proporem as Escalas de Desenvolvimento de Carreira de Universitários (EDCU), definiram a dimensão planejamento de carreira como a preocupação e o cuidado que um sujeito tem em relação à sua carreira, orientando-se para o futuro e exibindo comportamentos no sentido de se preparar para tomar decisões ou para avançar na carreira (como explorar oportunidades, buscar informações, fazer redes de contatos e estabelecer metas e planos). Os autores, por sua vez, diferem a dimensão planejamento de carreira da dimensão decisão em relação ao projeto profissional. A primeira abarca comportamentos exploratórios que deveriam anteceder as tomadas de decisão e planejamento, assim como esforços cognitivos de elaboração de planos. Já a dimensão decisão traz uma percepção subjetiva mais global de clareza quanto aos objetivos profissionais e dos planos para atingi-los sem envolver, necessariamente, comportamentos efetivos de planejamento.

Cabe ressaltar que, após as etapas de análise, Teixeira et al. (2019) optaram por renomear a dimensão planejamento de carreira para comportamentos ampliados de exploração ou exploração ampliada. Essa dimensão diz respeito aos comportamentos de reflexão sobre si mesmo e à carreira, à busca ativa de experiências e informações sobre o mundo profissional, além de comportamentos de orientação ao futuro e de preparação para a tomada de decisão (como a exploração de oportunidades, a construção de redes de contatos, a identificação de barreiras e o monitoramento do alcance dos objetivos traçados). O comportamento exploratório é um comportamento intencional com o intuito de o indivíduo alcançar o conhecimento acerca do ambiente de trabalho, auxiliando-o em sua tomada de decisão por meio de informações sobre carreiras, profissões e ocupações (Aguillera et al., 2019).

A transição para o mercado de trabalho exige do estudante uma necessidade de pensar de forma mais estruturada em seu projeto profissional, sendo essa, portanto, uma transição de carreira na qual o planejamento tem um importante papel, ou pelo menos deveria ter para que o indivíduo se sinta mais seguro e decidido para enfrentar as barreiras presentes nesse momento. Nesse contexto, o planejamento de carreira funciona como uma prática de facilitação de processos de reflexão sobre si e de engajamento em tarefas relacionadas ao trabalho, que contribuem para a formação da identidade profissional (Gondim et al., 2016).

Ao planejar a carreira ainda na graduação, o estudante pode refletir sobre questões importantes para o seu desenvolvimento profissional, que o permite construir estratégias adequadas para obter sucesso em seus planos (Oliveira et al., 2019; Pilatti et al., 2018; Teixeira & Gomes, 2005). Estudos com universitários destacam que ter clareza das possibilidades laborais futuras reflete no alcance de metas, uma vez que ter um plano de carreira ajuda a dar sentido à experiência universitária e propicia percepções mais positivas de seu desenvolvimento profissional e de sua empregabilidade (Carvalho & Mourão, 2021)

Os elementos relativos ao planejamento estão associados à percepção de progresso em uma busca intencional para impulsionar os projetos de vida e de carreira (Vergara Wilson & Gallardo, 2019; Wei et al., 2020). As questões socioeconômicas também estão presentes nos diferentes contextos em que se encontram os universitários, bem como a evolução tecnológica que está transformando o modo como o trabalho se estrutura. É nesse sentido que surgem novos questionamentos e adaptações para atuação no mundo do trabalho.

Considerando o conjunto de elementos expostos até aqui, a pergunta central do presente capítulo é: como os universitários planejam a carreira? Assim, o objetivo geral desta pesquisa é compreender o fenômeno de planejamento de carreira em universitários.

PERFIL DOS UNIVERSITÁRIOS QUE PARTICIPARAM DA PESQUISA

A pesquisa contou com um conjunto de 2.214 universitários brasileiros e adotou uma amostra de conveniência, que buscou uma diversidade de contextos e cursos de graduação. Os participantes foram divididos em dois grupos: (*i*) universitários que planejam a carreira e (*ii*) universitários que não planejam a carreira. A organização desses dois grupos permitiu comparações acerca do planejamento de carreira em universitários. O critério de inclusão no estudo foi estar matriculado a partir do 2° semestre do curso para não abarcarmos os que ainda estavam chegando à universidade.

O primeiro grupo foi formado por universitários que planejam a carreira – com um total de 1.042 estudantes (56% mulheres) com uma média de 26 anos desvio-padrão = 7,5), em sua grande maioria solteiros (82%). Os participantes estavam matriculados em IES localizadas nas cinco regiões brasileiras, a saber: Sudeste (80%); Norte (2%), Nordeste (7%); Centro-Oeste (5%); e Sul (6%); em sua maioria privadas (66%). No que diz respeito ao turno, 25% são alunos do regime integral, 24% são alunos da manhã, e 52% do turno da noite. Ainda, 67% dos universitários estão vivenciando a sua primeira experiência com um curso de graduação, 10% estão cursando a segunda graduação, e 23% mudaram de curso. A maioria dos participantes (66%) é a primeira geração da família a ingressar no ensino superior. No que tange à realidade financeira, 39% possuem renda de até 2 mil reais, 37% de 2 a 5 mil reais, 16% de 5 a 10 mil reais, e 8% acima de 10 mil reais.

A amostra contemplou 41% de estudantes ingressantes (até a primeira metade do curso) e 59% de concluintes (segunda metade do curso). A maioria dos estudantes já participou de estágios (60%), 20% de programas de monitoria, 26% de iniciação científica, 45% de atividades de extensão, e 21% ainda não participaram de atividades acadêmicas complementares. A maior parte dos universitários (39%) trabalha em uma área relacionada ao curso, 38% ainda não trabalham (38%), e 23% trabalham uma área não relacionada ao curso.

Os cursos pesquisados compreenderam os três agrupamentos de Colégios estabelecidos pela Capes, quais foram: Humanidades (47%), Ciências da Vida (25%) e Exatas, Tecnológicas e Multidisciplinar (28%). Dos participantes, 57% nunca pensaram em desistir ou mudar de curso, no entanto, 30% já pensaram, mas decidiram terminar o curso e exercer a profissão, 10% decidiram terminar o curso mesmo que não exerçam a profissão, e 3% já pensaram e ainda consideram essa possibilidade.

O segundo grupo foi formado por universitários que não planejam a carreira – com um total de 1.172 estudantes (63% mulheres) com uma média de 28 anos (desvio-padrão = 8,3), em sua grande maioria solteiros (79%). Os participantes estavam matriculados em IES localizadas nas cinco regiões brasileiras, a saber: Sudeste (90%); Norte (1%), Nordeste (3%); Centro-Oeste (3%); e Sul (3%); em sua maioria IES privadas (83%). No que diz respeito ao turno, 11% são alunos do regime integral, 37% da manhã, e 52% da noite. Ainda, 70% dos universitários estão vivenciando a sua primeira experiência com um curso de graduação, 8% estão cursando a segunda graduação, e 21% mudaram de curso.

A amostra contemplou 60% de estudantes ingressantes (até a primeira metade do curso) e 40% de concluintes (segunda metade do curso). A maioria dos estudantes já participou de estágios (46%), 11% de programas de monitoria, 13% de iniciação científica, 27% de atividades de extensão, e 36% dos estudantes ainda não participaram de atividades acadêmicas complementares. Grande parte dos universitários (37%) ainda não trabalha, 33% trabalham uma área relacionada ao curso, e 30% trabalham uma área não relacionada à área de formação.

Os cursos pesquisados compreenderam os três agrupamentos de Colégios estabelecidos pela Capes: Humanidades (43%), Ciências da Vida (44%) e Exatas, Tecnológicas e Multidisciplinar (13%). Dos participantes, 51% nunca pensaram em desistir ou mudar de curso, no entanto, 31% já pensaram mas decidiram terminar o curso e exercer a profissão, 12% decidiram terminar o curso mesmo que não exerça a profissão, e 7% já pensaram e ainda consideram essa possibilidade. A maioria dos participantes (75%) é a primeira geração da família a ingressar no ensino superior. No que tange à realidade financeira, 48% possuem renda de até 2 mil reais, 36% de 2 a 5 mil reais, 10% de 5 a 10 mil reais, e 5% acima de 10 mil reais.

A diversidade de contextos e cursos de graduação dos participantes foi uma opção das pesquisadoras deste estudo, tendo em vista o caráter exploratório que o caracteriza. Nesse sentido, buscou-se uma variedade em termos regionais, tipo de IES e áreas de formação, sem a realização de controle em termos de especificidades desses contextos, pois o propósito do estudo era conhecer como os universitários planejam a carreira, sem intenção de generalizações. A caracterização da amostra está detalhada na Figura 1.

Figura 1 – *Principais características da amostra*

Nota. Elaborada pelas autoras e imagens licenciadas pelo *Unsplash*.

O perfil dos universitários que planejam a carreira é semelhante daqueles que não planejam a carreira, seja em termos de dados sociodemográficos, seja em termos de informações relativas à trajetória acadêmica. Assim, em ambos os grupos, prevalecem as mulheres, pois elas também são a maioria de quem cursa graduação. O mesmo ocorre com o estado civil, prevalecendo solteiros em ambos os grupos. No entanto, há uma diferença relevante quando se compara o grupo que planeja a carreira e o que não planeja, em termos do tipo de IES em que esses universitários estudam. Embora, em ambos os grupos, a maior parte de estudantes seja oriunda de instituições particulares, há uma tendência maior de que aqueles que estudam em IES públicas planejem a carreira (34%).

No grupo que não planeja a carreira, o percentual de universitários de IES públicas é de apenas 17%. Outra diferença está no momento do curso, pois, entre os que planejam a carreira, 59% são concluintes, e, entre os que não planejam, esse percentual é de 40%. Sendo assim, quem planeja a carreira também tem mais experiência acadêmica, em termos de participação em estágios (60%), em monitoria (20%), em iniciação científica (26%) ou em atividades de extensão (45%). Além disso, entre os que planejam a carreira, a maior parte trabalha em uma área relacionada ao seu curso (39%), enquanto entre os que não planejam predomina os que não trabalham (37%). Entre os que planejam a carreira é também maior o percentual de quem nunca pensou em desistir do curso de graduação, e, proporcionalmente, há um menor número de universitários que faz parte da primeira geração da família a fazer graduação. Cabe ressaltar que, dentre os que planejam, 39% têm renda familiar até 2 mil, enquanto dentre os que não planejam esse percentual é de 48%. Nesse sentido, os dados da pesquisa mostram que pessoas com condições familiares melhores e que estudam em IES públicas tendem a planejar suas carreiras.

COMO A PESQUISA FOI CONDUZIDA

Cada universitário foi convidado a pensar sobre o seu planejamento de carreira ao responder a seguinte pergunta: "Você tem planejado a sua carreira?". Caso respondesse "Sim" ele era direcionado a responder à pergunta aberta sobre como ele tem planejado a carreira, sem limite de caracteres. Neste caso, foram consideradas todas as respostas de planejamento, independentemente dos meios que o universitário relatou utilizar para planejar sua carreira. Além dessa pergunta central, foi também apresentado um conjunto de questões de dados sociodemográficos e profissionais que permitissem caracterizar adequadamente a amostra da presente pesquisa e definir os grupos de comparação.

A pesquisa realizada foi aprovada por um Comitê de Ética em Pesquisa e respeitou todos os preceitos éticos esperados, inclusive o sigilo das informações individuais e o direito à participação voluntária e desistência de continuidade na pesquisa. Todos os participantes autorizaram a inclusão dos dados por meio do Termo de Consentimento Livre e Esclarecido (TCLE), e a coleta foi realizada de maneira on-line e presencial. Para a coleta on-line, foi enviado um convite por *e-mail* e por outras redes sociais, a partir da divulgação de quem já tinha respondido à pesquisa, caracterizando o emprego da técnica bola de neve. No caso de duas respostas de um mesmo *e-mail*, foi considerada apenas a última que foi enviada, e foi feita uma checagem para verificar se todos os participantes que responderam ao questionário enquadravam-se nos critérios de inclusão. A coleta de dados também foi feita de maneira presencial, com o questionário no formato impresso, em cinco instituições de ensino superior, que autorizaram previamente a aplicação. Após a coleta presencial, os dados foram inseridos manualmente na plataforma virtual para evitar possíveis identificações. O tempo médio de resposta foi de 20 minutos.

Com o apoio do *Statistical Package for the Social Science* (*SPSS* – versão 22), realizamos análises descritivas e exploratórias para a comparação dos dados sociodemográficos. A partir das respostas da descrição do planejamento de careira informado pelos universitários, fez-se uma análise de conteúdo categorial (Bauer, 2015), com agrupamentos por equivalência ou similaridade de conteúdo das respostas. Esse método permite identificar regularidades no tratamento do material textual, respeitada a pluralidade presente nas respostas dos participantes. Assim, a análise de conteúdo foi conduzida com o agrupamento de elementos de significados mais próximos, com formação de categorias e subcategorias que encontram suporte teórico na literatura da área de carreiras.

O procedimento adotado partiu da leitura inicial (leitura flutuante) com anotações dos pontos mais relevantes advindos do conteúdo das respostas sobre como planejavam a carreira. Como resultado dessa primeira análise, as descrições dos universitários geraram um total de 1701 respostas. O processo de agrupamento a partir da similaridade de conteúdo das respostas deu origem a uma lista de 76 subcategorias diferentes. As pesquisadoras liam as respostas e atribuíam no máximo três subcategorias que as representassem. Como segunda etapa, foi feita uma análise consensual com duas juízas independentes (ambas psicólogas, doutoras em Psicologia e pesquisadoras na área).

Foi verificado que algumas subcategorias foram citadas apenas uma ou duas vezes, e por isso foram reavaliadas para verificação se o seu conteúdo não se agrupava com outra categoria. O critério final estabelecido foi o de cada subcategoria ter um mínimo de 1% de casos, ou seja, ter sido citada por, pelo menos, 10 vezes. Nessa terceira etapa, o conjunto foi reduzido para 33 subcategorias. No entanto, as pesquisadoras retiraram algumas respostas que não remetiam a como o universitário planejava a carreira, mas apenas justificavam o motivo de não realizarem este planejamento. Foram elas: (*i*) consciência da importância ou interesse em planejar (8,5% dos casos); (*ii*) dúvidas se vai seguir na área (1,3%); (*iii*) indecisão sobre qual subárea seguir (1,2%); (*iv*) apenas escreveu a área em que está se formando (6,4%); (*v*) finalizar a graduação (3,8%).

RESULTADOS APONTAM CINCO CATEGORIAS PRINCIPAIS DE PLANEJAMENTO DA CARREIRA ENTRE OS UNIVERSITÁRIOS

De acordo com as análises realizadas, obtivemos um total de 28 subcategorias de ações implementadas no processo de planejamento de carreira dos universitários. Seguindo o critério de equivalência ou similaridade de conteúdo, as subcategorias foram agrupadas em um conjunto de cinco categorias principais de planejamento de carreira, conforme pode ser visto na Figura 2: (1) Desenvolvimento de habilidades e aperfeiçoamento profissional; (2) Empregabilidade e empreendedorismo; (3) Continuidade acadêmica e científica; (4) Estratégias de exploração voltadas para a carreira; e (5) Definição de objetivos e alinhamento pessoal.

Figura 2 – *Categorias de planejamento da carreira dos universitários*

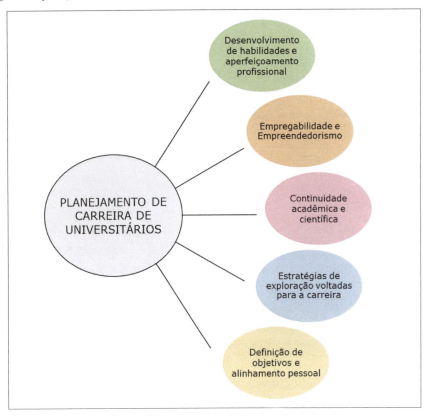

Nota. Elaborada pelas autoras.

As cinco categorias de planejamento de carreira de universitários estão em consonância com os modelos teóricos da literatura, que já apontavam as ações comportamentais proativas como etapas essenciais nesse processo (Mourão et al., 2020; Savickas, 2013). Assim como também sustenta as definições de planejamento de carreira que envolvem o desenvolvimento de habilidades, exploração do mercado, continuidade na formação, estabelecimento de objetivos e estratégias contínuas para alcançá-los, autorreflexão, monitoração do rumo que a carreira vem seguindo, busca ativa de informações relevantes e redes de contatos (Greenhaus et al., 1995; McIlveen, 2009; Ourique & Teixeira, 2012; Teixeira et al., 2019; Zikic & Klehe, 2006).

De uma maneira geral, o mundo do trabalho contemporâneo molda a noção de carreira, de tal sorte que se espera um protagonismo do indivíduo como autor da sua própria história (Duarte, 2019). Assim, há uma expectativa de que o universitário construa o seu plano de carreira refletindo sobre os seus interesses futuros, como um participante ativo do seu desenvolvimento pessoal e profissional.

Ancorada em tais pressupostos, a primeira categoria do processo de planejamento de carreira diz respeito ao Desenvolvimento de habilidades e aperfeiçoamento profissional. Essa foi a categoria mais mencionada pelos universitários e corrobora para a literatura da área, ratificando que quem planeja a carreira possui uma percepção mais positiva do seu desenvolvimento profissional (Carvalho & Mourão, 2021). O próprio processo de se desenvolver profissionalmente é visto como intencional e contínuo de aperfeiçoamento de conhecimentos, habilidades e atitudes, sendo essa uma prática a ser vivenciada pelos universitários consecutivamente (Mourão & Monteiro, 2018; Paquay et al., 2012).

A busca por tal progresso desdobra-se nas subcategorias de realização de cursos que se estendem para além dos muros da universidade e na participação em programas de estágio, residência e trabalhos voluntários. Além disso, esse processo envolve a busca por se especializar em uma das subáreas da formação, ter dedicação e disciplina para se manter em constante crescimento pessoal e buscar estratégias de aprimoramento de habilidades para enriquecer o currículo.

Assim, tais vivências e práticas da profissão são vistas como um grande diferencial no processo de planejamento de carreira. Quando o universitário adquire experiência de trabalho prático na área de formação, impacta, inclusive, em uma percepção mais consolidada e homogênea acerca da sua identidade profissional (Carvalho et al., 2021). As experiências práticas influenciam também no desenvolvimento da adaptabilidade de carreira, especialmente nas dimensões de curiosidade e confiança (Silva & Teixeira, 2013), revelando sua importância para o processo de transição do papel de estudante para o de profissional. Considerando o cenário atual, em que muitos estudantes trabalham fora da área para se manterem financeiramente durante o curso superior, esse é um ponto que merece atenção e acende um alerta sobre a importância de os universitários viverem suas práticas profissionais pedagógicas durante a graduação.

Já que o planejamento de carreira pode levar o universitário a um conjunto de ações que resultam no desenvolvimento de competências profissionais, estudos mostram que o planejamento também está associado com a percepção de empregabilidade (Carvalho & Mourão, 2021). Ao planejar a carreira ainda na graduação, o estudante pode refletir sobre questões importantes para a empregabilidade e a obtenção de sucesso em seus planos de inserção laboral (Finn, 2017; Oliveira et al., 2019).

A categoria Empregabilidade e empreendedorismo, por sua vez, é a segunda com o maior número de menções pelos universitários, caracterizando o planejamento como uma ação proativa para a efetividade da transição para o mercado. Para os universitários, a inserção no mercado está ligada a passar em um concurso público, obter um emprego na área de formação, abrir um negócio próprio, empreender, ou, ainda, trabalhar como autônomo. Além disso, os estudantes buscam acompanhar o mercado para atualização sobre as exigências e pré-requisitos de atuação profissional no Brasil e no exterior.

Além do conhecimento relacionado à área, o universitário precisa ser proativo e adaptável na identificação de oportunidades de carreira dentro e fora do seu país de origem (Bates et al., 2019). Para aqueles que já estão atuando na área, em programas de estágio ou não, a busca por efetivação na empresa atual também é uma das estratégias de planejamento de carreira. Desse modo, a categoria de empregabilidade está ligada tanto a uma dimensão de aquisição de um novo emprego, quanto à dimensão de manutenção do emprego atual (Peixoto et al., 2015), e permite a mensuração de um impacto relevante, tendo em vista que a obtenção de uma vaga no mercado de trabalho é uma das metas centrais dos universitários (De Vos et al., 2021; Donald et al., 2018).

Outra etapa fundamental do processo de planejamento de carreira é a Continuidade acadêmica e científica. Essa ação de aprendizagem incessante indica que os universitários continuam em busca de qualificação profissional mesmo após a conclusão do curso de graduação. Inclusive, a busca por mais estudo teórico é a terceira categoria mais mencionada neste estudo, entre elas: cursar uma ou mais pós-graduações para ampliar o repertório teórico, adquirir certificação da área, realizar mestrado e doutorado, investir mais na área acadêmica e de pesquisa, buscar oportunidades de estudo no exterior, participar de programas de iniciação científica, de monitoria e de congressos, e até mesmo cursar uma segunda graduação após a conclusão do curso.

Apesar de um conjunto de disciplinas já concluídas, os universitários veem a necessidade de suceder não só com as ações de aprendizagens formais (por exemplo, curso de pós-graduação lato e stricto sensu) como etapa fundamental no planejamento de carreira, mas também com ações informais de aprendizagem (por exemplo, conversar com profissionais da área). A categoria Estratégias de exploração voltadas para a carreira representa ações proativas em busca de ampliar as oportunidades de inserção no mercado, o que coaduna com a literatura da área.

Autores como Mourão e Monteiro (2018) consideram que deve ser construído um plano de aprendizagem composto por ações formais e informais, direcionadas à aquisição e ao aprimoramento das habilidades e capacidades necessárias ao desempenho das atividades laborais almejadas. A participação nessas ações pressupõe o desenvolvimento de processos cognitivos, afetivos, perceptivos e comportamentais. Nesse sentido, as autoras adotam a abordagem da aprendizagem experiencial com uma perspectiva holística e integrativa, que compreende experiências concretas e a troca com o outro como elementos essenciais do processo de desenvolvimento.

Ainda nessa categoria, ações como buscar conhecimento e informações da área em diferentes fontes, explorar novas experiências e novas oportunidades, conversar com professores e outros profissionais da área e construir uma rede de contatos são subsídios centrais para o planejamento da carreira. Assim é que o estudante desenvolve comportamentos ampliados de exploração de seus interesses vocacionais de forma a construir uma decisão de carreira (Teixeira et al., 2019). Embora o planejamento de carreira não represente uma garantia da efetiva colocação ou recolocação no mercado, o processo antecipa um conjunto de questões presentes na transição entre a universidade e o mundo laboral (Zikic & Klehe, 2006) ou em outras fases da carreira.

Por fim, a categoria Definição de objetivos e alinhamento pessoal, a despeito de sua importância na estruturação do plano de carreira, foi a menos mencionada pelos universitários, o que pode indicar uma dificuldade nos processos reflexivos dos próprios objetivos de vida e carreira. O processo reflexivo se dá quando a pessoa reflete sobre onde ela quer estar ou quem ela quer ser, ampliando o seu autoconhecimento, sendo esta etapa fundamental para a definição de objetivos e metas. O MDPU (Mourão et al., 2020) coloca a identificação do objetivo profissional almejado como etapa inicial desse processo de evolução na carreira, considerando tanto uma perspectiva de identidade profissional quanto uma perspectiva profissional futura.

O referido objetivo é elencado pelo próprio indivíduo em uma análise de possibilidades de acordo com os seus valores, desejos e sonhos profissionais. Assim, ao ampliar o autoconhecimento, o universitário tem maior autonomia no processo de construção do objetivo almejado entre as tantas possibilidades de atuação profissional. Apesar de as metas serem necessárias para um direcionamento futuro, cabe ressaltar que o planejamento de carreira não se resume a elas, uma vez que planejar implica um comportamento ativo com o propósito de promover o seu desenvolvimento contínuo na direção desejada (Greenhaus et al., 1995; McIlveen, 2009).

Assim, para que os objetivos de carreira possam ser atingidos, é necessário o envolvimento do estudante de tal forma que essa busca promova sentido ao propósito de vida que se almeja. Além de estabelecer metas, o estudante precisa buscar informações sobre si e sobre o mundo do trabalho, testando-se e avaliando-se em diferentes circunstâncias, e monitorar tanto a consecução dos objetivos quanto à congruência deles com as expectativas pessoais.

Nesse sentido, é antecipatório um processo reflexivo para chegarmos ao objetivo almejado e às estratégias para alcançá-lo, em termos de conhecimento, habilidades e atitudes. Outro ponto destacado pelos universitários é sobre o desejo de alcançar uma estabilidade financeira na profissão, que muitas vezes foi citada junto ao interesse em concurso público. Além disso, ajudar pessoas e a sociedade foi tema dessa categoria, indicando que esse sentimento é também valorizado na etapa de elaboração do plano de carreira, quer seja como um propósito de vida, quer seja como um desejo de ser útil com a profissão.

Portanto, ao refletirmos sobre como as pessoas planejam a carreira, obtivemos respostas que se agrupam em diferentes categorias, a saber: Desenvolvimento de habilidades e aperfeiçoamento profissional; Empregabilidade e empreendedorismo; Continuidade acadêmica e científica; Estratégias de exploração voltadas para a carreira; e Definição de objetivos e alinhamento pessoal. É fato que o planejamento de carreira é importante e deve fazer parte da vida dos universitários desde o seu início, a fim de propiciar um melhor aproveitamento do período dedicado ao ensino superior. Ao final de cada semestre, os estudantes podem retornar ao planejamento e avaliar os progressos obtidos e replanejar sua carreira tendo em vista os avanços e as dificuldades identificados (Mourão et al., 2020; Carvalho & Mourão 2021).

O conhecimento técnico e o compromisso que a pessoa assume em se desenvolver profissionalmente contribuem com atitudes voltadas para o futuro profissional e para o engajamento dessas tarefas de planejamento de carreira durante o curso superior (Bates et al., 2019). Os elementos relativos a tal planejamento estão presentes como propulsores do desenvolvimento profissional de universitários, em que toda as etapas do MDPU são consideradas (Mourão & Fernandes, 2020; Mourão et al., 2020). Essas conclusões são consonantes com o referido modelo (Mourão et al., 2020), que pressupõe uma intencionalidade no processo de desenvolvimento, retratada por ações de planejamento de carreira.

DESENVOLVIMENTO DE HABILIDADES E APERFEIÇOAMENTO PROFISSIONAL DESTACA-SE COMO CATEGORIA DE PLANEJAMENTO

A análise categorial do processo de planejamento de carreira de universitários mostrou que, dentre as cinco categorias encontradas, predomina o desenvolvimento de habilidades e aperfeiçoamento profissional, com especial destaque para a realização de cursos livres e de extensão e a realização de estágios, residências ou mesmo de trabalho voluntário. Portanto, fica evidente que os universitários buscam oportunidades de aprender na prática, a partir de experiências que os coloquem em contato com os desafios do mundo do trabalho. Nesta categoria, são também apontadas outras formas de desenvolvimento, tais como: especializar-se em uma área, dedicar-se ao próprio crescimento pessoal, aprimorar habilidades profissionais e enriquecer o currículo.

As categorias de Empregabilidade e empreendedorismo e de Continuidade acadêmica e científica foram também muito frequentes nas respostas dos universitários, revelando que elas compõem elementos centrais no processo de quem planeja sua transição para o mundo do trabalho. Dentre as cinco categorias, a menos frequente foi a de Definição de objetivos e alinhamento pessoal, em que constam respostas como: analisar possibilidades alinhadas com objetivos e valores, estabelecer objetivos e metas, almejar estabilidade financeira, ampliar autoconhecimento ou ajudar pessoas ou a sociedade. A Tabela 1 apresenta o agrupamento das 28 subcategorias nas suas respectivas categorias, que, juntas, buscam explicar como os universitários planejam suas carreiras.

Tabela 1 – *Análise categorial do processo de planejamento de carreira de universitários*

Categorias	Subcategorias	% dos casos
Desenvolvimento de habilidades e aperfeiçoamento profissional	Realizar cursos livres e de extensão	15,4
	Realizar Estágio/Residência/Trabalho voluntário	13,6
	Especializar-se em uma área	6,7
	Ter dedicação/Disciplina/Crescimento pessoal	3,6
	Aprimorar habilidades	3,0
	Enriquecer o currículo	1,1
		Total: 43,4
Empregabilidade e empreendedorismo	Prestar concurso público	12,6
	Ingressar no mercado de trabalho/Obter emprego	10,5
	Abrir negócio próprio/Empreender	5,5
	Acompanhar o mercado de trabalho	3,6
	Buscar efetivação na empresa atual	2,3
	Trabalhar como autônomo	2,1
	Buscar oportunidades de trabalho no exterior	2,9
		Total: 39,5
Continuidade acadêmica e científica	Fazer Pós-Graduação/Certificação	16,6
	Realizar Mestrado e Doutorado	10,7
	Participar de Iniciação científica/Monitoria/Congressos	2,8
	Buscar oportunidades de estudo no exterior	2,4
	Investir na área acadêmica/Pesquisa	2,5
	Buscar segunda graduação	2,2
		Total: 37,2
Estratégias de exploração voltadas para a carreira	Buscar conhecimento e informações	14,6
	Explorar novas experiências/Oportunidades	8,6
	Conversar com profissionais da área/Ter mentores	2,9
	Realizar *networking*	1,8
		Total: 27,9
Definição de objetivos e alinhamento pessoal	Analisar possibilidades alinhadas com objetivos e valores	5,7
	Estabelecer objetivos/metas	5,3
	Almejar estabilidade financeira	1,8
	Ampliar autoconhecimento	1,2
	Ajudar pessoas/sociedade	1,2
		Total: 15,2

Nota. Elaborada pelas autoras.

Conforme mencionado, a categoria com o maior número de menções pelos universitários diz respeito ao Desenvolvimento de habilidades e aperfeiçoamento profissional, com 43,4% dos casos em seis subcategorias. Esta inclui ações ligadas ao aprimoramento profissional por meio da vivência e da prática da profissão como elemento-chave no processo de planejamento de carreira. Esse resultado reforça o que Mourão e Monteiro (2018) e Pimentel (2007) apontam acerca da centralidade da aprendizagem experiencial como alicerce para o desenvolvimento profissional.

Já a categoria Empregabilidade e empreendedorismo é a segunda categoria com o maior número de menções pelos universitários (39,5%). Esta corresponde a um conjunto de sete subcategorias que incluem elementos de inserção no mercado de trabalho, seja em um movimento mais empreendedor, seja de busca por emprego público ou privado. Quanto ao empreendedorismo, ele vem ganhando maior destaque, inclusive, por ser associado a ideias de "flexibilidade", "empregabilidade", "autonomia", "modernidade", mas é preciso compreender quando ele diz respeito a um desejo genuíno de gestão e inovação e quando assume um caráter ideológico, que visa a legitimar os processos de informalização e precarização das relações de trabalho (Lima & Oliveira, 2021).

A categoria Continuidade acadêmica e científica, com 37,2% dos casos, é composta por seis subcategorias. Estas indicam uma busca contínua dos universitários por dar prosseguimento aos estudos teóricos, epistemológicos e científicos da área de formação. Esse resultado está em consonância com o crescimento do sistema de pós-graduação brasileiro, considerado o maior sistema de pós-graduação e pesquisa acadêmica da América Latina, em que muitas pessoas buscam cursos de mestrado como forma de se qualificarem mais para o mercado de trabalho (Schwartzman, 2022).

A categoria Estratégias de exploração voltadas para a carreira também teve um quantitativo elevado por parte dos universitários, correspondendo a 27,9% dos casos em um conjunto de apenas quatro subcategorias. Esta categoria representa os comportamentos proativos em busca de ampliar as oportunidades de inserção profissional. Conforme discutido por Teixeira et al. (2019), esses comportamentos proativos apresentam grande importância no desenvolvimento de carreira de universitários, contribuindo para uma trajetória de carreira mais consolidada.

Por fim, a categoria Definição de objetivos e alinhamento pessoal foi a que apresentou o menor número de menções (15,2%) em um conjunto de cinco subcategorias. Apesar de sua importância no processo de planejamento de carreira, o resultado aponta para um baixo uso dos recursos de autoconhecimento por parte dos universitários e identificação dos seus próprios objetivos de vida e carreira. Chama a atenção ao fato de essa dimensão ter sido a menos apontada. Possivelmente, porque ela antecede as demais estratégias de planejamento. No entanto, o caráter reflexivo do desenvolvimento profissional depende essencialmente da definição de objetivos e do alinhamento pessoal, conforme previsto no MDPU (Mourão et al., 2020).

Portanto, as cinco categorias resultantes das análises de conteúdo e de juízes permitiram uma retomada dos modelos teóricos que fundamentaram o presente capítulo. Por um lado, elas trouxeram um conjunto de informações que permitem uma hierarquização dos processos de planejamento dos universitários. Por outro, elas também abrem caminhos para intervenções de planejamento de carreira para esse público-alvo, a fim de auxiliá-lo a obter melhores resultados nesse processo de transição entre a vida universitária e a vida laboral, seja nos casos em que as pessoas estão iniciando suas trajetórias profissionais, seja nos que estão fazendo uma graduação para realizar uma transição de carreira.

CONSIDERAÇÕES FINAIS

Este capítulo procurou compreender o fenômeno de planejamento de carreira em universitários. A partir de uma amostra ampla e diversificada, foi possível organizar o processo de planejamento de carreira em cinco categorias principais, como apresentado e discutido ao longo do capítulo.

Ao buscar entender como os universitários planejam a carreira, questionamentos complementares também surgiram durante a construção do presente capítulo, por exemplo: Será que universitários de IES públicas planejam mais do que de IES privadas? E as questões socioeconômicas, será que fazem planejar mais ou menos? Quem participa de atividades acadêmicas planeja mais? Para entendimento desse fenômeno, portanto, consideramos tais questões e identificamos algumas diferenças entre os grupos de universitários que planejam a carreira e os que não planejam a carreira. A maioria dos universitários de IES privadas não planeja a carreira, enquanto estudantes de IES públicas e do regime integral tendem a planejá-la.

No que tange ao período do curso, estudantes dos períodos finais inclinam-se ao processo de planejamento de carreira com maior frequência do que aqueles dos períodos iniciais. Além disso, universitários que participam de atividades complementares (estágios, monitorias, iniciação científica e extensão) tendem a realizar um planejamento de carreira mais estruturado do que aqueles que não participam. Possivelmente, essas duas variáveis – momento do curso e participação em atividades acadêmicas – apresentem um efeito sobreposto, uma vez que aqueles que estão concluindo a graduação tiveram mais possibilidades de participar de atividades acadêmicas do que aqueles que estão ingressando no ensino superior.

Em uma análise geral das respostas dos universitários, nota-se que, embora tenham sido encontradas algumas diferenças entre o perfil de quem planeja e quem não planeja uma carreira (como momento curso, tipo de IES em que estuda e experiência de trabalho que dispõe), não foi possível traçar um perfil mais detalhado diferenciando os dois grupos (os universitários que planejam a carreira e os que não planejam a carreira), o que pode sinalizar a necessidade de pesquisas futuras sobre este tema, contemplando, inclusive, características psicológicas desses universitários.

Apesar de não distinguir tão claramente os dois grupos, a presente pesquisa trouxe uma importante contribuição para discutir o planejamento de carreira dos universitários com base nas cinco categorias derivadas das respostas dos participantes à pergunta sobre como eles planejam suas carreiras. Percebemos que, para esse público-alvo, o desenvolvimento de habilidades é percebido como crucial para o sucesso profissional. Os universitários devem identificar as competências necessárias em sua área de interesse e buscar oportunidades para adquiri-las. Isso pode incluir a participação em cursos, programas de estágio, residência ou *trainee* e trabalho voluntário. Grande parte dos participantes mostra que está ciente da necessidade de buscar aperfeiçoamento e atualização profissional na carreira escolhida.

Os universitários também deram destaque tanto às oportunidades de emprego quanto ao empreendedorismo. Em termos de empregabilidade, eles apontam diferentes caminhos, como prestar concurso público, tentar ser efetivado na empresa em que estão estagiando, distribuir currículo ou buscar oportunidades de trabalho no exterior. Outros estão interessados no empreendedorismo, seja em termos de abrir um próprio negócio, seja de trabalhar como autônomo.

Para os universitários interessados em seguir uma carreira acadêmica ou científica, a continuidade nos estudos é o planejamento central. Para alguns, isso envolve a definição de metas educacionais, como a obtenção de um mestrado ou doutorado, buscar oportunidades de estudo no exterior, além da participação em atividades acadêmicas e científicas. Para outros, essa continuidade significa uma especialização em uma pós-graduação lato sensu ou mesmo a realização de um segundo curso de graduação.

Quanto à categoria de Estratégias de exploração voltadas para a carreira, os universitários pesquisados mencionam diferentes meios de ampliar seus horizontes profissionais. Isso pode incluir desde a procura por mais conhecimento e informações sobre a sua profissão, até

realização de *networking* ou busca por mentores. Essas experiências permitem aos estudantes conhecerem diferentes setores de atuação e descobrirem suas áreas de interesse e percursos possíveis em suas trajetórias.

Por fim, a Definição de objetivos e alinhamento pessoal também esteve na lista do planejamento de carreira de vários universitários. Esse é um elemento central para o processo, e muitos deles demonstram refletir sobre seus objetivos pessoais e profissionais, buscando alinhamento entre suas escolhas de carreira e esses objetivos. Ao definir metas claras, os universitários podem direcionar seus esforços e tomar decisões alinhadas com suas metas e necessidades pessoais.

Intervenções futuras de planejamento de carreira em universitários podem considerar essas cinco categorias e suas 28 subcategorias como elementos capazes de auxiliar esse público-alvo a estar mais bem preparado para se desenvolver profissionalmente e construir trajetórias profissionais bem-sucedidas. No entanto, é importante ressaltar que o planejamento de carreira é um processo contínuo e que os caminhos podem adaptar-se ao longo do tempo. Ou seja, não basta realizar este planejamento quando se está no ensino superior, é preciso refletir de tempos em tempos sobre a carreira, pois os interesses e as circunstâncias mudam.

A despeito de tais contribuições, a pesquisa realizada apresenta algumas limitações referentes à coleta de dados, cuja amostra, apesar de ter abarcado diferentes áreas de formação e regiões do Brasil, foi de conveniência, e, por isso, não é possível fazer generalizações. Outra limitação é o fato de ter sido um estudo de corte transversal, que apresenta maiores riscos de viés. Estudos futuros podem adotar delineamento longitudinal e/ou de intervenção em orientação profissional e de carreira. Esperamos que este estudo seja um primeiro passo para a construção de instrumentos específicos de planejamento de carreira e para intervenções sobre este tema, voltadas para os universitários.

QUESTÕES PARA DISCUSSÃO

- Levando em conta a pesquisa realizada com estudantes do ensino superior e apresentada neste capítulo, um expressivo contingente de universitários (53%) não planeja a carreira. Na sua avaliação, quais são os motivos que levam a isso e o que poderia ser feito em termos de políticas públicas e em termos de políticas institucionais para lidar com esta situação?

- Entre aqueles que relatam ter um planejamento de carreira, emergem cinco maneiras diferentes de realizar esse processo (Desenvolvimento de habilidades e aperfeiçoamento profissional, Empregabilidade e empreendedorismo, Continuidade acadêmica e científica, Estratégias de exploração voltadas para a carreira, e Definição de objetivos e alinhamento pessoal). Como cada uma dessas cinco categorias de planejamento de carreira de universitários poderia ser incentivada para que os estudantes de graduação colhessem melhores frutos de seu futuro profissional?

- Em uma análise geral das respostas dos universitários, foram encontradas algumas diferenças entre o perfil de quem planeja e quem não planeja uma carreira (como momento curso, tipo de IES em que estuda e experiência de trabalho que dispõe). Que outras variáveis você considera que podem contribuir para a compreensão do perfil dos universitários que planejam e que não planejam a carreira?

REFERÊNCIAS

Aguillera, F., Bortolotti, S. E., Leal, M. (2019). Comportamento exploratório em relação à carreira de universitários brasileiros de administração: comparando ingressantes e concluintes. In Monteiro, V., Mata, L., Martins, M., Morgado, J., Silva, J., Silva, A., Gomes, M. (Org.), *Educar hoje: Diálogos entre psicologia, educação e currículo* (pp. 119-132). Lisboa: Edições ISPA.

Almeida, B., & Teixeira, M. (2018). Bem-estar e adaptabilidade de carreira na adaptação ao ensino superior. *Revista Brasileira de Orientação Profissional, 19*(1), 19-30. https://doi.org/1026707/19847270/2019v19n1p19.

Ambiel, R. (2014). Adaptabilidade de carreira: uma abordagem histórica de conceitos, modelos e teorias. *Revista Brasileira de Orientação Profissional, 15*(1), 15-24. https://www.redalyc.org/pdf/2030/203035764004.pdf

Bates, G., Rixon, A., Carbone, A., & Pilgrim, C. (2019). Beyond employability skills: Developing professional purpose. *Journal of Teaching and Learning for Graduate Employability, 10*(1), 7-26. http://ojs.deakin.edu.au/index.php/jtlge/article/view/794/797

Bauer, M. W. (2015). Análise de conteúdo clássica: Uma revisão. In M. W. Bauer & G. Carvalho, L., & Mourão, L. (2021). Percepção de Desenvolvimento Profissional e de Empregabilidade em Universitários: Uma Análise Comparativa. *Estudos e Pesquisas em Psicologia, 21*(4), 1522-1540. https://doi.org/10.12957/epp.2021.64033

Carvalho, L., Amorim-Ribeiro, E., Cunha, M., & Mourão, L. (2021). Professional identity and experience of undergraduate students: an analysis of semantic networks. *Psicologia: Reflexão e Crítica, 34*, 1-14. https://doi.org/10.1186/s41155-021-00179-8

Carvalho, L., Mourão, L., & Freitas, C. (2023). Career counseling for college students: Assessment of an online and group intervention. *Journal of Vocational Behavior, 140*, 103820. https://doi.org/10.1016/j.jvb.2022.103820

Departamento Intersindical de Estatística e Estudos Socioeconômicos – Dieese (2022). *Boletim Emprego em Pauta número 23.* https://www.dieese.org.br/boletimempregoempauta/2022/boletimEmpregoemPauta23.pdf

De Vos, A., Jacobs, S., & Verbruggen, M. (2021). Career transitions and employability. *Journal of Vocational Behavior, 126*, 103475. https://doi.org/10.1016/j.jvb.2020.103475

Donald, W., Ashleigh, M., & Baruch, Y. (2018). Students' perceptions of education and employability: Facilitating career transition from higher education into the labor market. *Career Development International, 23*(5), 513-540. https://doi.org/10.1108/CDI-09-2017-0171

Duarte, M. (2019) Histórico do campo de aconselhamento de carreira e do Life Design. In M. Ribeiro, M. Teixeira, & M. Duarte (Ed.), *Life Design um paradigma contemporâneo em orientação profissional e de carreira* (pp. 15-47). Vetor.

Finn, K. (2017). Relational transitions, emotional decisions: new directions for theorising graduate employment. *Journal of Education and Work, 30*(4), 419-431. https://doi.org/10.1080/13639080.2016.1239348

Gondim, S., Bendassolli, P., & Peixoto, L. (2016). A construção da identidade profissional na transição universidade-mercado de trabalho. In A. Soares, L. Mourão, & M. Mota (Ed.), *O estudante universitário brasileiro: características cognitivas, habilidades relacionais e transição para o mercado de trabalho* (1 ed., pp. 219-234). Appris.

Greenhaus, H., Callanan, G., & Kaplan, E. (1995). The role of goal setting in career management. *The International Journal of Career Management, 7*(5), 3-12. https://doi.org/10.1108/09556219510093285

Hall, D., Yip, J., & Doiron, K. (2018). Protean careers at work: Self-direction and values orientation in psychological success. *Annual Review of Organizational Psychology and Organizational Behavior, 5*, 129-156. https://doi.org/10.1146/annurev-orgpsych-032117-104631

Knabem, A., Ribeiro, M., & Duarte, M. (2018). Early career construction for Brazilian higher education graduates: trajectories a working-life projects. In C.-S. Valérie, J. Rossier, & L. Nota (Ed.), *New perspectives on career counseling and Guidance in Europe* (pp. 105-130). Springer.

Lent, R., & Brown, S. (2013). Social cognitive model of career self-management: Toward a unifying view of adaptive career behavior across the life span. *Journal of Counseling Psychology, 60*(4), 557-568. https://doi.org/10.1037/a0033446

Lima, J. C., & Oliveira, R. V. D. (2021). O empreendedorismo como discurso justificador do trabalho informal e precário. *Contemporânea – Revista de Sociologia da UFSCar, 11*(3), 905-932. https://doi.org/10.4322/2316-1329.2021028

McIlveen, P. (2009). Career development, management, and planning from the vocational psychology perspective. In A. Collin & W. Patton (Org.), *Vocational psychological and organisational perspectives on career: toward a multidisciplinary dialogue.* Career Development Series (3), (pp. 63-90). Sense.

Ministério da Educação/ Instituto Nacional de Estudos e Pesquisas Educacionais Anísio Teixeira - INEP (2021). Censo da educação superior. https://download.inep.gov.br/educacao_superior/censo_superior/documentos/2021/apresentacao_censo_da_educacao_superior_2021.pdf

Mourão, L., & Monteiro, A. (2018). Desenvolvimento profissional: Proposição de um modelo conceitual. *Estudos de Psicologia, 23*(1), 33-45. https://doi.org/10.22491/1678-4669.20180005.

Mourão, L., & Fernandes, H. (2020). Percepção de trabalhadores acerca de inibidores e propulsores do desenvolvimento profissional. *Psicologia, Teoria e Prática, 22*(2), 250-272. http://editorarevistas.mackenzie.br/index.php/ptp/article/view/11835

Mourão, L., Carvalho, L., & Monteiro, A. (2020). Planejamento do desenvolvimento profissional na transição entre universidade e mercado de trabalho. In A. Soares, L. Mourão, & M. Monteiro (Ed.), *O estudante universitário brasileiro: saúde mental, escolha profissional, adaptação a Universidade e desenvolvimento de carreira.* Appris.

Núcleo Brasileiro de Estágios – NUBE. (2021). *O drama do mercado de trabalho para recém-formados.* https://www.nube.com.br

Oliveira, M., Melo-Silva, L., Taveira, M., & Postigo, F. (2019). Career success according to new graduates: implications for counseling and management. *Paidéia, 29*, e2913. https://doi.org/10.1590/1982-4327e2913

Ourique, L., & Teixeira, M. (2012). Self-efficacy and personality on university student's career planning. *Psico-USF, 17*(2), 311- 321. https://doi.org/10.1590/S1413-82712012000200015

Paquay, L., Wouters, P., & Van Nieuwenhoven, C. (2012). A avaliação, freio ou alavanca do desenvolvimento professional? In L. Paquay, P. Wouters, & C. Van Nieuwenhoven (Org.), *A avaliação como ferramenta do desenvolvimento profissional de educadores* (pp. 13-39). Penso.

Peixoto, A., Janissek, J., & Aguiar, C. (2015). Autopercepção de empregabilidade. In K. Puente-Palacios, & A. Peixoto (Eds.), *Ferramentas de Diagnóstico para Organizações e Trabalho: Um Olhar a partir da Psicologia* (pp. 175-186). Artmed.

Pimentel, A. (2007). A teoria da aprendizagem experiencial como alicerce de estudos sobre desenvolvimento profissional. *Estudos de Psicologia (Natal), 12*(2), 159-168. https://doi.org/10.1590/S1413-294X2007000200008

Pilatti, S., Lisboa, M., & Soares, D. (2018). Planejando a inserção profissional: um estudo com formandos universitários. In M. Lassance, & R. Ambiel (Ed.), *Investigação e Práticas em Orientação de Carreira: cenário 2018* (pp. 273-282). ABOP.

Savickas, M. (2013). Career construction theory and practice. In R. W. Lent & S. D. Brown (Ed.), *Career development and counseling: Putting theory and research to work* (pp. 147-183). John Wiley & Sons.

Savickas, M. L. (2005). The theory and practice of career construction. In S. Brown & R. Lent (Ed.), *Career development and counselling: Putting theory and research to work* (pp. 42-70). Wiley.

Savickas, M., Nota, L., Rossier, J., Dauwalder, J., Duarte, M., Guichard, J., . . . & Van Vianen, A. (2009). Life designing: A paradigm for career construction in the 21st century. *Journal of vocational behavior, 75*(3), 239-250. https://doi.org/10.1016/j.jvb.2009.04.004

Schwartzman, S. (2022). Pesquisa e Pós-Graduação no Brasil: Duas faces da mesma moeda? *Estudos Avançados, 36*(104), 227-254. https://doi.org/10.1590/s0103-4014.2022.36104.011

Silva, C., & Teixeira, M. (2013). Experiências de estágio: Contribuições para a transição universidade-trabalho. *Paidéia, 23*(54), 103-112. https://doi.org/10.1590/1982-43272354201312

Super, D. (1990). A Life-span, Life-space to career development. In D. Brown & L. Brooks (Ed.), *Career Choice and Development. Applying contemporary theories to practice* (pp. 197-261). Jossey Bass.

Teixeira, M., & Gomes, W. (2005). Decisão de carreira entre estudantes em fim de curso universitário. *Psicologia: Teoria e Pesquisa, 21*(3), 327-334. https://doi.org/10.1590/S0102-37722005000300009

Teixeira, M., Oliveira, M., Melo-Silva, L., & Taveira, M. (2019). Escalas de Desenvolvimento de Carreira de Universitários: construção, características psicométricas e modelo das respostas adaptativas. *Revista Psicologia Organizações e Trabalho, 19*(3), 703-712. http://dx.doi.org/10.17652/rpot/2019.3.16557

Vergara Wilson, M., & Gallardo, G. (2019). ¿Cómo encontraré trabajo? Proyecciones imaginadas de transición desde la universidad al mundo laboral de estudiantes de pregrado. *Psicoperspectivas, 18*(3), 1-12. https://doi.org/10.5027/psicoperspectivas-vol18-issue3-fulltext-1676

Zikic, J., & Klehe, U. (2006). Job loss as a blessing in disguise: The role of career exploration and career planning in predicting reemployment quality. *Journal of Vocational Behavior, 69*(3), 391-409. https://doi.org/10.1016/j.jvb.2006.05.007

Wei, L., Zhou, S., Hu, S., Zhou, Z., & Chen, J. (2021). Influences of nursing students' career planning, internship experience, and other factors on professional identity. *Nurse Education Today, 99*, 104781. https://doi.org/10.1016/j.nedt.2021.104781

CAPÍTULO 18

CONTEXTO E ESCOLHAS PARA UNIVERSITÁRIOS: CONTRIBUIÇÕES DAS TEORIAS SOCIOCOGNITIVAS E JUSTIÇA SOCIAL

Mariana Ramos de Melo
Alexsandro Luiz De Andrade
Alamir Costa Louro
Priscilla de Oliveira Martins Silva

INTRODUÇÃO

Dentre os eixos teóricos proeminentes que embasam os estudos sobre carreira no panorama atual de pesquisas científicas no Brasil e no mundo, estão a Teoria Social Cognitiva de Carreira (TSCC) (*Social Cognitive Career Theory*), de Lent et al. (1994), e a Teoria da Psicologia do Trabalhar (TPT), originalmente reconhecida como The *Psychology of Working Theory* (Blustein, 2001; 2006; Pires et al., 2020). Por um lado, a TSCC se centra em análises de interação e *feedbacks* constantes entre o indivíduo e o meio social, com ênfase em processos de tomada de decisão e de aprendizado. Já a TPT adota uma perspectiva mais ampla e sociológica do mundo do trabalho, sob viés crítico, abordando os desafios enfrentados pelos indivíduos em diferentes contextos, especialmente aqueles em posições marginalizadas ou desfavorecidas.

Tais teorias apresentam suas especificidades e se demonstram de fundamental importância para estudos teóricos e práticos que incluam o desenvolvimento de carreira dos universitários. Entende-se que as aproximações entre as teorias estão, principalmente, em apresentar o contexto e as estruturas como influências de primeira ordem no desenvolvimento profissional e de carreira. É possível considerar que as teorias se complementam para os estudos sobre carreira e mundo do trabalho. Duffy et al. (2016) ratificam esse argumento ao indicar que a TSCC pode ser compreendida como complementar a TPT, destacando quando há relativo grau de liberdade para escolhas nas tomadas de decisões individuais de carreira, dentre as possibilidades de trabalho.

Neste capítulo, primeiramente, a TSCC é apresentada, incluindo a descrição sobre o panorama de pesquisas científicas do mundo que se embasaram na teoria. Na sequência, apresenta-se a TPT, com destaque para o recente modelo teórico proposto pela teoria (Duffy et al., 2016), em que a volição de trabalho é apresentada como elemento importante para obter e garantir o trabalho decente. O panorama de pesquisas científicas no mundo para a TPT também é brevemente descrito. Posteriormente, são apresentados e discutidos alguns estudos empíricos desenvolvidos à luz das teorias, incluindo o público de estudantes universitários e/ou trabalhadores na América Latina. Por fim, são propostas reflexões e possíveis intervenções pela matriz intitulada "Carreiras Apoiadas", tendo como mote a prática a partir de suportes sociais em ambientes interacionais relacionados a ensino superior e trabalho.

TEORIA SOCIAL COGNITIVA DE CARREIRA: INFLUÊNCIAS CONTEXTUAIS NO MUNDO DO TRABALHO

Muito se fala atualmente sobre a vivência de uma virada contextual nos diversos ambientes organizacionais. Na literatura acadêmica, destaca-se o advento da Teoria Social Cognitiva de Carreira (TSCC), publicada pela primeira vez no século XX, no ano de 1994 (Lent et al., 1994). Desde a primeira publicação, a teoria sofreu desdobramentos importantes e, atualmente, se configura como um corpo teórico de suma relevância para os estudos sobre carreira que consideram a influência do ambiente na construção da carreira. A TSCC engloba vários elementos contextuais que afetam o comportamento adaptativo. Esse comportamento adaptativo enfatiza os processos que buscam explicar, principalmente, o gerenciamento dos indivíduos no desenvolvimento da carreira, ou seja, a promoção de comportamentos de autogerenciamento de carreira.

Considerando uma linha de tempo, inicialmente, a TSCC foi apresentada com o objetivo de explicar e prever condições, diante do público acadêmico e profissional, para fazer escolhas, desenvolver interesses, tomar decisões e obter satisfação em relação à carreira (Lent et al., 1994; Lent & Brown, 1996). Embasada nos conceitos de agência pessoal propostos por Bandura (1986), a TSCC assume que os indivíduos têm a capacidade de influenciar ativamente o ambiente de trabalho e o desenvolvimento da própria carreira. São considerados, na teoria, preditores sociais cognitivos que permitem o exercício da agência para o desenvolvimento da carreira. O primeiro preditor é definido como **crenças de autoeficácia**, sendo as crenças individuais sobre a própria capacidade em domínios específicos de desempenho comportamental. O segundo é definido como **expectativas de resultado**, englobando as crenças individuais sobre as consequências a partir da realização de um comportamento específico. E o terceiro preditor é definido como **representações de metas (objetivos)**, incluindo as expectativas de alcançar um resultado futuro após um comportamento (Bandura, 1978, 1986; Lent et al., 1994).

Esses preditores sociais e cognitivos se relacionam por meio da seguinte dinâmica: quando os indivíduos percebem que é possível desenvolver habilidades específicas (expectativas de autoeficácia) e acreditam que serão positivos os resultados do uso dessas habilidades (expectativas de resultados), eles tenderão a desenvolver uma preferência por tais atividades e, assim, a apresentar escolhas e decisões de carreira (objetivos) nesse campo (Juntunen et al., 2019). A TSCC assume que tais preditores são influenciados por questões de contexto, como exemplos, condições sociais e econômicas da família, qualidade da educação recebida e local em que se vive. Tais questões contextuais podem facilitar ou limitar o desenvolvimento educacional e, consequentemente, de carreira (Brown & Lent, 2019). Um dos objetivos principais da TSCC é aumentar a agência dos indivíduos. Para fornecer orientação de carreira ao longo da vida, tal teoria é aplicada por meio de modelos variados, os quais foram suportados por evidências empíricas significativas. Os primeiros modelos propostos integrados, com a ênfase em desenvolvimento acadêmico e de carreira, foram os modelos de interesses, escolhas e desempenho (Lent et al., 1994). Posteriormente, surgiram os modelos de compreensão com satisfação na carreira (Lent & Brown, 2008) e autogerenciamento (Lent & Brown, 2013). Este, mais recente, complementa os demais e mantém a ênfase em processos de comportamentos na carreira.

Diferentemente dos modelos prévios, o modelo de autogerenciamento de carreira busca auxiliar no processo de tomada de decisão dos indivíduos e no desenvolvimento de comportamentos adaptativos (Lent & Brown, 2013). Essa perspectiva fornece uma estrutura integradora para auxiliar os indivíduos a obterem maior senso de agência individual em relação à carreira. A base do desenvolvimento do senso de agência é por comportamentos adaptativos frente ao contexto –

que envolve **apoios/suportes**[3] **e barreiras** (Brown & Lent, 2019; Lent & Brown, 2013; Lent et al., 1994). Nesse sentido, o modelo se apresenta como uma estrutura importante para explicar e prever comportamentos adaptativos de carreira frente ao mundo do trabalho atual, o qual é marcado por inconstâncias, complexidades e imprevisibilidades (Lent & Brown, 2020). A conjuntura atual vem demonstrando que, por meio das reflexões sobre habilidades e interesses profissionais, é possível conceber as melhores possibilidades de trabalho para se manter satisfeito (Lent & Brown, 2020). Assim, tais questões são direcionadoras do estabelecimento de metas e planos de estudantes universitários em relação ao mundo do trabalho, e não apenas rótulos profissionais.

De um modo mais simples, costumava-se pensar na profissão em si para direcionar o estudante ao mundo das profissões e do trabalho, como: você quer ser professor? Recentemente, o mundo do trabalho, em constante transformação, abarca muito além de um rótulo profissional. Daqui para a frente, parece mais adequado perguntar: você tem interesse em lecionar? Você tem interesse em liderar uma turma de alunos? Você tem interesse em ser gestor de atividades acadêmicas? Você tem interesse em propor metodologias inovadoras de ensino? Muitas outras questões podem surgir e extrapolar o rótulo simplista do "ser professor", ou até mesmo de curso de uma licenciatura universitária. Nesse sentido, se o estudante se interessa por mercado de capitais, análise de demonstrações financeiras e outras atividades afins, ele deverá refletir sobre diferentes possibilidades para se inserir no mundo do trabalho: pleitear um cargo na área financeira em empresa privada, tentar carreira em órgão público financeiro, ingressar em um mestrado acadêmico ou profissional para desenvolver estudos sobre o tema, lecionar sobre a temática, especializar-se para ser consultor ou auditor financeiro, dentre outras possibilidades que a área profissional oferece. E, para cada atividade, não cabe apenas o "ou", "ou essa atividade, ou aquela". Na atualidade, quando se trata de mercado profissional, apresenta-se como algo mais comum a atuação em mais de uma atividade profissional simultânea. Diversos estudos recentes que incluem a TSCC como teoria de embasamento destacam-se por incluir influências contextuais sobre carreira e vida dos indivíduos. Dentre as influências contextuais, destacam-se as barreiras e os apoios/suportes que existem no contexto e que impactam a autoeficácia, os objetivos, as ações e os resultados/desfechos em carreira. A Figura 1 apresenta o modelo de autogerenciamento de carreira, adaptado e traduzido do original (Lent & Brown, 2013).

Figura 1 – *Modelo de Autogerenciamento de Carreira da TSCC – Adaptado*

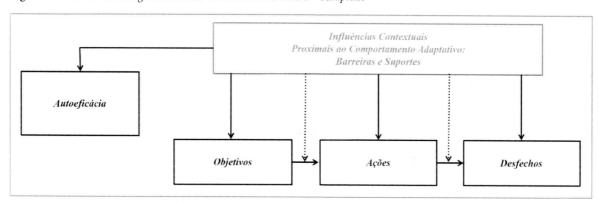

Notas. Modelo parcial, com ênfase nas influências do contexto (barreiras e suportes), adaptado do Modelo de Lent e Brown (2013, p. 562, tradução nossa), e inspirado na pesquisa de Melo (2023). Elaborada pelos autores.

---

[3] Apoio social é equivalente a suporte social. Adota-se neste capítulo a nomenclatura principal como apoios sociais para refletir medidas adotadas em pesquisas, conforme autores alvos dos estudos originais.

Barreiras e apoios configuram as influências contextuais pela TSCC. Mas o que seriam barreiras percebidas para desenvolver a carreira? Como defini-las? Ao final do século XX, os estudos de Jane L. Swanson, em parceria com outros pesquisadores, evidenciaram que existiam diferenças significativas no desenvolvimento da carreira de mulheres em comparação com a carreira dos homens. As mulheres, desde o início dos estudos de tal temática, constituíam um grupo que merecia atenção diferencial. Nesse sentido, as barreiras de carreira foram inicialmente definidas como condições relacionadas ao indivíduo, que dificultavam o progresso na carreira (Swanson & Woitke, 1997). Tais condições poderiam ser percebidas em dois tipos: no próprio indivíduo, isto é, barreiras internas; ou nos diversos contextos em que se vive, configurando barreiras externas. Essa definição permanece na literatura acadêmica de carreira quando envolve o estudo de barreiras de carreira (Melo et al., 2021; Melo, 2023).

Ainda no século XXI, são significativos os estereótipos quando se trata de carreira e mundo do trabalho. As fronteiras identitárias dualistas e binárias persistem na sociedade, em que, por exemplo, os homens, em detrimento das mulheres, comumente assumem cargos mais prestigiados e recebem os melhores salários. Estudos vêm reforçando que mulheres percebem mais dificuldades no desenvolvimento da carreira quando comparadas aos homens, ou seja, percebem mais barreiras no contexto em que vivem (Melo et al., 2021). Tendo isso em vista, pode-se assumir que as barreiras contextuais são todas as condições existentes, nos diversos ambientes interacionais (família, trabalho, bairro, cidade, país), que possam atrapalhar, dificultar ou limitar o comportamento adaptativo de carreira (Lent & Brown, 2013; Swanson et al., 1996).

No contexto, conforme a TSCC, barreiras e apoios interagem entre si de forma contínua. Dentre os possíveis tipos de apoio ou suporte, pode-se destacar o apoio social, que é a sustentação obtida em outras pessoas (Sherbourne & Stewart, 1991). Os apoios percebidos em ambientes interacionais referem-se à dimensão qualitativa dos grupos nos quais os indivíduos mantêm seus vínculos sociais (Zanini et al., 2009). Pesquisas diversas vêm demonstrando que o apoio é fundamental para a vida universitária. Como exemplo, Magalhães e Teixeira (2013) estudaram o processo de busca de emprego junto a estudantes do último período de graduação universitária. Os autores explicam que, durante esse momento de transição de carreira do ambiente universitário para o mercado de trabalho, os estudantes precisam mobilizar recursos pessoais para se adaptar a novos papéis e situações. Para muitos jovens profissionais, segundo os autores, uma das tarefas principais nesse processo de transição é a busca por emprego. Assim, eles constataram que o apoio social percebido pelos discentes, em forma de aconselhamento, assistência e encorajamento, funciona como um estímulo muito importante para o comportamento de busca por emprego.

No mundo do trabalho, o apoio social engloba as percepções dos indivíduos em relação à existência de apoio nas outras pessoas que se inserem naquele ambiente. Conforme pesquisas, o suporte social pode ser considerado um recurso no trabalho, promovendo ambientes favoráveis com inúmeros resultados positivos (Chaves et al., 2019), tanto para os indivíduos, quanto para os resultados organizacionais. Como exemplos, é possível citar a maior dedicação ao trabalho e o cumprimento de metas (Bakker & Demerouti, 2017). Torna-se evidente, portanto, o quanto o apoio social, obtido nos variados ambientes interacionais, é fundamental para o desenvolvimento profissional e de carreira, impactando positivamente em bem-estar, satisfação e outras dimensões da vida.

Panorama das pesquisas científicas no mundo sobre TSCC

Com o objetivo de levantar um panorama das pesquisas científicas que utilizaram a TSCC aplicada ao contexto, foi realizada uma revisão bibliométrica, utilizando o software R pelo *Bibliometrix R-Package* (Aria & Cuccurullo, 2017) e bases científicas *Web of Science* e *Scopus*. Os critérios de busca utilizados foram: (i) Descritores: *"(Social Cognitive Career Theory OR Social Cognitive Theory of Career) AND (context*)"*; (ii) Critério: Todos os campos; e, (iii) Tempo: Todos os anos. Foram obtidos 351 resultados, todos referentes a artigos científicos publicados em periódicos nas áreas *Psychology, Management e Business*. O período de publicação dos artigos foi de 1994 a junho de 2023 e incluiu 882 autores. O país com o maior número de produções para a TSCC foram os Estados Unidos da América (EUA), correspondendo a 50,14% dos estudos da amostra, sendo Robert W. Lent (University of Maryland, EUA) o principal autor mencionado na revisão.

A Figura 2 demonstra o *Word-Cloud* (nuvem de palavras) dos artigos da amostra, indicando a frequência de ocorrência de palavras-chave, considerando as 20 principais citações. Os tamanhos das palavras-chave na figura remetem à quantidade de vezes que apareceram nos artigos. *Escolha, Autoeficácia, Suporte Contextual* e *Barreiras* se destacam dentre as temáticas. As palavras *Estudantes* e *Educação* também estão dentre as que mais aparecem, o que reforça que muitos estudos da TSCC vêm considerando o público-alvo de estudantes para análises, reflexões e propostas de intervenção no âmbito educacional. Ainda, *Trabalho Decente, Mulher, Gênero, Emprego* e *Satisfação* são termos importantes que ganham certo destaque na nuvem de palavras e podem estar associados a estudos mais recentes que abordam aspectos voltados à justiça social nos diversos ambientes de trabalho.

Figura 2 – *Nuvem de palavras sobre os estudos da Teoria Social Cognitiva de Carreira*

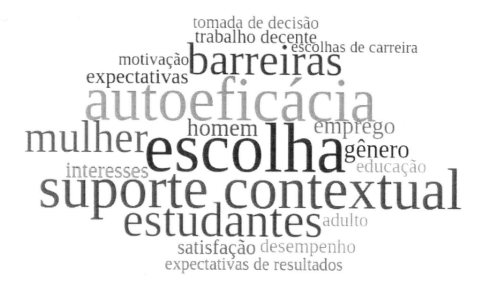

Nota. Elaborado pelos autores, conforme resultados do *Bibliometrix R-Package* (junho de 2023).

Ao observar a Figura 3 com o *Word Growth* (crescimento das palavras), verifica-se no gráfico a ocorrência das palavras ao longo dos anos, com o valor de ocorrência anual, considerando a frequência com que apareceram nos resumos dos artigos. Tanto *Suporte* como *Barreiras* apresentam curvas importantes de crescimento nos últimos anos. A imagem demonstra que tais palavras aparecem desde os estudos iniciais, mas, aproximadamente, a partir de 2010, apresentaram um aumento mais expressivo. Além disso, as palavras *Escolha* e *Autoeficácia* estão também em destaque com aumento significativo nos últimos 10 anos. Por fim, a palavra *Estudantes*, remetendo ao público-alvo das pesquisas, aparece desde os anos iniciais, mas, a partir de 2012, principalmente, apresenta crescimento nas pesquisas. Por exemplo, até junho de 2023, tal palavra apareceu 35 vezes nos resumos dos artigos da amostra. Em 2022, esse número foi de 34 vezes para todo o ano, evidenciando a importância de tal público considerando a frequência com que vem aparecendo nos artigos científicos.

Figura 3 – *Crescimento das palavras nos estudos com a Teoria Social Cognitiva de Carreira*

Nota. Elaborado pelos autores, conforme resultados do *Bibliometrix R-Package* (junho de 2023).

A partir de uma visão geral breve e descritiva do estado da arte referente à TSCC aplicada ao contexto, é possível inferir que a teoria representa uma importante base teórica para estudos, reflexões e propostas práticas que envolvem universitários, desenvolvimento profissional e o mundo do trabalho.

TEORIA DA PSICOLOGIA DO TRABALHAR: QUEM PODE ESCOLHER?

A TPT adota uma abordagem crítica, enfatizando desigualdades estruturais, injustiças sistemáticas e a necessidade de mudanças sociais, para assim explicar, adequadamente, as experiências de trabalho (Duffy et al., 2016; Pires et al., 2020). Nesse sentido, a teoria enfatiza a importância do estudo da carreira das pessoas nos "degraus mais baixos da escada da posição social" (Duffy et al., 2016, p. 127, tradução nossa), incluindo as pessoas marginalizadas em função de raça, gênero, classe social, pessoas com restrições econômico-financeiras, pessoas que não têm escolhas e fazem transições involuntárias de trabalho, uma vez que o contexto conduz a experiência (Duffy et al., 2016).

A TPT assume como eixo central o conceito de trabalho decente (Ribeiro et al., 2019). Por definição, existem condições que devem estar presentes para que o trabalho se configure como decente e gerador de resultados positivos para as pessoas. Assim, o trabalho decente deve englobar: condições seguras de trabalho, tanto físicas quanto interpessoais; tempo de descanso adequado; valores organizacionais compatíveis com valores familiares e sociais; remuneração de forma adequada; e condições adequadas de cuidados com a saúde.

Considerando essas questões centrais da TPT, a **volição de trabalho** é destacada no presente capítulo – sendo definida como a percepção do indivíduo quanto à possibilidade de fazer escolhas na trajetória de carreira, apesar da presença de restrições ou barreiras (Duffy et al., 2016). No estudo pioneiro de Blustein (2001), o autor explica que, para a verdadeira inclusão nos estudos de carreira, é preciso confrontar os preconceitos de classe social e incluir ativamente os indivíduos que não refletem experiências volitivas na vida profissional. O mercado de trabalho é caracterizado por um ambiente desigual, em que a liberdade de escolha influencia de forma significativa o desenvolvimento da carreira das pessoas (Pires & De Andrade, 2022). Por isso, torna-se tão importante refletir sobre o papel das escolhas de trabalho, na tentativa de compreender como é possível aumentar os níveis de volição para os indivíduos que trabalham e que querem trabalhar, tornando o mercado de trabalho mais inclusivo (Duffy et al., 2016).

No trabalho de Duffy et al. (2016), os autores apresentam um modelo teórico para a TPT, com forte ênfase em fatores contextuais, evidenciado na Figura 4. Todavia, embora a teoria apresente tal ênfase, o modelo proposto agrega a dimensão individual à dimensão contextual, consolidando que esses são fatores relacionais que determinam não só a experiência do trabalhar, mas também as identidades individuais e o desenvolvimento da carreira (Duffy et al., 2016; Pires et al., 2020).

Figura 4 – *Modelo Teórico da Teoria da Psicologia do Trabalhar – Adaptado*

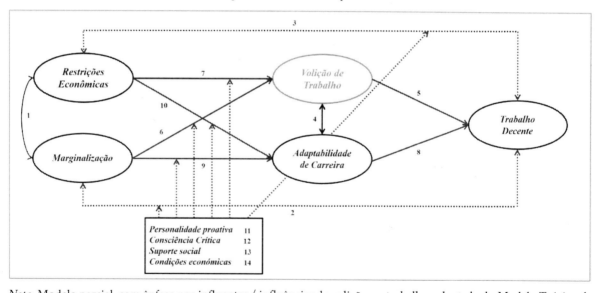

Nota. Modelo parcial, com ênfase nos influentes / influências da volição no trabalho, adaptado do Modelo Teórico da TPT de Duffy et al. (2016, p. 129, tradução nossa).
Legenda: Conforme Duffy et al. (2016), os traços em linha indicam evidências teóricas e empíricas, os traços em pontos indicam evidência teórica. Elaborada pelos autores.

A partir do modelo da Figura 4, o **Quadro 1** apresenta as relações indicadas, bem como as explicações para cada uma delas. Vale destacar que o trabalho decente se configura como elemento central no modelo, o que vai ao encontro do que propõe a teoria, de que o trabalho/trabalhar é elemento central na vida das pessoas (Blustein, 2013; Pires et al., 2020). Nesse sentido, é possível verificar que fatores contextuais e estruturais, junto de individuais, se relacionam e predizem o trabalho decente (Blustein, 2013; Duffy et al., 2016; Pires et al., 2020).

Quadro 1 – Relações no modelo teórico da Teoria da Psicologia do Trabalhar de Duffy et al. (2016)

N. Relação	Relação	Explicação
1	Restrições Econômicas e Marginalização	As restrições econômicas representam recursos econômicos que são limitados, configurando barreiras para garantir o trabalho decente. Inclui as limitações de acesso ao capital social e cultural. Por exemplo, renda familiar limitada. A marginalização representa barreiras críticas vivenciadas por grupos de pessoas que são levadas para condições de exclusão social. A classe social, por exemplo, representa uma forma pela qual alguns grupos são marginalizados. Outros grupos de pessoas que são marginalizados: minorias de gênero, minorias sexuais, minorias raciais, imigrantes/refugiados, pessoas com condições incapacitantes, desempregados e idosos. Ambas representam dimensões contextuais e estruturais que interagem de variadas formas, com correlação positiva, representando barreiras que podem afetar o acesso ao trabalho decente.
2	Marginalização e Trabalho Decente	Reflete o impacto da dimensão contextual da marginalização sobre o trabalho decente. A marginalização representa uma barreira crítica para garantir trabalho decente e desenvolvimento de carreira, sendo que maiores níveis de marginalização levam a menores chances de obter e garantir trabalho decente.
3	Restrições Econômicas e Trabalho Decente	Reflete o impacto da dimensão contextual das restrições econômicas sobre o trabalho decente. As restrições econômicas refletem características de classe social, recursos econômicos, acesso ao capital social e cultural, e, por isso, maiores níveis de restrições econômicas levam a menores chances de obter e garantir trabalho decente.
4	Volição de Trabalho e Adaptabilidade de Carreira	Volição de trabalho e adaptabilidade de carreira são dimensões individuais e psicológicas do modelo, que estão interligadas e são influenciadas continuamente pelas dimensões contextuais e estruturais. São propostas como mecanismos explicativos nas relações entre as dimensões contextuais e estruturais (restrições econômicas e marginalização) e trabalho decente. Por definição, a adaptabilidade de carreira, como construto psicológico, engloba recursos individuais para lidar com tarefas previstas ou não no mundo do trabalho (Savickas & Porfeli, 2012).
5	Volição de Trabalho e Trabalho Decente	Reflete o trabalho decente como resultante da dimensão individual de volição de trabalho. Indivíduos que apresentam maiores níveis de volição tendem a se envolver em trabalhos mais significativos, levando a maiores chances de obter e garantir trabalho decente.
6	Marginalização e Volição de Trabalho	Reflete o impacto negativo da dimensão contextual marginalização sobre a volição de trabalho, isto é, dimensão contextual e estrutural que impacta a dimensão individual. Maiores níveis de marginalização levam a menores níveis de volição de trabalho. A volição de trabalho é proposta como mecanismo explicativo na relação entre marginalização e trabalho decente.
7	Restrições Econômicas e Volição de Trabalho	Reflete o impacto negativo da dimensão contextual restrições econômicas sobre a volição de trabalho, isto é, dimensão contextual e estrutural que impacta a dimensão individual. Maiores níveis de restrições econômicas levam a menores níveis de volição de trabalho. A volição de trabalho é proposta como mecanismo explicativo na relação entre restrições econômicas e trabalho decente.

N. Relação	Relação	Explicação
8	Adaptabilidade de Carreira e Trabalho Decente	Reflete o impacto positivo da dimensão individual adaptabilidade de carreira sobre trabalho decente, uma vez que a adaptabilidade pode promover atitudes favoráveis para o desenvolvimento de carreira. Maiores níveis de adaptabilidade de carreira levam a maiores chances de obter e garantir trabalho decente.
9	Marginalização e Adaptabilidade de Carreira	Reflete o impacto negativo da dimensão contextual marginalização sobre a adaptabilidade de carreira, isto é, dimensão contextual e estrutural que impacta a dimensão individual. Maiores níveis de marginalização levam a menores níveis de adaptabilidade de carreira. A adaptabilidade de carreira é proposta como mecanismo explicativo na relação entre marginalização e trabalho decente.
10	Restrições Econômicas e Adaptabilidade de Carreira	Reflete o impacto negativo da dimensão contextual restrições econômicas sobre a adaptabilidade de carreira, isto é, dimensão contextual e estrutural que impacta a dimensão individual. Maiores níveis de restrições econômicas levam a menores níveis de adaptabilidade. A adaptabilidade de carreira é proposta como mecanismo explicativo na relação entre restrições econômicas e trabalho decente.
11	Personalidade proativa: moderação	Característica individual que condiciona relações propostas no modelo entre dimensões contextuais e individuais. Por definição, personalidade proativa é a disposição do indivíduo para tomar iniciativa, de modo a influenciar o ambiente social (Li et al., 2010). Personalidade proativa atenua os impactos de marginalização e restrições econômicas sobre volição de trabalho, adaptabilidade de carreira e chances de obter e garantir trabalho decente.
12	Consciência Crítica: moderação	Característica individual que condiciona relações propostas no modelo entre dimensões contextuais e individuais. Por definição, consciência crítica inclui análise crítica social, eficácia política e ações críticas (Freire, 1974; Watts et al., 2011). Consciência crítica atenua os impactos de marginalização e restrições econômicas sobre volição de trabalho, adaptabilidade de carreira e chances de obter e garantir trabalho decente.
13	Suporte social: moderação	Característica contextual que condiciona relações propostas no modelo entre dimensões contextuais e individuais. Suporte ou apoio social atenuam os impactos de marginalização e restrições econômicas sobre volição de trabalho, adaptabilidade de carreira e chances de obter e garantir trabalho decente.
14	Condições econômicas: moderação	Característica contextual que condiciona relações propostas no modelo entre dimensões contextuais e individuais. Por definição, condições econômicas refletem fatores de nível macro, referentes ao ambiente econômico, como níveis de desemprego, acesso a salários dignos e ofertas de emprego. Condições econômicas favoráveis do contexto (como taxas elevadas de pessoas ocupadas no país) atenuam os impactos de marginalização e restrições econômicas sobre volição de trabalho, adaptabilidade de carreira e chances de obter e garantir trabalho decente.

Nota. Elaborado pelos autores, para fins de síntese, adaptado do Modelo Teórico da Teoria da Psicologia do Trabalhar de Duffy et al. (2016) e inspirado pelo artigo publicado no Brasil por Pires et al. (2020).

A partir das relações evidenciadas, nota-se que a volição de trabalho exerce papel importante para obtenção e garantia de trabalho decente. Conforme explicações dos autores (Duffy et al., 2016), a volição de trabalho é uma percepção individual sobre fazer escolha – por isso, se torna maleável, e representa um dos alvos de intervenções nos esforços para garantir trabalho decente. Nesse sentido, a volição de trabalho é enfatizada neste capítulo para propor possíveis reflexões e intervenções baseadas em evidências com universitários brasileiros. A partir do aumento da volição, diversos ganhos tendem a ser obtidos pelos universitários no tocante à permanência na educação superior e no desenvolvimento profissional. Logo, haja vista a apresentação e o entendimento geral da TPT, parte-se para o tópico seguinte, com a evidenciação do panorama das pesquisas científicas no mundo, que vêm considerando as contribuições da TPT.

TPT: panorama das pesquisas científicas no mundo

Foi realizada também a revisão bibliométrica para a TPT, utilizando as mesmas bases e softwares estatísticos. Os critérios de busca foram: (i) Descritores: *"(Psychology of Working Theory) AND (volition)"*; (ii) Critério: Todos os campos; e (iii) Tempo: Todos os anos. Foram obtidos 126 resultados, todos referentes a artigos científicos publicados em periódicos nas áreas *Psychology, Management e Business*. O período de publicação dos artigos foi de 1996 a junho de 2023 e incluiu 286 autores. O principal autor mencionado na revisão, para a TPT, foi Ryan D. Duffy (University of Florida, EUA), sendo o país com o maior número de produções os Estados Unidos da América (EUA), correspondendo a 45,23% dos estudos da amostra.

A Figura 5 demonstra o *Word-Cloud* (nuvem de palavras), considerando as 20 palavras principais com maior frequência. *Satisfação (geral, trabalho e vida), Trabalho Decente, Emprego, Classe Social* e *Adaptabilidade de Carreira* se destacam. Pode-se considerar, nesse sentido, que, pela lente teórica da TPT, os estudos vêm relacionando a volição com satisfação e trabalho decente. Verifica-se a relação da volição com os seus possíveis preditores. Pode-se concluir, a partir da nuvem de palavras, que volição, satisfação e mundo do trabalho continuam recebendo ênfase nos estudos.

Figura 5 – *Nuvem de palavras sobre os estudos da Teoria da Psicologia do Trabalhar*

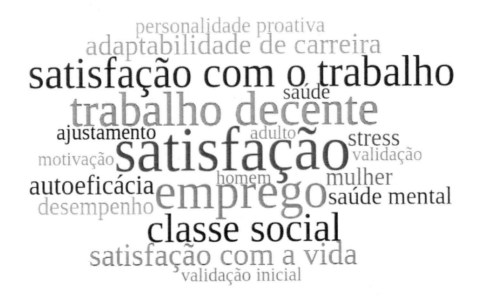

Nota. Elaborado pelos autores, conforme resultados do *Bibliometrix R-Package* (junho de 2023).

Na Figura 6, apresenta-se o *Word Growth* (crescimento das palavras) para a TPT. Primeiramente, verifica-se que a lente teórica da TPT, associada à volição, engloba pesquisas mais recentes que começam a crescer, aproximadamente, em 2015/2016. Muitas palavras começam a crescer nas pesquisas nessa época, como *Adaptabilidade de Carreira*, *Satisfação com o Trabalho*, *Satisfação com a Vida* e *Classe Social*. Outros temas são ainda mais recentes, ganhando maior destaque, aproximadamente, a partir de 2017, como *Trabalho Decente* e *Saúde Mental*. É interessante notar ainda o crescimento e a grande atenção dada nos estudos para a *Satisfação* (*satisfação com o trabalho, satisfação com a vida*), que aparece como um termo que se destaca dentre as demais palavras, considerando a frequência com que aparece nos artigos. Outras palavras vêm apresentando também crescimento importante, como *Emprego/Trabalho, Adaptabilidade de Carreira* e *Classe Social*.

Figura 6 – *Crescimento das palavras nos estudos com a Teoria da Psicologia do Trabalhar*

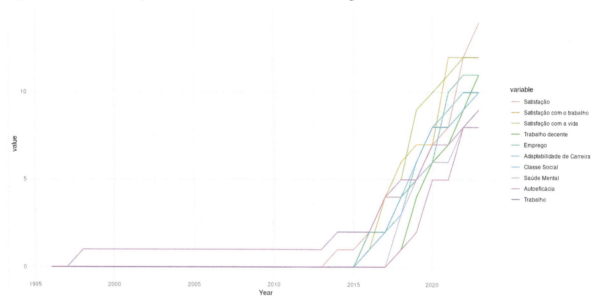

Nota. Elaborado pelos autores, conforme resultados do *Bibliometrix R-Package* (junho de 2023).

Assim como na TSCC, pode-se concluir, a partir da visão geral descritiva do estado da arte referente à TPT, que a teoria demonstra ser relevante para estudos que englobam o mundo do trabalho e os estudantes. Especificamente para o público de universitários, é fundamental refletir sobre volição e propor práticas que possam aumentar a volição, apesar das barreiras percebidas, haja vista as inconstâncias no mercado de trabalho e as crises econômicas e financeiras que vêm impactando as organizações.

TSCC E TPT: PESQUISAS NA AMÉRICA LATINA COM ESTUDANTES E TRABALHADORES

Ao avaliar as pesquisas mais recentes que se embasaram nas referidas teorias em países da América Latina, verifica-se, inicialmente, um ponto importante: poucos estudos do sul global, ou de países em desenvolvimento, que utilizaram as teorias TSCC ou TPT. Essa realidade demonstra que há espaço para a avaliação da aplicação das teorias no contexto social específico da América Latina e em países do Sul.

Entre as duas teorias, constatou-se que a TSCC tem sido utilizada para compreender o desequilíbrio de gênero e carreira na América Latina. Por exemplo, no Chile, um estudo examinou o desenvolvimento de carreira de estudantes em programas de Educação Técnica Profissionalizante com estereótipos de gênero para cursos de ciências aplicadas, tecnologia, engenharia e matemática (áreas *STEM*, do inglês *Science, Technology, Engineering, and Mathematics*) e enfermagem (Sevilla & Snodgrass Rangel, 2022). As mulheres tendem a ser sub-representadas em áreas de STEM, enquanto historicamente os homens têm sido uma minoria em campos relacionados à saúde e ao bem-estar social. Os resultados também evidenciaram que mulheres e homens têm menor probabilidade de persistir em carreiras não estereotipadas para o seu gênero (atípicas ao gênero), uma vez que continuamente enfrentam obstáculos e restrições que dificultam o desenvolvimento de suas carreiras.

No estudo, os resultados são especialmente impactantes para aqueles com baixa renda, por possuírem poucas expectativas em relação à carreira. Além disso, os efeitos dos estereótipos afetam mais negativamente a autoeficácia desse público, sugerindo maior necessidade de suporte parental e institucional para que desenvolvam maiores níveis de autoeficácia. No trabalho das autoras chilenas Sevilla e Snodgrass Rangel (2022), também foram encontradas diferenças entre estudantes do sexo feminino e masculino dentro de suas carreiras estereotipadas, sugerindo que, de forma geral, as mulheres enfrentam mais desafios ou barreiras. No entanto, constatou-se que o processo de desenvolvimento de carreira ocorre de forma semelhante para ambos os grupos, indicando que estratégias de intervenção psicológica destinadas a apoiar esses grupos podem ser igualmente úteis.

Já no Peru, a sub-representação das mulheres em STEM também vem sendo estudada (Ramos-Sandoval & Ramos-Diaz, 2018, 2020). A discriminação racial foi destacada como fator que afeta as representações de metas e a determinação dos estudantes em prosseguir em carreiras de engenharia. Com uma perspectiva de gênero, os autores ponderam que, apesar de a participação das mulheres no ensino superior ter aumentado, elas ainda são sub-representadas nas áreas STEM. O Peru, assim como outros países da América Latina, enfrenta um problema adicional para lidar com essa realidade, que é a falta de pesquisas sobre a lacuna de gênero, recrutamento, retenção e promoção das mulheres em ciência e tecnologia – corroborando os achados de que existem poucos trabalhos no sul global que utilizam tais lentes teóricas.

Ramos-Sandoval e Ramos-Diaz (2018, 2020) avaliaram as relações causais entre fatores como autoeficácia, estereótipos de gênero, barreiras e apoios, estado emocional, expectativas de resultados profissionais, interesse, representações de metas, conquistas pessoais e atitudes, em relação à ciência. Para testar as relações, aproximadamente, 1 mil universitários participaram das pesquisas considerando os estudos de 2018 e 2020. Os autores identificaram no primeiro estudo que, quando mulheres recebem apoio acadêmico, econômico, familiar, além de apoio contra a discriminação, suas crenças de autoeficácia são fortalecidas. Ainda, experiências anteriores significativas relacionadas à ciência e à tecnologia contribuíram positivamente para as crenças de autoeficácia das mulheres (Ramos-Sandoval & Ramos-Diaz, 2018).

Já no trabalho de 2020, os autores apontaram que o apoio familiar foi o principal fator que contribuiu para autoeficácia, representações de metas e autoeficácia para o enfrentamento, e a explicação para isso é que a carreira em STEM pode significar aceitação entre os estudantes e garantir suporte econômico para outros membros da família. Por sua vez, os professores têm o potencial de aumentar a autoeficácia dos estudantes por meio de suportes adequados, como interpretar positiva-mente seus fracassos, reduzir preconceitos de carreira e minimizar possíveis desistências. Segundo o estudo, é plausível que comentários negativos, sensação de não pertencimento a determinado grupo e pressão familiar possam prejudicar a avaliação das próprias capacidades pelos estudantes, bem como diminuir a capacidade de enfrentamento de situações adversas. De forma geral, os resul-tados evidenciam que a discriminação racial teve efeitos sobre as representações de metas, e uma possível explicação é que a discriminação pode ser percebida como um problema de longo prazo, e que isso pode afetar a determinação dos estudantes em continuar na carreira (Ramos-Sandoval & Ramos-Diaz, 2018, 2020).

No Brasil, em uma investigação recente com universitários brasileiros no final do curso de graduação, Melo et al. (2021) destacaram que características sociodemográficas dos estudan-tes são indicadores potenciais para a compreensão das percepções de barreiras de carreira. No estudo, os autores explicam, conforme dados do Instituto Brasileiro de Geografia e Estatística (IBGE), que, historicamente, apesar de as mulheres formarem o maior grupo de pessoas aptas ao trabalho, elas apresentam os maiores níveis de taxa de desocupação no país. Na pesquisa, foi constatado que existem diferenças significativas entre homens e mulheres no que toca à percepção de barreiras de carreiras. Pode-se destacar ainda que as mulheres, ao serem questionadas sobre barreiras contextuais diversas para desenvolverem suas carreiras no mercado de trabalho brasi-leiro, pontuaram mais que os homens, de forma estatisticamente significativa, nas dimensões de falta de suporte e discriminação sexual.

Outra pesquisa mais recente, como a desenvolvida por Melo (2023) com universitários brasi-leiros, identificou questões contextuais importantes ao relacionar barreiras de carreira e o mundo do trabalho. Foi verificado que, mesmo sendo de cunho negativo, barreiras contextuais na carreira podem favorecer ações e desfechos positivos na trajetória profissional quando se relacionam com apoios sociais percebidos. As ações de suporte envolveram o enfrentamento funcional dos pro-blemas, como: buscar informações, planejar-se e manter-se flexível. Por exemplo, um estudante concluinte da graduação, ao perceber que possui pouca informação sobre o mundo do trabalho em sua área de atuação, pode começar a buscar informações, visitar possíveis locais de trabalho e pedir apoio de profissionais mais experientes, de modo a obter mais informações. Os autores reforçam que o enfrentamento funcional de barreiras contextuais, percebidas nos mais diversos ambientes de carreira (escolas, universidades, organizações etc.), está embasado no paradigma sociocognitivo dos apoios sociais obtidos.

Pela TPT, os estudos empíricos são ainda incipientes para países da América Latina. Vale destacar estudos desenvolvidos no Brasil, que vêm discutindo o trabalho decente. Ribeiro et al. (2016) entrevistaram 20 trabalhadores urbanos sem educação universitária da cidade de São Paulo. Os autores obtiveram o conceito de trabalho decente por meio das narrativas desses trabalhadores, que não fazem uma distinção evidente entre trabalho formal e informal, e que atuam em contextos coletivos marcados pela desigualdade, vulnerabilidade e ausência parcial do Estado como fonte de segurança e proteção social. Em outro trabalho, Ribeiro et al. (2019) adaptaram um instrumento para mensurar trabalho decente por meio de cinco dimensões: Condições de Trabalho Seguras, Acesso à Saúde, Remuneração Adequada, Tempo Livre e Descanso e Valores Complementares. Além da adaptação da escala, esse estudo demonstra, a partir da análise de conteúdo, que, em culturas mais coletivistas, como no Brasil, o trabalho decente pode estar associado à noção de bem comum ou a uma sociedade mais justa.

Zanotelli et al. (2022) aprofundam o conceito de trabalho decente a partir do construto trabalho significativo, sendo este associado à promoção do desenvolvimento profissional e do bem-estar dos trabalhadores. O estudo demonstra empiricamente diversos resultados interessantes para o contexto de trabalho brasileiro: o trabalho significativo apresentou relação positiva e moderada com a satisfação com a vida e com a satisfação com o trabalho; e relação negativa e fraca com o *Burnout*. A análise dos autores é de que a falta de um emprego considerado importante e com valor positivo, para um indivíduo, pode resultar em percepção de perda de energia e fadiga, com consequências não apenas para a saúde, mas também influenciando fenômenos organizacionais, como rotatividade, absenteísmo e baixo desempenho. Eles sugerem que trabalhadores que percebem seu trabalho como significativo estão, de certa forma, "protegidos" do *Burnout*.

Por último, cabe mencionar o estudo de Pires e De Andrade (2022), com a ênfase em volição de trabalho, em que o objetivo foi adaptar e levantar evidências de validade para o Brasil da escala de volição no trabalho para trabalhadores brasileiros – instrumento que foi desenvolvido por Duffy et al. (2012), nos EUA. Trabalhadores de diferentes estratos sociais participaram do estudo. Os resultados indicaram adequação da estrutura do instrumento para três dimensões: (*i*) volição, sendo as percepções do trabalhador sobre a capacidade de realizar suas escolhas de trabalho; (*ii*) restrições financeiras, incluindo as percepções quanto às limitações no âmbito financeiro nas situações de escolher ou obter um trabalho, de se inserir ou transitar no mercado de trabalho; e, (*iii*) restrições estruturais, englobando as percepções sobre condições ambientais (econômicas e estruturais, como desemprego e discriminação) que podem impactar negativamente as escolhas de trabalho. Os resultados da pesquisa evidenciaram adicionalmente a associação positiva entre volição e satisfação com o trabalho, bem como associações negativas entre restrições financeiras e satisfação com o trabalho e com a vida.

Nota-se a importância das pesquisas mencionadas para se compreender como os indivíduos que trabalham, ou que querem trabalhar, vêm se relacionado com o mundo do trabalho no contexto brasileiro, incluindo o desenvolvimento profissional, de carreira e de vida. Em uma perspectiva inclusiva, considerando as influências contundentes do contexto sobre a carreira, destacam-se as duas teorias, TSCC e TPT, para propor reflexões críticas, *insights* e possíveis intervenções em carreira. O tópico final deste capítulo, a seguir, enfatiza contribuições dessas duas teorias para o desenvolvimento profissional de universitários.

CONTRIBUIÇÕES DA TSCC E DA TPT: "CARREIRAS APOIADAS"

Considerando o que foi apresentado sobre as duas importantes teorias, TSCC e TPT, as quais vêm sendo utilizadas em diversos países do mundo para investigações sobre barreiras de carreira, apoios sociais e volição, indaga-se, enfim: quais possíveis reflexões práticas e propostas de intervenções podem ser delineadas com a população de estudantes universitários brasileiros, focando em permanência na educação superior, desenvolvimento profissional, aumento da volição de trabalho e consequente transição saudável da universidade para o mundo do trabalho? Para tanto, apresenta-se na Figura 7 uma proposta original para análise e intervenções, denominada "Carreiras Apoiadas".

Figura 7 – *"Carreiras Apoiadas": Síntese para Análises e Intervenções*

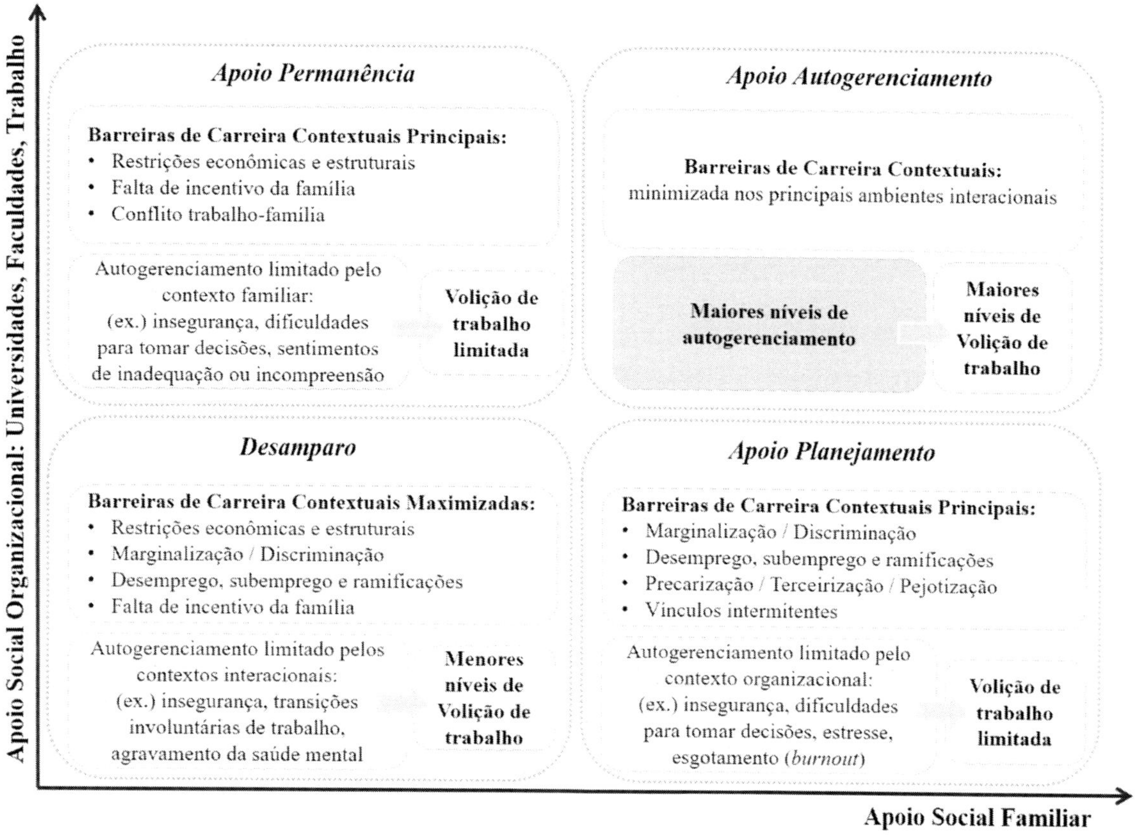

Apoio Social Organizacional: Universidades, Faculdades, Trabalho

Apoio Permanência

Barreiras de Carreira Contextuais Principais:
- Restrições econômicas e estruturais
- Falta de incentivo da família
- Conflito trabalho-família

Autogerenciamento limitado pelo contexto familiar:
(ex.) insegurança, dificuldades para tomar decisões, sentimentos de inadequação ou incompreensão

Volição de trabalho limitada

Apoio Autogerenciamento

Barreiras de Carreira Contextuais: minimizada nos principais ambientes interacionais

Maiores níveis de autogerenciamento

Maiores níveis de Volição de trabalho

Desamparo

Barreiras de Carreira Contextuais Maximizadas:
- Restrições econômicas e estruturais
- Marginalização / Discriminação
- Desemprego, subemprego e ramificações
- Falta de incentivo da família

Autogerenciamento limitado pelos contextos interacionais:
(ex.) insegurança, transições involuntárias de trabalho, agravamento da saúde mental

Menores níveis de Volição de trabalho

Apoio Planejamento

Barreiras de Carreira Contextuais Principais:
- Marginalização / Discriminação
- Desemprego, subemprego e ramificações
- Precarização / Terceirização / Pejotização
- Vinculos intermitentes

Autogerenciamento limitado pelo contexto organizacional:
(ex.) insegurança, dificuldades para tomar decisões, estresse, esgotamento (*burnout*)

Volição de trabalho limitada

Apoio Social Familiar

Nota. Elaborado pelos autores, baseados em evidências a partir de estudos que vincularam a TSCC e a TPT.

Para a interpretação, é preciso compreender, primeiramente, que, em países do sul global, como é o caso do Brasil, são muitas as particularidades para o desenvolvimento da carreira. O argumento central na proposta de "Carreiras Apoiadas" é de que a agência individual será desenvolvida a partir de suportes contextuais em diferentes ambientes interacionais (Chaves et al., 2019; Melo, 2023) e especialmente em dois principais: contexto organizacional (universidades, faculdades, trabalho) e contexto familiar (família de origem e relacionamentos interpessoais próximos). A partir da sustentação social obtida em tais contextos, as percepções de barreiras na carreira poderão ser relativamente diminuídas, como também a volição de trabalho poderá ser aumentada, para que comportamentos adaptativos possam ser desenvolvidos. Considerando isso, as explicações que se seguem buscam relacionar, especificamente, universitários que se inserem no Brasil, que trabalham ou que almejam trabalhar.

Nas situações de *Apoio Permanência*, o estudante obtém apoio organizacional (universidade, faculdade, trabalho) e níveis baixos de apoio social na família. As principais barreiras de carreira percebidas no contexto, de forma proximal, são as restrições econômicas e/ou estruturais da própria família, a falta de incentivo dos familiares e níveis mais elevados de conflito trabalho-família. A falta do apoio social familiar configura um limitador para comportamentos adaptativos, influenciando menores níveis de autogerenciamento de carreira e volição de trabalho. Os indivíduos terão menor volição para tomar decisões e fazer escolhas programadas de carreira. Esse *apoio permanência* recebe tal nomenclatura uma vez que as intervenções devem ser direcionadas para criar apoios que auxiliem os indivíduos a permanecerem nos ambientes organizacionais de interesse, apesar das limitações de apoio no contexto familiar.

Exemplos de situações vivenciadas neste quadrante:

- Estudante universitário, trabalhador, com filhos, que estuda durante o dia e trabalha durante a noite. É o responsável pelo próprio sustento e pelo sustento de seus dependentes. Percebe um grande incentivo de sua organização empresarial para que finalize os estudos, pois a empresa oferece horários de trabalho flexíveis em dias de avaliação, além de pagar parte da mensalidade do curso. Porém, vê-se em uma rotina muito exaustiva e intensa, sem tempo para descanso, chegando ao esgotamento pelo excesso de atividades. Preocupado com a saúde, cogita abandonar o curso de graduação, mesmo já tendo concluído metade do curso.

- Estudante no primeiro ano da graduação, curso diurno, em uma instituição privada; com dedicação exclusiva aos estudos. A sua família, porém, perde capacidade financeira devido a uma situação inesperada de desemprego. O estudante precisa encontrar condições de seguir o curso que tanto almejou e, para isso, busca um trabalho. Ele conta com o apoio de colegas e professores para encontrar uma oportunidade. Ele verifica que os horários de trabalho são incompatíveis com o horário das aulas. O estudante não sabe como resolverá tal situação.

- Universitário iniciando a graduação e que apresentou muitas dificuldades para escolher o curso. Após os primeiros meses de aula, encontra-se satisfeito com o curso, incluindo a relação com colegas e professores, e satisfeito também com as disciplinas e a universidade. A sua família, entretanto, não apoia a sua decisão por cursar aquela graduação, pois não parece uma profissão tão promissora. O estudante se sente inseguro e começa a pensar se não seria melhor a mudança de curso, seguindo os conselhos familiares.

Nas situações de ***Apoio Planejamento***, o estudante obtém níveis elevados de apoio social na família e níveis baixos de apoio social organizacional (universidade, faculdade, trabalho). As principais barreiras de carreira percebidas no contexto, de forma proximal, incluem marginalização e discriminação, desemprego, subemprego, vínculos intermitentes, precarização de trabalho, terceirização. A falta do apoio social organizacional configura um limitador para comportamentos adaptativos, influenciando menores níveis de autogerenciamento de carreira e de volição de trabalho. Os estudantes tendem a fazer planos de carreira para obter resultados futuros, uma vez que a situação atual não os permite. O planejamento futuro será um forte influente para as ações do estudante no momento presente. Logo, este *apoio planejamento* recebe tal nomenclatura uma vez que as intervenções devem ser direcionadas para criar apoios que auxiliem os indivíduos a persistirem em seus planos de carreira, apesar das barreiras, de forma a perseguirem seus interesses profissionais com responsabilidade, resiliência e dedicação.

Exemplos de situações vivenciadas neste quadrante:

- Estudante universitário que se sente acolhido emocionalmente pela família, que sempre o escuta com atenção e o aconselha. O estudante se vincula a trabalhos intermitentes pela necessidade de quitar os seus próprios gastos, mas se sente sobrecarregado pelas excessivas demandas por parte da organização. Ele espera possibilidades melhores de trabalho após a formatura.

- Universitário que, constantemente, se sente coagido no ambiente da faculdade, em função da sua idade. Por ser aposentado no mercado de trabalho, alguns colegas da turma já questionaram os motivos de ele estar ali. Ele e toda a sua família comemoraram a sua aprovação em uma instituição pública de ensino, algo que não foi possível em momento anterior. Apesar da torcida familiar, o universitário se sente desanimado com o curso, pois, além dos questionamentos dos colegas, também esperava maior aproximação das disciplinas com o mundo do trabalho, o que seria um diferencial para ele, haja vista toda a vivência de trabalho que possui.

- Concluinte do curso de graduação, recebe apoio financeiro da família para se especializar na área de seu interesse. Mesmo com qualificações diferenciadas, o estudante não consegue inserir-se no mercado de trabalho, uma vez que ainda não possui experiência profissional na área.

As situações mais críticas encontram-se no **Desamparo**, em que o estudante obtém níveis baixos de apoio social nos principais ambientes interacionais: organizacional (universidade, faculdade, trabalho) e familiar. As barreiras de carreira percebidas nos contextos tenderão a ser diversas e percebidas em níveis mais intensos. Como exemplos, restrições econômicas e/ou estruturais da própria família, falta de incentivo familiar, marginalização e discriminação, desemprego, subemprego, vínculos intermitentes, precarização de trabalho. Tais barreiras, impactando de forma proximal o comportamento adaptativo de carreira, se configuram como limitadoras para o desenvolvimento profissional, conduzindo a níveis significativamente menores de autogerenciamento de carreira e de volição de trabalho. Os indivíduos terão níveis baixos de volição para tomar decisões e fazer escolhas de carreira.

Esse quadrante, *desamparo*, recebe tal nomenclatura uma vez que as intervenções devem ser urgentes e direcionadas para criar condições de apoio social aos indivíduos. Por estarem em situações críticas de apoios mínimos, dentre os principais ambientes de relacionamentos, dificilmente os indivíduos conseguirão desenvolver maiores níveis de agência e posturas mais autônomas, de modo a favorecer o desenvolvimento profissional – como exemplos, identificar habilidades, fazer planos de carreira, ou obter um trabalho decente. Entende-se que políticas públicas devem estar direcionadas, principalmente, aos indivíduos desamparados.

Exemplos de situações vivenciadas neste quadrante:

- O indivíduo ingressa na faculdade particular, contrai dívida e não consegue continuar pagando. Não consegue programa de financiamento estudantil, nem tampouco algum desconto pela faculdade. É o responsável pelo sustento da família. Ele desiste de continuar os estudos no ensino superior.

- O estudante ingressa em um curso mais barato, o qual pode pagar, embora tenha interesse em outra área. A mensalidade do curso ofertado na área de interesse é muito mais elevada. Ele tenta o programa de financiamento estudantil e planeja a mudança de curso, mas não consegue o financiamento. É o responsável pelo seu sustento, a família não consegue ajudá-lo financeiramente. Por estar insatisfeito com o curso, ele desiste de continuar os estudos.

- Universitário que trabalha de forma autônoma, possui filhos, com uma rotina intensa para conciliar todas as demandas. Trabalha em sua própria casa. É o principal responsável pelos cuidados com os filhos. Com a alta inflação nacional e a perda de capacidade financeira, percebe a necessidade de obter outros tipos de trabalho na tentativa de aumentar a renda. Com a intensificação das demandas, ele desiste de continuar os estudos no ensino superior.

Por fim, nas situações de ***Apoio ao Autogerenciamento***, o estudante obtém níveis elevados de apoio social nos principais ambientes interacionais: organizacional (universidade, faculdade, trabalho) e familiar. As barreiras de carreira percebidas nos contextos tenderão a ser minimizadas, e muitas vezes podem ser percebidas como "desafios" – isto é, superá-las pode ser algo estimulante para o desenvolvimento. Com isso, por serem minimizadas, as barreiras tendem a não ser influentes importantes para diminuírem níveis de autogerenciamento de carreira e de volição de trabalho. Os apoios sociais obtidos, nas organizações e na família, favorecerão maiores níveis de autogerenciamento e de volição. Os indivíduos tendem a fazer escolhas programadas de carreira. Este quadrante, *apoio ao autogerenciamento*, recebe tal nomenclatura uma vez que as intervenções devem estimular os estudantes a adotarem postura autônoma, responsável e de agência para se desenvolverem profissionalmente.

Conhecendo essas possibilidades para análises, a partir da matriz, parte-se, enfim, para possíveis práticas que podem ser aplicadas como intervenções com universitários. Vale destacar que não se trata de uma lista exaustiva, mas, sim, de possibilidades de práticas que podem melhorar a adaptação profissional e de carreira dos universitários.

- Orientação Profissional e de Carreira: oferecimento de programas de orientação que auxiliam estudantes na identificação de preferências, interesses, valores e objetivos profissionais, fornecendo direcionamento para escolhas de carreira. Exemplo: estudo de Lent e Brown (2020) e, no Brasil, o trabalho de Ramos et al. (2018).

- Avaliação e Desenvolvimento de Habilidades de Emprego: realização de avaliações sistematizadas de recursos e intervenções para desenvolvimento de habilidades, interesses e aptidões profissionais. A avaliação pode ajudar a direcionar escolhas profissionais mais adequadas. Implementação de programas de treinamento para desenvolver habilidades específicas de empregabilidade relacionadas à carreira, como habilidades de comunicação, liderança, resolução de problemas e pensamento crítico. Exemplos: estudos de Miles e Naidoo (2017) e Cinamon (2006).

- Mentoria e Aconselhamento: o contato profissional com mentores ou profissionais experientes permite orientações e aconselhamento personalizados, auxiliando os estudantes a desenvolverem estratégias de carreira e tomarem decisões mais informadas. Exemplos: estudos de Lent e Brown (2020), Scheuermann et al. (2014) e Okolie et al. (2020).

- Acompanhamento Psicológico: fornecimento de suporte psicológico aos universitários, por meio de serviços de aconselhamento ou psicoterapia, para lidar com questões emocionais, ansiedade, estresse e outros desafios que possam impactar a trajetória acadêmica e profissional. Exemplo: estudo de Miles e Naidoo (2017), além de Ramos et al. (2018).

- *Networking*: promoção de oportunidades para os estudantes se conectarem com profissionais e especialistas de diferentes áreas, possibilitando a construção de redes de contatos relevantes para o desenvolvimento profissional. Exemplo: estudo de Okolie et al. (2020) e Ramos et al. (2018).

- Programas de Estágio e Experiências Práticas: oferta de programas de estágio, estágio voluntário ou oportunidades de trabalho temporário para que os estudantes possam adquirir experiências práticas em suas áreas de interesse e desenvolver habilidades relevantes para o mercado de trabalho. Exemplo: estudo de Okolie et al. (2020).

- Informação sobre Carreiras: disponibilização de materiais informativos, *workshops*, cursos e palestras que apresentem detalhes sobre diferentes opções de carreira, perspectivas do mercado de trabalho e tendências futuras das profissões, auxiliando os estudantes a tomarem decisões informadas sobre seu futuro profissional. Exemplos: estudos de Fallah et al. (2022), Lent e Brown (2020), e Cinamon (2006).

CONSIDERAÇÕES FINAIS

Neste capítulo, exploramos as influências contextuais no ambiente de trabalho, refletindo sobre as barreiras percebidas na carreira, os apoios sociais e a volição no trabalho. Ao suportarmos a ideia do entrelaçamento entre duas matrizes teóricas distintas, a Teoria Sociocognitiva de Carreira (TSCC) e a Teoria da Psicologia do Trabalhar (TPT), podemos ter intercorrido em alguma contradição epistemológica e teórico-prática. Todavia, no compromisso ativo dos estudos de carreira e justiça social, buscamos direcionar pesquisadores, professores, dirigentes institucionais e orientadores educacionais sobre questões contemporâneas para universitários.

No encontro dos matizes da TPT e TSCC, são apresentadas as ideias centrais e perspectivas de intervenção que pautam a importância do suporte social, da proatividade e possibilidade de fazer escolhas na vida profissional para os universitários e trabalhadores. Entendemos que fazer escolhas é algo fundamental para o bem-estar e o trabalho decente, sendo algo fortemente associado a posições sociais mais dominantes. A ação de ser apoiado socialmente, tanto institucional (políticas organizacionais, acadêmicas) como interpessoalmente (família, amigos, professores), aliado com dimensões de autogerenciamento e proatividade, são características que podem impulsionar recursos na adaptação das transições da universidade ao mundo do trabalho.

Esperamos que este conteúdo seja útil para estudantes, professores, profissionais da área da educação e outros interessados em compreender os aspectos contextuais no mundo do trabalho. Esperamos que você aproveite a leitura e encontre informações relevantes para suas pesquisas e reflexões.

QUESTÕES PARA DISCUSSÃO

- A partir da leitura, reflita: como as duas teorias apresentadas no capítulo, Teoria Social Cognitiva de Carreira e Teoria da Psicologia do Trabalhar, podem ser úteis para pensar o desenvolvimento de carreira de universitários brasileiros?

- Articule ideias para interconectar os termos: (i) universitários, (ii) mundo do trabalho, (iii) barreiras e apoios, (iv) volição e (v) classe social.

- A partir da matriz de síntese "Carreiras Apoiadas", reflita sobre ações que possam ser aplicadas por organizações, instituições e família para o desenvolvimento da carreira de universitários, considerando cada um dos quadrantes, e com propostas para além das que já foram apresentadas no capítulo.

REFERÊNCIAS

Aria, M., & Cuccurullo, C. (2017). Bibliometrix: An R-tool for comprehensive science mapping analysis. *Journal of Informetrics, 11*(4), 959-975. https://doi.org/10.1016/j.joi.2017.08.007

Bakker, A. B., & Demerouti, E. (2017). Job demands–resources theory: Taking stock and looking forward. Journal of Occupational Health Psychology, *22*(3), 273-285. https://doi.org/10.1037/ocp0000056

Bandura, A. (1978). Self-efficacy: toward a unifying theory of behavioral change. *Advances in Behaviour Research and Therapy, 1*(4), 139-161. https://doi.org/10.1016/0146-6402(78)90002-4

Bandura, A. (1986). Social foundations of thought and action: a social cognitive theory. *Englewood Cliffs, 23-28.*

Blustein, D. L. (2001). Extending the reach of vocational psychology: Toward an inclusive and integrative psychology of working. *Journal of Vocational Behavior, 59*(2), 171-182. https://doi.org/ 10.1006/jvbe.2001.1823

Blustein, D. L. (2006). *The psychology of working:* A new perspective for career development, counseling, and public policy. Erlbaum.

Blustein, D. L. (2013). The Psychology of Working: A new perspective for a new era. In *The Oxford handbook of the psychology of working* [Versão digital] (pp. 1-27). New York, NY: Oxford University Press. https://doi. org/10.1093/ oxfordhb/9780199758791.013.0001

Brown, S. D., & Lent, R. W. (2019). A social cognitive view of career development and guidance. In Athanasou, J. A., & Perera, H. N. (Ed.), *International Handbook of Career Guidance.* Springer.

Chaves, S. M. D. S., Ferreira, M. C., Pereira, M. M., & Freitas, C. P. P. D. (2019). Florescimento no trabalho: Impacto do perdão disposicional e do suporte social emocional. *Psicologia: Ciência e Profissão, 39,* e184816. https://doi.org/10.1590/1982-3703003184816

Cinamon, R. G. (2006). Preparing minority adolescents to blend work and family roles: Increasing work-family conflict management self-efficacy. *International Journal for the Advancement of Counselling, 28,* 79-94. https://doi.org/10.1007/s10447-005-9006-x

Duffy, R. D., Blustein, D. L., Diemer, M. A., & Autin, K. L. (2016). The Psychology of Working Theory. *Journal of Counseling Psychology, 63*(2), 127-148. https://doi.org/10.1037/cou0000140

Duffy, R. D., Diemer, M. A., Perry, J. C., Laurenzi, C., & Torrey, C. L. (2012). The construction and initial validation of the Work Volition Scale. *Journal of Vocational Behavior, 80*(2), 400-411. https://doi.org/10.1016/j.jvb.2011.04.002

Fallah, N., Kiany, G. R., & Tajeddin, Z. (2022). Exploring the Effect of an Entrepreneurship Awareness-Raising Intervention on ELT Learners' Entrepreneurial Intention, Mindset, Self-Efficacy and Outcome Expectations. *Language Teaching Research Quarterly, 27,* 45-65. https://doi.org/10.32038/ltrq.2022.27.0

Freire, P (1974). *Pedagogia do Oprimido.* Rio de Janeiro: Editora Paz e Terra.

Juntunen, C. L., Motl, T. C., & Rozzi, M. (2019). Major career theories: International and developmental perspectives. In Athanasou, J. A., & Perera, H. N. (Ed.), *International Handbook of Career Guidance.* Springer.

Lent, R. W., & Brown, S. D. (1996). Social cognitive approach to career development: An overview. *The Career Development Quarterly, 44*(4), 310-321. https://doi.org/10.1002/j.2161-0045.1996.tb00448.x

Lent, R. W., & Brown, S. D. (2008). Social cognitive career theory and subjective well-being in the context of work. *Journal of Career Assessment, 16*(1), 6-21. https://doi-org/10.1177/1069072707305769

Lent, R. W., & Brown, S. D. (2013). Social cognitive model of career self-management: toward a unifying view of adaptive career behavior across the life span. *Journal of Counseling Psychology*, 60(4), 557-568. https://doi.org/10.1037/a0033446

Lent, R. W., & Brown, S. D. (2020). Career decision making, fast and slow: Toward an integrative model of intervention for sustainable career choice. *Journal of Vocational Behavior*, 120. https://doi.org/10.1016/j.jvb.2020.103448

Lent, R. W., Brown, S. D., & Hackett, G. (1994). Toward a unifying social cognitive theory of career and academic interest, choice, and performance. *Journal of Vocational Behavior, 45*(1), 79-122. https://doi.org/10.1006/jvbe.1994.1027

Li, N., Liang, J., & Crant, J. M. (2010). The role of proactive personality in job satisfaction and organizational citizenship behavior: A relational perspective. *Journal of Applied Psychology, 95,* 395-404. http://dx.doi.org/10.1037/a0018079

Magalhães, M. D. O., & Teixeira, M. A. P. (2013). Antecedentes de comportamentos de busca de emprego na transição da universidade para o mercado de trabalho. *Psicologia: Teoria e Pesquisa, 29,* 411-419. https://doi.org/10.1590/S0102-37722013000400007

Melo, M. R. D., Martins-Silva, P. D. O., De Andrade, A. L., & Moura, R. L. D. (2021). Barreiras, Adaptabilidade, Empregabilidade e Satisfação: Percepções de Carreira de Formandos em Administração. *Revista de Administração Contemporânea, 25.* https://doi.org/10.1590/1982-7849rac2021190124.por

Melo, M. R. de. (2023). *Carreiras em Contextos de Estudo e Trabalho: Barreiras, Apoios Sociais, Enfrentamento e Desfechos pelo Modelo de Autogerenciamento da Teoria Social Cognitiva de Carreira* [Tese de Doutorado – Programa de Pós-Graduação em Administração, Universidade Federal do Espírito Santo]. https://administracao.ufes.br/pt-br/pos-graduacao/PPGAdm/detalhes-da-tese?id=17138

Miles, J., & Naidoo, A. V. (2017). The impact of a career intervention programme on South African Grade 11 learners' career decision-making self-efficacy. *South African Journal of Psychology, 47*(2), 209-221. https://doi.org/10.1177/00812463166548

Okolie, U. C., Nwajiuba, C. A., Binuomote, M. O., Ehiobuche, C., Igu, N. C. N., & Ajoke, O. S. (2020). Career training with mentoring programs in higher education: facilitating career development and employability of graduates. *Education + Training.* https://doi-org/10.1108/ET-04-2019-0071

Pires, F. M., & De Andrade, A. L. (2022). Escolhas na carreira: Evidências iniciais de adaptação da Work Volition Scale no Brasil. *Brazilian Business Review, 19,* 153-170. https://doi.org/10.15728/bbr.2021.19.2.3

Pires, F. M., Ribeiro, M. A., & De Andrade, A. L. D. (2020). Teoria da psicologia do trabalhar: Uma perspectiva inclusiva para orientação de carreira. *Revista Brasileira de Orientação Profissional, 21*(2), 203-214. https://doi.org/10.26707/1984-7270/2020v21n207

Ramos, F. P., De Andrade, A. L., Pereira, J., Ramalhete, J. N. L., Pírola, G. P., & Egert, C. (2018). Intervenções psicológicas com universitários em serviços de apoio ao estudante. *Revista Brasileira de Orientação Profissional, 19*(2), 221-232. https://doi.org/1026707/1984-7270/2019v19n2p221

Ramos-Sandoval, R., & Ramos-Diaz, J. (2018). Peruvian Women in Engineering: a Social Cognitive Career Theory Approach. *INTED2018 Proceedings,* 1(April), 7231-7241. https://doi.org/10.21125/inted.2018.1694

Ramos-Sandoval, R., & Ramos-Diaz, J. (2020). Barriers and supports in engineering career development: An exploration of first-year students. *Advances in Science, Technology and Engineering Systems*, 5(6), 920-925. https://doi.org/10.25046/aj0506109

Ribeiro, M. A., Silva, F. F., & Figueiredo, P. M. (2016). Discussing the notion of decent work: Senses of working for a group of Brazilian workers without college education. *Frontiers in Psychology*, 7, 207. https://doi.org/10.3389/fpsyg.2016.00207

Ribeiro, M. A., Teixeira, M. A. P., & Ambiel, R. A. M. (2019). Decent work in Brazil: Context, conceptualization, and assessment. *Journal of Vocational Behavior*, 12, 229-240. https://doi.org/10.1016/j.jvb.2019.03.006

Savickas, M. L., & Porfeli, E. J. (2012). Career Adapt-Abilities Scale: Construction, reliability, and measurement equivalence across 13 countries. *Journal of Vocational Behavior*, 80(3), 661-673. https://doi.org/10.1016/j.jvb.2012.01.011

Scheuermann, T. S., Tokar, D. M., & Hall, R. J. (2014). An investigation of African-American women's prestige domain interests and choice goals using Social Cognitive Career Theory. *Journal of Vocational Behavior*, 84(3), 273-282. https://doi.org/10.1016/j.jvb.2014.01.010

Sevilla, M. P., & Snodgrass Rangel, V. (2022). Career Development in Highly Sex-typed Postsecondary Vocational Technical Education Programs: A Social Cognitive Analysis. *Journal of Career Assessment*, 30(4), 658-677. https://doi.org/10.1177/10690727221074871

Sherbourne, C. D., & Stewart, A. L. (1991). The MOS social support survey. *Social Science & Medicine*, 32(6), 705-714. https://doi.org/10.1016/0277-9536(91)90150-B

Swanson, J. L., & Woitke, M. B. (1997). Theory into practice in career assessment for women: Assessment and interventions regarding perceived career barriers. *Journal of Career Assessment*, 5(4), 443-462. https://doi.org/10.1177/106907279700500405

Swanson, J., Daniels, K., & Tokar, D. (1996). Assessing perceptions of career-related barriers: The career barriers inventory. *Journal of Career Assessment*, 4(2), 219-244. https://doi.org/10.1177/106907279600400207

Watts, R. J., Diemer, M. A., & Voight, A. M. (2011). Critical consciousness: Current status and future directions. *New Directions for Child and Adolescent Development*, 134, 43-57. http://dx.doi.org/10.1002/cd.310

Zanini, D. S., Verolla-Moura, A., & Queiroz, I. P. D. A. R. (2009). Apoio social: aspectos da validade de constructo em estudantes universitários. *Psicologia em Estudo*, 14, 195-202. https://www.scielo.br/j/pe/a/wrZswb4pxNWmfZVXc9RtryC/?lang=pt&format=html

Zanotelli, L. G., De Andrade, A. L., & Peixoto, J. M. (2022). Work as Meaning Inventory: Psychometric Properties and Additional Evidence of the Brazilian Version. *Paidéia (Ribeirão Preto)*, 32, e3225. https://doi.org/10.1590/1982-4327e3225

CAPÍTULO 19

COMPETÊNCIAS SOCIOEMOCIONAIS, ADAPTABILIDADE DE CARREIRA E EMPREGABILIDADE NO ENSINO SUPERIOR: UM MODELO DE TRAJETÓRIAS[4]

Marcela de Moura Franco Barbosa
Lucy Leal Melo-Silva
Amanda Espagolla Santos
José Egídio Barbosa Oliveira

INTRODUÇÃO

As competências têm tido lugar de destaque nas preocupações dos representantes das instituições de educação superior (IES), dos alunos – futuros profissionais – e, também, na perspectiva dos gestores das empresas que necessitam dos profissionais, como destacam Gomes e Teixeira (2016). Essa preocupação ocorre, principalmente, pelo contexto nacional e mundial no qual os futuros profissionais estão ou serão inseridos. Trata-se do mundo conhecido como volátil, incerto, complexo e ambíguo (Vuca, acrônimo em inglês), ao mesmo tempo, frágil, ansioso, não linear e incompreensível (Bani, acrônomo em inglês). De acordo com Souza et al. (2018), a volatilidade (*volatility*) é caracterizada pelo ritmo acelerado em que ocorrem mudanças bruscas e impactantes na vida das sociedades e, concomitantemente, nas instituições, em geral, e no mundo do trabalho. Assim, no cenário contemporâneo da era da informação e do conhecimento e das sociedades em rede (por exemplo, Castells, 2010; Castells & Cardoso, 2005), os dados e as evidências existentes podem não ser suficientes para a tomada de decisão a longo prazo. A incerteza (*uncertainty*) é uma característica do contexto marcada pela necessidade de assumir que o conhecimento sobre uma dada situação é, muitas vezes, incompleto, potencializando o aparecimento de opiniões divergentes sobre a melhor estratégia a ser adotada para lidar com inúmeros desafios. Essa falta de previsibilidade sobre o que acontecerá no futuro exige uma cuidadosa análise do risco das ações a serem tomadas. Por sua vez, a complexidade (*complexity*) reflete interações não lineares, imprevisibilidade de resultados, em que não se observa uma relação unívoca de causa e efeito entre decisões e suas consequências. Sendo assim, é necessária a abertura a consequências e acontecimentos inesperados e agilidade para geri-los, deles tirar proveito, modificá-los ou eventualmente revertê-los. E, por último a ambiguidade (*ambiguity*) se apresenta como a resultante das diferentes interpretações quando as evidências existentes são insuficientes para esclarecer o significado e as implicações de determinado fenômeno.

---

[4] Este capítulo trata de parte da dissertação de mestrado da primeira autora, Marcela de Moura Franco Barbosa, orientada pela segunda autora Lucy Leal Melo-Silva, defendida no Programa de Pós-graduação em Psicologia da Faculdade de Filosofia, Ciências e Letras de Ribeirão Preto da Universidade de São Paulo (FFCLRP/USP), intitulada "Relações entre competências e habilidades socioemocionais, adaptabilidade de carreira e empregabilidade em estagiários do ensino superior". Amanda Espagolla Santos colaborou com a redação do artigo e José Egídio Barbosa com o tratamento e a análise dos dados. A pesquisa de mestrado é parte de um projeto maior, que investigou "Competências socioemocionais e de carreira em estagiários e aprendizes", devidamente aprovado no Comitê de Ética da Instituição sede.

Em relação ao Bani, Grabmeier (2020) apresentou esse acrônimo para retratar melhor a realidade dos tempos em que vivemos hoje, principalmente, já no período pós-pandêmico. O termo frágil (*brittle*) reflete situações consideradas desastrosas e repentinas, causadoras de vulnerabilidades, que exigem o desenvolvimento de uma capacidade de resiliência; ansioso (*anxious*) retrata o mundo incerto e suas induzidas fragilidades, em que os transtornos de ansiedade tornaram-se comuns na contemporaneidade, exigindo um contexto de apoio, compreensão e empatia. Não linear (*nonlinear*) se refere a todas as situações, causas e efeitos, que não possuem um único sentido, caminho e resultado, muitas vezes, apresentando-se como divergentes. Para lidar com tais situações, é necessário ser adaptável e ter flexibilidade na forma como atuar no contexto. Por fim, o termo incompreensível (*incomprehensible*) remete a um mundo que não é mais estritamente certo, lógico e previsível (de acordo com a linearidade da lógica moderna). Assim, torna-se impossível o entendimento por completo de todos os processos, por serem complexos e caóticos. Para driblar essa questão, é necessário ter transparência e intuição. Evidencia-se, assim, a necessidade, por parte dos futuros profissionais, de detectar constrangimentos à ação e intuir oportunidades nascentes, em um contexto de contínua mudança, como o atual mundo Vuca e Bani. Diante dessa necessidade, o estudante, ao escolher um curso universitário, almeja uma formação que disponibilize não apenas conhecimentos e competências relevantes e de auxílio à sua formação, mas, ainda, ferramentas que o preparem para lidar com um mundo do trabalho em transformação e para capacidade de aceitar e gerir as incertezas. Tais competências e ferramentas poderão ser desenvolvidas em contexto escolar e de estágio profissional.

O estágio profissional, em particular, constitui a conjunção entre a aprendizagem teórica e a prática. Nesse sentido, o trabalho do estagiário consiste em aprender as atividades profissionais a partir dos conteúdos estudados (competências cognitivas e técnicas), visualizando a interlocução entre teoria oferecida pela graduação e a prática exigida pelos locais de estágio (Cury, 2013). Os estágios profissionais podem aumentar a *empregabilidade* dos alunos, melhorar as habilidades de aprendizagem em sala de aula e ajudar a desenvolver competências necessárias para o mundo do trabalho (Elrod et al., 2012). Alguns exemplos de competências requeridas no mundo do trabalho são: saber trabalhar bem em equipe com pessoas diferentes e de culturas diversas; saber apresentar oralmente uma ideia e um projeto, ou seja, ter uma boa comunicação; e apresentar habilidades para resolver problemas complexos, podendo aumentar a *empregabilidade* de estagiários como futuros trabalhadores (Mason et al., 2006). Nesse sentido, além de melhorar a compreensão acadêmica, a participação em estágios auxilia no desenvolvimento de competências muito requeridas no ambiente de trabalho, em que não basta apenas qualificações acadêmicas e conhecimentos teóricos, mas também saber aplicá-los por meio de um conjunto de competências transversais, sociais e emocionais (Okay & Sahin, 2010). Essas últimas sendo de extrema relevância para gerir o percurso profissional num contexto volátil e incerto, exibindo altos níveis de complexidade que exigem o exercício de uma lógica de pensamento e ação que extravasa a pura racionalidade linear. É no contexto da formação do ensino superior, com universitários realizando estágio, que este estudo foi desenvolvido, buscando aferir e compreender relações entre as competências socioemocionais, adaptabilidade de carreira e empregabilidade.

Competências socioemocionais

Assume-se, de modo geral, que as competências são recursos ou potencial humano, e as habilidades são resultantes dessas competências, ou seja, da utilização desses recursos, que, derivados de treinamentos, geram o desempenho de atividades (Melo-Silva et al., 2023). Assim, as *competências socioemocionais* são compreendidas como processos por meio dos quais as crianças e os adultos adquirem e aplicam de forma eficaz os conhecimentos, atitudes e competências necessárias para compreender e gerir emoções, estabelecer e atingir objetivos, sentir e mostrar empatia pelos outros, estabelecer e manter relações e tomar decisões responsáveis (Coelho et al., 2016). Ainda, para Córdova Pena et al. (2020), as *competências socioemocionais* podem ser entendidas como o resultado da interação entre características pessoais (por exemplo, emoções e pensamentos) e o contexto social e podem ser divididas em três pilares principais: regulação e controle voluntários de comportamentos e motivações, regulação emocional e habilidades interpessoais. Tais competências auxiliam o indivíduo a lidar e se comportar assertivamente em suas diversas relações sociais, sejam elas familiares, acadêmicas, profissionais, ou em qualquer outro ambiente no qual esteja inserido. Adicionalmente, elas favorecem a formulação de objetivos de vida e carreira e maneiras de atingir essas metas (Oliveira et al., 2021).

Na perspectiva da Psicologia Organizacional e do Trabalho, Gondim et al. (2014) definem *as competências socioemocionais* como um aglomerado de comportamentos transversais compostos de saberes (conhecimento), de fazeres (prática) e de intenções (atitudes e valores), como ser perseverante, responsável e cooperativo. Assim, todas as referidas competências podem impactar diretamente nos resultados desejados e contribuir para o bem-estar individual e coletivo. Assim como na construção do projeto de vida e no enfrentamento de sentimentos negativos (Santos & Primi, 2014). Conforme Primi et al. (2021), pesquisas revelam que competências como persistência, responsabilidade, cooperação, organização, confiança, capacidade de controlar a ansiedade, dentre outras, têm impacto positivo sobre o desempenho de estudantes na escola e fora dela. Nesse sentido, para os referidos autores, as *competências socioemocionais* são muito importantes para a obtenção de bons resultados individuais e coletivos, como grau de escolaridade e emprego.

Uma das abordagens na literatura que procura conceituar *as competências socioemocionais* é baseada no modelo *Big Five* da personalidade. Estudos de meta-análise verificaram o grau de associação entre as características de personalidade no modelo *Big Five* e variáveis relevantes ao desenvolvimento humano no século XXI, notadamente a uma série de *habilidades socioemocionais*. Esse modelo pode ser compreendido como um organizador das competências, baseadas nos seus cinco fatores, dimensões ou macrocompetências: (a) abertura a novas experiências, (b) conscienciosidade, (c) extroversão, (d) amabilidade, e (e) neuroticismo (dimensão nomeada como estabilidade emocional/autocontrole), de acordo com Santos e Primi (2014).

O mundo contemporâneo requer investimento dos indivíduos em competências diferenciadas, principalmente as *socioemocionais*, como forma de garantir *a empregabilidade* (De Vos & Soens, 2008). Nesse sentido, as pesquisas realizadas por Santos e Primi (2014) demonstram que essas competências são relevantes também no mercado de trabalho, além do contexto acadêmico, pois os indivíduos que as demonstram em equilíbrio tendem a ser recompensados na forma de maiores salários e menores períodos de desemprego. Competências destacadas nesse contexto são a responsabilidade, a disciplina e a perseverança. As referidas competências, se desenvolvidas, podem ainda impactar positivamente na prevenção do absenteísmo e de infrações disciplinares (Lindqvist & Vestman, 2011). Além disso, auxiliariam na estabilidade laboral e produtividade, exercendo até mesmo influência sobre as habilidades cognitivas geradoras de sucesso (Thiel & Thomsen, 2013). Gondim et al. (2014) argumentam que o domínio de *competências socioemocionais* exerce um papel central na aquisição e no desenvolvimento de competências profissionais, o que amplia as possibilidades de adaptação dos estudantes, futuros profissionais, aos diversos contextos de trabalho e promove a saúde mental decorrente do desenvolvimento da *adaptabilidade de carreira*.

Adaptabilidade de carreira

Para maior compreensão do construto *adaptabilidade de carreira*, faz-se necessário abordar a Teoria de Construção de Carreira de Savickas (2002, 2005), que teve o seu início no escopo da Teoria de Desenvolvimento Vocacional de Donald Super. Ou seja, Savickas procurou renovar e fortalecer a Teoria de Super (Savickas, 1997). A Teoria de Construção de Carreira, entre outros modelos teóricos de carreira, possui como objetivo explicar as escolhas ocupacionais e a forma como o indivíduo se adapta ao mundo profissional (Patton & McMahon, 2006). Segundo Savickas (2002, 2005), o principal intuito dessa teoria é explicar os processos interpretativos e interpessoais por meio dos quais os indivíduos conferem sentido e orientação ao seu comportamento vocacional. Durante a sua trajetória de vida no trabalho, o indivíduo terá de se adaptar às complexidades do mundo atual, repleto de mudanças e alterações, de evolução não linear. É nesse contexto que ele terá de se assumir como o grande impulsionador e construtor da sua carreira. Nesse sentido, Savickas (2005) propôs que a Teoria de Construção da Carreira (*Career Construction Theory* – CCT) considerasse a carreira não mais como uma sequência dos diferentes empregos ao longo da vida ou promoções em um mesmo emprego, mas como um processo construtivo, pessoal e social, por meio dos significados atribuídos pelo indivíduo às suas escolhas profissionais. Ou seja, a carreira passa a ser compreendida como uma construção subjetiva e um processo ativo, formada pelas significações de memórias passadas, experiências atuais e aspirações e expectativas futuras relacionadas ao trabalho desse indivíduo em seu processo de construção ao longo da vida.

A origem do construto *adaptabilidade de carreira* relaciona-se com o construto de maturidade vocacional de Donald Super (Super, 1980). Cumpre ressaltar que Super desenvolveu, em 1955, o modelo de maturidade de carreira do adolescente ou a prontidão para fazer escolhas educacionais ou vocacionais (Ambiel, 2014). A maturidade vocacional pode ser definida como o grau em que o indivíduo estaria apto para lidar com as tarefas de desenvolvimento vocacional requeridas em certos estágios (Savickas, 1997). Entende-se, posteriormente, que o construto maturidade vocacional, mais utilizado em relação ao público adolescente, não conseguia mais explicar de forma adequada os processos de desenvolvimento de carreira do adulto devido às múltiplas transições dos contextos profissionais e de formação, realizadas ao longo da vida. De acordo com Savickas (1997), o conceito de *adaptabilidade de carreira* poderia ser aplicável a qualquer fase do desenvolvimento, iniciando a exploração das atividades e a formação dos interesses, ainda quando criança, bem como se preparando para a aposentadoria e suas repercussões psicossociais, quando idoso. Independentemente da faixa etária, a *adaptabilidade* envolve atitudes de planejamento, exploração de si e do ambiente e tomada de decisão a partir de informações obtidas.

Na contemporaneidade, as pesquisas e as investigações sobre a *adaptabilidade de carreira* têm sido enquadradas em um modelo mais amplo denominado Modelo da Adaptação de Carreira ou *Career Construction Model of Adaptation* (Hirschi et al., 2015; Rudolph et al., 2017a). Nesse modelo, a adaptação de carreira seguiria uma sequência de etapas: *a prontidão adaptativa (adaptivity)*, que remete para traços da personalidade que geram disposição para lidar com o desconhecido, com o complexo e com problemas indefinidos, presentes nas transições profissionais ao longo da carreira (Hirschi et al., 2015); a posse de *recursos de adaptabilidade (adaptability)* que conduzem à capacidade de autorregulação necessária para lidar com tarefas, transições e traumas; a posse de tais recursos é usualmente mensurada em termos de preocupação, controle, curiosidade e confiança (Hirschi et al., 2015), que desencadeariam *as respostas adaptativas (adapting*, Hirschi et al., 2015); essas últimas, por sua vez, promoveriam os *resultados de adaptação (adaptation)*, ou seja, os resultados dos comportamentos adaptativos, geralmente mensurados em termos de decisão e comprometimento com a carreira, satisfação e sucesso no trabalho (Rudolph et al., 2017b), como mostra a Figura 1.

Figura 1 – *Modelo de Adaptação de Carreira (Hirschi et al., 2015; Rudolph et al., 2017a)*

Nota. Elaborada pelos autores.

Vale ressaltar que esse modelo se baseia no princípio de que a prontidão adaptativa por si só é insuficiente para dar suporte às respostas adaptativas, necessitando, assim, de recursos autorreguladores de *adaptabilidade de carreira* para lidar com situações de mudança. É pela integração desses diferentes elementos que se alcançam os resultados da adaptação (Savickas & Porfeli, 2012). Assim, os recursos psicossociais associados à *adaptabilidade de carreira* são constituídos por quatro dimensões principais: *preocupação, controle, curiosidade e confiança,* denominadas quatro Cs em referência às dimensões na língua inglesa (Savickas, 2011). A *preocupação (concern)* é a dimensão mais importante da *adaptabilidade de carreira,* envolvendo o sentido de orientação para o futuro. Segundo Savickas (2005), a preocupação demonstra o quanto o indivíduo está focado e orientado para o seu futuro profissional, levando, assim, a possuir atitudes de planejamento e preparação que influenciarão positivamente o estabelecimento e a execução de projetos futuros (Savickas, 2013; Bardagi & Albanaes, 2015). O *controle (control)*, segunda dimensão da adaptabilidade de carreira, consiste na capacidade de controlar as tentativas de preparação para o futuro profissional (Savickas 2011; Savickas & Porfeli 2012). A *curiosidade (curiosity)* se relaciona com comportamentos de caráter exploratório ativo de si e de possíveis trajetórias de carreira (Bardagi & Albanaes, 2015). Por fim, a quarta dimensão é a *confiança (confidence)*, que pode ser definida como o grau de certeza que o indivíduo possui de sua capacidade para resolver possíveis problemas e de fazer o que é necessário para enfrentar os obstáculos com os quais se depara ao longo da sua vida profissional (Savickas & Porfeli, 2012).

Neste contexto, indivíduos que apresentam índices mais elevados de *adaptabilidade de carreira* são aqueles que se preocupam com o futuro, conseguem controlar suas escolhas e caminhos, demonstram comportamentos proativos para buscar novos aprendizados, contam com pessoas que os auxiliam na construção de sua carreira e que acreditam em suas capacidades de alcançar seus objetivos (Silveira, 2013). Dessa forma, ter nível elevado de *adaptabilidade de carreira* indica melhores condições para lidar com os desafios da transição para o trabalho, estando ainda relacionado com o aumento do engajamento acadêmico dos alunos, vivências acadêmicas e *empregabilidade*, o que pode, potencialmente, contribuir para a permanência e satisfação dos estudantes no curso e, futuramente, no trabalho. Portanto, a *adaptabilidade de carreira* pode ser entendida como um recurso psicossocial de autorregulação e autoeficácia, associada ao desenvolvimento de estratégias e comportamentos de adaptação que conduzam ao sucesso, à satisfação e à estabilidade profissional (Mognon & Santos, 2013). Assim, favorece a empregabilidade.

Empregabilidade

O mercado de trabalho no século XXI vem sendo caracterizado pela diminuição da oferta de emprego a longo prazo e pelo consequente aumento da instabilidade profissional. Diante desse processo de transformações em curso, a percepção de *empregabilidade* tornou-se um fenômeno importante de investigação para a Psicologia Vocacional e para a gestão de carreira. Observa-se, assim, o aumento do interesse pelo construto *empregabilidade*, especialmente pertinente no contexto das condições adversas de emprego e trabalho, associadas às conjunturas econômicas do mundo ocidental (Rothwell et al., 2009). Nesse sentido, o construto se tornou objeto de destaque no mundo acadêmico e assumiu um espaço central nas políticas governamentais que visam à formação e à qualificação profissional em diversos países. Trata-se de um construto de significativa atenção também para as empresas e seus órgãos de representação (McQuaid & Lindsay, 2005).

No âmbito acadêmico, o tema despertou o interesse de pesquisadores nas últimas décadas, em especial no contexto do ensino superior (Rothwell et al., 2009), visto que as instituições universitárias são cada vez mais chamadas a promover a *empregabilidade* (Gamboa et al., 2014) e a discutir os tipos de práticas desenvolvidas para a fomentar nos seus alunos. Ao longo de sua trajetória, o conceito passou por várias transformações, que refletem diversas perspectivas e abordagens e seus diferentes níveis de análise. A *empregabilidade* pode ser definida como um construto psicossocial centrado nas características individuais que ajudam a estabelecer a relação indivíduo-ambiente, como apontam Fugate et al. (2004). O conceito pode ser aplicado tanto aos indivíduos que estão inseridos no mercado de trabalho, mas procurando melhores oportunidades, como aos que se encontram desempregados (McQuaid & Lindsay, 2005). Dessa forma, o conceito é compreendido como a capacidade que o indivíduo possui para encontrar e manter o emprego (Hogan et al., 2013).

No contexto do ensino superior, Harvey (2001) propôs a definição associada à capacidade de os estudantes obterem emprego, como um conjunto de experiências e capacidades que o universitário vai adquirindo ao longo o seu percurso acadêmico, ou seja, como um processo contínuo de aprendizagem. Fugate et al. (2004) consideram que a *empregabilidade* não garante emprego real, mas melhora as chances de conseguir um emprego. Assim, o construto é definido como as ações empreendidas pelas pessoas para desenvolverem habilidades e buscarem conhecimentos favoráveis, no sentido de conseguirem uma colocação no mundo do trabalho contemporâneo.

Para os trabalhadores, a experiência profissional e a *empregabilidade* são componentes essenciais para garantir a elevada qualificação do trabalho durante toda a carreira, tais como o salário e a satisfação profissional, dando, assim, um sentido ao trabalho e ao desenvolvimento de carreira. Cada vez mais a experiência profissional característica em um domínio não é suficiente para garantir resultados profissionais positivos no decorrer de toda a carreira, sendo fundamental um conjunto de competências mais diversas e transferíveis (Van der Hedje & Van der Heijden, 2006). É ainda relevante que o indivíduo esteja consciente de suas competências para gerenciar proativamente o desenvolvimento de sua carreira e sustentar a sua *empregabilidade*.

De acordo com De Cuyper e De Witte (2009), o ponto de partida analítico para a maioria das medidas de *autopercepção de empregabilidade* encontrada na literatura assenta na crença individual na manutenção do emprego atual ou na perspectiva de conseguir um emprego no futuro. Esse foi o ponto de partida de Peixoto et al. (2015) para criar um instrumento de medida da *autopercepção da empregabilidade*: ao invés de focalizar a expectativa do indivíduo de obter o emprego que ele deseja, os referidos autores assumiram uma posição mais neutra e ampla, assente na expectativa que ele possui de conseguir um outro emprego. Assim, reconhecem que as medidas de autopercepção de empregabilidade, ao extravasarem o campo de desejos pessoais dos indivíduos, acomodam aspectos que dotam o trabalhador de maior flexibilidade e o auxiliam a se adaptar às constantes transformações que ocorrem no mundo do trabalho. Nessa mesma linha de raciocínio, De Cuyper e De Witte (2009) enfatizam que medidas de *autopercepção de empregabilidade* acomodam vários aspectos presentes no debate sobre o tema, em especial questões relacionadas ao capital humano, às competências, ao capital social, às disposições e à flexibilidade atitudinal. Dessa forma, reconhecem o papel das crenças e das percepções do trabalhador no seu processo de tomada de decisões, o que conduz a processos de tomada de decisão que assentam em fatores que vão além de puras avaliações racionais e objetivas da realidade.

Outro aspecto importante a ser salientado sobre a *empregabilidade* dos indivíduos é que esta depende da articulação entre fatores pessoais e ambientais, construídos a partir de estruturas organizacionais (em que as empresas podem proporcionar a *empregabilidade* do indivíduo por meio da promoção e do aumento de competências específicas e aprendizagem ao longo da vida), sociais, culturais, econômicas e políticas específicas do momento e contexto dos indivíduos (Rossier et al., 2017). Ainda, também influenciam a *empregabilidade*, a taxa de vagas de emprego disponíveis no mercado, assim como as ações governamentais com implantação de programas de emprego e incentivo para o primeiro emprego ou iniciativas de ensino superior para alinhar os programas às necessidades do mercado de trabalho (Rossier et al., 2017). No que se refere aos fatores individuais relacionados com fatores contextuais, os referidos autores ainda destacam que a *autopercepção de maior empregabilidade* inclui qualificações do nível educacional e diferenças individuais, interesses, habilidades, características pessoais, personalidade proativa e capacidade de resposta às exigências do mercado de trabalho. Sultana (2022), por seu turno, critica a responsabilização unicamente do indivíduo pela sua empregabilidade, chamando a atenção para a responsabilidade do Estado pela ausência de políticas de promoção da *empregabilidade*, do trabalho decente, de condições mais igualitárias de acesso ao emprego por parte dos jovens, entre outras.

Assim, a *empregabilidade* tem impacto positivo na autoeficácia para a transição escola-trabalho, pois se relaciona positivamente com a confiança com que cada aluno encara os obstáculos que terá de ultrapassar no âmbito da transição para o mundo do trabalho. As condições de *empregabilidade* podem já ser vivenciadas na experiência do estágio (McArdle et al., 2007). Na construção da carreira, com avanços e recuos, confrontando-se com possibilidades e limites, os estagiários se defrontam ou defrontarão com a necessidade de adaptação ao mundo do trabalho, como trabalhador em uma relação de emprego ou como empreendedor autônomo. Tendo em conta relações entre *competências socioemocionais, adaptabilidade de carreira* e *empregabilidade*, descritas anteriormente, este estudo objetivou aprofundar a forma como elas se influenciam mutuamente, testando um modelo em que a *adaptabilidade de carreira* serviria de mediadora na relação entre as *competências socioemocionais* e a *empregabilidade*.

Adaptabilidade de carreira como mediadora

A *adaptabilidade de carreira* é um fator de regulação psicossocial e, por isso, possui um relevante papel de predição e mediação. Assim, o estudo de Atitsogbe et al. (2019) objetivou investigar a relação entre as variáveis de *adaptabilidade de carreira*, autoeficácia geral e *empregabilidade percebida* em universitários e desempregados na região da África ocidental, resultando na predição positiva direta da *adaptabilidade* e da autoeficácia sobre a *empregabilidade.* Já no contexto brasileiro, Ladeira et al. (2019) observaram um efeito direto e significativo da relação entre a *adaptabilidade de carreira* e *empregabilidade* percebida por meio da mediação parcial das respostas adaptativas. Outro estudo brasileiro, realizado por Carvalho e Mourão (2021), teve como objetivo testar o papel mediador que a Percepção de Desenvolvimento Profissional tem na relação entre Adaptabilidade de Carreira e Percepção/Expectativa de Empregabilidade entre estudantes de graduação. O resultado evidenciou o efeito da Adaptabilidade de Carreira na Percepção /Expectativa de Empregabilidade, com a presença de Percepção de Desenvolvimento Profissional, sendo que, com a inserção da variável mediadora, os efeitos da *adaptabilidade de carreira* sobre a *empregabilidade* foram reduzidos, mas permaneceram significativos.

Em relação aos estudos que utilizam a *adaptabilidade* como mediadora, Miftah (2019) objetivou investigar o papel da *adaptabilidade de carreira* na mediação entre o efeito da orientação para metas de aprendizagem e autopercepção da *empregabilidade* em estudantes universitários de várias instituições da Indonésia, confirmando o modelo e suas relações. Em outra investigação, Udayara et al. (2018) buscaram entender o poder de mediação da *adaptabilidade de carreira* na relação entre *inteligência emocional* e autopercepção da *empregabilidade* em participantes de várias universidades da Suíça, encontrando mediação total nessa relação. A meta-análise realizada por Vashisht et al. (2021) examinou o impacto da *inteligência emocional* e variáveis de personalidade na *adaptabilidade de carreira* em amostras de estudantes universitários, com base em 54 artigos. Assim como era esperado, a *inteligência emocional* apresentou correlação meta-analítica com a *adaptabilidade de carreira*, concluindo-se que as emoções têm um papel significativo nas decisões relacionadas à carreira.

MÉTODO

Universo do estudo e participantes

Esta pesquisa foi realizada, inicialmente, com estudantes de graduação que fazem estágio na região de Ribeirão Preto, localizada no interior de São Paulo, vinculados ao Centro de Integração Empresa-Escola (CIEE), organização não governamental parceira deste estudo. Na primeira onda da coleta de dados, usando uma estratégia de divulgação por intermédio do CIEE, foram alcançados 127 participantes, não atingindo o número esperado para as análises. A seguir, foi planejada a segunda onda com a divulgação da pesquisa em universidades públicas e privadas, via e-mails institucionais e contatos com profissionais colaboradores e, ainda, ampla divulgação via mídias sociais, como detalhado na seção de procedimentos. Trata-se de uma amostra por conveniência. A meta mínima de participantes foi calculada para a determinação do poder preditivo das *competências socioemocionais* e da *adaptabilidade de carreira* sobre a *empregabilidade,* a realização de regressão linear múltipla com nível de significância de 0,05, poder mínimo de 0,80 e o número de 13 preditores (total de fatores que compõem as variáveis preditoras); foi necessário um mínimo de 64 participantes (mediante cálculo efetuado com recurso ao software GPower). Porém, a necessidade de realização de análises fatoriais confirmatórias às escalas utilizadas exigiu um $N \geq 200$ para a testagem do modelo teórico de medida (por exemplo, Myers et al., 2011). Desta forma, para a realização das análises estatísticas pretendidas, o estudo visou a coletar dados de, pelo menos, 200 participantes.

Assim, a amostra final está constituída por 273 estagiários do ensino superior de Ribeirão Preto e região, com uma idade média de 25 anos (DP = 7,01), o mais novo com 18, e o mais velho com 54 anos. A maioria dos estudantes cursava a primeira graduação (79,5%), realizava o primeiro estágio (63%) e estava na metade inicial da graduação (73,6%). Os participantes são majoritariamente mulheres (79,9%). Ainda, na amostra geral, 79,9% são provenientes de universidades particulares, 83,2% de cursos da área de humanidades, e 49,5% da classe econômica B.

Instrumentos

Questionário sociodemográfico

O questionário sociodemográfico foi criado especificamente para esta pesquisa e teve como objetivo a coleta de dados sociodemográficos, contendo informações pessoais como idade, gênero, bem como dados referentes à instituição em que estuda, curso que estuda, se é a primeira graduação e o momento de estágio em que se encontra, inicial (primeira metade) ou final (segunda metade). O questionário também inclui o Critério de Classificação Econômica Brasil do ano de 2018, desenvolvido pela Associação Brasileira de Empresas de Pesquisa (ABEP).

Instrumento para Avaliação de Habilidades Socioemocionais – SENNA 2.0

Foi utilizado o *SENNA 2.0* – versão reduzida (Primi et al., 2018). Esse instrumento tem por base as cinco dimensões da Teoria de Personalidade *Big Five*, ou domínios, que são macrocompetências em um modelo amplo e abrangente que organiza cinco dimensões nucleares com 17 conceitos mais específicos denominados facetas ou competências. No SENNA 2.0, os domínios/fatores são: (a) Autogestão [facetas: determinação, organização, foco, persistência, responsabilidade]; (b) Engajamento com os outros [facetas: iniciativa social, assertividade, entusiasmo]; (c) Amabilidade [facetas: empatia, respeito, confiança]; (d) Resiliência emocional [facetas: tolerância ao estresse, autoconfiança, tolerância à frustração]; e (e) Abertura ao novo [facetas: curiosidade para aprender, imaginação criativa, interesse artístico]. Cada faceta é composta por itens que tratam de questões de identidade e de autoeficácia. Deve-se destacar que os valores dos coeficientes de consistência interna do instrumento, aferidos pelo α de Cronbach, são maiores que 0,70 nas duas versões (Primi et al., 2018). Ainda, os coeficientes de consistência interna de cada competência com amostras acima de 18 anos são: abertura ao novo 0,91, autogestão 0,94, engajamento com outros 0.86, amabilidade 0,86 e resiliência emocional 0,90 (Primi et al., 2021). Todos os cinco domínios obtiveram níveis de confiabilidade muito bons ($\alpha \geq 0,85$) (Primi et al., 2021). As pontuações são feitas individualmente a partir de uma escala de resposta com as seguintes categorias: a desenvolver, emergente, capaz e muito capaz.

Escala de Adaptabilidade de Carreira (EAC)

Trata-se de um instrumento de autoria de Savickas e Porfeli (2012) no contexto internacional. A adaptação dos itens ao português brasileiro foi feita por Teixeira et al. (2012). Nesta investigação, foi utilizada a última versão do instrumento de Audibert e Teixeira (2015), a qual é constituída por 24 itens que devem ser respondidos por meio de uma escala tipo Likert de 5 pontos, sendo de "1" "desenvolvi pouco ou nada" a "5" "desenvolvi extremamente bem". A escala objetiva mensurar o construto *adaptabilidade de carreira* em estudantes universitários. Quanto à fidedignidade do instrumento, verificou-se que a escala total e cada uma das quatro subescalas apresentaram consistência interna excelente, avaliada por meio do Alpha de Cronbach. Os índices obtidos, por subescala e escala total, foram: 0,88 (preocupação), 0,83 (controle), 0,88 (curiosidade), 0,89 (confiança) e 0,94 (Total). Além disso, os valores obtidos foram ligeiramente superiores à primeira versão brasileira da EAC (Teixeira et al., 2012) e próximos dos melhores valores observados nas amostras de outros países (Savickas & Porfeli, 2012). Trata-se, portanto, de um instrumento capaz de produzir escores fidedignos de adaptabilidade de carreira, tanto para a escala total quanto para as suas subescalas.

Escala de Autopercepção de Empregabilidade (EAE)

Foi desenvolvida por Peixoto et al. (2015), com o objetivo de avaliar a percepção dos indivíduos em relação ao seu grau de *empregabilidade*. É composta por dois fatores – Manutenção (do emprego atual) e Aquisição (de um novo emprego) – com 10 itens, respondidos com base em uma escala do tipo Likert de seis pontos, variando entre 1 (discordo totalmente) e 6 (concordo totalmente). O primeiro fator: denominado Manutenção (do emprego), é composto por quatro itens ($\alpha = 0,75$) em referência, especificamente, à avaliação do trabalhador quanto à manutenção do emprego atual. O segundo fator: Aquisição (de novo emprego) é composto por seis itens ($\alpha = 0,73$) em referência à percepção das possibilidades de sucesso na conquista de um novo emprego caso perca o atual. Os dois fatores, de forma conjunta, explicaram 53,3% da variação dos dados.

Procedimentos de coleta de dados

Para fins desta pesquisa, parte de um projeto maior, foram firmadas parcerias com o CIEE-Nacional e com Instituto Ayrton Senna (IAS). Após essas parcerias, o projeto maior foi submetido e aprovado pelo Comitê de Ética em Pesquisa (CEP) da FFCLRP/USP (CAAE no 15273119.0.0000.5407). Para coleta de dados, os instrumentos de avaliação relativos a este estudo foram preparados e inseridos na plataforma Google Forms, no domínio USP, meio em que os participantes tiveram acesso e responderam ao Termo de Consentimento Livre e Esclarecido (TCLE) e ao questionário da pesquisa. Com o propósito de valorizar a colaboração dos participantes, o grupo de pesquisa criou um e-book intitulado "Desenvolvendo minha carreira", contendo informações e conselhos valiosos sobre a construção da carreira para os estagiários que participaram da pesquisa, sendo disponibilizado o *link* de acesso ao final dos questionários. Após as autorizações das instituições, a aprovação do CEP e a elaboração dos questionários, foram realizados novos contatos com as instituições para a definição dos procedimentos, objetivando a divulgação e o convite da pesquisa para o recrutamento dos participantes. A coleta teve início no segundo semestre de 2020. Vale ressaltar que toda a coleta de dados foi realizada durante a pandemia do vírus SARS-CoV-2 e na vigência das medidas de isolamento social. Concluída a coleta, deu-se início ao preparo das planilhas para a realização das análises dos dados.

Procedimento de análises dos dados

Após o período de coleta, as respostas referentes ao SENNA 2.0 foram analisadas pela equipe do Instituto para a realização das correlações Teoria da Resposta ao Item (TRI) dos escores, politômica (escala tipo Likert), pelo modelo de créditos parciais e com pontuações individuais para as dimensões (cinco), de acordo com as categorias: *a desenvolver, emergente, capaz e muito capaz*. Após a análise do SENNA 2.0, os dados foram transferidos, junto aos dados

dos demais instrumentos, para outra planilha de Excel, na qual também foram inseridos os dados sociodemográficos, e codificados para o IBM Software *Statistical Package for the Social Sciences* (SPSS) versão 25 (Chicago, Illinois, EUA). Após a inserção dos dados no programa, foram realizadas análises fatoriais confirmatórias e de confiabilidade às escalas utilizadas e equações estruturais, a fim de testar o poder preditor das *competências socioemocionais* em relação à *adaptabilidade de carreira* e *empregabilidade* e o poder mediador da *adaptabilidade de carreira* em relação à *empregabilidade*.

RESULTADOS E DISCUSSÃO

A partir da análise de dados, foi verificado o poder preditivo das competências socioemocionais sobre a *empregabilidade*, mediada pelas dimensões da *adaptabilidade de carreira* em estagiários, sendo realizadas análises fatoriais confirmatórias e de confiabilidade e equações estruturais. Foi usado um modelo de trajetórias para testar o efeito das competências socioemocionais sobre a *autopercepção da empregabilidade* com mediação da *adaptabilidade de carreira* (ver Figura 2) e realizado o teste de significância dos efeitos indiretos do modelo de mediação.

Figura 2 – *Modelo de Mediação entre Competências Socioemocionais e Empregabilidade*

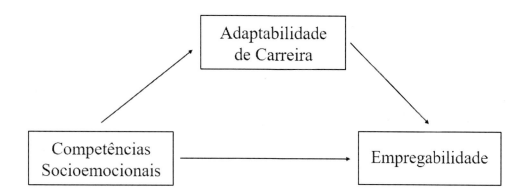

Nota. Elaborada pelos autores.

Após avaliar o modelo de mediação por meio da Análise Fatorial Confirmatória (AFC) e testar sua confiabilidade, conforme proposto por Kline (2011), uma análise de trajetória por meio de equações estruturais foi realizada usando o software AMOS (v.23, SPSS Inc, Chicago, IL), a fim de avaliar o modelo de mediação anteriormente proposto. Os parâmetros do modelo foram estimados usando o procedimento de máxima verossimilhança (ML). O ajuste do modelo aos dados foi avaliado por meio de vários índices de adequação e respectivos valores de referência: χ^2/gl (valor esperado: menor do que 3); GFI (*Goodness of Fit Index* – valor esperado igual ou acima de 0.90); CFI (*Comparative Fit Index* – valor esperado igual ou acima de 0.90); RMSEA (*Root Mean Square Error of Aproximation* – valor esperado igual ou menor do que 0.08). O modelo foi construído com inclusão de todos os impactos preditivos sucessivos entre as *competências socioemocionais* (variável independente), a *adaptabilidade de carreira* (variável mediadora) e a *autopercepção da empregabilidade* (variável dependente). Tendo em conta as correlações entre as variáveis, foram ainda estabelecidas covariâncias entre todas as dimensões das competências socioemocionais e entre os erros das dimensões de adaptabilidade de carreira. Após a eliminação de todos os parâmetros não significativos, foi obtido um modelo preditivo com índices de ajustamento satisfatórios: χ^2/gl = 2.282; GFI = 0.965; CFI = 0.976; RMSEA = 0.069. A seguir, na Figura 3, ilustra-se o modelo proposto, em que estão representados os efeitos preditores sobre a variável dependente, levando em consideração a mediação da *adaptabilidade de carreira*.

A fim de testar a significância dos efeitos indiretos totais e específicos das competências socioemocionais sobre a autopercepção da *empregabilidade* por meio da *adaptabilidade de carreira*, o procedimento por reamostragem de bootstrap em um modelo de mediação foi usado (Preacher & Hayes, 2008). O procedimento de inicialização para teste de efeitos indiretos é recomendado sobre o teste de Sobel devido ao seu maior poder estatístico associado à capacidade de manter o controle da probabilidade de erro Tipo I (MacKinnon et al., 2002; MacKinnon et al., 2004). De acordo com as recomendações de Preacher e Hayes (2008) e Shrout e Bolger (2002), o seguinte procedimento de reamostragem de bootstrap foi usado: a criação de 5 mil amostras de bootstrap por amostragem aleatória com substituição para testar o modelo de mediação de adaptabilidade de carreira entre as *competências socioemocionais* e a autopercepção da *empregabilidade*. Esse procedimento resultou em 5 mil estimativas de cada coeficiente de trajetória, as quais forneceram estimativas dos efeitos indiretos desse modelo de mediação.

Figura 3 – *Modelo de trajetórias*

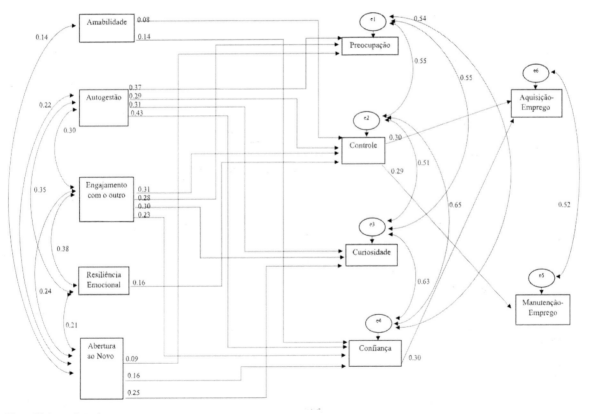

Nota. Elaborada pelos autores.

O procedimento de teste foi realizado usando SPSS com a macro *Process* fornecida por Preacher e Hayes (2008). Os vários caminhos de efeitos indiretos totais e específicos testados e as respectivas estimativas são apresentados na Tabela 1. Levando em consideração os critérios de Shrout e Bolger (2002), se o intervalo de confiança de 95% para as estimativas de um efeito indireto não contém zero, pode-se concluir que o efeito indireto é estatisticamente significativo ao nível de 0,05.

Tabela 1 – *Efeitos indiretos das Competências Socioemocionais sobre a Empregabilidade, com mediação da Adaptabilidade de Carreira*

Variáveis independentes e dependentes: Competências socioemocionais > Empregabilidade	Trajetórias de mediação. Variáveis mediadoras: Adaptabilidade de carreira	B	Erro padrão	Bootstrapping Viés corrigido 95% IC para efeito indireto médio	
				Inferior	Superior
Amabilidade	Controle	0,012	0,010	-0,002	0,038
> Empregabilidade	Confiança	0,022	0,015	-0,004	0,053
(Emprego Novo)	Total	0,034	0,018	0,004	0,073
Autogestão	Controle	0,007	0,010	-0,014	0,028
> Empregabilidade	Confiança	0,027	0,018	-0,005	0,066
(Emprego Novo)	Total	0,034	0,021	-0,007	0,077
Engajamento	Controle	0,016	0,011	-0,001	0,041
> Empregabilidade	Confiança	-0,001	0,008	-0,019	0,017
(Emprego Novo)	Total	0,015	0,015	-0,013	0,047
Resiliência > Empregabilidade (Emprego Novo)	Controle	0,027	0,016	0,001	0,063
Abertura ao novo > Empregabilidade (Emprego Novo)	Confiança	0,012	0,010	-0,002	0,036
Amabilidade > Empregabilidade (Manutenção Emprego)	Controle	0,000	0,004	-0,007	0,008
Autogestão > Empregabilidade (Manutenção Emprego)	Controle	-0,001	0,006	-0,015	0,009
Engajamento > Empregabilidade (Manutenção Emprego)	Controle	0,001	0,010	-0,019	0,023
Abertura ao novo > Empregabilidade (Manutenção Emprego)	Controle	-0,001	0,007	-0,016	0,014

Nota. Elaborada pelos autores.

Houve efeitos indiretos significativos na mediação da *adaptabilidade de carreira* entre amabilidade e resiliência emocional, sobre a autopercepção da *empregabilidade*, ambos na dimensão aquisição de novo emprego. Na primeira, houve efeito indireto significativo total, enquanto, na segunda, efeito indireto significativo na dimensão controle. Os resultados, portanto, apoiam parcialmente as hipóteses do estudo de que a autopercepção de *empregabilidade* é prevista pelas *competências socioemocionais* por meio da mediação da *adaptabilidade de carreira*.

Com base na Figura 3, pode-se inferir que as *competências socioemocionais* influenciam a *autopercepção da empregabilidade* por meio da mediação total da *adaptabilidade de carreira*. Nesse sentido, as *competências socioemocionais* são tidas como variáveis independentes e preditoras, a *adaptabilidade de carreira* é mediadora, e a *autopercepção da empregabilidade* é a variável dependente e de resultado (o que foi predito). Após a inserção da variável mediadora (dimensões da *adaptabilidade de carreira*), alguns efeitos não foram significativos e, por isso, foram deixadas apenas as trajetórias significativas para a realização do ajustamento do modelo aos dados. Adicionalmente, observa-se relações normais de covariância entre todos os fatores da *adaptabilidade de carreira*, bem como covariância dos fatores da *empregabilidade* entre si. Situação semelhante ocorreu nas *competências socioemocionais*, com exceção, da macrocompetência amabilidade, que se relacionou unicamente com a abertura ao novo.

Em relação às trajetórias, destaca-se as predições entre as *competências socioemocionais* e a *adaptabilidade de carreira*, visto que as macrocompetências de autogestão e engajamento com o outro predizem as quatro dimensões da *adaptabilidade*, já a abertura ao novo prediz as dimensões preocupação, curiosidade e confiança. Ainda, a amabilidade prediz controle e confiança, enquanto a resiliência emocional prediz apenas o controle. Em contrapartida, apenas as dimensões de controle e confiança predizem a autopercepção *da empregabilidade*, em que o controle prediz ambas as dimensões (aquisição de novo emprego e manutenção do emprego atual), enquanto a confiança prediz apenas a aquisição de um novo emprego. Nesse sentido, no modelo de mediação, verifica-se que a influência das *competências socioemocionais* sobre a *empregabilidade* é mediada de forma total apenas pelo controle e pela confiança da *adaptabilidade de carreira*. Curiosamente, apesar de a amabilidade ter covariância apenas com a abertura ao novo, ela prediz os dois únicos fatores mediadores do modelo, mesmo que sutilmente. Ainda, a resiliência emocional prediz o único fator da adaptabilidade de carreira (controle), que medeia a relação com ambos os fatores da *empregabilidade*.

Os resultados obtidos vão ao encontro do estudo internacional de Atitsogbe et al. (2019), resultando na predição positiva direta da *adaptabilidade* e da autoeficácia sobre a *empregabilidade*. No contexto brasileiro, Ladeira et al. (2019) observaram um efeito direto e significativo da relação entre a *adaptabilidade de carreira* e *empregabilidade* percebida por meio da mediação parcial das respostas adaptativas. Outro estudo brasileiro realizado por Carvalho e Mourão (2021), em que foram utilizados os mesmos instrumentos desta pesquisa para mensurar *adaptabilidade* e *empregabilidade*, o resultado evidenciou o efeito da *adaptabilidade de carreira* na percepção/expectativa de *empregabilidade*, com a presença de percepção de desenvolvimento profissional, sendo que, com a inserção da variável mediadora, os efeitos da *adaptabilidade de carreira* sobre a *empregabilidade* foram reduzidos, mas permaneceram significativos.

Já nos estudos da *adaptabilidade* como mediadora, assim como no presente estudo, foram encontradas as investigações em contexto internacional, de Miftah (2019), confirmando o modelo e suas relações entre orientação para metas e *empregabilidade*. Conclui-se que indivíduos que buscam o desenvolvimento de suas *competências e habilidades socioemocionais* estão mais bem preparados para o enfrentamento de demandas e suas funções no mercado de trabalho, bem como para os desafios de conseguirem um novo emprego. Em outra investigação, Udayara et al. (2018) encontraram mediação total nessa relação, assim como neste estudo, de modo que saber lidar com as emoções pode auxiliar a adaptação e autorregulação psicossocial, melhorando, assim, a confiança em buscar/manter um emprego. O modelo deste estudo aproximou-se do modelo de Udayara et al. (2018). Os achados deste estudo, também, vão ao encontro da meta-análise, realizado por Vashisht et al. (2021), em que a *inteligência emocional* apresentou correlação meta-analítica com a *adaptabilidade de carreira*, concluindo-se que as emoções têm um papel significativo nas decisões relacionadas à carreira. Em outras palavras, indivíduos que entendem melhor suas emoções são mais autorregulados e, portanto, capazes de tomar melhores decisões de carreira. Conclui-se, então, segundo Savickas e Porfeli (2012), que a *inteligência emocional* é uma boa preditora de *adaptabilidade de carreira*, uma vez que ambas as variáveis são estratégias autorreguladoras que servem como importantes recursos psicossociais na interação pessoal e ambiental. Por fim, com base na análise do modelo de trajetórias testado no presente estudo, as predições das *competências socioemocionais* sobre *adaptabilidade de carreira* ocorreram por meio de todas as macrocompetências (n = 17), porém se destaca a amabilidade como preditora, mesmo que sutilmente, de duas dimensões da *adaptabilidade de carreira* (controle e confiança), que mediaram o modelo total, apesar de essa não ter se relacionado com as demais macrocompetências socioemocionais, com exceção da abertura ao novo. Assim, revela-se importante desenvolvê-la por meio de estratégias de intervenção com foco no desenvolvimento da empatia, respeito e confiança, desde criança, que, com o auxílio e aperfeiçoamento do controle e confiança de carreira, consigam em algum nível refletir positivamente na obtenção e na manutenção de empregos futuros.

Adicionalmente, a autogestão e o engajamento com o outro também foram preditoras de controle e confiança que mediaram os fatores de *empregabilidade*, assim como encontrado no estudo de Qureshi et al. (2016), realizado, no Reino Unido, com universitários, em que o fator autogestão foi importante na *empregabilidade*. Sugere-se, assim, que indivíduos determinados, organizados, focados, persistentes, responsáveis, que têm bons relacionamentos interpessoais e comportamentos assertivos e entusiastas, possuem maior controle de planejamento e preparação para o futuro profissional, bem como crenças positivas para o enfrentamento de desafios, e a colocarem em prática planejamentos relacionados à carreira, contribuindo para melhores níveis de *empregabilidade* percebida. Já a resiliência emocional prediz apenas o controle. Assim, pessoas que possuem maior tolerância ao estresse e às frustrações, bem como autoconfiança, conseguem ter um maior controle e proatividade frente ao planejamento de carreira, refletindo na autopercepção da *empregabilidade*. Por outro lado, a abertura ao novo é preditora apenas da confiança, demonstrando que pessoas que possuem uma maior curiosidade para aprender e imaginação criativa sentem-se mais seguras para lidar com diversas situações desafiadoras e adversas no mundo do trabalho, garantindo seu possível sucesso na carreira e manutenção de emprego. Contrariamente, a abertura ao novo não se mostrou preditora de controle. Evidenciando uma atividade essencialmente exploratória, a abertura ao novo encontra-se dirigida à abertura de possibilidades de investimento, encontrando-se, assim, relativamente distante de uma atitude de controle das condições e processos inerentes ao investimento profissional.

Ainda, segundo o modelo de trajetórias, em relação ao fator aquisição de um novo emprego ou de novo estágio, por se tratar da população-alvo da presente pesquisa, pressupõe-se ser necessário o desenvolvimento de recursos psicossociais da *adaptabilidade de carreira*, principalmente do controle e da confiança, que são os elementos executivos ou de ação da adaptabilidade de carreira. A preocupação e a curiosidade são também, contudo, mobilizadoras das ações que conduzirão ao controle e à confiança (fatores mais próximos e mobilizadores do investimento profissional). Isso sugere a necessidade de os indivíduos flexivelmente organizarem seus planejamentos e expectativas e adicionalmente possuírem crenças quanto à confiança na sua capacidade de conseguirem novo emprego ou de manutenção de estágios, com possíveis efetivações, ou de empregos que já possuam. É fundamental que as pessoas possuam um nível suficiente de controle (evidenciado na agregação de competências organizativas das necessárias explorações e dos investimentos profissionais) das condições pessoais e ambientais tendentes ao aproveitamento de oportunidades de trabalho no seu universo de interesses profissionais. Esse achado complementa resultados observados no estudo de Díaz et al. (2022) e de Loayza et al. (2021). O primeiro estudo mostra que o desenvolvimento das *competências socioemocionais* contribui para o aumento da percepção de *empregabilidade*. O segundo mostra que, em estudantes peruanos, as *competências socioemocionais* são globalmente determinantes para a *empregabilidade*. Os resultados aqui apresentados permitem observar que o impacto das *competências socioemocionais* sobre a *empregabilidade* faz-se pela mediação do controle e da confiança, dois fatores de *adaptabilidade* que parecem atuar como mobilizadores da ação e do investimento profissional dos indivíduos.

Em suma, do modelo de trajetórias testado e explorado neste estudo, resulta que universitários com bom desenvolvimento de *competências socioemocionais* possuem maior autopercepção de *empregabilidade*, por meio, essencialmente, de dois recursos da *adaptabilidade de carreira*: o controle e a confiança – os quais estimulam comportamentos proativos de investimento profissional, em que os indivíduos são responsáveis e protagonistas de planejamento e construção de carreira –, bem como o aumento e desenvolvimento de crenças relacionadas à capacidade de enfrentamento de situações adversas de inserção no mercado de trabalho ou manutenção e efetivação de estágios.

Vale, por último, ressalvar que a *empregabilidade* não depende exclusivamente de fatores pessoais (psicossociais, emocionais e de carreira), apesar de importantes e necessários de serem construídos e explorados, mas também de fatores externos, ambientais e contextuais, os quais são determinantes na criação de oportunidades e desafios profissionais, como apontado anteriormente, que auxiliem a *empregabilidade* no cenário contemporâneo marcado pelas crises sanitária, econômica, social e política, e com elevadas taxas de desemprego.

Ainda, esses resultados podem ser mais bem entendidos quando contextualizados no modelo mais amplo de Adaptação de Carreira (Hirschi et al., 2015; Rudolph et al. 2017a; Savickas & Porfeli, 2012; Savickas, 2013), que possibilita o entendimento de como o indivíduo constrói estratégias, recursos e comportamentos para obter resultados importantes frente a tarefas e transições ao longo do processo da construção dos seus percursos de vida e carreira. Neste sentido, as *competências socioemocionais* podem ser compreendidas como prontidão adaptativa associada aos traços psicológicos que a pessoa possui como características pessoais para enfrentar situações de carreira. Neste contexto, a *adaptabilidade de carreira* permite o exercício da autorregulação no confronto com desafios de carreira (dimensão processual), enquanto a *empregabilidade* é entendida como o resultado de tal exercício. Os recursos da *adaptabilidade* apresentam-se, assim, como mediadores na relação entre o desenvolvimento da prontidão para a ação e o resultado dela. Mostra-se, assim, a extrema relevância do desenvolvimento de recursos emocionais e de carreira que resultam numa maior capacidade de aproveitamento das oportunidades disponíveis para a inserção no mercado de trabalho ou para a manutenção do emprego, sendo fatores determinantes para a construção dos percursos profissionais.

O fato de poucos efeitos indiretos serem significativos pode dever-se essencialmente ao tamanho da amostra, a qual acaba por limitar a potência dos testes estatísticos efetuados. A este propósito, cabe salientar que muitas das trajetórias não significativas estão no limite de o serem, ou seja, o que demonstra que, se houvesse uma amostra maior, essas se tornariam significativas, pois tal aumentaria a potência do teste – em outras palavras, aumentaria a capacidade de detectar os efeitos que, nesta investigação, foram pequenos devido ao N relativamente baixo da amostra.

CONSIDERAÇÕES FINAIS

O modelo aqui testado mostra que universitários com bom desenvolvimento (níveis elevados) de *competências socioemocionais* possuem uma maior autopercepção de *empregabilidade*, por meio de recursos da *adaptabilidade de carreira*, enfrentando, assim, situações adversas de inserção ao mercado de trabalho ou manutenção e efetivação de estágios com mais probabilidade de sucesso. De acordo com a Teoria de Construção de Carreira, na qual o Modelo de Adaptação de Carreira se encontra inserido (Hirschi et al., 2015; Rudolph et al. 2017a; Savickas & Porfeli, 2012; Savickas, 2013), as *competências socioemocionais* podem ser compreendidas como prontidão adaptativa; a *adaptabilidade de carreira* é um recurso de adaptabilidade; enquanto a autopercepção de *empregabilidade* constitui o resultado do processo adaptativo, geralmente mensurada em termos de decisão e comprometimento com a carreira, satisfação e sucesso no trabalho. Desse modo, o modelo proposto mostra que os recursos da *adaptabilidade* são mediadores na relação entre prontidão e resultado da adaptação, ressaltando a necessidade de a pessoa desenvolver recursos emocionais e de carreira que resultam na melhor capacidade de aproveitamento das oportunidades de inserção e manutenção no mercado de trabalho, bem como favorecem o processo de construção de carreira. A importância de possuir *adaptabilidade de carreira*, principalmente a confiança e o controle, diante de novas relações de trabalho, consiste em permitir que profissionais comprometidos com suas carreiras tornem-se responsáveis por sua própria trajetória profissional (Oliveira et al., 2010). Ressaltando sempre que a *empregabilidade* depende de fatores que vão além dos individuais, tendo que ser levado em consideração o contexto de oportunidades e constrangimentos do mercado de trabalho e do sistema econômico na sua generalidade.

Quanto às limitações, pode ser considerado o número baixo amostral do estudo, assim como o fato de a pesquisa ter sido realizada apenas em uma região do estado de São Paulo e com restrição de público, tendo sido exclusivamente com universitários estagiários, o que impossibilita a generalização dos resultados a outros contextos. Como sugestão de futuras investigações para maiores aprofundamentos e robustez nos achados, sugere-se estudos com métodos qualitativos, longitudinais e quase-experimentais. Por outro lado, esta investigação e seus resultados trazem importantes contribuições a respeito da área de desenvolvimento de carreira no Brasil, visto a escassez de estudos que relacionem as *competências socioemocionais* com as de *carreira*. Espera-se, com a sistematização desses dados, ofertar pistas para possíveis intervenções no âmbito educacional e de trabalho.

QUESTÕES PARA DISCUSSÃO

- Quais mudanças estão ocorrendo no mundo do trabalho e como se caracterizam na contemporaneidade?
- Quais são as implicações de tais mudanças para a orientação profissional e de carreira?

- Quais competências são atualmente indispensáveis para enfrentar um mundo do trabalho em contínua transformação?

- Qual é a relevância das competências socioemocionais para a adaptabilidade de carreira e a empregabilidade?

- Como desenvolver competências de adaptabilidade de carreira e capacidade de empregabilidade?

- Qual é o papel dos estágios profissionais no desenvolvimento das competências necessárias à gestão da carreira e à empregabilidade?

REFERÊNCIAS

Associação Brasileira de Empresas de Pesquisa (2018). *Critério de Classificação Econômica*. http://www.abep.org/criterio-brasil

Ambiel, R. A. M. (2014). Adaptabilidade de carreira: uma abordagem histórica de conceitos, modelos e teorias. *Revista Brasileira de Orientação Profissional, 15*(1), 15-24. http://pepsic.bvsalud.org/scielo.php?script=sci_arttext&pid=S1679-33902014000100004

Atitsogbe, K. A., Mama, N. P, Sovet L, Pari, P., & Rossier, J. (2019). Perceived Employability and Entrepreneurial Intentions Across University Students and Job Seekers in Togo: The Effect of Career Adaptability and Self-Efficacy. *Frontiers in Psychology,* 10-180. https://doi.org/10.3389/fpsyg.2019.00180

Audibert, A., & Teixeira, M. A. P. (2015). Escala de Adaptabilidade de Carreira: evidências de validade em universitários brasileiros. *Revista Brasileira de Orientação Profissional, 16*(1), 83-93. http://pepsic.bvsalud.org/scielo.php?script=sci_arttext&pid=S1679-33902015000100009

Bardagi, M. P., & Albanaes, P. (2015). Relações entre Adaptabilidade de carreira e personalidade: Um estudo com universitários ingressantes brasileiros. *Revista Psicologia, 29*(1), 35-44. https://doi.org/10.17575/rpsicol.v29i1.989

Carvalho, L., & Mourão, L. (2021). Career Adaptability, Perceptions of Professional Development and Employability: A Mediation Analysis. *Psico-USF, 26*(4), 697-705. https://doi.org/10.1590/1413-82712021260408

Castells, M. (2010). *The Rise of the Network Society: The Information Age: Economy, Society, and Culture* (Volume I). Wiley Blackwell.

Castells, M., & Cardoso, G. (2005). *The Network Society: From Knowledge to Policy*. Johns Hopkins Center for Transatlantic Relations.

Coelho, V. A., Marchante, M., Sousa, V., & Romão, A. M. (2016). Programas de intervenção para o desenvolvimento de competências socioemocionais em idade escolar: Uma revisão crítica dos enquadramentos SEL e SEAL. *Análise Psicológica, 34*(1), 61-72. https://doi.org/10.14417/ap.966

Córdova Pena, A., Alves, G., & Primi, R. (2020). Habilidades socioemocionais na educação atual. *Boletim Técnico do Senac, 46*(2), 132-136. https://doi.org/10.26849/bts.v46i2.830

Cury, B. M. (2013). Reflexões sobre a formação do psicólogo no Brasil: a importância dos estágios curriculares. *Psicologia em Revista, 19*(1), 149-151. http://pepsic.bvsalud.org/pdf/per/v19n1/v19n1a12.pdf

De Cuyper, N., & De Witte, H (2009). The management paradox: self-rated employability and organizational commitment and performance. *Personnel Review, 40*(2), 152-172.

De Vos, A., & Soens, N. (2008). Protean attitude and career success: The mediating role of self-management. *Journal of Vocational Behavior, 73*(3), 449-456. https://doi.org/10.1016/j.jvb.2008.08.007

Díaz, N. B., Solís, V. M. A., & Rodríguez, F. P. (2022). Empleabilidad y competências socioemocionales en Estudiantes de Administración. *Psicología y Salud, 31*(2), 363-373. https://doi.org/10.25009/pys.v32i2.2756

Elrod, H., Scott, J., & Tiggeman, T. (2012). Locus of internship management: does it matter?. *Journal of Case Studies in Accreditation and Assessment*, 1-8. https://files.eric.ed.gov/fulltext/EJ1057586.pdf

Fugate, M., Kinicki, A. J., & Ashforth, B. (2004). Employability: A psycho-social construct, its dimensions, and applications. *Journal of Vocational Behavior, 65*(1), 14-38. https://doi.org/10.1016/j.jvb.2003.10.005

Gamboa V., Paixão, M. P., & Jesus, S. (2014). Internship quality predicts career exploration of high school students. *Journal of Vocational Behavior, 83*, 78-87. doi.org/10.1016/j.jvb.2013.02.009

Gomes, A. F., & Teixeira, A. S. S. (2016). Estágio supervisionado e aprendizagem: Contribuição do estágio do graduando de Administração para a formação profissional. *Revista de Carreias e Pessoas São Paulo, 6*(3), 318-330. https://doi.org/10.20503/recape.v6i3.31060

Gondim, S. M. G., Morais, F. A., & Brantes, C. A. A. (2014). Competências socioemocionais: fator-chave no desenvolvimento de competências para o trabalho. *Revista Psicologia: Organizações e Trabalho, 14*(4), 394-406. http://pepsic.bvsalud.org/scielo.php?script=sci_arttext&pid=S1984-66572014000400006

Grabmeier, S. (2020). *Future Business Kompass: Der Kopföffner für besseres Wirtschaften.* Edição Alemanha.

Harvey, L. (2001), Defining and measuring employability. *Quality in Higher Education, 7*(2), 97-109. https://doi.org/10.1080/13538320120059990

Hirschi, A., Herrmann, A., & Keller, A. (2015). Career adaptivity, adaptability, and adapting: A conceptual and empirical investigation. *Journal of Vocational Behavior, 87*, 1-10. https://doi.org/10.1016/j.jvb.2014.11.008

Ladeira, M. R. M., Oliveira, M. C., Melo-Silva, L. L., & Taveira, M. C. (2019). Adaptabilidade de Carreira e Empregabilidade na Transição Universidade-Trabalho: Mediação das Respostas Adaptativas. *Psico-USF, 24*(3), 583-595. http://dx.doi.org/10.1590/1413-82712019240314

Lindqvist, E., & Vestman, R. (2011). "The Labor Market Returns to Cognitive and Noncognitive Ability: Evidence from the Swedish Enlistment. *American Economic Journal: Applied Economics, 3*(1), 101-28. https://doi.org/10.1257/app.3.1.101

Loayza, G., Sifuentes, J., Romero, C., & Contreras, M. (2021). Determinant Social-Emotional Skills for the Employability in the Graduates of the Continental University. *Universal Journal of Management, 9*(4), 101-112. https://doi.org/10.13189/ujm.2021.090401

MacKinnon, D. P., Lockwood, C. M., & Williams, J. (2004). Confidence limits for the indirect effect: distribution of the product and resampling methods. *Multivariate Behavioral Research*, 39, 99-128. http://dx.doi.org/10.1207/s15327906mbr3901_4.

MacKinnon, D. P., Lockwood, C. M., Hoffman, J. M., West, S. G., & Sheets, V. (2002). A comparison of methods to test mediation and other intervening variable effects. *Psychological Methods*, 7, 83-104. http://dx.doi.org/10.1037/1082-989x.7.1.83.

Mason, G., Williams, G., & Cranmer, S. (2006). *Employability Skills Initiatives in Higher Education*: What Effects Do They Have on Graduate Labour Market Outcomes? National Institute of Economic and Social Research.

McArdle, S., Waters, L., Briscoe, J., P., & Hall, D., T. (2007). Employability during unemployment: Adaptability, career identity and human and social capital. *Journal of Vocational Behavior, 71*, 247-264. https://doi.org/10.1016/j.jvb.2007.06.003

McQuaid, R., & Lindsay, C. (2005). The Concept of Employability. *UrbartStudies, 42*(2), 197-219. https://doi.org/10.1080/0042098042000316100

Melo-Silva, L. L., Barbosa, M. M. F., Santos, A. E., & Leal, M. S. (2023). Desenvolvimento socioemocional: Impactos na formação acadêmica, no trabalho e na carreira. In L. L. Melo-Silva, M.A. Ribeiro, F. Aguillera, P. A. Zanoto (Org.), *Dos contextos educativos e formativos ao mundo do trabalho: implicações para a construção de carreira* (pp. 79-108). Pedro e João Editores.

Miftah, A. F. (2019) The effect of learning goal orientation on self-perceived employability with career adaptability as a mediator. *RJOAS*, 7(91), 319-323. https://doi.org/10.18551/rjoas.2019-07.37

Mognon, J. F., & Santos, A. A. A. (2013). Relação entre vivência acadêmica e os indicadores de desenvolvimento de carreira em universitários. *Revista Brasileira de Orientação Profissional, 14*(2), 227-237.

Myers, N. D., Ahn S, & Jin, Y. (2011).Sample size and power estimates for a confirmatory factor analytic model in exercise and sport: a Monte Carlo approach. *Res Q Exerc Sport, 82(3), 412-23.* https://doi.org/10.1080/02701367.2011.10599773.

Okay, S., & Sahin, I. (2010). A study on the opinions of the students attending the faculty of technical education regarding industrial internship. *International Journal of the Physical Sciences, 5*(7), 1132-1146. https://academicjournals.org/journal/IJPS/article-full-text-pdf/EEEF4D228685

Oliveira, M. Z., Zanon, C., Silva, I. S. da, Pinhatti, M. M., Gomes, W. B., & Gauer, G. (2010). Avaliação do autogerenciamento e do direcionamento de carreira: Estrutura fatorial da Escala de Atitudes de Carreira Proteana. *Gerais: Revista Interinstitucional de Psicologia, 2*(2), 160-169. http://www.fafich.ufmg.br/ gerais/index.php/ gerais/artigo/visualização/99/57

Oliveira, P. V. de, & Muszkat, M. (2021). Revisão integrativa sobre métodos e estratégias para promoção de habilidades socioemocionais. *Revista Psicopedagogia, 38*(115), 91-103. https://dx.doi.org/10.51207/2179-4057.20210008

Patton, W., & McMahon, M. (2006). Constructivism: What does it mean for career counseling? In M. McMahon, *Career counseling:* Constructivist approaches (pp.1-14). Routledge. https://doi.org/10.4324/9781315693590

Peixoto, A. D. L. A., Janissek, J., & Aguiar, C. V. N. (2015). Autopercepção de Empregabilidade In K. Puente-Palacios & A. D. L. A. Peixoto, *Ferramentas de Diagnóstico para Organizações e Trabalho: Um Olhar a partir da Psicologia* (pp. 175-186). Artmed.

Preacher, K. J., & Hayes, A. F. (2008). Asymptotic and resampling strategies for assessing and comparing indirect effects in multiple mediator models. *Behavior Research Methods, 40*, 879e891. http://dx.doi.org/10.3758/brm.40.3.879

Primi, R., John, O. P., Santos, D., & De Fruyt, F. (2018). *SENNA Inventory*. Institute Ayrton Senna.

Primi, R., Santos, D., John, O. P., De Fruyt, F. (2021). SENNA: *Inventory for the Assessment of Social and Emotional Skills: Technical Manual*. Institute Ayrton Senna.

Qureshi, A., Wall, H., Humphries, J., & Balani, A. B. (2016). Can personality traits modulate student engagement with learning and their attitude to employability? *Earning and Individual Differences, 51*, 349-358. https://doi.org/10.1016/j.lindif.2016.08.026

Rossier, J., Ginevra, M. C., Bollmann, G., & Nota, L. (2017). The importance of career adaptability, career resilience, and employability in designing a successful life. In K. Maree (Ed.), *Psychology of career adaptability, employability and resilience* (pp. 65-83). Springer International Publishing.

Rothwell, A., Jewell, S., & Hardie, M. (2009). Self-perceived employability: Investigating the responses of post-graduate students. *Journal of Vocational Behavior, 75*, 152-161. https://doi.org/10.1016/j.jvb.2009.05.002

Rudolph, C. W., Lavigne, K. N., & Zacher, H. (2017a). Carrer adaptability: A meta-analysis of relationships with measures of adaptivity, adapting responses, and adaptation results. *Journal of Vocational Behavior, 98*, 17-34. https://doi.org/10.1016/j.jvb.2016.09.002

Rudolph, C. W., Lavigne, K. N., Katz, I. M., & Zacher, H. (2017b). Linking dimensions of career adaptability to adaptation results: A meta-analysis. *Journal of Vocational Behavior, 102*, 151-173. http://dx.doi.org/10.1016/j.jvb.2017.06.003

Santos, D., & Primi, R. (2014). *Desenvolvimento socioemocional e aprendizado escolar: uma proposta de mensuração para apoiar políticas públicas*. Relatório sobre resultados preliminares do projeto de medição de competências socioemocionais no Rio de Janeiro. OCDE, SEEDUC, Instituto Ayrton Senna. https://institutoayrtonsenna.org.br/app/uploads/2022/11/desenvolvimento-socioemocional-e-aprendizado-escolar.pdf

Savickas, M. L. (1997). Career adaptability: an integrative construct for life-span, life-space theory. *The Career Development Quarterly, 45*, 247-259. https://doi.org/10.1002/j.2161-0045.1997.tb00469.x

Savickas, M. L. (2002). Career construction: A developmental theory of vocational behavior. In D. Brown, & Associates (Ed.), *Career choice and development* (4th ed., pp. 149-205). Jossey-Bass.

Savickas, M. L. (2005). The theory and practice of career construction. In S. D. Brown, & R. W. Lent (Ed.), *Career development and counseling* (pp. 42-70). John Wiley & Sons, Inc.

Savickas, M. L. (2011). *Career counseling*. American Psychological Association.

Savickas, M. L. (2013). *Career construction theory and practice*. In S. Brown & R. Lent (Ed.), *Career development and counselling*. Putting theory and research to work (pp. 147-183). John Wiley & Sons.

Savickas, M. L., & Porfeli, E. J. (2012). Career Adapt-Abilities Scale: Construction, Reliability and Measurement Equivalence across 13 Countries. *Journal of Vocational Behavior, 80*, 661-673. http://dx.doi.org/10.1016/j.jvb.2012.01.012

Shrout, P. E., & Bolger, N. (2002). Mediation in experimental and nonexperimental studies: New procedures and recommendations. *Psychological Methods, 7*(4), 422-445. https://doi.org/10.1037/1082-989X.7.4.422

Silveira, A. A. (2013). *Escala de adaptabilidade de carreira: evidências de validade e fidedignidade em uma amostra de universitários brasileiros* [Dissertação de Mestrado, Universidade Federal do Rio Grande do Sul, Porto Alegre/RS]. https://lume.ufrgs.br/handle/10183/95379

Souza, L. R. A., Santos, J. M. M. S., & Freitas, C. B. (2018). *Reflexão sobre a dinâmica do "mundo vuca" e seu impacto na educação profissional a distância.* Abed. http://www.abed.org.br/congresso2018/anais/trabalhos/5036.pdf

Sultana, R. G. (2022). Four 'dirty words' in career guidance: from common sense to good sense. *International Journal for Educational and Vocational Guidance, 22,* 1-19. https://doi.org/10.1007/s10775-022-09550-2

Super, D. (1980). A life-span, life-space approach to career development. *Journal of Vocational Behavior, 16,* 282-298. https://doi.org/10.1016/0001-8791(80)90056-1

Teixeira, M. A. P., Bardagi, M. P., Lassance, M. C. P., Magalhães, M. O., & Duarte, M. E. (2012). Career adaptabilities scale – Brazilian form: Psychometric properties and relationships to personality. *Journal of Vocational Behavior, 80,* 680-685. https://doi.org/10.1590/1413-82712023280102

Thiel, H., & Thomsen, S. L. (2013). Non Cognitive Skills in Economics: Models, Measurement and Empirical Evidence. *Research in Economics, 67,* 189-214. https://papers.ssrn.com/sol3/papers.cfm?abstract_id=1520548

Udayara, S., Fiori, M., Thalmayer, A. G., & Rossier, J. (2018). Investigating the link between trait emotional intelligence, career indecision, and self-perceived employability: The role of career adaptability. *Personality and Individual Differences, 135*(1), 7-12. https://doi.org/10.1016/j.paid.2018.06.046

Van der Heijde, C. M., & Van der Heijden, B. I. J. M. (2006). A competence-based and multi-dimensional operationalization and measurement of employability. *Human Resource Management, 45*(3), 449-476. https://doi.org/10.1002/hrm.20119

Vashisht, S., Kaushal, P., & Vashisht R. (2021). Emotional intelligence, Personality Variables and Career Adaptability. *A Systematic Review and Meta-analysis. Vision,* 1-13. https://doi.org/10.1177/0972262921989877

CAPÍTULO 20

DESENVOLVIMENTO PROFISSIONAL DE UNIVERSITÁRIOS: UM OLHAR SOBRE O QUE OCORREU NO PERÍODO PANDÊMICO

Danielle Mello Ferreira
Luciana Mourão

INTRODUÇÃO

Em função da Pandemia da COVID-19 que se alastrou pelo mundo em 2020, várias áreas foram afetadas, dentre elas a educação. O isolamento social, que era uma necessidade na época, fez com que as atividades presenciais de todas as instituições de ensino fossem interrompidas (Arruda, 2020). O uso da tecnologia para mediar o processo ensino aprendizagem de imediato foi a estratégia utilizada pela maioria das IES, que passaram a utilizar o ensino remoto emergencial (ERE) para dinamizar suas atividades (Camacho et al., 2020).

Pesquisas apontam que algumas IES se adaptaram rapidamente para a implementação do ERE, no que tange à questão estrutural, visto já terem uma vivência e ferramentas ligadas à educação a distância (EAD). Porém, outras instituições demoraram a fazer a transição para o ERE em função de questões como: dificuldade de acesso à internet por parte dos alunos, adaptação dos professores e da equipe técnica para o uso de determinadas ferramentas tecnológicas em um período curto.

Dados divulgados pela pesquisa TIC do Comitê Gestor da Internet (CGI, 2020) indicavam que, no Brasil, naquele período, a internet estava presente em 71% dos domicílios, apontando, assim, para um elevado nível de desigualdade regional. Contudo, na região Nordeste, por exemplo, somente 35% dos domicílios possuíam acesso à rede. Essa questão confirma a dificuldade de algumas instituições para migrar de maneira repentina para o ERE, para dar continuidade às suas atividades na época. Por outro lado, de acordo com tais dados, em média, três em cada quatro brasileiros já utilizavam a internet de alguma forma no seu dia a dia. Sendo assim, existiam subsídios para que as instituições de ensino ofertassem suas atividades durante a pandemia da COVID-19, utilizando as tecnologias digitais, por meio do ensino remoto.

Nesse sentido, percebe-se que os estudantes que possuíam mais acesso aos recursos tecnológicos ficaram em vantagem frente a alguns alunos que não dispunham de recursos suficientes para acompanhar as aulas on-line ou não tinham experiência prévia com EAD.

No que se refere à questão metodológica, a mudança temporária nas estratégias pedagógicas para atender a circunstâncias de crise exigiu dos professores e estudantes uma adaptação acadêmica à metodologia utilizada e o desenvolvimento de algumas competências, visto que, nesse modelo, a maior parte das aulas aconteceram com interação síncrona (Avelino & Mendes, 2020). A dinâmica da sala de aula virtual passou a exigir dos professores competências específicas que lhes permitissem desenvolver práticas educativas intermediadas pelos recursos digitais (Carmo & Franco, 2019). Diante da diversidade de estratégias e ferramentas utilizadas e com essa transformação instantânea da metodologia, mesmo os que já possuíam habilidades com a tecnologia necessitaram ser capacitados para atuar com as novas ferramentas digitais (Barbosa et al., 2020).

Cabe ressaltar que tal medida foi, inclusive, regulamentada pelo Ministério da Educação logo de início, em todos os níveis de ensino, com a publicação da Portaria n.º 343, de 17 de março de 2020, que autorizava a substituição das aulas presenciais por aulas em meios digitais, enquanto durasse a situação de pandemia. Nesse período, a tecnologia foi utilizada não só para ampliar os encontros sociais, mas também para garantir o cumprimento dos conteúdos curriculares e permitir a continuidade das atividades educacionais, favorecendo a coletividade (Santos Júnior & Monteiro, 2020).

Diante desse cenário, torna-se importante investigar como os discentes avaliam seu processo de desenvolvimento nesse período, como vivenciaram esse período de sua trajetória formativa e perceberam o desenvolvimento profissional no período pandêmico.

DESENVOLVIMENTO PROFISSIONAL

No ensino superior, há um objetivo de capacitar os estudantes para a prática profissional e, por decorrência, prepará-los para seguir uma carreira, a partir do desenvolvimento de competências que lhes permitam atuar, de forma abrangente e efetiva, com dimensões técnicas, científicas e culturais na sua área de formação (Gusso et al., 2020). Uma das funções do ensino superior é estimular o desenvolvimento profissional dos discentes, no sentido de que a graduação contempla um processo de formação profissional (Travassos et al., 2020). Já Mourão e Monteiro (2018) afirmam que o desenvolvimento profissional está atrelado à aprendizagem contínua e às constantes transformações do mundo do trabalho, que acabam afetando também as escolhas de carreira ao longo da vida.

Segundo Mourão et al. (2020), o período universitário é de grande relevância para o desenvolvimento profissional das pessoas e para a preparação e atuação no mundo do trabalho. Entende-se por desenvolvimento profissional a aquisição de conhecimentos, habilidades e atitudes de maneira processual, que guarda relação com as vivências, as experiências pessoais e com as estratégias que as pessoas adotam no seu contexto (Fernandes et al., 2019). Está atrelado ainda à aprendizagem contínua e às constantes transformações do mundo do trabalho, que acabam afetando as escolhas de carreira ao longo da vida (Mourão & Fernandes, 2020).

Cabe ressaltar que a apropriação de novos conhecimentos e habilidades durante o período da pandemia da COVID-19 pode estar associada a novas competências com implicações positivas para o processo de desenvolvimento profissional dos discentes. Wang et al. (2021) já apontaram em seus estudos que a autodisciplina, por exemplo, foi indicada como uma competência-chave para o enfrentamento desse período, incidindo sobre a motivação no trabalho e no alcance de eficácia e bem-estar. Mesmo que de início o ERE tenha gerado certo grau de desconforto, exigindo um olhar atento para as condições e particularidades que envolvem o uso das tecnologias digitais na educação, não se pode negar que ele trouxe oportunidades de novas vivências e, consequentemente, novas aprendizagens para o contexto laboral. Durante o período pandêmico, a necessidade de autodisciplina, de planejar as ações e se organizar para o trabalho foi competência exigida para todas as áreas.

Alguns pontos relativos ao desenvolvimento profissional de universitários durante o período pandêmico são alvo de discussão, uma vez que as restrições impostas pela pandemia impactaram significativamente a forma como os estudantes se preparavam para atuar no mercado de trabalho. Esses pontos se referem a diferentes aspectos, tais como o impacto das atividades extracurriculares virtuais, que desempenham um papel crucial no desenvolvimento profissional dos universitários e no seu bem-estar. Com a transição para o ensino remoto, a participação em atividades extracurriculares também foi afetada (Finnerty et al., 2021).

Um segundo ponto a ser discutido diz respeito à adaptação às novas formas de aprendizado, pois, durante a pandemia, muitas instituições adotaram o ensino remoto, o que exigiu dos estudantes uma adaptação rápida a plataformas on-line e ferramentas de colaboração virtual. A capacidade de se adaptar a essas novas formas de aprendizado e utilizar efetivamente as tecnologias disponíveis tornou-se fundamental para o desenvolvimento profissional dos universitários (Ferreira & Mourão, 2023). Nesse processo, a resiliência foi documentada como um componente essencial no gerenciamento do estresse de alunos de graduação durante a pandemia da COVID-19. Resultados de treinamentos da resiliência com estudantes nesse período sinalizaram para a importância de intervenções futuras considerarem fatores pessoais e interpessoais, com realização no início do período acadêmico da vida universitária dos alunos (Ang et al., 2022).

Também merece destaque o desenvolvimento de habilidades autônomas nos estudantes universitários, pois, com a ausência de interações presenciais, os universitários precisaram assumir maior responsabilidade pelo seu próprio desenvolvimento. Esse aspecto é abordado por Ferreira e Mourão (no prelo), como um dos elementos mais importantes e que impactam o desenvolvimento profissional dos universitários. A capacidade de autogestão, de organização e de disciplina, que poderia ser traduzida como uma *soft skill* de autonomia, tornou-se crucial para aproveitar ao máximo as oportunidades de aprendizado e para os universitários se manterem aprendendo durante a pandemia. Nesse sentido, a percepção de desenvolvimento profissional desses estudantes durante a crise sanitária foi favorecida por uma autoavaliação relativa à autonomia e disciplina para as atividades acadêmicas.

Cabe mencionar como um aspecto decisivo a exploração de recursos por parte dos estudantes. Durante a pandemia, uma variedade de recursos on-line foi disponibilizada, e quem conseguiu aproveitar essas oportunidades ampliou sua percepção de desenvolvimento profissional. Universitários que aproveitaram essas oportunidades tiveram a chance de participar de cursos on-line, webinars, conferências virtuais e outras atividades que permitem a aquisição de novas competências e a ampliação de conhecimentos e habilidades já existentes. Portanto, aqueles que souberam explorar esses recursos tiveram uma vantagem no processo de aprendizagem, o que potencialmente pode contribuir para suas atuações futuras no mercado de trabalho. Ocorre que muitos estudantes tiveram dificuldade de serem proativos durante a pandemia e acabaram percebendo que a crise sanitária afetou negativamente os seus percursos formativos no ensino superior (Bandeira et al., 2023).

Para quem, além de universitário, era também trabalhador, houve uma demanda adicional de adaptação às mudanças no mercado de trabalho, pois a pandemia causou grandes mudanças na economia e no mundo laboral (Kniffin et al., 2021; Wang et al., 2021). Nesse sentido, universitários que conseguiram aproveitar o momento de transformações e buscar oportunidades em setores emergentes, como tecnologia, saúde e comércio eletrônico, ampliaram as chances de se desenvolverem profissionalmente. A capacidade de identificar tendências, se atualizar e adaptar às demandas do mercado de trabalho foi essencial para o desenvolvimento profissional nesse período, especialmente daqueles que estão em um período de ingresso ou de consolidação no mercado de trabalho.

Também é importante mencionar a questão do *networking* virtual e das oportunidades de estágio remoto. A restrição de eventos presenciais e a adoção do trabalho remoto abriram possibilidades de estágios em modalidades que nunca tinham sido experimentadas (Bernini et al., 2022). Muitas das oportunidades de estágio criadas no período transformaram em discussão teórica o que seria esperado que fossem atividades práticas, pois havia restrições sociais obrigatórias em relação a determinadas atividades presenciais. Alguns estudantes apresentaram depoimentos de crítica a esse modelo, temendo que tais atividades remotas não os preparassem suficientemente para o mercado de trabalho (Bandeira et al., 2023). Outros decidiram participar de fóruns on-line, grupos de discussão e redes sociais profissionais, como forma de estabelecer conexões e buscar oportunidades de estágio e emprego.

A Figura 1 sintetiza alguns dos elementos-chave para o processo de desenvolvimento profissional de universitários durante a pandemia. Para cada um desses elementos, é importante considerar as desigualdades existentes entre os universitários, seja em função de aspectos contextuais – com mais oportunidades e possibilidades para uns do que para outros –, seja em função de características pessoais, uma vez que elas também apresentam potencial para influenciar esse processo de desenvolvimento.

Figura 1 – *Elementos relacionados ao desenvolvimento profissional de universitários no período pandêmico*

Nota. Elaborada pelas autoras.

Não há qualquer dúvida de que o período pandêmico tenha apresentado um expressivo conjunto de desafios para o desenvolvimento profissional dos universitários. Porém, essas vivências também abriram portas para novas formas de aprendizado e desenvolvimento profissional. Universitários que souberam adaptar-se a essas mudanças e aproveitar as oportunidades disponíveis podem estar mais bem preparados para enfrentar os desafios do mercado de trabalho pós-pandemia. No entanto, é preciso considerar que muitos outros tiveram sua formação na graduação prejudicada, o que pode dificultar não só sua inserção, mas também o início de suas trajetórias no mundo do trabalho.

MÉTODO

Participaram da pesquisa 952 estudantes universitários, de 20 cursos de graduação, ofertados em 16 instituições públicas e privadas das diversas regiões do país. Os critérios de inclusão eram: estar efetivamente matriculado em curso de graduação presencial, que, durante a pandemia da COVID-19, utilizou estratégias de ensino remoto nas suas aulas, e ter idade igual ou superior a 18 anos.

A maior parte dos estudantes era do sexo feminino (66%), e o estado civil predominante foi de 63,5% de solteiros, seguido de 32,4% casados. A faixa etária dos participantes variou entre 18 e 61 anos, com média de 28,6 anos (desvio padrão = 9,2) e mediana de 25 anos. A renda familiar mais frequente foi de 1 mil a 3 mil reais (55%), seguida pelas faixas de até 1 mil reais (21,2%) e de 3 a 5 mil reais (15,9%). No que tange à trajetória acadêmica: 18% estavam na fase inicial do curso (até o 3º período), 39% estavam na fase intermediária (4º ao 6º), e 43% no final do curso (do 7º período em diante).

O instrumento utilizado no presente estudo foi uma versão reduzida da Escala de Percepção Evolutiva do Desenvolvimento Profissional – EPEDP (Mourão et al., 2014), que, em sua versão original, é unifatorial e contém 13 itens, com grau de confiabilidade mensurado pelo Alpha de Cronbach de 0,94, e cargas fatoriais variaram entre 0,62 e 0,84. No presente estudo, adotou-se uma versão de seis itens, uma vez que o texto foi adaptado ao contexto do ensino remoto, e o Alpha de Cronbach foi de 0,91. Já a variação das cargas fatoriais ficou na faixa de 0,80 a 0,86. A forma de mensuração dessa escala contempla os escores de ganho resultantes da comparação da percepção de desenvolvimento profissional em dois momentos. Assim, os participantes incluíram duas respostas para cada item: uma para a percepção de preparo profissional antes da pandemia; e outra para a percepção de preparo no momento da coleta de dados. O escore de cada item foi calculado a partir da subtração dos valores das respostas relativas ao desenvolvimento profissional nesses dois momentos. Um exemplo de item é "Propor melhorias para minhas atividades profissionais". Os itens foram respondidos em uma escala Likert variando de 1 (nada preparado) a 5 (totalmente preparado).

O instrumento utilizado contou também com questões que indagavam sobre a experiência do discente com disciplinas EAD antes da pandemia. Entre as perguntas, eram abordadas as condições ofertadas pelas IES, os equipamentos e o acesso à internet dos discentes, a dinâmica metodológica das aulas. Foram também incluídas no instrumento perguntas sobre as principais dificuldades encontradas pelos estudantes durante o ERE. Questões relacionadas ao cumprimento do distanciamento social e, ainda, questões de saúde tanto dos estudantes quanto dos seus familiares também fizeram parte do instrumento utilizado.

As respostas aos questionários foram migradas para o software *Statistical Package for Social Science* (*SPSS*) e para o software Jamovi, nos quais foram procedidas as análises dos dados, baseadas em estatísticas descritivas e inferenciais. Para avaliar as diferenças das médias do desenvolvimento profissional dos participantes, foram utilizados testes *t* de Student para amostras independentes e calculados os tamanhos dos efeitos (*d* de Cohen) nos casos em que houve diferenças significativas entre os grupos.

RESULTADOS

Os achados obtidos no estudo que originou este capítulo são apresentados e discutidos a seguir. Eles são apresentados em seções temáticas, e, ao final, incluímos uma tabela (Tabela 1) com os resultados estatísticos.

Tabela 1 – *Comparação de grupos em relação à percepção do desenvolvimento profissional durante o ensino remoto*

Grupos de universitários	*n*	Média	Mediana	Desvio-padrão	Erro padrão	Teste *t* (*p* e *d* de Cohen)
Sem wi-fi em casa	347	-0,351	-0,167	0,931	0,0500	*t* = -5,51
Com wi-fi em casa	605	-0,027	0,00	0,8340	0,0339	*p* = 0,001 *d* = -0,371

Grupos de universitários	n	Média	Mediana	Desvio-padrão	Erro padrão	Teste t (p e d de Cohen)
Até 25 anos	481	-0,234	0,00	0,960	0,0438	$t = 3,12$
Acima de 25 anos	471	-0,056	0,00	0,790	0,0364	$p = 0,002$ $d = 0,202$
Com experiência em EAD	610	-0,140	0,00	0,844	0,0342	$t = 0,273$
Sem experiência em EAD	342	-0,156	0,00	0,952	0,0515	$p = 0,785$ $d = 0,018$
Homens	317	-0,021	0,00	0,799	0,0449	$t = 3,10$
Mulheres	635	-0,208	0,00	0,917	0,0364	$p = 0,002$ $d = 0,213$
Sem ambiente adequado para as aulas	638	-0,0734	0,00	0,820	0,0324	$t = 3,76$
Com ambiente adequado para as aulas	309	-0,303	0,00	0,990	0,0563	$p = 0,001$ $d = 0,261$
Sem dificuldade de compreender conteúdos	624	-0,0219	0,00	0,815	0,0326	$t = 6,22$
Com dificuldade de compreender conteúdos	323	-0,392	-0,167	0,962	0,0535	$p = 0,001$ $d = 0,427$
Sem dificuldade de manter a interação nas aulas	565	-0,0245	0,00	0,846	0,0356	$t = 5,31$
Com dificuldade de manter a interação nas aulas	382	-0,331	-0,167	0,911	0,0466	$p = 0,001$ $d = 0,351$
Sem dificuldade de organizar atividades remotas	677	-0,0820	0,00	0,844	0,0324	$t = 3,67$
Com dificuldade de organizar atividades remotas	270	-0,314	0,000	0,962	0,0585	$p = 0,001$ $d = 0,264$

Notas. p = significância e *d* = d de Cohen. Elaborada pelas autoras.

Baixa percepção dos universitários sobre seu desenvolvimento profissional na pandemia

Um dos resultados mais relevantes deste estudo diz respeito à percepção de desenvolvimento profissional que os estudantes tiveram no período pandêmico. Em uma escala variando de -4 a +4, o escore médio geral do grupo foi negativo (média de -0,15). O extremo inferior dessa escala contempla aqueles que consideravam estar totalmente preparados antes da pandemia e nada preparados um ano após o seu início (ou seja, que tiveram um decréscimo máximo em sua percepção de desenvolvimento profissional). O extremo superior da escala refere-se aos universitários que se consideravam nada preparados antes crise sanitária e totalmente preparados um ano após o seu início (isto é, que avaliam ter se desenvolvimento muito durante a crise sanitária). O menor valor obtido na amostra foi -3,83 (muito próximo ao valor mínimo da escala), enquanto o maior valor obtido foi 3,00 (valor que não se aproxima tanto do ponto máximo da escala). Esse resultado confirma a percepção dos universitários de que a pandemia foi um período nocivo ao processo de aprendizagem acadêmica e, consequentemente, ao seu desenvolvimento profissional.

Em consonância com esse escore médio negativo, os dados mostram que muitos universitários (39%) perceberam uma involução no período, ou seja, eles avaliam que tinham mais competências profissionais antes do início da pandemia do que após o primeiro ano da crise sanitária. Além disso, a mediana da percepção de desenvolvimento profissional foi zero, indicando que metade dos estudantes percebeu algum ganho em termos de desenvolvimento profissional nesse período, e a outra metade notou alguma perda nesse processo de desenvolvimento.

Esses resultados são preocupantes, uma vez que o período universitário é crucial para o desenvolvimento profissional, justamente por se caracterizar como um momento de aprendizagens intensas (Ferreira & Mourão, 2020; Mourão et al., 2020) e de formação profissional, que é um dos elementos centrais do Modelo Transocupacional do Desenvolvimento Profissional (Fernandes et al., 2019). Nesse sentido, esse resultado deve ensejar reflexões sobre a necessidade de que os universitários que tiveram sua formação prejudicada pela crise sanitária tenham acesso a oportunidades de desenvolvimento de competências que permitam compensar as perdas ocorridas no período pandêmico.

Experiência com EAD não favoreceu a percepção de desenvolvimento profissional no ensino remoto

Este estudo mostrou que não houve diferenças significativas entre os universitários que já tinham uma experiência com a modalidade EAD e aqueles que não tinham tal experiência. Os escores de percepção de desenvolvimento profissional durante o período pandêmico não se diferenciaram para esses dois grupos. Apesar de considerarmos que as habilidades para lidar com tecnologias e a autonomia e disciplina requeridas pelos cursos a distância permitiriam que essas pessoas navegassem melhor pelo ensino remoto, com uma adaptação mais rápida e uma possibilidade maior de aproveitamento dos estudos, isso não foi verificado. Esse resultado sinaliza que o ensino remoto se diferencia do ensino a distância, pois seus pressupostos e modo de funcionamento costumam ser muito distintos. Assim, no ensino remoto, predominaram as aulas síncronas (Ferreira & Mourão, 2023), o que difere do desenho da EAD ou mesmo das experiências híbridas no ensino superior. Nesse sentido, quando os universitários têm uma experiência com EAD no contexto acadêmico, isso não significa que eles terão maior facilidade em vivenciar de forma bem-sucedida as experiências do ensino remoto.

Outro resultado que precisa ser comentado diz respeito às diferenças de percepção de desenvolvimento profissional entre aqueles que tiveram as atividades acadêmicas migradas rapidamente para o ensino remoto e aqueles que tiveram suas atividades suspensas. Os resultados indicaram diferenças significativas das médias de percepção desenvolvimento profissional entre os dois grupos, de forma favorável a quem não teve as atividades universitárias interrompidas. Tal fato revela também o papel dos cursos de graduação na preparação das competências profissionais, uma vez que a suspensão – ainda que temporária – das aulas leva a uma menor percepção dos discentes relativamente aos seus escores de crescimento profissional no período da crise sanitária.

Também merece destaque a oferta de recursos por parte das IES. Os estudantes que avaliaram que suas IES proveram os recursos adequados para mediar o processo de ensino aprendizagem no período do ensino remoto perceberam mais a evolução do seu desenvolvimento profissional do que aqueles que relataram sentir falta de alguns recursos. Entre esses, houve apontamentos de falta de recursos como: materiais de apoio mais elaborados, mesa digitalizadora para os professores explicarem melhor determinados conteúdos, ferramenta mais eficaz para tirar dúvidas e interação com os professores a partir de vídeos explicativos sobre os conteúdos de disciplinas complexas. Esses resultados reforçam as reflexões de Ferreira e Mourão (no prelo) acerca do que as IES ofertaram para os seus estudantes durante a pandemia e quais foram as consequências para o percurso formativo deles.

Universitários com maior disponibilidade de recursos materiais perceberam maior desenvolvimento profissional na pandemia

Os resultados da pesquisa indicaram ainda que os estudantes que tinham seu próprio computador e não precisaram compartilhar seu equipamento com nenhum outro membro da sua família perceberam mais evolução no seu desenvolvimento profissional do que aqueles que só conseguiram estudar pelo celular ou que tiveram que compartilhar o computador com familiares. Um resultado similar foi obtido em relação ao acesso à Internet. Os universitários que contaram com uma boa rede de wi-fi, ou com um bom pacote de dados para realização das suas atividades educacionais, apresentaram escores mais elevados de percepção de desenvolvimento profissional durante a pandemia. Esse é um resultado preocupante porque mostra que a crise sanitária contribuiu para acirrar ainda mais as desigualdades já existentes no contexto educacional brasileiro (Pires, 2021). Assim, quem dispunha de mais recursos tecnológicos teve uma percepção mais positiva de crescimento profissional no período do ensino remoto emergencial. Tal fato confirma a importância de algumas políticas que foram adotados em instituições públicas no sentido de disponibilizar acesso à internet para estudantes que não dispunham desse recurso ou de ofertar equipamentos para aqueles que não possuíam computadores ou tablets para realizar suas atividades acadêmicas.

Outro dado relevante diz respeito ao local destinado para os momentos de estudo. Mesmo sabendo que o ambiente residencial possui uma estrutura própria que difere do espaço universitário, naquele momento, o ambiente residencial e a sala de aula virtual eram a solução para que os estudantes, com apoio da tecnologia, pudessem dar continuidade ao seu percurso formativo no ensino superior. Sendo assim, ter um ambiente adequado de estudo, para realização e participação das atividades acadêmicas, influenciou positivamente o desenvolvimento profissional dos universitários (Bandeira et al., 2023; Ferreira & Mourão, 2023). Ao comparar os estudantes que tinham esse ambiente propício aos estudos com o grupo que respondeu não ter tido essa oportunidade, o primeiro grupo apresentou escores mais elevados de percepção de desenvolvimento profissional. Esse é mais um resultado que incita reflexões e políticas de suporte para dirimir o efeito das desigualdades sociais sobre os resultados da aprendizagem acadêmica no ensino remoto. Quem não dispõe de um ambiente favorável aos estudos em sua residência tende a perceber também menor desenvolvimento profissional durante a crise sanitária, aumentando o fosso entre aqueles que se encontram em condições sociais distintas.

Em síntese, a pandemia confirmou que a disponibilidade de recursos materiais por parte dos estudantes pode influenciar não só a condição de aproveitamento do que é ensinado por meio das tecnologias digitais, mas também o desenvolvimento pessoal e profissional dos universitários (Ferreira & Mourão, 2020). Durante esse período, essa questão ficou cada vez mais evidente, tendo em vista a exigência de alguns recursos específicos para que os estudantes pudessem participar das atividades acadêmicas com sucesso. Ter um bom pacote de internet, o seu próprio computador e um local adequado de estudo fez diferença na percepção de desenvolvimento profissional dos discentes e, provavelmente, em seu desempenho acadêmico. Esses resultados acendem um alerta sobre a importância de uma política de aceso a recursos tecnológicos e de internet durante crises como a que ocorreu com a pandemia da COVID-19 (Ferreira & Mourão, 2023).

A idade dos universitários influenciou sua percepção de desenvolvimento profissional na pandemia

Para testar a influência da idade na percepção do desenvolvimento profissional dos universitários pesquisados, os participantes foram divididos em dois grupos, a partir do valor da mediana. Assim, cerca da metade dos participantes deste estudo tinha de 18 a 24 anos, e a outra metade, 25 anos ou mais. Os resultados apontaram que os estudantes com idade superior a 25 anos apresentaram escores mais elevados de percepção do desenvolvimento profissional do que o público de 18 a 24 anos. Esse resultado confirma achados anteriores de que a formação na modalidade a distância requer uma adaptação e tende a ser mais proveitosa para quem já desenvolveu habilidades para lidar com as tecnologias digitais (*hard skills*) e habilidades para um estudo autônomo e disciplinado (*soft skills*) (Ferreira et al., no prelo).

Além disso, a experiência de vida daqueles acima dos 25 anos pode facilitar o aproveitamento do ensino remoto. Esse resultado pode estar associado ao fato de a aprendizagem experiencial ser um pilar central para o desenvolvimento profissional (Monteiro & Mourão, 2017; Pimentel, 2007). Nessa lógica, aqueles que já tiveram mais vivências conseguem perceber também um ganho maior em termos de aquisição e desenvolvimento de competências durante o ensino remoto.

Por fim, é preciso considerar que o público mais jovem, em geral, também apresenta maior necessidade de interação social, característica que ficou bastante reduzida durante o ensino remoto emergencial. Destarte, o público com idade inferior a 25 anos apresentou escores mais baixos em termos da percepção evolutiva de desenvolvimento profissional, indicando que a faixa etária favoreceu a aquisição e o desenvolvimento de competências dos universitários no período pandêmico.

Distanciamento social na pandemia atrapalhou o desenvolvimento profissional dos universitários

Além dos recursos materiais, da idade e das condições do ambiente residencial, o desenvolvimento profissional também foi afetado pelo grau de isolamento social experienciado pelos universitários. Aqueles que informaram ter cumprido mais rigorosamente as medidas sanitárias de distanciamento social perceberam menor evolução de seu desenvolvimento profissional no período. Em contraposição, aqueles que se mantiveram em trabalho presencial, ou que informaram não terem seguido com as recomendações de distanciamento social, perceberam um maior escore de ganho em tal desenvolvimento.

Esse resultado seria esperado, uma vez que as aprendizagens advindas das experiências favorecem o desenvolvimento profissional (Fernandes et al., 2019; Monteiro & Mourão, 2017; Mourão, 2018). Nessa lógica, aqueles que continuaram expondo-se a situações diversas no ambiente de trabalho e na vida de um modo geral não vivenciaram a pandemia da mesma forma daqueles que reduziram seu grau de exposição às interações sociais. Considerando que a política de distanciamento social era importante para a contenção do contágio pelo vírus SARS-COV2, seria importante que as IES desenvolvessem estratégias que permitissem maior interação social entre os discentes, de forma que o cumprimento das medidas de segurança impostadas pela crise sanitária não afetassem a evolução do desenvolvimento profissional dos estudantes.

Participação ativa nas aulas e capacidade de organizar as atividades remotas contribuíram para os escores de ganho de desenvolvimento profissional no ensino remoto

Os resultados do presente estudo também mostram que os universitários que conseguiram interagir bem com os professores nas aulas percebem um maior ganho em seu desenvolvimento profissional no período pandêmico. Esse achado corrobora o que Bandeira et al. (2023) encontraram em seu estudo. As autoras apontaram para uma dificuldade de concentração nas aulas por parte dos universitários e uma avaliação mais positiva do ensino remoto por parte daqueles que conseguiram manter a concentração e atuar de forma mais autônoma.

No outro extremo, estão os universitários que relataram ter tido dificuldades em manter a interação nas aulas durante o ensino remoto. Esses estudantes apresentaram escores mais baixos de percepção do seu desenvolvimento profissional, o que, mais uma vez, confirma os achados do estudo qualitativo de Bandeira et al. (2023) sobre a avaliação discente das experiências com o curso de graduação durante a crise sanitária.

Os resultados também indicaram que estudantes que relataram não ter dificuldade de organizar as atividades remotas perceberam maior desenvolvimento profissional do que aqueles que relatam dificuldade para se organizar. Esse resultado é condizente com outros achados dos estudos sobre EAD, que mostram a importância da autonomia e da disciplina para o desempenho acadêmico (Ferreira & Mourão, 2022; Ferreira & Mourão, 2023).

Uma tabela com os resultados dos testes t de comparação de percepção de desenvolvimento profissional de universitários durante a pandemia é apresentado como apêndice do presente capítulo. Lá são detalhados os escores médios e os desvios-padrões de cada grupo das variáveis utilizadas para comparação. Além disso, na próxima seção, trazemos, como considerações finais do capítulo, as principais conclusões, contribuições e limitações do presente estudo, bem como algumas sugestões para investigações futuras acerca dessa temática.

CONSIDERAÇÕES FINAIS

A pandemia da COVID-19 trouxe um conjunto de desafios para o ensino superior, que, geralmente, adotou o ensino remoto emergencial como solução alternativa para um período atípico da história. Essa foi uma estratégia para permitir o acesso aos conteúdos curriculares que seriam desenvolvidos presencialmente, caracterizando-se como uma mudança temporária nas estratégias pedagógicas para atender a circunstâncias de crise. Nesse modelo, a maior parte das aulas aconteceu com interação síncrona entre professor e aluno, mas é importante investigar como os discentes avaliam seu processo de desenvolvimento nesse período. Assim, o objetivo deste estudo foi identificar como os estudantes vivenciaram esse período de sua trajetória formativa e se perceberam desenvolvimento profissional no período pandêmico.

A partir de um estudo com ampla amostra (952 estudantes, de 20 cursos de graduação, ofertados em 16 instituições públicas e privadas das diversas regiões do país), apresentamos um conjunto de achados que apontam quais foram os grupos que perceberam maior ou menor desenvolvimento profissional no período. Além disso, também analisamos os achados em termos descritivos, indicando que os universitários, de um modo geral, perceberam baixo desenvolvimento profissional no período. Esse desenvolvimento foi discutido a partir de diferentes aspectos, tais como o acesso a recursos tecnológicos e à internet para a realização das atividades acadêmicas no ensino remoto, os grupos etários dos universitários, as experiências de trabalho durante a pandemia, bem como a capacidade de interação durante as aulas.

Os resultados da pesquisa permitiram inferir que metade dos estudantes percebeu algum ganho em termos de desenvolvimento profissional nesse período, e a outra metade observou alguma perda nesse processo de desenvolvimento, acreditando que tinham mais competências profissionais antes do início da pandemia do que após o primeiro ano da crise sanitária. Também concluímos que a experiência prévia com a modalidade EAD não contribuiu para uma percepção mais positiva do desenvolvimento profissional, o que sinaliza para as diferenças entre ensino a distância e ensino remoto, sendo as características do primeiro distintas das vivências que os estudantes tiveram no período pandêmico.

A pesquisa também permitiu identificar que muitas variáveis favoreceram o desenvolvimento dos estudantes. Assim, os universitários que contavam com recursos tecnológicos, com internet e local adequado para a realização das atividades acadêmicas do ensino remoto, apresentaram uma maior percepção de evolução do desenvolvimento profissional durante a pandemia. Tais resultados reforçam o que diz a literatura no que tange à necessidade de uma boa estrutura e suporte para que os estudantes apresentem um melhor desempenho acadêmico nas suas atividades.

Os achados ainda nos permitem identificar que o grupo etário acima dos 25 anos, os estudantes do sexo masculino e aqueles que interagiram mais nas aulas conseguiram desenvolver-se mais no período da crise sanitária. No outro lado, estão os alunos com mais dificuldades de se organizarem para os estudos ou com dificuldades de assimilação de conteúdos nas aulas, que perceberam mais prejuízos de desenvolvimento em função do ensino remoto. Esses resultados apontam para a importância de se considerar as diferentes necessidades dos discentes quando se vivenciam momentos de crise, pois as dificuldades entre eles são distintas e o impacto em seu desenvolvimento profissional também.

Cabe ressaltar que este foi apenas um estudo, sendo preciso considerar que existem várias áreas que podem ser exploradas no contexto do desenvolvimento profissional de universitários durante o ensino remoto na pandemia. Estudos futuros podem avaliar o impacto das habilidades desenvolvidas durante o ensino remoto, mensurando as habilidades adquiridas durante esse período, tais como a adaptabilidade, a autodisciplina, o trabalho em equipe virtual e as habilidades digitais, uma vez que elas podem influenciar o sucesso profissional dos universitários em longo prazo. Também são importantes estudos sobre os efeitos na empregabilidade pós-pandemia, ou seja, analisar como o ensino remoto afetou a empregabilidade dos universitários, considerando fatores como a capacidade de adaptação a ambientes de trabalho híbridos, as competências tecnológicas e a capacidade de trabalhar remotamente. Ainda no campo do mundo do trabalho, pode ser investigada a percepção dos empregadores sobre a experiência de ensino remoto, identificando as percepções deles acerca dos universitários que passaram por esse tipo de ensino durante a pandemia. Podem ser levantadas, por exemplo, informações em termos de habilidades adquiridas, da capacidade de adaptação e do desenvolvimento de competências para a atuação no mercado de trabalho.

Do ponto de vista das instituições de ensino, há também um conjunto de pesquisas futuras que poderiam ser realizadas. Uma delas seria investigar o suporte psicossocial durante o ensino remoto. Nesse caso, poderia ser explorada a importância desse tipo de suporte, contemplando serviços de aconselhamento e orientação profissional durante o ensino remoto na pandemia e os possíveis impactos desses recursos no desenvolvimento profissional dos universitários. Uma alternativa seria levantar estratégias eficazes de engajamento durante o ensino remoto, mapeando as melhores práticas e estratégias utilizadas pelas instituições de ensino para promover o engajamento dos universitários durante o ensino remoto. Isso pode ser bem interessante para o enfrentamento de outras situações de crise, com levantamentos acerca de aspectos como o design de cursos on-line, a interação aluno-professor e o envolvimento em atividades acadêmicas. Por fim, também seriam bem-vindas pesquisas sobre a experiência de estudantes de diferentes áreas de conhecimento, a fim de comparar a experiência de universitários a partir das particularidades de cada campo, seja em relação a práticas de laboratório, estágios, interação com pacientes/clientes, seja em relação a tantos outros aspectos.

Este capítulo trouxe algumas contribuições sobre como os universitários perceberam seu desenvolvimento profissional no período pandêmico, com um predomínio de percepções mais negativas do que positivas. Muitas reflexões precisam ser feitas a esse respeito e algumas lições também podem ser aprendidas. Embora não se tenha respostas sobre como atuar em outras situações de crise como a que foi vivenciada na pandemia da COVID-19, é importante considerar a diversidade de perspectivas e experiências dos universitários durante o ensino remoto. A proposta é justamente contribuir para um entendimento mais abrangente dos impactos e desafios enfrentados nesse período e suas consequências para as trajetórias profissionais desse público-alvo.

QUESTÕES PARA DISCUSSÃO

- O ensino remoto emergencial foi adotado como solução alternativa para a crise sanitária gerada pela COVID-19. Quais foram as consequências de, no ensino superior, a maior parte das aulas terem ocorrido de forma síncrona?

- Os resultados da pesquisa apresentada neste capítulo apontam para uma percepção de baixo desenvolvimento profissional por parte dos universitários no período da pandemia. A que pode ser atribuída essa avaliação, ou seja, o que prejudicou o desenvolvimento profissional dos universitários?

- Que variáveis favoreceram a percepção de desenvolvimento profissional de universitários durante o ensino remoto?

- Que lições foram aprendidas com a pandemia da COVID-19 em termos de pensar estratégias pedagógicas mais adequadas para o ensino remoto no ensino superior? Se houver outros momentos de crise em que seja necessário adotar o ensino remoto, o que poderia ser feito de forma diferente para obter resultados melhores para o desenvolvimento profissional dos estudantes de graduação?

REFERÊNCIAS

Ang, W. H. D., Shorey, S., Lopez, V., Chew, H. S. J., & Lau, Y. (2022). Generation Z undergraduate students' resilience during the COVID-19 pandemic: A qualitative study. *Current Psychology, 41*(11), 8132-8146. https://doi.org/10.1007/s12144-021-01830-4

Arruda, E. P. (2020). Educação remota emergencial: elementos para políticas públicas na educação brasileira em tempos de COVID-19. *Em Rede – Revista de Educação a Distância, 7*(1), 257-275. https://www.aunirede.org.br/revista/index.php/emrede/article/view/621

Avelino, W. F., & Mendes, J. G. (2020). A realidade da educação brasileira a partir da COVID-19. *Boletim de Conjuntura (BOCA), 2*(5), 56-62. http://doi.org/10.5281/zenodo.3759679

Bandeira, V., Mourão, L., & Ferreira, D. (2023) "Em Casa dá Vontade de Deitar": Vivências de Universitários no Ensino Remoto na Pandemia. In da Mota, M. M. P. E., & da Silva, C. L. M. *Ensino Remoto na Pandemia.* Editora Appris.

Barbosa, A. M., Viegas, M. A. S., & Batista, R. L. N. F. (2020). Aulas presenciais em tempos de pandemia: relatos de experiências de professores do nível superior sobre as aulas remotas. *Revista Augustus, 25*(51), 255-280. https://doi.org/10.15202/1981896.2020v25n51p255

Bernini, I. M., Loss, M. M., Costa, J. G. D., & Rodrigues, M. G. V. (2022). Estágios remotos durante a pandemia do Covid-19: Relato de experiência. *BIBLOS, 36*(1). https://doi.org/10.14295/biblos.v36i1.14377CGI.

Camacho, A. C. L. F., Joaquim, F. L., de Menezes, H. F., & Sant'Anna, R. M. (2020). A tutoria na educação a distância em tempos de COVID-19: orientações relevantes. *Research, Society and Development, 9*(5), e30953151. https://doi.org/10.33448/rsd-v9i5.3151

Carmo, R., & Franco, A. (2019). Da docência presencial à docência online: aprendizagens de professores universitários na educação a distância. *Educação em Revista, 35*, e210399. https://doi.org/10.1590/0102-4698210399

Comitê Gestor da Internet. Centro Regional de Estudos para o Desenvolvimento para a Sociedade da Informação. TIC Domicílios 2019. São Paulo, 26 maio 2020. https://cetic.br/pesquisa/domicilios/indicadores/

Fernandes, H., Mourão, L., & Gondim, S. (2019). Professional Development: Proposition of a Trans-occupational Model from a Qualitative Study. *Paidéia (Ribeirão Preto), 29*, e2916. https://doi.org/10.1590/1982-4327e2916

Ferreira, D. M., & Mourão, L. (2020). Panorama da Educação a Distância no ensino superior Brasileiro. *Revista Meta: Avaliação, 12*(34), 247-280. Http://Dx.Doi.Org/10.22347/2175-2753v12i34.2318

Ferreira, D. M., & Mourão, L. (no prelo). Preditores do Desenvolvimento Profissional de Universitários durante a Pandemia da COVID-19. *Estudos de Psicologia (Natal)*.

Ferreira, D., & Mourão, L. (2023). O que as Universidades ofertaram e de que condições os estudantes dispunham no Ensino Remoto na Pandemia? In da Mota, M. M. P. E., & da Silva, C. L. M. *Ensino Remoto na Pandemia* (pp. 107-126). Editora Appris.

Finnerty, R., Marshall, S. A., Imbault, C., & Trainor, L. J. (2021). Extra-Curricular Activities and Well-Being: Results from a Survey of Undergraduate University Students During COVID-19 Lockdown Restrictions. *Frontiers in Psychology, 12*, 647402. https://doi.org/10.3389/fpsyg.2021.647402

Gusso, H. L., Archer, A. B., Luiz, F. B., Sahão, F. T., Luca, G. G. de ., Henklain, M. H. O., Panosso, M. G., Kienen, N., Beltramello, O., & Gonçalves, V. M. (2020). Ensino superior em tempos de pandemi: diretrizes à gestão universitária. Educação & Sociedade, 41, e238957. https://doi.org/10.1590/ES.238957

Kniffin, K. M., Narayanan, J., Anseel, F., Antonakis, J., Ashford, S. P., Bakker, A. B., Bamberger, P., Bapuji, H., Bhave, D. P., Choi, V. K., Creary, S. J., Demerouti, E., Flynn, F. J., Gelfand, M. J., Greer, L. L., Johns, G., Kesebir, S., Klein, P. G., Lee, S. Y., … Vugt, M. van. (2021). COVID-19 and the workplace: Implications, issues, and insights for future research and action. *American Psychologist, 76*(1), 63-77. https://doi.org/10.1037/amp0000716

Monteiro, A. C. F., & Mourão, L. (2017). Desenvolvimento profissional: A produção científica nacional e estrangeira. *Revista Psicologia Organizações e Trabalho, 17*(1), 39-45. http://dx.doi.org/10.17652/rpot/2017.1.12246

Mourão, L., & Monteiro, A. C. (2018). Desenvolvimento profissional: proposição de um modelo conceitual. *Estudos de Psicologia (Natal), 23*(1), 33-45. http://pepsic.bvsalud.org/scielo.php?script=sci_arttext&pid=S1413-294X2018000100005

Mourão, L., & Fernandes, H. (2020). Percepção de trabalhadores acerca de inibidores e propulsores do desenvolvimento profissional. *Psicologia: Teoria e Prática, 22*(2) https://doi.org/10.5935/1980-6906/psicologia.v22n2p273-295

Mourão, L., Carvalho, L., & Monteiro, A. (2020). Planejamento do desenvolvimento profissional na transição entre universidade e mercado de trabalho. In A. Soares, L. Mourão, & M. Monteiro (Ed.), *O estudante universitário brasileiro:* Saúde mental, escolha profissional, adaptação a Universidade e desenvolvimento de carreira (pp. 255-272). Appris.

Mourão, L., Porto, J. B., & Puente-Palácios, K. (2014). Construção e evidências de validade de duas escalas de percepção de desenvolvimento profissional. *Psico-USF, 19*, 73-85. https://www.scielo.br/j/pusf/a/3Bzyf3QGzNbJ7dnGk56yJKL/?lang=pt&format=pdf

Pimentel, A. (2007). A teoria da aprendizagem experiencial como alicerce de estudos sobre desenvolvimento profissional. *Estudos de Psicologia (Natal), 12*, 159-168. https://doi.org/10.1590/S1413-294X2007000200008

Pires, A. (2021). A COVID-19 e a educação superior no Brasil: usos diferenciados das tecnologias de comunicação virtual e o enfrentamento das desigualdades educacionais. *Educación, 30*(58), 83-103. https://doi.org/10.18800/educacion.202101.004

Santos Júnior, V., & Monteiro, J. (2020). Educação e COVID-19: as tecnologias digitais mediando a aprendizagem em tempos de pandemia. *Revista Encantar-Educação, Cultura e Sociedade, 2*, 01-15. https://www.revistas.uneb.br/index.php/encantar/article/view/8583

Travassos, R., Mourão, L., & Valentini, F. (2020). Estudo Longitudinal e Multinível sobre Aquisição de Competências em Cursos de Graduação em Psicologia. *Trends in Psychology, 28*(2), 180-196. https://doi.org/10.1007/s43076-020-00019-1

Wang, B., Liu, Y., Qian, J., & Parker, S. K. (2021). Achieving Effective Remote Working During the COVID-19 Pandemic: A Work Design Perspective. *Applied Psychology, 70*(1), 16-59. https://doi.org/10.1111/apps.12290

CAPÍTULO 21

FATORES DA TRAJETÓRIA ACADÊMICA QUE INFLUENCIAM NA TRANSIÇÃO PARA O TRABALHO: O QUE NOS DIZEM OS EGRESSOS?

Verônica da Nova Quadros Côrtes
Adriano de Lemos Alves Peixoto
Daiane Rose Cunha Bentivi

INTRODUÇÃO

A evolução e o desenvolvimento humanos pressupõem uma série de transições ao longo da vida. Algumas delas são previsíveis, como as relacionadas à idade, outras até são planejadas, como o casamento; outras podem ser imprevisíveis, como a demissão de um emprego. Independentemente de serem eventos esperados ou não, toda transição envolve processos de mudança e readaptação a novos contextos, novos papéis, o que significa que toda transição pode gerar sentimentos de medo, insegurança e é geradora de algum nível de estresse (Bordignon, 2021; Postigo & Oliveira, 2015; Sousa & Gonçalves, 2016). No entanto, a forma de enfrentamento dos momentos de transição vai variar de pessoa para pessoa, a depender uma série de fatores pessoais e contextuais.

O Modelo de Transição Individual proposto por Anderson et al. (2011), com base nos estudos de Schlossberg (1981), apresenta uma série de elementos que podem facilitar o enfrentamento das transições, indicando que tanto aspectos do ambiente como do indivíduo influenciam nesse processo. Esse modelo propõe uma estrutura sistemática e temporal para compreensão das transições, que se divide em três momentos distintos: uma fase inicial, denominada *aproximação*, quando é feita uma primeira avaliação do tipo de transição, o contexto e seus possíveis impactos; uma segunda fase de *enfretamento*, que é de mobilização e avaliação dos recursos pessoais e ambientais disponíveis para lidar com a transição, que incluem, por exemplo, elementos como as estratégias de *coping* a serem utilizadas; e a fase de *controle/adaptação*, quando surgem sentimentos de ajuste à nova realidade.

O modelo citado pressupõe ainda a articulação entre elementos pessoais e contextuais que auxiliam no enfrentamento da transição. O Sistema 4 S's, composto por situação (*situation*), indivíduo (*self*), suporte (*suport*) e estratégias (*strategies*), indica que lidar com transições na vida adulta depende de múltiplos fatores.

A situação se refere a uma avaliação da transição, buscando identificar suas principais características, o que serve de base para identificar os recursos pessoais que o indivíduo possui ou que é preciso desenvolver para enfrentar esse momento. Também é importante identificar os tipos de suporte (família, amigos, grupos sociais etc.) disponíveis, aos quais o indivíduo pode recorrer para diferentes formas de apoio. Assim, diferentes estratégias podem ser adotadas para lidar com a transição, a depender do que se pretende alcançar e da dinâmica do indivíduo a partir dos quatro fatores indicados.

Dentre as transições previsíveis mais comuns na vida adulta, mas também uma das que produz mais impacto na rotina de jovens adultos, estão a saída da universidade e a entrada no mundo do trabalho (Dias et al., 2019; Melo & Borges, 2007). Ainda que seja uma transição voluntária, desejada e controlável, ela normalmente vem acompanhada por níveis consideráveis de estresse, pois exige análise do contexto, reavaliação de escolhas e construção de novos sentidos relacionados à trajetória de carreira dos estudantes universitários, futuros profissionais (Oliveira et al., 2020).

Para compreender os múltiplos fatores envolvidos nesse tipo de transição, é preciso entendê-la como um processo que se desenvolve ao longo dos anos de formação e se estende até o momento de ajuste ao trabalho (Vieira et al., 2011). Nesse sentido, desde o surgimento dos primeiros interesses profissionais e nas primeiras escolhas, tem início um processo de preparação para se inserir no mundo do trabalho, o que, idealmente, deveria vir acompanhado de comportamentos de exploração de si e do meio ambiente (Carneiro & Sampaio, 2016; Teixeira & Dias, 2011; Vieira et al., 2011), bem como do suporte de programas de orientação profissional e de planejamento e gestão de carreira (Bordignon, 2021).

Nesse contexto, as experiências vividas ao longo da trajetória acadêmica assumem um papel crucial na identificação e no desenvolvimento dos recursos para enfrentamento das transições e podem atuar facilitando ou dificultando esse processo (Fleming, 2015). Pesquisas relatam que ao se aproximar o fim da graduação muitos estudantes apresentam uma ambiguidade de sentimentos. Ao mesmo tempo em que se sentem felizes por encerrarem uma etapa desafiadora da vida, surgem sentimentos de insegurança e medo diante das exigências desse novo mundo que se aproxima (Postigo & Oliveira, 2015).

As vivências ao longo da graduação deveriam atuar ou contribuir para reduzir os sentimentos negativos em relação à transição para o trabalho, pois uma das funções do ensino superior é fornecer conhecimento teórico e técnico para que o indivíduo se sinta apto a exercer a profissão escolhida (Almeida Filho & Coutinho, 2011). Porém, adquirir conhecimento teórico e técnico parece não ser suficiente para reduzir os fatores de estresse. A inserção no mundo do trabalho exige muito mais que isso, pois pressupõe um conjunto de novos comportamentos relativos à identidade profissional que precisa ser desenvolvida, construção de novas redes sociais, adoção de comportamentos referentes à busca de emprego, além da necessidade de orientação no planejamento de carreira (Mourão et al., 2020).

Estudos demonstram que o cumprimento exclusivo de atividades obrigatórias, realizadas, em sua maioria, em contexto de sala de aula, não tem sido suficiente para aumentar o sentimento de competência para atuação profissional. Eles apontam alguns aspectos da trajetória acadêmica, relatados como facilitadores pelos estudantes, como: experiências práticas por meio da realização de estágios e atividades extracurriculares (Assumpção & Oliveira, 2018; Silva et al., 2013; Silva & Teixeira, 2013; Teixeira & Gomes, 2004; Uchida, 2017; Vieira et al., 2011); redes de apoio social, como família, amigos, colegas e professores (Carneiro & Sampaio, 2016; Magalhães & Teixeira, 2013; Samssudin, 2009; Samssudin & Barros, 2011); bem como suporte institucional no sentido de oferecer serviços de orientação profissional, planejamento e gestão de carreira (Bordignon, 2021; Sousa & Gonçalves, 2016).

Por outro lado, variáveis como persistência e resiliência (Postigo & Oliveira, 2015), lócus de controle (Magalhães & Teixeira, 2013), esforço (Carneiro & Sampaio, 2016), gestão do tempo (Dias et al., 2019) surgem nas pesquisas e no modelo de Anderson et al. (2011), aliadas às variáveis contextuais como elementos que facilitam a vivência da transição. Nota-se que, por mais que as

IES ofereçam oportunidades de participação em atividades extraclasse, serviços de suporte para a transição e que existam redes de apoio, as variáveis pessoais também são fundamentais para que o indivíduo busque as oportunidades e os serviços oferecidos, procure conhecer o mercado na sua profissão e aprenda a construir e fortalecer suas redes de relacionamento.

Assim, a trajetória acadêmica envolve um conjunto de experiências e elementos que podem atuar como facilitadores da transição. Como apresentado anteriormente, o sistema 4 S's, proposto pelo Modelo de Transição (Anderson et al., 2011), permite uma integração teórica desses elementos. Considerando que a forma como o indivíduo vivencia a transição possui estreita relação com a avaliação que ele faz dos elementos envolvidos no seu processo individual, supõe-se que o enfretamento da transição universidade-trabalho vai depender de como o estudante avalia os recursos pessoais e contextuais que possui quando se aproxima o momento de saída da universidade e entrada no mundo do trabalho.

Nesse contexto, o presente estudo teve como objetivo avaliar, na percepção do egresso, em que medida as experiências vividas no decorrer da formação acadêmica contribuíram para o processo de transição universidade-trabalho. Buscou-se analisar quais aspectos da trajetória acadêmica atuaram como dificultadores ou facilitadores da transição.

MÉTODO

Participantes

Participaram do presente estudo 710 egressos dos anos 2016 e 2017 (19,1% da população) dos cursos de graduação da Universidade Federal da Bahia (UFBA). A mostra se caracteriza em sua maioria por pessoas do sexo feminino (62,4%), com idade entre 23 e 75 anos (M= 29,5 e DP=5,7). Em relação ao estado civil, a maioria se declarou solteira (70,4%; N= 500) e sem filhos (88,7%; N=628). No tocante à etnia, predominam autodeclarados pardos (44,6%; N=317), seguidos de brancos (28,3%; N=201). A coleta foi realizada entre maio e junho de 2020, com egressos de 2016 e 2017, logo a amostra se compõe de egressos que tinham entre três e quatro anos de formados.

Assumimos o pressuposto de que essa distância temporal entre a conclusão do curso e a avaliação dos fatores que facilitaram ou dificultaram a transição e o ingresso no mercado de trabalho permite que o participante faça uma análise um pouco mais distante, menos influenciada pelas emoções normalmente associadas ao processo de transição.

Procedimento de coleta e considerações éticas

Os dados utilizados neste estudo foram coletados por meio do processo da Avaliação Institucional da Universidade Federal da Bahia (UFBA). Pesquisas que utilizam bancos de dados, cujas informações são agregadas, sem possibilidade de identificação individual, não precisam ser registradas, nem avaliadas pelo Comitê de Ética em Pesquisa e pela Comissão Nacional de Ética em Pesquisa (CEP/CONEP, Resolução nº 510/2016).

O *link* de acesso foi enviado por e-mail, sendo um convite inicial para participar da pesquisa, e mais três lembretes ao longo de um período de 60 dias. Optou-se por encerrar a coleta, devido às baixas taxas de retorno após esse período. O questionário foi enviado para 3,6 mil estudantes, dos quais obtivemos 710 respostas válidas, totalizando uma taxa de resposta de 19,1%. É importante ressaltar que a coleta se deu durante o início da pandemia de COVID-19, entre os meses de maio e junho de 2020, o que pode ter impacto na quantidade de pessoas que responderam ao instrumento ou mesmo nas respostas apresentadas.

Instrumentos

Os dados utilizados no presente estudo são parte de um estudo mais amplo e referem-se às respostas dos egressos a duas questões abertas que constam em um questionário que foi originariamente utilizado como parte de um processo de avaliação institucional na UFBA. Essas questões foram elaboradas com o objetivo de identificar elementos facilitadores e dificultadores institucionais da transição:

- *Em sua opinião, quais aspectos da sua trajetória acadêmica FACILITARAM seu processo de saída da universidade e entrada no mercado de trabalho?*

- *Em sua opinião, quais aspectos da sua trajetória acadêmica DIFICULTARAM seu processo de saída da universidade e entrada no mercado de trabalho?*

Procedimentos de análise

Os dados coletados foram analisados por meio do software *Interface de R pour les Analyses Multidimensionnelles de Textes et de Questionnaires* (IRAMuTeQ) (Camargo & Justo, 2013). "O Iramuteq é um software gratuito que auxilia o tratamento de dados textuais e oferece diferentes possibilidades de análise baseadas na estatística de texto, ou lexicometria" (Sousa, 2021, p.1.541). A lexicometria possibilita a reorganização do material textual a ser analisado e a realização de cálculos estatísticos com base no vocabulário encontrado, ou seja, o uso de métodos quantitativos para análise de dados qualitativos (Sousa, 2021).

Esse software permite diferentes modos de análises lexicais e foi utilizado com o objetivo de verificar frequências de palavras, coocorrências e conexões com o objetivo de construir categorias utilizadas para compreensão do conteúdo expresso no texto. Para produzir o *corpus* textual deste estudo, as respostas selecionadas foram adicionadas a um arquivo de texto, e em seguida foi realizado um procedimento de limpeza e preparação do banco de dados, quando foram excluídas respostas incompletas ou que não fizessem referência ao objeto em estudo.

As respostas foram organizadas individualmente em parágrafos. Para a análise dos dados propriamente dita, optou-se por utilizar a Classificação Hierárquica Descendente (CHD), por ser a mais indicada para questões abertas e possibilitar a análise de agrupamentos formados por vocabulários semelhantes entre si (Sousa, 2021). A CHD é a análise que melhor atende ao objetivo do presente estudo, de identificar, em dois *corpora* textuais separados, conjuntos de opiniões semelhantes sobre os aspectos que facilitam (*Corpus* 1) ou dificultam (*Corpus* 2) a transição universidade-trabalho. Esse tipo de análise oferece como forma de visualização dos seus resultados um dendrograma de Unidades de Contexto Elementares (UCE) presentes no *corpus,* resultante de testes de qui-quadrado (X^2) que verificam o grau de associação (a partir das frequências) entre as palavras (Camargo & Justo, 2013).

RESULTADOS E DISCUSSÃO

Os resultados serão apresentados separadamente. Inicialmente, será mostrada a análise dos dados relativos aos aspectos que facilitaram o processo de transição, em seguida, os aspectos que dificultaram. Então, é feita uma discussão em conjunto, relacionando aspectos facilitadores e dificultadores da transição entre si na percepção dos participantes.

Facilitadores da transição

Ao realizar a análise de Classificação Hierárquica Descendente (CHD), foi utilizado como ponto de corte o nível de significância ($p<0,05$) e verificou-se um aproveitamento do *corpus* textual de 69,6% (434 segmentos de texto). Esse valor de retenção encontra-se um pouco abaixo do considerado por Camargo e Justo (2013), como um valor proveitoso para o uso deste tipo de análise (75%), e pode estar relacionado à constituição do *corpus*, composto por frases curtas em sua maior parte. Porém, optou-se por manter esse resultado, com base no argumento de Pélisser (2017 citado por Sousa, 2021), de que alguns conjuntos de dados podem apresentar uma retenção mais baixa por serem menos homogêneos. De qualquer forma, esse resultado não inviabiliza a análise. A indicação da literatura é a de que somente valores abaixo de 60% seriam considerados indicadores de problemas de homogeneidade no *corpus*.

A CHD visa a estabelecer classes de palavras que possuem vocabulário semelhante entre si e se diferenciam do vocabulário das outras classes, permitindo, então, a construção das categorias. A Figura 1 apresenta a composição gráfica dos eixos, suas respectivas divisões e as palavras relacionadas a cada um.

Figura 1 – *Dendrograma da Classificação Hierárquica Descendente para Aspectos Facilitadores da Transição (N=613)*

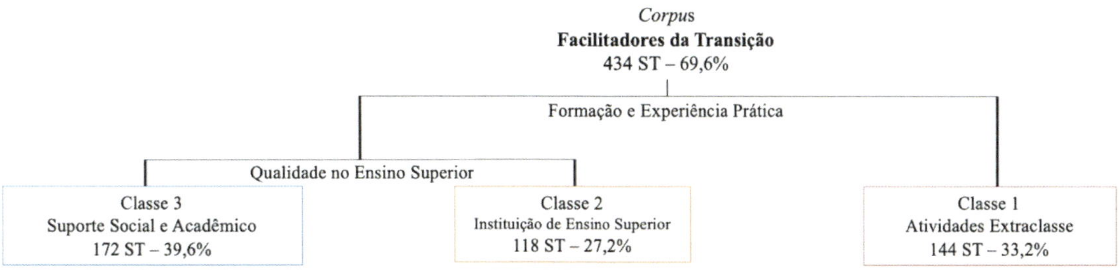

Classe 3 Suporte Social e Acadêmico 172 ST – 39,6%		Classe 2 Instituição de Ensino Superior 118 ST – 27,2%		Classe 1 Atividades Extraclasse 144 ST – 33,2%	
Palavra	**X^2**	**Palavra**	**X^2**	**Palavra**	**X^2**
Professor	31,59	Mercado	52,92	Estágio	82,09
Atuação	27,10	Emprego	44,64	Extracurricular	47,22
Área	26,83	UFBA	44,48	Participação	43,61
Conhecimento	26,41	Universidade	42,49	Empresa Júnior	42,38
Técnico	12,41	Facilitar	40,47	Monitoria	30,53
Prático	12,10	Trabalho	39,39	Extensão	26,23
Teórico	10,85	Instituição	29,90	Atividade	23,61
Base	10,85	Saída	28,70	Iniciação Científico	21,51
Interesse	10,84	Conseguir	25,92	Pesquisa	21,48
Real	10,84	Entrada	25,03	Participar	14,66

Nota. Elaborado pelos autores.

Como é possível observar no dendrograma, em um primeiro momento, o *corpus* textual foi dividido em dois grandes eixos em oposição gráfica, denominados como *Formação e Experiência Prática*, que se referem a dois grandes grupos de aspectos que facilitam a transição. De um lado estão elencadas as atividades acadêmicas realizadas fora da sala de aula, que representam oportunidade de colocar em prática os conhecimentos adquiridos em sala, enquanto do outro lado estão variáveis da formação que atuaram como suporte social, acadêmico e institucional para facilitar a transição.

Na chamada 2ª partição, o eixo intitulado de Qualidade no Ensino Superior subdivide-se em duas classes: Instituição de Ensino Superior (Classe 2) e Suporte Social e Acadêmico (Classe 3). Ou seja, o nome da instituição surge como uma referência no mundo do trabalho, que facilita a inserção, assim como os conhecimentos adquiridos e o apoio de professores.

Observa-se, então, a formação de três categorias: atividades extraclasse, instituição de ensino superior e suporte social e acadêmico. A primeira se refere a atividades de estágio, pesquisa e extensão como oportunidades de desenvolvimento de competências para atuação no mundo do trabalho, colocando em prática conhecimentos teóricos e técnicos adquiridos durante a graduação. A transição universidade-trabalho é fortemente facilitada pelas experiências extracurriculares, como relata o egresso: *"durante a graduação tive diversas experiências (Estágio, Iniciação Científica, Empresa Júnior, Projetos de Extensão, cursos complementares, eventos etc.) que me ajudaram no meu processo de busca por oportunidades de trabalho"*. Essas atividades proporcionam uma vivência antecipada das competências necessárias para atuar no mundo do trabalho, permitindo que o estudante, ainda na graduação, identifique conhecimentos, habilidades e atitudes que já possui ou que precisam ser desenvolvidos antes de finalizar sua formação (Vieira et al. 2011).

Ou seja, as oportunidades de vivenciar a prática antes da entrada no mundo do trabalho contribuem substancialmente para que o estudante se sinta preparado para atuar na profissão: *"Participação em Grupos de Pesquisa, monitoria de componente curricular, Atividades de Extensão foram facilitadores para meu processo de amadurecimento profissional durante a graduação, dando suporte para minha inserção no mundo do trabalho"* – segundo relatos. Estudantes concluintes com alto nível de envolvimento em atividades extracurriculares mostraram-se mais engajados com a carreira e aumentam a percepção do desenvolvimento de competências técnicas (Assumpção & Oliveira, 2018; Silva et al., 2013).

A palavra "estágio" foi a que apresentou maior frequência na classe 1 da CHD, sempre associada a outras atividades extracurriculares. Um estudo realizado por Vieira et al. (2011) mostrou que estudantes que tiveram oportunidade de realizar estágio apresentaram maiores níveis de autoeficácia e comportamento exploratório. As experiências de estágio permitem a aplicação e validação dos conhecimentos adquiridos durante a formação, contribuindo no desenvolvimento da adaptabilidade de carreira e na transição entre os papéis de estudante e profissional (Paulos et al., 2021; Silva & Teixeira, 2013). As oportunidades de participação em atividades práticas obrigatórias e não obrigatórias representam fonte de suporte institucional que podem auxiliar na mobilização de recursos pessoais e na redução do estresse (Anderson et al., 2011).

A participação nessas atividades, no entanto, depende de alguns fatores. Por um lado, a IES precisa desenvolver e divulgar amplamente os projetos de pesquisa e extensão, para que o estudante conheça as oportunidades oferecidas por sua instituição e possa inscrever-se nas atividades. Estas precisam estar articuladas com a formação e com as competências necessárias para a atuação na profissão. Por outro lado, o estudante precisa buscar essas informações, conhecer melhor a instituição e o seu curso, além de ter inciativa para se engajar nas atividades oferecidas, ou seja, apresentar um comportamento exploratório diante de sua formação, o que pressupõe maturidade vocacional (Mognon & Santos, 2014; Teixeira & Dias, 2011).

A categoria instituição de ensino superior diz respeito à imagem que a instituição construiu ao longo dos anos no mundo do trabalho e para a sociedade em geral. O nome da UFBA no currículo, no diploma, surge como um facilitador da inserção no mercado, pelo reconhecimento social e científico que ela possui como formadora de futuros profissionais e cidadãos, na percepção dos egressos: *"o nome UFBA ainda tem muito peso dentro do mercado de trabalho"*; *"minha formação em uma universidade federal com certeza facilitou minha entrada no mercado de trabalho"*.

Observa-se, nesse agrupamento, que a instituição na qual o aluno realiza sua graduação possui um papel importante como facilitador na entrada no mundo de trabalho. O enfrentamento da transição depende da avaliação que indivíduo faz da situação (*situation*), do contexto (Anderson et al., 2011). Compreender que a IES onde realizou a formação é um aspecto facilitador da inserção no mundo do trabalho favorece sentimentos mais positivos diante da transição.

As IES são avaliadas pela qualidade dos profissionais que chegam ao mercado, o que indica que precisam estar articuladas com as exigências do mundo do trabalho e em contínua adaptação. O conjunto de competências necessárias para atuar nas mais diversas profissões precisa estar ajustado às demandas, o que exige dos currículos acadêmicos um processo contínuo de avaliação, revisão e reformulação. Além disso, o corpo docente precisa estar alinhado e em sintonia com a prática da profissão.

A terceira categoria diz respeito à quantidade e qualidade do conhecimento técnico, teórico e prático adquirido ao longo do curso, de acordo com os relatos: *"A formação e o acesso ao conhecimento, além da articulação entre teoria e prática durante a formação facilitaram meu acesso ao mercado de trabalho"*. A formação oferece uma base de sustentação, facilitando a transição, auxiliando no enfrentamento dos desafios e na adaptação às exigências desse novo mundo: *"bom preparo teórico para formar uma base inicial"*; *"o preparo teórico-técnico"*.

Mas somente isso não é suficiente; as redes de apoio social também são consideradas como aspectos que facilitaram a transição (Anderson et al., 2011; Samssudin, 2009; Vieira, 2012): *"Relações criadas ainda no ambiente acadêmico com professores, amigos e profissionais atuantes na área"*. Nesse contexto, o professor surge como figura central de apoio social e para a construção de redes sociais na área de atuação, bem como na transmissão desse corpo de conhecimentos, trazendo à tona a discussão sobre o papel, o perfil e a formação do docente no ensino superior: *"tive excelentes professores que contribuíram direta e indiretamente na minha formação profissional"*; *"algo que fez diferença na minha formação foi o apoio de professores específicos quanto à realidade do mercado de trabalho"*.

A entrada no mundo do trabalho pressupõe uma articulação entre predicados pessoais e redes de sociabilidade; os estudantes precisam esforçar-se para fortalecer as redes nas quais estão inseridos (Carneiro & Sampaio, 2016). O suporte social também está presente no Sistema 4 S's proposto por Anderson et al. (2011), como um recurso de enfrentamento das transições.

Em síntese, os fatores da trajetória que atuam como facilitadores da transição referem-se à base teórica e técnica adquirida durante a formação, ao prestígio e reconhecimento da IES no mercado de trabalho e às oportunidades de realizar atividades extracurriculares.

Dificultadores da Transição

Para a análise dos aspectos que dificultaram a transição, o *corpus* textual teve um aproveitamento de 88,64% (515 ST), ou seja, acima dos 75% considerados ideais por Camargo e Justo (2017). A seguir, são apresentados os resultados dessas análises (Figura 2).

Figura 2 – *Dendrograma da Classificação Hierárquica Descendente para Aspectos Dificultadores da Transição (N=529)*

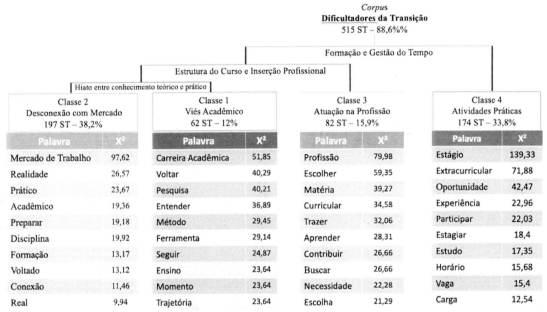

Nota. Elaborado pelos autores.

Como é possível observar, a análise deu origem a quatro classes: Viés Acadêmico (Classe 1); Desconexão com o Mercado (Classe 2); Atuação na Profissão (Classe 3); e Atividades Práticas (Classe 4). Na primeira categoria, encontram-se relatos em que o curso é caracterizado pelos egressos como voltado quase que exclusivamente para carreira acadêmica, focado na formação de pesquisadores e docentes: *"curso extremamente voltado para o meio acadêmico"*; *"o viés muito acadêmico da formação"*. Os conteúdos relatados indicam que uma grade curricular essencialmente teórica, somada a um corpo docente com pouca experiência prática e muito mais focado em pesquisa, contribui para uma formação com pouco contato com a atuação na profissão no mercado de trabalho: *"professores extremamente desatualizados, focados apenas em pesquisa e totalmente aquém do mercado de trabalho"*; *"minha trajetória acadêmica toda, desde grade e cursos voltados para a academia"*. Uma avaliação negativa da situação dificulta a mobilização de recursos pessoais e a identificação de estratégias de *coping* no enfrentamento da transição (Anderson et al., 2011).

Cabe aqui uma reflexão de qual seria de fato o papel da universidade. Segundo Almeida Filho e Coutinho (2011), a universidade é uma instituição complexa, que engloba duas diferentes funções: de educação superior e de universidade. A primeira diz respeito à formação técnica, aplicada, voltada para a prática e para a reprodução de conhecimentos, contribuindo para o exercício da profissão, enquanto a segunda tem uma função mais ampla e diz respeito à formação de produtores de conhecimento, voltada para o desenvolvimento da ciência e o convívio social. O viés acadêmico relatado pelos egressos pode estar relacionado a aspectos da cultura e dos valores próprios da Universidade Federal da Bahia, por meio da valorização da função mais ampla de universidade em detrimento da função de educação superior. Alternativamente, essa percepção pode estar relacionada com uma dificuldade que os docentes eventualmente possuem de traduzir para aspectos práticos como as competências desenvolvidas na pesquisa científica podem ser aplicadas na solução de questões tipicamente profissionais (aplicadas).

A categoria denominada Desconexão com o Mercado aponta para a falta de conexão de professores, de disciplinas e da instituição com a realidade do mercado de trabalho. Os relatos apontam para uma expectativa dos egressos de que a universidade seja mais atuante como facilitador da transição, oferecendo maior suporte institucional (Anderson et al., 2011), no sentido de estreitar laços com as empresas, por meio de programas de parceria, e oferecer atividades de preparação para a inserção no mercado (Oliveira et al., 2020): *"falta de conexão da universidade com as empresas"*; *"falta de conexão entre os centros de pesquisa e a realidade das empresas"*. Os egressos acreditam que programas de relacionamento Universidade-Empresas podem facilitar o contato do estudante com as organizações em fase de estágio e oportunizar vagas de emprego para os recém-formados: *"falta de ponte entre universidade e campos de trabalho e estágio"*.

Também sentem falta de programas direcionados para o planejamento de carreira e preparação para a transição, abordando temas como elaboração de currículo, comportamento em entrevistas, participação em dinâmicas de grupos para que enfrentem os processos seletivos, sentindo-se mais seguros: *"pouco é discutido com os estudantes sobre formas de acessar o mercado de trabalho"*; *"falta de apoio acadêmico para preparação para o mercado de trabalho"*. Disciplinas voltadas para orientação e planejamento de carreira e serviços de orientação para a transição nos cursos superiores são tipos de suportes institucionais que contribuem para mobilizar recursos pessoais (*self*) e minimizar os sentimentos de insegurança e as indecisões sobre o futuro (Anderson et al., 2011; Dias & Soares, 2012; Mourão et al., 2020; Veriguine et al., 2010).

A terceira categoria encontrada na CHD, denominada de Atuação na Profissão, reúne relatos que sinalizam para sentimentos de insegurança e falta de preparo para a prática da profissão escolhida: *"A falta de preparação para o mundo profissional"*; *"A universidade não preparou com os conhecimentos práticos e teóricos mais próximos com a realidade do mercado de trabalho"*; *"Falta de preparo para prática e rotina de trabalho"*. Os relatos sobre os facilitadores da transição não deixam dúvidas sobre a qualidade teórica e técnica dos cursos da IES pesquisada. No entanto, quando se trata de exercício profissional, que requer o domínio de uma prática específica, os egressos sentem falta desse preparo, indicando que são poucas as matérias que dão suporte para a atuação, o que dificulta a construção de estratégias de *coping* para lidar com os desafios do mundo do trabalho (Anderson et al., 2011): *"Quase todas as matérias falharam em estabelecer uma relação com sua aplicação profissional"*; *"Falta de matérias de fato profissionalizantes"*; *"A não ligação das matérias com o dia-a-dia profissional"*.

A última categoria, Atividades Práticas, trata das dificuldades encontradas pelos egressos para participar e desenvolver atividades práticas no decorrer da graduação, principalmente as extracurriculares. Segundo relatos, a pouca participação nessas atividades deve-se a dois fatores principais: a falta de disponibilidade de tempo e a escassez de vagas e oportunidades.

Em relação ao tempo disponível para realizar atividades extracurriculares, alguns relatos apontam para questões pessoais, sendo a conciliação entre trabalho e estudo a dificuldade mais relatada: *"Na verdade minha dificuldade foi conciliar estudo e trabalho durante a graduação"*; *"Como precisei trabalhar durante todo o curso, era difícil conciliar ambas as coisas".* Ao entrar na vida universitária, uma das principais dificuldades encontradas pelos estudantes é fazer a gestão do tempo (Dias et al., 2019). Gerir o tempo de forma a conciliar vida pessoal e as exigências da vida acadêmica pode representar um dificultador para a transição, pois reduz as oportunidades de realizar as atividades extraclasse, gerando sentimento de insegurança para atuar na profissão. Por outro lado, é interessante considerar que as experiências profissionais podem reduzir a insegurança na transição entre universidade e mundo do trabalho, ao proporcionar uma vivência antecipada das características do contexto laboral.

Porém, muitos relatam aspectos da própria rotina imposta pelo curso como prováveis causas para a pouca participação nas atividades. Nos cursos diurnos, que ocupam os dois turnos (matutino e vespertino) com disciplinas obrigatórias, muitas vezes ocorre um choque de horário em relação aos estágios e às atividades ofertadas pela IES e por organizações externas: *"Distribuição da carga horária do curso e horários de aula que dificultavam o desempenho de atividades simultaneamente".* Em outros casos, é a própria rotina de estudos e a sobrecarga de trabalhos e avaliações que aparecem como dificultadores: *"Carga horária extensa das disciplinas dificultando a possibilidade de conseguir fazer estágios extracurriculares sem atrasar o curso"; "A carga horária é muito elevada e isso dificulta vivenciar estágios extracurriculares durante a graduação".* A escassez de vagas e de oportunidades também foi assinalada como uma barreira no desenvolvimento de atividades práticas extraclasse: *"Não ter feito estágio pelo número limitado de vagas; "Falta de oportunidades extracurriculares"; "Pouca oportunidade de estágios extracurriculares e foco na pesquisa".*

De forma resumida, os resultados referentes aos dificultadores do processo de transição para o trabalho apontam demandas dos estudantes no que se refere a uma formação, um corpo docente e uma universidade que estejam mais conectadas à realidade da prática e das exigências do mercado de trabalho para a profissão escolhida. Há uma expectativa de que a universidade repense o seu papel em relação à formação profissional para atuação no mundo do trabalho, revisando suas grades curriculares, reavaliando carga horária e conteúdos teóricos, além de estimular o corpo docente a estabelecer uma relação mais estreita entre o ensino e as competências exigidas para a prática profissional. Essas ações poderiam contribuir para uma avaliação mais positiva da transição universidade-trabalho, na mobilização de recursos pessoais, na criação de estratégias de *coping*, facilitando a adaptação ao mundo do trabalho (Anderson et al., 2011)

O acompanhamento dos alunos ao longo do curso também pode contribuir para uma melhor gestão do tempo dedicado às atividades acadêmicas e à vida pessoal, ajudando a escolher as atividades que pretende realizar e a conciliar os horários. Em alguns casos, os estudantes sentem falta de orientação sobre como selecionar as atividades que mais favorecem o alcance de seus objetivos profissionais (Pereira et al., 2011).

O objetivo deste capítulo foi avaliar em que medida as experiências vividas no decorrer da formação acadêmica contribuíram para o processo de transição universidade-trabalho na percepção de egressos. Na busca por um olhar mais integrativo sobre os conteúdos que surgiram nos dois *corpora* textuais analisados, cabem algumas considerações que articulam o que facilita e o que dificulta esse processo.

A realização de estágios e atividades extracurriculares surge como um importante facilitador da transição. Ao mesmo tempo, a ausência dessas experiências representa um dificultador da transição. Vivenciar a prática profissional antes de entrar no mercado de trabalho, ainda em um contexto de aprendizagem, promove a identificação e a avaliação das competências que estão sendo adquiridas, no sentido de reconhecer potenciais e investir esforço no que precisa ser melhorado, além de reduzir os sentimentos de insegurança, aumentar o senso de competência e favorecer a adaptabilidade de carreira (Anderson et al., 2011; Assumpção & Oliveira, 2018; Postigo & Oliveira, 2015; Teixeira e Gomes, 2004; Vieira et al., 2011).

Outro fator que surge nos relatos é a importância das redes de apoio. O suporte oferecido por professores, familiares e amigos, bem como o suporte institucional representado pelo valor que o nome da instituição tem no mercado de trabalho, reforçam o papel das redes de apoio no enfrentamento dos desafios da transição (Magalhães & Teixeira, 2013; Peixoto et al., 2020; Postigo e Oliveira, 2015). Ao mesmo tempo que o apoio surge como fator que facilita a transição, a ausência dele aparece como dificultador, quando os egressos ressaltam que sentem falta de uma relação mais estreita da universidade com as empresas, no sentido de facilitar a inserção no mercado, e de programas de suporte mais focados na transição, que prepare para os processos seletivos e auxilie nos planos de carreira.

Os diferentes tipos de suporte são fundamentais para ajudar o indivíduo a lidar com o estresse advindo dos momentos de transição e se configuram como um dos recursos de enfrentamento do Sistema 4 S's. As redes de apoio têm ainda a função de auxiliar o indivíduo a mobilizar seus recursos pessoais de enfrentamento, denominado de *Self* no sistema 4 S's. Esse elemento se refere a características pessoais e recursos psicológicos que o indivíduo possui e podem auxiliar no enfrentamento da transição (Anderson et al., 2011).

De forma objetiva, sentir-se mais bem preparado para a saída da vida acadêmica e entrada na vida laboral não é um processo que acontece naturalmente. Indivíduos em transição necessitam mais que conhecimentos teóricos e técnicos e uma formação científica de qualidade. Precisam de redes de apoio, pessoal e institucional, e de oportunidades para se desenvolver e perceber suas capacidades. A universidade surge nesse contexto com um papel importante no sentido de estabelecer uma maior conexão entre a estrutura e o funcionamento dos cursos de graduação e as competências exigidas pelo mercado de trabalho.

O curso universitário tem como objetivo formar os futuros profissionais e, para isso, constrói projetos pedagógicos, elabora grades curriculares, define os conteúdos e os fluxos das disciplinas, além de oferecer uma série de atividades extracurriculares que permitem o desenvolvimento de diferentes competências. A despeito disso, muitos estudantes, ao se aproximarem do momento de saída da vida escolar, ainda não se sentem prontos para atuar na profissão.

Aqueles estudantes que tiveram a oportunidade de participar de atividades práticas relacionadas ao exercício da profissão, como projetos de extensão, monitoria e estágios, tendem a se sentir mais seguros em comparação aos que não realizaram essas atividades. Além disso, as orientações de carreira também são fundamentais no fortalecimento do sentimento de segurança e confiança diante do novo mundo em que se inserirá.

CONSIDERAÇÕES FINAIS

O objetivo do presente estudo foi identificar fatores da trajetória acadêmica que atuaram como facilitadores ou dificultadores da transição na percepção dos egressos. Os resultados indicam que a transição universidade-trabalho pode ser facilitada pelas atividades extracurriculares, pelo apoio social e acadêmico e pela qualidade da instituição de ensino onde o estudante realiza sua graduação. Porém, uma formação muito voltada para a carreira acadêmica e a pouca conexão da universidade com o mercado de trabalho foram apontados como dificultadores.

Este estudo contribui para a reflexão sobre o papel da trajetória acadêmica no processo de transição universidade-trabalho. É possível questionar se o objetivo da universidade limita-se a ofertar uma base de conhecimentos científicos e técnicos que possibilite a atuação em uma profissão, referendada pelo diploma. Mesmo que assim fosse, é preciso considerar que essa atuação se dá em um contexto específico que é o mercado de trabalho, que espera que o profissional apresente habilidades e atitudes relacionadas a uma maturidade profissional que deveria ter sido adquirida ao longo da formação superior. É necessário refletir sobre mudanças que precisam ser feitas na estrutura e no funcionamento dos cursos de graduação, bem como nos programas institucionais, no sentido de preparar melhor o aluno para o trabalho.

O uso do Modelo de Transição Individual, desenvolvido por Schlossberg (Anderson et al., 2011) para compreender diferentes aspectos da transição universidade-trabalho, é uma contribuição teórica relevante na medida em que oferece uma perspectiva temporal e permite uma integração conceitual de diferentes elementos que impactam na vivência do processo. Avaliar o que facilita e o que dificulta a transição na percepção do egresso permitiu identificar aspectos da trajetória formativa que: (a) contribuem para uma avaliação mais positiva no momento da *aproximação*; (b) auxiliam na avaliação da situação, no desenvolvimento e na mobilização de recursos pessoais, na identificação de suporte institucional e social e na elaboração de estratégias de *coping* no *enfrentamento*; e (c) favorecem sentimentos de *controle/adaptação* a novos contextos e rotinas. A Figura 3 apresenta esse modelo, a partir dos resultados encontrados diante dos recursos disponíveis aos alunos investigados para lidar com o processo de transição universidade-trabalho. Vale ressaltar que, apesar de termos identificado diversas falas de alunos indicarem características individuais como importantes no processo de transição, não foi estatisticamente suficiente para figurar nas análises realizadas.

Figura 3 – *Modelo de transição universidade-trabalho*

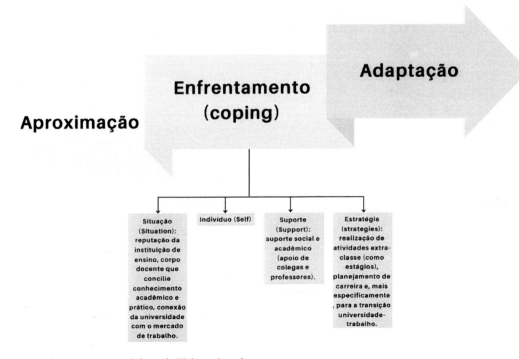

Nota. Adaptado de Anderson et al. (2011). Elaborado pelos autores.

A despeito das limitações do presente estudo, a análise dos dados poderia ter sido realizada considerando variáveis sociodemográficas, como disponibilidade de tempo para se dedicar ao curso, forma de ingresso na graduação (cotistas e não cotistas) ou, ainda, satisfação com a escolha da profissão. Para estudos futuros, seria interessante uma separação da amostra por curso ou por área, visando a identificar onde os facilitadores aparecem com maior frequência que os dificultadores. Isso facilitaria o desenvolvimento de ações mais pontuais, a depender das características de cada área dentro da universidade. Outra sugestão é avaliar a relação entre os fatores que facilitam e dificultam com a percepção de sucesso na transição. Estabelecer uma relação entre participação em programas de orientação profissional e de carreira durante a graduação e percepção de sucesso na transição também pode oferecer bons indicadores da importância desse tipo de projeto institucional.

QUESTÕES PARA DISCUSSÃO

- O mundo do trabalho vem exigindo dos profissionais um conjunto de competências transversais que geralmente são desenvolvidas por meio de atividades práticas e interativas. Como estimular e promover a participação dos estudantes nas atividades oferecidas no decorrer da trajetória acadêmica?

- A entrada no ensino superior exige do estudante maior autonomia para fazer escolhas e tomar decisões já relacionadas à construção de sua carreira. Como desenvolver no indivíduo esse papel de protagonista da sua trajetória?

- De que forma o corpo docente pode contribuir para uma maior conexão dos conteúdos que são vistos em sala de aula e da prática das profissões no contexto real de trabalho?

REFERÊNCIAS

Almeida Filho, N. D., & Coutinho, D. (2011). Nova arquitetura curricular na universidade Brasileira. *Ciência e Cultura, 63*(1), 4-5. https://doi.org/10.21800/S0009-67252011000100002

Anderson, M.; Goodman, J., & Schlossberg, N. K. (2011). *Counselling adults in transition. linking Schlossberg's Theory with practice in a diverse world.* Springer Publishing Company.

Assumpção, M. C., & Oliveira, M. C. (2018). Estudo do engajamento com a carreira em universitários no processo de transição universidade-trabalho. *Revista de Psicologia, 9*(2), 153-162. https://dialnet.unirioja.es/servlet/articulo?codigo=8086022

Bordignon, G. L. H. (2021). Do ensino superior ao mercado de trabalho e início de carreira: a contribuição da Psicologia. *Revista Universo Psi, 2*(1), 17-41. https://seer.faccat.br/index.php/psi/article/view/1905

Camargo, B. V., & Justo, A. M. (2013). IRAMUTEQ: Um software gratuito para análise de dados textuais. *Temas em Psicologia, 21*(2), 513-518. https://doi.org/10.9788/TP2013.2-16

Carneiro, V. T., & Sampaio, S. M. R. (2016). Em busca de emprego: a transição de universitários e egressos para o mundo do trabalho. *Revista Contemporânea de Educação, 11*(21), 41-63. https://doi.org/10.20500/rce.v11i21.2215

Dias, A. C. G., Carlotto, R. C., Oliveira, C. T., & Teixeira, M. A. P. (2019). Dificuldades percebidas na transição para a universidade. *Revista Brasileira de Orientação Profissional, 20*(10), 19-30. http://doi.org/10.26707/1984-7270/2019v20n1p19.

Dias, M. S. L., & Soares, D. H. P (2012). A escolha profissional no direcionamento de carreira de universitários. *Psicologia: Ciência e Profissão, 32*(2), 272-283. https://doi.org/10.1590/S1414-98932012000200002

Fleming, S. C. R. (2015). *Envolvimento acadêmico e autoeficácia na transição para o trabalho: um estudo com universitários concluintes* [Tese de Doutorado, Universidade Federal da Bahia, Salvador/BA]. https://repositorio.ufba.br/handle/ri/21266

Magalhães, M. O., & Teixeira, M. A. P. (2013). Antecedentes de comportamentos de procura de emprego na transição da universidade para o mercado de trabalho. *Psicologia: Teoria e Pesquisa, 29*(4), 411-419. https://doi.org/10.1590/S0102-37722013000400007

Melo, S. L., & Borges, L. O. (2007). A transição da universidade para ao mercado de trabalho na ótica do jovem. *Psicologia, Ciência e Profissão, 27*(3), 376-395. https://doi.org/10.1590/S1414-98932007000300002

Mognon, J. F., & Santos, A. A. A. (2014). Vida acadêmica e exploração vocacional em universitários formandos: Relações e diferenças. *Estudo e Pesquisas em Psicologia, 14*(1), 89-106. http://pepsic.bvsalud.org/scielo.php?script=sci_arttext&pid=S1808-42812014000100006

Mourão, L., Carvalho, L., & Monteiro, A.C. (2020). Planejamento do desenvolvimento profissional na transição entre universidade e mercado de trabalho. In Soares, A.B., Mourão, L. & Monteiro, M. C. (Ed.), *O estudante universitário brasileiro:* saúde mental, escolha profissional, adaptação à universidade e desenvolvimento e carreira (pp. 255-272). Appris.

Oliveira, M. C. de, Melo-Silva, L. L., & Taveira, M. C. (2020). Transições do sistema educacional para o mercado de trabalho: pistas para intervenções de carreira. In Knabem, A., Silva, C. S. C., & Bardagi, M. P. (Ed.), *Orientação, desenvolvimento e aconselhamento de carreira para estudantes universitários no Brasil* (pp. 15-44). Brazil Publishing.

Paulos, L., Valadas, S. T., & Fragoso, A. (2021). Estágios enquanto espaços de transição entre o ensino superior e emprego. *Revista Brasileira de Orientação Profissional, 22*(2), 123-133. https://doi.org/10.26707/1984-7270/2021v22n202

Peixoto, A. L. A., Côrtes, V. N. Q., & Bastos, A. V. B. (2020). Do ensino superior para o mercado de trabalho – desafios da transição. IIn A. B., Soares, L., Mourão, & M. C., Monteiro (Ed.), *O estudante universitário brasileiro: saúde mental, escolha profissional, adaptação à universidade e desenvolvimento e carreira* (pp. 157-172). Curitiba: Appris.

Pereira, A. K., Ferreira, T. R., Koshino, M. F., & Rocha, R. A. (2011). A importância das atividades extracurriculares universitárias para o alcance dos objetivos profissionais dos alunos de administração da Universidade Federal de Santa Catarina. *Revista Gestão Universitária na América Latina*, 163-194. https://doi.org/10.5007/1983-4535.2011v4nespp163.

Postigo, F. L. J., & Oliveira, M.C. (2015). A experiência da transição universidade-trabalho: relatos de recém-formados brasileiros. *Revista AMAzônica, 16*(2), 289-310.

Samssudin, S., & Barros, A. (2011). Relação entre as crenças de autoeficácia e o apoio social na transição para o trabalho em estudantes finalistas do ensino superior. *Psicologia, 25*(1), 159-171. https://doi.org/10.17575/rpsicol.v25i1.283

Schlossberg, N. K. (1981). A model for analyzing human adaptation to transition. *The Counseling Psychologist, 9*(2), 2-18. https://doi.org/10.1177/001100008100900

Silva, C. S. C., & Teixeira, M. A. P. (2013). Experiências de estágio: contribuições para a transição universidade-trabalho. *Paidéia, 23*(54), 103-112. http://doi.org/10.1590/1982-43272354201312

Silva, C. S. C., Coelho, P. B. M., & Teixeira, M. A. P. (2013). Relações entre experiências de estágio e indicadores de desenvolvimento de carreira em universitários. *Revista Brasileira de Orientação Profissional, 14*(1), 35-46. http://pepsic.bvsalud.org/scielo.php?script=sci_arttext&pid=S1679-33902013000100005

Sousa, E., & Gonçalves, C. (2016). Satisfação com a formação superior e transição para o trabalho. *Revista de Psicología Universidad de Chile, 25*(1), 1-20. http://doi.org/10.5354/0719-0581.2016.41690

Sousa, Y. S. O. (2021). O uso do software Iramuteq: fundamentos de lexicometria para pesquisas qualitativas. *Estudos e Pesquisas em Psicologia, 21*(4), 1551-1560. https://doi.org/10.12957/epp.2021.64034 ISSN 1808-4281.

Teixeira, M. A. P., & Dias, A. C. G. (2011). Escalas de exploração vocacional para o ensino médio. *Estudo de Psicologia (Campinas), 28*(1), 89-96. https://doi.org/10.1590/S0103-166X2011000100009

Teixeira, M. A. P., & Gomes, W. B. (2005). Decisão de carreira entre estudantes em fim de curso universitário. *Psicologia: Teoria e Pesquisa, 21*(3), 327-334. https://doi.org/10.1590/S0102-37722005000300009

Uchida, J. M. (2017). *Autoeficácia na transição para o trabalho em estudantes concluintes do ensino superior* [Dissertação de Mestrado, Universidade Estadual de Campinas, São Paulo]. https://repositorio.unicamp.br/acervo/detalhe/989582

Veriguine, N. R., Krawulski, E., D'Avila, G. T., & Soares, D. H. P. (2010). Da formação superior ao mercado de trabalho: percepções dos alunos sobre a disciplina Orientação e Planejamento de Carreira em uma universidade federal. *Revista Eletrónica de Investigación y Docencia, 4,* 79-96. https://revistaselectronicas.ujaen.es/index.php/reid/article/view/1020

Vieira, D. A., Caires, S., & Coimbra, J. L. (2011). Do ensino superior para o trabalho: Contributo dos estágios para inserção profissional. *Revista Brasileira de Orientação Profissional, 12*(1), 29-36. http://pepsic.bvsalud.org/scielo.php?script=sci_arttext&pid=S1679-33902011000100005

Vieira, D. A. (2012). *Transição do ensino superior para o trabalho: O poder da autoeficácia e dos objetivos profissionais.* Grupo Editorial Vida Econômica.

CAPÍTULO 22

LACUNAS, DESAFIOS E SOLUÇÕES PARA O DESENVOLVIMENTO DE HABILIDADES SOCIOAFETIVAS EM RESIDÊNCIA DA ÁREA DE SAÚDE

Fernanda Drummond Ruas Gaspar
Gardênia da Silva Abbad

INTRODUÇÃO

O texto está estruturado nos seguintes tópicos: (1) HSA no trabalho em equipes de saúde; (2) HSA necessárias ao profissional de saúde; (3) Lacunas (necessidades de treinamento) de HSA de acordo com a opinião de residentes e preceptores de hospitais brasileiros; (4) Métodos educacionais, recursos e estratégias de desenvolvimento de HSA em profissionais de saúde; (5) Conclusões, implicações práticas e recomendações para o enriquecimento dos métodos, recursos e estratégias educacionais em contexto de residências de profissionais de saúde.

HABILIDADES SOCIOAFETIVAS NO TRABALHO EM EQUIPES DE SAÚDE

Grandes transformações ocorreram no campo da saúde nas últimas décadas, tais como a consolidação de práticas interprofissionais e o uso de métodos inovadores e ativos de aprendizagem, demandando novas configurações de trabalho e atuações profissionais mais flexíveis e colaborativas (Da Silva et al., 2015; Pelletier et al., 2022). Essas mudanças foram impulsionadas por profissionais de saúde, educadores, formuladores de políticas públicas e pela Organização Mundial da Saúde (OMS), com o intuito de melhorar o atendimento ao paciente/usuário em diversas áreas da saúde (atendimento comunitário, saúde mental e hospitais etc.) e reduzir a fragmentação dos serviços e o isolamento do exercício profissional (Hammick et al., 2007).

Entretanto, estudos científicos vêm alertando, ao longo dos anos, para altas taxas de erros cometidos na área de saúde, provocando um número considerável de óbitos e prejuízos financeiros de bilhões de dólares (Hughes et al., 2016). De acordo com o relatório da empresa de acreditação hospitalar Joint Commission Internacional, emitido em 2015, 68,3% dos erros cometidos na assistência em saúde estão relacionados às habilidades não técnicas ou socioafetivas, como a comunicação, o trabalho em equipe, a definição de tarefas e responsabilidades e a tomada de decisão em conjunto com outros profissionais (Abbad et al., 2020; Thistlethwaite et al., 2010). Essas habilidades incluem elementos sociais e afetivos, como a assertividade, a empatia, a expressão de sentimentos positivos, a civilidade e o manejo de conflitos (Del Prette & Del Prette, 2017; Lima & Soares, 2015; Marinho & Borges, 2020).

É evidente que os profissionais da área de saúde necessitam desenvolver habilidades cada vez mais complexas, tanto técnicas quanto atitudinais. No entanto, a área carrega uma herança de formações acadêmicas predominantemente voltadas ao desenvolvimento de habilidades técnicas específicas, inerentes à atuação de cada profissão, com pouca ênfase na aprendizagem de habilidades sociais e afetivas necessárias à prestação de uma assistência segura e integrada ao paciente (Da Silva et al., 2015).

No Brasil, foram adotadas políticas de reorientação na formação em saúde, entre elas a inserção de competências necessárias ao trabalho em equipes multi e interprofissionais (por exemplo, liderança, tomada de decisão e comunicação) nas Diretrizes Curriculares Nacionais dos cursos de graduação em saúde (Abbad et al., 2016). A diretriz curricular do curso de Medicina, por exemplo, a qual foi revisada em 2014, enfatizou a importância de uma ressignificação do paradigma biomédico e incentivou o ensino de habilidades de gestão compartilhada na formação médica, incluindo o paciente, o familiar e as equipes multi e interprofissionais no processo de assistência. Apesar do esforço dessas diretrizes, percebe-se, ainda, em pesquisas nacionais, o predomínio de práticas pedagógicas unidisciplinares, as quais incluem a vivência colaborativa dos estudantes, somente em estágios mais avançados dos cursos de graduação (Abbad et al., 2020).

O programa de residência em saúde (médica e multiprofissional) é um valioso campo de prática interprofissional e de aprimoramento de habilidades socioafetivas (HSA) que favorecem o trabalho colaborativo e a qualidade da atenção ao paciente, pois oferece ao profissional uma oportunidade de aprendizagem prática e intensiva, realizada em serviço, mediante acompanhamento e supervisão técnica (Casanova et al., 2015; Silva et al., 2018). No entanto, os residentes que ingressam nesses programas imediatamente após a finalização do curso de graduação mostram lacunas importantes em HSA, sobretudo na interação com profissionais de outras formações acadêmicas, possivelmente devido à escassez de oportunidades de aprendizagem dessas habilidades durante a graduação (Allen et al., 2022; Brown et al., 2016).

Uma das consequências da manutenção desse modelo unidisciplinar de educação em saúde é o aumento de lacunas de aprendizagem de HSA no repertório de profissionais de saúde ao longo de toda a sua carreira, bem como a manutenção e o agravamento de barreiras ao trabalho colaborativo em situações de crise sanitária. Entre essas barreiras, estão, principalmente, o apego a linguagens técnicas específicas de cada profissão; o uso inconsistente ou inapropriado de conceitos distintos para definir e intervir em situações de trabalho; a falta de conhecimento sobre os papéis de cada profissional integrante de equipes; e a disputa por espaços no mercado de trabalho. Essas barreiras fomentam relações verticalizadas entre os profissionais da equipe, segmentam informações de assistência ao paciente e reduzem a corresponsabilidade pelos resultados das intervenções em saúde (Abbad et al., 2016, 2020).

Em um contexto de crise na saúde pública mundial, como o da pandemia da COVID-19, o trabalho colaborativo das equipes de saúde tornou-se ainda mais desafiador, pois envolveu transformações significativas nas rotinas assistenciais, na coordenação de novas fronteiras profissionais e na brusca demanda de flexibilização de papéis e de atribuições dos profissionais para garantir o enfrentamento da grave crise sanitária. A assistência ao paciente de COVID-19 demandou a aprendizagem imediata e compulsória de habilidades técnicas e socioafetivas necessárias ao enfrentamento de um cenário marcado por incertezas, sofrimento e pressão contínua (Khalili & Xyrichis, 2020; Tannenbaum et al., 2020).

A pandemia evidenciou lacunas de aprendizagem de HSA anteriormente identificadas em profissionais de saúde desde a sua formação e que parece não terem sido sanadas por ações de educação contínua ou permanente. A crise sanitária confirmou que as equipes não estavam devidamente capacitadas para atuarem de forma colaborativa. De acordo com Ornell et al. (2020), durante o período pandêmico, os profissionais de saúde concentraram-se, predominantemente, nos fatores biológicos, visando a propor medidas de prevenção, contenção de tratamento da doença, negligenciando o cuidado dos seus estados afetivos, em nível individual ou coletivo, e de HSA favoráveis ao trabalho colaborativo em equipe.

Questiona-se, portanto: Quais são as HSA cruciais na atuação multi e interprofissional no contexto hospitalar? Quais são as principais lacunas de aprendizagem de HSA identificadas no trabalho colaborativo multi e interprofissional de residentes médicos e multiprofissionais? Como HSA favoráveis ao trabalho colaborativo podem ser aprimoradas por meio de intervenções de treinamento durante a formação profissional e educação permanente?

Com o intuito de responder e discutir os referidos questionamentos, este capítulo tem como objetivo: (i) analisar, de acordo com a opinião de residentes e preceptores, lacunas nas HSA adotadas em equipes multiprofissional de saúde; (ii) descrever, de acordo com a literatura científica e a percepção de residentes e preceptores, as principais HSA necessárias a uma atuação colaborativa em ambientes hospitalares; (iii) apresentar recursos e estratégias educacionais que têm sido utilizados com sucesso no desenvolvimento de HSA; e (iv) propor soluções educacionais que habilitem o residente a atuar de forma multi e interprofissional na transição da graduação para o mercado de trabalho.

HABILIDADES SOCIOAFETIVAS NECESSÁRIAS AO PROFISSIONAL DE SAÚDE

O mundo do trabalho tem exigido cada vez mais dos profissionais um vasto repertório de conhecimentos, habilidades e atitudes que atendam às demandas do mercado e da sociedade contemporânea. De acordo com Nasir et al. (2011), as habilidades não técnicas, sociais e afetivas – *soft skills* – são generalistas, aplicáveis a vários contextos pessoais e profissionais e estão associadas a normas de convívio social de determinada cultura, a exemplo da comunicação, da criatividade, do relacionamento interpessoal, da liderança e do trabalho em equipe. Essas habilidades ganharam importância no contexto de trabalho no século XX, porém ainda se observa uma forte dependência e valorização, sobretudo no campo de formação educacional, das habilidades técnicas ou *hard skills*. Essas habilidades se referem a procedimentos e tarefas específicas, fáceis de quantificar e mensurar, que exigem o uso recursos cognitivos e/ou psicomotores do indivíduo (Nasir et al., 2011).

O portfólio de habilidades sociais, proposto por Del Prette e Del Prette (2017), indicou 10 classes e subclasses interdependentes, aplicáveis em múltiplos contextos de relacionamento entre indivíduos: (1) comunicação, (2) civilidade, (3) fazer e manter amizade, (4) empatia, (5) assertivas, (6) expressar solidariedade, (7) manejar conflitos e resolver problemas interpessoais, (8) expressar afeto e intimidade, (9) coordenar grupo e (10) falar em público. Os referidos autores destacaram que pessoas com habilidades sociais bem desenvolvidas (por exemplo, iniciar, manter e finalizar conversas; pedir ajuda; fazer e responder a perguntas; fazer e recusar pedidos etc.) tendem a apresentar relações pessoais e profissionais mais produtivas, satisfatórias e duradouras. Essas habilidades, também classificadas como *soft skills,* integram conteúdos verbais e não verbais (por exemplo, postura e contato visual), bem como fisiológicos (por exemplo, respiração, tremor) e de aparência pessoal e atratividade física (Caballo, 2003; Del Prette & Del Prette, 2017). Essas classes de habilidades são passíveis de serem treinadas e produzem efeitos relevantes em grupos de trabalho (Del Prette & Del Prette, 2017). O portfólio de habilidades sociais pode contribuir para diagnósticos de necessidades de aprendizagem e para construção de treinamentos de habilidades sociais e afetivas (Gaspar, 2023). Embora a OMS tenha considerado essas habilidades preditoras da saúde mental dos indivíduos, elas ainda não são tão intencionalmente desenvolvidas como as habilidades essencialmente técnicas (WHO, 1999).

Na área de saúde, a falta de atenção a essas habilidades gera lacunas importantes na carreira do profissional e consequências críticas na assistência ao paciente (Gaspar, 2023; The Joint Commission, 2015). A falta de atenção aos estados afetivos negativos, como insegurança e desânimo, em um profissional de saúde pode comprometer a expressão de habilidades básicas, como empatia, assertividade e suporte mútuo (Del Prette & Del Prette, 2017), e de outras atitudes, como a falta de autocontrole, a ausência de discernimento (Gagné, 2009), a insegurança psicológica (Salas, 2015) e a indefinição de papéis, tarefas e responsabilidades (Thistlethwaite et al., 2010), motivando, por exemplo, o esquecimento, o atraso ou a repetição de medicações fornecidas ao paciente (The Joint Commission, 2015).

Esse encadeamento só reforça a necessidade de mapear habilidades sociais e afetivas relevantes ao trabalho de equipes multi e interprofissionais de saúde, com o intuito de construir ações de treinamento efetivas que aprimorem as práticas colaborativas. Há diversas razões pelas quais os profissionais de saúde enfrentam essas dificuldades quando atuam em equipes inter e multiprofissionais. Além da formação focada essencialmente em habilidades técnicas e procedimentais, há barreiras que podem dificultar o trabalho colaborativo (Thistlethwaite et al., 2010; Abbad et al., 2020). Dentre essas barreiras, estão os estereótipos e as culturas profissionais, o apego à linguagem técnica específica de profissões e a disputa por espaços de poder no mercado de trabalho (Abbad et al. 2016; Denniston et al., 2017). A expressão das HSA pelos integrantes da equipe multiprofissional em suas rotinas de trabalho contribui para a superação de barreiras de comunicação, conflitos interpessoais e consequentes prejuízos ao paciente (Abbad et al., 2020). O Quadro 1 mostra algumas habilidades necessárias ao trabalho colaborativo em equipes interprofissionais de saúde antes da pandemia, de acordo com revisão de literatura realizada por Gaspar (2023), no período 2000-2020.

Quadro 1 - *HSA necessárias ao trabalho colaborativo em equipes inter e multiprofissionais (antes da pandemia de COVID-19)*

	Habilidades sociais e afetivas em equipes de saúde
1	Distinguir papéis e responsabilidades de integrantes da equipe
2	Debater opiniões distintas sobre a assistência ao paciente
3	Utilizar linguagem profissional (verbal e não verbal) clara e acessível a todos os integrantes da equipe
4	Ouvir atentamente e sem interrupção a opinião de outros membros da equipe
5	Admitir falhas em procedimentos, comunicações e tarefas realizadas
6	Desculpar-se em situações de erros, desacordos e/ou conflitos
7	Expressar-se, sem elevar o tom de voz, suas opiniões para outros membros da equipe, mesmo em casos de discordância
8	Avaliar, conjuntamente e de forma construtiva, os erros cometidos pela equipe
9	Dar e receber *feedbacks* construtivos e contínuos na interação com os integrantes da equipe
10	Negociar mudanças de procedimentos para melhoria da equipe
11	Compartilhar percepções sobre o desempenho e cumprimento de metas da equipe
12	Compartilhar informações no início e ao final de turnos de trabalho
13	Continuar tarefas realizadas por outro integrante da equipe

	Habilidades sociais e afetivas em equipes de saúde
14	Tomar de decisão conjunta sobre a assistência prestada ao paciente
15	Compartilhar tomada de decisão sobre o paciente com os integrantes da equipe
16	Tratar indistintamente bem os integrantes da equipe, independentemente de religião, sexo, orientação sexual, raça ou etnia, profissão, especialidade etc.

Notas. Abbad et al. (2020); Allen et al. (2022); Brown et al. (2016); Del Prette e Del Prette (2017); Reeves et al. (2011); Thistlethwaite et al. (2010); Traylor et al. (2021). Elaborado pelas autoras.

As HSA relacionadas à comunicação (verbal e não verbal, não violenta, empática, assertiva e breve) estão entre as mais citadas na revisão de Gaspar (2023), seguidas do tipo de conteúdo comunicado (fornecimento de más notícias, comunicação de risco e incerteza, alinhamento de objetivos de cuidado, compartilhamento de informações e tomada de decisão) (Johnson & Panagioti, 2018). Habilidades associadas ao trabalho em equipe, definições de papéis e responsabilidades, liderança, foco no usuário e no cliente, ética e atitudes também foram mencionadas como relevantes ao trabalho colaborativo em saúde (Reeves et al., 2011; Salas, 2015; Thistlethwaite et al., 2010).

Embora a pandemia da COVID-19 tenha gerado muita aprendizagem aos profissionais de saúde, sobretudo aos que estavam vinculados a programas de formação profissional (por exemplo, residentes), foi identificado um número expressivo de pesquisas na literatura que relataram um agravamento na saúde mental dos profissionais de saúde e o aumento dos casos de depressão, ansiedade e *Burnout* (Rieckert et al., 2021; Vizheh et al., 2020). A pandemia impulsionou adaptações bruscas na forma de trabalho das equipes de saúde, incluindo diferentes formas de comunicação e ensino, mediados pelas novas tecnologias de informação e comunicação (NTIC). O Quadro 2 mostra, também, algumas habilidades necessárias ao trabalho colaborativo em equipes interprofissionais de saúde realizado em hospitais, expressas com maior frequência e intensidade durante e após a pandemia da COVID-19, de acordo com outra revisão de literatura realizada por Gaspar (2023), no período 2020-2022.

Quadro 2 – *HSA no trabalho colaborativo em saúde (Durante e após a COVID-19)*

	Habilidades de trabalho em equipes em atendimento de pacientes internados com COVID-19
1	Apoiar o colega na comunicação de notícias aos familiares dos pacientes
2	Substituir o colega em tarefas que ele não pode realizar no momento
3	Ouvir com atenção os problemas laborais e pessoais enfrentados por membros da equipe
4	Auxiliar na troca de uniforme/roupa/fardamento ou dos equipamentos de proteção individual (EPIs)
5	Auxiliar nas decisões dos colegas
6	Apoiar o colega no manejo de novas tecnologias de informação e comunicação (tablets e outros dispositivos de videoconferência)
7	Apoiar o colega na comunicação de más notícias aos familiares dos pacientes
8	Registrar comunicações dos familiares dos colegas de trabalho
9	Ajudar o colega a resolver problemas de cunho pessoal (família e casa)

	Habilidades de trabalho em equipes em atendimento de pacientes internados com COVID-19
10	Reconhecer vitórias e sucessos – grandes e pequenas da equipe – para fortalecer a eficácia coletiva
11	Fortalecer os modelos mentais compartilhados da equipe sobre funções e prioridades, por meio de pré-*briefs* rápidos, relatórios, reuniões breves e periódicas
12	Incluir profissionais que atuam nos bastidores, ou seja, que não fazem parte da equipe de linha de frente, mas que contribuem com o trabalho nas áreas administrativas, de suprimentos etc.
13	Monitorar mutuamente a situação, o desempenho e os companheiros de equipe
14	Adotar ações que promovam uma segurança psicológica, a fim de que os membros se sintam confortáveis para falar sua opinião, admitir falhas, propor ideias etc.
15	Adotar ações que promovam uma segurança psicológica, a fim de que os membros se sintam confortáveis para falar sua opinião, admitir falhas, propor ideias etc.
16	Respeitar as emoções e os sentimentos expressos por outros membros da equipe, mesmo em situações de conflito
17	Compartilhar conhecimento e aprendizagens interprofissionais com os demais membros da equipe

Notas. Ellis et al. (2020); Mayo (2020); Rose et al. (2021); Rubinelli et al. (2020); Tannenbaum et al. (2020); Traylor et al. (2021); Vizheh et al. (2020). Elaborado pelos autores.

As duas revisões realizadas por Gaspar (2023) reforçaram a importância do uso de HSA no trabalho colaborativo multi e interprofissional, bem como a necessidade de aprimoramento contínuo dessas habilidades ao longo da vida do profissional de saúde (Buljac-Samardzic et al., 2020; Chang et al., 2019). As pesquisas indicaram que lacunas de aprendizagem dessas habilidades poderiam estar associadas aos cursos de graduação em saúde, que ainda ofertam poucas oportunidades de prática multi e interprofissional (Allen et al., 2022; Brown et al., 2016).

Estudantes e profissionais de saúde já apresentavam, antes da pandemia, dificuldades básicas no uso de HSA favoráveis ao trabalho colaborativo, a exemplo do diálogo com profissionais de outras formações e especialidades acerca da conduta clínica relativa ao paciente. Durante a pandemia da COVID-19, esses desafios ficaram ainda mais evidentes, pois o profissional precisou adquirir e aplicar, quase que instantaneamente e sob forte pressão, HSA relacionadas à comunicação, ao relacionamento e ao suporte mútuo. O agravamento da saúde mental dos profissionais pode ser, em parte, atribuído ao uso ineficiente e inadequado dessas habilidades no contexto de trabalho, conforme já previa a OMS (WHO, 1999).

O contexto pandêmico trouxe inquietações importantes para a comunidade científica sobre educação interprofissional (EIP) em saúde, estimulando novas agendas de pesquisa sobre treinamentos e ações educativas focadas no aprimoramento de práticas colaborativas multiprofissionais (Rieckert et al., 2021). O surto da doença do vírus Ebola, em 2014, já tinha evidenciado a necessidade de treinar as equipes de saúde em habilidades relacionadas à definição de papéis, a engajamento, à comunicação, a trabalho em equipe, a gerenciamento de recursos, dentre outras habilidades cruciais ao enfrentamento de um contexto de elevada pressão. A ausência de ações efetivas e sistemáticas de treinamento sobre esses temas pode ter trazido desafios adicionais aos profissionais que atuaram, sobretudo na linha de frente, na assistência aos pacientes acometidos pela COVID-19 (Holmgren et al., 2022).

Além de ter provocado mudanças na configuração das equipes e nas atividades laborais, a pandemia impulsionou o surgimento de estressores individuais e coletivos, sobretudo naqueles profissionais que atuaram na linha de frente de cuidado ao paciente (Traylor et al., 2021). Nesse cenário, o estresse psicológico e os sintomas de ansiedade e depressão aumentaram, estendendo-se, inclusive, para o ambiente familiar.

A pressão da experiência pandêmica exigiu dos profissionais um nível de atenção ao trabalho em equipe muito superior ao exigido anteriormente. Embora alguns estudos afirmem que os profissionais ficaram mais atentos e tolerantes aos fatores humanos expressos pelos integrantes da equipe (Ellis et al., 2020), outros estudos evidenciaram que, mesmo havendo uma intenção clara de cooperar com os demais profissionais, o profissional de saúde, em determinado momento, não conseguia sustentar um alto nível de desempenho junto à sua equipe de trabalho, passando a focar a energia e atenção em si próprio (Tannenbaum et al., 2020).

O foco no trabalho individual, e não no coletivo, tornou-se, portanto, um aspecto crítico da atuação de uma equipe de saúde durante a crise pandêmica e precisou ser observado com mais cautela e rapidez pelos líderes de equipe, com o intuito de planejar intervenções breves e direcionadas ao trabalho colaborativo, à resiliência e ao esforço mútuo. Os líderes precisaram encorajar continuamente os profissionais a colaborarem uns com os outros, assim como a tomarem decisões de forma coletiva, adiando ou antecipando tarefas e discriminando aquelas consideradas importantes e urgentes (Tannenbaum et al., 2020).

Outras HSA do líder das equipes, associadas à compaixão e empatia, ganharam maior importância e fizeram a diferença, quando aplicadas, para os integrantes das equipes que viviam experiências emocionais limítrofes diariamente. A expressão de sentimentos de gratidão, a escuta ativa e o uso de palavras que denotavam proteção, cuidado e apoio aos profissionais de saúde, nesse momento desafiador, contribuíram para gerar um clima de confiança na equipe e melhorar a qualidade do trabalho realizado. Essas HSA não são aplicáveis somente aos líderes de equipes de saúde, mas também aos demais agentes das organizações de trabalho, a partir de ações de suporte social aos funcionários e seus familiares (Mayo, 2020).

A comunicação, mais uma vez, foi mencionada como uma das HSA que mais se modificaram ao longo da pandemia. O compartilhamento de informações ocorreu de forma veloz, sobretudo durante as fases iniciais da propagação da COVID-19, em que eram raros os estudos científicos com evidências robustas de tratamento eficaz da doença. Dessa forma, os profissionais precisaram aperfeiçoar a habilidade de comunicar diariamente os riscos e as incertezas de uma doença nova a pacientes, familiares e integrantes da sua equipe. Além disso, esses profissionais precisaram compartilhar informações, de forma acessível, a pessoas com diferentes condições sociais e econômicas, a fim de evitar propagação de conteúdos falsos e sem comprovação científica.

Os diálogos com pacientes e familiares também exigiram uma escuta mais ativa, assim como empatia e ação responsiva, sobretudo nos momentos de comunicação de perda de entes queridos. A frequência da comunicação de más notícias também cresceu, o que contribuiu para a potencialização de sintomas de ansiedade e a falta de confiança em uma gestão eficaz da pandemia pelos órgãos de governo. A tomada de decisão compartilhada na equipe, nesse contexto, também favoreceu o desdobramento de novos fatores estressores, visto que as decisões envolviam limitação de recursos (por exemplo, vagas de leitos de terapia intensiva e quantidade suficiente de respiradores) e podiam ser cruciais para garantir a sobrevivência de um paciente. Essas decisões mobilizam valores morais individuais, os quais, muitas vezes, são sobrepostos a uma escolha rápida e possível da equipe de trabalho (Rubinelli et al., 2020).

Além do conteúdo, a forma da comunicação estabelecida entre a tríade equipe de saúde-paciente-familiar também mudou, principalmente com o apoio das novas tecnologias da informação e comunicação (NTICs), a exemplo das videoconferências mediadas por dispositivos móveis. A comunicação virtual foi uma alternativa para o compartilhamento seguro de informações da equipe para os familiares, embora esse não seja um cenário tão rico e valioso como o de encontros presenciais, em que é possível visualizar, de forma mais detalhada, aspectos não verbais em momentos importantes na relação profissional-profissional, profissional-paciente e profissional-família, como a comunicação de um boletim médico. Os profissionais foram submetidos a novos desafios de comunicação, como a mediação de despedidas virtuais entre familiares e pacientes e as explicações sobre o porquê de o paciente não ter recebido determinado recurso escasso no hospital (Back et al., 2020).

Além da comunicação virtual de óbitos e de doenças graves, a interação entre profissionais de diferentes formações e especialidades foi um desafio. O estudo de Nair et al. (2021) indicou dificuldades de comunicação virtual dos nefrologistas com as equipes interprofissionais de cuidado paliativo e intensivistas. De acordo com os autores, os profissionais que trabalham com cuidado paliativo são treinados especificamente em HSA de comunicação empática para fornecer assistência crítica a médicos e famílias, porém, além de existir um número limitado desses profissionais, havia pouco diálogo interprofissional com os especialistas (Nair et al., 2021).

Foram relatadas, também, dificuldades de profissionais e familiares no manuseio de tecnologias de comunicação, o que contribuiu para o surgimento de sintomas de frustração, ansiedade e baixa autoeficácia, além da sobrecarga de trabalho para aquelas pessoas que manuseiam com mais facilidade essas ferramentas de comunicação e que necessitaram apoiar os demais colegas nesse tipo de atividade (Rose et al., 2021). Nesse sentido, a comunicação virtual possibilitou sentimentos positivos e negativos na equipe de trabalho e na relação com pacientes e familiares.

Apesar do aumento de ações de suporte social entre os profissionais de saúde, assim como voltadas para o aprimoramento das NTICs, a experiência da pandemia da COVID-19 evidenciou o despreparo dos profissionais para atuarem de forma colaborativa em equipes multi e inter-profissionais. Os profissionais de saúde seguem apresentando lacunas de aprendizagem de HSA importantes, que trazem prejuízos ao cuidado e à segurança do paciente. Essas lacunas devem ser cuidadosamente analisadas por educadores em saúde, de forma a reajustar currículos de formação profissional e programas de educação permanente. O formato dos programas de residência parece ser promissor para a aprendizagem e o aprimoramento de HSA, embora a literatura (Gaspar, 2023) ainda indique uma maior valorização de treinamentos de habilidades técnicas do que das socioafetivas, principalmente nos cursos de formação profissional. O próximo tópico abordará algumas lacunas (necessidades de treinamento) de HSA observadas em programas de residência médica e multiprofissional em hospitais universitários.

LACUNAS (NECESSIDADES DE TREINAMENTO) DE HSA DE ACORDO COM A OPINIÃO DE RESIDENTES E PRECEPTORES DE HOSPITAIS BRASILEIROS

A discussão sobre educação interprofissional (EIP) vem sendo ampliada e aplicada, sobretudo nos últimos 30 anos, nos cursos de graduação e pós-graduação em saúde e nos programas de educação permanente. A residência multiprofissional em saúde é uma estratégia de educação interprofissional, com objetivo de formar profissionais com uma visão integrada do cuidado e atenção em saúde, por meio do trabalho colaborativo. Os programas de residência possuem um formato de pósgraduação *lato sensu*, que oportuniza ao profissional de saúde um processo de ensino-aprendizado, em serviço, intensivo e prático, mediante acompanhamento e supervisão técnica (Casanova et al., 2015).

O formato prático, intensivo e supervisionado dos programas de residência favorece a aprendizagem de HSA. No enquanto, questiona-se de que forma os residentes conseguem aplicar e aprimorar essas habilidades no contexto de equipes multi e interprofissionais, visto que, durante a graduação, as oportunidades de prática e interação com profissionais de outras formações e especialidades eram praticamente escassas.

Uma pesquisa realizada por Gaspar (2023) identificou três importantes lacunas de aprendizagem de HSA, em residentes médicos e multiprofissionais do primeiro ano de residência (R1) em um hospital universitário brasileiro. Foram realizadas 15 entrevistas semiestruturadas com residentes e preceptores dos programas de residência médica e multiprofissional. Essa lista não incluiu residentes do primeiro ano (R1), apenas a partir do segundo ano (R2). Dos(as) 15 entrevistados(as), três (20%) são residentes, e 12 (80%) são preceptores da residência médica (RME) ou da residência multiprofissional (RMU); três são homens (20%), e 12 (80%) são mulheres. Os três residentes possuem formação em Nutrição, Enfermagem e Medicina, e os preceptores possuem formação em Medicina, Nutrição, Enfermagem, Psicologia, Fisioterapia e Terapia Ocupacional.

As entrevistas se basearam em um roteiro semiestruturado com cinco perguntas voltadas para a investigação de incidentes críticos que evidenciavam lacunas dessas habilidades no trabalho do R1. Na última pergunta, foram apresentados aos(às) entrevistados(as) cinco tipos de HSA sugeridas, pelos estudos empíricos identificados na literatura, como necessárias ao trabalho colaborativo de equipes inter e multiprofissionais: (i) Compreensão e respeito de papéis, responsabilidades e expertise dos membros da equipe, (ii) Compartilhamento de informações em início e final de turnos de trabalho, (iii) Apoio ao colega na realização de tarefas necessárias à rotina da equipe, (iv) Debate de opiniões distintas a respeito da assistência fornecida ao paciente e (v) Tomada de decisão na assistência fornecida ao paciente.

Cinco especialistas, escolhidos por sua expertise em avaliação e construção de instrumentos de análise de necessidades de treinamento, realizaram a leitura da transcrição do conteúdo das entrevistas e selecionaram, de forma individual, incidentes críticos que indicavam lacunas de HSA expressas pelo R1 no contexto multiprofissional. Em seguida, os especialistas realizaram o consenso dessas lacunas de HSA em um grupo focal (modalidade on-line), em que foram definidas, também, categorias de conteúdo.

A HSA de **compreensão de papéis e responsabilidades** dos integrantes da equipe foi considerada, de acordo com a percepção de sete entrevistados(as) (46,6%), como a mais importante para o desenvolvimento do R1. As habilidades de **diálogo sobre situações e condutas relativas ao paciente** com profissionais de outras formações e especialidades e **tomada de decisão em conjunto** também foram pontuadas por cinco entrevistados(as) (33,3%) como cruciais à formação do residente do primeiro ano. Essas três lacunas de HSA assemelham-se às necessidades de aprendizagem identificadas em pesquisas de diferentes países do mundo, realizadas com residentes (Allen et al., 2022; Garth et al., 2018).

A dificuldade do residente (R1) em compreender o perfil profissional dos integrantes da equipe multiprofissional na assistência prestada ao paciente é percebida por docentes e preceptores no início do programa de residência. A entrevistada n.º 6, psicóloga e preceptora da RMU, descreve uma atividade realizada com os residentes multiprofissionais, cujo objetivo é avaliar o quanto um residente compreende as tarefas e atribuições de um profissional de outra formação/especialidade.

Quadro 3 – *O que o meu colega de equipe faz?*

a) O que o meu colega de equipe faz?
"... Quando eu pergunto para os residentes: "qual é o papel da enfermagem?" Aí eles respondem: "ahh é fazer curativo" né? Dar remédio, aplicar injeção... E aí o residente de enfermagem vai explicar: Não, espera aí, não é só isso. A gente faz tais e tais coisas, a gente tá na gestão, a gente organiza .... Ah é! Vocês fazem isso né? Esse primeiro momento com os residentes é meio de encontro, de aprender um do outro, é isso é super rico. Eu sempre pergunto isso: o que cada categoria profissional faz e qual é o perfil de alguém dessa categoria. Aí é super interessante, porque sempre aparece assim: ah, psicólogo tem que ser carinhoso, tem que ser bonzinho, assistente social tem que ter paciência... e aí a gente vai discutindo um pouco isso também, do que é esperado, do que são as representações sociais daquela profissão, enfim, e aí a partir disso, desse conhecimento dos outros, aí fica mais fácil da gente trabalhar como é que a gente comunica melhor com esses profissionais ..."

Notas. Entrevistada n.º 6 – Preceptora da Residência Multiprofissional – Psicóloga. Elaborado pelas autoras.

A incompreensão de papéis profissionais não é percebida somente pelos preceptores como uma lacuna de aprendizagem de HSA. A nutricionista e residente multiprofissional (entrevistada n.º 9) reconhece essa lacuna e aponta também dificuldades na interação com a equipe médica.

Quadro 4 – *Quando e como eu interajo com o meu colega?*

b) Quando e como eu interajo com o meu colega?
"... eu acho que é saber o que exatamente o outro faz dentro do hospital, que às vezes a gente tem uma visão muito macro do que aquela profissão faz... Por exemplo, o farmacêutico tá ali na farmácia, a gente vai comprar um remédio e tem que ter ali um farmacêutico, mas e dentro de um hospital? O que ele faz? Então, dos vários desafios era e quando que ia acionar essa pessoa da equipe multi, um terapeuta ocupacional, um psicólogo... será que é quando um paciente está só chorando lá, eu que eu chamo um psicólogo? Eu acho que um dos desafios e o maior desafio tem sido com a residência médica, com os médicos. De fato, a abertura para comunicação, eles estarem dispostos também à equipe multi. Eu vejo que ainda é muito separado, ainda é muito biomédico centrado, então, é médico ali, multi aqui".

Notas. Entrevistada n.º 9 – Residente Multiprofissional – Nutricionista. Elaborado pelas autoras.

A entrevistada n.º 4 (terapeuta ocupacional e preceptora da RMU) mencionou uma situação que evidencia impactos negativos da incompreensão de papéis na qualidade da comunicação da equipe multi e interprofissional e assistência integrada ao paciente.

Quadro 5 – *Paciente recebe alta sem orientação da terapia ocupacional*

c) Paciente recebe alta sem orientação da terapia ocupacional
"... é um paciente que precisa de várias orientações, mas a equipe não avisa que o paciente vai ter alta. Aí o paciente tem alta, **vai embora sem essas orientações**. Então essa falta do diálogo, assim, dessa proximidade, eu acho que é um, é um grande desafio, sabe? Do olhar ainda ser muito biomédico. Eu acredito que é a grande dificuldade, tanto que é por isso que agora a gente tem tentado cada vez mais que eles estejam nas reuniões para vincular mais com a equipe, mas ainda bem desafiante isso, então ... a gente tem pessoas que são muito abertas ao trabalho, multi, que consideram que a gente traz, mas isso não é uma realidade de toda a equipe. Então, se é um profissional que às vezes não tem um olhar assim, ele pode até ouvir o que a gente fala, mas se ele vai considerar isso para tomada de decisão para conduta, aí é outra história, sabe? ..."

Notas. Entrevistada n.º 4 – Preceptora da Residência Multiprofissional – Terapeuta Ocupacional. Elaborado pelas autoras.

A entrevistada n.º 13 (médica e preceptora da RME) também aponta problemas na comunicação e continuidade de tarefas em virtude do desconhecimento das fronteiras profissionais em uma Unidade de Terapia Intensiva (UTI).

Quadro 6 – *Não aspiração de vias aéreas de paciente da UTI*

d) Não aspiração de vias aéreas de paciente da UTI
"Eu tenho um paciente que precisa ser aspirado. Ele tá com muita secreção e ele precisa ser aspirado. Aí você vai pedir para fisioterapia, mas aí a fisioterapia fala assim: "não, mas isso não é da fisioterapia, isso é da enfermagem". Aí você vai na enfermagem e aí fala assim: "não, mas isso não é da enfermagem, é da fisioterapia". Então a dificuldade de você saber o seu papel te dá também uma dificuldade em apoiar o colega na realização de um procedimento, entendeu? . . ."

Notas. Entrevistada n.º 13 – Preceptora da Residência Médica – Infectologista. Elaborado pelas autoras.

A comunicação com profissionais de outras profissões e especialidades também foi uma lacuna de HSA observada nos R1s, de acordo com a percepção de preceptores de ambos os programas (RMU e RME). A entrevistada n.º 4 (terapeuta ocupacional e preceptora da RMU) comenta que o cenário do primeiro ano de residência pode ser mais complexo e desafiador, sobretudo para aqueles profissionais que não possuem um histórico de atuação em contextos multiprofissionais, o que dificulta a expressão de HSA básicas e necessárias no trabalho colaborativo:

Quadro 7 – *Debate de opiniões na equipe multi e interprofissional*

e) Debate de opiniões na equipe multi e interprofissional
". . . Às vezes, eles (os residentes) não concordam com a opinião de algum profissional e com a conduta estabelecida para o paciente. Os residentes têm muito esse movimento, eles não se conformam, mas eles geralmente nem levam isso para o debate com o médico ou com a pessoa com quem eles não concordam. **Eles levam esse debate para o preceptor, entendeu?** Aí eles ficam naquela posição com o preceptor: "E aí? O que que vai ser feito?" Eles não têm esse movimento do diálogo com o outro profissional. Quando é feito esse movimento, às vezes é feito de uma forma rude que daí não agrega sabe? Então eu acho que esse é o maior desafio que a gente (preceptores) tem e aí fica naquela coisa, "mas isso é responsabilidade do residente" "ah…, mas isso aí…"," mas eu posso ou eu não posso" "até que ponto eu vou ou não vou", sabe?".

Notas. Entrevistada n.º 4 – Preceptora da Residência Multiprofissional – Terapeuta Ocupacional. Elaborado pelas autoras.

Quatro entrevistados – 26,6% (dois da residência multiprofissional e dois da medicina) – pontuaram, entretanto, que algumas áreas de saúde já possuem uma sólida cultura de trabalho multiprofissional, tais como a oncologia e a psiquiatria, o que facilita o aprendizado do residente, sobretudo no diálogo com profissionais de distintas formações.

Quadro 8 – *Trabalho colaborativo das equipes médicas e multiprofissionais*

f) Trabalho colaborativo das equipes médicas e multiprofissionais
". . . o maior desafio é com a residência médica, com os médicos. . . a abertura para a comunicação, deles estarem dispostos também abertamente à equipe multi, porque eu vejo que ainda é muito separado, ainda é muito biomédico centrado, então, é médico ali, multi aqui. Tem algumas situações, principalmente com a equipe médica, que aconteceram umas três vezes comigo, que é interrupção do meu atendimento. Às vezes, eu estou no atendimento ali na enfermaria, que é tão importante, às vezes eu sei, né? que é o médico que dá ali o diagnóstico, mas realmente uma interrupção médica sem o mínimo de licença, o mínimo de educação. Essa interrupção, de estar atendendo e parecer que a gente não existe. **Isso foi uma coisa que eu precisei reportar para minhas preceptoras.** Eu estava visitando, coletando as informações, teve a minha conduta e o outro profissional interrompeu sem pedir licença. Outra situação é com a equipe de enfermagem, não de interrupção, mas de a gente ter uma conduta, no meu caso, nutricional...eu prescrevo a dieta, prescrevo a infusão da dieta, na bomba pra sonda, e a enfermagem, às vezes, não presta atenção, não põe o que está prescrito. Então a gente vai lá e está um valor diferente, a gente pergunta o motivo e não sabe, ou, sei lá, eles não sabem o que aconteceu. E está lá escrito na dieta a infusão, então, tem essa dificuldade...está lá escrito e a pessoa põe diferente, ou então, o paciente teve uma intercorrência, no caso, uma diarreia, vai lá e desliga a dieta. Não é assim que funciona! Você tem que comunicar a equipe e a gente tem condutas pra isso, então, eu acho que cai de novo na falta de conhecimento do trabalho do outro".

Notas. Entrevistada n.º 9 – Residente Multiprofissional – Nutricionista. Elaborado pelas autoras.

O distanciamento das residências médicas e multiprofissionais, assim como a dificuldade de comunicação e de tomada de decisão entre esses diferentes profissionais reforçam a existência de barreiras ao trabalho interprofissional colaborativo e a falta de HSA cruciais ao cuidado integral ao paciente. Outros estudos científicos que identificaram essas barreiras entre médicos e não médicos recomendam ações educacionais que promovam uma aproximação entre esses profissionais, como foco no trabalho colaborativo e na qualidade da assistência ao paciente (Allen et al., 2022, Brown et al., 2016; Garth et al., 2018).

A residente de medicina (Entrevistada n.º 11) também comentou a relação superficial com a equipe multiprofissional e criticou as escassas oportunidades estruturadas de aprendizagem junto a profissionais de outras formações e especialidades. De acordo com a residente, o aprimoramento de HSA no contexto multiprofissional ocorre de forma espontânea, e não por ações educacionais planejadas no programa de residência:

Quadro 9 – *Ausência de estratégias educacionais sistemáticas para o desenvolvimento de HSA nos programas de residência*

g) Ausência de estratégias educacionais sistemáticas para o desenvolvimento de HSA nos programas de residência
". . . A gente aprende fazendo no dia a dia mesmo. Não teve ninguém pra ensinar não, a gente via mesmo os outros falando tipo "ah, fala com tal pessoa, vê se você consegue falar com essa pessoa, que acho que talvez ela te ajude". Assim mesmo, e tentando. De matéria, não teve nada pra gente não, a gente que vai atrás mesmo. A gente que lute! . . ." Com os residentes da nutrição e farmácia, a interação acontece só se a gente pedir alguma coisa, tipo, eu vou lá e falo "ah, eu queria uma dieta especial pra esse paciente", só assim. Mas assim, eles ouvem a gente e tudo mais, a gente conversa, mas a gente não tem tipo "ah, eu acho que isso seria melhor por isso e isso", a gente **não tem uma discussão sobre o caso**".

Notas. Entrevistada n.º 11 (Residente de Medicina – Pediatra). Elaborado pelas autoras.

A falta de oportunidades de prática interprofissional nos cursos de graduação parece ser um problema não só do Brasil, mas de vários países do mundo. A técnica de incidentes críticos, com a participação de múltiplas fontes humanas de informação, utilizada para avaliar fenômenos de trabalho, mostrou-se apropriada e sensível à complexidade e natureza afetiva do conceito de HSA e ao campo de saúde, podendo, portanto, ser utilizada em outros estudos de diagnóstico no lugar de estudos baseados em autorrelato. O uso de grupos focais com profissionais de diferentes formações e áreas de atuação, combinado à técnica de incidentes críticos, também é recomendado nos estudos de diagnóstico de demandas de aprendizagem, pois existem peculiaridades de algumas áreas e contextos da saúde que podem tornar essa avaliação mais precisa e alinhada aos desempenhos esperados, à cultura e à diversidade de cenários de prática profissional em saúde.

Sugere-se a realização de pesquisas que investiguem demandas de aprendizagem de HSA entre diferentes profissionais de saúde (por exemplo, médico e farmacêutico) e de especialidades distintas (por exemplo, oncologia e centro cirúrgico), assim como utilizem auto e heteroavaliações no diagnóstico dessas necessidades. O formato das residências multiprofissional ainda parece ser o mais propício para trabalhar HSA necessárias a uma atuação multi e interprofissional. No entanto, são necessárias ações educacionais planejadas e contínuas, baseadas em diagnósticos de necessidades de aprendizagem sistemáticos, recursos e estratégias de ensino diversificados e alinhados ao contexto real de trabalho das equipes multiprofissionais. O próximo tópico descreve alguns dos principais métodos educacionais adotados no ensino em saúde e na educação interprofissional (EIP) em todo o mundo, que produziram resultados positivos no trabalho colaborativo de equipes multi e interprofissional e nos indicadores de cuidado e segurança do paciente.

MÉTODOS EDUCACIONAIS, RECURSOS E ESTRATÉGIAS DE DESENVOLVIMENTO DE HSA EM PROFISSIONAIS DE SAÚDE

A EIP abarca uma variedade de métodos educacionais, recursos e estratégias favoráveis ao desenvolvimento de habilidades (técnicas e não técnicas) em estudantes e profissionais de diferentes formações e especialidades. O formato das ações de EIP contempla desde intervenções breves e pontuais de desenvolvimento de habilidades de passagem de plantão até reuniões multiprofissionais e programas formais de desenvolvimento de competências interprofissionais de longa duração (Hammick et al., 2007; Reeves et al., 2011; Richard et al., 2018). As ações educacionais, realizadas em serviço ou em cenários simulados, são descritas na literatura como cruciais para o desenvolvimento de habilidades complexas na interação multi e interprofissional, pois abarcam o ensino concomitante de habilidades pertencentes aos três domínios de aprendizagem (cognitivo, afetivo e psicomotor) (Abbad et al., 2016; Chang et al., 2019).

Sessões de simulação realística (alta e baixa fidelidade), palestras didáticas e sessões interativas de discussão de caso estão entre as estratégias de EIP mais utilizadas ao redor do mundo. Foram identificadas na literatura científica outras estratégias educacionais apropriadas ao desenvolvimento de HSA nos contextos de ensino multi e interprofissionais em saúde, como a condução de grupos de prática reflexiva, supervisão clínica, uso de técnicas de *storytelling* e de redução do estresse, assim como recursos de vídeo (filmagem da intervenção), combinados com *feedbacks* individuais e grupais e sessões de *debriefing* (Fung et al., 2015; Taylor et al., 2018). No Brasil, observou-se um predomínio de estratégias educacionais pautadas em sessões de simulação realística (baixa e média fidelidade) (Lima et al., 2018) e na aprendizagem baseada em problemas (PBL) (Frota, 2020), além de recursos educacionais mediados por NTICs, a exemplo das plataformas de videoconferência e ambientes virtuais de aprendizagem (Toassi et al., 2023).

Os *rounds,* também denominados visitas breves e de rotina ao paciente, foram descritos como valiosos no processo permanente de aprendizagem (Taylor et al., 2018), uma vez que ocorrem de forma frequente e sistemática na assistência ao paciente e possibilitam a participação e contribuição de qualquer tipo de profissional. A observação direta do trabalho realizado por colegas em cenários práticos e reais potencializa a aprendizagem de conteúdo técnicos e socioafetivos relacionados, por exemplo, à comunicação e tomada de decisão em conjunto (Reeves et al., 2011; Taylor et al., 2018). As reuniões multiprofissionais periódicas em equipe, com definições de metas e objetivos, também são ações relevantes que produzem efeitos positivos no desempenho da equipe e no relacionamento entre os integrantes, assim como consultorias de acompanhamento, entre outras formas de ações de aprendizagem que ocorrem em situações reais de trabalho (Reeves et al., 2011).

Algumas ações de EIP são pautadas em pacotes de treinamento já estruturados e testados em diferentes contextos. O treinamento de equipes, baseado nos princípios do curso de gerenciamento de recursos da tripulação (*Crew Resources Management* – CRM), é um exemplo que tem produzido efeitos positivos no desenvolvimento de HSA, como cooperação e comunicação entre os integrantes da equipe a curto e longo prazos (Fung et al., 2015). O treinamento de equipe de CRM, quando realizado com cenários de simulação, proporciona melhorias significativas nos resultados de aprendizagem de equipes (habilidades de comunicação e coordenação de equipes), quando comparado a treinamentos que adotam outras estratégias de ensino (instrução didática e *problem based learning* – PBL) (Fung et al., 2015). O *Team Strategies and Tools to Enhance Performance and Patient Safety* (TeamSTEPPS) é outro exemplo de treinamento replicado em diferentes versões e modalidades, que alia conteúdos teóricos e situacionais da rotina assistencial de equipes em saúde, com foco na melhoria de processos socioafetivos (comunicação, liderança e trabalho em equipe) (Buljac-Samardzic et al., 2020).

Os treinamentos on-line e realizados a distância ganharam força na atualidade, em função das medidas de distanciamento social durante a pandemia da COVID-19, sendo necessária a implantação de plataformas virtuais de aprendizagem de fácil acesso e manejo, que permitiram ao profissional, a distância e a partir de qualquer lugar com acesso à internet, consultar conteúdos e informações, bem como participar de debates, fórum e práticas simuladas, relevantes para o enfrentamento da crise sanitária no cotidiano de trabalho (Chick et al., 2020; Zingaretti et al., 2020). Treinamentos breves, focais e de curta duração, baseados em informações procedimentais associadas a *checklists*, também foram alternativas de ações educacionais adotadas, sobretudo em programas de residência. Hunger e Schumann (2020) relataram a experiência de um treinamento com esse formato em unidades móveis de saúde, específicas para pacientes com COVID-19, que contribuiu para melhorar a cooperação interprofissional e o fluxo de trabalho no local. As habilidades necessárias a um trabalho colaborativo eficaz e eficiente de equipes interprofissionais, em circunstâncias normais, tornaram-se ainda mais relevantes durante o período de crise. Portanto, para que as instituições de assistência à saúde tenham equipes capacitadas para o trabalho colaborativo em equipes interprofissionais em momentos de crise, é preciso oferecer treinamentos em HSA continuamente, preparando-as para o enfrentamento de novas situações de crise sanitária (Khalili & Xyrichis, 2020).

Educadores da área de saúde, pautados no pressuposto de que a aprendizagem pode ocorrer a qualquer momento e em qualquer lugar, aproveitaram a experiência pandêmica para identificar oportunidades valiosas de aprendizagem em contextos de residência em diversas áreas de saúde (Khalili & Xyrichis, 2020). Preceptores, diretores e docentes de programas de residência adaptaram, de forma brusca e flexível, suas atividades de treinamento, desenvolvimento e educação (TD&E)

durante a pandemia da COVID-19, assim como rotinas de assistência ao paciente, reuniões de equipe, dentre outras tarefas cruciais à formação. Apesar do aumento significativo de pacientes em setores de emergência/pronto-socorro, as atividades de ensino presenciais realizadas com o residente, como as de beira-leito, por exemplo, não foram extintas, uma vez que são consideradas essenciais ao currículo de algumas residências em saúde (Pek et al., 2022; Stark et al., 2022). No entanto, muitas outras atividades de formação, que ocorriam sob o formato presencial, foram adaptadas e migradas para a modalidade virtual, em virtude do cumprimento dos protocolos de segurança adotados na pandemia.

Materiais didáticos também foram reconfigurados e disponibilizados em plataformas de ensino virtual, possibilitando aprendizagens autodirigidas e assíncronas. A compreensão abrangente dos impactos da pandemia da COVID-19 sobre as ações de EIP ofertadas a residentes em saúde é relevante, pois norteia futuros diagnósticos de necessidades de aprendizagem de habilidades necessárias ao profissional de saúde e possibilita restruturações valiosas nos eventos instrucionais previstos nos programas de residência em saúde (conteúdos, métodos instrucionais e instrumentos de avaliação).

Algumas áreas de saúde foram mais sensíveis ao processo de migração das atividades presenciais para a modalidade on-line, pois o trabalho depende de observações diretas para realização de procedimentos e diagnósticos precisos. Residentes em dermatologia, por exemplo, relataram dificuldades para atuar no modelo de teleconsulta, em virtude da baixa qualidade das imagens diagnósticas transmitida pelas plataformas de videoconferência (Loh et al., 2022). Algumas revisões apontaram que a modalidade on-line utilizada no processo de aprendizagem estimulou alguns residentes a fazerem perguntas e a participarem com mais frequência por meio do uso de *chats* interativos nas plataformas virtuais (Chasset et al., 2021).

Outra vantagem citada foi o aumento expressivo da criação de tecnologias digitais, tanto para diagnósticos imediatos quanto para qualificação profissional, a exemplo da impressora 3D, que contribuiu, por exemplo, na produção de kits cirúrgicos de treinamento (Novara et al., 2020). Treinamentos baseados em simulação realística de baixa e alta fidelidade foram realizados, na modalidade on-line, por meio de vídeos de treinamento e de softwares de realidade aumentada e, na modalidade presencial, em laboratórios com simuladores robóticos (Vizheh et al., 2020). A realidade virtual pode ser útil e positiva em alguns casos, porém não abarca a realidade de algumas configurações de trabalho, a exemplo das equipes intactas. Durante uma crise, não foram recomendados treinamentos focados na aprendizagem, direcionados a esse tipo equipe, uma vez que há alta rotatividade entre os profissionais nas diferentes equipes, entre outras dificuldades que a pandemia trouxe (Traylor et al., 2021).

Foi identificado um predomínio de treinamentos com participantes da mesma categoria profissional, com exceção dos treinamentos realizados com residentes em cirurgia, os quais possibilitam a interação entre especialidades médicas e com técnicos de enfermagem e/ou radiologia. Diante da alta rotatividade de pessoal nas equipes e da escassez do tempo livre dos profissionais de saúde, sobretudo aqueles que atuam na linha de frente da assistência ao paciente, foram realizadas ações de treinamento de curta duração e no próprio local de trabalho, sobre fluxos de trabalho da equipe e gerenciamento de tempo e recursos, com o apoio de listas de verificação (*checklists*) para avaliar desempenhos aprendidos. Ações de suporte das lideranças e da organização às equipes de trabalho, tais como reformulação de políticas e processos laborais, atitudes de motivação, incentivo e proteção dos funcionários, também foram consideradas efetivas e agregaram o plano de TD&E possível e viável diante do contexto pandêmico (Vizheh et al., 2020).

A revisão realizada por Gaspar (2023) sintetizou estratégias e recursos de ensino remoto alternativos durante a pandemia da COVID-19 em programas de residência, como softwares de videoconferência e ambientes virtuais de aprendizagem que possibilitaram apresentação, discussão e simulação de casos clínicos, *webinars*, clubes de leitura, módulos de conteúdos técnicos, vinhetas clínicas, imagens de diagnóstico, *podcasts*, *blogs* e buscas *E-literature*. Métodos que já eram utilizados antes da pandemia para desenvolvimento de HSA, a exemplo da aprendizagem baseada em problemas (PBL) e da interação em pequenos grupos, foram mantidos e adaptados ao contexto não presencial de ensino-aprendizagem. O Quadro 10 mostra algumas estratégias e recursos de ensino adotados, com mais frequência nos programas de residência, sobretudo durante a pandemia da COVID-19.

Quadro 10 – *Estratégias e Recursos Educacionais adotados pelos Programas de Residência Durante a Pandemia da COVID-19*

	Estratégias de ensino
1	Simulações cirúrgicas virtuais com uso de vídeo
2	Simulação com robótica (alta fidelidade) [5]
3	Simulação de baixa fidelidade com utensílios domésticos
4	Revisão de vídeos cirúrgicos para discutir técnicas
5	Palestras virtuais nas mídias sociais [1]
6	Palestra virtual com convidados externos
7	Conferências interdisciplinares on-line [1]
8	Fóruns de compartilhamento de emoções e preocupações [1]
9	Modelo de sala de aula virtual invertida (casos práticos para discussão) [1]
10	Discussões técnicas em grupo fechado em redes sociais (por exemplo, Facebook) [1]
11	Transmissão on-line de visitas virtuais a pacientes internados (grandes rondas) com discussões de caso entre profissionais de diferentes serviços [1]
12	Teleconsultas via plataformas virtuais com observação do atendimento pelo estudante [1]
13	Sessões didáticas em grupo com apresentação oral de trabalhos
14	Treinamento assíncrono on-line
15	Modelos de simulação com equipamentos de baixa fidelidade (por exemplo, caixas de treinamento para aprimoramento de habilidades técnicas e procedimentais) com vídeos de demonstração e possibilidade de receber *feedback* (síncrono ou assíncrono) dos preceptores
16	Estímulo a aprendizagem autônoma com materiais de apoio (livros didáticos, descritos de forma virtual, e módulos educacionais)
17	Educação baseada em vídeo operatório (por exemplo, vídeos instrutivos de propriedades cirúrgicas, videoteca on-line e oportunidade de revisão dos vídeos e discussão em grupo.
18	Educação baseada em plataformas cirúrgicas (por exemplo, JOMI, Esquadrão Cirúrgico etc.)
19	*Bootcamps* virtuais de simulações e salas de aula cirúrgicas on-line [1]

---

[5] Estratégias e recursos de ensino mais aplicáveis ao desenvolvimento de HSA em contextos multi e interprofissionais

	Estratégias de ensino
20	Educação baseada em simulação cirúrgica (por exemplo, treinamento de caixa laparoscópica)
21	Videojogos/Gamificação [1]
22	Desenvolvimento de projetos de pesquisa individuais
23	Painéis intra e interprofissionais [1]
24	Elaboração de imagem mental [1]
	Recursos de ensino
1	Plataforma de aprendizagem com palestras e atividades didáticas gravadas (*Webex*)
2	Clube de leituras técnicas com apresentações quinzenais
3	Softwares de videoconferência para reuniões multidisciplinares
4	Plataforma *e-learning*
5	*Webinars*
6	Uso de ferramentas de engajamento síncrono (por exemplo, *Karrout* e *Slack*) [1]
7	Plataforma de aconselhamento sobre como os residentes podem enfrentar um momento de crise (pandemia) [1]
8	Kit portátil de microcirurgia
9	Plataformas para divulgação de informações clínicas
10	Material de consulta no *MedEdPORTAL*
11	Realidade virtual e aumentada
12	Kit Cirúrgico (por exemplo, Hematoma Auricular feitos em impressoras 3D)
13	*Podcasts* semanais com instruções

Nota. Chasset et al. (2021); Katz & Nandi (2021); Loh et al. (2022); Seifman et al. (2022).

Alguns dos métodos e recursos mencionados no Quadro 10, sobretudo os que proporcionam interações síncronas, em cenários reais ou simulados, com profissionais de diferentes formações e especialidade, são mais favoráveis ao desenvolvimento de HSA, a exemplo das sessões simulação realística e de discussão de casos reais, associadas a momentos de *briefing e debriefing* (Gaspar, 2023). As estratégias de ensino virtual, mediadas por tecnologias inovadoras, adotadas pelos programas de residência, mostraram-se adequadas para treinar diversas habilidades técnicas e não técnicas durante a pandemia, bem como viabilizar comunicação, integração e suporte entre profissionais dispersos em diferentes regiões geográficas. No entanto, são necessárias mais pesquisas que avaliem a efetividade desses métodos, estratégias e recursos educativos em diferentes áreas e programas de residência, uma vez que há um predomínio de estudos realizados com residentes de medicina, sobretudo de cirurgia. Esses métodos educacionais precisam também ser incluídos, de forma intencional e sistemática, nos programas de formação profissional e nos planos de contingência pelos gestores e educadores em saúde (Khalili & Xyrichis, 2020; Lackie et al., 2020).

CONSIDERAÇÕES FINAIS

Este capítulo analisou, de acordo com a opinião de residentes e preceptores, lacunas nas HSA adotadas em equipes multiprofissional de saúde, descreveu, de acordo com a literatura científica e a percepção de residentes e preceptores, as principais HSA necessárias a uma atuação colaborativa em ambientes hospitalares, apresentou recursos e estratégias educacionais que têm sido utilizados com sucesso no desenvolvimento de HSA e, por fim, propôs soluções educacionais que habilitem o residente a atuar de forma multi e interprofissional na transição da graduação para o mercado de trabalho.

O cenário dos programas de residência, embora promissor para o desenvolvimento de habilidades complexas e necessárias ao trabalho colaborativo, apresenta ainda desafios para formar profissionais, sobretudo em HSA. Há estudos (Allen et al., 2022; Garth et al., 2018; Gaspar, 2023) que evidenciam lacunas de HSA importantes no residente do primeiro ano. Entre as principais lacunas de HSA mencionadas nesses estudos, estão: (i) a compreensão de papéis e responsabilidades dos integrantes das equipes, (ii) o debate de opiniões profissionais distintas e (iii) a tomada de decisão conjunta sobre a assistência ao paciente. Essas lacunas de aprendizagem trazem prejuízos para a saúde mental dos profissionais, fomentam barreiras de comunicação e de relacionamento entre os integrantes das equipes e segmentam a atenção e o cuidado assistencial ao paciente.

As ações educativas, quando programadas e sistematizadas nos programas de desenvolvimento profissional, previnem essas lacunas de aprendizagem que impactam diretamente na assistência segura ao paciente. Essas ações devem acontecer de forma contínua, pautadas em métodos ativos de aprendizagem, com variação de cenários de prática e diversificação na composição das equipes de participantes (entre médicos e não médicos, entre médicos de diferentes especialidades). Embora a área de saúde abarque um conjunto variado de estratégias e recursos educacionais, associado a resultados profissionais positivos no nível do indivíduo, da equipe e da organização, observa-se, ainda, um predomínio de ações educativas informais, sobretudo nos programas de residência, com baixa diversificação profissional e pouca vinculação a diagnósticos de necessidades de aprendizagem. O Quadro 11 apresenta algumas recomendações teóricas, metodológicas e práticas para o desenvolvimento do estudante e profissional de saúde.

Quadro 11 – *Recomendações teóricas, metodológicas e práticas para o contexto de ensino em residências de saúde*

1. Realizar, de forma periódica, diagnósticos de necessidade de aprendizagem de habilidades (técnicas e não técnicas) nos programas de residência médica e multiprofissional. Educadores em saúde devem analisar as lacunas de HSA em residentes do primeiro ano, de forma a reajustar currículos de formação profissional e programas de educação permanente. O uso de grupos focais com profissionais de diferentes formações e áreas de atuação, combinado à técnica de incidentes críticos, também é recomendado nos estudos de diagnóstico de demandas de aprendizagem, pois existem peculiaridades de algumas áreas e contextos da saúde que podem tornar essa avaliação mais precisa e alinhada aos desempenhos esperados, à cultura e à diversidade de cenários de prática profissional em saúde.
2. Planejar e implantar ações educacionais sistemáticas voltadas ao desenvolvimento de HSA no trabalho colaborativo nos programas de residência médica e multiprofissional. Essas residências ainda não mantêm interações sólidas e saudáveis com mais do que duas profissões (por exemplo, psicologia e nutrição). A residência médica, ao que parece, permanece atuando de forma isolada das demais profissões, mesmo que tenha oportunidades de prática colaborativa junto a profissionais de outras especialidades da medicina.
3. Aumentar a oferta de treinamentos on-line oferecidos para grupos de profissionais de diferentes formações acadêmicas, sobretudo para residentes médicos e não médicos, uma vez que a proposta das residências multiprofissionais consiste em formar o profissional de saúde para oportunizar ao paciente um cuidado integrado e sistêmico.

4. Aplicar métodos educacionais ativos de aprendizagem em cenários de prática (reais ou simulados) durante o curso de graduação em saúde e na educação profissional permanente.

5. Fortalecer parcerias entre pesquisadores e educadores da área da saúde para assegurar a participação desses profissionais em ações sistematizadas de TD&E. Essas intervenções educacionais devem ser integradas aos planos de gestão e educação continuada, com o intuito de tornar e manter o profissional apto ao enfrentamento de circunstâncias diversificadas de assistência ao paciente.

6. Divulgar, nos programas de residência e na literatura científica, treinamentos e materiais instrucionais que possam nortear o planejamento e a implantação de novas intervenções educacionais em HSA. Esse nível de detalhamento é pouco encontrado nas pesquisas empíricas da área de treinamento e considerado relevante para desenhistas instrucionais e gestores da área de saúde, assim como pesquisadores que desejam replicar pesquisas em contexto distintos;

7. Realizar novas pesquisas científicas que investiguem melhores formas de treinar, em conjunto, profissionais oriundos de distintas formações acadêmicas, considerando as variáveis restritivas do contexto de saúde (disponibilidade de tempo, composição das equipes de trabalho, espaços de treinamento).

Nota. Elaborado pelas autoras.

O capítulo possibilita diálogos relevantes, de natureza teórica-empírica, entre a psicologia instrucional e o ensino em saúde, estimulando práticas colaborativas, saudáveis e promissoras em contextos de trabalho. Esta discussão contribui para os programas de residência em saúde, pois indica estratégias e recursos educacionais pertinentes à formação consistente, significativa que oportuniza o aperfeiçoamento de habilidades técnicas e comportamentais. O uso consistente de um repertório de HSA no cotidiano do trabalho multiprofissional contribui para a qualidade da assistência ao paciente, para a saúde mental dos profissionais e para um melhor relacionamento entre os integrantes das equipes. O cenário formativo dos programas de residência em saúde é adequado para a investigação da aprendizagem de HSA em contextos multi e interprofissionais em saúde, visto que, diferentemente dos estudantes da graduação em saúde, os residentes estão imersos em cenários de prática profissional, que possibilita aprendizagens significativas e transferência imediata de aprendizagens no ambiente de trabalho.

QUESTÕES PARA DISCUSSÃO

- Explique o que são HSA e o porquê de elas serem tão necessárias no trabalho colaborativo realizado por equipes interprofissionais em saúde.

- Foram identificadas, na literatura científica, importantes lacunas de aprendizagem de HSA em residentes e profissionais de saúde. Diante desse cenário, descreva os principais desafios enfrentados por educadores para treinar e desenvolver esse tipo de habilidade em atividades de educação permanente em saúde.

- De que forma as residências em saúde podem contribuir para o desenvolvimento de HSA necessárias ao trabalho colaborativo em equipes de saúde? Tente recordar uma situação na qual um residente demonstrou falta de habilidade social no seu relacionamento com outras pessoas (por exemplo, profissionais de saúde, pacientes, cuidadores) e indique o que você faria para ajudar esse profissional a desenvolver essas habilidades sociais.

REFERÊNCIAS

Abbad, G. S., Gaspar, F., & Nascimento, A. (2020). Competências para o trabalho colaborativo em equipes multi e interdisciplinares no contexto do estágio. In S. M. G. Gondim, T. Zerbini, J. E. Borges-Andrade, G. S. Abbad (Org.), *Manual de orientação para docentes-supervisores de estágio em psicologia organizacional e do trabalho* (pp. 79-112). Artesã.

Abbad, G. S., Parreira, C., Pinho, D., Queiroz, E., Torres, A., Furlanetto, D., Jorge, A., & Silva, N. (2016). Formação e Processos Educativos em Saúde. In G. S. Abbad, C. M. S. F. Parreira, D. L. M. Pinho, & E. Queiroz (Org.), *Ensino na Saúde no Brasil: Desafios para a formação profissional e qualificação para o trabalho* (pp. 27-48). Juruá.

Allen, B. B., Schiller, J. H., Roberts, S. J., Allen, S. G., Morgan, H. K., & Malone, A. (2022). Collaboration in interprofessional teams: A needs assessment of factors that impact new resident physicians. *Journal of Interprofessional Care, 37*(3), 392-399 https://doi.org/10.1080/13561820.2022.2094902

Back, A., Tulsky, J. A., & Arnold, R. M. (2020). Communication skills in the age of COVID-19. *Annals of Internal Medicine, 172*(11), 759-760. https://doi.org/10.7326/M20-1376

Brown, D. R., Gillespie, C. C., & Warren, J. B. (2016). EPA 9 – collaborate as a member of an interprofessional team: a short communication from the AAMC Core EPAs for entering residency pilot schools. *Medical Science Educator, 26*(3), 457-461. https://doi.org/110.1007/s40670-016-0273-4

Buljac-Samardzic, M., Doekhie, K. D., & Van Wijngaarden, J. D. (2020). Interventions to improve team effectiveness within health care: a systematic review of the past decade. *Human Resources for Health, 18*(1), 1-42. BioMed Central Ltd. https://doi.org/10.1186/s12960-019-0411-3

Caballo, V. E. (2003). Técnicas de avaliação das habilidades sociais. In V. E. Caballo (Org.), *Manual de avaliação e treinamento das habilidades sociais* (pp. 113-180). Editora Santos.

Casanova, I. A., Batista, N. A., & Ruiz-Moreno, L. (2015). Formação para o trabalho em equipe na residência multiprofissional em saúde. *ABCS Health Sciences, 40*(3), 229-233. https://doi.org/10.7322/abcshs.v40i3.800

Chang, Y. C., Chou, L. T., Lin, H. L., Huang, S. F., Shih, M. C., Wu, M. C., Wu, C. L., Chen, P. T., & Chaou, C. H. (2019). An interprofessional training program for intrahospital transport of critically ill patients: model build-up and assessment. *Journal of Interprofessional Care, 23,* 1-5. https://doi.org/10.1080/13561820.2018.1560247

Chasset, F., Barral, M., Steichen, O., & Legrand, A. (2021). Immediate consequences and solutions used to maintain medical education during the COVID-19 pandemic for residents and medical students: a restricted review. *Postgraduate Medical Journal, 98*(1159), 380-388. http://dx.doi.org/10.1136/postgradmedj-2021-139755

Chick, R. C., Clifton, G. T., Peace, K. M., Propper, B. W., Hale, D. F., Alseidi, A. A., & Vreeland, T. J. (2020). Using technology to maintain the education of residents during the COVID-19 pandemic. *Journal of Surgical Education, 77*(4), 729-732. https://doi.org/10.1016/j.jsurg.2020.03.018

Da Silva, J. A. M., Peduzzi, M., Orchard, C., & Leonello, V. M. (2015). Educação interprofissional e prática colaborativa na Atenção Primária à Saúde. *Revista da Escola de Enfermagem da USP, 49*, 16-24. https://doi.org/10.1590/S0080-623420150000800003

Del Prette, A., & Del Prette, Z. A. P. (2017). *Competência Social e Habilidades Sociais.* Manual Teórico-Prático. Vozes.

Denniston, C., Molloy, E., Nestel, D., Woodward-Kron, R., & Keating, J. L. (2017). Learning outcomes for communication skills across the health professions: a systematic literature review and qualitative synthesis. *BMJ Open, 7*, 145-170. https://doi.org/10.1136/bmjopen-2016

Ellis, R., Hay-David, A. G. C., & Brennan, P. A. (2020). Operating during the COVID-19 pandemic: how to reduce medical error. *British Journal of Oral and Maxillofacial Surgery*, 58(5), 577-580. https://doi.org/10.1016/j.bjoms.2020.04.002

Frota, P. W. A. (2020). *O uso da aprendizagem baseada em problemas no ensino de fisioterapia: revisão integrativa* [Dissertação de Mestrado, Pontifícia Universidade Católica de São Paulo].

Fung, L., Boet, S., Bould, M. D., Qosa, H., Perrier, L., Tricco, A., Tavares, W., & Reeves, S. (2015). Impact of crisis resource management simulation-based training for interprofessional and 264 interdisciplinary teams: A systematic review. *Journal of Interprofessional Care 29*(5), 433-444. https://doi.org/10.3109/13561820.2015.1017555

Gagné, M. (2009). A model of knowledge-sharing motivation. *Human Resources Management, 48*(4), 571-589. https://doi.org/10.1002/hrm.20298

Garth, M., Millet, A., Shearer, E., Stafford, S., Bereknyei Merrell, S., Bruce, J., Schillinger, E., Aaronson, A., & Svec, D. (2018). Interprofessional collaboration: a qualitative study of nonphysician perspectives on resident competency. *Journal of General Internal Medicine, 33*(4), 487-492. https://doi.org/10.1007/s11606-017-4238-0

Gaspar (2023). *Desenho e implementação de treinamentos em habilidades socioafetivas no trabalho colaborativo de equipes interprofissionais em saúde* [Tese de Doutorado, Universidade de Brasília, Brasília, DF]. https://sigaa.unb.br/sigaa/public/programa/defesas.jsf?lc=pt_BR&id=913

Hammick, M., Freeth, D., Koppel, I., Reeves, S., & Barr, H. (2007). A best evidence systematic review of interprofessional education: BEME Guide no. 9. *Medical Teacher, 29*(8), 735-751. https://doi.org/10.1080/01421590701682576

Holmgren, A. J., Downing, N. L., Tang, M., Sharp, C., Longhurst, C., & Huckman, R. S. (2022). Assessing the impact of the COVID-19 pandemic on clinician ambulatory electronic health record use. *Journal of the American Medical Informatics Association, 29*(3), 453-460. https://doi.org/10.1093/jamia/ocab268

Hughes, A. M., Gregory, M. E., Joseph, D. L., Sonesh, S. C., Marlow, S. L., Lacerenza, C. N., Benishek, L. E., King, H. B., & Salas, E. (2016). Saving lives: A meta-analysis of team training in healthcare. *Journal of Applied Psychology, 101*(9), 1266-1304. https://doi.org/10.1037/apl0000120

Hunger, J., & Schumann, H. (2020). How to achieve quality assurance, shared ethics and efficient team building? Lessons learned from interprofessional collaboration during the COVID-19 pandemic. *Journal for Medical Education, 37*(7). https://doi.org/10.3205/zma001372

Johnson, J., & Panagioti, M. (2018). Interventions to improve the breaking of bad or difficult news by physicians, medical students, and interns/residents: a systematic review and metanalysis. *Academic Medicine, 93*(9), 1400-1412. https://doi.org/10.1097/ACM.0000000000002308

Katz, M., & Nandi, N. (2021). Social media and medical education in the context of the COVID-19 pandemic: scoping review. *JMIR Medical Education, 7*(2), e25892. https://doi.org/10.2196/25892

Khalili, H., & Xyrichis, A. (2020). A longitudinal survey on the impact of the COVID-19 pandemic on inter-professional education and collaborative practice: a study protocol. *Journal of Interprofessional Care, 34*(5), 691-693. https://doi.org/10.1080/13561820.2020.1798901

Lackie, K., Najjar, G., El-Awaisi, A., Frost, J., Green, C., Langlois, S., . . . & Khalili, H. (2020). Interprofessional education and collaborative practice research during the COVID-19 pandemic: considerations to advance the field. *Journal of Interprofessional Care, 34*(5), 583-586. https://doi.org/10.1080/13561820.2020.1807481

Lima, C. A., & Soares, A. B. (2015). Treinamento em Habilidades Sociais para universitários no contexto acadêmico: ganhos e potencialidades em situações consideradas difíceis. In Z. A. P. Del Prette, A. B. Soares, C. S. Pereira-Guizzo, M. F. Wagner, V. B. R. Leme (Org.), *Habilidades Sociais: Diálogos e intercâmbios sobre pesquisa e prática* (pp. 22-43). Sinopsys.

Lima, M. N., Gaspar, F. D. R., da Silva Mauro, T. G., Arruda, M. A. M., & da Silva Abbad, G. (2018). Retenção da aprendizagem após treinamento em Suporte Básico de Vida com uso de simulação de baixa fidelidade em uma unidade hospitalar odontológica. *Scientia Medica, 28*(1), ID29410. https://doi.org/10.15448/1980-6108.2018.1.29410

Loh, C. H., Ong, F. L. L., & Oh, C. C. (2022). Teledermatology for medical education in the COVID-19 pandemic context: A systematic review. *JAAD international*, 6, 114-118. https://doi.org/10.1016/j.jdin.2021.12.012

Marinho, A. S., & Borges, L. M. (2020). As habilidades sociais de enfermeiras gestoras em equipes de saúde da família. *Psico-USF, 25*, 573-583. https://doi.org/10.1590/1413-82712020250314

Mayo, A. T. (2020). Teamwork in a pandemic: insights from management research. *BMJ Leader, 4*, 53-56. https://doi.org/10.1136/leader-2020-00024

Nair, D., Malhotra, S., Lupu, D., Harbert. G., Scherer, J.S. (2021). Challenges in communication, prognostication and dialysis decision-making in the COVID-19 pandemic: implications for interdisciplinary care during crisis settings. *Curr Opin Nephrol Hyperten*s, 30(2), 190-197. https://doi.org/ 10.1097/MNH.0000000000000689

Nasir, A. N. M., Ali, D. F., Noordin, M. K. B., & Nordin, M. S. B. (2011). Technical skills and nontechnical skills: predefinition concept. In *Proceedings of the IETEC'11 Conference, Kuala Lumpur* (pp. 01-17). https://d1wqtxts1xzle7.cloudfront.net/69377777/

Novara, G., Checcucci, E., Crestani, A., Abrate, A., Esperto, F., Pavan, N., . . . & Ficarra, V. (2020). Telehealth in urology: a systematic review of the literature. How much can telemedicine be useful during and after the COVID-19 pandemic? *European Urology, 78*(6), 786-811. https://doi.org/10.1016/j.eururo.2020.06.025

Ornell, F., Schuch, J. B., Sordi, A. O., & Kessler, F. H. P. (2020). "Pandemic fear" and COVID-19: mental health burden and strategies. *Brazilian Journal of Psychiatry, 42*, 232-235. https://doi.org/10.1590/1516-4446-2020-0008

Pek, J. H., Low, J. W. M., Lau, T. P., Gan, H. N., & Phua, D. H. (2022). Emergency medicine residency training during COVID-19. *Singapore Medical Journal, 63*(8), 473-477. https://doi.org/10.11622/smedj.2020139

Pelletier, K., McCormack, M., Reeves, J., Robert, J., Arbino, N., Dickson-Deane, C., Guevara, C., Koster, L., Sánchez-Mediola, M., Bessette, L., & Stine, J. (2022). 2022 EDUCAUSE *Horizon Report, Teaching and Learning Edition* (1-58). EDUCAUSE. https://www.educause.edu/horizon-report-teaching-and-learning-2022

Reeves, S., Goldman, J., Gilbert, J., Tepper, J., Silver, I., Suter, E., & Zwarenstein, M. (2011). A scoping review to improve conceptual clarity of interprofessional interventions. *Journal of Interprofessional Care, 25*(3), 167-174. https://doi.org/10.3109/13561820.2010.529960

Richard, A., Gagnon, M., & Careau, E. (2018). Using reflective practice in interprofessional education and practice: a realist review of its characteristics and effectiveness. *Journal of Interprofessional Care, 33*(5), 424-436. https://doi.org/10.1080/13561820.2018.1551867

Rieckert, A., Schuit, E., Bleijenberg, N., Ten Cate, D., De Lange, W., de Man-van Ginkel, J. M., . . . & Trappenburg, J. C. (2021). How can we build and maintain the resilience of our health care professionals during COVID-19? Recommendations based on a scoping review. *BMJ open, 11*(1), e043718.https://doi.org/10.1136/bmjopen-2020-043718

Rose, L., Yu, L., Casey, J., Cook, A., Metaxa, V., Pattison, N., Rafferty,A., Ramsey, P., Saha, S., Xyrichis, A., & Meyer, J. (2021). Communication and virtual visiting for families of patients in intensive care during the COVID-19 pandemic: a UK national survey. *Annals of the American Thoracic Society, 18*(10), 1685-1692. https://doi.org/10.1513/AnnalsATS.202012-1500OC

Rubinelli, S., Myers, K., Rosenbaum, M., & Davis, D. (2020). Implications of the current COVID-19 pandemic for communication in healthcare. *Patient Education and Counseling, 103*(6), 1067. https://doi.org/10.1016/j.pec.2020.04.021

Salas, E. (2015). *Team training essentials:* A research-based guide. Routledge.

Seifman, M. A., Fuzzard, S. K., To, H., & Nestel, D. (2022). COVID-19 impact on junior doctor education and training: a scoping review. *Postgraduate Medical Journal, 98*(1160), 466-476. http://dx.doi.org/10.1136/postgradmedj-2020-139575

Silva, L. B. (2018). Residência Multiprofissional em Saúde no Brasil: alguns aspectos da trajetória histórica. *Revista Katálysis, 21*, 200-209. https://doi.org/10.1590/1982-02592018v21n1p200

Stark, N., Hayirli, T., Bhanja, A., Kerrissey, M., Hardy, J., & Peabody, C. R. (2022). Unprecedented Training: Experience of Residents During the COVID-19 Pandemic. *Annals of Emergency Medicine.* https://doi.org/10.1016/j.annemergmed.2022.01.022

Tannenbaum, S. I., Traylor, A. M., Thomas, E. J., & Salas, E. (2020). Managing teamwork in the face of pandemic: Evidence-based tips. *BMJ Quality & Safety*, 0, 1-5. https://doi.org/110.1136/bmjqs[1]2020-011447

Taylor, C., Xyrichis, A., Leamy, M. C., Reynolds, E., & Maben, J. (2018). Can Schwartz Center Rounds support healthcare staff with emotional challenges at work, and how do they compare with other interventions aimed at providing similar support? A systematic review and scoping reviews. *BMJ Open, 8*(10), e024254. https://doi.org/10.1136/bmjopen-2018-024254.

The Joint Commission. (2015). *Sentinel event data:* Root causes by event type. Joint Commission Resources.

Thistlethwaite, J., Moran, M., & World Health Organization Study Group on Interprofessional Education and Collaborative Practice. (2010). Learning outcomes for interprofessional 277 education (IPE): Literature review and synthesis. *Journal of Interprofessional Care, 24*(5), 503-513. https://doi.org/10.3109/13561820.2010.483366

Toassi, R. F. C., Olsson, T. O., & Peduzzi, M. (2023). Aprendizado interprofissional na graduação em Odontologia no contexto pandêmico de ensino remoto. *Interface-Comunicação, Saúde, Educação, 27*, e220696. https://doi.org/10.1590/interface.220696

Traylor, A. M., Tannenbaum, S. I., Thomas, E. J., & Salas, E. (2021). Helping healthcare teams save lives during COVID-19: Insights and countermeasures from team science. *American Psychologist, 76*(1), 1-13. https://doi.org/10.1037/amp0000750

Vizheh, M., Qorbani, M., Seyed, & Arzaghi, M., Muhidin, S., Javanmard, Z., Esmaeili, M., & Arzaghi, S. M. (2020). The mental health of healthcare workers in the COVID-19 pandemic: A systematic review. *Journal of Diabetes & Metabolic Disorders, 19*, 1967-1978. https://doi.org/10.1007/s40200-020-00643-9

World Health Organization. (1999). *Partners in Life Skills Education: Conclusions from a United Nations Inter--Agency Meeting.* Geneva: Department of Mental Health, Social Change and Mental Health Cluster, World Health Organization. http://www.who.int/mental_health/media/en/30.pdf

Zingaretti, N., Contessi Negrini, F., Tel, A., Tresoldi, M. M., Bresadola, V., & Parodi, P. C. (2020). The impact of COVID-19 on plastic surgery residency training. *Aesthetic Plastic Surgery, 44*(4), 1381-1385. https://doi.org/10.1007/s00266-020-01789-w

CAPÍTULO 23

ESTÁGIO NO ENSINO SUPERIOR E CONSTRUÇÃO DA CARREIRA EM UNIVERSITÁRIOS NA PANDEMIA

Raquel Atique Ferraz
Lucy Leal Melo-Silva
Jéssica Pierazzo de Oliveira Rodrigues
Ana Paula Resende Augusto

INTRODUÇÃO

As transições para a vida adulta, nas últimas décadas, são mais longas, individualizadas, não lineares, múltiplas e incertas. Os marcadores sociais tradicionais, que eram definidores das transições, têm vindo a perder a sua força normativa. Na contemporaneidade, os níveis de incerteza têm dificultado a construção de projetos biográficos, que levem os jovens a se projetarem num horizonte temporal alargado em uma dimensão de futuro de médio e longo prazos e, assim, construírem suas carreiras. A incerteza é sentida na transição para o mundo do trabalho, que passou de uma situação de segurança e estabilidade, no século passado, para a situação de flexibilidade, precariedade e elevada escassez de oportunidades de trabalho digno. Assim, os jovens são desafiados a "construir o seu processo desenvolvimental de transição para a vida adulta de forma individualizada (com apelo a critérios de ampla autonomia) num contexto sociocultural e econômico marcado pela falta de oportunidades profissionais, precariedade e incerteza" (Oliveira et al., 2020, p. 169).

Para lidar com o mundo do trabalho volátil, incerto, complexo e ambíguo (Vuca, acrônimo na língua inglesa) e, ao mesmo tempo, frágil, ansioso, não linear e incompreensível (Bani), é relevante que os jovens desenvolvam os recursos necessários para enfrentar e superar os desafios e obstáculos com que se confrontam, ou seja, a capacidade de agência, a habilidade para exercer certo nível de controle sobre o seu trajeto de vida e, assim, utilizar processos de negociação para o acesso a bens sociais. Também precisam desenvolver formas de lidar com as incertezas nas várias esferas da sua vida: pessoal, acadêmica e profissional.

O desenvolvimento profissional "consiste em um processo de aquisição e aperfeiçoamento de conhecimentos, habilidades e atitudes que favoreçam o desempenho no trabalho e o avanço na carreira individual" (Mourão et al., 2014, p. 74). Por sua vez, carreira é um construto com diferentes significados, como aponta Ribeiro (2011). São significados de diferentes autores e perspectivas, algumas sintetizadas a seguir. O significado socioeconômico compreende estruturas de trabalho nas organizações e respostas às forças do mercado de trabalho. O significado social compreende desempenho de papéis sociais e mobilidade social. O significado psicológico abarca realização vocacional no mundo, sequência evolutiva de experiências de trabalho em um dado contexto e ao longo do tempo; resposta mediada às requisições externas dos papéis sociais; desenvolvimento do comportamento vocacional ao longo do tempo.

O foco deste capítulo é o estagiário do ensino superior que, na graduação, visa à aquisição e ao aperfeiçoamento de conhecimentos e habilidades e, ao mesmo tempo, dá passos na construção de sua carreira. "Ao planejar a carreira ainda na graduação, o estudante pode refletir sobre questões importantes para o seu desenvolvimento profissional e capacidade de adaptação" (Mourão et al., 2020, p. 258). No âmbito da vida acadêmica e profissional, o estágio no ensino superior apresenta-se como uma atividade curricular ou extracurricular importante para a formação profissional e a construção da carreira de universitários, uma vez que favorece maior aproximação com a realidade do mundo do trabalho, contribui para o desenvolvimento de competências transversais e possibilita uma visão mais realista das expectativas de futuro. Na contemporaneidade, mudanças sociais, econômicas e políticas estão acontecendo a uma velocidade jamais vista, e observa-se que as pessoas constroem, desconstroem e reconstroem suas vidas e carreiras. Assim, torna-se necessário, cada vez mais, estimular o desenvolvimento de competências transversais e transferíveis para que os jovens possam adaptar-se às diversas situações desafiadoras na vida em geral e, particularmente, aos estudos e trabalho.

A pandemia do SARS-CoV-2 colocou em xeque duas dimensões da vida humana: os projetos de vida e os projetos de trabalho, como aponta Ribeiro (2021), com impactos para a população em geral, para a construção da identidade de jovens e as relações no mundo do trabalho. A preocupação se tornou mais evidente no que se refere ao futuro dos jovens, o que requer investigações e intervenções educativas e formativas, como é o caso deste capítulo.

Experiências de estágio influenciam positivamente no desenvolvimento da carreira, facilitando a transição universidade-trabalho, como apontam Silva e Teixeira (2013), em um estudo com universitários brasileiros. Os achados mostram que o estágio também auxilia na definição de interesses e na elaboração de projetos profissionais com maior clareza, possibilitando haver ganhos em termos de exploração vocacional e, assim, maior confiança em relação ao futuro profissional. Com a pandemia, as atividades de estágios no ensino superior sofreram vários tipos de intercorrências, desde a transição para atividades totalmente on-line, desvios de função, mudanças nas principais atribuições e objetivos do estágio universitário, até cancelamentos de contratos. Esses tipos de mudanças teriam impacto na construção da carreira dos estagiários? Quais as estratégias utilizadas pelos estudantes para lidar com os efeitos da pandemia na rotina universitária? Os estudantes demonstram competências transversais e transferíveis em suas trajetórias profissionais?

Considerando o exposto, por meio da reflexão sobre suas trajetórias profissionais e ações para a construção de suas carreiras, antes e durante a pandemia, este estudo objetiva descrever as percepções de estagiários universitários sobre a influência da pandemia na rotina universitária, visando a compreender as estratégias utilizadas nas atividades da graduação e dos estágios para a construção da carreira com perspectivas de futuro. Para contextualizar este estudo, a seguir, são tratados três eixos temáticos: (a) estágio profissional no ensino superior; (b) teoria da construção da carreira; e (c) estudos com universitários no cenário da pandemia.

ESTÁGIO NO ENSINO SUPERIOR: UNIVERSO DO ESTUDO

Experiências de estágio, ou práticas profissionais, desempenham papel relevante na formação profissional dos universitários, uma vez que os estágios contribuem para o desenvolvimento de diversas competências, independentemente do grau de satisfação dos estudantes, como apontam

Silva e Teixeira (2013). O aprendizado de competências técnicas, relacionadas à formação profissional, foi o fator mais associado à satisfação com o estágio, visto que o objetivo dessa estratégia de aprendizagem é justamente o contato com a prática profissional para o desenvolvimento de habilidades específicas da profissão, como destacam os referidos autores. O desenvolvimento de outras competências, como a capacidade de resolução de problemas e a organização, também se mostra positivamente ligado à percepção de satisfação com o estágio profissional. Estágios, em geral, são atividades curriculares obrigatórias e relevantes na preparação dos universitários, mas, como apontam Silva e Teixeira (2013), atividades extracurriculares também desempenham papel relevante na formação e têm sido relacionadas ao desenvolvimento de estudantes em aspectos como satisfação e persistência no curso, autoconhecimento, autonomia, competência social, confiança, e apreciação pela diversidade, como aponta Magolda (1992), e competência para o engajamento em ambientes de trabalho (Knouse & Fontenot, 2008).

No domínio do conhecimento sobre carreira, Super et al. (1996) já observavam que as experiências de estágio que disponibilizam *feedback*, variedade de tarefas e oportunidade de lidar com pessoas estão associadas à informação ocupacional, à autoeficácia e à cristalização do autoconceito. Silva e Teixeira (2013) apontam que organizações capazes de oferecer aos estagiários uma prévia realista sobre atividades de trabalho contribuem para a facilitação do processo de preparação para o ingresso no mercado, pois permitem a aproximação das funções a serem desempenhadas. Porém, como aponta o estudo de Vieira et al. (2011), no contexto português, o fato de realizar um estágio não significa que o estudante desenvolverá as competências e habilidades esperadas. Além das experiências concretas na realização de estágios, as características pessoais também precisam ser consideradas. Referenciando estudos de Silva e Teixeira (2013), características individuais como proatividade e autoeficácia geral podem anteceder as próprias escolhas profissionais e dos estágios, contribuindo para que as pessoas tenham predisposição a se envolver mais com a formação e, dessa forma, explorar mais o ambiente e o que ele tem a oferecer.

Silva e Teixeira (2013) destacam que os aprendizados obtidos com os estágios constituem-se, efetivamente, em habilidades e competências que contribuem para o sentimento de estar sendo preparado para o exercício profissional, já que é uma experiência de caráter de ensaio de trabalho, com a possibilidade de aplicação de conhecimentos teóricos à prática, possibilitando ao universitário assumir ativamente responsabilidades. Assim, o estágio consiste em uma oportunidade de contato com as múltiplas facetas da profissão, de modo real e integrado, o que favorece a construção da identidade profissional e da carreira.

Construção da carreira: relevância teórica

A carreira é construída durante toda a vida e a partir de uma perspectiva contextualista, considerando o desenvolvimento como influenciado pela adaptação a um ambiente. No caso deste estudo, os ambientes são: universidade e local de estágio. Para fins deste estudo, considera-se a Teoria da Construção de Carreira de Savickas (2013) apropriada como lente para a análise e interpretação dos dados. A referida teoria explicita processos interpretativos e interpessoais por meio dos quais os indivíduos constroem a si mesmos, direcionam seus comportamentos vocacionais, podendo, assim, dar sentido às suas carreiras. A teoria aborda a construção de carreira por meio do construtivismo pessoal e do construcionismo social, focalizando a atenção na autoconstrução e nas narrativas de carreira sobre o eu como ator, agente e autor.

Muitos são os eventos externos que podem iniciar o movimento de mudança. Embora as alterações possam promover o desenvolvimento pessoal, as transições exigem um esforço substancial, e o processo de adaptação às condições de mudança pode provocar um período de maior aprendizado e desenvolvimento para a pessoa em movimento. A Teoria da Construção de Carreira compreende a adaptação a essas transições, tarefas e traumas, como fomentadas por, principalmente, cinco conjuntos de comportamentos, nomeados por suas funções adaptativas, sendo estes: orientação, exploração, estabelecimento, gerenciamento e desengajamento. Tais atividades construtivas formam um ciclo de desempenho adaptativo que se repete periodicamente à medida que um indivíduo deve adaptar-se em um contexto em mudança. Ou seja, ao perceber a aproximação da necessidade de adaptação, os indivíduos podem adaptar-se de forma mais eficaz ao atenderem às condições de mudança com crescente conscientização e busca de informações, seguidas de tomada de decisão informada, comportamentos experimentais que levam a um compromisso estável projetado para um determinado período, gerenciamento ativo de papéis e eventualmente um desengajamento prospectivo (Savickas, 2013).

Diferentes traços psicológicos moldam recursos e respostas adaptativas que são imprescindíveis para o processo de adaptação de carreira (Savikcas & Porfeli, 2012). O Modelo de Adaptação de Carreira, com quatro dimensões, foi descrito por Savickas (2005) e Savickas e Porfeli (2012). A adaptação segue uma sequência, que iria desde a prontidão adaptativa (*adaptativity*), passando por recursos de adaptabilidade (*adaptability*), gerando ou desencadeando respostas adaptativas (*adapting*), que promoveriam os resultados de adaptação (*adaptation*). Ou seja, a pessoa precisa ser adaptativa (apresentar prontidão para se adaptar), ter adaptabilidade (capacidade de pôr em ação recursos de adaptação), adaptar-se (demonstrar comportamento de adaptação), resultando em uma adaptação que, vale destacar, sempre é transitória.

De acordo com os referidos autores, para o sucesso no processo de adaptação, quatro dimensões centrais da adaptabilidade de carreira são necessárias, a saber: (a) preocupação (*concern*), que se refere à preocupação em relação ao próprio futuro como trabalhador, com atitudes de planejamento, antecipação e preparação, situação na qual a pessoa se indaga sobre seu futuro (competência de planejamento); (b) controle (*control*), que diz respeito a se sentir responsável pela construção da própria carreira, com postura ativa e assertiva em realizar escolhas e determinar o futuro profissional, situação na qual a pessoa questiona se tem o controle sobre seu futuro (competência para a escolha); (c) curiosidade (*curiosity*), referindo-se à iniciativa para a realização de descobertas e buscas por aprendizados sobre oportunidades e atividades de trabalho, envolvendo o autoconhecimento e conhecimento sobre o mundo do trabalho, na qual a pessoa questiona o que fará no futuro (competência exploratória); e (d) confiança (*confidence*), relacionada à crença do indivíduo em sua competência para empreender esforços necessários para atingir seus objetivos, na qual a pessoa indaga se pode fazer isso (competência para resolução de problemas). Essas dimensões representam recursos e estratégias gerais de adaptabilidade que os indivíduos usam para gerenciar tarefas críticas, transições e traumas, à medida que constroem, desconstroem e reconstroem suas carreiras (Savickas, 2013). Nas teorias contemporâneas de carreira, é ressaltado que os indivíduos constroem diferentes discursos sobre si, suas trajetórias e seus interesses.

As teorias desenvolvimentistas de carreira, fundamentadas na estabilidade com o emprego para a vida toda, vigentes até recentemente, no século XXI, dão espaço para um outro tipo de paradigma, o *Life Design*, da construção de vida e carreira. Isso significa que o indivíduo deve adotar uma perspectiva de construção de sua própria vida por meio de narrativas, a fim de se preparar para transições entre os projetos, transitórios, em diferentes áreas de suas vidas. Deste modo, considera-se que, por meio da autonarrativa da história de vida, as pessoas podem ser capazes de interferir ativamente no processo de construção de carreira, com falas condicionadas pelo contexto em que vivem e pela interação com as mudanças advindas do mundo do trabalho (Ribeiro et al., 2019). A narrativa de identidade expressa a singularidade dos indivíduos em seus contextos particulares, articulando objetivos, direcionando o comportamento adaptativo e impondo significado às atividades, como aponta Savickas (2013).

Quando os estudantes universitários e futuros profissionais refletem sobre seu processo de formação e sobre as competências que necessitam ou desejam desenvolver, eles podem buscar de forma mais ativa o seu autodesenvolvimento, aproveitando melhor as oportunidades oferecidas pelas instituições (Silva & Teixeira, 2013). Os referidos autores destacam as experiências como "características capazes de influenciar positivamente o desenvolvimento da adaptabilidade de carreira e a transição ao papel profissional" (Silva & Teixeira, 2013, p.110).

O desenvolvimento profissional envolve agentes externos como organizações de trabalho, instituições de ensino superior e o Estado, sendo que as escolhas do indivíduo estão no centro do processo. Esse pressuposto se relaciona com novos modelos de carreira que demandam indivíduos proativos e que assumem responsabilidade por suas trajetórias profissionais. A Teoria da Construção de Carreira de Savickas (2013) possibilita pensar no conceito de carreira não envolvendo somente a dimensão objetiva, traduzida pela sequência de experiências ocupacionais ao longo da vida, mas também a dimensão subjetiva, que remete ao modo como essas experiências são organizadas pelo indivíduo, de forma a produzir histórias com significados. O planejamento de carreira está entre os elementos que podem contribuir para as percepções de desenvolvimento profissional e de empregabilidade, considerado como práticas de facilitação de processos de autorreflexão e de engajamento acadêmico e profissional (Carvalho & Mourão, 2021).

Mudanças na rotina ocorreram com a paralisação das atividades na graduação, a falta de interação com colegas e professores e questões relativas à autogestão dos estudos e incertezas sobre o futuro, tanto no contexto macro quanto no micro. Quais as implicações dessas mudanças na vida dos universitários? Elas exigiram maior autonomia, resiliência e adaptabilidade de carreira dos indivíduos para lidar com os desafios da vida acadêmica e a formação profissional? O que dizem os estudos já realizados?

Estudos com universitários no cenário da pandemia

Em 2020, período da coleta de dados deste estudo, a vida foi alterada drasticamente em função da disseminação da pandemia, com mortes e a necessidade de medidas sanitárias e de distanciamento social. Com a pandemia, estágios curriculares obrigatórios foram interrompidos, encerrados, se tornaram híbridos ou totalmente on-line. Nos dois primeiros anos da pandemia, o que já foi publicado sobre a realização de estágios na educação superior?

Algumas pesquisas foram localizadas e selecionadas para fins deste estudo. No contexto brasileiro, elas tratam de normativas para a realização do ensino remoto emergencial (Gonçalves & Avelino, 2020), de estágio supervisionado nas licenciaturas, com a adoção do ensino remoto tanto na educação básica quanto na educação superior (Souza & Ferreira, 2020); das dificuldades que interferem na vida acadêmica dos universitários durante a pandemia (Blando et al., 2021); sobre as percepções dos estudantes matriculados em cursos presenciais acerca das aulas remotas (Castamam

& Rodrigues, 2020); e sobre Saúde Mental dos Universitários e Educação Médica na Pandemia de COVID-19 (Rodrigues, 2020). Um estudo realizado em Angola também analisa os impactos da pandemia na vida acadêmica dos estudantes universitários angolanos (Morales & Lopez, 2020).

Em uma revisão da literatura sobre normativas para o ensino remoto, nas instâncias federal, estaduais e municipais, Gonçalves e Avelino (2020) observaram que agentes educacionais têm se preocupado com a continuidade da qualidade do ensino no país. Entretanto, observou-se que as ferramentas tecnológicas não tiveram a atenção necessária, quando seria esperado que os educadores de cursos de formação inicial estariam aptos a promover conhecimento a partir de recursos tecnológicos, a fim de dinamizar o conhecimento e proporcionar maior eficiência às práticas pedagógicas (Gonçalves & Avelino, 2020).

Durante a pandemia, no contexto de estágio supervisionado em cursos de licenciatura, Souza e Ferreira (2020) realizam uma investigação com o objetivo de apresentar desenhos didáticos como possibilidade de ensino remoto emergencial. Os referidos autores consideraram a possibilidade da oferta do estágio por meio do ensino remoto, desde que seja preservada a arquitetura curricular, incluindo: (a) realização de aulas on-line com o grupo de estagiários para planejamento e elaboração da proposta de estágio; (b) formação para uso de ambiente digital, tanto para licenciandos como para docentes; (c) realização de encontros virtuais com o/a professor/a da educação básica para apresentação e ajustes necessários à proposta de estágio; (d) retomada das atividades de ensino na escola da educação básica, com garantia de acesso às tecnologias envolvidas nas práticas de ensino remoto, participação e frequência dos estudantes da educação básica; e (e) garantia de acesso e inclusão digital.

A falta da vivência na escola na condição de estagiário e com a instituição formadora e educativa geraram prejuízos para o desenvolvimento acadêmico, profissional e a vida afetiva. Grande parte da população brasileira encontra na escola, além do direito à educação, o direito à vida, à seguridade e à proteção social, além de constituição de vínculos afetivos que podem perdurar por toda vida social do sujeito estudante ou professor (Souza & Ferreira, 2020, p. 15).

Em um estudo sobre a paralisação das atividades universitárias, sem previsão de retorno, mesmo on-line, Blando et al. (2021) apontam que as principais dificuldades apresentadas por estudantes universitários durante a pandemia com as medidas protetivas de distanciamento social estão relacionadas às dificuldades com os estudos, a gestão do tempo e algumas questões de saúde mental. Os autores identificaram muitas dificuldades em relação ao desenvolvimento da carreira, sobretudo no que diz respeito às expectativas de futuro, às incertezas sobre o mercado de trabalho e à crise econômica e política durante e após a pandemia. Considerando os participantes deste estudo – alunos de graduação –, foram apontadas como principais dificuldades: estabelecer uma rotina, lidar com a procrastinação, fazer atividades físicas e estudar. Mesmo que tais dificuldades já se apresentavam no contexto universitário antes, com a pandemia, observou-se agravamento. Desta forma, a pandemia se soma às variadas preocupações já existentes relativas à saúde física relacionadas ao risco de contágio e às consequências que isso pode trazer em questões psicológicas, consequências da incerteza quanto ao retorno às aulas, insegurança, que paira no caso de retorno, sobrecarga de trabalho associada ao tempo de confinamento.

Rodrigues (2020) fez uma revisão da literatura para reunir e sintetizar o conteúdo de artigos e livros acerca do impacto da pandemia de Sars-CoV-2 na saúde mental dos universitários e na educação superior. A revisão se reporta a estudos que apontam para efeitos psicológicos em estudantes universitários, como ansiedade, medo, preocupações, decorrentes de emergências de saúde pública. A incerteza sobre o efeito da pandemia causa preocupação nos estudantes em relação à própria formação e à possível dificuldade em encontrarem empregos ou se matricularem em programas de estudos. Paralisações de projetos de pesquisa e estágios comprometem o cronograma de estudos, atrasam a graduação e prejudicam a competitividade no mercado de trabalho, podendo aumentar os níveis de ansiedade dos estudantes universitários, que já constituem uma população vulnerável a problemas de saúde mental diante dos desafios associados à transição para a vida adulta e das comuns dificuldades econômicas e materiais. O estudo reforçou a importância dos recursos on-line oferecidos por algumas instituições de ensino durante a pandemia.

Por meio da reflexão sobre as trajetórias de estudantes do ensino superior e suas ações para a construção da carreira, antes e durante a pandemia, este estudo buscou descrever as percepções de estagiários sobre a influência da pandemia na rotina universitária, visando a compreender as estratégias utilizadas nas atividades da graduação e nos estágios para a construção da carreira com perspectivas de futuro.

MÉTODO

Universo do estudo e participantes

Este estudo, de natureza qualitativa, deriva de uma pesquisa de mestrado da primeira autora, orientada pela segunda. Trata-se de parte de um projeto maior, aprovado por um Comitê de Ética em Pesquisa, que focaliza competências socioemocionais e transversais, adaptabilidade de carreira e percepção de autodesenvolvimento (*flourishing*) em 80 estagiários universitários das Regiões Norte e Nordeste. Com a situação da pandemia e a necessidade de distanciamento social, mais uma etapa na investigação foi acrescentada: uma entrevista virtual individual com participantes da primeira etapa (quantitativa) do estudo maior, com o objetivo de tratar das implicações do distanciamento social na vida e na construção da carreira dos participantes em relação aos grandes temas (eixos norteadores). É sobre essa parte da investigação que trata este capítulo. Os participantes da etapa anterior da pesquisa foram convidados para a entrevista. Sete participantes se dispuseram a participar dessa etapa, como especificado na Tabela 1, com nomes fictícios. Todos realizavam estágio no momento da participação e estudavam em universidades públicas – Universidade Estadual da Paraíba (UEPB), Universidade Federal da Bahia (UFBA), Universidade Federal de Campina Grande (UFCG), Universidade Federal de Rondônia (UNIR), Universidade Federal do Pará (UFPA) e Universidade Federal do Sul e Sudeste do Pará (UNIFESSPA).

Tabela 1 – *Caracterização dos participantes do estudo, em função de idade, curso de graduação, região e universidade*

Nome fictício	Idade	Curso de graduação	Região	Universidade
Alexia	23	Direito	Nordeste	UFCG
Eliane	24	Sistemas de Informação	Norte	UFPA
Estefânia	19	Administração	Norte	UEPB
Ítalo	23	Engenharia civil	Norte	UNIFESSPA
Joaquim	23	Psicologia	Nordeste	UFBA
Marcelo	32	Engenharia Elétrica	Nordeste	UFBA
Marcos	22	Engenharia Elétrica	Norte	UNIR

Nota. Elaborado pelas autoras.

Instrumento

As entrevistas foram realizadas com base em um roteiro semiestruturado com perguntas reunidas em eixos temáticos e tópicos sobre: (a) pandemia (expectativas em relação à entrevista, como lida com a pandemia, a graduação e os estágios); (b) construção da carreira (ações antes e durante a pandemia, expectativas de futuro); (c) participação na pesquisa maior (pensamentos e sentimentos sobre as temáticas socioemocionais e de carreira abordadas no questionários do estudo maior); e (d) sobre a entrevista (pensamentos e sentimentos). Os eixos temáticos e os tópicos abordados constituem a base para a organização e codificação dos dados (ver Quadro 1, posteriormente).

Procedimentos para a obtenção dos dados

As entrevistas foram realizadas pelo Google Meet, em julho e agosto de 2020, com os sete participantes. Os interessados responderam ao e-mail e foram agendadas as entrevistas de acordo com suas disponibilidades, mediante o aceite do Termo de Consentimento Livre e Esclarecido (TCLE), no ato do preenchimento de um documento do Google Forms. As entrevistas tiveram duração média de 26 minutos. Cuidados éticos foram tomados com os registros e o uso das informações.

Procedimentos para o tratamento e a análise dos dados

As entrevistas foram transcritas na íntegra e importadas no software MAXQDA (VERBI Software, 2019), uma ferramenta que auxilia nas análises de dados qualitativos e métodos mistos em pesquisas acadêmicas, científicas e comerciais. O software foi utilizado para a organização e codificação dos dados. A seguir, foi realizado o levantamento de temas emergentes. A cada etapa do processo, três pesquisadoras conferiam a codificação em busca de consenso. A organização se deu, a priori, a partir dos eixos norteadores e dos tópicos das entrevistas. A seguir, foram organizados os temas que emergiram para a interpretação dos resultados.

Foi realizada análise temática com base em Braun e Clarke (2006), um método interpretativo de análise de dados, que proporciona uma ferramenta de pesquisa útil e flexível, podendo fornecer um banco de dados rico e detalhado, mediante a identificação, análise e descrição e interpretação de padrões ou temas. As autoras descrevem um passo a passo da aplicação da análise temática em seis etapas seguidas pelos pesquisadores, ocorrendo um movimento constante entre elas, com todo o conjunto de dados, os extratos codificados de dados analisados e a análise produzida. A escrita foi parte integrante da análise, desde a fase um, com a anotação de ideias e esquemas de codificação potenciais, que foi continuado por todo o processo de codificação e análise – podendo haver algumas mudanças no processo. As seis fases da análise temática são: (a) familiarização com dados; (b) geração de códigos iniciais; (c) busca de temas; (d) revisão dos temas; (e) definição e nomeação dos temas; e (f) produção do relatório.

As frases ditas pelos participantes foram codificadas a partir de seus significados, criando-se códigos e atribuindo-os aos referentes eixos temáticos e tópicos preestabelecidos do roteiro de entrevista. Com a leitura contínua das entrevistas durante todo o processo, foram levantados possíveis temas – implícitos e explícitos – identificados nas falas dos universitários, com aspectos objetivos e subjetivos, sendo selecionados os mais importantes para a análise, de acordo com os objetivos do estudo. Na etapa de tratamento e interpretação dos resultados, voltou-se à literatura mais relevante sobre o fenômeno investigado, a fim de realizar a discussão dos achados.

Os dados foram categorizados em função de quatro eixos temáticos investigados. O primeiro, "Pandemia", abarca os assuntos relacionados às expectativas dos participantes sobre a entrevista, as estratégias de enfrentamento e as atividades de graduação e do estágio diante da pandemia. No segundo eixo temático, "Construção da carreira", os participantes falaram sobre as ações que tinham antes e durante a pandemia, que contribuíram nessa construção, assim como sobre as expectativas de futuro (pós-pandemia). O terceiro eixo, "Sobre a pesquisa", reuniu falas sobre os pensamentos e sentimentos que possam ter tido ao responder aos questionários do estudo maior e conteúdos relacionados às variáveis socioemocionais e de carreira, estudadas no projeto maior. No último eixo, "Sobre a entrevista", os entrevistados falaram sobre suas percepções em relação à conversa e aos temas tratados. A partir dos eixos temáticos e tópicos correspondentes, foram identificados temas emergentes no conteúdo de suas falas, conforme explicitado na Quadro 1.

Quadro 1 – *Categorização das entrevistas por eixo temático, tópico e temas emergentes*

Eixos temáticos	Tópicos	Temas emergentes
Pandemia	Expectativas em relação à entrevista	- Colaboração com a pesquisadora; - benefício para o participante; - interesse no tema; - sem expectativa.
	Como lida com a pandemia	- Facilidade e dificuldade de enfrentamento; - adaptação à situação da pandemia; - neutralidade.
	Graduação	- Paralisação das aulas presenciais; - previsão de retorno às aulas on-line; - continuidade e/ou paralisação nas atividades de pesquisa; - participação em atividades extracurriculares; - participação em entidades estudantis; - impacto da pandemia na vida do graduando.
	Estágio	- Continuidade e/ou paralisação do estágio; - estágio remoto/on-line; - significado para o enfrentamento da pandemia; - aprendizagem (prática); - satisfação no estágio; - alteração na carga de trabalho e desempenho; - impacto da pandemia na vida do estagiário; - detalhamento do estágio.
Construção da carreira	Ações antes da pandemia	- Atividades da graduação; - atividades de estágio; - atividades de pesquisa; - atividades extracurriculares; - desenvolvimento de competências; - desenvolvimento de projetos; - participação em entidades estudantis; - reflexões sobre a carreira.

Eixos temáticos	Tópicos	Temas emergentes
Construção da carreira	Ações durante a pandemia	- Atividades extracurriculares; - continuidade das atividades pré-pandemia; - estratégias e dificuldades no enfrentamento; - mudança de planejamento; - mudança de rotina.
	Expectativas de futuro	- Desenvolvimento pessoal e profissional; - confiança sobre o futuro; - incertezas sobre o futuro; - perspectivas sobre o futuro do Brasil.
Sobre a Pesquisa	Pensamentos e sentimentos ao responder as questões dos instrumentos	- Emoção positiva ao se lembrar do e-book; - não se lembra de ter respondido questionário; - reflexões sobre a carreira; - colaboração com a pesquisadora; - sem dificuldades em relação à pesquisa.
	Conteúdos relacionados com variáveis socioemocionais e de carreira	- Competências transversais; - competências socioemocionais; - adaptabilidade de carreira; - percepção de autodesenvolvimento.
Sobre a entrevista	Pensamentos e sentimentos sobre a entrevista	- Satisfação em participar da pesquisa; - vantagens percebidas; - sugestões para pesquisas futuras.

Nota. Elaborado pelas autoras.

RESULTADOS

Eixo temático 1: pandemia

Expectativas dos participantes em relação à entrevista.

Os estagiários universitários disseram que não tinham muitas expectativas sobre a entrevista quando aceitaram o convite. Alguns informaram que suas participações visavam à colaboração com a pesquisadora, outros, ao interesse pelo tema e até a possíveis benefícios decorrentes das reflexões suscitadas. Destacam-se as falas sobre a oportunidade de refletir sobre o futuro, após a pandemia, como mostram os excertos a seguir.

> E eu espero que com essa conversa, esse debate que a gente vai ter, eu reflita pra saber o que que eu vou fazer depois da pandemia, quando abrir as portas de verdade (Estefânia, 19 anos).

> Vou conseguir falar um pouco sobre como penso nesse momento pra mim em relação ao contexto que eu tô vivendo, que tô pensando pro futuro (Joaquim, 23 anos).

Como cada participante lida com a pandemia

Os estagiários universitários falaram sobre o início da pandemia e como têm enfrentado esse momento, apresentando dificuldades no enfrentamento ao terem que lidar com o desconhecido da situação atual, com falas de preocupações em relação ao futuro profissional, às questões de saúde mental e física, às possíveis consequências do distanciamento social nas interações humanas, às mudanças nas rotinas de sono e às atividades da graduação e de estágio. Os participantes que não tiveram casos de COVID na família e já não saíam muito de casa antes, como Eliana e Joaquim, demonstraram maior facilidade no enfrentamento ou neutralidade frente à pandemia e melhor adaptação às situações do distanciamento social, relacionadas à maior proximidade com outras pessoas dentro de casa (família) e em ambientes virtuais.

> Eu sempre tive uma certa proximidade com redes sociais, com ambientes virtuais. Eu já fiz outros cursos livres, então eu tenho certa experiência em participar de fóruns, por exemplo, e até mesmo por questões de diversão, tipo alguns fóruns em que a gente narrava histórias, então todas as questões, tanto acadêmicas quanto de lazer eu consegui, é, mediar bem no momento. Claro que, é... eu sinto uma vontade de sair, uma praia, uma coisa assim, né, que em Salvador as praias são ótimas, mas tá dando pra aguentar tudo com o distanciamento social. Minha família também tá bem, então eu não sofro toda aquela preocupação, sabe, quando se tem alguma pessoa que tá infectada e tal (Joaquim, 23 anos).

> Tanto pra mim quanto para o resto da humanidade, né, passar por essa situação é um pouco complicado, já que é uma situação bastante adversa do que qualquer ser humano tenha passado até hoje. A pessoa tem que ficar em casa, não tem que ter contato social e tem que fazer tudo a distância tanto a questão das aulas, quanto a questão de trabalho, de estágio, é, está sendo bastante, digamos assim, fora do comum né, tá fora do comum para mim a questão da faculdade em si (Alexia, 23 anos).

Adaptar-se à pandemia relacionou-se com falas em relação à aceitação da situação. Ocorreram mudanças positivas na rotina com continuidade das atividades de pesquisa e de estágio, como mostram as narrativas.

Impactos da pandemia na graduação

Ao falar sobre as atividades na graduação, os participantes abordaram a paralisação das aulas presenciais, que aconteceu com todos eles, a previsão de retorno às aulas on-line para alguns, a continuidade e/ou paralisação das atividades de pesquisa, a participação em entidades estudantis e atividades extracurriculares e o impacto da pandemia na vida do graduando. Os cursos de Alexia, Joaquim e Marcelo estavam com previsão de retorno às aulas on-line, e outros ainda sem previsão, impactando diretamente na vida acadêmica e na rotina dos estudantes, que trazem questões sobre a incerteza do futuro de seus cursos e, consequentemente, na construção de sua carreira profissional. A participação em entidades estudantis – centro acadêmico e empresa júnior – e em atividades extracurriculares, como cursos on-line e acesso a materiais de estudos de forma autônoma, surgiu como tema importante no enfrentamento da pandemia em relação à formação profissional, de modo a ficar menos distante do curso de graduação.

> É bastante difícil você ver tudo parar você perde a visão de futuro você fica: ‹meu Deus e agora o que é que vai acontecer amanhã, o que que vai ser da nossa vida?› Eu vou estudar, eu vou estudar pra quê? Eu nem sei se vai ter aula. Se eu nem sei se eu vou fazer mais

> alguma coisa e depois da pandemia como vai ser, vou fazer alguma coisa presencial, vai voltar tudo ao normal? . . . várias coisas ao mesmo tempo né, e ao mesmo tempo não acontece nada (Alexia, 23 anos).

As atividades de pesquisa de Joaquim também foram paralisadas, e as de Ítalo e Marcelo continuaram de forma remota, o que pareceu ser benéfico para o último, que acreditou ter facilitado, principalmente, em relação aos horários e deslocamentos, apesar da perda do contato humano com os membros do laboratório de pesquisa.

Impactos da pandemia no estágio

Os participantes detalharam as atividades desempenhadas nos estágios que estavam realizando, enfatizando a vantagem da possibilidade de aprendizagem prática do que viram em teoria na graduação. Houve a continuidade do estágio de forma remota: para Marcos e Marcelo no curso de Engenharia Elétrica, para Ítalo no de Engenharia Civil e para Alexia no de Direito. E houve paralisação das atividades para Estefânia, no curso de Administração, e Joaquim, no de Direito. Já Eliane havia acabado de sair do estágio para trabalhar em um emprego efetivo, em área diferente de seu curso de graduação. Os participantes trouxeram também questões relativas ao significado positivo do estágio no enfrentamento da pandemia, já que, para muitos, foi a única atividade que continuou. A despeito das dificuldades com a pandemia, observa-se satisfação com as atividades exercidas no estágio, como mostra o excerto a seguir.

> O que me salvou digamos assim nessa pandemia mesmo, descartando tudo que vem acontecendo, foi a questão do estágio mesmo porque não parou, a gente continuou fazendo as atividades on-line, fazendo os atendimentos e foi o que me deu alguma razão para continuar, me motivou de alguma forma (Alexia, 23 anos).

> Então graças ao meu estágio, eu acho que eu mantive minha mente mais ocupada assim, apesar de eu achar que o meu desempenho com certeza foi inferior do que tivesse uma rotina assim antes da pandemia, mas mesmo assim acho que foi bom para mim (Italo, 23 anos).

No entanto, outros participantes relataram que alterações ocorreram na carga de trabalho e, consequentemente, no desempenho deles. Assim, houve impacto negativo da pandemia na vida do estagiário, que relata problemas com mudanças no horário de trabalho, procrastinação, acúmulo de funções e incerteza da continuidade ou frequência das atividades.

Eixo temático 2: construção da carreira

Ações antes da pandemia

Os universitários que participaram da pesquisa mostraram-se bem empenhados na execução de atividades de formação profissional desde antes do acontecimento da pandemia, envolvendo-se, para além das atividades de graduação e estágio, em atividades de pesquisa, extracurriculares e de entidades estudantis. Alguns participam do desenvolvimento de projetos profissionais específicos às suas áreas de atuação.

> Eu tava desenvolvendo projeto aí pra, pra se lançar no mercado o quanto antes, é... o estágio, a empresa júnior né que eu sou vice-presidente, também tava tocando a questão da federação, que eu sou presidente dela e eu também era diretor de projetos da [nome do projeto de extensão da universidade] (Marcos, 22 anos).

Nesse momento da entrevista, explicaram como desenvolveram competências importantes e referiam-se às reflexões sobre suas carreiras, com dúvidas sobre quais áreas desejam seguir e como aprimorar o currículo para melhores oportunidades. Todos os participantes demonstraram que a formação profissional é prioridade para eles, tendo até mesmo momentos de dificuldades e sobrecarga de estudos ou trabalho.

Ações durante a pandemia

Com a chegada do novo coronavírus no Brasil e a necessidade de distanciamento social, mudanças ocorreram em todas as áreas da vida dos brasileiros, e os participantes relataram suas mudanças na rotina e no planejamento de carreira. Com exceção dos estágios de Eliana e Joaquim, que precisaram ser paralisados de acordo com o decreto, os outros continuaram dedicando-se ao estágio com adaptações, de forma remota ou com escalas diferentes de horário. Também houve continuidade das atividades de pesquisa de Joaquim, Isaac e Marcelo, assim como de projetos fora da universidade, em que Marcos e Marcelo estão envolvidos. Alexia e Joaquim conseguiram desenvolver estratégias para lidar com as incertezas, aproveitando o momento da pandemia para refletir sobre suas vidas e carreiras, praticar atividades físicas e meditação, descansando e assistindo a shows on-line de artistas musicais.

> Já refiz o meu planejamento, eu ia terminar a faculdade junto com os dois anos de estágio, não vou fazer mais isso ... eu vou continuar estudando e me adaptando de acordo com as coisas que vão acontecer a primeira respondendo bem, assim, eu não tenho mais certeza de nada, entendeu?! (Marcelo, 32 anos).

Os estudantes continuaram com atividades de estudo de forma autônoma, com atividades extracurriculares, como cursos on-line, vídeos do YouTube e compras de livros pela internet. Demonstraram dificuldades e, ao mesmo tempo, relataram estratégias no enfrentamento da situação de pandemia, com dificuldades de concentração e foco, além de muita dificuldade de pensar no futuro, por ser incerto.

Expectativas de futuro

Ao falar sobre as expectativas de futuro, todos os participantes demonstram ter objetivos e planos de desenvolvimento pessoal e profissional contínuo, em relação à conclusão da graduação, ao início de pós-graduação, ao empreendedorismo, à construção de currículo para ingressar em multinacionais, prestar concursos públicos e mestrado. Apesar das incertezas sobre o futuro pós-pandemia e da ausência de perspectivas em relação ao futuro do Brasil, naquele momento, os estagiários demonstram confiança em relação ao próprio futuro, reconhecendo qualidades e virtudes que corroboram para a construção de suas carreiras de forma resiliente e adaptável.

> Ah, eu acho que eu escolhi bem uma área. Então, eu posso dizer que quanto mais eu me empenhe em aprender algo, eu acho que eu tenho um futuro bem promissor dentro da área de tecnologia, tenho que buscar muito mais conhecimento a respeito, correr atrás, acho que vale bem a pena, a faculdade em si me dá essa possibilidade (Eliana, 24 anos).

Ainda que as notícias sobre o Brasil e mundo mostrem dados sobre as graves crises sanitárias, ambientais e econômica, os participantes das entrevistas mostram-se esperançosos. Cabe indagar se haveria vieses nas respostas.

Eixo temático 3: sobre a primeira etapa da pesquisa

Pensamentos e sentimentos relacionados ao Estudo 1

Os participantes não se lembravam muito bem da primeira etapa da pesquisa, quando participam do estudo maior, concluindo, assim, que não tiveram dificuldades ao responder e que participaram mesmo para colaborar com a pesquisadora. Para a realização da primeira etapa da pesquisa, com o objetivo de fornecer uma contrapartida aos participantes do projeto maior, um e-book foi elaborado pela equipe de pesquisadores, denominado "Desenvolvendo minha carreira". O material fornece informações e dicas sobre o desenvolvimento de carreira para os estagiários que participaram da pesquisa, sendo disponibilizado ao final dos questionários. Assim, ao serem lembrados sobre o e-book, os participantes se recordam dos assuntos tratados na pesquisa: competências socioemocionais, transversais, autopercepção de desenvolvimento e adaptabilidade de carreira. Os participantes demonstraram emoções positivas sobre o e-book e relataram ter tido aproveitamento em suas vidas profissionais após a leitura, o que proporcionou reflexões sobre suas carreiras, como mostram as falas a seguir.

> Eu acho que todo o conhecimento que eu acabei absorvendo daquele teu livro lá, eu de algum jeito eu acabei é, adequando pra minha rotina que querendo ou não aquilo foi bem importante no começo (Marcos, 22 anos).

> Eu nem lembro de tudo na verdade né, mas assim, eu gostei muito dos questionários, abordou muita coisa em relação ao estágio em si, da aplicação do estágio, do aluno poder colocar em prática seus conhecimentos de, ali na sala de aula, na vida profissional digamos assim né, futuramente. Eu gostei muito, foi bem dinâmico, é, tinha umas perguntas que abrangiam muita coisa e dava pra falar sobre muita coisa ali... acho que as emoções de, de até de ansiedade, de pensar ali o que que tava sendo perguntado, de... deixa eu ver como é que eu posso dizer, de eu poder expor tudo o que eu tava passando né, de compartilhar as minhas experiências de alguma forma, de dizer como aquilo estava sendo bom ou ruim pra mim, se seria positivo ou negativo né (Alexia, 23 anos).

As reflexões sobre a carreira foram consideradas importantes por todos os participantes, tanto antes quanto durante a pandemia, inclusive os participantes verbalizaram a valorização de pesquisas que lhes possibilitam refletir sobre as temáticas abordadas na investigação. O e-book incitou reflexões a partir de informações e ações com o objetivo de desenvolvimento de competências importantes para a construção e a adaptabilidade de carreira.

Conteúdos relacionados com as variáveis socioemocionais e de carreira

Todos os participantes trouxeram relatos sobre o desenvolvimento de competências transversais ser importante em suas vidas, com aspectos relacionados à transversalidade, interdisciplinaridade, comunicação, ao trabalho e à gestão de equipe, flexibilidade, aprendizagem contínua, a conhecimentos cognitivos e técnicos, relações interpessoais, à liderança, motivação, ética. Estefânia, Marcos, Joaquim e Marcelo falam sobre a adaptabilidade de carreira com alguns exemplos em que precisaram ter essa característica bem desenvolvida para lidar com as intercorrências da vida e do trabalho.

> Em várias situações na minha vida incluindo na faculdade já, já perdi a conta já de quantas vezes, projetos ou tarefas às vezes não... não saíram do jeito que era pra sair é... ocorreram problemas no meio do caminho, mas é... de algum jeito eu sempre consegui, é... Me adaptar àquela situação e reverter e reverter tudo aquilo ao meu favor então assim, é... Questão de adaptabilidade pra mim nunca foi tão tão vívido como tem sido agora (Marcos, 22 anos).

Eliana, Marcelo, Joaquim e Ítalo demonstraram percepção de autodesenvolvimento no decorrer da carreira, sobretudo nesse momento de pandemia, relacionando-a com o autoconhecimento e a autoconfiança. Considerando as competências socioemocionais, Joaquim e Marcelo falam sobre a necessidade de regular as emoções no ambiente de trabalho e ter recursos de adaptabilidade para o alcance da adaptação na universidade e no trabalho.

Eixo temático 4: sobre a entrevista

Pensamentos e sentimentos

Foi identificado que todos gostaram de participar da entrevista, sendo percebidas vantagens para eles, como possibilidade de reflexão sobre suas trajetórias de carreira, reflexão sobre o futuro profissional e um espaço para acolhimento, o que foi muito valorizado, já que a entrevista foi realizada no meio da pandemia e tudo estava muito incerto, com suas atividades normais paralisadas. Ítalo e Marcos sugeriram para pesquisas futuras o estudo sobre as implicações emocionais da pandemia e o distanciamento social, por perceberem que houve impactos em suas vidas e de colegas, como mostram os excertos a seguir.

> Foi outro espaço que eu consegui refletir sobre o que eu vinha fazendo, inclusive eu tava com meu planejamento aqui aberto se eu precisasse né [risos]. Eu consegui me lembrar de tudo que eu fazia vendo esse planejamento, além dessa questão de um autoconheci-mento do que vinha fazendo, eu gostei de ver como experiências passadas conseguiram influenciar no meu desenvolvimento da carreira. Também pensar né, sobre as implicações que tudo que eu ia fazendo para o futuro. Eu gostei dessas perguntas, gostei do roteiro, da forma como a entrevista foi feita . . . não despertou nenhuma emoção negativa, nada do tipo, só coisas positivas e um pouco mais de entusiasmo pensando no futuro, no que pode vir (Joaquim, 23 anos).

> Significou muito porque uma pessoa que tá no terceiro período, fazendo entrevista com uma pessoa que é mestranda na USP, então significou muito pra mim, entendeu?! . . . Me ajudou a escutar, a pensar e a responder (Estefânia, 19 anos).

DISCUSSÃO

Os resultados indicam relações entre a continuidade das atividades realizadas antes da pandemia com o desenvolvimento de estratégias para lidar com essas intercorrências e incertezas em relação ao futuro profissional, sobretudo das atividades de estágio. Portanto, a necessidade de organização do estágio em ensino remoto é uma realidade imposta, mesmo que não seja a ideal em alguns cursos e até mesmo para alguns estagiários, diante do estilo de vida, de possibilidades e questões sociais e de saúde física e mental, mas se apresenta de suma importância para a continuidade do desenvolvimento de carreira, a fim de diminuir as perdas e consequências negativas do distanciamento social, o que vai ao encontro do exposto nos estudos de Gonçalves e Avelino (2020) e Souza e Ferreira (2020). É importante que seja possível a continuidade do contato com o mundo profissional, que já vinha apresentando mudanças velozes, acentuando-se no momento de pandemia.

A imersão no campo de estágio, na sala de aula, sendo virtual ou presencial, continua sendo um indicador que favorece a formação técnica, afetiva e profissional (Souza & Ferreira, 2020). Para conhecer e se colocar no ambiente de trabalho, os participantes do estudo de Silva e Teixeira (2013) relataram a importância do estágio, independentemente da área de atuação, favorecendo o processo de exploração, que é um processo central para que o indivíduo possa refletir sobre o profissional que gostaria de ser, buscando, a partir disso, experiências e reflexões capazes de ilustrar e clarear suas possibilidades de futuro na construção da carreira. O estágio marca a transição de ser estudante para se tornar um profissional, sendo necessário experimentar e testar diversos cenários e atividades de trabalho que podem proporcionar a consolidação das preferências pessoais e a própria identidade.

Os participantes discorreram sobre as ações realizadas antes da pandemia, para a construção de suas carreiras, e esse contato com a profissão a partir de atividades obrigatórias e extracurriculares colabora no desenvolvimento da adaptabilidade de carreira, facilitando para os estudantes o momento de utilizar estratégias de enfrentamentos frente aos desafios da vida e carreira, como, no caso, a chegada da pandemia. De acordo com Savickas (2013), atividades construtivas formam um ciclo adaptativo que se repete à medida que um indivíduo deve encaixar-se em um contexto de mudanças; e, ao perceber a aproximação de novas adaptações, pode buscar se adaptar de forma mais eficaz ao atender às condições de mudança com crescente conscientização e busca de informações, com tomada de decisão, comportamentos experimentais que levam a um compromisso estável projetado para determinado período, gerenciamento ativo de papéis e eventual desengajamento prospectivo.

A incerteza sobre o futuro diante da pandemia dificulta muitas ações a serem realizadas pelos estudantes e estagiários, que apresentam questionamentos em relação ao futuro do Brasil, a crises econômicas, sociais e políticas, a incertezas frente ao mercado de trabalho e à desvalorização do profissional, o que acaba prejudicando o desenvolvimento de carreira. O estudo de Blando et al. (2021) também identificou que, diante da paralisação das atividades universitárias, sem previsão de retorno, os estudantes apresentaram dificuldades durante a pandemia com as medidas protetivas de distanciamento social, relacionadas à gestão de tempo, à organização dos estudos, ao desempenho e a questões de saúde mental, assim como dificuldades em relação ao desenvolvimento da carreira, sobretudo no que diz respeito às expectativas de futuro, às incertezas sobre o mercado de trabalho e à crise econômica e política durante e após a pandemia. Rodrigues (2020) discute os efeitos psicológicos em estudantes universitários, como ansiedade, medo, preocupações, decorrentes de emergências de saúde pública. A incerteza sobre o efeito da pandemia causa preocupação nos estudantes em relação à própria formação e à possível dificuldade em encontrarem empregos ou se matricularem em programas de estudos. Identifica-se que os participantes que já possuíam postura ativa antes da pandemia conseguiram lidar melhor com o momento de incertezas e continuaram a buscar estratégias e atividades para prosseguir no desenvolvimento de suas carreiras, de acordo com as possibilidades psicológicas e sociais de cada um.

Os participantes que planejam sua carreira, participando de atividades extracurriculares, refletindo sobre sua trajetória de carreira, inserindo-se nos contextos profissionais de suas áreas de estudo, demonstram percepções mais acentuadas de desenvolvimento profissional. Isso vai ao encontro das conclusões obtidas no estudo de Carvalho e Mourão (2021), ao identificarem que os universitários que planejam a carreira possuem uma percepção mais elevada da evolução do seu desenvolvimento profissional do que os que não planejam, assim como os universitários que planejam a carreira também possuem percepção de empregabilidade superior a quem ainda não se engajou em tal planejamento.

Na construção de suas carreiras durante a trajetória de suas vidas, os participantes envolveram-se em atividades curriculares e extracurriculares, em entidades estudantis e participação em projetos específicos de suas áreas de trabalho – a partir de estágios em grandes empresas –, em que puderam desenvolver competências relevantes para melhor adaptabilidade no contexto profissional, como trabalho em equipe, comunicação, flexibilidade, conhecimentos cognitivos e técnicos, relações interpessoais, liderança, motivação, ética e aprendizagem contínua, competências que podem ser chamadas de transversais (diferentes áreas) ou transferíveis (de um contexto a outro), pois se aplica a qualquer situação, independentemente de área de vida e trabalho. É apontada como relevante para a tomada de decisão e de atitudes positivas na construção da carreira; um caminho pela reflexão contínua sobre suas potencialidades e o desenvolvimento de competências necessárias.

Os estagiários se mostraram satisfeitos com a realização da entrevista, ressaltando a importância do acolhimento no momento aversivo de pandemia em que os planos iniciais se modificaram e que a incerteza do futuro ficou mais acentuada. Além disso, todos relataram sobre a importância de ter refletido sobre suas trajetórias de carreira e pela possibilidade de retomar o assunto, que estava confuso em meio aos problemas de saúde pública, corroborando as reflexões de Savickas (2013), ao discutir que a linguagem pode fornecer as palavras para os projetos reflexivos de fazer um *self*, moldar uma identidade e construir uma carreira, possibilitando a subjetividade necessária para a reflexão sobre as ações realizadas e pensar sobre o futuro de quem quer ser e o trabalho que quer fazer. Neste sentido, a narrativa de identidade expressa a singularidade dos indivíduos em seus contextos particulares, articulando objetivos e direcionando o comportamento adaptativo, o que dá significado às atividades. Silva e Teixeira (2013) concluem que, ao refletirem sobre o processo de formação e as competências que necessitam desenvolver, estudantes e futuros profissionais podem buscar de forma mais ativa seu autodesenvolvimento, possibilitando o melhor aproveitamento de oportunidades oferecidas pelas instituições.

CONSIDERAÇÕES FINAIS

Por meio da reflexão sobre as trajetórias profissionais e as ações de estagiários de ensino superior, antes e durante a pandemia, buscou-se descrever suas percepções sobre a influência da pandemia na rotina universitária, visando a compreender estratégias utilizadas nas atividades da graduação e do estágio para a construção da carreira com perspectivas de futuro. Apesar das incertezas em relação ao futuro, observou-se que os jovens que realizaram ações, antes e durante a pandemia, voltadas para o desenvolvimento de suas carreiras, conseguiram adaptar-se melhor aos desafios impostos. Lidaram com as preocupações e as questões de saúde física e mental, adequaram-se às mudanças de rotina e carga de trabalho, apresentando maior adaptabilidade de carreira. Fizeram uso de suas competências transversais desenvolvidas no decorrer de suas trajetórias de estudo e trabalho no estágio.

Os participantes deste estudo mostraram-se comprometidos com suas carreiras e bastante envolvidos com o curso de graduação. O que é um aspecto positivo dos achados também pode ser considerado uma limitação do estudo. Não foram observadas vozes dos universitários que tiveram muitas dificuldades em lidar com a pandemia, aqueles sem recursos materiais e financeiras, sem internet e sem espaço físico apropriado; além disso, com dificuldades de ordem psicológica, como estados de ansiedade, depressão, pânico, entre outros transtornos. Faltam também vozes de estudantes de universidades privadas. Assim, algumas pistas para investigação seriam a realização de estudos com universitários com dificuldades materiais, financeiras e psicológicas, além de estudos sobre evasão universitária, em razão da pandemia, e sobre serviços de acolhimento em saúde mental de universitários na pandemia.

Em síntese, destaca-se a importância do estágio profissional para a formação integral do estudante universitário, a fim de desenvolver competências transversais e transferíveis, necessárias para a adaptabilidade de carreira, para lidar com as velozes mudanças do contexto de vida e trabalho, que se agravaram a partir da pandemia, pensando sempre na construção contínua de suas carreiras e no enfrentamento das adversidades do mundo contemporâneo.

QUESTÕES PARA DISCUSSÃO

Partindo da premissa de que o estágio profissional favorece a transição da identidade de estudante para a identidade profissional, reflita sobre as questões a seguir.

- Qual é o papel da universidade no desenvolvimento profissional do estagiário? Como poderiam facilitar processos e com quais ações e estratégias?

- Como as instituições de ensino e as instituições de trabalho, que ofertam vagas para estágio, podem facilitar o desenvolvimento profissional e de carreira dos estagiários de ensino superior?

- O que o estagiário pode fazer em vias de facilitar o uso de estratégias de enfrentamentos frente aos desafios de vida e de carreira?

- O planejamento de carreira pode contribuir no desenvolvimento da adaptabilidade de carreira? Se sim, como?

REFERÊNCIAS

Blando, A., Marcilio, F. C. P., Franco, S. R. K., & Teixeira, M. A. P. (2021). Levantamento sobre dificuldades que interferem na vida acadêmica de universitários durante a pandemia de COVID-19. *Revista Thema, 20*, 303-314. https://doi.org/10.15536/thema.V20.Especial.2021.303-314.1857

Braun, V., & Clarke, V. (2006). Using thematic analysis in psychol-ogy. Qualitative *Research in Psychology, 3*(2). 77-101. http://eprints.uwe.ac.uk/11735

Carvalho, L. & Mourão, L. (2021). Percepção de desenvolvimento profissional e de empregabilidade em universitários: uma análise comparativa. *Estudos e Pesquisas em Psicologia. 21*, n. spe, 1522-1540. http://doi.org/10.12957/epp.2021.64033

Castamam, M. T., & Rodrigues, A. (2020). O impacto da pandemia de COVID-19 na saúde mental: Uma revisão sistemática. *Revista Brasileira de Terapias Cognitivas, 16*(1), 1-12. https://doi.org/10.5935/1808-5687.20200001

Gonçalves, A. P., & Avelino, A. (2020). Impacto da pandemia de COVID-19 na saúde mental dos profissionais de saúde: Uma revisão integrativa. *Revista Portuguesa de Enfermagem de Saúde Mental, 22*, 1-10. https://doi.org/10.31011/reaid-2020-v.93-n.0-art.758

Knouse, S. B., & Fontenot, G. (2008). Benefits of the business college internship: A research review. *Journal of Employment Counseling, 45*(2), 61-66. https://doi.org/10.1002/j.2161-1920.2008.tb00045.x

Magolda, M. B. B. (1992). *Knowing and reasoning in college: Gender-related patterns in students' intellectual development.* Jossey-Bass.

Morales, V., & Lopez, Y. A. F. (2020). Impactos da pandemia na vida acadêmica dos estudantes universitários. *Revista Angolana de Extensão Universitária, 2*(2), 53-67. https://www.portalpensador.com/index.php/RAEU-BENGO/article/view/205

Mourão, L.; Carvalho, L. & Monteiro, A. C. (2020). Planejamento do desenvolvimento profissional na transição entre universidade e mercado de trabalho. In A. B. Soares, L. Mourão, M. C. Monteiro (Org.), *O estudante universitário brasileiro: saúde mental, escolha profissional, adaptação à universidade e desenvolvimento de carreira* (pp. 255-272). Appris.

Mourão, L., Porto, J. B., & Puente-Palácios, K. E. (2014). Construção e evidencias de validade de duas Escalas de Percepção de Desenvolvimento Profissional. *Psico-USF, 19*(1), 73-85. https://doi.org/10.1590/S1413-82712014000100008

Oliveira, J. E. B., Martins, I. R. C., & Melo-Silva, L. L. (2020). Estudantes universitários: incertezas profissionais e adaptabilidade de carreira. In A. B. Soares, L. Mourão, M. C. Monteiro (Org.), *O estudante universitário brasileiro: Saúde mental, escolha profissional, adaptação à universidade e desenvolvimento de carreira* (pp. 169-182). Appris.

Ribeiro, M. A. (2011). Orientação Profissional: uma proposta de guia terminológico. In M. A. Ribeiro, & L. L. Melo-Silva (Org.), *Compêndio de orientação profissional e de carreira: perspectivas históricas e enfoques teóricos, clássicos e modernos* (pp. 15-22). Vetor.

Ribeiro, M. A. (2021). *Orientação Profissional e de Carreira em tempos de pandemia: lições para pensar o futuro*. Vetor.

Ribeiro, M. A., Teixeira, M. A. P., & Duarte, M. E. (2019). *Life Design: um paradigma contemporâneo em orientação profissional e de carreira*. Vetor.

Rodrigues, B. B., Cardoso, R. R. D. J., Peres, C. H. R., & Marques, F. F. (2020). Aprendendo com o imprevisível: saúde mental dos universitários e educação médica na pandemia de COVID-19. *Revista Brasileira de Educação Médica, 44*, e149. https://doi.org/10.1590/1981-5271v44.supl.1-20200404

Savickas, M. L. (2013). Career Construction Theory and Practice. In Brown, SD & Quaresma, RW (Ed.), *Career Development and Counseling Putting Theory and Research to Work, 2*, 147-183. John Wiley & Sons.

Savickas, M. L. (2005). The theory and practice of career construction. In S. D. Brown & R. W. Lent (Ed.), *Career development and counseling: Putting theory and research to work* (pp. 42-70). John Wiley & Sons.

Savickas, M. L., & Porfeli, E. J. (2012). Career Adapt-Abilities Scale: Construction, reliability, and measurement equivalence across 13 countries. *Journal of Vocational Behavior, 80*(3), 661-673. https://doi.org/10.1016/j.jvb.2012.01.011

Silva, C. S. C., & Teixeira, M. A. P. (2013). Experiências de estágio: contribuições para a transição universidade-trabalho. *Paidéia (Ribeirão Preto), 23*(54), 103-112. https://doi.org/10.1590/1982-43272354201312.

Souza, E. M. F., & Ferreira, L. G. (2020). Ensino remoto emergencial e o estágio supervisionado nos cursos de licenciatura no cenário da Pandemia COVID 19. *Revista Tempos e Espaços em Educação, 32*(13), e-14290. https://dialnet.unirioja.es/servlet/articulo?codigo=7641432.

Super, D. E., Savickas, M. L., & Super, C. M. (1996). The life-span, life-space approach to careers. In D. Brown, L. Brooks, & Associates (Ed.), *Career choice and development: Applying contemporary theories to practice* (pp. 121-178). Jossey-Bass.

VERBI Software. (2019). MAXQDA 2020 [software de computador]. Berlim, Alemanha: *VERBI* Software. http://maxqda.com.

Vieira, D. A., Caires, S., & Coimbra, J. L. (2011). Do ensino superior para o trabalho: Contributo dos estágios para inserção profissional. *Revista Brasileira de Orientação Profissional, 12*(1), 29-36. http://pepsic.bvsalud.org/scielo.php?script=sci_arttext&pid=S1679-33902011000100005&lng=pt&tlng=pt.

SOBRE OS AUTORES

Adriana Benevides Soares

Doutora e mestra em Psicologia pela Universidade de Paris XI, com pós-doutorado pela Universidade Federal de São Carlos (UFSCar) e pela Universidade São Francisco (USF). Pós-graduada em Terapia Cognitivo-Comportamental (UniRedentor). Terapeuta certificada pela Federação Brasileira de Terapias Cognitivas (FBTC), psicóloga pela Universidade Federal do Rio de Janeiro (UFRJ). Professora titular da Universidade do Estado do Rio de Janeiro (UERJ) e da Universidade Salgado de Oliveira (UNIVERSO). Pesquisadora 1 do Conselho Nacional de Desenvolvimento Científico e Tecnológico (CNPq) e cientista do Nosso Estado pela Fundação de Amparo à Pesquisa do Estado do Rio de Janeiro (FAPERJ). Pesquisa nas áreas de habilidades sociais, especialmente no contexto educativo e no tema relativo à adaptação acadêmica à universidade. (https://labrelacoes.wordpress.com/)

E-mail: adribenevides@gmail.com

Orcid: 0000-0001-8057-6824

Adriano de Lemos Alves Peixoto

Graduado em Administração pela Universidade Salvador (1989) e em Psicologia pela Universidade Federal da Bahia (1999), mestrado em Administração pela Universidade Federal da Bahia (2003) e doutorado em Psicologia – Institute of Work Psychology/University of Sheffield (2008). Professor permanente do Programa de Pós-Graduação do Instituto de Psicologia da UFBA. Atualmente, é o Superintendente de Avaliação e Desenvolvimento Institucional da Universidade Federal da Bahia.

E-mail: peixoto@ufba.br

Orcid: 0000-0003-1962-1571

Alamir Costa Louro

Doutor e mestre em Administração de Empresas pela Universidade Federal do Espírito Santo. Pesquisador visitante da Universidade de Ljubljana (2018). Graduado em Ciência da Computação UFES (2002), PMP, ITIL V3, MCTS. Atualmente, é bolsista CNPQ e Servidor Público no Tribunal de Justiça do Espírito Santo.

E-mail: alamirlouro@gmail.com

Orcid: 0000-0002-5489-4551

Alessandra Turini Bolsoni-Silva

Livre-docente em Psicologia Clínica (Universidade Estadual Paulista – UNESP), com pós-doutorado em Saúde Mental (Universidade de São Paulo – USP). Doutora em Psicologia (Universidade de São Paulo – USP) e mestra em Educação Especial (Universidade Federal de São Carlos – UFSCar). Psicóloga pela Universidade Federal de São Carlos (UFSCar). Professora assistente junto ao Departamento de Psicologia (Universidade Estadual Paulista – UNESP). Pesquisadora 1C do Conselho Nacional de Desenvolvimento Científico e Tecnológico (CNPq). Pesquisa nas áreas de habilidades sociais, saúde mental e clínica comportamental.

E-mail: bolsoni.silva@unesp.br

Orcid: 0000-0001-8091-9583

Alexsandro Luiz De Andrade

Doutor em Psicologia pela Universidade Federal do Espírito Santo. Psicólogo e mestre em Psicologia pela Universidade Federal de Santa Catarina. É professor da Universidade Federal do Espírito Santo. Bolsista de Produtividade em Pesquisa pelo do Conselho Nacional de Desenvolvimento Científico e Tecnológico (CNPq) e pela Fundação de Amparo à Pesquisa do Estado do Espírito Santos (FAPES).

E-mail: alexsandro.andrade@ufes.br

Orcid: 0000-0003-4953-0363

Alvim Santana Aguiar

Graduado em Ciências Contábeis (Universidade de Brasília, UnB).

E-mail: alvimsantanaaguiar@gmail.com

Orcid: 0000-0002-6924-4842

Amalia Raquel Pérez-Nebra

Doutora em Psicologia Social, do Trabalho e das Organizações (Universidade de Brasília, UnB) com estágio doutoral (Universidad Autónoma de Madrid) e pós-doutoral (Universidad de Valencia e Universidad de Zaragoza). Mestre em Psicologia (Universidade de Brasília, UnB). Graduada em Psicologia (Universidade de Brasília, UnB). Professora na Facultad de Ciencias Sociales y del Trabajo do Departamento de Psicología y Sociología da Universidad de Zaragoza. Professora colaboradora do Programa de Pós-Graduação em Administração da Universidade de Brasília. Membro do Board da Division 1 – Work and Organizational Psychology da International Association of Applied Psychology (IAAP) e Board do Grupo Future of Work (FoWOP).

E-mail: amaliaraquel.perez@unizar.es

Orcid: 0000-0001-8386-1233

Amanda Espagolla Santos

Mestre em Ciências pelo Programa de Pós-graduação em Psicologia da Faculdade de Filosofia, Ciências e Letras de Ribeirão Preto da Universidade de São Paulo (FFCLRP/USP). Graduada em Psicologia pela Universidade Federal do Triângulo Mineiro (UFTM). Membro do laboratório de estudos e intervenções em desenvolvimento socioemocional e carreira (CarreiraLab/FFCLRP/USP). Psicóloga clínica e orientadora profissional em consultório particular.

E-mail: aespagolla@gmail.com

Orcid: 0000-0003-1670-7310

Amanda Santos Monteiro Machado

Mestrado em Psicologia pela Universidade Salgado de Oliveira (UNIVERSO) e psicóloga pela Faculdades Integradas Maria Thereza (FAMATH). Possui graduação em Letras e especialização em Estudos Literários pela Universidade do Estado do Rio de Janeiro (UERJ-FFP). Psicóloga clínica com capacitação em Análise do Comportamento e Terapia Cognitivo-Comportamental.

E-mail: asmonteiromachado@gmail.com

Orcid: 0000-0003-0860-0302

Ana Luísa Rodrigues de Sousa Lima

Graduada em Psicologia (Centro Universitário de Brasília – UniCEUB).

E-mail: analuisarsl28@gmail.com

Orcid: 0009-0004-0747-7829

Ana Paula Resende Augusto

Psicóloga clínica e conselheira de carreira, mestranda do Programa de Pós-graduação em Psicologia da Faculdade de Filosofia, Ciências e Letras de Ribeirão Preto da Universidade de São Paulo (FFCLRP/USP).

E-mail: ana.paula.augusto@usp.br

Orcid: 0000-0001-6656-1415

André Rezende Morais

Mestrado em Psicologia pela Universidade Federal de São João del Rei (UFSJ) e especialista em Terapia Cognitivo-comportamental pelo Instituto WP. Possui formação em Terapia do Esquema pelo Grupo Wainer e curso de aprimoramento como facilitador do Método *Friends* para o Treinamento de Habilidades Socioemocionais pelo Instituto Brasileiro de Inteligência Emocional e Social (IBIES). Psicólogo pela Universidade Federal de São João del-Rei (UFSJ). Psicólogo clínico com enfoque no tratamento dos transtornos de ansiedade e humor e na promoção de saúde mental, por meio do treinamento de habilidades socioemocionais.

E-mail: andre.rez.morais@gmail.com

Orcid: 0000-0003-2195-2951

Antonio Paulo Angélico

Doutor em Saúde Mental pela Faculdade de Medicina de Ribeirão Preto da Universidade de São Paulo (FMRP-USP) e mestre em Educação Especial pela Universidade Federal de São Carlos (UFSCar). Psicólogo com Licenciatura Plena em Psicologia pela Universidade Estadual Paulista (UNESP/Bauru). Professor associado e coordenador da Área de Psicologia Experimental do Departamento de Psicologia da Universidade Federal de São João del-Rei (UFSJ). Docente e orientador do Programa de Pós-Graduação em Psicologia da UFSJ, com ex-mestranda homenageada como egressa destaque no I Simpósio de Pós-Graduação da universidade em 2022. Pesquisa na área de habilidades sociais, especialmente no contexto universitário e organizacional.

E-mail: angelico.fmrp.usp@gmail.com

Orcid: 0000-0002-6926-0439

Camila Alves Fior

Doutora e Mestra em Educação pela Universidade Estadual de Campinas (UNICAMP), com pós-doutorado pela Universidade do Minho (Portugal). Graduada em Psicologia pela Universidade Estadual Paulista (UNESP/Bauru). Docente do Departamento de Psicologia Educacional, vinculado à Faculdade de Educação (FE), da Universidade Estadual de Campinas (UNICAMP). Professora Permanente do Programa de Pós-graduação em Educação da mesma universidade. Faz parte do

Grupo de Pesquisa do CNPq "Psicologia e Educação Superior" (PES), sediado na FE/UNICAMP. Ensino e pesquisa nas áreas de formação de professores, ensino superior, engajamento acadêmico, permanência estudantil, autorregulação da aprendizagem e Teoria Social Cognitiva.

E-mail: cafior@unicamp.br

Orcid: 0000-0002-4789-6137

Carlos Alexandre Antunes Cardoso

Psicólogo pela Universidade Federal Fluminense (UFF). Mestrando em Ciências pela Faculdade de Odontologia de Bauru, da Universidade de São Paulo (FOB-USP). Pós- graduando em Análise do Comportamento Aplicada e Neuropsicologia Clínica pelo Centro Universitário Uniamérica. Atua na área de avaliação/reabilitação neuropsicológica e intervenções comportamentais em um Centro Especializado em Reabilitação (CER), no município de Bauru, com ênfase no atendimento a crianças e adolescentes com Transtorno do Espectro Autista e outros transtornos do neurodesenvolvimento. Também é coordenador no núcleo de atendimento Teens no Instituo Singular – São Paulo, a qual é responsável por atendimentos na área do autismo.

E-mail: carlosalexandreac@usp.br

Orcid: 0000-0002-6004-3796

Catarina Malcher Teixeira

Professora associada do Departamento de Psicologia e do Programa de Pós-Graduação em Psicologia da Universidade Federal do Maranhão (UFMA). Bolsista pós-doutorado FAPEMA na Universidade Federal de São Carlos (UFSCar). Doutora em Psicologia pela Universidade Federal de São Carlos (UFSCar). Mestre em Teoria e Pesquisa do Comportamento pela Universidade Federal do Pará (UFPA). Psicóloga pela Universidade Federal do Pará (UFPA). Membro do GT da ANPEPP Relações Interpessoais e Competência Social.

E-mail: catarina.malcher@ufma.br

Orcid: 0000-0002-9987-7528

Cláudia Patrocinio Pedroza Canal

Doutora em Psicologia pela Universidade Federal do Espírito Santo (UFES). Professora associada no Departamento de Psicologia Social e do Desenvolvimento na UFES. Docente na área de desenvolvimento humano. Integrante do Laboratório de Estudos sobre o Desenvolvimento Humano (Ledhum) da UFES, com projetos sobre permanência dos estudantes no ensino superior.

E-mail: claudia.pedroza@ufes.br

Orcid: 0000-0003-2342-1302

Dagma Venturini Marques Abramides

Psicóloga e professora associada do Departamento de Fonoaudiologia da Faculdade de Odontologia de Bauru, da Universidade de São Paulo (FOB-USP). Professora dos cursos da área da saúde da FOB-USP. Especialista em Psicologia Médica do Adolescente pela Universidade Estadual de Campinas (UNICAMP). Mestre em Distúrbios da Comunicação pelo Hospital de Anomalias Craniofaciais (HRAC-USP) e doutora em Ciências Biológicas pelo Instituto de Ciências Biológicas da Universidade Estadual Paulista-Botucatu (UNESP). Coordenadora do Centro Cuidar: centro integrado de cuidado à saúde mental e promoção do bem-estar estudantil da FOB-USP. Pesquisa nas áreas de bem-estar, processos educativos e habilidade sociais.

E-mail: dagmavma@usp.br

Orcid: 0000-0002-2447-3860

Daiane Rose Cunha Bentivi

Psicóloga, com mestrado em Psicologia Social pela Pontifícia Universidade Católica de São Paulo (2012) e doutorado em Sociologia pela Universidade do Porto (2019). Realiza pós-doutorado no Programa de Pós-Graduação em Psicologia da Universidade Federal da Bahia (UFBA).

E-mail: daianebentivi@hotmail.com

Orcid: 0000-0002-6944-5476

Danielle Mello Ferreira

Doutora em Psicologia (Universidade Salgado de Oliveira) com estágio pós-doutoral (Universidade Salgado de Oliveira). Mestre em Avaliação (Fundação Cesgranrio). Graduada em Pedagogia (Universidade Salgado de Oliveira), especialista em Psicopedagogia Clínica e Institucional (Instituto Isabel). Professora universitária e diretora de pós-graduação da Universidade Salgado de Oliveira. Professora Colaboradora do Programa de Pós-Graduação em Psicologia da Universidade Salgado de Oliveira.

E-mail: danimellof@gmail.com

Orcid: 0000-0002-2285-5400

Débora Cristina Cezarino

Fonoaudióloga graduada e mestranda em Fonoaudiologia-Processos e Distúrbios da Audição pela Faculdade de Odontologia de Bauru, da Universidade de São Paulo (FOB-USP). Foi bolsista de iniciação científica, em 2000 e 2001.

E-mail: deboracezarino@usp.br

Orcid: 0009-0001-1713-668

Elizabeth Joan Barham

Doutora em Psicologia Social e de Desenvolvimento Aplicado pela University of Guelph e mestre em Psicologia Social pela University of Waterloo, ambos no Canadá, com pós-doutorado pela Virginia Polytechnic and State University, em Blacksburg, Virginia, EUA. Professora Associada na Universidade Federal de São Carlos (UFSCar). Membro do International Center for Coparenting Policy and Research (ICOPAR) e do International Consortium on Parental Burnout. Pesquisa na área de habilidades socioemocionais e desenvolve e avalia programas de intervenção, especialmente no contexto de transições na vida adulta, como no caso da transição para a parentalidade.

E-mail: lisa@ufscar.br

Orcid: 0000-0002-7270-4918

Enrique Souza Borges

Cirurgião-dentista graduado pela Faculdade de Odontologia de Bauru, da Universidade de São Paulo (FOB-USP). Foi bolsista de iniciação científica, em 2020 e 2021.

E-mail: enriqueborges@usp.br

Orcid: 0009-0002-5587-6256

Fabiana Pinheiro Ramos

Professora do Departamento de Psicologia e do Programa de Pós-graduação em Psicologia da Universidade Federal do Espírito Santo (UFES).

E-mail: fabiana.ramos@ufes.br

Orcid: 0000-0002-2233-0305

Fernanda Drummond Ruas Gaspar

Mestre e doutora em Psicologia Social do Trabalho e das Organizações pela Universidade de Brasília (UnB). Psicóloga clínica, consultora em projetos de avaliação de programas educacionais e pesquisadora do Laboratório de Avaliação de Sistemas Instrucionais (LASI/UnB). Atua com os temas: ensino em saúde, elaboração de instrumentos de medida, desenho instrucional, taxonomias de aprendizagem e avaliação de sistemas instrucionais.

E-mail: fernandagaspar1202@gmail.com

Orcid: 0000-0002-8948-2995

Fernanda Torres Sahão

Doutora e mestra em Análise do Comportamento pela Universidade Estadual de Londrina (UEL). Professora temporária da Universidade Estadual de Londrina (UEL) e professora da Universidade Positivo campus Londrina. Atua com ensino e pesquisa na área de Programação de Condições para o Desenvolvimento de Comportamentos (PCDC). Produz conteúdo de divulgação científica na página @cientistasemjaleco.

E-mail: ftsahao@gmail.com

Orcid: 0000-0002-7992-5086

Gardênia da Silva Abbad

Doutora em Psicologia pela Universidade de Brasília (UnB). Professora titular do Instituto de Psicologia e dos Programas de Pós-Graduação em Administração e em Psicologia Social do Trabalho e das Organizações na Universidade de Brasília. Atua com os temas: treinamento, desenvolvimento e educação, medidas de avaliação de programas educacionais presenciais e a distância e tecnologias de ensino em saúde. Pesquisadora 1A do Conselho Nacional de Desenvolvimento Científico e Tecnológico (CNPq). Presidente da Associação Nacional de Pesquisa e Pós-graduação em Psicologia – ANPEPP.

E-mail: gardenia.abbad@gmail.com

Orcid: 0000-0003-0807-3549

Helen Vieira de Oliveira

Doutora em Educação pela Universidade de Lisboa (UL), mestre em Educação pela Universidade do Estado do Rio de Janeiro (UERJ). Psicopedagoga no Espaço Versar e no Núcleo de Orientação e Atendimento Psicopedagógico (NOAP – PUC-Rio).

E-mail: helenvoliveira@gmail.com.

ORCID: 0000-0003-3466-3905

Jéssica Pierazzo de Oliveira Rodrigues

Mestranda em Psicologia (Universidade de São Paulo – FFCLRP USP), especialista em Psicologia Organizacional e do Trabalho. MBA em Gestão de Pessoas por Competências e Coaching (Instituto de Pós-graduação e Graduação – IPOG). Business & executive coach (Instituto Brasileiro de Coaching – IBC). Graduada em Psicologia (Universidade de Rio Verde – UNIRV). Membro participante do Laboratório de Estudos e Intervenção em Desenvolvimento Socioemocional e Carreira – CarreiraLab – FFCLRP USP. Psicóloga e consultora de carreira.

E-mail: contato@jessicapierazzo.com.br; jessicapierazzo@usp.br

Orcid: 0000-0001-5468-4733

João Victor Veríssimo

Estudante do curso de Medicina da Faculdade de Odontologia de Bauru, da Universidade de São Paulo (FOB-USP). Foi bolsista de iniciação científica, em 2020 e 2021.

E-mail: joaovictorverissimo@usp.br

Orcid: 0009-0008-0317-9284

Jorge Luís de Souza Campista

Graduando em Psicologia pela UFES.

E-mail: jorge.campista2000@gmail.com

Orcid: 0009-0000-5406-6820

José Egídio Oliveira

Licenciado em Psicologia na Universidade do Porto, Portugal, em 2007. Doutorado em Psicologia pela mesma Universidade em 2014. Pós-doutorado na Faculdade de Filosofia, Ciências e Letras de Ribeirão Preto da Universidade de São Paulo (FFCLRP/USP), sobre a adaptabilidade da carreira de adultos emergentes. Os seus temas de estudo compreendem: juventude, transição para a vida adulta, gestão da incerteza, adaptabilidade de carreira, identidade, migrações, integração. Foi investigador associado na Universidade do Luxemburgo, Luxemburgo.

E-mail: egidiooliveira@gmail.com

Orcid: 0000-0002-8358-1159

Juliana Pereira Rodrigues Nunes

Psicóloga e mestranda em Psicologia pelo Programa de Pós-graduação em Psicologia da UFES.

E-mail: julianapereira.psi@gmail.com

Orcid: 0009-0002-2656-7155

Laísa Azevedo Esteves de Barros

Mestranda em Psicologia Clínica na Pontifícia Universidade Católica do Rio de Janeiro (PUC-Rio) e pós-graduanda em Psicopedagogia Clínica e Institucional na Universidade Veiga de Almeida (UVA). Psicóloga pela Pontifícia Universidade Católica do Rio de Janeiro (PUC-Rio). Atuação nas áreas de Psicologia Clínica e Orientação Profissional e de Carreira.

E-mail: laisaesteves@hotmail.com.

Orcid: 0000-0003-0616-2337

Leandro S. Almeida

Doutor em Psicologia pela Universidade do Porto (U.Porto). Professor catedrático da Escola de Psicologia da Universidade do Minho (Uminho), Braga, Portugal. Docente na área da cognição e metodologia da investigação. Investigador no Centro de Investigação em Psicologia (CIPsi, UMinho) com projetos na área do ensino superior e sucesso

acadêmico dos estudantes.

E-mail: leandro@psi.uminho.pt

Orcid: 0000-0002-0651-7014

Lívia Lira de Lima Guerra

Psicóloga, especialista em Terapia Cognitivo-Comportamental no Centro de Estudos em Terapia Cognitivo-Comportamental. Treinamento em Teaching and Supervising pelo Beck Institute for Cognitive Behavior Therapy (Beck Institute, Philadelphia, USA). Mestre em Psicologia pela Universidade Federal de São Carlos – UFSCar. Graduada e licenciada em Psicologia pela Universidade Estadual da Paraíba – UEPB. Doutora em Psicologia com ênfase em Comportamento Social e Processos Cognitivos, pelo Programa de Pós-Graduação em Psicologia (PPGPsi) da UFSCar. Com período sanduíche pela Pennsylvania State University (PennState, EUA), orientada pelo Dr. Mark E. Feinberg, com apoio da Fundação de Amparo à Pesquisa do Estado de São Paulo (FAPESP). Pós-doutoranda pela USF (Universidade São Francisco). Adaptou e avaliou os efeitos de um programa de intervenção para promover a construção da relação coparental, oferecido a casais brasileiros esperando seu primeiro filho. Atua como pesquisadora na área de Psicologia do Desenvolvimento e Coparentalidade, tem interesse nos temas: relações interpessoais, habilidades sociais, parentalidade e coparentalidade. Tem experiência profissional na área de psicologia clínica com adultos. Membro do *International Consortium on Parental Burnout*.

E-mail: psicologa@livialira.com.br

Orcid: 0000-0002-1184-209

Luara Carvalho

Psicóloga, mestre e doutora em Psicologia pela Universidade Salgado de Oliveira, Niterói. Participante do Laboratório e do Grupo de Pesquisa em Aprendizagem no Trabalho e Desenvolvimento Profissional da UNIVERSO e do Grupo Psicologia do Trabalho e Carreira: Pesquisa e Intervenção da PUC-CAMPINAS. É orientadora de carreira e professora do Programa de Pós-Graduação Lato Sensu em Psicologia da UNIVERSO.

E-mail: luaracarvalhomotta@gmail.com

Orcid: 0000-0003-3852-3133

Lucas Cordeiro Freitas

Realizou estágio de pós-doutorado no Departamento de Psicologia da Universidade Federal de São Carlos (UFSCar). Doutor e mestre em Educação Especial pela UFSCar, com estágio de doutorado no exterior no programa de School Psychology da Louisiana State University (LSU). Possui graduação em Formação de Psicólogo e Licenciatura em Psicologia pela Universidade Federal de São João del-Rei (UFSJ). Atualmente, é professor adjunto no curso de graduação em Psicologia da UFSJ e docente permanente no Programa de Pós-Graduação em Psicologia da mesma universidade. Vice-coordenador do Grupo de Trabalho "Relações Interpessoais e Competência Social" da Associação Nacional de Pesquisa e Pós-graduação em Psicologia (ANPEPP). Realiza pesquisas predominantemente nas temáticas de habilidades sociais de crianças, adolescentes e universitários e de validação de instrumentos de medida.

E-mail: lcordeirofreitas@ufsj.edu.br

Orcid: 0000-0002-3860-9327

Lucas Guimarães Cardoso de Sá

Professor adjunto do Departamento de Psicologia e do Programa de Pós-Graduação em Psicologia da Universidade Federal do Maranhão (UFMA). Possui doutorado em Psicologia pela Universidade Federal de São Carlos (UFSCar), graduação e mestrado em Psicologia pela Universidade Federal de Uberlândia (UFU). Coordena o Grupo de Estudos e Pesquisas em Psicometria e Avaliação Psicológica (GEPPAP/UFMA).

E-mail: lucas.gcs@ufma.br

Orcid: 0000-0003-1656-0136

Luciana Mourão

Doutora em Psicologia (Universidade de Brasília, UnB) com estágio pós-doutoral (Instituto Universitário de Lisboa, IUL-ISCTE). Mestre em Administração (Universidade Federal de Minas Gerais, UFMG). Graduada em Comunicação Social (UFMG), em Administração (Faculdade de Administração de Brasília, FAAB) e em Psicologia (Universidade Salgado de Oliveira, Universo). Docente há 25 anos, professora titular no Programa de Pós-Graduação em Psicologia da Universo e professora visitante da Universidade do Estado do Rio de Janeiro (UERJ). Pesquisadora 1C do Conselho Nacional de Desenvolvimento Científico e Tecnológico (CNPq) e Cientista do Nosso Estado pela Fundação de Amparo à Pesquisa do Estado do Rio de Janeiro (FAPERJ). Coordenadora do Aprimora – Núcleo de Estudos em Trajetória e Desenvolvimento Profissional.

E-mail: mourao.luciana@gmail.com

Orcid: 0000-0002-8230-3763

Lucy Leal Melo-Silva

Doutora em Psicologia da Faculdade de Filosofia, Ciências e Letras de Ribeirão Preto da Universidade de São Paulo (FFCLRP/USP). Mestre em Educação Especial (Universidade Federal de São Carlos, UFSCar). Graduada em Psicologia (Universidade Estadual Paulista, UNESP-Bauru). Professora associada sênior do curso de pós-graduação em Psicologia da FFCLRP/USP. Coordenadora do CarreiraLab/USP. Membro das associações científicas e profissionais: ABRAOPC, IAEVG, ANPEPP, AIDEP e ASBRo. Coeditora da Revista Brasileira de Orientação Profissional. Pesquisadora do Conselho Nacional de Desenvolvimento Científico e Tecnológico (CNPq).

E-mail: lucileal@ffclrp.usp.br

Orcid: 0000-0002-5890-9896

Maicon Suel Silva

Fonoaudiólogo graduado pela Faculdade de Odontologia de Bauru, da Universidade de São Paulo (FOB-USP). Pós-graduando lato sensu em Práticas Integrativas e Complementares em Saúde pela Faculdade Metropolitana de Ribeirão Preto, São Paulo. Atua na avaliação clínica da audição, zumbido, seleção e adaptação de aparelhos auditivos e reabilitação auditiva. Foi discente colaborador, entre 2019 e 2021.

E-mail: maicosuh36@gmail.com

Orcid: 0000-0001-7295-1647

Marcela de Moura Franco Barbosa

Mestre em Ciências pelo Programa de Pós-graduação em Psicologia da Faculdade de Filosofia, Ciências e Letras de Ribeirão Preto da Universidade de São Paulo (FFCLRP/USP). Graduada em Psicologia pela Universidade Federal do Triângulo Mineiro (UFTM). Membro do laboratório de estudos e intervenções em desenvolvimento socioemocional e carreira (CarreiraLab/FFCLRP/USP). Psicóloga clínica e orientadora profissional em consultório particular.

E-mail: marcelafrancobarbosa@gmail.com

Orcid: 0000-0001-5665-2612

Mariana Ramos de Melo

Doutora e mestre em Administração pela Universidade Federal do Espírito Santo. É pós-doutoranda pelo Programa de Pós-Graduação em Psicologia da Universidade Federal do Espírito Santo. Graduada em Administração pela Universidade Federal de Viçosa e em Ciências Contábeis pela Pontifícia Universidade Católica de Minas Gerais. Bolsista de Pós-doutorado FAPES/CNPq (Processo: 150307/2023-3).

E-mail: mariramosmelo@gmail.com

Orcid: 0000-0001-7826-6050

Marcia Cristina Monteiro

Doutora em Psicologia pela Universidade Salgado de Oliveira (UNIVERSO) e mestra pela Universidade Federal do Rio de Janeiro (UFRJ), com pós-doutorado pela Universidade do Estado do Rio de Janeiro (UERJ)) e pela Universidade Salgado de Oliveira (UNIVERSO). Pós-graduada em Terapia Cognitivo-Comportamental (Centro Universitário Celso Lisboa). Especialista em Psicopedagogia (UERJ). Psicóloga pela Universidade Gama Filho (UGF). Professora da Universidade Salgado de Oliveira (UNIVERSO). Orientadora educacional na Fundação de Apoio à Escola Técnica do Estado do Rio de Janeiro. Pesquisa nas áreas de orientação vocacional, maturidade para escolha profissional, habilidade sociais, transição e adaptação acadêmica.

E-mail: marcialauriapsi@outlook.com

Orcid: 0000-0003-2892-1808

Maria Eduarda de Melo Jardim

Doutoranda e mestre pelo Programa de Pós-Graduação em Psicologia Social da Universidade do Estado do Rio de Janeiro (PPGPS-UERJ). Especialista em Psicopedagogia Clínica e Institucional pelo Centro Universitário Celso Lisboa. Psicóloga formada pela Universidade Federal Fluminense (UFF).

E-mail: duuda.jardim@gmail.com

Orcid: 0000-0002-5989-2440

Maria Elisa Almeida

Doutora em Psicologia Clínica na Pontifícia Universidade Católica do Rio de Janeiro (PUC-Rio), com pós-doutorado em Educação na Pontifícia Universidade Católica do Rio de Janeiro (PUC-Rio). Mestre em Ciências da Educação na Universidade de Aveiro (Portugal). Psicóloga pela Pontifícia Universidade Católica do Rio de Janeiro (PUC-Rio). Professora do Departamento de Educação da PUC-Rio. Coordenadora e supervisora do Serviço de Orientação Profissional do Núcleo de Orientação e Atendimento Psicopedagógico (NOAP/PUC-Rio). Atuação nas áreas de Psicologia Educacional e Orientação Profissional e de Carreira.

Email: elisaalmeida@puc-rio.br

Orcid: 0009-0002-1860-0832

Mariangela da Silva Monteiro

Doutora em Psicologia pela Universidade Federal do Rio de Janeiro (UFRJ), mestre em Educação pela Universidade do Estado do Rio de Janeiro (UERJ). Psicóloga pela Universidade Santa Úrsula, licenciada em Psicologia pela Universidade Santa Úrsula, bacharel em Psicologia pela Universidade Santa Úrsula. Professora do Departamento de Psicologia da Pontifícia Universidade Católica do Rio de Janeiro (PUC-Rio), no Departamento de Psicologia. Professora de Educação Inclusiva, em curso de especialização pela PUC-Rio. Professora do curso de especialização em Orientação Profissional (PUC-Rio). Supervisora de estágios básicos e profissionalizantes no Serviço de Psicologia da Puc-Rio (SPA PUC-Rio). Supervisora em Orientação Profissional no Núcleo de Orientação e Atendimento Psicopedagógico (NOAP – PUC- Rio). Orientadora de monografias. Psicóloga Educacional na rede pública de ensino de Duque de Caxias- Rio de Janeiro. Desenvolvimento de Projetos em Educação Inclusiva.

E-mail: mariangela@infolink.com.br

Orcid : 0000-003-4328-3998

Michelli Godoi Rezende

Psicóloga e mestre Psicologia pela Universidade Federal de São João del-Rei (UFSJ). Doutoranda em Psicologia pelo Programa de Pós-Graduação em Psicologia e Laboratório de Pesquisa em Saúde Mental (LAPSAM) da Universidade Federal de São João del-Rei (PPGPSI-UFSJ). Atualmente, é professora em disciplinas relacionadas à área da psicologia organizacional e do trabalho e coordenadora do curso de Psicologia do Centro Universitário de Lavras (UNILAVRAS). Avaliadora do INEP (Instituto Nacional de Estudos e Pesquisas Educacionais). Palestrante, instrutora de treinamentos e consultora na área de gestão de pessoas e desenvolvimento de líderes em empresas do setor público e privado. Sócia fundadora da Empoderah – Imagem, Comunicação e Liderança Feminina.

E-mail: michelli.godoi@unilavras.edu.br

Orcid: 0000-0002-6672-9895

Nádia Kienen

Doutora e mestre em Psicologia pela Universidade Federal de Santa Catarina (UFSC) (2008),com pós-doutorado pela University of Alabama at Birmingham (2017). Professora associada da Universidade Estadual de Londrina (UEL), atuando no Departamento de Psicologia Geral e Análise do Comportamento e no Programa de Pós-Graduação (mestrado e doutorado) em Análise do Comportamento. Atua com ensino e pesquisa na área de Programação de Condições para o Desenvolvimento de Comportamentos em contextos organizacionais, clínicos, educacionais e de saúde. Líder do grupo de pesquisa "Programação de Condições para o Desenvolvimento de Comportamentos".

E-mail: nadiakienen@uel.br

Orcid: 0000-0003-2179-3700

Natália Pereira de Oliveira

Graduanda em Psicologia pela Universidade do Estado do Rio de Janeiro (UERJ). Bolsista no Programa Institucional de Bolsas de Iniciação Científica (PIBIC) vinculada ao Laboratório de Relações Interpessoais e Contextos Educativos da Universidade do Estado do Rio de Janeiro (UERJ).

E-mail: natalia_pereira_05@hotmail.com

Orcid: 0009-0000-4167-8449

Patricia Lorena Quiterio

Doutora e mestra em Educação Inclusiva pela Universidade do Estado do Rio de Janeiro (UERJ), com pós-doutorado em Psicologia pela Universidade Federal de São Carlos (UFSCar). Pós-graduada em Psicopedagogia (PUC-Rio), Psicomotricidade (UERJ) e Terapia Cognitivo--Comportamental (CPAF-Rio). Aperfeiçoamento em Neuropsicologia (UNESA). Psicóloga e pedagoga. Professora associada no Instituto de Psicologia e docente permanente Programa de Pós-Graduação em Psicologia Social da Universidade do Estado do Rio de Janeiro (UERJ). Editora associada da Revista Estudos e Pesquisas em Psicologia (Qualis Capes A2). Tem experiência na área de psicologia, com ênfase em relações interpessoais, processos de inclusão, psicologia do ensino e aprendizagem, terapia cognitivo-comportamental e tratamento e prevenção psicológica, com interesse nos seguintes temas: infância; adolescência; educação especial/inclusiva; comunicação alternativa; habilidades sociais; habilidades sociais educativas; programas de habilidades sociais; relações pais-filhos e professor-aluno.

E-mail: patricialorenauerj@gmail.com

Orcid: 0000-0002-4553-6429

Priscilla de Oliveira Martins Silva

Doutora, mestre e graduada em Psicologia pela Universidade Federal do Espírito Santo. É professora do Departamento de Administração e professora do Programa de Pós-Graduação em Administração e do Programa de Pós-Graduação em Psicologia da Universidade Federal do Espírito Santo.

E-mail: priscilla.silva@ufes.br

Orcid: 0000-0002-2922-6607

Raquel Atique Ferraz

Mestre em Ciências pelo Programa de Pós-graduação em Psicologia da Faculdade de Filosofia, Ciências e Letras de Ribeirão Preto da Universidade de São Paulo (FFCLRP/USP). Graduada em Psicologia pela Universidade de Ribeirão Preto (UNAERP), especialista em Psicologia Clínica (UNAERP). Psicóloga clínica e orientadora profissional.

E-mail: psiquel.atique@gmail.com; raquel.a.ferraz@alumni.usp.br

Orcid: 0000-0002-1646-071

Regiane Fernandes da Silva Almeida

Graduanda em Psicologia pela Universidade Federal de São Carlos (UFSCar). Estagiou enquanto facilitadora em um programa de intervenção para o desenvolvimento da relação coparental, oferecido para pais brasileiros durante a transição para a parentalidade. Iniciação científica concluída com o tema "Percepção das mulheres sobre o que é violência obstetrica", orientada pela Dr.ª Sabrina Mazo D'Affonseca, com apoio da Fundação de Amparo à Pesquisa do Estado de São Paulo (FAPESP). Pesquisa na área de violência obstétrica e regulação emocional na relação coparental.

E-mail: regianealmeida@estudante.ufscar.br

Orcid: 0000-0002-2749-8254

Rejane Ribeiro

Bacharel em Ciências Biológicas (UCB) e graduanda em Psicologia pela Universidade do Estado do Rio de Janeiro (UERJ).

Email: rejaneribeiro.rj@gmail.com

Orcid: 0000-0001-9720-7005

Sávio Broetto da Silva

Psicólogo. Área de interesse: Análise do Comportamento.

E-mail: saviobdasilva@gmail.com

Orcid: 0009-0007-2701-951X

Soely A. J. Polydoro

Doutora em Educação pela Universidade Estadual de Campinas (UNICAMP), com pós-doutora pela Universidade Federal de São Carlos (UFSCar). Mestra em Psicologia Escolar pela Pontifícia Universidade Católica de Campinas. Graduada em Psicologia pela Pontifícia Universidade Católica de Campinas. Professora livre-docente do Departamento de Psicologia Educacional da Universidade Estadual de Campinas (UNICAMP). Docente permanente do Programa de Pós-Graduação em Educação da UNICAMP. Líder do Grupo de Pesquisa do CNPq "Psicologia e Educação Superior" (PES), sediado na Faculdade de Educação da UNICAMP. Pesquisa nas áreas de Habilidades Sociais, especialmente no contexto educativo e no tema relativo à adaptação acadêmica à universidade. Pesquisa a experiência do estudante, do professor e de profissionais do ensino superior na perspectiva da Teoria Social Cognitiva, especialmente quanto aos processos autoeficácia, autorregulação e dimensões educativas associadas.

E-mail: polydoro@unicamp.br

Orcid: 0000-0003-4823-3228

Sonia Regina Loureiro

Doutora e mestra em Psicologia Clínica pela Universidade de São Paulo (USP), psicóloga pela Universidade de São Paulo (USP). Professora doutora sênior, junto ao Departamento de Neurociências e Ciências do Comportamento da Faculdade de Medicina de Ribeirão Preto (FMRP-USP). Pesquisadora 1A do Conselho Nacional de Desenvolvimento Científico e Tecnológico (CNPq). Pesquisa nas áreas de habilidades sociais, especialmente no contexto de saúde mental.

E-mail: srlourei@fmrp.usp.br

Orcid: 0000-0001-9423-2897

Thamires Gaspar Gouveia

Doutoranda em Educação na Universidade Estadual de Campinas e mestre em Educação pela Universidade Estadual de Campinas. Especialista em Análise do Comportamento Aplicada ao Autismo e Deficiência Intelectual. Graduada em Psicologia pelo Centro Universitário Padre Anchieta. Certificada pela Universidade da Califórnia para o Program for the Education and Enrichment of Relational Skills (PEERS) para adultos com TEA. Tem experiência na área de Psicologia, com ênfase em Habilidades Sociais, Transtorno do Espectro Autista, Análise do Comportamento e Docência na Educação Superior. Pesquisa nas áreas de Habilidades Sociais, especialmente no contexto educativo e no tema relativo à adaptação acadêmica à universidade e autismo.

E-mail: thamiresgaspargouveia@hotmail.com

Orcid: 0000-0001-6878-5236

Thiago Oliveira

Mestre em Psicologia (Centro Universitário de Brasília – UniCEUB). Graduado em Psicologia (Centro Universitário de Brasília – UniCEUB).

E-mail: ooliver.sc@gmail.com

Orcid: 0000-0002-7772-6622

Vanessa Barbosa Romera Leme

Doutora em Psicologia pela Universidade de São Paulo e mestre pela Universidade Estadual Paulista (UNESP), com pós-doutorado pela Universidade Federal de São Carlos (UFSCar) e pela Universidade de São Paulo (USP). Professora associada no Instituto de Psicologia e docente permanente Programa de Pós-Graduação em Psicologia Social da Universidade do Estado do Rio de Janeiro (UERJ). Editora associada da Revista Paidéia (Qualis Capes A1). Bolsista Produtividade 1D do Conselho Nacional de Desenvolvimento Científico e Tecnológico (CNPq). Tem experiência na área de psicologia, com ênfase em psicologia do desenvolvimento humano, psicologia do ensino e aprendizagem e tratamento e prevenção psicológica, com interesse nos seguintes temas: teoria bioecológica do desenvolvimento humano; adolescência; processos de resiliência e vulnerabilidade; transições escolares; habilidades sociais; habilidades sociais educativas; programas de habilidades sociais; saúde mental.

E-mail: vanessaromera@gmail.com

Orcid: 0000-0002-9721-0439

Veronica da Nova Quadros Cortês

Graduada em Psicologia pela Universidade Federal da Bahia (1995), mestrado em Psicologia pela Universidade de Brasília (1999) e doutorado em Psicologia pela Universidade Federal da Bahia (2023). Professora do curso de Psicologia da Universidade Federal do Vale do São Francisco (UNIVASF), em regime de dedicação exclusiva.

E-mail: veronica.cortes@univasf.edu.br

Orcid: 0000-0002-1088-575

Yuri Pacheco Neiva

Doutorando do Programa de Pós-Graduação em Psicologia da Universidade Federal do Rio Grande do Sul (UFRGS). Graduação e mestrado em Psicologia pela Universidade Federal do Maranhão (UFMA). Especialista em Avaliação Psicológica (IPOG) e Terapia Cognitivo Comportamental (PUC-RS).

E-mail: yuripneiva@gmail.com

Orcid: 0000-0001-8963-7566

Zena Eisenberg

Doutora em Psicologia pelo Programa de Psicologia do Desenvolvimento Humano do Graduate Center da City University of New York (CUNY), com pós-doutorado pela UERJ pela Fundação de Amparo à Pesquisa do Estado do Rio de Janeiro (FAPERJ). Mestre em Psicologia Cognitiva pela New School for Social Research e pela Graduate Center/CUNY. Cientista do Nosso Estado pela Fundação de Amparo à Pesquisa do Estado do Rio de Janeiro (FAPERJ). Professora Associada no Departamento de Educação da Pontifícia Universidade Católica do Rio de Janeiro (PUC-Rio). Pesquisas em desenvolvimento e aprendizagem na escola e no ensino superior.

E-mail: zwe@puc-rio.br.

Orcid: https://orcid.org/0000-0002-6480-8645

ÍNDICE REMISSIVO

A

A Teoria de Construção de Carreira 324, 337

Acolhimento 13, 14, 21, 25, 26, 28, 30, 31, 50, 52, 53, 57-60, 63, 66, 106, 113, 119, 120, 145, 244, 411, 413

Aconselhamento 25, 74, 103, 296, 302, 316, 353, 370

Adaptabilidade de carreira
16, 44, 289, 296, 308, 309, 321-325, 327-339, 341, 362, 367, 400, 401, 403, 410, 412-415

Adaptação acadêmica 14, 16, 25, 34, 76, 78, 90, 92, 113, 115-117, 119, 121, 184, 187, 195, 196, 204, 243, 244, 247, 248, 252-254, 256, 259, 343

Ansiedade 15, 21, 23, 27, 33, 37, 54, 57, 66, 67, 71, 75-79, 81, 96, 97, 102, 104, 105, 114, 132, 154, 155, 157-161, 163-166, 169-190, 196-199, 201, 203, 207-217, 220, 221, 225, 227, 238, 241, 253, 281, 316, 322, 323, 377-380, 402, 403, 410, 412, 413

Ansiedade social 15, 132, 157-161, 163-166, 169-190, 220

APA 95, 98, 199, 219

Apoio Planejamento 314

Apoio social 38, 113, 139, 194, 229, 261, 262, 273, 274, 276, 301, 302, 307, 313, 314, 315, 316, 320, 358, 363, 367, 370

Assertividade 15, 67, 69, 132, 141, 152, 178, 180-187, 191, 217, 226-229, 238, 239, 247, 253, 263, 329, 373, 376

Atividades extracurriculares
23, 38, 81, 88, 126, 127, 130, 153, 344, 358, 362, 363, 365-367, 370, 399, 407, 409, 412

Atlas Ti 29

Autocompaixão 79

Autoconceito 14, 123, 125, 128, 129, 132, 133, 139, 140, 399

Autocuidado 218

Autoeficácia 22, 25, 27, 37, 40, 46, 74, 75, 101, 124, 129, 172, 194, 196, 197, 205, 300, 301, 303, 310, 311, 325, 327-329, 334, 362, 370, 371, 380, 399

Autoexposição 159, 166, 180, 187, 225

Autogerenciamento 300, 301, 313-317, 319, 340

B

Bootcamps 388

C

Carreiras Apoiadas 299, 312, 313, 317

Centro de Atenção Psicossocial 262

Classificação Hierárquica Descendente 116, 360, 361, 364

Coeficiente de Correlação Intraclasse 160

Competência social 13, 77, 95, 143, 154, 172, 174, 178, 189, 217, 219, 222, 225, 226, 238, 240, 245, 246, 256, 262, 275, 392, 399

Competências socioemocionais 16, 258, 321-323, 327, 328, 331-339, 341, 403, 410, 411

Comportamentos profissionais 14, 81, 83, 85-93

Confiança
30, 104, 109, 152, 228, 238, 263, 265, 272, 289, 323-325, 327, 329, 330, 333-337, 367, 379, 398-400, 409

Consciência crítica 73

Continuidade acadêmica 287, 289, 291, 293, 295

Coparentalidade 16, 261, 264, 265, 274-277

Coping 82, 83, 86, 87, 90, 91, 176, 194, 196, 219, 256, 259, 357, 364-366, 368

Corpus 116, 236, 360-362, 364

D

Dendograma 117

Depressão 15, 21, 33, 37, 66, 67, 78, 81, 96, 97, 114, 157, 172, 174, 175, 179, 180, 189, 196-199, 201, 202, 207, 209, 210, 213-215, 217, 218, 220, 221, 225, 238, 240, 241, 277, 377, 378, 413

Desamparo 315

Desenvolvimento profissional 13, 16, 38, 107, 279, 281-283, 288, 291, 293, 296-299, 302, 304, 308, 312, 315, 316, 328, 334, 343-356, 370, 390, 397, 398, 401, 412, 414, 415

DSM-5 95

E

Educação interprofissional 378, 380, 385, 392

E-literature 388

Empreendedorismo 145-149, 153-156, 287, 289, 291, 293-295, 297, 409

Empregabilidade
16, 27, 66, 283, 287, 289, 291, 293-297, 316, 319, 321-323, 325-328, 330-340, 353, 401, 412, 414

ENEM 38, 39

Enfrentamento 36, 52, 59, 66, 75, 79, 96, 152, 159, 166, 171, 178, 180, 186, 187, 199, 200, 207-210, 214, 225, 236, 238, 258, 261, 265, 281, 310, 311, 319, 323, 334-336, 344, 353, 356-358, 363, 364, 367, 368, 374, 378, 386, 404, 407-409, 414

Ensino remoto emergencial 15, 16, 209, 212, 214, 217, 343, 350-352, 354, 401, 402, 415

Escrita terapêutica 245, 257

Estratégias de exploração 287, 290, 291, 293-295

Evasão 14, 21-23, 25, 30, 32-34, 36-39, 43, 44, 46, 49, 50, 53, 55, 61-63, 81, 106, 113, 139, 140, 180, 189, 196, 208, 217, 221, 243, 254-259, 413

Expectativas 22-25, 28, 31-34, 37, 38, 40, 49, 51, 53, 57, 60, 63, 65, 69, 76, 81, 82, 91, 92, 106, 118, 119, 124, 130, 150, 153, 154, 156, 174, 213, 255, 258, 263-267, 269-272, 282, 290, 300, 310, 324, 336, 398, 402, 404-406, 409, 412

F

Feedback 89, 101, 103, 229, 399

FIES 39

H

Habilidades sociais 16, 243, 246-248, 253, 254, 264, 266, 321, 323, 329, 334, 338, 340

Habilidades socioemocionais 51, 53, 56, 58, 59, 61, 401

História de vida 180, 201, 210, 213, 217, 221

I

Indicadores de depressão 26, 32, 33, 35, 36, 39, 45, 46, 96, 109, 124, 140, 194, 203, 243, 248, 258, 275, 276, 281, 297

INEP 88, 92, 244

Integração acadêmica 14, 27, 38, 40, 41, 43, 45, 61, 66, 67, 69, 74-76, 78, 79, 84, 85, 89, 93, 98, 99, 101-103, 105-107, 133, 170, 171, 176, 180, 181, 191, 193, 199, 201, 220, 229, 230, 236-239, 242, 246, 247, 249, 253-256, 275, 295, 303, 310, 317, 335, 338, 385

Intervenção 14, 113-115, 117-120, 122

L

LGBTQIA+ 14, 113-115, 117-120, 122

Life Design 282, 296, 400, 415

M

Marginalização 74, 114, 119, 306, 307, 314, 315

Método Alfa 160

Mindfulness 77, 79, 91

Modelo de Transição Individual 357, 368

Monitoria 26, 88, 284-286, 289, 362, 367

Multidimensional 80, 128, 207, 211, 213, 214

N

Não linear 321, 322, 324, 397

Networking 191, 295, 316, 345

O

Orientação Profissional
14, 45, 46, 49-55, 61-63, 75-80, 90, 275, 295, 296, 316, 319, 337, 338, 340, 353, 358, 369-371, 415, 416

Orientação Profissional e de Carreira 14, 49-52, 55, 63, 295, 296, 316, 337, 369, 415

P

Permanência 13, 14, 17, 19, 21-23, 25-28, 35, 36, 38-46, 49, 50, 57, 59-61, 81, 96, 105-107, 113-115, 119-121, 126, 127, 137, 139, 154, 177, 190, 196, 201, 207, 208, 217, 243, 255, 261, 263, 264, 276, 308, 312, 313, 325

Persistência 23, 24, 27, 36, 37, 148, 151, 153, 323, 329, 358, 399

Personalidade proativa 327

Persuasão 148, 151, 153, 263

Planejamento de carreira 13, 50, 61, 66, 67, 74-76, 281-284, 286-295, 335, 358, 365, 371, 401, 409, 414

Podcasts 388

Potencial empreendedor 15, 145-150, 152-156

Preocupação 21, 25, 29, 50, 53-57, 105, 178, 179, 194, 197, 209, 212, 216, 217, 227, 283, 321, 324, 325, 330, 334, 335, 398, 400, 402, 407, 412

Procrastinação 27, 41, 65-68, 79, 97, 402, 408

Profecia autorrealizadora 124, 125, 128, 129, 132, 133, 136, 137

PROUNI 28, 39, 55

Psicoeducação 71, 225

Psicométricas 79, 147, 159, 160, 193, 198, 199, 201, 202, 211, 275, 298

Psicopedagogia 13, 22, 26-28, 32, 76, 203, 340

Psicoterapia Analítica Funcional 71, 73

R

Relação coparental 264-267, 269-273

Receiver Operating Curve 160

Repertório deficitário 152, 162, 165, 169, 176, 182, 184, 187

Residência 17, 26, 96, 177, 210, 214, 289, 294, 350, 373, 374, 380-384, 386-392, 395

Resiliência 146, 273, 275, 314, 322, 329, 334, 335, 345, 358, 379, 401

Reuni 35, 45

Rounds 386, 395

S

Saúde mental 15, 37, 44, 66, 67, 78-82, 86-88, 92, 114, 117, 118, 121, 128, 141, 145, 152, 170-173, 175, 188, 189, 193, 195-199, 201-205, 207-210, 212-220, 222, 226, 227, 238-240, 244, 252, 261, 263, 297, 309, 323, 356, 370, 373, 375, 377, 378, 390, 391, 402, 403, 407, 412-415

Self 78, 104, 357, 365, 367, 413

Simulação de Monte Carlo 163

SMART 68, 72

Socialização 14, 95, 123-131, 133, 135-141, 208, 262

Sistema 4S's 357, 359, 363, 367

Socioemocionais 13, 16, 37, 214, 243, 246-248, 253, 254, 258, 263, 264, 266, 273, 274, 321-323, 327-329, 331-341, 403-405, 410, 411

Storytelling 110, 385

Suporte social 21, 37, 45, 50, 87, 128, 157, 213, 301, 302, 317, 318, 362, 363, 379, 380

T

TEA 95-107

Team Strategies 386

Teoria Bioecológica do Desenvolvimento Humano 226

Teoria da Psicologia do Trabalhar 74, 79, 299, 304-309, 317, 319

Teoria das Transições Múltiplas e Multidimensionais 114

Teoria Social Cognitiva de Carreira 16, 124, 136, 137, 282, 299, 300, 303, 304, 317, 319

Terapia Cognitiva Comportamental 71

Terapia de Aceitação e Compromisso 71, 77

Tools to Enhance Performance and Patient Safety 386

Trajetória acadêmica 17, 27, 52, 55, 61, 83, 96, 97, 107, 127, 286, 316, 347, 357-360, 364, 367-369

Transtornos de ansiedade 77, 179, 189, 322

V

Vivências acadêmicas 15, 32, 44, 46, 67, 119, 177, 181-187, 190, 244, 248, 250, 252, 255, 325

Volição 16, 299, 305, 307-309, 312-317

Volição de trabalho 16, 299, 305, 307, 308, 312-316

W

Webinars 345, 388